金属有机骨架功能材料
——环境及健康领域应用

熊炜平 曾茁桐 程 敏 杨朝晖 曾光明 等 著

科学出版社
北京

内 容 简 介

金属有机骨架（MOFs）材料作为一种新型环境功能材料，不仅具有孔隙率高、孔尺寸可调、易功能化和金属活性位点丰富等基本性质，而且合成简便、价格低廉且具有不饱和金属中心，被广泛应用于环境及健康等领域。本书首先介绍了 MOFs 基功能材料及其衍生物的分类、制备方法、表征方法及基本性质。在此基础上，对 MOFs 基功能材料及其衍生物在环境和健康领域的应用进行了全面论述，包括 MOFs 吸附去除水体中污染物的应用、MOFs 光催化去除水体中污染物的应用、MOFs 光电催化去除水体中污染物的应用、MOFs 活化过硫酸盐去除水体中污染物的应用、MOFs 基类芬顿反应去除水体中污染物的应用及 MOFs 材料在健康领域的应用。

本书适合从事环境功能材料、环境污染修复、环境地球化学、环境健康等交叉学科领域的科技工作者，以及相关领域的研究生和本科生参考阅读。

图书在版编目（CIP）数据

金属有机骨架功能材料：环境及健康领域应用 / 熊炜平等著. —北京：科学出版社，2023.5

ISBN 978-7-03-075137-9

Ⅰ. ①金…　Ⅱ. ①熊…　Ⅲ. ①金属材料－有机材料－骨架材料－应用－环境影响－研究　Ⅳ. ①TB383　②X503.1

中国国家版本馆 CIP 数据核字（2023）第 044213 号

责任编辑：李明楠　李丽娇 / 责任校对：杜子昂
责任印制：吴兆东 / 封面设计：图阅盛世

科学出版社 出版
北京东黄城根北街 16 号
邮政编码：100717
http://www.sciencep.com

北京华宇信诺印刷有限公司印刷
科学出版社发行　各地新华书店经销

*

2023 年 5 月第　一　版　开本：720 × 1000　1/16
2024 年 1 月第二次印刷　印张：23 1/4
字数：469 000

定价：150.00 元

（如有印装质量问题，我社负责调换）

前　言

金属有机骨架（MOFs）材料作为一种新型环境功能材料，不仅具有孔隙率高、孔尺寸可调、易功能化和金属活性位点丰富等基本性质，而且合成简便、价格低廉且具有不饱和金属中心，被广泛应用于环境及健康等领域。本书所撰写的内容是讲述基于多种多样的设计策略制备所需性质的 MOFs 及其衍生物在环境和健康领域的应用，可为科研人员和学生等提供相关领域的理论、方法和技术参考。本课题组长期从事河湖污染湿地修复、环境功能材料制备及应用等方面的研究，以各领域需求为导向，研发了一系列功能化 MOFs 材料和 MOFs 复合材料，并将其应用于环境和健康领域。依托国家自然科学基金创新研究群体项目（No. 51521006）、国家自然科学基金联合基金项目（No. U20A20323）、国家自然科学基金青年/面上项目（No. 52000064、No. 82003363、No. 51909084、No. 51878258）和湖南省科技创新计划项目（No. 2021RC3133），课题组开展了大量与 MOFs 相关的研究工作，并取得了一系列研究成果。基于此，课题组提出撰写本书的想法，对相关研究进行全面总结和讨论。

本书首先介绍了 MOFs 基功能材料及其衍生物的分类、制备方法、表征方法及基本性质。在此基础上，对 MOFs 基功能材料及其衍生物在环境和健康领域的应用进行了全面论述，包括 MOFs 吸附去除水体中污染物的应用、MOFs 光催化去除水体中污染物的应用、MOFs 光电催化去除水体中污染物的应用、MOFs 活化过硫酸盐去除水体中污染物的应用、MOFs 基类芬顿反应去除水体中污染物的应用及 MOFs 材料在健康领域的应用。重点论述以需求为导向制备 MOFs 基功能材料及其衍生物，并全面涉及所制备 MOFs 基功能材料及其衍生物在环境和健康领域多方面的综合利用。本书内容可让读者从 MOFs 基功能材料到制备和表征再到环境和健康应用等方面，全面获取有关 MOFs 基功能材料的信息。

本书是集体劳动和智慧的结晶，书中大部分内容基于团队成员多年来的研究成果。本书由熊炜平、曾茁桐、程敏、杨朝晖、曾光明等主笔，参与撰写的人员还有：张长、王冬波、段立军、陈朝猛、徐峥勇、王荣汉、周耀渝、陈洪波、童婧、谭小飞、宋彪、周成赟、李鑫、曹姣、贾美莹、彭海豪、向银萍、章才建、景颖、章高霞、刘宏达、何思颖、胡敏、虎琪、莫慧云、李芳、刘洋等（排名不分先后）。许多老师和同学对本书的撰写做出了贡献，撰写过程中也得到了导师、同事和朋友们的大力支持与帮助，在此表示衷心的感谢！

由于作者水平与经验有限，疏漏之处在所难免，敬请读者批评指正。

作　者

2022 年 9 月于湖南大学环境馆

目　录

第1章 金属有机骨架材料概述

金属有机骨架（metal-organic frameworks，MOFs）材料是利用芳香酸或含氧、氮等多齿有机配体与无机金属离子或金属簇中心，通过自组装杂化形成的具有周期性立体网络结晶体[1]，通常又被称为多孔配位聚合物[2, 3]（porous coordination polymers，PCPs）。MOFs 与沸石的孔结构相似，并且骨架具有柔软的特性，故也被称为“软沸石”。关于 MOFs 材料的研究可以追溯到 1959 年，Kinoshita 等合成了具有三维网状结构的双己二腈硝酸亚铜晶体（即现今被定义为的金属有机骨架材料），但是没有引起学术界的广泛关注[4]。1971 年，Schmidt 提出了晶体学工程的概念，指引人们通过不同方式获得具有特定性质的晶体[5]。1977 年，A. F. Wells 在书中提出了“节点和连接体”（node and spacer）概念，为接下来的 MOFs 材料结构分析打下了基础[6]。1990 年，B. F. Hoskins 和 R. Robson 等将 A. F. Wells 的拓扑理论引入 MOFs 材料的合成中[7, 8]。虽然合成的材料化学性质不太稳定且骨架容易坍塌，但是为 MOFs 材料的研究指明了方向。直到 20 世纪 90 年代末期，美国的 Yaghi 研究小组[9]、日本的 Kitagawa 研究小组[10]和 Fujita 研究小组[11]成功合成了具有孔结构、稳定性好的 MOFs 材料被学术界广泛关注，并使其成为材料科学领域的研究热点和前沿。1998 年，Kitagawa 和 Kondo 将 MOFs 材料的研究进行了初步划分[12]。20 世纪 90 年代中期，第一代 MOFs 材料被成功合成，该材料需要客体分子的支撑，当客体分子被移除时，整个骨架就会发生坍塌，从而使得孔结构不稳定。第二代 MOFs 材料主要是由阴离子、阳离子和中性配体组装而成。该代材料比第一代材料的稳定性更强，在客体分子被移除或者外界给予一定压力等刺激的情况下，该代材料的孔结构可能会发生一定程度的改变，但是不会发生坍塌。第三代 MOFs 材料在第二代材料的基础上，性能得到进一步提升，使其在外界刺激或者移除客体分子时，孔道可以发生可逆的变化。

在克服了 MOFs 材料孔结构稳定性的缺陷后，其特有的优越性能得到科学界的广泛关注。与沸石、生物炭、石墨烯等传统多孔材料相比，由于 MOFs 材料拥有有机和无机两种成分，因此具有以下独特的优点[13]。第一，材料种类多。由于酚类、咪唑酯、磷酸酯等众多有机物可以作为有机配体，从理论上分析，可以合成无数种类的 MOFs 材料。第二，功能性强。通过选取不同种类的金属离子与有机配体自组装合成不同功能的 MOFs 材料。此外，还可以通过修饰等方法将不同的功能化基团引入其中，制备成多种功能化 MOFs 材料。第三，孔隙率和比表面积大。目前已合成的 MOFs 材料绝大多数具有很高的孔隙率和比表面积，例如，MOF-5、MIL-101 和 NU-110 的比表面积分别为 4400m^2/g、5900m^2/g 和 7000m^2/g。第四，孔尺寸具有可调节性。通过改变无机和有机配体部分，可以使得 MOFs 材料孔尺寸发生从微孔到介孔的变化。以上这些特点，使得 MOFs 材料在环境及健康领域具有潜在的应用价值，并逐渐得到研究人员的关注，相关研究成果显著增加（图 1.1）。

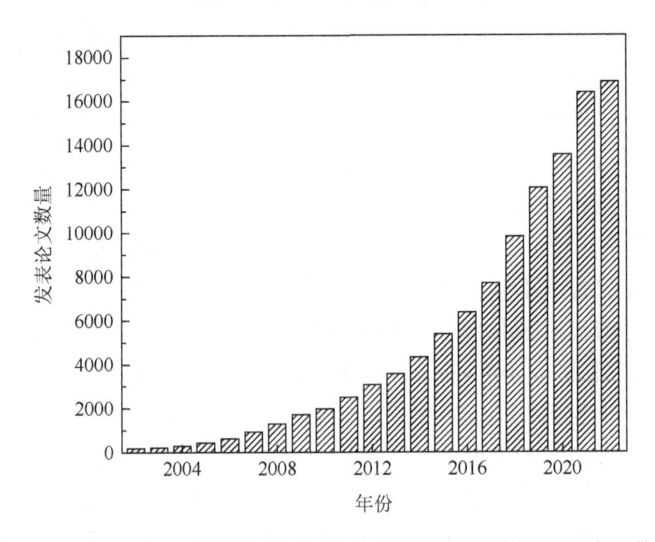

图 1.1　2002～2021 年科学网每年收录的有关金属有机骨架论文数量

1.1　金属有机骨架材料分类

金属有机骨架材料是通过金属离子/簇与有机配体自组装生成一类具有有序孔结构的晶体材料。它们的晶体结构可以借助粉末 X 射线/中子/同步辐射衍射等方法进行表征分析，对其结构与性质进行深入研究。金属有机骨架材料根据金属中心种类可以分为过渡金属、稀土金属有机骨架材料。根据有机配体的类型可以分为含氮杂环类配体、有机羧酸类配体、含氮氧混合类配体构筑的金属有机骨架材料。根据金属离子/簇的几何形状和桥连配体的结合分为一维（1D）、二维（2D）及三维（3D）金属有机骨架材料。在一维金属有机骨架材料中，金属离子/簇和有机配体沿一个方向配位。在二维金属有机骨架材料中，金属离子/簇和有机配体沿一个平面配位，同样类型的层通过边到边或交错类型的堆叠叠加在一起，层间存在较弱的交互作用。在三维金属有机骨架材料中，金属离子/簇和有机配体在三个方向上分布，具有高度的多孔性和稳定性。大多数金属有机骨架材料都为三维结构，并且可以找到三维柱状层和网格结构。本章按照具有代表性的不同科研团队合成的典型金属有机骨架材料分为 IRMOF、HKUST、MIL、ZIF、UiO、PCN、CPL 等七大系列。

1.1.1　IRMOF 系列材料

Yaghi 等[14]于 2002 年首次将合成 IRMOF（isoreticular metal-organic framework）材料的研究成果在 *Science* 上发表。他们合成了 16 种具有相同骨架拓扑结构的高晶体材料。通过使用带有—Br、—NH_2、—OC_3H_7、—OC_5H_{11}、—C_2H_4 和—C_4H_4 等官能团的长分子联苯、四氢芘、芘和三联苯等有机配体合成了功能化的金属有机骨架材料。孔隙率可以高达 91%，孔尺寸可以在 3.8Å 到 28.8Å 范围变化，远超过沸石等传统无机多孔材料。在 IRMOF 系列材料中，目前最具有代表性的材料为 MOF-5。MOF-5（IRMOF-1）去掉孔道中的溶剂分子后骨架不发生坍塌，为首次被合成的具有稳定结构、热稳定性强的材料。

1.1.2　HKUST 系列材料

HKUST 是一种具有孔笼-孔道结构的 MOFs 材料。Williams 等[15]在 1999 年将合成的功能化的纳米孔材料$[Cu_3(TMA)_2(H_2O)_3]_n$（典型的 HKUST-1，其中 TMA 为苯-1, 3, 5-三羧酸盐）等研究成果在 *Science* 上发表。高孔金属配位聚合物$[Cu_3(TMA)_2(H_2O)_3]_n$的产率可以达到 80%。它连接了$[Cu_2(O_2CR)_4]$单元（其中 R 是芳香环），创建了一个三维通道系统，孔径为 1nm，孔隙率约为 40%。与沸石等传统无机材料不同，其孔道内壁可以实现化学功能化。热重分析和高温单晶衍射测量表明该骨架在 240℃时具有良好的稳定性。该系列材料通过改变有机配体，可以合成多种“孔笼-孔道”结构的 MOFs 材料。

1.1.3　MIL 系列材料

MIL（materials of Institute Lavoisier，拉瓦锡研究所骨架材料）系列材料被法国凡尔赛大学的 Férey 课题组成功合成，是非常著名的一类 MOFs 材料。目前，通过改变二价金属中心的方法，合成了多种 MIL 型材料。其中，部分工作成功将三价的铁、铝、铬等金属离子与有机配体作用合成了新型的 MIL 材料。该系列材料的骨架柔韧性极高，在外界温度、压力等条件的刺激下，孔结构可以在大孔和微孔之间发生可逆的变化。目前最具代表性的 MIL 材料为 MIL-53 和 MIL-101。MIL-53 是一类具有一维菱形孔道结构的多孔材料，其骨架结构的柔韧性极高，孔结构可以发生可逆形变，具有“呼吸效应”。Férey 等[16]在 2002 年首次在水热条件下合成了 MIL-53(Cr)，并将研究成果在 *Journal of the American Chemical Society* 上发表。该研究结果表明，水化态和无水固体态 MIL-53(Cr)之间的过渡转换是完全可逆的，表现出很好的“呼吸效应”。Férey 课题组[17]在 2005 年成功合成了 MIL-101(Cr)并将研究成果在 *Science* 上发表。该材料的孔径为 30～34Å，比表面积为(5900±300)m^2/g。这种结构稳定且孔径较大的材料，在吸附、催化等领域表现出优异的性能。

1.1.4　ZIF 系列材料

ZIF（zeolitic imidazolate framework，介孔沸石咪唑盐骨架）系列材料是 Yaghi 课题组在合成 IRMOF 系列材料后，另外成功合成的一种 MOFs 材料，即类沸石咪唑酯骨架材料。2006 年，该团队将成功合成的具有特殊化学和热稳定性的沸石咪唑酯骨架材料等研究成果在 *Proceedings of the National Academy of Sciences* 上发表[18]。研究表明，12 种具有不同拓扑结构的 ZIF 材料被成功合成。其中，ZIF-8 和 ZIF-11 作为典型的两种材料，具有永久不变的孔体积（1810cm^3/g），较高的热稳定性（550℃）及显著的耐化学性。随后，Yaghi 课题组通过改变官能团和有机配体合成了具有不同孔道和化学性质的一类 ZIF 材料。

1.1.5　UiO 系列材料

UiO（University of Oslo，奥路斯大学）系列骨架材料是一类以四价金属锆离子作为金属中心合成的具有优异稳定性的新材料。奥路斯大学的 Lillerud 研究小组在 2008 年首次将该新材料的研究成果发表在 *Journal of the American Chemical Society* 上[19]。研究表明，该系列 MOFs 材料突破了具有相对较小空隙的限制，可以广泛地应用于医药和精细化工领域。UiO-66 是该系列材料中最具有代表性的材料。它在 500℃的高温下仍然比较稳定，并且在水中或者酸性溶液中也可以长期保持稳定的状态。目前，通过使用功能化和不同长度的有机配体来调整它们的孔径和化学性质，合成了许多相关的 MOFs 材料。

1.1.6　PCN 系列材料

PCN（porous coordination network，多孔协调网络）系列材料是美国迈阿密大学牛津分校的 Zhou 课题组于 2006 年首次合成[20]。该课题组将合成的 PCN-9 材料应用于氢气和甲烷气体的吸附领域，并将该成果发表在 *Journal of the American Chemical Society* 上。该系列材料由多个立方八面体的纳米孔笼组成，并与 HKUST-1-BTC 在空间上有类似的孔笼-孔道状的拓扑结构。通过氮气吸附等温线可以确定 PCN-9 具有永久孔隙度。去除孔道中的溶剂后，PCN-9 的比表面积可以高达 $1355m^2/g$，孔隙体积为 $0.51cm^3/g$。特别是 PCN-9 的氢气和甲烷吸附反应焓是当时报道最多的。以上研究所提出的仿生技术在寻找新的吸附材料以满足气体储存的要求方面具有普遍的适用性。

1.1.7　CPL 系列材料

CPL（coordination pillared-layer）系列材料是由日本东京大学的 Kitagawa 课题组合成。该系列材料的结构由六个配位金属元素与配体配位而成，其中四个配位位置为二维平面结构，另外两个位置为层状结构。此外，在吸附过程中，材料结构中的吸附临界点会发生膨胀现象，使得孔道结构发生变化，被称为“gate-opening”现象。Kitagawa 课题组在 1999 年首次合成 CPL-1 材料并应用于甲烷气体的吸附中，探讨了相关的吸附特性[21]。该研究提出了一种利用协调网络合成稳定柱层结构的新方法，并成功地合成了具有各种新通道特性的多孔结构材料。

1.2　金属有机骨架材料制备

MOFs 材料具有优良的可调节性。MOFs 材料的金属中心多为具有较强配位能力的过渡金属，有机配体以含羧基和含氮杂环配体为主，具有多样化的组合。有机配体与金属离子间的高反应性，使 MOFs 材料大多数可以通过水热法一步合成，这也被称为金属离子和有机配体的自组装。配体的性质，如长度、键角、手性等，以及金属离子的几何形状会对最终生成的 MOFs 材料的结构产生影响。MOFs 材料配体中官能团的脆弱性极大地限制了功能性 MOFs 材料的开发和应用。在低温下合成的 MOFs 材料很少具有高度的热稳定性或化学稳定性。为了形成坚固的 MOFs 材料，通常采用高温、溶剂热反应或微波辐射来激活配位反应。MOFs 材料的制备主要采用水热/溶剂热合成法、微波合成法、超声合成法、离子热合成法、电化学合成法、机械合成法等。

1.2.1　水热/溶剂热合成法

水热合成法是目前最常见的合成 MOFs 的方法之一。该方法的特点是溶剂为水，按不同比例的原料配制成溶液，再将该溶液移入反应釜内衬中，将封装好的反应釜加热到 100～200℃并维持一定时间。在一定自身压力的范围内，该方法能够制备出性能优良的 MOFs。溶剂热合成法与水热合成法的主要区别在于：溶剂不再仅仅为水，也可以为其他有机溶剂，如甲醇、乙醇、*N*, *N*-二甲基甲酰胺等。该方法仍然是合成 MOFs 最常见、最重要的方法之一，主要是将混合溶剂放入反应釜的内衬中，一般在 100～200℃范围内加热，在自生压力的条件下，反应物随温度的升高而溶解。该方法的优点是反应时间短、确保了反应物完全溶解。使用的有机溶剂大部分带有官能团，并具有不同的黏度和极性，使得合成产物的结构具有多样性。

1.2.2 微波和超声合成法

微波合成法是除了溶剂热合成法、水热合成法外，用于制备 MOFs 最多的方法。与以上传统的方法相比，微波合成法主要是通过微波发生器产生的交变电场作用于物体，使极性分子随外电场变化而运动，物体温度在短时间内迅速上升，达到加热的目的。微波合成法的优点是反应时间较短，一般为几分钟至几小时。此外，微波合成法可以对反应物形貌和尺寸进行调控。

超声合成法是一种简单、低能耗、环保的制备 MOFs 的方法。该方法可以使溶剂不断产生气泡、气泡变大至气泡消失，从而形成声波空穴。在声波空穴形成过程中，在很短时间内可以使得溶液中的局部温度和压强分别高达 5000K、1000atm（$1atm = 10^5Pa$），为多种化学反应的发生创造了条件。该方法的优点是能够提高反应物活性、减少晶化时间、成核均匀等。

1.2.3 离子热和电化学合成法

离子热合成法是一种新开发的制备 MOFs 材料的方法。它与溶剂热合成法、水热合成法类似，使用的溶剂为离子液体（ILs）。离子液体作为溶剂和模板剂，在反应物合成的过程中可能会引入新的元素，并为晶体的晶化过程提供良好的离子环境。离子液体是一种热稳定性高、挥发性低、溶解能力强、高极性的绿色溶剂，可以避免环境污染问题的产生。

电化学合成法与其他合成方法相比，是一种独特的、可行的、可以精确控制的 MOFs 材料制备方法。该方法将金属板置于电极阳极，有机配体溶液置于电极阴极，溶剂放入电解槽中，在接通电源的条件下即可制备出 MOFs 材料。该方法的优势是无须加热、反应速率快、有机配体利用率高、不使用金属盐、能够连续生产等。

1.2.4 机械合成法

机械合成法是一种不需要溶剂的化学制备方法。该方法是将金属盐固体反应物和有机配体固体反应物进行均匀混合，在球磨机中进行机械研磨制备 MOFs 材料。与传统的制备方法相比，由于不需要溶剂，不仅可以省略掉过滤、离心等分离过程，而且还节省了成本，避免了有机溶剂带来的危害。该方法具有反应时间短、产率高等优点。

1.3　MOFs 改性与活化方法

出于不同的应用目的，需要对 MOFs 的性质（表面电荷、比表面积、孔径大小、吸附或活性位点、疏水性、稳定性、带隙大小等方面）进行优化。可通过调节 MOFs 中的金属离子和有机配体对其性质进行调整，目前主要有官能团修饰、金属掺杂、活化不饱和金属位点三种常见的方法。

1.3.1　官能团修饰

官能团修饰是指通过各种手段对 MOFs 中有机配体进行功能化使得有机配体中的部分官能团被取代或接枝形成新的官能团，导致 MOFs 带有侧基，如—Br、—NH_2、—CH_3 和其他取代基排列在孔道内。预官能团修饰与合成后官能团修饰是对 MOFs 中有机配体功能化的两种常见的方法。MOFs 官能团修饰使其达到各种应用目的，在吸附、光催化、传感等领域备受关注。

预官能团修饰是直接将有机配体中的官能团进行功能化后再与金属离子/簇组装合成 MOFs。常见于一些简单的 MOFs 有机配体功能化。例如，Mu 等[22]将对苯二甲酸进行功能化后用于合成含有不同官能团的 UiO-66-X [X = NH_2、Br、$(OH)_2$、$(SH)_2$]，其中 UiO-66-NH_2、UiO-66-$(OH)_2$、UiO-66-$(SH)_2$ 很好地保留了 UiO-66 良好的拓扑结构，并有效地缩小 UiO-66 带隙，增强了对于罗丹明 B 的降解效果。Tarasi 等[23]对 TMU-6(RL1)中的有机配体进行甲基化合成了 TMU-59，将其用于检测水溶液中的三硝基苯酚（TNP）。甲基化可以显著增加 MOFs 疏水性、稳定性和电子密度，以及通过提供多种吸附机制（如氢键和 π-π 相互作用）来最大化与 TNP 的相互作用，从而提高 MOFs 对于 TNP 的检测精度，TNP 检测精度从 102ppb[TMU-6(RL1)]提高到 0.46ppb（TMU-59）。

但这种方法存在一些限制，从而限制了 MOFs 官能团化的应用。例如，尽管某些取代基由于独特的化学（如反应性）或物理（如极性）特性而可能非常适合用于材料改性，但将这些基团加入 MOFs 中可能具有不适用性，要么是因为这些基团会干扰形成所需的 MOFs，或者因为它们与 MOFs 合成条件不兼容（如化学或热不稳定性、不溶性、空间位阻等）。此外，与任何 MOFs 合成方法一样，寻找合适的反应条件以形成具有功能化分子前驱体的特定 MOFs 通常非常耗时且非常重要，因此进一步限制了“预官能团修饰”的使用。而合成后修饰是可以规避这些限制的另一种方法，其实质是对已合成完毕的 MOFs 粉末进行修饰，假设 MOFs 足够坚固且多孔，可以在不影响整体骨架完整性的情况下进行后期转化，那么可以使用多种化学反应来修改骨架组件。合成后官能团修饰最初由 Hoskins 和 Robson[7]于 1990 年提出并由 Wang 和 Cohen[24]正式引入。合成后官能团修饰存在以下几点优势，使得其在 MOFs 官能团修饰中受到广泛的关注：①可以包含更多样化的官能团，不受 MOFs 合成条件的限制；②改性产物的纯化和分离容易，因为功能化是直接在 MOFs 上进行的；③给定的 MOFs 结构可以用不同的试剂进行修饰，从而产生大量骨架结构相同但官能团不同的 MOFs；④允许以组合方式将多个功能单元引入单个骨架中达到对取代基类型和修饰程度的控制，从而成为系统微调和优化 MOFs 性能的有效方法[25]。合成后官能团修饰通常可分为共价 PSM 及配位 PSM。

共价 PSM：其作用位点主要为 MOFs 中的有机配体，引入含有目标官能团的化合物使其与 MOFs 中的有机配体以共价键的形式结合，从而达到 MOFs 功能化。迄今为止，共价 PSM 是最常见的合成后官能团修饰法。例如，考虑到氟离子与羧基（—COOH）之间强亲和力[26]，Rong 等[27]使用气相接枝法将气相均苯三甲酰氯（TMC）接枝到 NH_2-UiO-66 上，TMC 中的—COCl 与 NH_2-UiO-66 中的—NH_2 发生缩合反应形成酰胺键（—CONH—），达到 TMC 分子与 NH_2-UiO-66 连接的目的，再通过水解作用将 TMC 分子上其余的—COCl 转化为羧基，从而在 NH_2-UiO-66 中负载更多的羧基。改性后 MOFs 保持良好的晶体结构和孔隙率，并显著提高了 MOFs 对于氟离子的吸附能力。对于浓度为 10mg/L 氟化物，改性后 MOFs 对其去除率从 71.4%提高到 94.5%。MOFs 中未配位的—NH_2 表现出对于 CO_2 的强亲和力[28]，Cho 等[29]使用 3-氨基-1, 2, 4-三唑（Atz）将 ZIF-8 进行胺功能化合成 ZIF-A。ZIF-A 提供了两个额外的未配位—NH_2 作为可能与 CO_2 的强结合位点。相对于 ZIF-8，获得的 ZIF8-A 显著增强了对双组分气体（CO_2/N_2 和 CO_2/CH_4）中 CO_2 的选择性吸附。Yuan 等[30]将含有—CH_3、—OCH_3 官能团的两种有机物通过胺-醛缩合反应接枝到 UiO-68-NH_2 上合成了两种 MOFs，即 UiO-68-CH_3 和 UiO-68-OCH_3。引入 MOFs 的给电子基团可以加速电荷分离并缩小带隙，从而促进 MOFs 光催化还原 CO_2 的能力。

配位 PSM：其作用位点主要为 MOFs 中不饱和的金属中心，引入含有目标官能团的有机配体与不饱和金属中心结合从而实现 MOFs 功能化[31]。例如，巯基（—SH）是一种对于 Hg^{2+}具有强亲和力的官能团[32]，Ke 等[33]使用乙二硫醇对含有不饱和金属中心的 HKUST-1 进行巯基功能化，HKUST-1 对于 Hg^{2+}没有吸附效果，而巯基功能化后的 HKUST-1 显示出极强的吸附性能。

1.3.2　金属掺杂

金属掺杂是指有机配体与多种金属位点的配位方式相似，导致金属位点很容易被不同的金属离子取代。金属位点的替换可能会导致 MOFs 的形貌、晶体结构、比表面积、表面电荷、电子结构、键长等性质发生改变[34-36]。对于 MOFs 的金属掺杂同样可以分为合成前金属掺杂与合成后金属掺杂。

合成前金属掺杂是在原始 MOFs 所需的金属离子和有机配体前提下，再引入一种或多种金属离子，导致原始 MOFs 中金属离子被其他金属离子取代的行为。例如，Yang 等[37]使用 $ZrCl_4$、$CeCl_3·7H_2O$、4, 4′-联苯二甲酸合成 Ce 掺杂 UiO-67 用于吸附亚甲基蓝，Ce^{3+}部分取代了$[Zr_6O_4(OH)_4]^{12+}$簇中的 Zr^{4+}，Ce 的引入降低了 UiO-67 的比表面积与孔体积，并改变了 UiO-67 的表面电荷。尽管减少了 MOFs 孔道中吸附位点和空间的数量，但是 Ce 掺杂增加了 UiO-67 与亚甲基蓝的相互作用，实现更有效地吸附亚甲基蓝。然而合成前金属掺杂存在不确定性，这种方法可实现引入的金属离子取代原始 MOFs 中的金属离子，但引入的金属离子同样可与有机配体配位，形成新型的 MOFs，而不仅仅是取代原始 MOFs 中的金属离子，从而使合成的两种 MOFs 混合在一起。因此，需要验证引入金属离子是否取代原有 MOFs 中的金属离子和是否生成了新型 MOFs，可通过 X 射线衍射仪分析、X 射线光电子能谱仪分析、傅里叶变换红外光谱分析等手段对 MOFs 进行验证。

合成后金属掺杂是通过各种手段用其他金属离子（引入金属离子价态需要满足与原始 MOFs 中的金属离子价态一致）对原始 MOFs 中金属离子进行置换取代的行为，因此这种行为通常不对 MOFs 骨架结构造成破坏[38-40]。通常是使用浸渍法对 MOFs 进行合成后金属掺杂，即 MOFs 浸渍在金属离子溶液中，实现对原始 MOFs 中金属离子的置换取代，可通过控制浸渍时间达到控制掺杂金属离子含量的目的。例如，Sun 等[41]使用浸渍法用 Ti^{4+}取代 NH_2-UiO-66 中的 Zr^{4+}合成 NH_2-UiO-66(Zr/Ti)，引入 Ti^{4+}有效地促进了 NH_2-UiO-66 的界面电荷转移，从而促进其光催化还原 CO_2。相对于合成前金属掺杂，合成后金属掺杂避免了合成两种 MOFs 混合在一起的可能性，同时更有效地保留了原始 MOFs 骨架结构。

1.3.3　活化不饱和金属位点

MOFs 中的不饱和金属位点（开放性位点）是 MOFs 中未完全配位的金属位点，不饱和金属位点与其他化合物的相互作用在各种应用领域发挥着重要作用，如化学分离[42]、储气[43, 44]、多相催化[45, 46]、传感[47]等。由于 MOFs 合成过程中部分金属离子与客体分子（如水、乙醇和其他挥发性溶剂小分子）配位[48]，通过恰当的活化方法能够将这些客体分子去除，从而使得不饱和金属位点暴露。

随着 MOFs 研究的不断深入，已有四种方案用于有效活化 MOFs：

（1）热活化法[49]：在真空条件下，MOFs 通过简单加热去除配位的客体分子。对于低沸点溶剂（如乙醇、乙腈）合成的 MOFs，这种方法值得一试。然而，大多数 MOFs 在一种或多种高沸点溶剂[如二甲基亚砜（DMSO）、*N*, *N*-二甲基甲酰胺（DMF）、*N*, *N*-二乙基甲酰胺（DEF）]和酸中结晶。当 MOFs 不具备较高的稳定性时，这种方案容易导致 MOFs 骨架结构破坏或完全分解，而且一些配位溶剂的沸点高，因此需要高温或者较长的活化时间。

（2）热辅助-溶剂交换法[50]：将 MOFs 浸渍在低沸点的溶剂中，使得低沸点的溶剂与 MOFs 中结合的客体分子进行交换，而后再辅以较低温度的热处理，以暴露不饱和金属位点。这种方案可以帮助降低活化温度，从而最大限度地减少潜在的结构损坏。

（3）化学活化法[51]：将 MOFs 浸渍在低沸点且与金属离子配位非常弱的卤化溶剂中，实现溶剂与 MOFs 中结合的客体分子进行交换，而后在室温条件下去除客体分子，无须提供额外的能量。化学活化法与热辅助-溶剂交换法相似，区别在于化学活化法不再需要外加热能。

（4）光热活化法[52]：使用高强度的紫外可见光（300～650nm）照射 MOFs 粉末，MOFs 在几分钟内达到高温（120℃以上），这种局部热量可以有效地从 MOFs 结构中去除被捕获和配位的客体分子。与上述方法相比，光热活化法仅通过对固体 MOFs 样品的照射进行。

1.4　金属有机骨架材料衍生材料制备

金属有机骨架材料具有大比表面积、高孔隙率和可调节的孔结构，使其成为通过化学/热处理产生金属有机骨架衍生材料的良好前驱体。与传统的纳米多孔材料相比，金属有机骨架衍生材料具有独特的优势：①不需要额外的模板，合成方法简单；②继承了金属有机骨架材料高比表面积和多孔结构，有利于传质过程及暴露活性位点；③通过设计金属有机骨架前驱体可以调控衍生材料的形貌和结构，有利于对催化性能进行优化；④易于掺杂高度分散的杂原子，从而调整局部电子结构[53]。总而言之，金属有机骨架衍生材料具有更大的比表面积、高孔隙率、可调节的形貌和均匀的杂原子掺杂等优势，这对拓展金属有机骨架材料在催化反应的应用有重大意义。

通过在氮气、空气、氩气等不同气氛下对金属有机骨架材料进行不同温度的热解，可以将其转化为多孔碳、金属基化合物（如金属氧化物、金属磷化物、金属碳化物、金属硫化物）及金属/金属化合物和碳的复合材料。此外，通过化学处理（如碱处理、酸刻蚀、共沉淀等）可以原位生成金属氢氧化物等。通过合理设计金属有机骨架前驱体和外部控制合成步骤，可以对金属有机骨架衍生材料的形貌、组成和性质进行调控。

1.4.1　多孔碳材料

MOFs 材料可以通过惰性气体中热解、掺入客体热解、组装在各种基质上热解获得衍生的多孔碳材料。多孔碳材料可以避免水相反应中金属浸出。通常采用以锌为金属中心的 MOFs 材料在惰性气体中进行热解获得多孔碳材料。由于金属锌的沸点为 907℃，因此可以在高温下直接将锌升华以获得不含金属的多孔碳材料。Bhadra 等[54]在 1000℃下直接热解 ZIF-8(Zn)，获得了比表面积高达 $1855m^2/g$ 的多孔碳材料。当热解温度无法达到金属的沸点时，可以通过酸洗去除其中的金属元素。Hu 等[55]在惰性气体中于 800℃下直接热解 Al-PCP，然后使用氢氟酸（HF）去除其中金属元素获得多孔碳（比表面积为 $5500m^2/g$）。

将 MOFs 材料掺入客体热解、组装在各种基质上热解，可以调节最终获得的多孔碳的化学/物理特性。掺杂进碳材料中的杂原子可通过改变电子结构充当活性位点或激活相邻的碳原子。通过使用由含杂原子的有机配体构成的 MOFs 材料或在其他含杂原子的客体分子的辅助下，MOFs 衍生的多孔碳可以具备各种杂原子（如氮、磷和硫）掺杂。氮是在 MOFs 衍生的多孔碳中掺杂最多的杂原子，许多 MOFs 材料都是由含氮的有机配体（如 2-甲基咪唑、2-氨基对苯二甲酸、卟啉基配体）组成。Li 等[56]将 MOFs-5 浸泡在含有双氰胺、三芳基膦和二甲基亚砜的甲醇溶液中，在氮气气氛下于 900℃高温热解，并进行酸刻蚀，制备了氮、磷和硫三元掺杂的无金属多孔碳材料。实验显示不同掺杂杂原子之间的协同效应有利于催化反应。

由于 MOFs 材料的有机含量受到限制，通过将碳源引入前驱体可以改善衍生的多孔碳的结构。Sun 等[41]通过热解外加碳源（如葡萄糖或蔗糖）和 MOFs-5 的复合物，制备了多孔碳 KC-SB。所得多孔碳的中孔或大孔可以增强分子的扩散和传质。Wang 等[57]通过将 ZIF-8 嵌入到琼脂糖气凝胶（AG）中，获得了厘米级 ZIF-8/AG 复合气凝胶。添加琼脂糖气凝胶可避免 ZIF-8 聚集，并使气凝胶不易碎。ZIF-8/AG 衍生的氮掺杂碳气凝胶表现出低密度（$24mg/cm^3$）和高度互连的多孔结构，这有利于污染物的扩散。

此外，对 MOFs 衍生的多孔碳进行碱处理、盐刻蚀等操作，可有效增大其比表面积。碱催化热解处理可以引入介孔或大孔，从而增大孔隙率。An 等[58]在氢氧化钾存在下于 1000℃下热解 MAF-6。由于添加了氢氧化钾，源自 MAF-6 的多孔碳的比表面积从 1484m^2/g 增加至 3123m^2/g。Xia 等[59]发现在惰性气氛热解下，以混合的氯化钾和氯化锂为剥离剂和刻蚀剂，可以将 Zn-ZIF-L 进一步剥离成超薄的二维多孔碳。氯化钾主要用于嵌入并剥离碳层，且氯化锂有助于刻蚀碳以产生更大的中孔。

1.4.2 金属基化合物

除了多孔碳，许多多孔金属氧化物、金属碳化物、金属磷化物、金属硫化物、金属氢氧化物通常是通过在空气或氧气下热解以去除碳并保留金属有机骨架材料形态下合成的。对于金属有机骨架材料衍生的金属氧化物的合成，通常将具有预先设计的形态和化学组成的金属有机骨架材料在高于金属有机骨架材料分解温度的温度下在空气（或氧气）中热解。在热解过程中，发生由非平衡热处理引起的异质收缩过程，碳逐渐消失并生成金属氧化物。例如，ZIF-67 可以用作前驱体首先在氮气气氛、500℃下热解 30min，这有效地阻止了结构的塌陷并保留了 ZIF-67 前驱体的形态，然后将冷却后的样品在空气中于 350℃处理 2h，以制备 Co_3O_4 多面体[60]。

除金属氧化物外，通过离子辅助反应可以将金属有机骨架材料合成具有多孔纳米结构的金属氢氧化物。Zhong 等[61]通过水热法将 Co-MOFs 的有机配体替换为—OH，所得的双金属氢氧化物具有大的比表面积和高的孔隙率。先将 Co-MOFs 均匀生长在碳纤维布上（Co-MOFs/CFC），再将 Co-MOFs/CFC 浸入硝酸镍溶液中进行水热反应，具体过程如下：Ni^{2+}在水热条件下再逐渐刻蚀 Co-MOFs 以释放 Co^{2+}。然后，溶液中的 O_2 和 NO_3^- 将 Co^{2+}氧化成 Co^{3+}。Co^{3+}和 Ni^{2+}通过共沉淀原位生成镍钴双金属氢氧化物。楼雄文课题组[62]将 MIL-88A 与尿素、硝酸镍分散在乙醇和水的混合液中，通过尿素分解产生 OH^-，OH^-刻蚀 MIL-88A 以释放 Fe^{3+}，Fe^{3+}和 Ni^{2+}通过共沉淀生成层状镍铁双金属氢氧化物。

金属有机骨架材料可以通过硫化、磷化和硒化分别转化为硫化物、磷化物和硒化物。北京工业大学李建荣课题组[63]报道了以二维双金属有机骨架（NiCo-MOFs）为模板，制备了一系列多孔双金属氧化物、硫化物和硒化物纳米片阵列（$NiCo_2X_4$，X = O、S、Se）。其制备过程：首先通过溶剂热法在导电碳纸上生长高度有序的 NiCo-MOFs，然后分别进行氧化、硫化和硒化处理最终得到不同阴离子的双金属化合物。阴离子调节可以有效改变催化剂的内在电子结构，不仅调节了 d 带中心，而且优化了催化剂表面与中间体之间的相互作用。

1.4.3 金属/金属化合物和碳复合材料

利用金属有机骨架材料的有机配体和金属成分可以合成衍生的金属/金属化

合物和碳复合材料，所得的碳组分可以用作电子传输和锚定金属/金属化合物，从而促进电子转移并提高稳定性。通过在惰性气氛下直接热解金属有机骨架材料而不去除金属可以得到金属/金属化合物和碳复合材料。高温热解时，有机配体逐渐分解产生了多孔碳骨架，而金属中心脱落并催化周围的碳生成石墨碳，金属物质均匀地分布在碳骨架上。以金属有机骨架材料为模板，由于其中的有机配体和金属节点的高度有序排列，因此可在多孔碳基质上形成超细金属/金属化合物纳米粒子。金属/金属化合物粒径大小可以通过金属有机骨架材料的前期设计及热解条件控制。该复合材料可以结合金属/金属化合物和碳的优势，如金属/金属化合物的高活性及碳的结构/化学稳定性。而且，金属/金属化合物与碳之间的紧密接触可以诱导界面相互作用和协同作用，从而可以极大提高催化性能。通过在氩气气氛下将Cu-Co-ZIF在500℃下热解2h，可以合成具有凹面多面体形貌的多孔碳包覆的$CuCo_2O_4$（$CuCo_2O_4$/C）[64]。

金属、金属氧化物、金属硫化物、金属磷化物和金属硒化物也可以通过金属有机骨架材料掺入多孔碳骨架中。Zhao等[65]合成了由4, 4-[磺酰基双（4, 1-苯）]联吡啶（SPDP）和1, 4-对苯二甲酸（H_2BDC）配体构成的新型Co-MOFs。将得到的Co-MOFs在惰性气体中热解，形成Co_9S_8纳米粒子嵌在氮、氧和硫三掺杂的碳纳米材料（Co_9S_8@TDC）。此外，通过调控衍生材料的结构、化学组成、次级结构基元可以合成金属有机骨架衍生的复杂纳米结构。Guo等[66]将钾-鞣酸（K-TA）配位聚合物沉积在ZIF-8纳米晶体的表面上，以获得ZIF-8@K-TA复合材料。通过简单地将ZIF-8@K-TA纳米晶体分散并搅拌在含硝酸钴的甲醇溶液中，用Co^{2+}替代K-TA壳中的K^+得到ZIF-8@Co-TA。ZIF-8@Co-TA在900℃的温度下热解生成Co@N-HCC复合材料。Co@N-HCC复合材料由钴纳米粒子（平均粒径为6.1nm）嵌入空心胶囊状的氮掺杂碳壁组成。

1.5 小结与展望

MOFs作为一种新型的高度结晶的多孔材料，通常由金属离子和有机配体在水热或溶剂热条件下合成。合成前驱体调整策略和合成动力学调整策略的发展促进了具有新结构和优异特性的MOFs的发现。迄今为止，已经建立了许多替代路线，包括微波合成和超声合成、离子热合成和电化学合成、机械化学合成。这些方法已被证明在较温和的反应条件下，在短时间内合成具有纯相、小粒径和受控的形态的MOFs。此外，官能团修饰、金属掺杂、活化不饱和金属位点对MOFs性质进行调整，为其在吸附催化、药物运输、传感等领域提供了新的见解。同时通过合理设计MOFs前驱体和外部控制合成步骤，对MOFs衍生材料的形貌、组成和性质进行调控，使得MOFs衍生材料在催化领域备受关注。

然而，实际应用过程中 MOFs 稳定性不足，容易造成二次污染，这限制其大规模应用。同时似乎没有系统的理论和方法来指导 MOFs 准确和受控制备。为此，提出以下可能的解决方案和建议：①通过改性 MOFs 提升其稳定性，减少分解导致的二次污染问题。②建立合成参数-形貌、组成和性质演化模型。目前，有必要分析和总结合成参数（如起始材料的浓度、溶剂、pH、反应温度和反应时间）对 MOFs 形貌、组成和性质的影响。每个参数的作用机理都需要在微观层面上进行描述和分析。同时，不同参数之间的相互作用机理值得深入探讨，并寻求建立合成参数-形貌、组成和性质演化模型，从而可以对 MOFs 形貌、组成和性质进行系统的调控和预测，结合并行化、小型化和自动化的思想，实现准确、可控的大规模制备。

参 考 文 献

[1] 仲崇立，刘大欢，阳庆元. 金属-有机骨架材料的构效关系及设计[M]. 北京：科学出版社，2013.

[2] Férey G. Hybrid porous solids：past，present，future[J]. Chemical Society Reviews，2008，37（1）：191-214.

[3] Kitagawa S，Kitaura R，Noro S. Functional porous coordination polymers[J]. Angewandte Chemie International Edition，2004，43（18）：2334-2375.

[4] Kinoshita Y，Matsubara I，Higuchi T，et al. The crystal structure of bis(adiponitrilo)copper(Ⅰ)nitrate[J]. Bulletin of the Chemical Society of Japan，1959，32（11）：1221-1226.

[5] Schmidt G M J. Photodimerization in the solid state[J]. Pure and Applied Chemistry，1971，27（4）：647-678.

[6] Coxeter H S M，Wells A F. Three-dimensional nets and polyhedra[J]. Bulletin of the American Mathematical Society，1978，84（3）：466-470.

[7] Hoskins B F，Robson R. Design and construction of a new class of scaffolding-like materials comprising infinite polymeric frameworks of 3D-linked molecular rods. A reappraisal of the zinc cyanide and cadmium cyanide structures and the synthesis and structure of the diamond-related frameworks $[N(CH_3)_4][Cu^IZn^{II}(CN)_4]$ and Cu^I[4, 4′, 4″, 4‴-tetracyanotetraphenylmethane] $BF_4 \cdot xC_6H_5NO_2$[J]. Journal of the American Chemical Society，1990，112（4）：1546-1554.

[8] Abrahams B F，Hoskins B F，Robson R. A honeycomb form of cadmium cyanide. A new type of 3D arrangement of interconnected rods generating infinite linear channels of large hexagonal cross-section[J]. Journal of the Chemical Society，Chemical Communications，1990（1）：60-61.

[9] Yaghi O M，Davis C E，Li G，et al. Selective guest binding by tailored channels in a 3-D porous zinc(Ⅱ)-benzenetricarboxylate network[J]. Journal of the American Chemical Society，1997，119（12）：2861-2868.

[10] Kitagawa S，Kawata S，Nozaka Y，et al. Synthesis and crystal structures of novel copper(Ⅰ)co-ordination polymers and a hexacopper(Ⅰ)cluster of quinoline-2-thione[J]. Journal of the Chemical Society，Dalton Transactions，1993（9）：1399-1404.

[11] Fujita M，Sasaki O，Watanabe K，et al. Self-assembled molecular ladders[J]. New Journal of Chemistry，1998，22（2）：189-191.

[12] Kitagawa S，Kondo M. Functional micropore chemistry of crystalline metal complex-assembled compounds[J]. Bulletin of the Chemical Society of Japan，1998，71（8）：1739-1753.

[13] 袁碧贞. 金属有机骨架基材料的制备及其吸附和催化应用[D]. 广州：华南理工大学，2011.

[14] Eddaoudi M，Kim J，Rosi N，et al. Systematic design of pore size and functionality in isoreticular MOFs and their application in methane storage[J]. Science，2002，295（5554）：469-472.

[15] Chui S S Y，Lo S M F，Charmant J P H，et al. A chemically functionalizable nanoporous material $[Cu_3(TMA)_2(H_2O)_3]_n$[J]. Science，1999，283（5405）：1148-1150.

[16] Serre C，Millange F，Thouvenot C，et al. Very large breathing effect in the first nanoporous chromium(III)-based solids：MIL-53 or $Cr^{(III)}(OH)\cdot\{O_2C\text{-}C_6H_4\text{-}CO_2\}\cdot\{HO_2C\text{-}C_6H_4\text{-}CO_2H\}_x\cdot H_2O_y$[J]. Journal of the American Chemical Society，2002，124（45）：13519-13526.

[17] Férey G，Mellot-Draznieks C，Serre C，et al. A chromium terephthalate-based solid with unusually large pore volumes and surface area[J]. Science，2005，309（5743）：2040-2042.

[18] Park K S，Ni Z，Côté A P，et al. Exceptional chemical and thermal stability of zeolitic imidazolate frameworks[J]. Proceedings of the National Academy of Sciences，2006，103（27）：10186-10191.

[19] Cavka J H，Jakobsen S，Olsbye U，et al. A new zirconium inorganic building brick forming metal organic frameworks with exceptional stability[J]. Journal of the American Chemical Society，2008，130（42）：13850-13851.

[20] Ma S，Zhou H C. A metal-organic framework with entatic metal centers exhibiting high gas adsorption affinity[J]. Journal of the American Chemical Society，2006，128（36）：11734-11735.

[21] Kondo M，Okubo T，Asami A，et al. Rational synthesis of stable channel-like cavities with methane gas adsorption properties：$[\{Cu_2(pzdc)_2(L)\}_n]$（pzdc = pyrazine-2, 3-dicarboxylate；L = a pillar ligand）[J]. Angewandte Chemie International Edition，1999，38（1-2）：140-143.

[22] Mu X X，Jiang J F，Chao F F，et al. Ligand modification of UiO-66 with an unusual visible light photocatalytic behavior for RhB degradation[J]. Dalton Transactions，2018，47（6）：1895-1902.

[23] Tarasi S，Tehrani A A，Morsali A. The effect of methyl group functionality on the host-guest interaction and sensor behavior in metal-organic frameworks[J]. Sensors and Actuators B：Chemical，2020，305：127341.

[24] Wang Z，Cohen S M. Postsynthetic covalent modification of a neutral metal-organic framework[J]. Journal of the American Chemical Society，2007，129（41）：12368-12369.

[25] Wang Z，Cohen S M. Postsynthetic modification of metal-organic frameworks[J]. Chemical Society Reviews，2009，38（5）：1315-1329.

[26] Dong S X，Wang Y L. Characterization and adsorption properties of a lanthanum-loaded magnetic cationic hydrogel composite for fluoride removal[J]. Water Research，2016，88：852-860.

[27] Rong S Y，Chen S Z，Su P C，et al. Postsynthetic modification of metal-organic frameworks by vapor-phase grafting[J]. Inorganic Chemistry，2021，60（16）：11745-11749.

[28] Xiang L，Sheng L，Wang C，et al. Amino-functionalized ZIF-7 nanocrystals：improved intrinsic separation ability and interfacial compatibility in mixed-matrix membranes for CO_2/CH_4 separation[J]. Advanced Materials，2017，29（32）：1606999.

[29] Cho K Y，An H，Do X H，et al. Synthesis of amine-functionalized ZIF-8 with 3-amino-1, 2, 4-triazole by postsynthetic modification for efficient CO_2-selective adsorbents and beyond[J]. Journal of Materials Chemistry A，2018，6（39）：18912-18919.

[30] Wei Y P，Liu Y，Guo F，et al. Different functional group modified zirconium frameworks for the photocatalytic reduction of carbon dioxide[J]. Dalton Transactions，2019，48（23）：8221-8226.

[31] Tanabe K K，Cohen S M. Postsynthetic modification of metal-organic frameworks—a progress report[J]. Chemical Society Reviews，2011，40（2）：498-519.

[32] Liu T, Che J X, Hu Y Z, et al. Alkenyl/thiol-derived metal-organic frameworks（MOFs）by means of postsynthetic modification for effective mercury adsorption[J]. Chemistry：A European Journal，2014，20（43）：14090-14095.

[33] Ke F, Qiu L G, Yuan Y P, et al. Thiol-functionalization of metal-organic framework by a facile coordination-based postsynthetic strategy and enhanced removal of Hg^{2+} from water[J]. Journal of Hazardous Materials，2011，196：36-43.

[34] Li Z Q，Gao R，Feng M，et al. Modulating metal-organic frameworks as advanced oxygen electrocatalysts[J]. Advanced Energy Materials，2021，11（16）：2003291.

[35] Sun S W，Yang Z H，Cao J，et al. Copper-doped ZIF-8 with high adsorption performance for removal of tetracycline from aqueous solution[J]. Journal of Solid State Chemistry，2020，285：121219.

[36] Xie S L，Li F，Xu S X，et al. Cobalt/iron bimetal-organic frameworks as efficient electrocatalysts for the oxygen evolution reaction[J]. Chinese Journal of Catalysis，2019，40（8）：1205-1211.

[37] Yang J M, Yang B C, Zhang Y, et al. Rapid adsorptive removal of cationic and anionic dyes from aqueous solution by a Ce(III)-doped Zr-based metal-organic framework[J]. Microporous and Mesoporous Materials，2020，292：109764.

[38] Brozek C K，Dincă M. Lattice-imposed geometry in metal-organic frameworks：lacunary Zn_4O clusters in MOF-5 serve as tripodal chelating ligands for Ni^{2+}[J]. Chemical Science，2012，3（6）：2110-2113.

[39] Yao Q X，Sun J L，Li K，et al. A series of isostructural mesoporous metal-organic frameworks obtained by ion-exchange induced single-crystal to single-crystal transformation[J]. Dalton Transactions，2012，41（14）：3953-3955.

[40] Mukherjee G，Biradha K. Post-synthetic modification of isomorphic coordination layers：exchange dynamics of metal ions in a single crystal to single crystal fashion[J]. Chemical Communications，2012，48（36）：4293-4295.

[41] Sun D R，Liu W J，Qiu M，et al. Introduction of a mediator for enhancing photocatalytic performance via post-synthetic metal exchange in metal-organic frameworks（MOFs）[J]. Chemical Communications，2015，51（11）：2056-2059.

[42] Bae Y S，Lee C Y，Kim K C，et al. High propene/propane selectivity in isostructural metal-organic frameworks with high densities of open metal sites[J]. Angewandte Chemie International Edition，2012，124（8）：1893-1896.

[43] Bae Y S，Snurr R Q. Development and evaluation of porous materials for carbon dioxide separation and capture[J]. Angewandte Chemie International Edition，2011，50（49）：11586-11596.

[44] Xiang S C，Zhou W，Zhang Z J，et al. Open metal sites within isostructural metal-organic frameworks for differential recognition of acetylene and extraordinarily high acetylene storage capacity at room temperature[J]. Angewandte Chemie International Edition，2010，122（27）：4719-4722.

[45] Schlichte K，Kratzke T，Kaskel S. Improved synthesis，thermal stability and catalytic properties of the metal-organic framework compound $Cu_3(BTC)_2$ [J]. Microporous and Mesoporous Materials，2004，73（1-2）：81-88.

[46] Feng D, Gu Z Y, Li J R, et al. Zirconium-metalloporphyrin PCN-222：mesoporous metal-organic frameworks with ultrahigh stability as biomimetic catalysts[J]. Angewandte Chemie International Edition，2012，51（41）：10307-10310.

[47] Kreno L E，Leong K，Farha O K，et al. Metal-organic framework materials as chemical sensors[J]. Chemical Reviews，2012，112（2）：1105-1125.

[48] Kökçam-Demir Ü，Goldman A，Esrafili L，et al. Coordinatively unsaturated metal sites（open metal sites）in metal-organic frameworks：design and applications[J]. Chemical Society Reviews，2020，49（9）：2751-2798.

[49] Zhang X，Chen Z J，Liu X Y，et al. A historical overview of the activation and porosity of metal-organic

frameworks[J]. Chemical Society Reviews，2020，49（20）：7406-7427.

[50] Chen B，Ockwig N W，Millward A R，et al. High H_2 adsorption in a microporous metal-organic framework with open metal sites[J]. Angewandte Chemie International Edition，2005，44（30）：4745-4749.

[51] Kim H K，Yun W S，Kim M B，et al. A chemical route to activation of open metal sites in the copper-based metal-organic framework materials HKUST-1 and Cu-MOF-2[J]. Journal of the American Chemical Society，2015，137（31）：10009-10015.

[52] Espín J，Garzón-Tovar L，Carné-Sánchez A，et al. Photothermal activation of metal-organic frameworks using a UV-vis light source[J]. ACS Applied Materials & Interfaces，2018，10（11）：9555-9562.

[53] Chen Y Z，Zhang R，Jiao L，et al. Metal-organic framework-derived porous materials for catalysis[J]. Coordination Chemistry Reviews，2018，362：1-23.

[54] Bhadra B N，Ahmed I，Kim S，et al. Adsorptive removal of ibuprofen and diclofenac from water using metal-organic framework-derived porous carbon[J]. Chemical Engineering Journal，2017，314：50-58.

[55] Hu M，Reboul J，Furukawa S，et al. Direct carbonization of Al-based porous coordination polymer for synthesis of nanoporous carbon[J]. Journal of the American Chemical Society，2012，134（6）：2864-2867.

[56] Li J S，Li S L，Tang Y J，et al. Heteroatoms ternary-doped porous carbons derived from MOFs as metal-free electrocatalysts for oxygen reduction reaction[J]. Scientific Reports，2014，4（1）：1-8.

[57] Wang C H，Kim J，Tang J，et al. Large-scale synthesis of MOF-derived superporous carbon aerogels with extraordinary adsorption capacity for organic solvents[J]. Angewandte Chemie，2020，132（5）：2082-2086.

[58] An H J，Bhadra B N，Khan N A，et al. Adsorptive removal of wide range of pharmaceutical and personal care products from water by using metal azolate framework-6-derived porous carbon[J]. Chemical Engineering Journal，2018，343：447-454.

[59] Xia W，Tang J，Li J，et al. Defect-rich graphene nanomesh produced by thermal exfoliation of metal-organic frameworks for the oxygen reduction reaction[J]. Angewandte Chemie International Edition，2019，131（38）：13488-13493.

[60] Salunkhe R R，Tang J，Kamachi Y，et al. Asymmetric supercapacitors using 3D nanoporous carbon and cobalt oxide electrodes synthesized from a single metal-organic framework[J]. ACS Nano，2015，9（6）：6288-6296.

[61] Xue X L，Zhong J Y，Liu J H，et al. Hydrolysis of metal-organic framework towards three-dimensional nickel cobalt-layered double hydroxide for high performance supercapacitors[J]. Journal of Energy Storage，2020，31：101649.

[62] Zhang J T，Li Z，Chen Y，et al. Nickel-iron layered double hydroxide hollow polyhedrons as a superior sulfur host for lithium-sulfur batteries[J]. Angewandte Chemie International Edition，2018，130（34）：11110-11114.

[63] Zhou J，Dou Y B，He T，et al. Revealing the effect of anion-tuning in bimetallic chalcogenides on electrocatalytic overall water splitting[J]. Nano Research，2021，14（12）：4548-4555.

[64] Ma J J，Wang H J，Yang X，et al. Porous carbon-coated $CuCo_2O_4$ concave polyhedrons derived from metal-organic frameworks as anodes for lithium-ion batteries[J]. Journal of Materials Chemistry A，2015，3（22）：12038-12043.

[65] Zhao J Y，Wang R，Wang S，et al. Metal-organic framework-derived Co_9S_8 embedded in N，O and S-tridoped carbon nanomaterials as an efficient oxygen bifunctional electrocatalyst[J]. Journal of Materials Chemistry A，2019，7（13）：7389-7395.

[66] Guo F，Yang H，Liu L M，et al. Hollow capsules of doped carbon incorporating metal@metal sulfide and metal@metal oxide core-shell nanoparticles derived from metal-organic framework composites for efficient oxygen electrocatalysis[J]. Journal of Materials Chemistry A，2019，7（8）：3624-3631.

第 2 章　金属有机骨架材料的性质与表征方法

MOFs 材料的独特组成和结构赋予其优异的性能，高度有序多孔结构、大比表面积、孔径可调节、易于功能化等特点，使 MOFs 材料在环境领域中表现优异。例如，相比于传统多孔材料，MOFs 具有更大的比表面积和孔隙度，展现出更强的吸附性能；周期性骨架内空间上均匀分布的过渡金属中心及配体上的功能基团，成为催化等多种化学反应的中心。结构决定功能，MOFs 材料微观结构多样，金属中心、有机配体的种类、两者配比、合成方法、溶剂使用情况，以及各种掺杂、碳化、复合等改性工艺均对 MOFs 材料的微观形貌结构、组成、物化性能等有重大影响。MOFs 材料结构功能的不同最终体现在环境领域应用中，如对水体中污染物吸附处理效果、作为催化剂的催化效能、气体污染物的去除能力等。因此，从这些方面入手，深入分析探究 MOFs 材料的微观特性和化学性质显得尤为重要。

得益于 MOFs 材料的优良性质，目前已有大量的研究者对 MOFs 材料的理化性质进行分析研究与表征。总体来讲，主要有下列几种技术用于 MOFs 材料的基础分析表征。利用透射电子显微镜（transmission electron microscope，TEM）和扫描电子显微镜（scanning electron microscope，SEM）可以观察分析 MOFs 材料微观形貌结构；采用 X 射线衍射（XRD）可获得 MOFs 晶体结构与组成；采用比表面积及孔隙度分析仪可以测定 MOFs 材料的比表面积、孔径分布、孔体积等信息；借助傅里叶变换红外光谱（FTIR）和 X 射线光电子能谱（XPS）可以获得材料表面官能团组成含量信息；拉曼（Raman）光谱可以用于材料定性分析鉴别、材料结构测定等方面的检测；热重分析（TGA）可确定材料热稳定性能；Zeta 电位测试可获得材料表面荷电状态。通过这些表征分析手段能够更好地帮助人们理解探究并揭示 MOFs 材料结构、性能、组成之间的关系，建立 MOFs 材料更加完善的数据库，为后续研究及实际应用提供更多数据参考和理论指导，实现 MOFs 材料性能更进一步的优化。

2.1　金属有机骨架材料的形貌与结构

金属中心和有机配体的多样性造就了 MOFs 材料种类多样，且可通过多种不同方法合成 MOFs（微波法、溶剂热法、电化学法等），这些制备过程因素都会影响 MOFs 的微观形貌[1-3]。MOFs 是由金属中心和有机配体通过配位作用构成的周期性晶体骨架材料，因此，金属中心和有机配体在空间上的配位连接方式决定其基本的晶体构型、表面形貌及内部结构特性[4, 5]。目前，TEM 和 SEM 这两种电子显微测试方法是分析 MOFs 材料表面微观形貌和内部结构特性直观常用的表征手段[6, 7]。其中 SEM 的分辨率可达 1nm，而 TEM 的分辨率更高，可达 0.2nm。MOFs 是具有确定形貌结构的晶体材料，借助 SEM 和 TEM 可以更好地观察分析材料形貌、结构等信息[8]。此外，高分辨率的 TEM 能提供 MOFs 的晶格间距等晶体结构信息[9]。SEM 和 TEM 的具体操作方法包括：用导电双面胶将约 $1cm^2$ 的粉末样品粘贴在测试样品座上，使用喷射的氮气吹去导电胶上不稳定粉末样品；通过离子溅射在粉末样品表面镀一层金膜，增加样品的导电性，随后将样品放入测试仪中抽真空后观察材料形貌，并保存图片便于后续分析。例如，Xiong 等制备并利用 SEM 表征多壁碳纳米管（MWCNT）和 NH_2-MIL-53(Fe)复合材料[10]。如图 2.1 所示，NH_2-MIL-53(Fe)呈现出光滑的纺锤体结构，多壁碳纳米管为弯曲管状形貌，当两者复合后，可以明显看出 NH_2-MIL-53(Fe)表面被多壁碳纳米管包裹覆盖，在微观形貌上直接证明了两者的成功复合。TEM 具备更高的分辨率，利用高分辨率 TEM（HRTEM）可以更直观地辨别晶格排列分布。在 SEM 或 TEM 表征过程中，能量色散 X 射线谱（EDS）常被一起使用[11, 12]。EDS 用于识别分析样品组分，可以定性或半定量分析样品元素组成[12]。其原理是利用入射电子与原子碰撞，使原子被激发，激发的原子核外电子产生跃迁引起原子能级改变，从而产生光谱，得到检测区域样品直观的元素分布图像。Cao 等利用 TEM 表征了 ZIF-67 衍生的钴纳米粒子限域的氮掺杂多孔碳[13]。在 HRTEM 下，钴颗粒限域现象明显，0.2nm 的晶面间距与金属钴晶格面一致，表明材料所含钴为钴金属颗粒。此外，从 TEM 下元素映射分布中可以看出，钴、氮和碳元素一样，均匀分布在测试样品区域，进一步证明了钴和氮在多孔碳中的均匀分布（图 2.2）。

对于 MOFs 材料，其表观颜色很大程度上受到金属中心的影响。例如，三价铁的颜色为棕黄色，以三价铁为金属中心的 MIL 系列材料主体呈现为棕黄色；二价铜为浅蓝色，铜基 HKUST 的颜色为浅蓝色；二价锌离子无色，锌基 ZIF 为白色。而同为 ZIF 系列材料，尽管二价钴离子为粉红色，但钴基 ZIF 材料却呈现出紫色。可能原因是配合物形成过程改变了材料对光频率的吸收，从而改变了外观

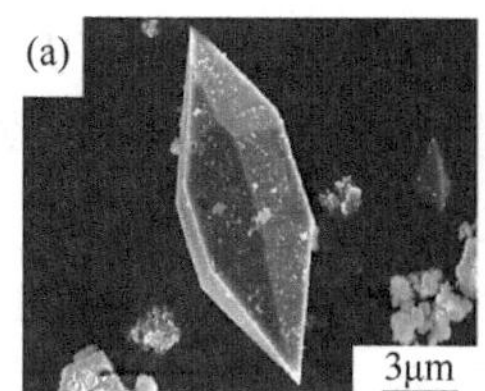

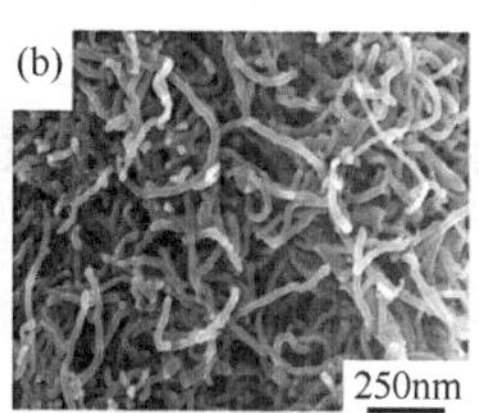

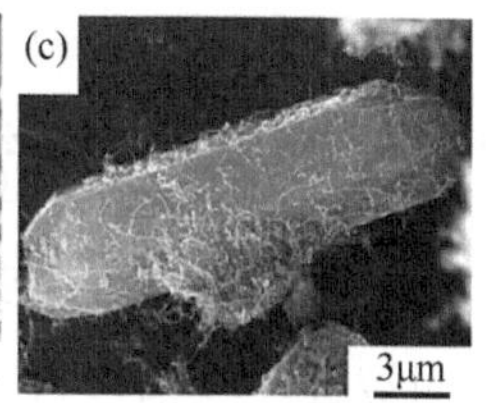

图 2.1　NH_2-MIL-53(Fe)（a）、MWCNT（b）和 MWCNT/NH_2-MIL-53(Fe)（c）的 SEM 图

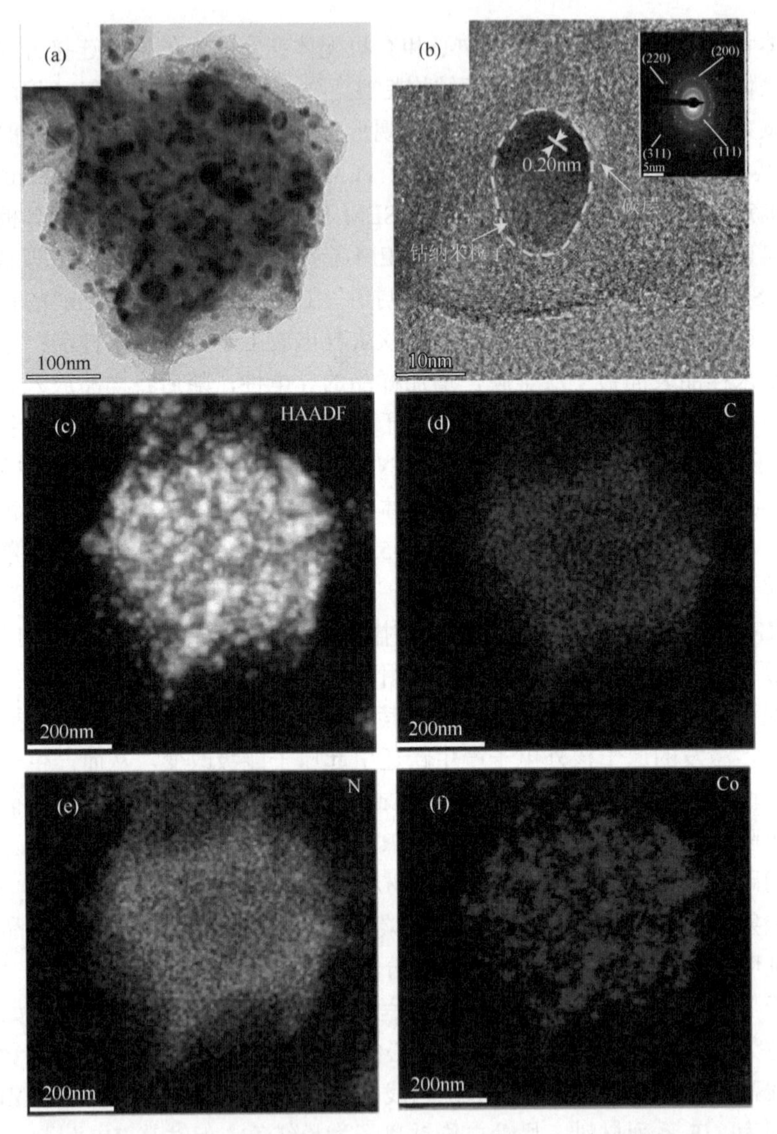

图 2.2　Co@NC-800 的 TEM 图（a）、高倍放大 TEM 图（b）及其对应的元素映射分布图［（c）～（f）］

颜色表现。金属中心不仅影响 MOFs 材料的颜色，同时也会改变 MOFs 材料的形貌[14]。对于 MOFs 材料，金属掺杂是一种常用的改性手段，利用掺杂改性通常会导致 MOFs 材料形貌的变化[15-17]。Yu 等探索制备了锰掺杂的 MIL-53(Fe)[18]，并用 SEM 对合成的样品进行了形貌分析。如图 2.3 的 SEM 图所示，MIL-53(Fe)为规则的双锥四棱柱，经锰掺杂后，其形貌结构发生明显变化。当锰的掺杂比例为 0.3 时，Mn-MIL-53(Fe)则呈现双锥六棱柱结构，且椎体轴向长度增加，垂直轴向宽度减小，晶体颗粒整体尺寸略微变小。但该研究中没有进一步探索金属掺杂含量对形貌的具体影响。Hu 等探索制备了不同含量的铁掺杂 Co-ZIF 样品[19]，SEM 表征表明，随着铁含量的增加，Co-ZIF 样品的形貌结构由十二面体转变为六角棱柱，当铁钴含量比为 1∶1 时，其形貌再变化为不规则的片状。这种不规则的形貌变化可能是 Fe^{3+}与二甲基咪唑配位不良使结构改变。

图 2.3　MIL-53(Fe)（a）和 Mn-MIL-53(Fe)（b）的 SEM 图

不仅仅是金属中心，改变 MOFs 合成过程的条件也会引发 MOFs 材料形貌的变化[20]。Zhang 等研究了 ZIF 合成中有机配体和金属中心摩尔比对其晶体形貌结构的影响[21]。SEM 结果显示，当二甲基咪唑/钴为 8 的低摩尔比时，得到的 ZIF 为片状形貌，两者的摩尔比进一步提高，制备的样品从片状形貌过渡到团簇花状，当摩尔比达到 48 时，最终 ZIF 演变成十二面体结构。XRD 表征证明了片状 ZIF-L 为 ZIF-67 生长过程的过渡态，低浓度有机配体形成片状结构，而高浓度下，相转变过程快速发生，形成十二面体的 ZIF-67。在 MOFs 合成中，使用不同溶剂也会诱导 MOFs 形貌的转变。Li 等研究发现，改变溶剂中水和乙醇的比例，ZIF 微观形貌由十二面体逐渐转变为叶片状[22]。这种转变的形成可归结于溶剂性质差异导致二甲基咪唑解离发生变化，进而影响其与锌离子的配位，促进最终产物结构的转变。改变配体，对 MOFs 进行官能团化也会对结构产生影响。例如，Wang 等探究氨基化对 MIL-125(Ti)性能提升的影响[23]，氨基化后，样品颜色由白色变为黄色，SEM 表征结果中，相较于 MIL-125(Ti)，NH_2-MIL-125(Ti)晶体颗粒尺寸变得更小，为 400～600nm，同时表面更为光滑，比表面积更大。NH_2-MIL-125(Ti)也表现出更高的光催化还原 Cr(Ⅵ)的能力。除溶剂外，在 MOFs 合成过程中加入或改变调制剂的使用比例也会影响其形貌结构。例如，Wang 等使用调制策略来制备单分散 MOF-5 晶体[24]，即在 MOF-5 的控制合成过程中，引入三乙胺（TEA）作为辅助剂调节 MOF-5 结晶的成核，同时使用聚乙烯吡咯烷酮（PVP）作为盖层剂调节晶面的生长。系统反应表明，MOF-5 晶体的尺寸分布依赖于 TEA 和 PVP 的浓度产生的结晶动力学。PVP 的浓度可以有效地调节 MOFs 晶体的形状，在优化的实验条件下，可以得到单分散的 MOF-5 立方体（尺寸可调范围为 400～2500nm）、截断立方体、截断八面体和八面体。

金属中心和有机配体空间配位构成了 MOFs 材料基础骨架，同时这种空间结构上的配位方式也赋予 MOFs 材料高度有序多孔结构。MOFs 材料内大量微孔（＜2nm）的存在使其拥有高孔体积和巨大的比表面积，其比表面积通常可达几百 m^2/g 至几千 m^2/g[25, 26]。金属中心和有机配位结合方式、金属中心和配体的种类等均会影响 MOFs 材料的多孔结构。尽管微孔的存在赋予 MOFs 材料大的比表面积，但在某种程度上，特别在环境污染物处理中，要求材料与目标污染物具有更多的接触作用以进一步提升去除效果，而 MOFs 结构的微孔却不利于这一处理过程，会限制反应过程中的传质效率[27, 28]。因此，许多研究者尝试制备拥有更大孔径结构的 MOFs 材料，获得拥有介孔、大孔或分级孔结构来改进 MOFs 孔隙结构方面的性能[29, 30]。与原本微孔主导的 MOFs 相比，大孔径的 MOFs 能表现出更快速的分子扩散、更高的传质效率，更好的机械性能和稳定性能，以及更多样化的纳米尺度效应等[31, 32]。目前，制备含有介孔、大孔等分级孔结构的 MOFs 主要包括次级有机配体构筑单元扩展、拓扑结构设计、模板利用法、结构缺陷引入、刻蚀转换等构建策略[33]。不同的构建策略使用条件不同，制备难易程度不一。次级有机配体构筑单元扩展设计可以说是实现 MOFs 中介孔、大孔结构的最直接有效的方法之一，通过拓展有机配体的连接长度使得介孔、大孔 MOFs 的构建变得简单。然而由于介孔、大孔结构比微孔结构更脆弱，MOFs 孔道结构中客体分子的去除很快就会出现结构快速坍塌的现象。因而该方法适用于金属-羧酸盐等刚性骨架的设计利用。相对而言，模板利用法、结构缺陷引入、刻蚀转换等策略在构建中使用更多。例如，Zhang 等通过纳米粒子封装结合刻蚀工艺，开发了一种在 MOFs 中引入介孔结构的简便工艺[34]。该工艺通过控制封装纳米粒子的大小和形状及封装条件，可以合理地调节 ZIF-8 结构的空间分布和层次结构，得到不同介孔结构 ZIF-8，使设计介孔 MOFs 成为可能。此外，在封装过程中，ZIF-8 结构中可引入两种不同的纳米粒子，其中一种作为牺牲模板提供介孔，另一种在骨架中作为催化活性位点。这一策略也展示了一种合理调整 MOFs 中孔大小、形状和功能的有效方法。相比于直接调控 MOFs 孔结构，将微孔 MOFs 与介孔、大孔材料复合，制备具有分级孔结构 MOFs 复合材料也是一种有效策略[35, 36]。Peng 等以 ZIF-L 为目标 MOFs，通过溶胶-凝胶法和机械发泡工艺，将微孔 ZIF-L 成功负载在具备介孔和大孔结构的三维明胶气凝胶基底上，制备得到分级多孔结构的 ZIF-L/明胶气凝胶复合材料[37]。得益于气凝胶载体对 ZIF-L 的有效负载分散及复合材料优异的分级孔隙结构，ZIF-L/明胶气凝胶对水体中四环素抗生素的吸附去除效能远高于粉末 ZIF-L，展现出更快的吸附动力学和更高的吸附能力。

在 MOFs 材料比表面积、孔结构、吸附-脱附曲线类型等结构参数测定中，全自动比表面积及孔隙度分析仪是常用的检测仪器，它可以测试不同范围的孔径，主要包括微孔（<2nm）、介孔（2～50nm）和大孔（>50nm）。常用氮气、氩气、二氧化碳等惰性气体作为吸附质来测试。在测试过程中，需要设置合适的脱气温度和时间，以保证材料不会因温度过高致使结构坍塌，同时合适的脱气温度也是为了保证脱气的完全。在比表面积分析中通常采用 Brunauer-Emmett-Teller 比表面积分析法（以下简称 BET 法），其具有操作简单、准确性高、重现性好等特点，因而被广泛用于纳米材料孔结构性能表征[38, 39]。BET 法是基于多层吸附理论的一种分析方法，当置于吸附质中的样品达到吸附平衡时，检测平衡吸附压力和吸附的气体的总量，即可根据 BET 方程计算材料吸附容量等参数，从而得到样品比表面积、孔分布等参数。BET 法适用于大多数材料样品比表面积分析，也被广泛运用于 MOFs 材料比表面积的计算[40]。借助全自动比表面积及孔隙度分析仪，可进一步获得 MOFs 材料吸附-脱附曲线、比表面积、孔体积等信息。MOFs 材料的比表面积和孔隙度影响着其吸附、催化等性能。例如，Yu 等制备锰掺杂 MIL-53(Fe)催化剂并进行样品氮气吸附-脱附检测[18]。如图 2.4 所示，MIL-53(Fe)和 Mn-MIL-53(Fe)-0.3 的吸附-脱附曲线为 I 型曲线，低压阶段氮气吸附量增加为微孔吸附，中压部分吸附曲线平缓且无回滞环，表明材料内以微孔为主。相比于 MIL-53(Fe)（$231.63m^2/g$，$0.135cm^3/g$），锰掺杂后 Mn-MIL-53(Fe)-0.3 氮气吸附量更大，BET 比表面积增大为 $405.95m^2/g$，孔体积增加到 $0.213cm^3/g$。得益于增加的 BET 比表面积和孔体积，Mn-MIL-53(Fe)-0.3 表现出更高的催化降解抗生素性能。

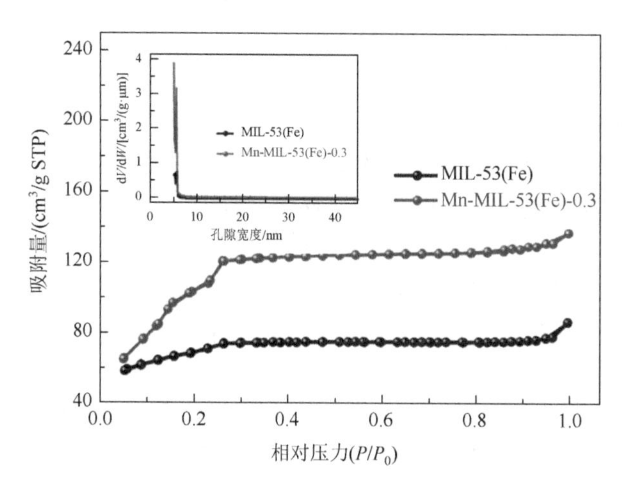

图 2.4　MIL-53(Fe)和 Mn-MIL-53(Fe)-0.3 样品的氮气吸附-脱附曲线

在惰性气氛下碳化 MOFs 材料是一种有效的改性手段[41]。不同于空气中直接煅烧，惰性气体中碳化可以在一定程度上保留 MOFs 自身形貌结构，将 MOFs 转化为高石墨化碳基材料，同时碳化过程可以实现对 MOFs 孔结构的调节，增加 MOFs 孔隙度[42-44]。Xiong 等制备了锌掺杂的 MIL-53(Fe)并在氮气氛围下高温煅烧进一步改善材料的孔结构性能[45]。SEM 结果表明，在 910℃下煅烧后，Zn-MIL-53(Fe)原始骨架结构被破坏，表面变得粗糙且布满大量孔结构，元素映射图显示锌元素几乎消失，这是由于高温煅烧导致锌的挥发。氮气吸附-脱附曲线表明样品均为Ⅳ型曲线，材料内部存在微孔、介孔和大孔，同时高温煅烧后样品氮气吸附量显著增加，说明材料孔隙度增加；孔径分布曲线表明孔结构朝着大孔方向偏移。此外，碳化后样品 BET 比表面积增加到 171.7m^2/g，远高于 Zn-MIL-53(Fe) 的 47.0m^2/g。相应地，碳化样品总孔体积增加，介孔和大孔孔体积增加，而微孔减少。这表明高温碳化有助于促进微孔向介孔和大孔的转化，实现材料孔结构的调整，进而提升材料吸附去除抗生素的性能。

2.2 金属有机骨架材料的特点

MOFs 是由含金属离子（金属簇）与羧酸、含 N 等有机配体通过配位自组装形成的、在空间上具有周期性的多孔晶体材料。相比于传统的无机或有机材料，MOFs 材料组成中包含无机与有机双组分，因此 MOFs 在组成与功能上融合兼具了无机材料与有机材料的特性，表现出超越传统单一无机或有机材料的优势。从 MOFs 材料的构成、结构、功能的角度来看，MOFs 材料具有结构丰富多样、结构高度有序、结构与功能可设计调节、易于功能化、孔隙度高与比表面积大、丰富的不饱和金属位点等特性[46-48]。

1）结构功能多样性

MOFs 由金属和有机配体配位构成，金属和有机配体丰富的选择性可以构筑大量结构丰富多样、功能不一的 MOFs 材料。同时，金属价态的不同、与有机配体配位能力强弱不一、辅助配体的存在等进一步扩展了 MOFs 的多样性[49]。以沸石咪唑酯骨架 ZIF 材料为例，ZIF 骨架可利用锌、钴等二价过渡金属作为金属中心，配体的选择多搭配咪唑类有机配体，如二甲基咪唑、苯并咪唑等，通过不同种类金属中心和有机配体的组合配位，可以得到一系列的 ZIF 材料，如菱形十二面体的 ZIF-8 和 ZIF-67、二维叶片状的 ZIF-L 等[50]。而以高价铁、铬、铝、锆等过渡金属与对苯二甲酸等羧酸类有机配体结合可得到高稳定 MIL、UiO 系列材料[51, 52]。依靠这些不同性质的金属中心和有机配体的选择搭配，可以制备得到具备不同拓扑结构、不同功能的 MOFs 材料。有时，仅仅是金属中心的变化就可以获得性质截然不同的 MOFs 材料。因此，金属与有机配体的丰富性及其配位性质的差异性赋予 MOFs 材料结构多样性。

2）发达的孔结构与高比表面积

MOFs 为周期性骨架材料，金属和有机配体在空间上的有序连接使得 MOFs 材料具有发达的孔道，这些孔道是 MOFs 合成过程中溶剂等客体分子被移除时留下产生的永久性孔隙。相比于其他无机多孔材料，MOFs 材料的孔道呈现有序状态，且孔道大小、分布状态、形状等都可以根据需要进行可控精细调节[53, 54]。从构成来讲，MOFs 内孔道的大小取决于有机配体的形貌与尺寸及其与金属中心的配位桥接方式。一般而言，孔道大小属于纳米级别，且集中表现为微孔（＜2nm），介孔和大孔的比例小[55]。大量微孔的存在赋予 MOFs 材料高比表面积与孔隙度，目前已报道 MOFs 材料的比表面积大多在几百 m^2/g 到几千 m^2/g 之间，一些 MOFs 比表面积可高于 $5000m^2/g$。例如，Grünker 等合成一种含有线形双位（$bpdc^{2-}$：4, 4′-联苯二甲酸）和三位{$btctb^{3-}$：4, 4, 4-[苯-1, 3, 5-三基三（羰基亚氨基）]三苯甲酸酯}有机配体的高度多孔 MOFs（DUT-32）[56]。该 MOFs DUT-32 总孔体积达到 $3.16cm^3/g$，BET 比表面积更是高达 $6411m^2/g$。Farha 等利用超临界 CO_2 活化技术，在不发生孔隙坍塌情况下，将 MOFs 内的客体分子移除，从而制备了比表面积高达 $7140m^2/g$ 的 MOFs NU-100[57]，这基本已达到现有报道的固体材料比表面积的顶峰。同时，该研究中通过计算证明，将苯基转变为具有空间效益的乙炔基作为连接单元，MOFs 材料的设想的最大比表面积能达到 $14600m^2/g$。

3）高度可设计性

与沸石、活性炭等传统无机材料相比，由金属中心和有机配体为基本构筑单元桥连的 MOFs，可以通过模块化方式设计合成对应结构与功能的目标 MOFs[58, 59]。通过设计开发具备特定结构功能的构筑单元，可快速方便地获得不同性质且满足所需用途的目标 MOFs。目前已有 20000 多种不同构效的 MOFs 被报道[60]。而且随着越来越多 MOFs 材料被开发设计，MOFs 材料结构、功效等参数的数据库愈发完善。MOFs 的模块化特性使研究者能对其物理和化学性质进行合成控制，但仅通过实验合成、参数调控制备响应 MOFs，很难知道哪种 MOFs 对于给定的应用是最佳的[61]。如今，利用大数据、机器学习、理论计算等有效数据计算技术来研究 MOFs 材料，可发现复杂多样 MOFs 间可能隐藏的相关性，挖掘不同构型 MOFs 存在的联系[62]。同时利用这些技术能进一步预测 MOFs 的性能及设计新型结构 MOFs，使得精确筛选出研究者所需的特定 MOFs 更为简便[63, 64]。目前，报道利用大数据、机器学习技术开发 MOFs 的研究已有不少。例如，Zhang 等研究开发了一种新的机器学习方法[65]，通过为给定的金属节点和拓扑网络生成一个最佳有机链接器，可以发现具有用户期望属性的 MOFs。在测试过程中他们将该方法应用于 10 个金属节点和现有 MOFs 的拓扑组合，结果表明该方法可以成功设计出性能高于现有 MOFs 的新型 MOFs，应用于甲烷存储和碳捕获。因此，金属节点和有机配体的丰富赋予 MOFs 无限可能，使 MOFs 具有高度可设计性，而在现有已被开发 MOFs 基础上，利用大数据等方法能够进一步帮助研究者开发构造新型 MOFs 材料，为 MOFs 发展开辟新方向。

4）易于修饰改性

易于功能化修饰改性也是 MOFs 材料的一大特点。MOFs 具有明确组成结构，其结构中开放的金属节点和有机配体均可以作为功能化修饰位点进行修饰。MOFs 清晰的结构极大方便了这一修饰改性过程[66, 67]。因此，MOFs 的修饰改性主要围绕金属位点和有机配体展开。对于金属中心，其修饰手段主要有异质金属掺杂、官能基团引入、金属纳米粒子引入等方式[68, 69]。例如，Xiong 等在 MIL-53(Fe)合成过程中加入六水合氯化镍金属盐，通过溶剂热法成功合成了镍掺杂的 MOFs Ni-MIL-53(Fe)[70]。MIL-53(Fe)骨架中镍金属的引入，镍和铁配位环境的差异引起骨架结构产生更多的结构缺陷，增强了 Ni-MIL-53(Fe)对溶液中四环素抗生素的吸附能力，最大吸附容量可达 397.22mg/g。对于有机配体，其修饰改性多集中在功能基团的引入，既可通过预先制备功能化修饰的对应配体获得改性 MOFs，也可利用合成后进一步修饰 MOFs 得到对应修饰的 MOFs 材料。例如，对于 MOFs 材料，水稳定性的提高对于 MOFs 应用于水处理相关领域至关重要[71]，在 UiO-66 材料基础上，Yuan 等利用氟化疏水特性，将预制备的 UiO-66-NH_2 加入五氟辛基酰氯中，在 130℃下用磁力搅拌 24h 制备了超疏水氟化 UiO-66-F[72]。氟在有机配体结构中的引入没有改变骨架原有结构和孔隙率，却使材料水接触角增加到 145°，极大提高了 UiO-66-F 的疏水性能。UiO-66-F 材料对多种有机溶剂的吸附能力明显提高，同时表现出优异的循环利用性能。此外，MOFs 材料与其他材料具有较好的兼容性，因而除了修饰 MOFs 自身结构外，也可通过 MOFs 与其他各类无机或有机材料复合，制备改性的复合材料，如 MOFs/石墨烯复合材料[73]、MOFs/纤维素复合材料[74]等，在强化 MOFs 的同时满足不同领域对 MOFs 材料性能的要求。易于修饰改性的特点使得 MOFs 材料几乎可以应用于各种领域，成为其突出的特性之一。

2.3　金属有机骨架材料的表征方法

2.3.1　X 射线衍射

X 射线衍射（XRD）是目前研究物质微观结构使用最广泛、最有效的一种分析手段，具有分析速度快、检测精度高、不对样品产生破坏等优点。XRD 是利用单色 X 射线入射到晶体材料上，入射的射线在晶体内部的原子上发生散射，晶体结构的周期性及原子间距不同使其强度在某些方向上加强，在其他方向上减弱，形成不同衍射峰，从而获得检测材料结构信息。MOFs 是一类典型晶体材料，因此可以由 XRD 进行分析表征，以更好地了解 MOFs 材料的微观结构、组成和晶体特征。基于 MOFs 的高度结晶性，在衍射图谱上纯 MOFs 材料的衍射峰窄而尖锐，且集中分布在 5°～40°之间[75, 76]。对衍射图谱进一步分析，与 XRD 标准数据库（JCPDS、ICSD、CCDC 等）对比可以获得材料的相对组成、分子结构和元素价态等信息。MOFs 材料多为粉末状，XRD 检测一般要求样品被研磨成粒径不超过 75μm 的粉末，粉末用量大于 0.1g，以减少测试过程中样品台的影响。XRD 测试为无损测试，测试后样品可进行回收利用。

相比于纯 MOFs 材料，改性 MOFs 基材料的衍射图谱会显示出明显不同。例如，Cao 等制备不同钴含量掺杂的 UiO-66 系列样品，XRD 衍生峰图谱显示了不同样品的相似的衍射峰（图 2.5）。由于制备样品中钴掺杂量低，因而图谱中没有钴的衍射峰出现，但样品衍生峰的强度随着掺杂量增加而减弱，表明掺杂没有改变 UiO-66 材料晶体结构[77]。Peng 等在氮气下高温煅烧制备了 ZIF-L 衍生二维氮掺杂多孔碳片，高温煅烧彻底改变了 ZIF-L 的晶体结构，使其转变为高结晶度的石墨碳构型，XRD 图谱中 $2\theta = 25°$和 44°分别对应于(002)和(101)石墨碳平面[78]。此外，在 MOFs 复合材料中，另一种材料的结晶性能、复合材料中 MOFs 占比等都会影响复合材料的 XRD 衍生峰谱图。Zong 等在制备 ZIF-8/纳米纤维复合气凝胶过程中发现，非晶体纳米纤维呈现宽的衍生峰，而随着 ZIF-8 负载量的增加，所得到的衍射图谱越来越接近于 ZIF-8 的衍射图谱，这表明复合材料的结晶度在提高，同时也证明了复合材料的成功制备[79]。

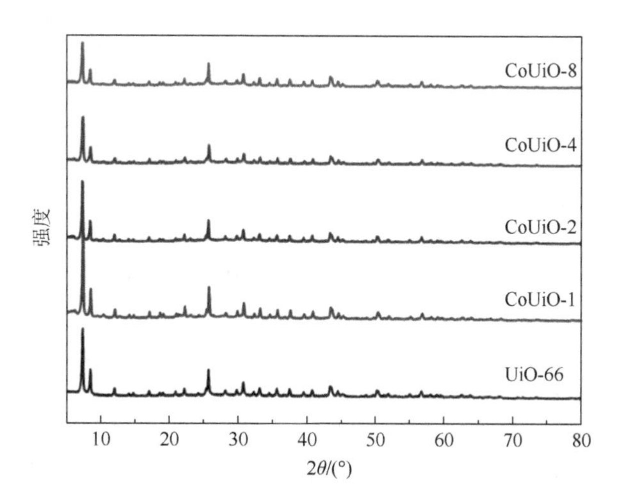

图 2.5　UiO-66 和 CoUiO-X 样品的 X 射线衍射图

2.3.2　傅里叶变换红外光谱

傅里叶变换红外光谱（FTIR）是分析测定 MOFs 材料官能团的常用方法，原理是利用分子中基团的振动频率与入射红外线频率相同共振产生吸收，从而获得试样成分特征光谱，并推测出化合物分子结构和类型。FTIR 通常设置检测范围为 4000～400cm^{-1}，检测基团的吸收峰波长区域可分为特征频率区和指纹区。检测和分析官能团信息对 MOFs 材料界面性能尤为重要，这些官能团的存在会影响甚至改变 MOFs 材料性能，如作为污染物的吸附位点、活性位点加速催化降解过程等[80, 81]。MOFs 作为金属离子或团簇和有机配体的周期性配位化合物，对官能团的分析并与已知结构匹配可以作为材料成功合成的依据之一。以氢氧化钴水滑石制备铁掺杂钴基 ZIF 为例[19]。如图 2.6（a）所示，3418cm^{-1} 处的吸收峰来源于 Co-ZIF 和 Co-ZIF-(Fe)$_{0.5}$ 样品中—OH 和—NH 的伸缩振动，对应于 $Co(OH)_2$ 的—OH 振动。1448cm^{-1} 处为咪唑环内 C═N 伸缩振动峰，位于 1500～600cm^{-1} 内的吸收峰则是咪唑环的拉伸和弯曲引起，421cm^{-1} 处是 Co—N 伸缩振动峰。相比于 Co-ZIF，Co-ZIF-(Fe)$_{0.5}$ 样品中新出现位于 1110cm^{-1} 的吸收峰则是 Fe—N 伸缩振动峰，表明铁元素在样品中的有效掺杂。

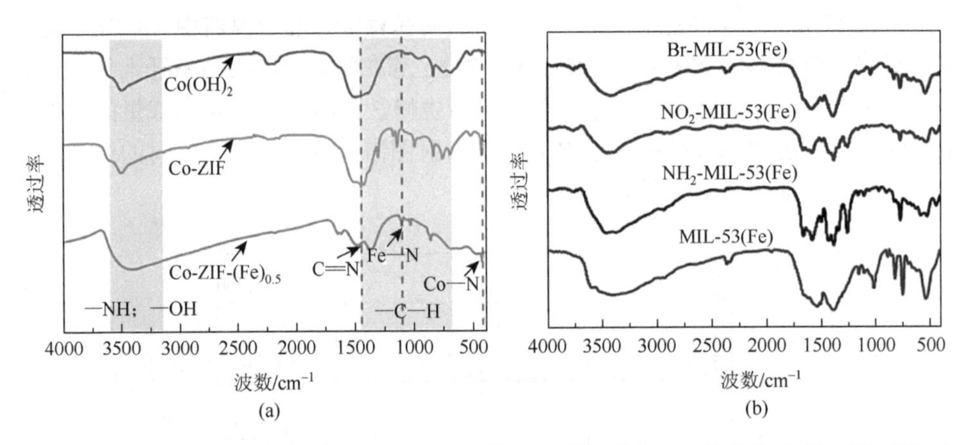

图 2.6　（a）$Co(OH)_2$、Co-ZIF 和 Co-ZIF-(Fe)$_{0.5}$ 的 FTIR 图；（b）MIL-53(Fe)、NH_2-MIL-53(Fe)、NO_2-MIL-53(Fe)和 Br-MIL-53(Fe)的 FTIR 图

在 MOFs 自身基础上，可通过接枝特定官能团进一步调节其性能。例如，Yu 等通过一步溶剂热法在 MIL-53(Fe)中引入—NH_2、—NO_2 和—Br 基团制备功能化 MIL-53(Fe)吸附剂[82]。在图 2.6（b）中，嫁接不同基团的样品与原始 MIL-53(Fe)的吸收谱线相似，但在不同区域分别出现嫁接基团的特征吸收峰。3794cm^{-1} 处代表氨基的不对称振动峰，1246cm^{-1} 和 1689cm^{-1} 分别是芳香胺的 C—N 伸缩振动和 N—H 弯曲振动，1556cm^{-1} 对应—NO_2 不对称振动，但 550cm^{-1} 处的 C—Br 伸缩振动带在 Br-MIL-53(Fe)中却不明显，可能原因是被 Fe—O 拉伸振动峰所覆盖。四环素抗生素吸附实验进一步证明了官能团嫁接可改变材料吸附性能，且 Br-MIL-53(Fe)展现出最佳吸附性能，这是由于提升的酸碱相互作用。

2.3.3 拉曼光谱

与红外光谱类似，拉曼光谱（Raman spectra）也是材料结构分析广泛使用的表征手段。拉曼光谱属于散射光谱，来源于材料中分子或原子的振动与转动能级跃迁产生的散射，散射光强度与样品中生成该信号的样品浓度呈正比关系，因此拉曼光谱可以用于材料定性分析鉴别、分子结构测定、材料结构变化等方面的检测。

Rani 等通过合成后氨基化修饰策略制备热稳定性提高的铜基 MOFs，并利用拉曼光谱等表征技术进行表征[83]。在拉曼光谱结果中，对比原来 Cu-MOFs，氨基修饰后 Cu-MOFs 的拉曼光谱既具有 Cu-MOFs 的所有特征峰，又显示出氨基的峰。例如，位于 1612～1005cm^{-1} 的峰对应于苯环的伸缩振动峰，位于 1461cm^{-1} 和 1545cm^{-1} 处的峰分别是对称型和非对称型的均苯三甲酸（BTC）中羧酸基团的特征峰；Cu-MOFs 金属键合的主峰出现在低频区域（600～100cm^{-1}），Cu—O 拉伸峰处于 195cm^{-1} 和 501cm^{-1} 处；Cu—Cu 拉伸峰出现在 448cm^{-1} 和 274cm^{-1} 处。而氨基修饰的 Cu-MOFs 在 1158cm^{-1} 处的附加峰与 N—H 拉伸振动模式有关，同时氨基与 Cu-MOFs 金属中心相互作用时，448cm^{-1}、501cm^{-1} 和 274cm^{-1} 处的峰发生位移，表明氨基取代 Cu-MOFs 中开放金属位点上的水分子，以上证实了氨基成功修饰 Cu-MOFs。Metavarayuth 等利用拉曼光谱建立了 MOFs 中存在多金属中心的直接证据[84]。在 $RhCl_3$ 溶液中加热 Cu-HKUST-1，使得 Rh^{2+}取代骨架双核桨轮节点中的 Cu^{2+}，实现了对 Cu^{2+}的部分取代。部分取代后的 Rh/Cu-HKUST-1 的拉曼光谱中除了 Cu-Cu 和 Rh-Rh 拉伸模式外，还表现出 Cu-Rh 拉伸模式，表明混合金属 Cu-Rh 节点是在金属取代后形成的。同时借助密度泛函理论、电子顺磁共振波谱研究证实了 285cm^{-1} 处的拉曼峰与 Cu-Rh 的拉伸振动有关，进一步支持了 Cu^{2+} 被取代，形成多金属结构的 MOFs。

拉曼光谱也常用于 MOFs 衍生碳材料石墨化程度的检测[85]。例如，Peng 等在氮气氛围下高温煅烧 ZIF-L 制备氮掺杂多孔碳 NC-X（X = 600、700、800）[78]。图 2.7 的拉曼光谱结果显示，随着碳化温度的升高，碳材料中无定型碳和石墨化碳的比值（I_D/I_G）逐渐增加，NC-X（X = 600、700、800）的强度比分别为 0.99、1.05 和 1.10。这说明碳化温度越高导致材料石墨化程度越低，碳材料结构中缺陷越多，孔隙率越高，更有利于碳材料对污染物的吸附。

2.3.4 X 射线光电子能谱

X 射线光电子能谱（XPS）是材料分析的一种常用、重要的表征手段，可以提供材料表面分子结构、元素组成（除去氢和氦）与含量和原子价态等方面的信

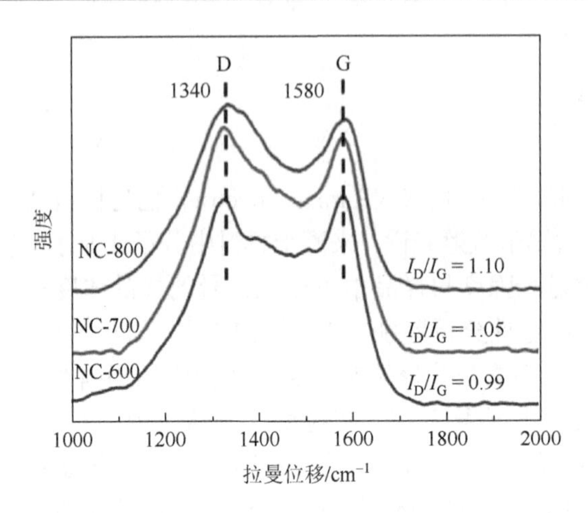

图 2.7　氮掺杂多孔碳 NC-X（$X=600$、700、800）的拉曼光谱图

息。其原理是利用 X 射线光子入射材料表面，激发原子或分子内层电子或价电子，通过分析激发出的电子数量和能量的大小，获得材料的光电子能谱，从而确定检测样品中元素、含量、化合态等信息。需要注意的是，XPS 是一种典型表面分析方法，测试得到的结果仅反映材料几纳米深度的信息，因而对于非均质材料获得的结果不一致。通常，XPS 获得的测试结果需采用 C 1s 峰对其进行校正，确保结合能位置的正确。常见的 C、N 和 O 等的结合能分别位于 285eV、398eV 和 528eV 左右，但元素结合能的位置通常会随着元素原子所处环境而变化[86, 87]。XPS 测试总谱中会显示材料所含元素的峰信息，峰的高度反映材料中该元素含量高低。此外，对 XPS 单独的元素峰进行分峰，可以进一步获得材料所含该元素的成键信息。例如，Cao 等通过高温碳化 ZIF-67 制备钴纳米粒子限域氮掺杂多孔碳[13]，利用 XPS 表征分析碳化前后材料组成结构的变化。图 2.8（a）的 XPS 总谱对比显示，经过高温煅烧后，材料中 C 的含量增加，Co 和 N 含量减少。进一步对 N 1s 分峰拟合后发现，N 的成键结构由 N—Co（397.2eV）、吡啶氮（398.3eV）和 N—H（399.4eV）转变为吡啶氮（398.4eV）、吡咯氮（399.3eV）和石墨氮（400.7eV），这说明高温碳化导致 N 配置结构的转变，N—Co 键断裂，N 与其周围的 C 元素结合形成不同结构的 N—C 键，材料整体向着石墨化程度更高的方向变化。

2.3.5　热重分析

热重分析（TGA）是指在规定程度控制的温度条件下，测试样品的质量随温度（时间）变化关系，从而获得样品失重温度、比例及分解残留等相关信息的一种分析方法。同时，通过倒数运算，即热重曲线对温度（时间）的一阶导数获得

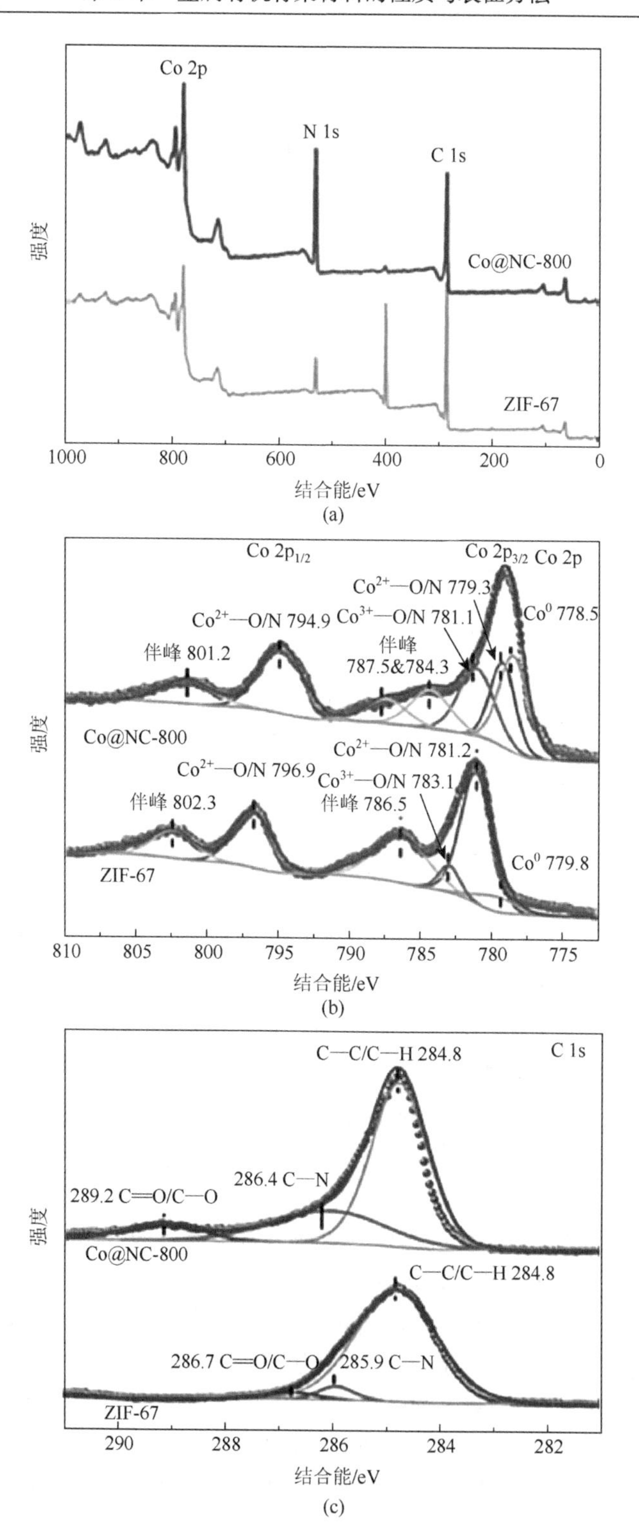

Co 2p
N 1s
C 1s
强度
Co@NC-800
ZIF-67
1000 800 600 400 200 0
结合能/eV
(a)
Co 2p1/2
Co 2p3/2 Co 2p
Co2+—O/N 779.3
Co2+—O/N 794.9
Co3+—O/N 781.1
Co0 778.5
伴峰 801.2
伴峰 787.5&784.3
Co@NC-800
Co2+—O/N 781.2
Co2+—O/N 796.9
Co3+—O/N 783.1
伴峰 802.3
伴峰 786.5
Co0 779.8
ZIF-67
810 805 800 795 790 785 780 775
结合能/eV
(b)
C—C/C—H 284.8
C 1s
286.4 C—N
289.2 C═O/C—O
Co@NC-800
C—C/C—H 284.8
286.7 C═O/C—O
285.9 C—N
ZIF-67
290 288 286 284 282
结合能/eV
(c)

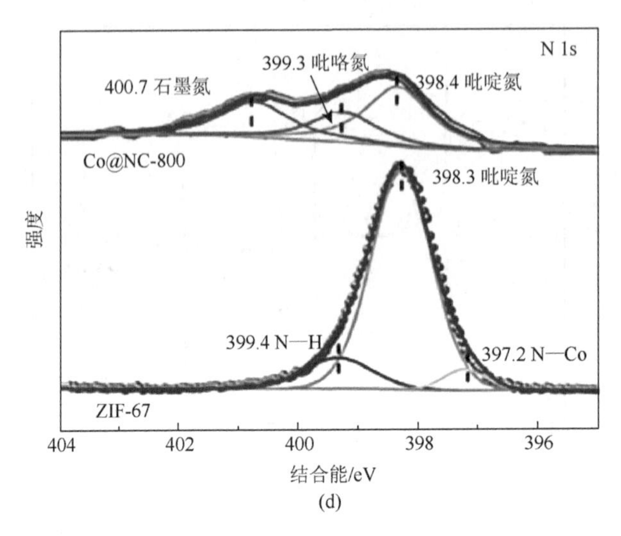

图 2.8　ZIF-67 和 Co@NC-800 的 XPS 图

（a）总谱；（b）Co 2p；（c）C 1s；（d）N 1s

导数热重分析，可以更准确地看出每个阶段的失重速率变化。热重测试的氛围有多种，主要包括氮气、空气和氧气。热重分析具有普适性高、样品消耗少（3～10mg）、灵敏度高等特点，因而被广泛应用于测试样品热稳定性、分析热分解产物、分析样品组成等[88, 89]。

借助热重分析可以研究 MOFs 材料热稳定性、热解行为、组分信息等。一般，MOFs 材料的热解过程主要可分为两个阶段[90, 91]：第一阶段，材料孔道内吸附的水分子、客体溶剂分子挥发，以及结合不稳固的有机配体损失或者有机配体的部分破坏。此阶段 MOFs 材料骨架保留相对完整，质量损失小。第二阶段，骨架中有机配体的分解，骨架结构坍塌破坏，材料分解质量损失大。Yang 等研究了 UiO-66 和锰掺杂改性的 MnUiO-66 样品的热重分解模式[92]。从图 2.9（a）可以看出，UiO-66 样品失重主要可分为两个阶段，第一阶段（25～400℃），样品 29.69% 的质量损失主要来自样品孔道内的客体分子，包括水和溶剂 *N*, *N*-二甲基甲酰胺（DMF）分子，此阶段失重平缓。第二阶段（400～800℃），35.83%的质量损失主要来自 UiO-66 骨架的坍塌和有机配体的快速分解，此阶段失重迅速。而锰掺杂后，热稳定性下降，第一阶段失重更多，可能原因是掺杂改性对骨架空腔内的溶剂分子（包括水分子）进行了缩合。相对而言，金属和有机配体之间配位键较弱，MOFs 热稳定性较低，与热稳定性高的材料复合能提高其热稳定性。Xiong 等制备了 MWCNT/MIL-53(Fe)复合材料，热重分析证明复合材料比单独 MIL-53(Fe) 拥有更高的热稳定性[93]。高热稳定性的 MWCNT 上羧酸基团为 MIL-53(Fe)成核提供位点，加强了两者结合，进而提升复合材料整体热稳定性[图 2.9（b）]。

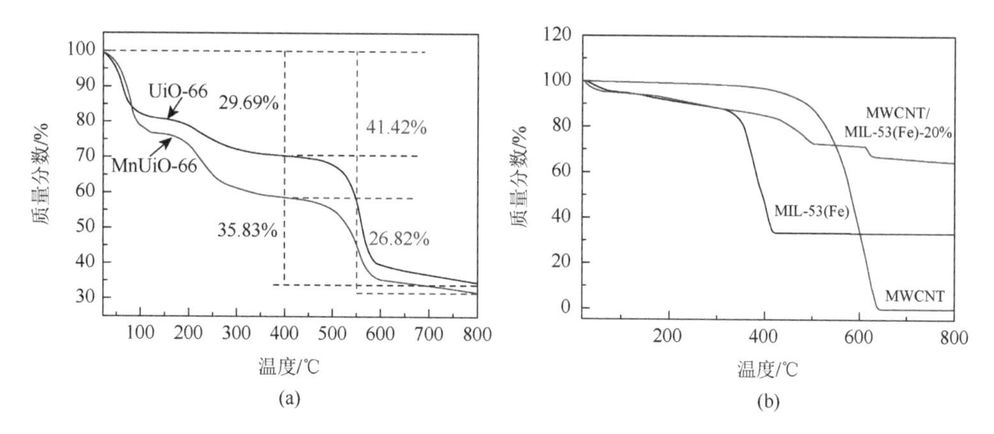

图 2.9　（a）UiO-66 和 MnUiO-66 样品的热重曲线；（b）MIL-53(Fe)、MWCNT 和 MWCNT/MIL-53(Fe)复合材料的热重曲线

2.3.6　Zeta 电位

Zeta 电位是粒子表面位置的静电势，又称为电动电位或者电动电势，是由分散体系中粒子与粒子间相互作用（吸引或排斥）造成的，可以反映表征材料表面带电性质及其在分散体系中的稳定性。通常，Zeta 电位越高，粒子间排斥作用越明显，其分散体系越稳定。通过不同 pH 条件下 Zeta 电位的测定，可以进一步获得零电荷点（zero point charge，pH_{ZPC}），即粒子 Zeta 电位为零时对应的溶液 pH。高于此 pH 时，粒子在溶液中带正电（负电），反之，粒子带负电（正电）。

Zeta 电位是影响 MOFs 材料性能的一个重要参数。在水处理应用中，可以通过调节溶液 pH，借助解离、去质子化等方式改变 MOFs 材料和目标污染物的表面带电性能，进而改变两者间静电相互作用，有利于目标污染物在 MOFs 材料上的吸附，促进进一步的反应[94, 95]。例如，Yu 等制备了多种官能团化 MIL-53(Fe)并研究了溶液 pH 对功能化 MIL-53(Fe)吸附四环素抗生素的影响[82]。在不同 pH 条件下测量了功能化 MIL-53(Fe)的 Zeta 电位，如图 2.10（b）所示，Br-MIL-53(Fe)表现出与 NH_2-MIL-53(Fe)和 NO_2-MIL-53(Fe)不同的 Zeta 电位趋势，其 Zeta 电位随着 pH 的升高而增大，材料带正电。吸附结果表明在碱性条件（pH＞7）下 Br-MIL-53(Fe)具有更高的吸附容量，这是由于四环素分子在碱性条件下主要表现为带负电，与带正电的 Br-MIL-53(Fe)具有更强的静电吸附作用，提高了其吸附能力。此外，溶液也会影响 MOFs 材料的带电性能。Li 等研究发现，对比在超纯水中，在四环素溶液中材料的零电荷点向高 pH 偏移，这可能是吸附四环素影响了材料的解离导致其零电荷点的偏移[96]。

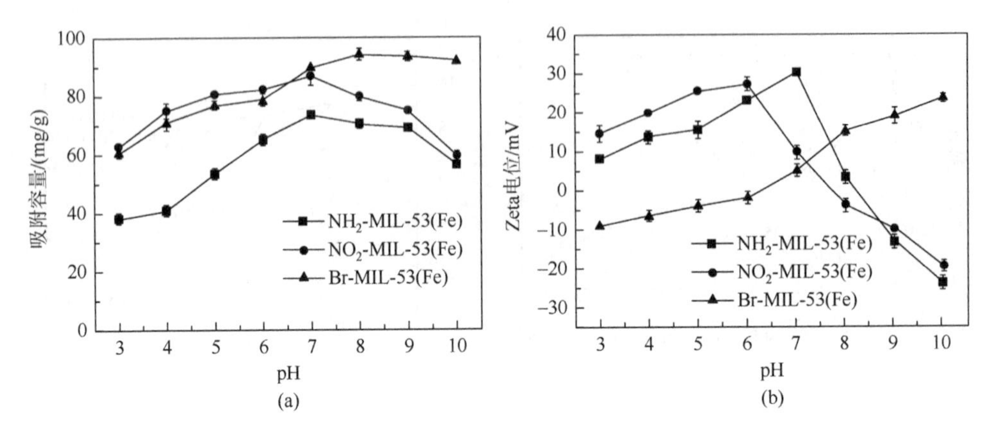

图 2.10　Br-MIL-53(Fe)、NH_2-MIL-53(Fe)、NO_2-MIL-53(Fe)在不同 pH 条件下的吸附容量（a）和 Zeta 电位（b）

2.4　小结与展望

本章围绕 MOFs 材料微观形貌与结构、MOFs 特点及其常规表征手段三个方面介绍了 MOFs。MOFs 材料丰富多样的形貌与结构来源于它的金属中心和有机配体的组合。金属中心和有机配体在空间上的配位连接方式决定了 MOFs 的基础构型。金属中心种类和价态不同、与有机配体配位能力不同、有机配体种类变化、合成环境中溶剂种类与比例、温度、pH、外加调节剂等合成条件的变化均影响着 MOFs 的构型与性能。就 MOFs 材料微观结构而言，MOFs 在空间上表现为三维周期性排列的骨架结构。与多孔碳等无机多孔材料相比，MOFs 具有明确的晶体结构与组成，同时金属中心和有机配体有序组合形成规整有序的孔道结构，且孔道的形状、大小、孔径分布等均能通过金属中心和有机配体的选择性组合进行精确的调控。尽管 MOFs 孔道大小集中分布在微孔孔域，在吸附、降解等涉及大分子结构物质交互过程中会对 MOFs 性能产生一定减弱，但通过一些策略的运用，如有机配体构筑单元扩展、模板利用法、结构缺陷引入、刻蚀转换等构建策略，能有效地在 MOFs 材料中引入介孔、大孔等更宽的孔结构，实现 MOFs 孔结构的调节，强化其性能。

结构决定性能，性能反映结构。多孔 MOFs 材料的特点主要表现为结构与功能丰富多样且可设计调节、可控有序且发达的孔结构、高的比表面积、易于功能化修饰、丰富的不饱和金属位点等。MOFs 这些优异的特性与其多样化的组分和结构密不可分。这些构筑精确有序的结构使得 MOFs 材料可被广泛应用于各种领域。针对特定应用，在如此多的 MOFs 材料中如何选择合适的 MOFs 为其精准应用带来挑战，而大数据、机器学习、理论计算等手段的出现，通过数据处理的方式挖掘不同MOFs材料之间的关联，进一步筛选、优化、设计出满足应用需求的MOFs，这也为MOFs材料发展带来更多的可能。

在进一步探究MOFs微观结构、元素组成、官能团种类和数量等理化性质与材料性能之间的关系上，可以借助多种不同的表征手段，包括扫描电子显微镜、透射电子显微镜、比表面积分析、X射线衍射、傅里叶变换红外光谱、X射线光电子能谱、拉曼光谱、热重分析等，从多重表征技术综合分析MOFs结构-性能的关联。

参 考 文 献

[1] Low Z X，Yao J，Liu Q，et al. Crystal transformation in zeolitic-imidazolate framework[J]. Crystal Growth & Design，2014，14（12）：6589-6598.

[2] Furukawa S，Reboul J，Diring S，et al. Structuring of metal-organic frameworks at the mesoscopic/macroscopic scale[J]. Chemical Society Reviews，2014，43（16）：5700-5734.

[3] Wang W，Xu X M，Zhou W，et al. Recent progress in metal-organic frameworks for applications in electrocatalytic and photocatalytic water splitting[J]. Advanced Science，2017，4（4）：1600371.

[4] Furukawa H，Cordova K E，O'Keeffe M，et al. The chemistry and applications of metal-organic frameworks[J]. Science，2013，341（6149）：1230444.

[5] Lee J Y，Farha O K，Roberts J，et al. Metal-organic framework materials as catalysts[J]. Chemical Society Reviews，2009，38（5）：1450-1459.

[6] Jayaramulu K，Masa J，Morales D M，et al. Ultrathin 2D cobalt zeolite-imidazole framework nanosheets for electrocatalytic oxygen evolution[J]. Advanced Science，2018，5（11）：1801029.

[7] Ding Y J，Chen Y P，Zhang X L，et al. Controlled intercalation and chemical exfoliation of layered metal-organic frameworks using a chemically labile intercalating agent[J]. Journal of the American Chemical Society，2017，139（27）：9136-9139.

[8] Zhang F，Dou J，Zhang H. Mixed membranes comprising carboxymethyl cellulose（as capping agent and gas barrier matrix）and nanoporous ZIF-L nanosheets for gas separation applications[J]. Polymers，2018，10（12）：1340.

[9] Luo M C，Zhao Z L，Zhang Y L，et al. PdMo bimetallene for oxygen reduction catalysis[J]. Nature，2019，574（7776）：81-85.

[10] Xiong W P，Zeng Z T，Li X，et al. Multi-walled carbon nanotube/amino-functionalized MIL-53(Fe) composites：remarkable adsorptive removal of antibiotics from aqueous solutions[J]. Chemosphere，2018，210：1061-1069.

[11] Ling L，Pan B C，Zhang W X. Removal of selenium from water with nanoscale zero-valent iron：mechanisms of intraparticle reduction of Se(Ⅳ)[J]. Water Research，2015，71：274-281.

[12] Xu X Q，Ran F T，Fan Z M，et al. Cactus-inspired bimetallic metal-organic framework-derived 1D-2D hierarchical Co/N-decorated carbon architecture toward enhanced electromagnetic wave absorbing performance[J]. ACS Applied Materials & Interfaces，2019，11（14）：13564-13573.

[13] Cao J，Yang Z H，Xiong W P，et al. Peroxymonosulfate activation of magnetic Co nanoparticles relative to an N-doped porous carbon under confinement：boosting stability and performance[J]. Separation and Purification Technology，2020，250：117237.

[14] Shen B W，Wang B X，Zhu L Y，et al. Properties of cobalt- and nickel-doped ZIF-8 framework materials and their application in heavy-metal removal from wastewater[J]. Nanomaterials，2020，10（9）：1636.

[15] Liu M，Li S G，Tang N，et al. Highly efficient capture of phosphate from water via cerium-doped metal-organic frameworks[J]. Journal of Cleaner Production，2020，265：121782.

[16] Han Y T，Liu M，Li K Y，et al. *In situ* synthesis of titanium doped hybrid metal-organic framework UiO-66 with enhanced adsorption capacity for organic dyes[J]. Inorganic Chemistry Frontiers，2017，4（11）：1870-1880.

[17] Chen S，Wang C J，Liu D N，et al. Selective uptake of cationic organic dyes in a series of isostructural Co^{2+}/Cd^{2+} metal-doped metal-organic frameworks[J]. Journal of Solid State Chemistry，2019，270：180-186.

[18] Yu J，Cao J，Yang Z H，et al. One-step synthesis of Mn-doped MIL-53(Fe) for synergistically enhanced generation of sulfate radicals towards tetracycline degradation[J]. Journal of Colloid and Interface Science，2020，580：470-479.

[19] Hu Q，Cao J，Yang Z H，et al. Fabrication of Fe-doped cobalt zeolitic imidazolate framework derived from $Co(OH)_2$ for degradation of tetracycline via peroxymonosulfate activation[J]. Separation and Purification Technology，2021，259：118059.

[20] McKinstry C，Cussen E J，Fletcher A J，et al. Effect of synthesis conditions on formation pathways of metal organic framework（MOF-5）crystals[J]. Crystal Growth & Design，2013，13（12）：5481-5486.

[21] Zhang J C，Zhang T C，Yu D B，et al. Transition from ZIF-L-Co to ZIF-67：a new insight into the structural evolution of zeolitic imidazolate frameworks（ZIFs）in aqueous systems[J]. CrystEngComm，2015，17（43）：8212-8215.

[22] Li X，Li Z H，Lu L，et al. The solvent induced inter-dimensional phase transformations of cobalt zeolitic-imidazolate frameworks[J]. Chemistry：A European Journal，2017，23（44）：10638-10643.

[23] Wang H，Yuan X Z，Wu Y，et al. Facile synthesis of amino-functionalized titanium metal-organic frameworks and their superior visible-light photocatalytic activity for Cr(Ⅵ) reduction[J]. Journal of Hazardous Materials，2015，286：187-194.

[24] Wang S X，Lv Y，Yao Y J，et al. Modulated synthesis of monodisperse MOF-5 crystals with tunable sizes and shapes[J]. Inorganic Chemistry Communications，2018，93：56-60.

[25] Shen C K，Mao Z P，Xu H，et al. Catalytic MOF-loaded cellulose sponge for rapid degradation of chemical warfare agents simulant[J]. Carbohydrate Polymers，2019，213：184-191.

[26] Jiang N，Deng Z Y，Liu S Y，et al. Synthesis of metal organic framework（MOF-5）with high selectivity for CO_2/N_2 separation in flue gas by maximum water concentration approach[J]. Korean Journal of Chemical Engineering，2016，33（9）：2747-2755.

[27] Inonu Z，Keskin S，Erkey C. An emerging family of hybrid nanomaterials：metal-organic framework/aerogel composites[J]. ACS Applied Nano Materials，2018，1（11）：5959-5980.

[28] Cheng P，Wang C H，Kaneti Y V，et al. Practical MOF nanoarchitectonics：new strategies for enhancing the processability of MOFs for practical applications[J]. Langmuir，2020，36（16）：4231-4249.

[29] Bhadra B N，Song J Y，Khan N A，et al. TiO_2-containing carbon derived from a metal-organic framework composite：a highly active catalyst for oxidative desulfurization[J]. ACS Applied Materials & Interfaces，2017，9（36）：31192-31202.

[30] Li X N，Yuan H，Quan X，et al. Effective adsorption of sulfamethoxazole，bisphenol A and methyl orange on nanoporous carbon derived from metal-organic frameworks[J]. Journal of Environmental Sciences，2018，63：250-259.

[31] Doan H V，Amer Hamzah H，Karikkethu Prabhakaran P，et al. Hierarchical metal-organic frameworks with macroporosity：synthesis，achievements，and challenges[J]. Nano-Micro Letters，2019，11（1）：1-33.

[32] Samokhvalov A. Adsorption on mesoporous metal-organic frameworks in solution：aromatic and heterocyclic compounds[J]. Chemistry：A European Journal，2015，21（47）：16726-16742.

[33] Liu D X，Zou D T，Zhu H L，et al. Mesoporous metal-organic frameworks：synthetic strategies and emerging applications[J]. Small，2018，14（37）：1801454.

[34] Zhang W N，Liu Y Y，Lu G，et al. Mesoporous metal-organic frameworks with size-，shape-，and space-distribution- controlled pore structure[J]. Advanced Materials，2015，27（18）：2923-2929.

[35] Yi J D，Zhang M D，Hou Y，et al. N-doped carbon aerogel derived from a metal-organic framework foam as an efficient electrocatalyst for oxygen reduction[J]. Chemistry：An Asian Journal，2019，14（20）：3642-3647.

[36] Guo R X，Cai X H，Liu H W，et al. *In situ* growth of metal-organic frameworks in three-dimensional aligned lumen arrays of wood for rapid and highly efficient organic pollutant removal[J]. Environmental Science & Technology，2019，53（5）：2705-2712.

[37] Peng H H，Xiong W P，Yang Z H，et al. Facile fabrication of three-dimensional hierarchical porous ZIF-L/gelatin aerogel：highly efficient adsorbent with excellent recyclability towards antibiotics[J]. Chemical Engineering Journal，2021，426：130798.

[38] Lin L，Zhang T，Liu H，et al. *In situ* fabrication of a perfect Pd/ZnO@ ZIF-8 core-shell microsphere as an efficient catalyst by a ZnO support-induced ZIF-8 growth strategy[J]. Nanoscale，2015，7（17）：7615-7623.

[39] Nehra M，Dilbaghi N，Singhal N K，et al. Metal organic frameworks MIL-100(Fe) as an efficient adsorptive material for phosphate management[J]. Environmental Research，2019，169：229-236.

[40] Hu Z G，Faucher S，Zhuo Y Y，et al. Combination of optimization and metalated-ligand exchange：an effective approach to functionalize UiO-66(Zr) MOFs for CO_2 separation[J]. Chemistry：A European Journal，2015，21（48）：17246-17255.

[41] Zhang W，Cai G R，Wu R，et al. Templating synthesis of metal-organic framework nanofiber aerogels and their derived hollow porous carbon nanofibers for energy storage and conversion[J]. Small，2021，17（48）：2004140.

[42] Wang H，Zhang X，Wang Y，et al. Facile synthesis of magnetic nitrogen-doped porous carbon from bimetallic metal-organic frameworks for efficient norfloxacin removal[J]. Nanomaterials，2018，8（9）：664.

[43] Hou C C，Zou L，Xu Q. A hydrangea-like superstructure of open carbon cages with hierarchical porosity and highly active metal sites[J]. Advanced Materials，2019，31（46）：1904689.

[44] Li S Q，Zhang X D，Huang Y M. Zeolitic imidazolate framework-8 derived nanoporous carbon as an effective and recyclable adsorbent for removal of ciprofloxacin antibiotics from water[J]. Journal of Hazardous Materials，2017，321：711-719.

[45] Xiong W P，Zeng Z T，Zeng G M，et al. Metal-organic frameworks derived magnetic carbon-αFe/Fe_3C composites as a highly effective adsorbent for tetracycline removal from aqueous solution[J]. Chemical Engineering Journal，2019，374：91-99.

[46] Bo R，Taheri M，Liu B，et al. Hierarchical metal-organic framework films with controllable meso/macroporosity[J]. Advanced Science，2020，7（24）：2002368.

[47] Ahmed I，Jhung S H. Remarkable adsorptive removal of nitrogen-containing compounds from a model fuel by a graphene oxide/MIL-101 composite through a combined effect of improved porosity and hydrogen bonding[J]. Journal of Hazardous Materials，2016，314：318-325.

[48] Chen X Y，Chen D Y，Li N J，et al. Modified-MOF-808-loaded polyacrylonitrile membrane for highly efficient，

simultaneous emulsion separation and heavy metal ion removal[J]. ACS Applied Materials & Interfaces，2020，12（35）：39227-39235.

[49] Hasan Z，Jhung S H. Removal of hazardous organics from water using metal-organic frameworks（MOFs）：plausible mechanisms for selective adsorptions[J]. Journal of Hazardous Materials，2015，283：329-339.

[50] Chen R Z，Yao J F，Gu Q F，et al. A two-dimensional zeolitic imidazolate framework with a cushion-shaped cavity for CO_2 adsorption[J]. Chemical Communications，2013，49（82）：9500-9502.

[51] Yin R L，Chen Y X，He S X，et al. *In situ* photoreduction of structural Fe(Ⅲ) in a metal-organic framework for peroxydisulfate activation and efficient removal of antibiotics in real wastewater[J]. Journal of Hazardous Materials，2020，388：121996.

[52] Yoo D K，Woo H C，Jhung S H. Removal of particulate matters with isostructural Zr-based metal-organic frameworks coated on cotton：effect of porosity of coated MOFs on removal[J]. ACS Applied Materials & Interfaces，2020，12（30）：34423-34431.

[53] Cao X H，Tan C L，Sindoro M，et al. Hybrid micro-/nano-structures derived from metal-organic frameworks：preparation and applications in energy storage and conversion[J]. Chemical Society Reviews，2017，46（10）：2660-2677.

[54] Au V K M. Recent advances in the use of metal-organic frameworks for dye adsorption[J]. Frontiers in Chemistry，2020，8：708.

[55] Jiang Y，Liu H Q，Tan X H，et al. Monoclinic ZIF-8 nanosheet-derived 2D carbon nanosheets as sulfur immobilizer for high-performance lithium sulfur batteries[J]. ACS Applied Materials & Interfaces，2017，9（30）：25239-25249.

[56] Grünker R，Bon V，Müller P，et al. A new metal-organic framework with ultra-high surface area[J]. Chemical Communications，2014，50（26）：3450-3452.

[57] Farha O K，Eryazici I，Jeong N C，et al. Metal-organic framework materials with ultrahigh surface areas：is the sky the limit？[J]. Journal of the American Chemical Society，2012，134（36）：15016-15021.

[58] Schneemann A，Bon V，Schwedler I，et al. Flexible metal-organic frameworks[J]. Chemical Society Reviews，2014，43（16）：6062-6096.

[59] Meek S T，Greathouse J A，Allendorf M D. Metal-organic frameworks：a rapidly growing class of versatile nanoporous materials[J]. Advanced Materials，2011，23（2）：249-267.

[60] Furukawa H，Müller U，Yaghi O M. "Heterogeneity within order" in metal-organic frameworks[J]. Angewandte Chemie International Edition，2015，54（11）：3417-3430.

[61] Rosen A S，Iyer S M，Ray D，et al. Machine learning the quantum-chemical properties of metal-organic frameworks for accelerated materials discovery[J]. Matter，2021，4（5）：1578-1597.

[62] Jablonka K M，Ongari D，Moosavi S M，et al. Big-data science in porous materials：materials genomics and machine learning[J]. Chemical Reviews，2020，120（16）：8066-8129.

[63] Ma R，Colon Y J，Luo T. Transfer learning study of gas adsorption in metal-organic frameworks[J]. ACS Applied Materials & Interfaces，2020，12（30）：34041-34048.

[64] Chong S Y，Lee S W，Kim B，et al. Applications of machine learning in metal-organic frameworks[J]. Coordination Chemistry Reviews，2020，423：213487.

[65] Zhang X Y，Zhang K X，Lee Y J. Machine learning enabled tailor-made design of application-specific metal-organic frameworks[J]. ACS Applied Materials & Interfaces，2019，12（1）：734-743.

[66] Yang C，Kaipa U，Mather Q Z，et al. Fluorous metal-organic frameworks with superior adsorption and hydrophobic

properties toward oil spill cleanup and hydrocarbon storage[J]. Journal of the American Chemical Society，2011，133（45）：18094-18097.

[67] Lim C R，Lin S，Yun Y S. Highly efficient and acid-resistant metal-organic frameworks of MIL-101(Cr)-NH_2 for Pd(Ⅱ) and Pt(Ⅳ) recovery from acidic solutions：adsorption experiments，spectroscopic analyses，and theoretical computations[J]. Journal of Hazardous Materials，2020，387：121689.

[68] Yoo D K，Bhadra B N，Jhung S H. Adsorptive removal of hazardous organics from water and fuel with functionalized metal-organic frameworks：contribution of functional groups[J]. Journal of Hazardous Materials，2021，403：123655.

[69] Jin J H，Yang Z H，Xiong W P，et al. Cu and Co nanoparticles co-doped MIL-101 as a novel adsorbent for efficient removal of tetracycline from aqueous solutions[J]. Science of the Total Environment，2019，650：408-418.

[70] Xiong W P，Zeng Z T，Li X，et al. Ni-doped MIL-53(Fe) nanoparticles for optimized doxycycline removal by using response surface methodology from aqueous solution[J]. Chemosphere，2019，232：186-194.

[71] Jun B M，Heo J，Park C M，et al. Comprehensive evaluation of the removal mechanism of carbamazepine and ibuprofen by metal organic framework[J]. Chemosphere，2019，235：527-537.

[72] Yuan N，Gong X R，Han B H. Hydrophobic fluorous metal-organic framework nanoadsorbent for removal of hazardous wastes from water[J]. ACS Applied Nano Materials，2021，4（2）：1576-1585.

[73] Wu Y，Liu Z N，Bakhtari M F，et al. Preparation of GO/MIL-101(Fe, Cu) composite and its adsorption mechanisms for phosphate in aqueous solution[J]. Environmental Science and Pollution Research，2021，28（37）：51391-51403.

[74] Bai X J，Lu X Y，Ju R，et al. Preparation of MOF film/aerogel composite catalysts via substrate-seeding secondary-growth for the oxygen evolution reaction and CO_2 cycloaddition[J]. Angewandte Chemie International Edition，2021，60（2）：701-705.

[75] Javanbakht S，Nezhad-Mokhtari P，Shaabani A，et al. Incorporating Cu-based metal-organic framework/drug nanohybrids into gelatin microsphere for ibuprofen oral delivery[J]. Materials Science and Engineering：C，2019，96：302-309.

[76] He L，Dong Y N，Zheng Y N，et al. A novel magnetic MIL-101(Fe)/TiO_2 composite for photo degradation of tetracycline under solar light[J]. Journal of Hazardous Materials，2019，361：85-94.

[77] Cao J，Yang Z H，Xiong W P，et al. One-step synthesis of Co-doped UiO-66 nanoparticle with enhanced removal efficiency of tetracycline：simultaneous adsorption and photocatalysis[J]. Chemical Engineering Journal，2018，353：126-137.

[78] Peng H H，Cao J，Xiong W P，et al. Two-dimension N-doped nanoporous carbon from KCl thermal exfoliation of Zn-ZIF-L：efficient adsorption for tetracycline and optimizing of response surface model[J]. Journal of Hazardous Materials，2021，402：123498.

[79] Zong L，Yang Y Q，Yang H，et al. Shapeable aerogels of metal-organic-frameworks supported by aramid nanofibrils for efficient adsorption and interception[J]. ACS Applied Materials & Interfaces，2020，12（6）：7295-7301.

[80] Halis S，Reimer N，Klinkebiel A，et al. Four new Al-based microporous metal-organic framework compounds with MIL-53-type structure containing functionalized extended linker molecules[J]. Microporous and Mesoporous Materials，2015，216：13-19.

[81] Wang Z，Yang J，Li Y S，et al. Simultaneous degradation and removal of Cr^{VI} from aqueous solution with Zr-based metal-organic frameworks bearing inherent reductive sites[J]. Chemistry：A European Journal，2017，

23（61）：15415-15423.

[82] Yu J，Xiong W P，Li X，et al. Functionalized MIL-53(Fe) as efficient adsorbents for removal of tetracycline antibiotics from aqueous solution[J]. Microporous and Mesoporous Materials，2019，290：109642.

[83] Rani R，Deep A，Mizaikoff B，et al. Enhanced hydrothermal stability of Cu MOF by post synthetic modification with amino acids[J]. Vacuum，2019，164：449-457.

[84] Metavarayuth K，Ejegbavwo O，McCarver G，et al. Direct identification of mixed-metal centers in metal-organic frameworks：$Cu_3(BTC)_2$ transmetalated with Rh^{2+} ions[J]. The Journal of Physical Chemistry Letters，2020，11（19）：8138-8144.

[85] El Naga A O A，Shaban S A，El Kady F Y A. Metal organic framework-derived nitrogen-doped nanoporous carbon as an efficient adsorbent for methyl orange removal from aqueous solution[J]. Journal of the Taiwan Institute of Chemical Engineers，2018，93：363-373.

[86] Jia M Y，Yang Z H，Xiong W P，et al. Magnetic heterojunction of oxygen-deficient Ti^{3+}-TiO_2 and Ar-Fe_2O_3 derived from metal-organic frameworks for efficient peroxydisulfate（PDS）photo-activation[J]. Applied Catalysis B：Environmental，2021，298：120513.

[87] You J J，Zhang C Y，Wu Z L，et al. N-doped graphite encapsulated metal nanoparticles catalyst for removal of Bisphenol A via activation of peroxymonosulfate：a singlet oxygen-dominated oxidation process[J]. Chemical Engineering Journal，2021，415：128890.

[88] Nanthamathee C. Effect of Co（Ⅱ）dopant on the removal of Methylene Blue by a dense copper terephthalate[J]. Journal of Environmental Sciences，2019，81：68-79.

[89] He J J，Xu Y H，Xiong Z K，et al. The enhanced removal of phosphate by structural defects and competitive fluoride adsorption on cerium-based adsorbent[J]. Chemosphere，2020，256：127056.

[90] Nasir A M，Nordin N A H M，Goh P S，et al. Application of two-dimensional leaf-shaped zeolitic imidazolate framework（2D ZIF-L）as arsenite adsorbent：kinetic，isotherm and mechanism[J]. Journal of Molecular Liquids，2018，250：269-277.

[91] Jing Y，Jia M Y，Xu Z Y，et al. Facile synthesis of recyclable 3D gelatin aerogel decorated with MIL-88B(Fe) for activation peroxydisulfate degradation of norfloxacin[J]. Journal of Hazardous Materials，2022，424：127503.

[92] Yang Z H，Cao J，Chen Y P，et al. Mn-doped zirconium metal-organic framework as an effective adsorbent for removal of tetracycline and Cr(Ⅵ) from aqueous solution[J]. Microporous and Mesoporous Materials，2019，277：277-285.

[93] Xiong W P，Zeng G M，Yang Z H，et al. Adsorption of tetracycline antibiotics from aqueous solutions on nanocomposite multi-walled carbon nanotube functionalized MIL-53(Fe) as new adsorbent[J]. Science of the Total Environment，2018，627：235-244.

[94] Yang J M，Ying R J，Han C X，et al. Adsorptive removal of organic dyes from aqueous solution by a Zr-based metal-organic framework：effects of Ce(Ⅲ) doping[J]. Dalton Transactions，2018，47（11）：3913-3920.

[95] Sánchez N C，Guzmán-Mar J L，Hinojosa-Reyes L，et al. Carbon composite membrane derived from MIL-125-NH_2 MOF for the enhanced extraction of emerging pollutants[J]. Chemosphere，2019，231：510-517.

[96] Li W X，Cao J，Xiong W P，et al. *In-situ* growing of metal-organic frameworks on three-dimensional iron network as an efficient adsorbent for antibiotics removal[J]. Chemical Engineering Journal，2020，392：124844.

第3章 MOFs吸附去除水体中污染物的应用

随着社会快速发展和城市化工业化的持续推进，生活、工业、农业污水，以及其他领域产生的含污染物废水大量排入江湖海等环境水体，导致过多的污染物在水体中积累，而这种积累一旦超出水体本身自净能力时，水体水质参数就会急剧下降，水质恶化，导致水体生态系统的破坏，进而降低水体的利用价值，并反过来危害人类健康。从水体污染物来源来看，工业废水、生活污水和农业污水是水体污染的重要来源。工业废水中，特别是冶金、电镀、造纸、印染、石油化工等行业排放的污水，具有污水量大、成分复杂、危害性高的特点。生活污水与人们生活息息相关，是日常生活中产生和排放的各种污水，其中污染物主要是有机物、残留洗涤剂及大量病原微生物等。农业污水污染则主要是由农业活动中化肥、农药等不恰当使用造成的，尤其是氮、磷、钾等超标引起的水体富营养化是目前常见且不易处理的水体污染现象之一。在所有这些污染物中，重金属和有机污染物是两大类重要污染物。重金属的生物毒性高，易富集，对生态系统危害大。而有机污染物中，特别是一些新兴持久性污染物，如内分泌干扰物、抗生素等，引起人们更多关注，相对而言，它们稳定性高，更难降解，在水环境中存在周期更长，危害性更大。这些污染物在水体中不断积累，并可通过食物链、食物网浓缩迁移富集，最终威胁人类安全健康。因此，水体污染防治对于维护环境生态系统稳定和人类健康具有重大意义。

在污染水体修复过程的不断探索中，新技术和材料的发展为环境水体中污染物的处理带来了更多可能。MOFs 材料是近年来新兴多孔材料，得益于其高度多孔性、可调节孔隙结构、易于功能化等特性，在水处理领域表现优异。MOFs 材料的高比表面积和孔隙度是吸附污染物的理想环境，为实现污染物高效吸附去除提供更多可能。另外，MOFs 材料种类多样，通过金属中心和有机配体的选择和组合，调控其性能可实现不同污染物的吸附去除。已有的研究也证明了 MOFs 材料是一种有前景的水体污染物高效吸附剂。随着 MOFs 材料研究的深入，研究者发现对 MOFs 材料进行改性有助于进一步提高其性能。例如，在 MOFs 材料基础上进行金属元素掺杂、官能团修饰、碳化等处理，可实现 MOFs 材料组成、结构和功能上的调控，从而实现性能增强。但是制备合成的 MOFs 为粉末状，加工性能差，使用操作不便，且在使用过程中不易回收，材料容易损失及造成环境二次污染。在此基础上，利用复合手段将 MOFs 与特定载体结合，即通过 MOFs 生长或负载于不同载体，如铁丝网、气凝胶、聚合物膜等基体上，实现 MOFs 材料加工性与实用性的提升，进一步提高 MOFs 材料在水体污染修复领域的应用潜力。

3.1 改性 MOFs 材料

3.1.1 金属元素掺杂 MOFs 材料

金属元素掺杂是一种常用的 MOFs 材料改性方法。目前实现金属掺杂的主流方法是通过在 MOFs 合成过程中加入一定比例的掺杂金属离子来部分取代原来的金属离子，成为新的节点实现金属元素掺杂。一般而言，掺杂的金属元素所占比例不超过原本金属中心，且绝大部分研究中掺杂的金属元素为一种，获得的 MOFs 材料为双金属 MOFs，而三金属 MOFs 甚至多金属 MOFs 的研究并不常见。在另一些双金属 MOFs 研究中，两种金属初始比例变化范围从 1∶0 至 0∶1，从实验设计原理上来看，这类研究并不归属于掺杂改性，尽管获得的性能最佳的材料中金属也只有一种占据优势。

目前，常用的掺杂金属有铈、镍、钴、锰、铁、铜等。Yang 等通过溶剂热法制备了铈掺杂的锆基 MOFs 材料 UiO-66 并用于吸附去除水体中染料[1]。能量色散 X 射线谱中铈呈现均匀分布，表明铈元素有效掺杂分散。XRD 谱图中铈掺杂 UiO-66 样品的峰形和 UiO-66 吻合，证明铈成功被纳入 UiO-66 骨架，替代部分锆。氮气吸附-脱附测试中，两种样品等温线类型相同，均为微孔占主导的 I 型等温线，但掺杂样品低压阶段吸附容量更大，意味着具有更多微孔。同样，铈掺杂 UiO-66 的比表面积（$1135m^2/g$）大于 UiO-66（$981m^2/g$），更大的比表面积意味着更强的吸附能力。铈掺杂 UiO-66 表现出对罗丹明 B、刚果红等染料更高的吸附能力，提升的吸附能力可归因于铈掺杂降低了孔道表面电荷和增加了材料的比表面积。在另一项相似的研究中，Liu 等发现在未改变 UiO-66-NH_2 晶体构型的条件下，铈掺杂增加了铈和锆与有机配体的竞争配位，改变部分配位模式，从而在晶体结构中引入更多缺陷，这些增加的缺陷可提供更多吸附位点[2]。SEM 结果表明 Ce-UiO-66-NH_2 形貌与 UiO-66-NH_2 显著不同，不再呈现为 UiO-66-NH_2 的八面体结构，颗粒变得更小，堆叠趋势更显著，可能原因是铈取代部分锆改变配位结构进而影响晶格的发育。氮气吸附-脱附测试结果显示，随着铈掺杂量增加，材料 BET 比表面积减小，但平均孔径增大。在磷的吸附实验中，0.75Ce-UiO-66-NH_2 具有最高吸附容量，为 119.25mg/g，远高于 UiO-66-NH_2 的吸附容量（70.12mg/g），这可归因于静电相互作用和配体交换，以及铈掺杂导致材料缺陷的增加。

Ti^{4+}和 Zr^{4+}具有化学相似性，Ti^{4+}的掺入已被证明可以优化 UiO-66 在各种应用中的性能。Han 等制备钛掺杂的 UiO-66-*n*Ti 样品用于有机染料的吸附去除，并系统研究钛掺杂对吸附性能的影响[3]。在 XRD 测试中，不同钛掺杂样品整体晶体形貌虽然没有发生变化，但是 $2\theta = 7.3°$的峰发生微小偏移，这是由于相比于 Zr^{4+}，Ti^{4+}的原子半径更小，导致 UiO-66-*n*Ti 的晶格收缩和晶体生长抑制，造成峰的偏移。在 SEM 表征中，形貌结构的差异更为明显，UiO-66-*n*Ti 由 UiO-66 的光滑八面体变为表面粗糙的球状形貌，材料粒径随着钛掺杂的增加先减小后增大，这也验证了钛掺杂对 UiO-66 晶体生长的抑制作用。此外，低浓度钛掺杂可增加材料比表面积，而高浓度掺杂导致材料比表面积的进一步减小，可能原因是高浓度掺杂导致有序结构被破坏，这也与 XRD 和 TGA 分析一致。在一系列掺杂样品中，UiO-66-2.7Ti 对刚果红染料吸附去除效果最佳，吸附容量可达 979mg/g，是 UiO-66 吸附容量的 3 倍以上。Zeta 电位测试显示，钛掺杂改变了 UiO-66 的表面电荷，由带负电变为带正电状态，与带负电的刚果红染料产生强静电吸引，有效提升材料吸附能力。此外，在对 UiO-66 材料金属掺杂改性研究中，Yang 等通过锰掺杂实现了 UiO-66 材料对四环素（TC）抗生素和重金属铬吸附去除性能的提升[4]。掺杂的锰元素融入 UiO-66 骨架中并提供价电子，从而为污染物吸附提供更多的吸附位点。吸附实验表明，MnUiO-66 对四环素和铬的吸附容量分别是原始 UiO-66 的 4.9 倍和 3.1 倍。离子强度影响探究中（图 3.1），SO_4^{2-} 和 PO_4^{3-} 对吸附表现出更强的抑制作用，共存离子的存在会与污染物分子进行吸附位点的竞争，从而导致对污染物吸附能力的下降。吸附动力学和等温线研究表明，四环素和 Cr(VI)吸附过程中化学吸附占主导地位，且在 MnUiO-66 吸附剂表面被均匀吸附（图 3.2）。进一步，MnUiO-66 在四环素和铬混合系统中表现优异，可同时吸附去除这两种污染物，且处理模拟的实际水体效果良好，具有更高的应用潜力。

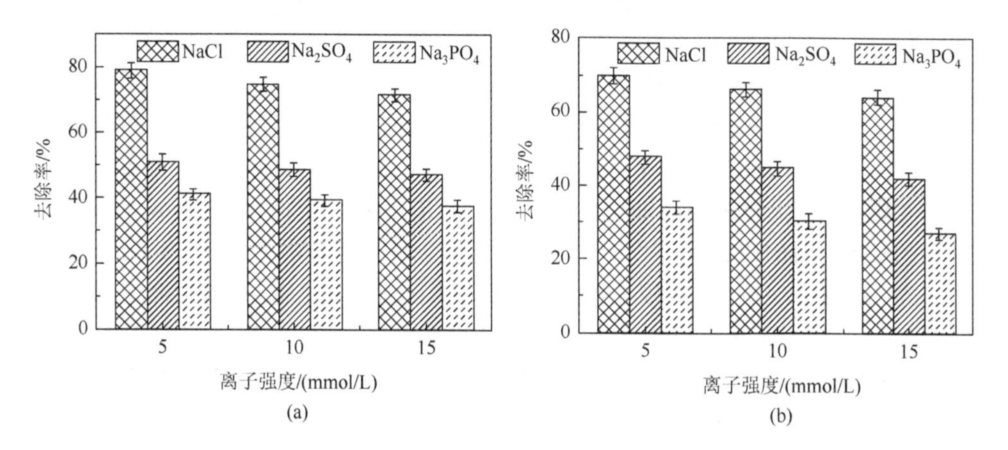

图 3.1　离子强度对 MnUiO-66 分别吸附四环素（a）和铬（b）的影响

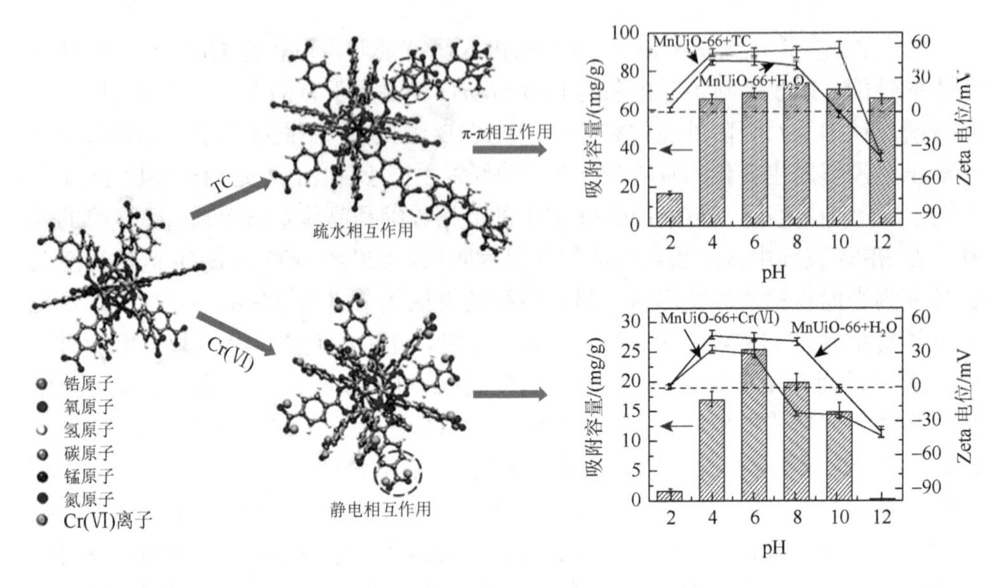

图 3.2　MnUiO-66 分别吸附四环素和铬的机理图

MIL 系列材料是常用的吸附材料。Li 等探究了镍掺杂 MIL-101(Cr)材料对不同阴离子染料的吸附性[5]。结果表明，镍引入增加了材料形貌结构的缺陷，形成新的介孔结构，同时也减弱了材料表面正电性。在刚果红、甲基橙和酸性铬蓝 K 三种染料吸附中，对于线形结构刚果红和甲基橙，静电相互作用、π-π 相互作用，以及具有更多缺陷的多孔结构增强了镍掺杂 MIL-101(Cr)材料的吸附能力；对于非线形结构染料酸性铬蓝 K，空间位阻是导致镍掺杂 MIL-101(Cr)对其吸附能力显著降低的主要原因。同样，Xiong 等通过溶剂热法制备了镍掺杂 MIL-53(Fe)，并通过响应面分析法优化材料吸附去除抗生素强力霉素的性能[6]。如图 3.3 所示，元素面扫描图中显示铁、镍均匀分布，表明镍的有效掺杂，XRD、FTIR 和 XPS 等表征结果也进一步验证了镍的掺杂。在响应面优化中（图 3.4），以强力霉素浓度、实验温度、钠离子强度和溶液 pH 为变量，考察多种因素作用对吸附性能的影响。根据响应面二次模型的优化，强力霉素浓度 100mg/L、温度 35℃、离子强度 5g/L、pH 7 为最佳吸附条件，在静电作用和 π-π 相互作用下，镍掺杂 MIL-53(Fe)的吸附容量可达 397.22mg/g，高于同类型的吸附剂。

除镍掺杂，铜掺杂也被证明能有效提升 MIL 材料吸附能力。Xiong 等合成了铜掺杂的 MIL-101(Fe)并应用于药物萘普生和布洛芬的吸附去除[7]。氮气吸附-脱附测试结果表明，铜掺杂后极大扩展了材料平均孔径，从 MIL-101(Fe)的 3.3nm 到铜掺杂后样品的 14.4nm。增大孔径更有利于污染物的吸附，铜掺杂的 MIL-101(Fe)表现出对萘普生和布洛芬更高的吸附能力，最大吸附容量分别为 497.3mg/g 和 396.5mg/g。升高温度促进了铜掺杂的 MIL-101(Fe)的吸附能力，表明该吸附反应是吸热过程。吸附机理研究指出 π-π 相互作用和氢键是吸附过程的主要推动力。

图 3.3　镍掺杂 MIL-53(Fe)的扫描电子显微镜图（a）、透射电子显微镜图（b）、元素面扫描图[（c）～（g）]

此外，在 MOFs 金属掺杂改性中，具有高稳定性能、良好吸附性能的 ZIF 材料也被广泛研究，其中具有代表性的是分别以锌和钴为金属中心的 ZIF-8 和 ZIF-67。例如，Nazir 等通过改变铁掺杂比例直接制备了不同含量铁掺杂 ZIF-67 材料[8]。光谱表征表明，有限的铁金属掺杂并不影响 MOFs 的结构拓扑、孔隙率等特征。其中，铁掺杂量为 5%的 Fe@ZIF-67 表现出最高吸附容量，对罗丹明 B 吸附可达 135.14mg/g，远高于原始 ZIF-67 的 85.69mg/g。Nazir 等利用溶剂热法合成高水稳定的镍掺杂 ZIF-67[9]。相比原始 ZIF-67，镍掺杂导致复合材料比表面积和孔隙度减小。在静电吸引作用、氢键和 π-π 相互作用力的驱动下，镍掺杂 ZIF-67 对染料甲基橙表现出更优异的吸附能力。

锌和铜在元素周期表中处于相邻位置，具有相似的原子半径和电子构型，因此铜可代替锌作为新节点构建 ZIF 骨架。Jin 等在 ZIF-8 生长过程中加入一定比例硝酸铜得到铜掺杂的 Cu-ZIF-8[10]。通过调整铜/锌比例，可进一步调节 ZIF-8 孔径。由于 ZIF-8 合成过程中金属阳离子的方形平面配位环境不利于铜参与配位，因而会导致材料的缺陷增加，阻止了三维孔隙的完全形成，导致更高的比表面积，从而实现了铜掺杂 ZIF-8 对苯并噻吩吸附性能的提升。

不同于一步溶剂热法等直接合成金属掺杂 MOFs，合成后通过其他手段引入其他金属也可实现金属掺杂。Sun 等通过原位刻蚀法合成铜掺杂 ZIF-8 材料，并用于抗生素吸附处理[11]。图 3.5 中 SEM 结果显示，通过原位刻蚀，ZIF-8 结构表面部分有机配体溶解，导致表面变粗糙，铜离子逐渐渗入 ZIF-8 晶体，取代锌离子

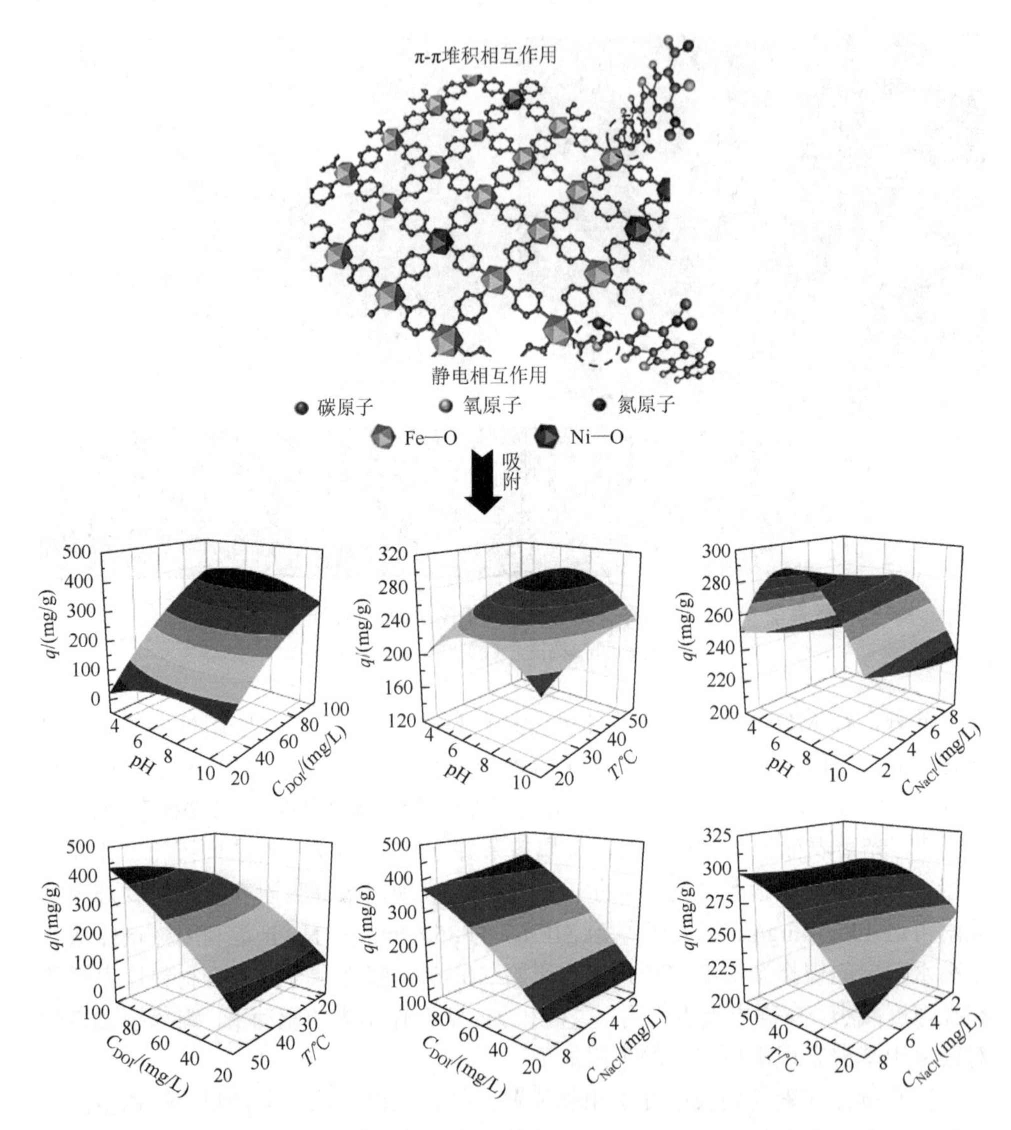

图 3.4　镍掺杂 MIL-53(Fe)吸附四环素机理及利用响应面优化

与有机配体相连形成铜掺杂。XPS 总谱中铜对应峰的出现表明铜掺杂于 ZIF-8 中。尽管氮气吸附-脱附测试结果显示铜掺杂降低了材料的比表面积和孔体积（图 3.6），但铜掺杂依旧提升材料对四环素的吸附能力，这得益于铜掺杂修饰可提供价电子同时引入更多吸附位点。此外，Wan 等以溶剂热法合成 MIL-101(Cr)为基础，将 MIL-101(Cr)置于正己烷中超声混合，然后滴加硝酸银水溶液并继续搅拌 2h，通过疏水作用将硝酸银引入 MIL-101(Cr)中，得到银掺杂的 MIL-101(Cr)@Ag[12]。SEM 和 TEM 表征证明，银掺杂没有引起 MIL-101(Cr)骨架结构改变，但导致颗粒尺寸减小。同样，由于阴离子范德瓦耳斯半径较大，银掺杂也导致材料比表面积的减小。碘离子吸附结果表明，银掺杂极大提升了材料对碘的吸附，归结于银的引入可与碘形成 AgI 复合物，强化 MIL-101(Cr)吸附性能。

总体而言，金属掺杂是一种简单却有效的 MOFs 材料改性手段，在 MOFs 合成过程中加入对应改性金属即可实现这一过程。掺杂改性的金属可根据应用需要进行进一步筛选，低含量金属掺杂通常不会改变 MOFs 本身的体构型，但由于掺

图 3.5　ZIF-8［（a）、（b）］和 Cu-ZIF-8［（c）～（e）］的 SEM 图；Cu-ZIF-8（e）中选择部分的 EDS 映射：C（f）、Zn（g）、N（h）、Cu（i）分布

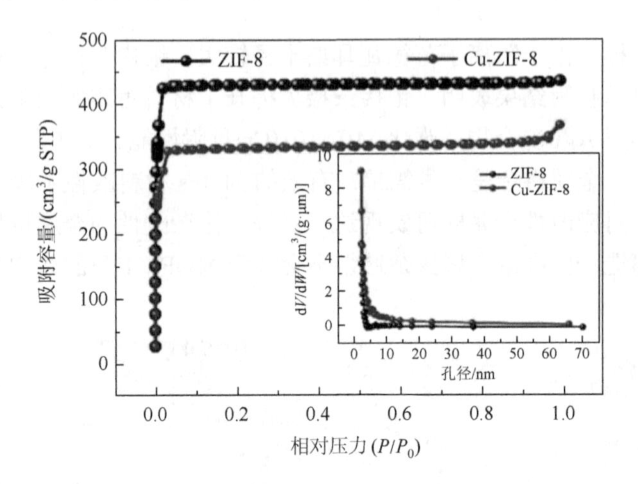

图 3.6　ZIF-8 和 Cu-ZIF-8 的 N_2 吸附-脱附等温线

插入图为材料孔径分布图

杂金属物化性质的差异，掺杂金属原子半径、配位方式的不同会导致 MOFs 材料形貌结构和性能的变化，如孔结构、比表面积等的改变，进而引入更多缺陷和吸附位点等。此外，金属掺杂也会引起材料表面带电性质的改变，这会导致材料与污染物分子静电相互作用的变化，而对于多数吸附反应，静电相互作用在吸附过程中具有重要意义。

3.1.2　官能团修饰 MOFs 材料

与金属掺杂类似，官能团修饰也是一种常见 MOFs 改性手段。官能团修饰是在 MOFs 自身结构基础上，在有机配体或者开放金属位点上引入如—OH、—COOH、$—NH_2$ 等不同官能团达到 MOFs 官能团化[13]。相比于原始 MOFs，通过选择性接入特定官能团，官能团化 MOFs 的性能可得到有效改善和提升[14]。总体来讲，要实现 MOFs 官能团修饰，目前主要有两种途径[15]。第一种途径是直接合成法，即利用含有官能团的有机配体与金属中心配位结合，从而制备官能团修饰 MOFs 材料。例如，Yu 等以 2-氨基对苯二甲酸、2-硝基对苯二甲酸和 2-溴对苯二甲酸作为有机配体，通过溶剂热法分别一步合成了氨基化、硝基化和溴化的 MIL-53(Fe)[16]。XRD 结果表明 NH_2-MIL-53(Fe)、NO_2-MIL-53(Fe)、Br-MIL-53(Fe) 和 MIL-53(Fe)具有相同的衍射峰，均与 MIL-53(Fe)谱图相同，说明配体上官能团的引入不会改变 MIL-53(Fe)的骨架结构。FTIR 图中，NH_2-MIL-53(Fe)、NO_2-MIL-53(Fe)、Br-MIL-53(Fe)分别显示出官能团的特征峰，3794cm^{-1} 处的峰是由于$—NH_2$ 的不对称振动引起，1556cm^{-1} 处的峰对应于$—NO_2$ 的不对称振动，而 Br-MIL-53(Fe)上位于 550cm^{-1} 的 C—Br 伸缩振动带由于被 Fe—O 拉伸振动覆盖，无法在谱图上进一步识别。从制备过程来看，直接合成法的优势是工艺简单、效率更高。但另一方面，官能团化有机配体成本相对较高，因而直接合成法的成本高。此外，骨架上官能团的引入可能会占据部分孔结构，导致较低的孔隙度[17]。同时，引入的官能团因具有配位能力，可能产生配位竞争效应，在某种程度上会使得 MOFs 结晶度下降。

与第一种直接合成法不同，第二种方法是合成后修饰法。在预先合成 MOFs 后，将官能团引入到 MOFs 具有配位不饱和位的金属中心或有机配体上，即通过进一步合成后修饰得到功能化的 MOFs。相比于直接合成法，合成后修饰法制备流程相对复杂，需使用额外化学试剂、修饰手段引入官能团。例如，利用合成后修饰法，Seo 等制备了羟基官能团化 MIL-101[18]。将脱水的 MIL-101 悬浮在无水甲苯中，随后向该悬浮液中加入 1mmol 的乙醇胺，混合物连续搅拌并回流 12h 后成功制备羟基化的 MIL-101-OH。而将乙醇胺换成二乙醇胺，可引入双羟基，得到双羟基结构，即 MIL-101-$(OH)_2$。

除了这两种方法外，一些其他手段也可实现MOFs官能团化。例如，利用Cr-MIL-101的高稳定性能，Bernt 等将 Cr-MIL-101 加入到硫酸和硝酸混合液中，通过硝化反应在 Cr-MIL-101 骨架苯环上引入硝基，获得了 Cr-MIL-101-NO_2[19]。在硝基结构基础上，通过氯化锡、乙醇在 70℃进一步反应将—NO_2 还原成—NH_2，得到氨基化 Cr-MIL-101-NH_2。因此，相比直接合成法制备氨基化 MOFs，该方法合成过程更复杂，且需要多步骤完成。此外，配体交换法已被报道用于功能化 MOFs 材料构建。Hu 等提出了一种有效的方法来功能化水稳定突出的 UiO-66(Zr)[20]。在优化 MOFs 制备后，通过改变温度、溶剂类型、溶剂交换频率、配体浓度等配体交换反应条件，进行筛选金属配体交换的组合，成功引入—COOH，实现 UiO-66 官能团化。

相对而言，在 MOFs 官能团修饰中，—COOH、—OH、—NH_2 等是常见的修饰基团。这些官能团的存在，可为污染物吸附提供更多吸附结合位点，从而提升 MOFs 吸附能力。Seo 等利用合成后修饰法获得羧基引入的 UiO-66-COOH[21]。氮气吸附-脱附测试结果表明，相比于原始 UiO-66，UiO-66-COOH 的孔隙度和比表面积均变小。但在羧基功能化作用下，UiO-66-COOH 对吲哚的吸附容量显著提高，吸附性能的提高可归结于—COOH 中的 O 和吲哚五元杂环上的 N 之间形成了氢键，增强了吸附能力。Lim 等以硝基功能化的 MIL-101(Cr)-NO_2 为原料，通过还原反应合成了氨基化的 MIL-101(Cr)-NH_2[22]。在 Pd(Ⅱ)和 Pt(Ⅳ)的吸附测试中，MIL-101(Cr)-NH_2 展现出比 MIL-101(Cr)-NO_2 更强的吸附能力，XPS 和 FTIR 结果表明，MIL-101(Cr)-NH_2 中丰富的质子化氨基（NH_3^+）是主要的吸附结合位点。此外，通过静电吸引，NH_3^+ 对 $PdCl_4^{2-}$ 和 $PtCl_6^{2-}$ 表现出更高的亲和力，两者共同作用使得 MIL-101(Cr)-NH_2 对铂族金属离子的吸附能力远高于 MIL-101(Cr)-NO_2。同样，Park 等利用 $SnCl_2 \cdot 2H_2O$ 作为还原剂与 MIL-101-NO_2 混合，在 70℃下加热 6h，将 MIL-101-NO_2 上的—NO_2 还原为—NH_2，获得氨基化的 MIL-101-NH_2[17]。有机污染物吸附实验表明，MIL-101-NH_2 可高效吸附双酚 S（BPS），吸附容量相比于 MIL-101 得到显著提高，可达 513mg/g。BPS 的—SO_2 与 MIL-101-NH_2 的—NH_2 之间形成的氢键可用来解释这种良好的吸附行为。

不仅官能团种类会影响 MOFs 的性能，引入官能团的数量对 MOFs 也有重要影响。Sarker 等利用合成后修饰法在 MIL-101 上引入羟基官能团[23]。实验结果发现，对比用乙醇胺作为修饰剂在 MIL-101 骨架上引入一个羟基的 MIL-101-(OH)，三乙醇胺在骨架上引入三个羟基制备的 MIL-101-$(OH)_3$ 能吸附更多的苯胂酸和对胂酸。MIL-101-$(OH)_3$ 对苯胂酸的最大吸附容量为 139mg/g，是 MIL-101-(OH)最大吸附容量（84mg/g）的 1.6 倍。吸附机理表明氢键是吸附过程主要推动力，MIL-101-$(OH)_3$ 结构中含有更多—OH 基团，可与污染物形成更多氢键，从而提升吸附容量。Sarker 等制备了—NH_2 和—COOH 双官能团化 UiO-66[24]。首先利用直接合成法以溶剂热法直接合成氨基化的 UiO-66-NH_2，并以此为基础通过合成后修饰法与乙二酰氯反应在—NH_2 基团化后实现—COOH 引入，得到双官能团 UiO-66-NH-CO-COOH。—NH_2 和—COOH 双官能团化显著改善了 UiO-66 的吸附性能，对三氯生（TCS）和吲哚（IND）的吸附效果明显优于 UiO-66 和商业活性炭（AC）。双官能团化 UiO-66 显著提升的吸附效率可用氢键机理解释：UiO-66-NH-CO-COOH 作为氢键受体，被吸附污染物作为氢键供体，两者形成氢键作用，驱动吸附反应。Ren 等结合直接合成与后修饰法成功制备—COOH 和—SO_4 双官能团化 Zr-BDC-COOH-SO_4，其中—COOH 和—SO_4 分别与有机配体的苯环和金属中心 Zr 结合[25]。在放射性锶离子吸附中，Zr-BDC-COOH-SO_4 表现出非常快速的吸附动力，在 5min 内锶离子接近吸附平衡，最大吸附容量为 67.5mg/g。进一步机理探究表明，游离的—COOH 有助于静电相互作用达到快速吸附，而—SO_4 的引入显著增强了其吸附能力，因此双官能团的协同效应极大提升了 Zr-BDC 的吸附能力。

除了常见的—COOH、—OH、—NH_2 等修饰官能团外，其他基团如—NO_2、—F 等也被用于 MOFs 官能团化修饰，改善 MOFs 性能[26, 27]。例如，为进一步增强 MOFs 材料水稳定性，Yuan 等通过—F 官能团化制备了超疏水性氟化 UiO-66-F[28]。水接触角测试表明，氟官能团引入后，UiO-66-F 的水接触角为 145°，相比于 UiO-66-NH_2 的 25°水接触角，氟修饰有效提升材料疏水性能。进一步实验证明，疏水 UiO-66-F 材料对多种有机溶剂的吸附能力明显提高，使用多次后材料性能没有明显下降，证明材料具有优异的回收性能。同时，UiO-66-F 也表现出良好的油水分离能力。Liu 等以氟功能化咪唑酯为有机连接剂，一步合成新型超疏水沸石型咪唑酯骨架 F-ZIF-90[26]。氟的引入使 F-ZIF-90 具有高的水稳定性和超疏水性，具有很好的除油前景。随后通过在聚多巴胺（PDA）改性海绵上原位生长 F-ZIF-90，得到的 F-ZIF-90@PDA@海绵复合材料对各种油和有机液体具有高吸附能力，可达其自身质量的 16～48 倍。乙二胺（EDA）或乙二胺四乙酸（EDTA）可与重金属离子形成配位化合物，是良好配位剂[29]。Ahmadijokani 等对 UiO-66 进行 EDA 修饰得到 UiO-66-EDA 并用于重金属吸附去除[30]。EDA 修饰后，UiO-66-EDA 上氨基等官能团与 Pb、Cd 等重金属离子之间形成共价相互作用，强化了 UiO-66-EDA 吸附重金属的能力。吸附实验表明，UiO-66-EDA 可有效吸附 Pb 离子、Cd 离子和 Cu 离子，对三者的最大吸附容量分别为 243.90mg/g、217.39mg/g 和 208.33mg/g。Nanthamathee 等利用直接合成法制备硝基化 UiO-66、氨基化 UiO-66 并用于中性染料吸附去除[31]。与原始 UiO-66 相比，官能团化 UiO-66-NO_2 和 UiO-66-NH_2 对酚红（PR）吸附能力得到提升，而 UiO-66-NH_2 对吸附性能的提升比 UiO-66-NO_2 更多，这是由于 UiO-66-NO_2 与酚红形成氢键的数量比 UiO-66-NH_2 少，氢键形成的可能位点只有一个。此外，对于 UiO-66-NO_2，硝基是一个吸电子基团，会降低有机配体苯环上电子密度，从而进一步削弱了 π-π 相互作用。

3.1.3　碳化 MOFs 衍生物

作为周期性配位结合产物，相对而言，MOFs 材料自身稳定性较差，特别是应用于水处理领域中，溶液环境的复杂性对 MOFs 材料稳定性提出更高的要求。尽管目前已有许多高稳定性的 MOFs 材料被报道，但仅占据其中一部分。对于稳定性较差的 MOFs，如何进一步提升其稳定性、增强其应用性能，成为 MOFs 材料研究热点。在 MOFs 稳定性提升方面，碳化 MOFs 提供了有效解决途径。碳化 MOFs 是指在隔绝空气或氧气条件下，通常为氮气或者氩气等惰性气体中，进行时间控制的高温加热（温度一般大于 600℃），将 MOFs 材料转化为高稳定性的碳基 MOFs 衍生物。在高温碳化过程中，MOFs 骨架结构不可避免地会发生变化，如骨架结构的坍塌、收缩、变形等。为尽量减轻高温碳化这一过程的不利影响，通过碳化过程的控制，可以在一定程度上实现 MOFs 结构的保留与继承，获得孔径分布均匀、有序的 MOFs 衍生物。在这个过程中，MOFs 材料中的金属中心通常会转化为金属颗粒、金属-碳/氮等复合结构的形式，并且这些形成的金属构型被包裹限域在碳基质中，很大程度上减少材料中金属浸出的风险。此外，得益于 MOFs 金属中心的高度分散性，碳化过程中形成的高密度金属构型均匀分散在衍生物内，可作为碳材料电子传输中间体和活性位点，提升碳材料性能。再者，高温碳化后，也可以通过酸（盐酸、硫酸、王水等）洗涤来去除其中的金属颗粒或金属氧化物，获得无金属的碳材料，从根本上避免材料在使用过程中有毒有害金属离子的溶出。

碳化法能显著提高 MOFs 材料的稳定性，然而该方法也存在其局限性，如碳化过程中金属中心的脱落、元素的挥发导致骨架结构的坍塌、高温导致的材料团聚烧结等问题。在此基础上，大量研究者尝试对碳化 MOFs 衍生物进行改性。改性手段可分为前处理改性和后处理改性两种。前处理改性指在碳化前对 MOFs 材料进行处理，主要对 MOFs 材料结构、组成等方面的改变，如组合设计新的 MOFs 材料结构（中空结构、壳核结构等）、元素掺杂等。目前，通过模板法、刻蚀法等手段可实现 MOFs 结构性能的调整设计，但大部分集中于催化、能量储存等领域，在吸附领域涉及较少。例如，Lee 等以聚乙烯球为模板，碳化壳核结构的聚乙烯球/ZIF-8 复合物作为染料吸附剂[32]。聚乙烯球在碳化过程中被移除，获得了分散良好的空心多孔碳（HPC）。由于 HPC 球不易团聚、分散性好、比表面积大，表现出对亚甲基蓝染料高吸附能力，能在 6min 内快速达到吸附平衡。

相对来讲，元素掺杂手段在改性 MOFs 衍生材料吸附性能方面应用更多。元素掺杂包括金属掺杂和非金属掺杂两种方式，金属掺杂即在单金属中心基础上引入一种或者多种其他金属元素，形成双金属或者多金属掺杂等，其后进行碳化获得多金属 MOFs 衍生物。金属掺杂可分为 MOFs 合成过程中掺杂和 MOFs 合成后掺杂。例如，Zhang 等以一步法制备的锌/钴双金属 Zn/Co-ZIF 作为牺牲模板，在 900℃氩气氛围下煅烧制备 Zn/Co-ZIF 衍生碳[33]。对比分别以锌和钴为金属中心的 ZIF-8 和 ZIF-67 制备的碳化衍生物，Zn/Co-ZIF 衍生碳有最大的孔径，同时对罗丹明 B 染料有最高吸附容量（116.2mg/g），这可归结于其层次性孔隙结构和增加的钴金属吸附位点。不同于一步法直接制备双金属 MOFs，Jafari 等首先制备 ZIF-8，随后通过混合法负载铁离子在 1000℃氮气氛围下煅烧及 300℃空气下氧化，获得 Fe_3O_4 封装的氮掺杂多孔碳[34]。高比表面积（$1358m^2/g$），大孔隙体积（$1.61cm^3/g$）和大量的含氧官能团实现氮掺杂多孔碳高效选择吸附性地去除水溶液中的 Pb(Ⅱ)。

通常，MOFs 衍生材料是粉末状，不便回收，使用和循环再生过程会有较多的损失，降低了其实用性。而通过碳化含铁、钴、镍等金属的 MOFs，可获得具有磁性的 MOFs 衍生物。Xiong 等碳化锌掺杂的 MIL-53(Fe)制备了磁性碳-αFe/Fe_3C 衍生物[35]。通过调整碳化温度（810℃、910℃、1010℃），在碳化过程中使得低沸点的锌挥发，进而在材料内部产生大量孔结构，创造更多吸附位点。图 3.7（a）的氮气吸附-脱附等温线表明碳化后材料的氮气吸附能力显著提高，孔隙度增加。图 3.7（c）为室温磁化曲线，显示碳化获得的锌掺杂 MIL-53(Fe)得到的复合物具有强磁性，使得材料易于磁性分离，增强其回收分离性能。而在 910℃下碳化所得材料展现出最佳四环素吸附能力，吸附容量达到 511.06mg/g，同时磁性分离赋予材料更优异的循环性能，经过 5 次循环后材料仍保持高去除性能。Torad 等在氮气氛围下煅烧 ZIF-67 制备了含磁性钴纳米颗粒的纳米多孔碳 Co/NPC[36]。在煅烧过程中，钴离子被还原为磁性钴颗粒，赋予多孔碳材料磁性，Co/NPC 粒子表现出较强磁响应。碳化后的 Co/NPC 具备高的比表面积和开孔网络，有利于亚甲基蓝

(MB) 快速扩散，从而实现 MB 分子的快速吸附。同时，较强的磁响应使 Co/NPC 很容易从反应后溶液中分离，增强回收利用性能。此外，自身不含铁、钴、镍金属中心的 MOFs 也可通过与铁、钴等组分结合碳化获得。Chen 等以锌基 MOF-5 为原料，通过三价铁离子修饰后，进一步在氮气下于 500℃碳化 1h，碳化过程中材料表层碳壳将 $ZnFe_2O_4$ 和 ZnO 包裹，得到壳核结构的磁性多孔碳[37]。在 π-π 电子供体和受体相互作用的驱动下，磁性多孔碳可有效吸附阿特拉津、卡马西平、双酚 A、4-硝基苯酚等多种有机微污染物。

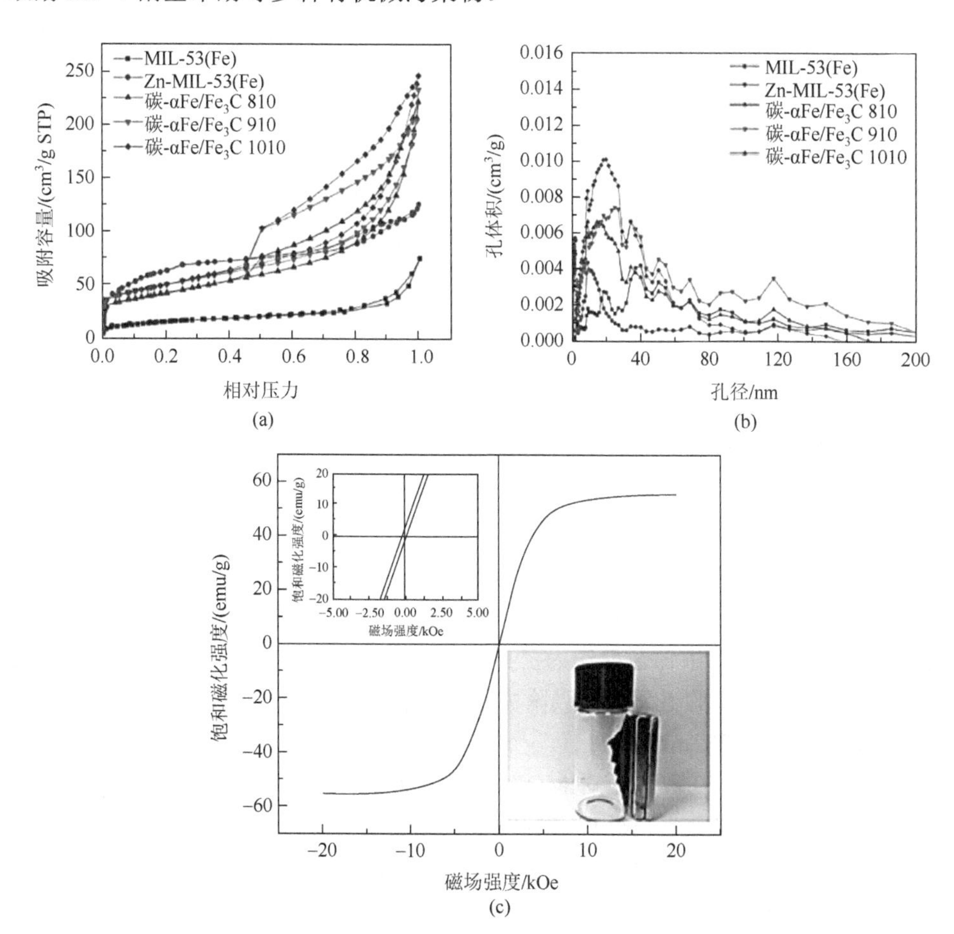

图 3.7　吸附剂的氮气吸附-脱附等温线（a）、孔径分布（b）；（c）磁性碳-$\alpha Fe/Fe_3C$ 910 的室温磁化曲线

非金属掺杂是指在 MOFs 衍生材料中引入氮、硫、磷等杂原子，研究表明在碳结构中掺杂氮、硫、磷等杂原子能够有效地调整其内在属性，包括材料的电子特性、表面和局部化学特征及机械性能等。而其中氮掺杂被认为是一个理想的掺

杂选择。碳和氮两者的原子半径相近，氮原子有 5 个可成键的价电子，有利于与碳原子形成强价键。氮原子的掺杂可以在碳骨架结构中产生局部张力，改变材料的结构。同时，氮原子额外的孤对电子可给碳骨架离域 π 系统负电荷，进而增加材料自身的电子传输效率，增强反应的活性，整体提高材料的性能。而在吸附领域，一方面氮掺杂可以提供更多吸附活性位点，特别是氮构型中的吡啶氮和吡咯氮，可作为氢键中氢的贡献或者接受者，提高材料吸附能力；另一方面，氮掺杂也能在衍生物骨架中创造更多结构缺陷，为污染物吸附提供更多可能。一般而言，实现 MOFs 衍生物中的氮掺杂多来自 MOFs 中含氮有机配体，如咪唑类有机配体。Wang 等以钴锌双金属 ZIF 为牺牲模板，碳化制备了磁性氮掺杂多孔碳用于水体中诺氟沙星的吸附去除[38]。氮掺杂多孔碳产物中的氮直接来源于 ZIF 配体二甲基咪唑。采用 XPS 分析产物中氮掺杂含量为 3.6%，进一步对氮进行分峰拟合，得到三种不同类型的氮构型，分别是石墨氮、吡咯氮和吡啶氮。其中石墨氮镶嵌在六元碳骨架中，而吡咯氮和吡啶氮仍有未成对电子，可参与形成氢键，进一步提升了对诺氟沙星的吸附能力。机理分析证明氢键参与诺氟沙星吸附过程，表明氮掺杂有助于提升吸附性能。对苯二甲酸有机配体中自身不含氮，为实现氮掺杂，E L Naga 等以氨基功能化的对苯二甲酸与铝盐制备的 MOFs（CAU-1-NH_2）为原料，在氮气气氛下直接碳化，成功合成了氮掺杂纳米孔碳（N-NC-800）[39]。N-NC-800 作为吸附剂可高效从水介质中去除阴离子染料甲基橙（MO），最大吸附容量达到 222.22mg/g。虽然高温碳化含氮 MOFs 可制备氮掺杂 MOFs 衍生碳，但是高温也会导致氮的流失，获得的材料中氮掺杂比例低。为制备高氮掺杂的衍生碳材料，Wang 等在水热体系中，通过改变葡萄糖的质量，将部分脱水的葡萄糖包覆 ZIF-8 后在 1000℃下碳化，得到氮掺杂多孔碳材料[40]。制备的碳样品的比表面积在 850～1200m^2/g 范围内，其中葡萄糖作为密封反应器进一步阻止了 ZIF-8 表面的氮元素损失，具有较高含量的氮元素为吸附去除染料罗丹明 B 提供更有利的吸附环境，最大吸附容量可达 283mg/g。

后处理改性是指在碳化后对 MOFs 衍生材料进行进一步改性处理，包括化学活化、碳材料内金属元素再处理（进一步氧化还原等操作）等。目前使用较多的主要是化学活化法，即将 MOFs 衍生材料和碱性物质（如 KOH）按比例混合，在高温下再次煅烧活化，煅烧过程发生碱性物质和骨架中碳的反应，在一定程度上破坏碳骨架，从而在碳材料中产生大量的孔道，可以进一步提高 MOFs 衍生材料的孔隙度和比表面积。An 等运用 KOH 活化法碳化 MAF-6 制备了衍生介孔碳，并探究其吸附去除药品和个人护理用品的性能[41]。氮气吸附-脱附测试结果表明，KOH 活化后，氮气吸附容量显著增加。在相同碳化温度下，KOH 活化碳 CDM6-K1000 的 BET 比表面积为 3123m^2/g，为 CDM6-1000（1401m^2/g）的 2.2 倍，孔体积也明显提高，达到 1.77cm^3/g。拉曼光谱显示，CDM6-K1000 的 I_G/I_D 为 0.91，远小于

CDM6-1000 的 1.09，意味着 KOH 活化后碳骨架结构中具有更多缺陷，增加了材料孔隙度，更有利于吸附反应。吸附实验结果表明，KOH 活化碳 CDM6-K1000 对布洛芬、双氯芬酸钠等具有更高吸附能力，其中高比表面积和孔隙度带来范德瓦耳斯相互作用的提升在吸附过程占重要作用。另外，尽管使用碱性物质（KOH 等）对碳材料进行化学高温活化处理可以极大提高材料的比表面积及孔体积，但用 KOH 等进行活化处理后，其中的孔道大多数为微孔，且孔径分布相对不均匀，活化过程中也会使 N 等杂原子丢失，因而活化过程需要控制活化剂的用量，实现最大限度材料活化。

类似于碱活化过程，二维形貌 MOFs 由于几何形貌稳定性差，在高温碳化过程中更易烧结堆叠。Peng 等利用氯化钾（KCl）作为剥离剂，在水溶液中混合实现 KCl 在 ZIF-L 层结构中的插层，随后在氮气氛围下高温热剥离片状 ZIF-L 制备二维氮掺杂纳米多孔碳[42]。从图 3.8 的 SEM 表征可以明显看出，随着碳化温度的升高（600～800℃），通过混合掺杂的 KCl 将烧结的 ZIF-L 逐渐剥离成片状二维的多孔碳。在煅烧过程发生了 K^+与骨架中碳的反应，实现剥离过程。同时对比未加入 KCl 碳化获得的多孔碳材料，可以发现剥离碳材料形貌结构的明显变化。氮气吸附-脱附测试结果如图 3.9 所示，碳化剥离后低压阶段吸附容量急剧上升，表明高温剥离可提高氮掺杂多孔碳的孔隙度，微孔和介孔比例大幅度增加。800℃碳化

图 3.8 Zn-ZIF-L（a）、NC-600（b）、NC-700（c）、NC-800（d）的 SEM 图

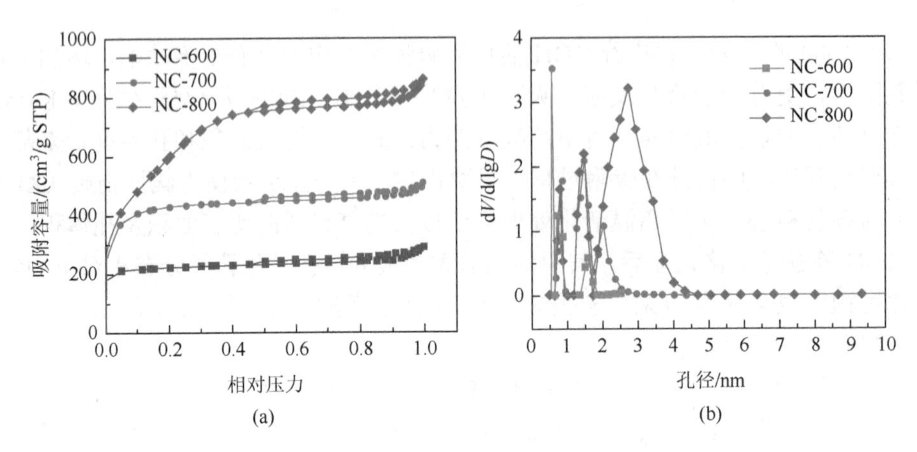

图 3.9 NC-X（X = 600、700、800）样品的 N_2 吸附-脱附等温线（a）和孔径分布（b）

样品 NC-800 具备最高比表面积和孔体积，分别为 $2195m^2/g$ 和 $1.34cm^3/g$，是原始 Zn-ZIF-L 的比表面积（$36.25m^2/g$）的 60 倍、孔体积（$0.07cm^3/g$）的 19 倍。而继续增加碳化温度，过高温度引起骨架结构坍塌导致比表面积和孔体积减小。四环素吸附实验进一步表明 NC-800 的吸附性能最佳，最大吸附容量达到 347mg/g，远大于同温度未加 KCl 碳化所制备碳材料。

3.2 MOFs 复合材料

3.2.1 MOFs/金属网络复合材料

MOFs 具有高的比表面积、孔隙度，可调节的孔径结构和丰富的活性位点，是一类高性能吸附材料。然而 MOFs 颗粒存在聚集性、脆弱性、重复回收困难等问题，影响其吸附性能。近年来，一些研究者尝试将 MOFs 材料负载在金属网络骨架上制备 MOFs/金属网络复合材料用于水体污染物吸附处理，这种载体负载复合方式极大增强了 MOFs 材料的使用性能和使用价值。目前，MOFs 和金属载体的结合可分为两种：第一种是以载体金属作为金属源，通过原位生长方式负载在金属载体上；第二种是载体不作为 MOFs 生长金属来源，通过其他方式将 MOFs 负载在其上。相比而言，第一种方法对生长其上的 MOFs 有所限制，金属中心需与载体成分吻合，但合成过程无须外加金属源，操作更简便。第二种方法则需要通过外加手段，如电化学沉积，实现 MOFs 负载，过程相对第一种方法更复杂。

Li 等以商业化铁网为基底，同时以铁网中的铁作为 MOFs 生长金属源，通过溶剂热法在铁网上成功原位负载 MIL-53(Fe)、MIL-100(Fe)和 MIL-101(Fe)三种 MIL(Fe)材料，并探究其吸附去除水体中四环素的性能[43]。铁网首先被剪裁成

3cm×3cm 小片状，经过酸洗去除其表面的铁氧化物和杂质，随后在 170℃下与有机配体反应 24h 得到多种 MIL(Fe)负载的铁网吸附剂。如图 3.10 所示，光学显微镜图显示负载 MOFs 后铁网表面不再光滑，变得粗糙。通过 SEM 可以清楚看到不同形貌的 MIL(Fe)，证明 MIL(Fe)的成功负载。XRD、FTIR 等表征结果也进一步证明 MIL(Fe)在铁网上生长和负载。吸附实验表明负载 MIL(Fe)的铁网可以有效吸附去除四环素，其中负载 MIL-100(Fe)的铁网具备最佳吸附性能，循环 5 次后仍可保持 95%的四环素去除率。类似地，Wang 等在铁网上原位生长 MIL-100(Fe)制备 MOFs 负载的过滤网并用于地下水中砷的去除[44]。MIL-100(Fe)的微孔结构、优越的比表面积和丰富的活性位点能够有效吸附捕获 As(III)。同时，MIL-100(Fe)骨架内的 Fe^{2+}/Fe^{3+}位点在氧气存在条件下引发类芬顿反应，进一步将高毒性 As(III)氧化为低毒性 As(V)，在 6h 内可实现 As(III)的高效去除。这种载体的形式也赋予其优异的循环性能，经历 5 次循环后仍可保持令人满意的高去除性能及材料稳定性。

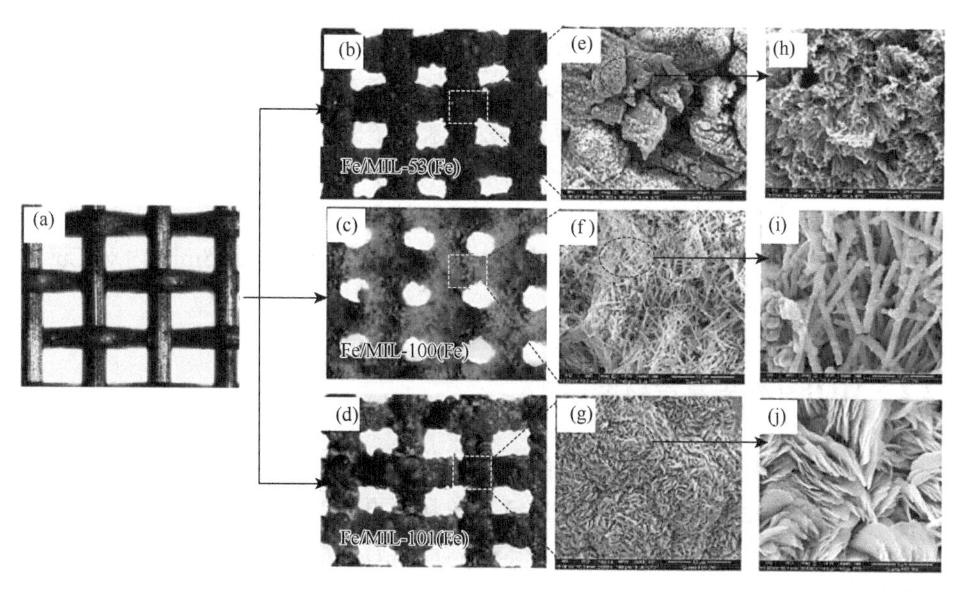

图 3.10 原始铁网网络（a）、铁网生长 MIL 材料后［（b）～（d）］的光学显微镜图；Fe/MIL-53(Fe)［（e）和（h）］、Fe/MIL-100(Fe)［（f）和（i）］、Fe/MIL-101(Fe)［（g）和（j）］的 SEM 图

不同于第一种方法以载体作为直接金属源生长 MOFs，第二种方法通过辅助方法生长或负载 MOFs。电沉积具有加工时间短、预处理步骤少、成膜性能均匀、沉积速率高、生产连续、经济的特点。Zhou 等将铜网作为工作电极放入含硝酸钴和二甲基咪唑的电化学装置中，在 5.0V 电压下电沉积 200s，通过超快电沉积法在铜网上成功实现 ZIF-67 的负载[45]。该过程中钴配体络合物被驱动到阴极铜网

上。H_2O 还原形成的 OH^- 与钴配体通过络合反应生成 ZIF-67。钴配体经过低聚、成核和结晶的过程，形成致密的 ZIF-67 晶体膜。此后，利用硬脂酸或 1-十二硫醇进行进一步疏水改性以提升材料疏水性。铜网经疏水改性后，展现出高效油水分离和染料吸附性能。疏水 ZIF-67 负载的铜网对各种油水混合物的分离效率均大于 98%，且经过多次分离后效率几乎没有下降。同时，经 1-十二硫醇改性的 ZIF-67/铜网对刚果红表现出更高的吸附能力，约 $2000mg/m^2$，而硬脂酸改性的铜网吸附速度明显更快。

相比于电沉积过程，热压法制备 MOFs/金属载体复合材料的工艺简单、无溶剂使用，可批量生产，有利于在基片上均匀牢固地负载 MOFs。Zhang 等采用简单而独特的热压法，成功将 ZIF-8 纳米粒子负载在泡沫镍上[46]。将二水乙酸锌和二甲基咪唑研磨混合得到的 ZIF-8 前驱体置于 3cm×3cm 泡沫镍上，用铝箔包裹，再用热压设备分别在 90℃、120℃、150℃、180℃、210℃下加热 10min，得到 ZIF-8 负载的泡沫镍。XRD 测试表明，热压温度低于 180℃，所得材料中 ZIF-8 的衍射峰峰强度弱，表明结晶度差，ZIF-8 未能较好生长。在 180℃，ZIFs 前驱体中的金属离子或配体可以与泡沫镍表面的有机官能团或金属位点适当配位，实现 ZIF-8 的生长。泡沫镍不仅作为 ZIF-8 纳米粒子的自支撑基底，并且可作为电多功能净化系统的电极。当 ZIF-8/泡沫镍复合材料处理浓度为 100mg/L 的 Cu^{2+} 溶液时，对 Cu^{2+} 的去除率高达 49.5%。更重要的是，通电条件下，在化学吸附和物理吸附的综合作用下，作为阴极的 ZIF-8/泡沫镍复合材料在 5min 内对 Cu^{2+} 的去除率达到 54.7%。

3.2.2 MOFs/木头复合材料

以自然界木头为载体，负载功能化 MOFs 构建新型 MOFs/木头复合材料受到了研究者的广泛关注。木头是一类广泛存在且可再生的生物质，主要由互相缠绕的纤维素、半纤维素和木质素组成。木头内部具有层次分明、孔道开阔、方向明确的胞状结构，且孔结构内含有丰富的含氧官能团，作为合成各种领域杂化复合材料的载体已被广泛研究[47, 48]。木材的层次性多孔结构为 MOFs 的成核和生长提供了理想的条件，可通过溶剂热法、真空浸渍法等原位生长方法将 MOFs 负载于其上，实现木头基材的功能化。Zhang 等合成了 ZIF-8/木头片复合材料并用于过滤系统，可有效去除水体中的重金属铜[49]。以天然的巴尔沙木为木头基底原料，将其切割成直径为 15mm、厚度为 10mm 的木头片。随后在预处理中用乙醇和超纯水超声洗涤去除表面和内部杂质，并在 105℃下干燥 6h 去除木头片内部分水。将干燥后的木头片浸泡在硝酸锌溶液中 12h，通过真空浸渍进一步加强 Zn^{2+} 在木头片内部的结合与固定，随后将含配体二甲基咪唑的溶液缓慢倒入，在室温下搅拌 12h，实现 ZIF-8 的生长负载。SEM 表征中显示木头由各向异性的细长细胞平行组织组成，呈现出均匀分布、垂直的孔道结构。负载 ZIF-8 后，木头孔道内部变得粗糙，表面相对均匀地分布 ZIF-8 纳米粒子。木头内部主要由大孔构成，比表面积小，仅为 $0.9m^2/g$，而负载 ZIF-8 后，复合材料比表面积大幅增加，达到了 $116m^2/g$。过滤实验表明，在 7.9wt%（质量分数，后同）ZIF-8 负载量下，ZIF-8/木头片复合材料具有优异的吸附截留性能，可有效处理体积 800mL 的 10mg/L Cu^{2+} 溶液，其良好的性能得益于 ZIF-8 粒子在木材通道上分布均匀且可与污染物分子充分接触，同时 ZIF-8/木头片复合材料的层次性孔隙结构有利于水的快速输送，赋予其高水通量[$0.5\times10^3L/(m^2\cdot h)$]。

水体中的有机污染物已成为世界范围内最严重的环境问题之一。针对水体中有机污染物的去除，Guo 等通过溶剂热法制备了 UiO-66 负载的木头复合材料[50]。将裁剪的木头圆片直接浸入四氯化锆和对苯二甲酸的混合溶液中，随后置于高压釜中于 120℃反应 24h，得到 UiO-66/木头片复合材料，采用电感耦合等离子体质谱（ICP-MS）检测复合材料中 UiO-66 的含量为 2.22wt%。所得复合材料包括高介孔的 UiO-66 及沿木材生长方向伸长和开放的腔体，材料独特的空间结构提升了有机污染物的传质，使得有机污染物与 UiO-66 的接触概率增加。在三层复合材料构建的动态过滤系统中，UiO-66/木头片滤膜表现出对 1-萘胺、双酚 A、双酚 S 等多种有机污染物的高去除能力，其效率均高于 96%，水通量可达 $1.0\times10^3L/(m^2\cdot h)$。此外，在高流速[$1.7\times10^3L/(m^2\cdot h)$]下系统仍可保持高去除效率，经历 6 次循环后性能没有明显下降。

通过原位生长法可实现 MOFs 在木头孔道结构的负载，但在直接生长条件下，不可避免地会在溶液中产生不理想的成核和晶体生长，导致制备效率低下、MOFs 负载的不均匀，进而影响材料性能[51, 52]。为了进一步实现 MOFs 晶体在基底表面的可控非均相成核，二次生长是一种可靠的 MOFs 负载方法。Gu 等采用自牺牲模板技术，在多孔木炭（WC）基体上原位固定了高密度 NH_2-MIL-53 晶体颗粒[53]。以巴尔沙木块为原料在氮气氛围下 600℃碳化制备多孔木炭，利用 Al^{3+}与含氧官能团的配位作用，通过浸渍法保证 Al^{3+}充分进入三维多孔木炭网络内部空间，并锚定在木炭骨架表面，进一步煅烧使得锚定的 Al^{3+}转化为 Al_2O_3 涂层并均匀负载在木炭骨架。在优化的二次水热条件下，生成的 Al_2O_3 膜则作为牺牲模板，通过溶解、Al^{3+}的释放及与氨基化对苯二甲酸配体的配位作用，在木炭基体上形成均匀分布的 NH_2-MIL-53 层。根据热重分析计算可得，复合材料中负载的 NH_2-MIL-53 晶体的含量为 44.56%。该复合材料独特的三维层次孔结构、丰富的结合位点，以及 NH_2-MIL-53 中氨基官能团对 Pb^{2+}的特殊吸附亲和性，在吸附 Pb^{2+}去除方面表现优异。此外，将所制备的 NH_2-MIL-53/WC 用于过滤系统，可实现连续流废水净化，每千克吸附剂能处理 Pb^{2+}浓度为 10ppm 的废水 2200kg，且处理后出水浓度小于世界卫生组织的限值（10ppb）。

然而，在传统的溶剂热条件下，木材孔道内原位生长 MOFs 受到较大的抑制，导致生成的 MOFs 复合木材具有较低的 MOFs 负载，使得它们在吸附相关应用受到较大的限制[54]。为了克服这一难题，Huang 等采用局部磁感应加热（localized magnetic induction heating，LMIH）技术，可选择性地在木材的内腔表面进行加热，以促进木材中 MOFs 的原位生长[55]。预处理的木头用硫酸铁和柠檬酸混合液真空浸渍，使得铁离子充分与木头内腔表面结合，干燥后进一步在预加热的 NaOH（1.32mol/L）和 KNO_3（0.45mol/L）水溶液中继续反应 6h，得到磁性木头（MW）材料。制备得到的 MW 材料用含有 0.18g 2-氨基对苯二甲酸和 0.17g $ZrCl_4$ 的 10mL *N, N*-二甲基甲酰胺母液真空浸渍。然后将该反应体系暴露在 27mT 磁场中，在 MW 中原位触发 MOFs 生长，反应结束所得 UiO-66-NH_2@MW 用 DMF、乙醇和甲醇彻底冲洗两天。借助该技术，MOFs@MW 的 UiO-66-NH_2 负载量可达 49.6%，比用常规溶剂热反应合成得到的对照样品（UiO-66-NH_2 负载量 0.94%）高 50 倍以上。高的 MOFs 负载主要源于选择性加热木材内部形成了理想的溶剂热环境，这使得能量驱动的 MOFs 生长过程更倾向于发生在木材内部而不是周围的反应介质中。同时，合成的高 MOFs 负载 UiO-66-NH_2@MW 表现出对染料亚甲基蓝良好的吸附能力，而且可以通过 LMIH 进行高效再生，经过 6 次染料吸脱附循环，仍可保持高去除能力。该研究表明，反应体系的局部加热可能为功能材料在选择性位置的原位生长提供一种有前景的方法，为目前开发 MOFs@木材复合材料在吸附相关的应用方面展示出了巨大潜力。

在木头本身固有单向层状各向异性结构基础上，通过化学手段可进一步对其结构进行改性。例如，通过氢氧化钠/亚硫酸钠、过氧化氢、次氯酸钠等化学处理，可进一步去除木头材料内部的木质素和半纤维素，增加木头材料的比表面积和孔隙度，获得多孔木头基底[56, 57]。例如，Gu 等将天然巴沙木浸泡在氢氧化钠（2.5mol/L）和亚硫酸钠（0.4mol/L）的混合溶液中，煮沸 12h，利用亚硫酸钠与木质素反应生成木质素磺酸钠，从而去除巴沙木内部木质素[58]。同时用过氧化氢（2.5mol/L）溶液在 100℃浸泡 3h，去除半纤维素，得到多孔木头海绵。海绵经过尿素溶液浸渍后在 550℃氩气氛围下煅烧 2h 得到氮化碳负载的碳化木头海绵，随后用木质素磺酸盐（LS）进行改性，得到木质素磺酸盐功能化 *g*-C_3N_4/碳化海绵吸附剂（LS-C_3N_4/CWS），用于 Pb^{2+}、Cd^{2+}和 Cu^{2+}的吸附。He 课题组以轻质巴沙木为原料（10mm×10mm×10mm），将其沉浸在 2wt% $NaClO_2$ 溶液中（乙酸作为缓冲液，溶液 pH 为 3.5 左右），在 105℃下保持 12h，同时反应液每 6h 更换一次。在酸性条件下，木质素被具有强氧化的 ClO_2 部分去除，结束后多次用去离子水去除残留的化学物质[59]。再用 2.5mol/L H_2O_2 溶液在 105℃下处理 6h，去除木头内部半纤维素并实现漂白，最后用乙醇和去离子水依次洗涤。木材样品冷冻干燥 12h

后获得木头气凝胶。再以聚乙烯吡咯烷酮（PVP）为黏结剂，使得钴离子更好地锚定在多孔木头气凝胶孔道内，原位生长 ZIF-67 得到 ZIF-67/木头气凝胶复合材料。经化学处理后，木块质量减少为原来的 60%，SEM 结果显示，木头孔道壁变得更薄，表明木质素和半纤维素被部分移除。变薄的细胞壁和多孔层状结构为 ZIF-67 提供了足够的附着位点和与污染物接触更有利的反应环境。制备的 ZIF-67/木头气凝胶比表面积可达 $205.2m^2/g$，表现出对四环素优异的吸附性能，能够快速高效吸附去除四环素，吸附容量达到 273.84mg/g。Garemark 等研究发现，通过亚氯酸钠化学氧化去除木头内部木质素，然后用 *N*, *N*-二甲基乙酰胺/氯化锂（DMAc/LiCl）进行细胞壁纳米纤维素部分溶解/再生，生成的新纳米纤维网络占据多孔木材结构的孔隙，提高了细胞壁孔隙率，增大材料孔隙度和比表面积，后续可通过进一步负载功能化材料以增强木头材料性能[60]。

3.2.3 MOFs/气凝胶复合材料

气凝胶是一类具有空间三维多孔互连网络结构的轻质固体材料。在气凝胶内部，作为分散介质的气体可占据材料 80%～99.8%的体积，使得气凝胶表现出超小的密度、高的孔隙度、大的比表面积和低的热传导系数等优异特性，因而在吸附分离、隔热、电化学等领域广受关注[61-63]。相比于其他类别的载体，如金属网、木头等，气凝胶独特的空间网络结构、高比表面积和孔隙度为 MOFs 的负载及材料性能提供更多发挥的空间。此外，MOFs 多为微孔结构，某些情况下微孔结构形成的空间位阻使得污染物不易与材料的活性中心有效接触反应，限制了反应过程中物质传输转运，从而影响整体反应[64]。气凝胶材料具备介孔和大孔的孔结构特点，将 MOFs 和气凝胶结合可使 MOFs/气凝胶复合材料呈现分级多孔层次构型，不同孔级结构的分级交互，可进一步提升复合材料吸附性能。例如，Ma 等在细菌纤维素（BC）气凝胶上原位生长 ZIF-8，制备的 BC@ZIF-8 复合材料展现微孔、介孔、大孔的分级多孔结构，极大地降低了污染物在材料内的物质传输阻力，提高了对工业废水中 Pb^{2+}和 Cd^{2+}的去除能力[65]。

将 MOFs 负载在气凝胶上可分为两种途径：原位生长法和直接混合法[66]。原位生长法是通过化学键等作用力将金属中心（或有机配体）固定在凝胶或者已合成的气凝胶上，再加入对应有机配体（或金属中心）实现 MOFs 的负载[67]。例如，Yang 等以预先制备的羧甲基纤维素（CMC）气凝胶为基底，将其与含硝酸钴、氯化镍和对苯二甲酸溶液混合置于聚四氟乙烯内衬不锈钢高压釜中，然后在 120℃下加热 16h，制备了 Ni/Co-MOFs/CMC 气凝胶复合材料[68]。该复合材料的高度三维多孔结构使溶液能够通过 CMC 气凝胶成功流动，延长了溶液与复合气凝胶接触时间，促进溶液中四环素分子与 Ni/Co-MOFs 之间的相互作用，因而该复合材料能在 5min 内快速去除盐酸四环素，去除率可达 80%。在该方法中，首先要考虑的目标是基质与金属离子（或有机配体）之间的界面结合紧密程度。当两者之间的连接不够稳固时，会出现 MOFs 负载量过少或失败现象，这就需要进一步的表面修饰或交联以提高 MOFs 在气凝胶上的负载[69]。例如，为加强 MOFs 与纤维素基底的结合，Shen 等以 γ-缩水甘油醚氧丙基三甲氧基硅烷（GPTMS）作为修饰剂，甲氧基硅基部分水解生成的硅羟基可以与纤维素上的羟基缩合，得到 GPTMS 修饰的纤维素气凝胶，随后原位生长氨基化的 UiO-66-NH_2 制备 UiO-66-NH_2/纤维素气凝胶[70]。GPTMS 末端的环氧基团可以与 UiO-66-NH_2 上的氨基反应形成共价键，提升了 UiO-66-NH_2 在纤维素气凝胶上的负载。制备的 UiO-66-NH_2/纤维素气凝胶的高孔隙率和三维结构得以保留，且 BET 比表面积大大增加，增强了复合材料对化学试剂的去除性能。

直接混合法是将合成的 MOFs 直接与气凝胶前驱体进行混合，其后进一步凝胶、干燥，形成三维持续空间网络，获得 MOFs/气凝胶复合材料[71]。例如，Liu 等将制备的一定量 UiO-66 粉末与壳聚糖溶液混合形成均一分散液，其后在混合溶液中加入戊二醛作为交联剂，戊二醛与壳聚糖发生共价交联反应形成互连凝胶网络，通过真空冷冻干燥获得 UiO-66/壳聚糖气凝胶复合材料[72]。UiO-66/壳聚糖气凝胶复合材料对 Pb(Ⅱ)具有较好吸附效果，最大吸附容量为 102.03mg/g。相比原位生长法，直接混合法制备过程更简便，MOFs 负载量更容易控制，且适用范围更广。尽管直接混合法简便，但需要注意的是，直接混合可能会导致 MOFs 分散不均匀、颗粒团聚现象的发生，特别是负载量较高时[73]。此外，MOFs 在复合材料嵌入或包裹式的结构会导致活性位点利用率低，从而降低 MOFs 的利用性能[74]。

MOFs/气凝胶制备的最后步骤通常是干燥，干燥方式可分为常压干燥、冷冻干燥和超临界干燥三种[75]。这三种干燥方式中，常压干燥最简单，但对材料结构稳定性要求很高。由于水-气界面毛细压力的存在，常压干燥获得的样品会对孔结构有较大的破坏。因此，常压干燥对于样品结构坚固性要求较高。此外，毛细压力的大小与溶剂表面张力成正比，可利用溶剂交换的方式，即将高表面张力溶剂更换为低表面张力溶剂，削弱毛细压力，从而减轻常压干燥过程对样品孔结构的破坏。Ramasubbu 等利用常压干燥制备 Co-MOFs 复合的二氧化钛气凝胶[76]。通过溶胶-凝胶法及直接混合法得到 Co-MOFs 混合的湿凝胶后，将湿凝胶浸入异丙醇中进行溶剂交换，去除凝胶网络中的杂质和水。最后，将样品在室温下干燥得到 Co-MOFs/二氧化钛气凝胶，该气凝胶样品的比表面积可达 252～289m^2/g。对比常压干燥，真空冷冻干燥和超临界干燥避免了水-气界面毛细压力的产生，能很好地保留材料自身孔结构，但这两种方法成本更高。冷冻干燥除了达到干燥目的之外，还可以控制冷冻干燥过程，包括冷冻速率、方向等，因此通过控制冷冻过程中溶剂晶体的生长和成核来进一步调控材料内部孔道结构[77]。例如，高冷冻速率梯度能促进晶体快速成核，使得材料中可以形成更多微孔结构；通过定向冷冻技术，即冷冻梯度沿着单一方向，制备获得的样品可呈现出各向异性的孔结构。Li 等将改性的 UiO-66-EDTA 粉末加入到纳米纤维素纳米纤维（CNF）溶液中进行超声处理，随后，在悬浮液中加入不同浓度（1%、2%、4%）的羧甲基纤维素（CMC）（其中 CNF 与 CMC 的质量比为 1∶1）进行交联，搅拌 1h 后真空 75℃条件下进行脱泡。将脱泡后的凝胶置于铜罐中，铜罐底部与液氮接触，得益于铜良好的热传导性能，凝胶内部温度梯度呈现垂直向上递增，因此凝胶中的水凝结后沿着温度梯度垂直生长，形成垂直向上的冰晶，最终冷冻干燥后得到具有层状结构、各向异性的复合气凝胶[78]。超临界干燥是利用超临界流体实现材料干燥的方式，其中二氧化碳是最常用的超临界流体介质。这是由于相比于乙醇、丙酮等有机介质，二氧化碳的临界温度低，仅为 31℃，操作安全性更高[79]。而且二氧化碳无毒、不可燃、价格低廉，因而在超临界干燥中使用广泛。

到目前为止，已有大量的研究报道了关于 MOFs/气凝胶复合材料的构建及其在水体处理领域的应用[80-82]。作为 MOFs/气凝胶复合材料的载体种类多样，可分为有机和无机载体。有机载体主要包括纤维素、壳聚糖、明胶、木头等，无机载体主要有氧化石墨烯、二氧化硅、二氧化钛等。Lei 等以廉价的棉花为原料，在碱性条件下水解棉花得到纤维素悬浮液，加入 *N*, *N*-亚甲基双丙烯酰胺混合，静置 12h 形成凝胶，冷冻干燥后获得纤维素气凝胶[83]。将纤维素气凝胶浸入正丙醇锆溶液中 12h 后，加入有机配体（对苯二甲酸或 2-氨基苯二甲酸）混合搅拌 18h，获得 UiO-66 或 UiO-66-NH_2/纤维素复合气凝胶。MOFs 的负载并没有堵塞原纤维素气凝胶的孔道，使得重金属离子 Pb^{2+}和 Cu^{2+}可以很容易接近 MOFs 从而实现重金属的高效去除。Yuan 等利用溶胶-凝胶法制备以魔芋葡甘聚糖（KGM）为凝胶前驱体的复合气凝胶[84]。将预制备的不同量的 ZIF-8 和碳酸钠在溶液中混合后加入 KGM 得到混合物，然后将该混合物盛放烧杯中进行温度为 90℃的恒温水浴，水浴 1.5h 后形成水凝胶。–20℃冷冻 12h 之后冷冻干燥 36h 将冷冻的水凝胶冻干，形成 KGM/ZIF-8 复合气凝胶。KGM/ZIF-8 复合气凝胶对环丙沙星（CIP）具有良好的吸附性能，最大吸附容量为 811.03mg/g。Mao 等利用直接混合法将 ZIF-8 与氧化石墨烯（GO）溶液混合，通过水热还原过程中氧化石墨烯自组装及与 ZIF-8 中锌离子结合成凝胶网络，冷冻干燥得到 ZIF-8/GO 复合材料[71]。高孔隙率、高比表面积、超疏水性 ZIF-8/GO 气凝胶对油和有机溶剂具有较高的吸附能力及循环稳定性。Liu 等结合溶胶-凝胶法与原位生长法，制备了 FeBDC/二氧化硅气凝胶并用于染料吸附移除[80]。调节铁和硅的摩尔比为 3∶50 时，获得了吸附性能最优的复合气凝胶，对染料罗丹明 B 的吸附效率可快速达到 99.1%，远高于纯二氧化硅气凝胶。

气凝胶孔结构在一定程度上影响材料的吸附性能，研究表明利用微气泡模板是一种有效调节气凝胶孔结构的手段[85]。Peng 等通过机械发泡和低温煅烧的方法制备了分级多孔 ZIF-L/明胶气凝胶[86]。如图 3.11（a）所示，在明胶溶胶中加入表面活性剂十二烷基硫酸钠，通过机械发泡，混合溶胶体积增大到原来的 3 倍。图 3.12 的 SEM 表征结果表明，在表面活性剂存在条件下，通过发泡引入微气泡获得的复合气凝胶具有更多的孔结构，孔壁变得更薄，ZIF-L 分散更为均匀，使得更多吸附活性位点暴露。同时考虑到明胶吸水溶胀会导致气凝胶互连网络结构破坏，氮气氛围下 200℃碳化提升了明胶链之间的共价交联，增强复合气凝胶的水稳定性。吸附实验表明，发泡引入微气泡的复合材料（ZIF-L/FGA_{200}）可快速有效地吸附四环素，二阶动力学常数计算结果显示，其吸附速率常数为 0.0193min^{-1}，是未发泡复合材料（ZIF-L/GA_{200}）速率常数（0.0016min^{-1}）的 12 倍[图 3.11（b）]。

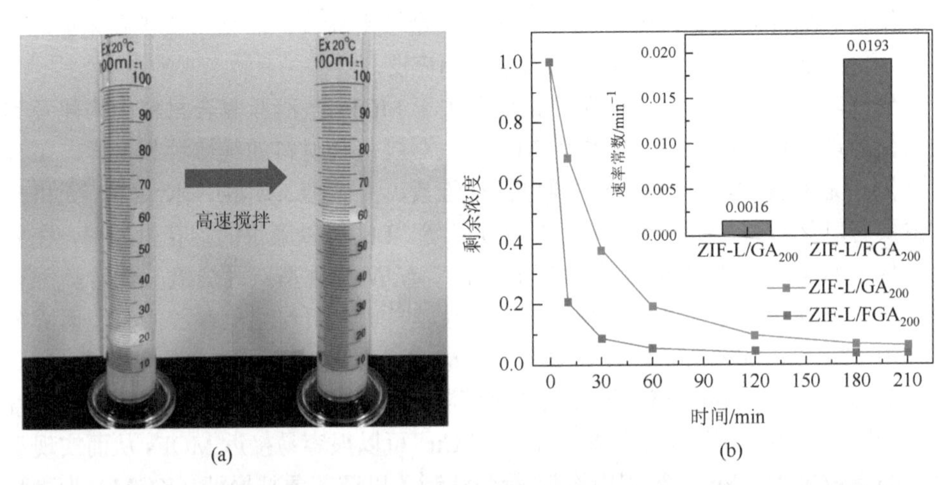

图 3.11　（a）混合溶胶发泡体积变化；（b）ZIF-L/FGA_{200} 和 ZIF-L/GA_{200} 吸附比较

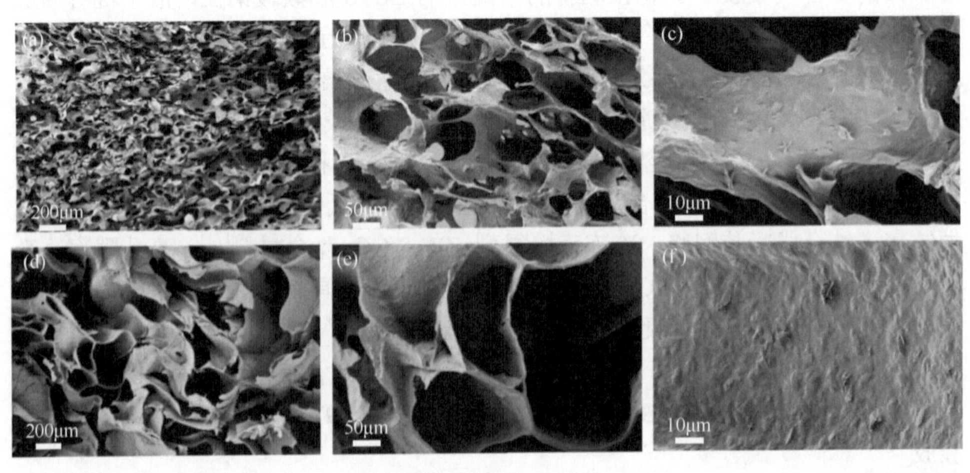

图 3.12　ZIF-L/FGA_{200}[（a）～（c）]和 ZIF-L/GA_{200}[（d）～（f）]不同放大尺度的 SEM 图

乳液法结合溶胶-凝胶法也是一种调节凝胶孔结构的有效方法。在乳液法中，将分散性良好的水相（包括 MOFs 和前驱体）引入油相，形成油中水乳状液，随后进行交联和凝胶化[87]。这个过程还可能需要表面活性剂来促进乳液的分散和稳定。其中，水油相比、表面活性剂的加入、黏度、搅拌速度等决定着形成颗粒的大小和形状[88]。例如，Shalygin 等利用乳液法和溶胶-凝胶策略成功合成 HKUST-1@SiO_2气凝胶球[89]。通过改变连续/分散相、混合转速和表面活性剂含量，获得了不同粒径的气凝胶球。当转速为 380r/min 时，粒径为 0.1～0.5mm，当转速为 250r/min 时，对应粒径为 1～2.5mm，因此转速越高可获得颗粒尺寸越小的气凝胶球。氮气吸附-脱附检测证明小尺寸气凝胶球颗粒具有更大的比表面积和孔体积，微孔比例更高。应用于连续流动催化下，0.1～0.5mm 粒径的 HKUST-1@SiO_2对环氧苯乙烷异构化成苯乙醛表现出更高的催化选择性。

3.2.4 MOFs/聚合物膜复合材料

在水污染物吸附分离中，膜分离具有选择性高、分离效果好、操作自动化程度高、对化学试剂依赖少、能耗低等优点，因而在水处理中被广泛采用[90, 91]。随着 MOFs 材料的兴起，将 MOFs 与膜结合，MOFs 高比表面积、易于功能化、可充当分子筛的有序孔结构等特性为膜分离领域注入新的活力[92]。目前，MOFs/膜的基膜主体材料大部分是聚合物，如纤维素、聚丙烯腈（PAN）、聚醚砜（PES）、聚偏氟乙烯（PVDF）、聚酰胺（PA）等，也有少部分以无机材质为基底，如多孔三氧化二铝等[93]。本小节主要介绍 MOFs/聚合物膜复合材料及其在水处理污染物分离中的应用。

关于 MOFs/聚合物膜的报道已有不少，且制备方法多样。具体而言，MOFs/聚合物膜的制备方法可分为三种[94]。第一种，MOFs 与聚合物粉末混合，形成分散均相体系后通过相转化等技术铸造复合膜；第二种，通过原位生长等方法在成型的聚合物膜上负载 MOFs；第三种，借助涂覆等方法将预先制备的 MOFs 锚定在聚合物载体膜上。第一种方法相对简单，使用范围广，可用于各类稳定性高的 MOFs/聚合物膜的制备，且得到的复合膜整体稳定性能高、循环利用效果好。例如，Wan 等将不同量的合成好的 UiO-66 粉末与 PVDF、*N*-甲基-2-吡咯烷酮和聚乙烯吡咯烷酮混合，通过相转化法制备了不同 UiO-66 负载的 PVDF 中空纤维膜[95]。相比于纯 PVDF 中空纤维膜无法对砷酸盐有效吸附截留，UiO-66 负载后复合膜实现了对砷酸盐的有效吸附过滤，且负载量在一定范围内增加时可进一步提升复合膜的吸附性能。虽然该混合铸膜法可方便调节 MOFs 负载量，但高 MOFs 负载量会导致复合膜通量的减小，同时影响复合膜的机械性能。Chen 等以乙二胺四乙酸修饰的 MOF-808 和聚丙烯腈混合物为原料，通过静电纺丝制备了 MOF-808-EDTA/

聚丙烯腈复合膜[96]。研究发现，当 MOF-808-EDTA 负载量大于 60wt%时，会导致复合膜的分离通量下降及膜韧性降低。MOF-808-EDTA 负载量为 60wt%，可满足较好的分离通量和膜韧性。同时在 60wt%的 MOF-808-EDTA 负载量下，复合膜可保持对重金属 Cu^{2+}和 Cd^{2+}的高吸附截留能力，分离效率分别可达 85.5%和 81.9%。

第二种方法是在聚合物膜生成 MOFs，其中一种是直接在聚合物表面生成连续致密的 MOFs 膜[97]。此时，表面 MOFs 膜是污染物穿过膜的唯一通道，利用 MOFs 孔径筛分、吸附等效应实现污染物分离[98]。Hou 等以静电纺丝制备的二甲基咪唑/醋酸纤维膜为载体，膜纤维上的二甲基咪唑配体为锌离子提供成核位点，以原位生长方式在纤维素纳米线上负载 ZIF-67，得到珍珠-项链穿插式的复合结构[99]。通过调整反应时间，制备了 ZIF-67 均匀负载的复合纤维膜。复合膜对 Cu(Ⅱ)和 Cr(Ⅵ)有较好吸附分离能力，对两者的吸附效率分别为 18.9mg/g 和 14.5mg/g。MOFs 膜长期直接暴露于污染物会导致 MOFs 层的破坏，进而导致性能的下降，因而可进一步在 MOFs 层上进行修饰保护。Basu 等以聚砜膜为基底，通过原位生长法在其上生成连续 ZIF-8 分离层，进一步通过界面聚合在 ZIF-8 层上覆盖聚酰胺层，以固定保护 ZIF-8，制得的 PSF/ZIF-8/PA 复合膜对乙酰氨基酚和 $MgSO_4$ 具有较好分离能力[100]。不同于生长在膜表面，另一种生长形式是在聚合物膜孔道内部，通过污染物与 MOFs 作用及复合材料构建的孔道结构实现吸附分离。Peng 等报道了在静电纺 PAN 纳米纤维素膜上通过热压原位生长法大规模制备 ZIF-8/PAN 纳米纤维素膜的方法[101]。通过静电纺丝技术制备 PAN 纳米纤维素膜，并将其剪裁成 4cm×4cm，然后将研磨混合形成的 ZIF-8 前驱体负载在 PAN 纳米纤维上，用铝箔覆盖，用热压机在 80℃下加热，实现 ZIF-8 的成核生长，制备得到 ZIF-8/PAN 纳米纤维素膜样品。进一步分析表明，热压温度对 ZIF-8 纳米晶在 PAN 上的均匀致密生长有很大影响。XRD 测试结果表明在 100℃、120℃、140℃条件下制备的 ZIF-8/PAN 复合膜的衍射峰与 ZIF-8 的标准峰有较好的对应关系，但 SEM 分析表明在 120℃时 ZIF-8 的生长更加均匀，140℃下制备的复合膜上的 ZIF-8 纳米粒子存在团聚现象。该研究通过热压法实现了 ZIF-8 在纳米纤维素孔道内部的均匀生长分布，ZIF-8 高负载、分散均匀使得制备的 ZIF-8/PAN 复合膜具有快速通量[12000L/(m^2·h)]和高效动态吸附 Cu^{2+}（去除率为 96.5%）的优异性能。

第三种方法是将制备的 MOFs 通过交联等方式固定于聚合物膜上，其关键在于 MOFs 和聚合物膜界面之间的黏附性，保证 MOFs 均匀分散的同时不会从膜上脱落[102]。与前两种方法相比，该方法对基底膜的影响和损坏最小。例如，Cao 等通过真空辅助自组装法制备聚丙烯酸（PAA）改性 UiO-66-NH_2 负载的混合纤维素酯复合膜[103]。将 UiO-66-NH_2 和 PAA 溶解在去离子水中，超声形成均相溶液，超声过程中 PAA 上的羧基与 UiO-66-NH_2 上的氨基反应合成了 UiO-66-NH_2@PAA。随后将上述分散液在真空下过滤到混合纤维素酯膜上，在 60℃下干燥 12h 制成

UiO-66-NH_2@PAA 复合膜。由于 UiO-66-NH_2 高的吸水能力、丰富的亲水性羧基及较高的表面粗糙度，UiO-66-NH_2@PAA 复合膜表现出较高的亲水性和水下超疏油性，对油水乳状液具有较高的分离效率，其截留率高达 99.9%。同时得益于膜上羧基的电离和去电离能力，该复合膜在 1～11 的 pH 范围内表现出良好的稳定性。由于化学和氢键相互作用的存在，复合膜也因此具有更好的循环稳定性。Fang 等采用相转化法制备氧化石墨烯（GO）掺杂的聚丙烯腈膜（GP）（图 3.13）。将 GO 和聚丙烯腈混合浇铸溶液倒在玻璃板上，使用 150μm 厚的铸膜刀刮铸成薄膜，浸泡在 25℃去离子水中进行相转换，形成 GP 基板[104]。亲水性 GO 的加入提升了基板的亲水性。同时为进一步加强聚合物载体层与 UiO-66 选择性层之间的结合和稳定性，采用具有较强黏附能力的聚多巴胺（PDA）作为交联层，通过优化 GO 含量、多巴胺沉积时间和 UiO-66 负载量制备了分离性能最佳的 UiO-66/PGP 复合膜。得益于 UiO-66 分离层尺寸排斥和静电相互作用[图 3.14（b）和（c）]，该复合膜对多种抗生素和染料表现出高截留能力，去除率高于 94%，且水通量可达$(31.33\pm0.75)L/(m^2\cdot h\cdot bar)$（$1bar = 10^5Pa$）。

膜分离具有高效性、选择分离、低能耗等特点，被广泛用于水体中有机污染物、重金属离子等的吸附分离去除[105, 106]。随着膜分离领域发展，更多以不同载体负载 MOFs 的膜被开发应用，如碳布复合膜、尼龙复合膜等。例如，Yang 等以碳布为基底，裁成 4cm×4cm 小片，用 50% 盐酸、乙醇等清洗后，将 3g/L 的羧甲基纤维素钠（CMC-Na）溶液浸涂在干燥布料上，60℃烘干至恒量。通过 CMC-Na 修饰，引入 CMC-Na 作为大分子桥梁，在室温下成功实现 Zn/Co-ZIF 颗粒在碳布

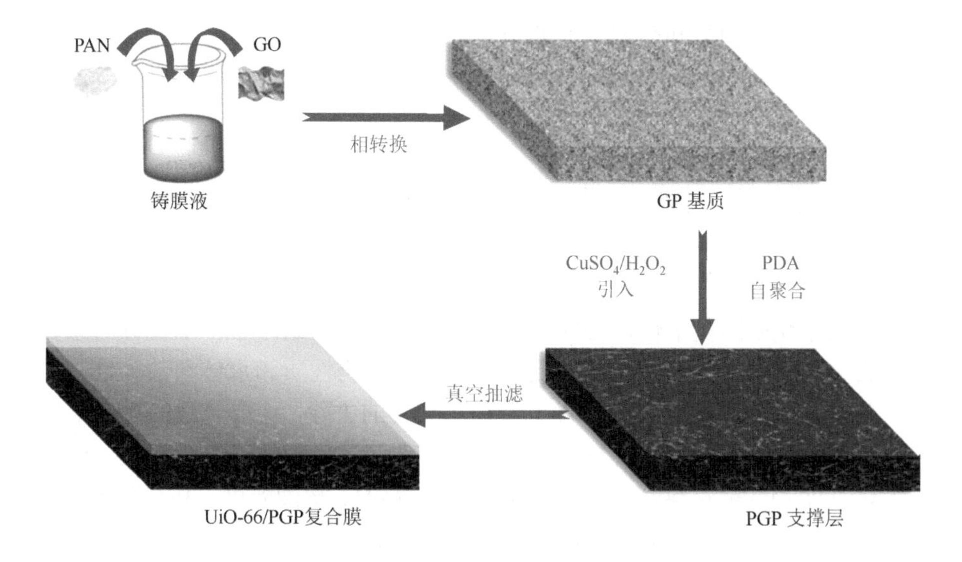

图 3.13　制备 UiO-66/PGP 复合膜工艺流程

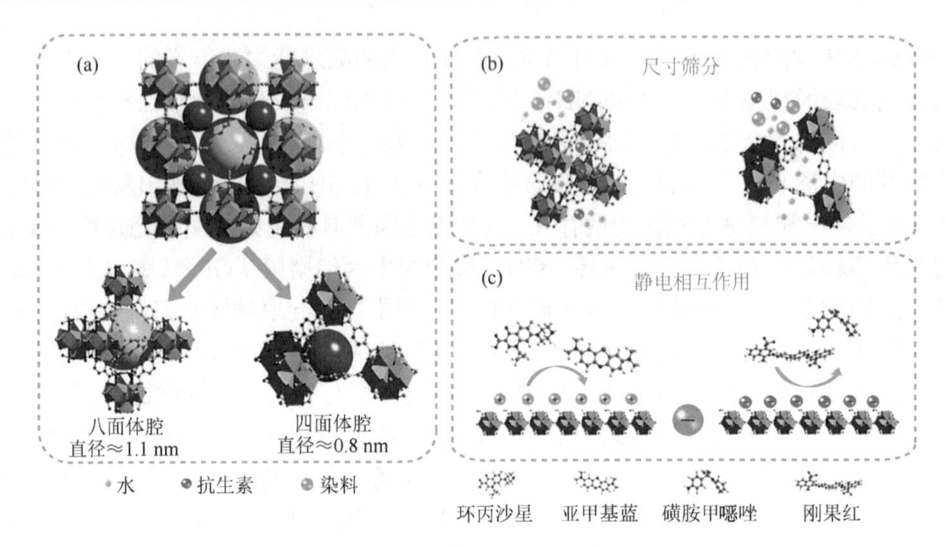

图 3.14　UiO-66/PGP 复合膜分离染料和抗生素的机理

（a）UiO-66 MOFs 的骨架结构示意图；（b）尺寸排斥；（c）静电相互作用

上的附着与原位生长，形成坚固致密的 MOFs 膜[107]。由于 CMC-Na-Zn/Co-ZIF 的优异吸附性质，CMC-Na-Zn/Co-ZIF/碳布复合膜表现出优异的选择性和吸附性能，对 Pb(Ⅱ)的吸附容量可达 862.44mg/g。尼龙网因机械和化学稳定性而被广泛应用于各领域，但受限于其表面性能。Liu 和 Gao 以尼龙网为基底，以自组装羧甲基壳聚糖修饰进一步为钴离子提供锚定条件，通过原位生长在尼龙网上负载 ZIF-67 层[108]。ZIF-67 的引入增加了膜的疏水性能，水接触角从 47.5°增加到 128.8°，使复合膜具有良好的油水乳液分离性能和吸油能力。经过 15 次循环实验，ZIF-67/尼龙复合膜吸油能力仍大于 95%，吸油容量为 6.8g/g。该复合膜也可用于去除染料，相比于纯尼龙膜，其吸附能力提高了 50%。

3.3　单因素条件下对 MOFs 材料吸附性能的影响研究

由于水体环境的复杂性，将 MOFs 材料运用于吸附去除水体中目标污染物，它与污染物之间的相互作用模式及机理与目标污染物性质和水体参数、性质紧密相关[109]。因此，对于复杂环境条件下特定污染物的去除，选取合适的 MOFs 材料探究并优化 MOFs 吸附去除污染物操作参数条件（污染水体溶液的参数、性质），能最大化发挥 MOFs 材料性能。本节通过对溶液 pH、溶液温度、共存离子、溶解性有机质等影响 MOFs 吸附性能因素的论述，为 MOFs 材料更好地运用于污染水体处理提供理论支持和参考。

3.3.1　溶液 pH 的影响

溶液 pH 是影响 MOFs 材料吸附性能最重要因素之一[110]。溶液 pH 的变化一方面会改变溶液中污染物的存在形式。例如，对于有机污染物，pH 的改变会影响其电离程度，通过质子化和去质子化等作用改变污染物在溶液中的存在形态，从而影响污染物与 MOFs 之间的吸附作用。另一方面，pH 变化也会影响 MOFs 表面带电性质，影响其对污染物的吸附行为和能力。除此之外，尽管已有大量的研究证明 MOFs 在较广的 pH 范围内具有较好的吸附性能，但当溶液 pH 趋近极端条件，即溶液过酸或过碱，这对 MOFs 材料稳定性是极大考验，因为极端 pH 条件下 MOFs 结构可能会被破坏，导致金属中心的溶出，进而降低材料吸附性能[111]。

零电荷点（pH_{ZPC}）是分析 pH 对 MOFs 吸附性能影响的一个重要参数。溶液 pH 变化时，MOFs 材料表面电性会随之变化，而当 MOFs 表面呈现电中性时的溶液 pH 即为该材料的零电荷点[112]。当溶液 pH 高于 pH_{ZPC} 时，MOFs 材料表面通常为带正电状态；反之溶液 pH 低于 pH_{ZPC}，材料表面带负电。溶液 pH 的变化会改变 MOFs 和污染物的荷电性能，进而引发两者间的静电相互作用，从而影响吸附行为和效果。例如，Jin 等探究了铜和钴颗粒共掺杂 MIL-101（CuCo/MIL-101）吸附去除溶液中四环素（TC）的性能[113]。如图 3.15（a）所示，当 $pH<9$ 时，随着溶液 pH 的升高，材料对四环素吸附性能随之提升。Zeta 电位测试得出 CuCo/MIL-101 的 pH_{ZPC} 约为 9.3，表明 $pH<9.3$，CuCo/MIL-101 表面带正电；$pH>9.3$ 时，CuCo/MIL-101 表面带负电。四环素的解离常数（pK_a）分别为 3.3、7.69 和 9.69，

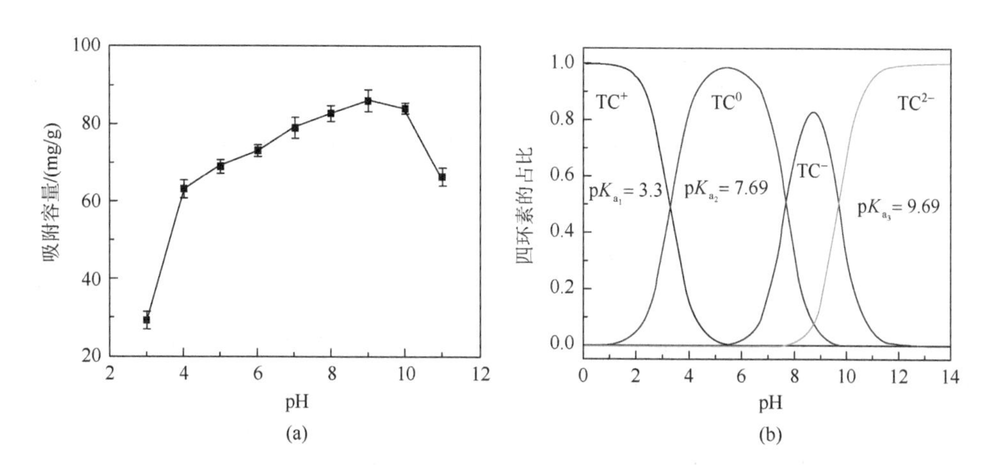

图 3.15　（a）溶液 pH 对 CuCo/MIL-101 吸附四环素的影响，反应条件：四环素初始浓度为 50mg/L，吸附剂投加量为 0.5g/L，溶液温度为 298K；（b）不同 pH 条件下四环素在溶液中的存在形式

在不同 pH 条件下四环素分子结构分布如图 3.15（b）所示。当 pH＜3.3 时，四环素分子主要以带正电分子存在，在 3.3＜pH＜7.69 范围内，四环素分子呈现电中性，当 pH＞7.69 时，碱性条件下四环素分子发生质子化，呈现出带负电分子状态。因而，在 pH＝3 时，带正电的四环素分子与 CuCo/MIL-101 产生强烈的静电排斥，导致低吸附容量。pH 升高，带正电的四环素分子向电中性和电负性分子转变，四环素分子与 CuCo/MIL-101 之间排斥逐渐减弱，随之产生静电吸引，吸附容量得到提升。特别地，当 pH 为 9 时，带负电的四环素分子和 CuCo/MIL-101 之间的静电吸引主导吸附过程，使得吸附容量达到最大。后续 pH 继续增大，CuCo/MIL-101 由荷正电变成荷负电，与带负电四环素产生排斥，导致吸附四环素容量降低。

3.3.2 溶液温度的影响

溶液温度也是影响 MOFs 吸附性能的因素之一。温度对 MOFs 吸附性能的影响取决于 MOFs 吸附目标污染物反应过程中焓变。反应体系焓变大于零表明该吸附过程吸热，焓变小于零则意味着吸附过程放热[114]。对于吸热吸附反应，升高温度，反应朝着有利于吸附方向进行，即升高温度可以提升材料吸附能力。而对于放热吸附反应，升高温度，反应向着不利于吸附方向进行，即升温会导致材料吸附能力下降。在探究温度对 MOFs 吸附性能影响过程中，溶液温度设置范围通常在 15～55℃之间，且间隔温度一般为 10℃，避免温度区间设置太小导致吸附变化不显著。探究温度的影响即探究吸附过程中的热力学，其中三个重要的参数分别为焓变ΔH、熵变ΔS和吉布斯自由能变ΔG。三者之间的关联可用亥姆霍茨方程描述：

$$\Delta G = \Delta H - T\Delta S \tag{3.1}$$

平衡吸附容量和ΔH、ΔS的关系可表达为[115]

$$\ln(q_e/C_e) = \Delta H/RT - \Delta S/R \tag{3.2}$$

其中，q_e为平衡吸附容量，mg/g；C_e为平衡浓度，mg/L；R 为摩尔气体常数，8.314J/(mol·K)；T为温度，K。

因此，根据不同温度下获得的平衡吸附容量和平衡浓度，以 $\ln(q_e/C_e)$为纵坐标，$1/T$为横坐标作图，进一步线性拟合即可计算得到ΔH和ΔS的值，随后可通过亥姆霍茨方程计算不同温度下的ΔG。Xiong 等探究了镍掺杂 MIL-53(Fe)为吸附剂在不同温度下吸附去除水体中强力霉素的性能[6]。如图 3.16 所示，随着反应溶液温度升高，Ni-MIL-53(Fe)吸附强力霉素容量增加。根据式（3.1）和式（3.2）计算得到结果（表 3.1）：ΔH 为 90.808kJ/mol，表明 Ni-MIL-53(Fe)吸附强力霉素为吸热过程。ΔS值为正值，意味着吸附剂-吸附质界面亲和力和随机性增加。ΔG为负值，且随温度升高进一步降低，说明 Ni-MIL-53(Fe)吸附强力霉素的过程是自发的，升高温度有利于吸附反应的进行。

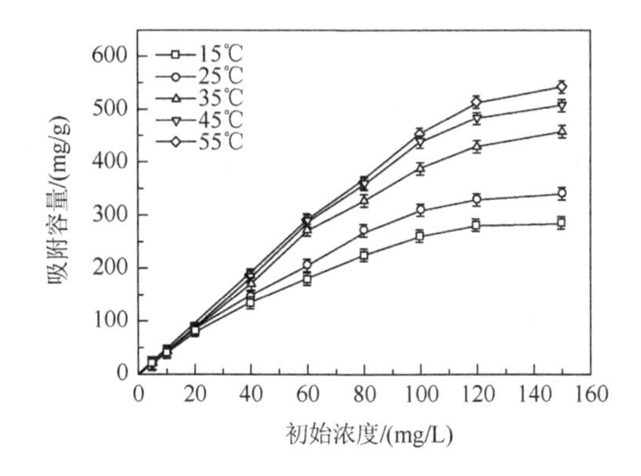

图 3.16　不同温度下强力霉素浓度对吸附的影响

反应条件：吸附剂用量为 0.2g/L，溶液初始 pH = 7

表 3.1　强力霉素在 Ni-MIL-53(Fe)上的吸附热力学分析结果

T/℃	ln$K$	ΔG/(kJ/mol)	ΔH/(kJ/mol)	ΔS/[J/(mol·K)]
15	0.956	−2.289	90.808	41.285
25	1.078	−2.581		
35	1.303	−3.120		
45	1.381	−3.307		
55	1.408	−3.371		

3.3.3　共存离子的影响

污染水体存在多种无机共存阴阳离子，典型的阳离子有 Na^+、Ca^{2+}、Mg^{2+}等，阴离子有 Cl^-、NO_3^-、SO_4^{2-}、HCO_3^-、PO_4^{3-} 等[116]。水体中这些共存离子的存在影响着 MOFs 吸附性能，在吸附污染物过程中，共存离子可通过与污染物竞争 MOFs 上吸附位点等方式减弱 MOFs 吸附性能[117]。探究溶液中共存离子对 MOFs 吸附能力的影响能够更深入地理解 MOFs 吸附水体中污染物的行为和机理，有利于 MOFs 在吸附处理实际污染水体中的进一步应用。总体而言，水体中共存离子浓度越高，对 MOFs 吸附能力影响越显著；相同条件下，共存离子种类所带电荷越多，影响越大。Yang 等探索了多种阴离子对锰掺杂 UiO-66 吸附去除水体中四环素和重金属 Cr(Ⅵ)的影响[4]。实验结果表明，Cl^-、SO_4^{2-}、PO_4^{3-} 三种阴离子对吸附均产生抑制作用。在相同浓度下，不同阴离子对 Mn-UiO-66 吸附抑制顺序为：$PO_4^{3-} > SO_4^{2-} > Cl^-$，这是由于添加阴离子可以与四环素分子[或 Cr(Ⅵ)]竞争 Mn-UiO-66 上的吸附位点，且阴离子带电荷越多，竞争作用越强，对吸附影响越大。同时，随着共存离子浓度的增加，三种离子对 Mn-UiO-66 吸附抑制越强烈。Gu 等以铁/镁双金属

MIL-88B 为吸附剂去除水体中砷，研究了 Cl^-、NO_3^-、SO_4^{2-}、HCO_3^-、PO_4^{3-}、Na^+、Ca^{2+}、Mg^{2+}等多种共存离子对砷吸附的干扰[118]。研究结果表明，HCO_3^- 和 PO_4^{3-} 对吸附有明显干扰抑制作用。其中 HCO_3^- 的抑制行为可以归因于在 0.1mol/L 的 HCO_3^- 溶液中，较高的 pH（8.9）使得溶液中存在大量的 OH^-，它们可能与砷酸盐竞争铁/镁双金属 MIL-88B 上相同的吸附位点，导致吸附性能下降。而 PO_4^{3-} 的引入，砷酸盐的去除率降低表现更为明显，在 0.01mol/L 和 0.1mol/L 的 PO_4^{3-} 溶液中分别降低至 78.5%和 47.7%，这与砷酸盐和磷酸盐两者化学相似性有关，砷酸盐无法被铁/镁双金属 MIL-88B 选择性吸附，从而导致去除率显著降低。

通常而言，水体中共存离子会抑制 MOFs 对目标污染物的吸附，但一些情况下，共存离子反而有助于 MOFs 吸附能力的提高，这是因为共存离子可通过盐析效应降低污染物的溶解度，通过疏水作用促进目标污染物在吸附剂上的吸附[7]。例如，Li 等在以 ZIF-8 碳化衍生多孔碳吸附去除环丙沙星的过程发现，共存离子 NaCl 的浓度低于 0.1mol/L 时，随着其浓度增加，ZIF-8 衍生多孔碳对环丙沙星的吸附增加。这是由于 NaCl 的存在产生盐析效应，降低了环丙沙星的溶解度，提升了环丙沙星与 ZIF-8 衍生多孔碳间的疏水相互作用，进而增强了吸附效果[119]。此外，研究表明共存离子也会通过电荷中和作用改变材料表面电荷性质，进而影响 MOFs 与污染物之间静电相互作用，导致吸附效果的改变[120]。Peng 等在探究 Na^+、Ca^{2+}等共存离子对四环素吸附的影响中发现，在相同添加条件下，对比 Na^+ 对吸附过程可忽略的影响，Ca^{2+}表现出对 ZIF-L/明胶气凝胶复合材料吸附四环素更明显的抑制效应（图 3.17），吸附去除率仅为 43.7%。这是由于 Ca^{2+}携带更多正电荷，与带负电荷的吸附剂产生更强的静电吸引，占据更多吸附位点，导致复合气凝胶吸附四环素性能下降[86]。

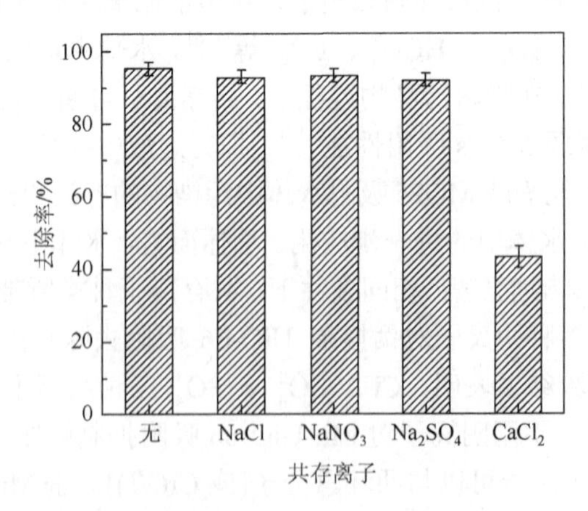

图 3.17　共存离子对四环素吸附的影响

实验条件：初始四环素浓度为 30mg/L，溶液体积为 100mL，溶液温度为 298K，溶液 pH = 4.40

3.3.4 溶解性有机质的影响

除了共存离子外，水体中溶解性有机质的存在也会影响 MOFs 吸附性能。目前，在溶解性有机质影响的研究中，腐殖酸（HA）因广泛存在而被作为主要研究对象。HA 是由分子量不等的生物分子组成，广泛存在于所有土壤、沉积物和自然水体中，主要来源于死去后植物的微生物降解[121]。HA 含有许多有机官能团，如羧基（—COOH）、羰基（C═O）、羟基（—OH）、氨基（$—NH_2$）等，提供了许多不同潜在的结合位点，因此 HA 可通过 π-π 相互作用、络合等形式与有机污染物、金属离子等结合[122]。尽管直接使用 MOFs 材料吸附 HA 的相关研究较少，但有研究表明 MOFs 可用于 HA 吸附去除。Zhao 等的研究表明在氢键和静电相互作用下，MIL-68(Al)可快速吸附去除水体中 HA，在 15min 内达到吸附平衡，MIL-68(Al)对 HA 的最大吸附容量为 115.5mg/g[123]。因此，HA 的存在，一定程度上会干扰抑制 MOFs 对污染物的吸附，即通过自身吸附污染物与 MOFs 形成竞争效应或者被 MOFs 吸附占据吸附位点，从而导致 MOFs 吸附目标污染物性能的减弱。Yu 等以功能化 MIL-53(Fe)为吸附剂，探究 HA 对功能化吸附剂吸附去除四环素的影响[16]。图 3.18 的结果表明，HA 的存在对四环素的吸附反应具有负面效应，HA 浓度越高，抑制效应越显著。一方面，功能化 MIL-53(Fe)材料中 sp^2 和 sp^3 组分的存在，会与 HA 发生如 π-π 相互作用等较为复杂的相互作用，占据吸附位点。另一方面，HA 的零电荷点约在 pH 等于 2 处[124]，在 pH 大于 2 的条件下 HA 呈现电负性，与正电的四环素分子相互吸引，导致可被功能化 MIL-53(Fe)吸附的四环素量减少。在上述两方面共同作用下，功能化 MIL-53(Fe)对四环素的吸附去除能力下降。

尽管通过 π-π 相互作用等 HA 会被 MOFs 吸附，占据 MOFs 上污染物吸附活性位点，导致吸附能力下降，但也有研究表明，被吸附在 MOFs 上的 HA 可提供

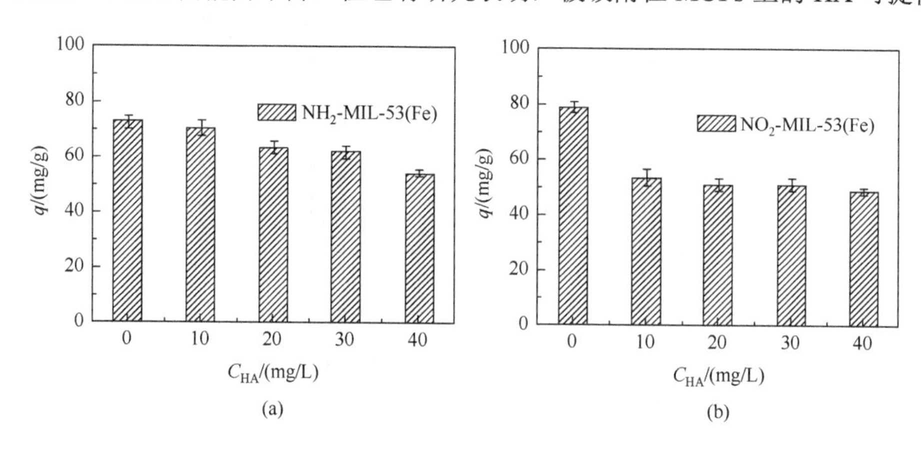

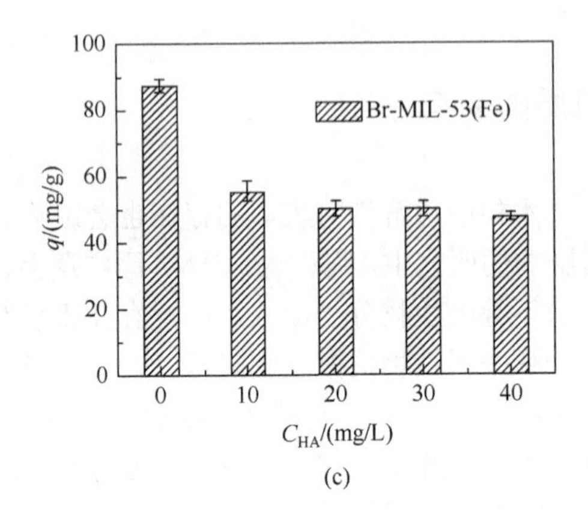

图 3.18 腐殖酸对 NH_2-MIL-53(Fe)（a）、NO_2-MIL-53(Fe)（b）、Br-MIL-53(Fe)（c）吸附四环素性能的影响

吸附条件：吸附剂投加量为 0.2g/L，初始四环素浓度为 20mg/L，温度为 298K，溶液初始 pH = 7

其表面基团作为潜在位点，与污染物分子相互作用，进而提高 MOFs 吸附污染物能力[7]。例如，Jin 等在研究中发现，HA 的存在显著促进了铜钴颗粒共掺杂 MIL-101（CuCo/MIL-101）对四环素的吸附（图 3.19）。这可能与被吸附在 CuCo/MIL-101 上 HA 与四环素之间复杂的表面络合作用有关，即形成 CuCo/MIL-101-HA-四环素三元体系，促进了进一步吸附的发生[113]。因此，HA 对于 MOFs 吸附过程的影响主要来源于其表面丰富的官能团，在吸附过程中，这些官能团在 HA、MOFs 和目标污染物之间所发挥的作用影响着 MOFs 吸附性能。

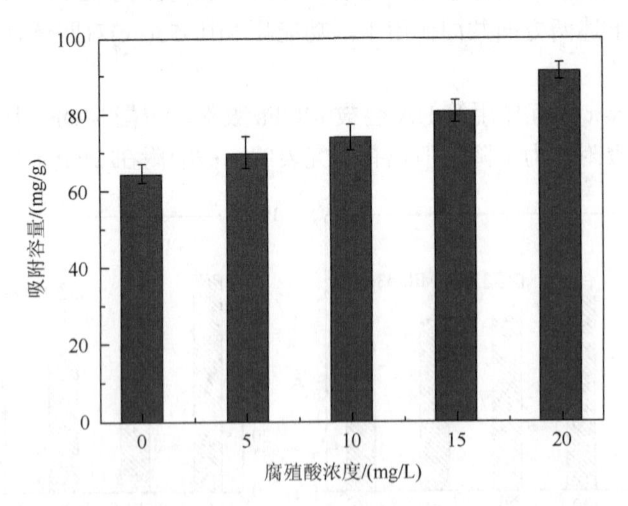

图 3.19 腐殖酸对四环素在 CuCo/MIL-101 上吸附的影响

反应条件：四环素初始浓度为 50mg/L，吸附剂投加量为 0.5g/L，溶液温度为 298K，溶液 pH = 4.8

3.4 多因素条件下对MOFs材料吸附性能的影响研究

在一定程度上，仅考虑单一影响因素条件下对MOFs吸附性能的影响与实际吸附过程偏差较大，实际操作环境、条件的复杂性，多种共存物质，溶液pH，污染物浓度，溶液温度等的变化，以及各种因素之间的相互作用，使得实际吸附过程变得更为复杂[125]。因此，在多重因素条件下进一步探究它们对于MOFs吸附性能的影响，明确多种因素相互作用对吸附的综合效应，对于MOFs材料吸附的实际应用具有更高参考价值。

3.4.1 方法选择与多因素条件选取

在考虑多因素对MOFs吸附性能影响的研究中，响应面分析方法（response surface methodology，RSM）被广泛采用[126]。RSM是在合理的实验设计基础上，通过具体实验收集数据，利用多元二阶回归方程来拟合实验因素与响应输出值之间的关系，是一种通过分析回归方程来优化工艺参数、解决多元变量问题的统计方法[127]。与此同时，在该分析方法中，因素与响应值的函数关系利用图形技术来表达，即响应曲面，使得实验设计与优化更直观、有效。作为一种数据统计方法，RSM用于研究各种操作过程中输入变量与预测响应之间的相互作用，是一种快速有效的工具[128]。RSM不仅可用于MOFs多因素影响条件下吸附过程的优化，还可以应用于MOFs材料合成过程中，利用RSM优化材料合成参数，制备性能最佳材料，同时可节省时间和能源，最小化实验过程中使用的化学物质[129]。例如，Esfandiari等利用RSM优化活性炭/CuBTC复合材料的合成，其中配体用量、溶剂体积、合成温度和合成时间四个参数被选为自变量，以氢气吸附量为响应变量，通过RSM优化制备氢气吸附性能最佳的复合材料，得到的最佳合成参数为：有机配体用量0.68g、溶剂体积60mL、合成温度110℃、合成时间12h，制备的最优吸附材料在298K和30atm条件下，最大氢气吸附量约为0.64wt%，几乎是原始CuBTC材料氢气吸附量的2倍[130]。

在RSM中，中心复合设计（central composite design，CCD）和Box-Behnken设计（Box-Behnken design，BBD）是实验设计中两种常用方法[131, 132]。CCD是包括中心点并使用一组轴点扩充的因子或部分因子设计，轴点的使用是为了估算弯曲。BBD则不包含嵌入因子或部分因子设计，它拥有处于实验空间边缘中点处的处理组合，且要求至少有三个连续因子。在相同因素下，BBD设计点相对于CCD较少，相应的运行实验次数少，但BBD并不包括所有实验因素均位于极端设置的设计点。

在实验设计方案选择中，一般根据选取影响因素个数和水平来确定，CCD 可以进行 2～6 个影响因素的实验，BBD 为 3～7 个。影响 MOFs 吸附因素的选择多样，原则是优先选取对吸附影响较为明显的因素。影响 MOFs 吸附性能的因素主要包括溶液 pH、溶液温度、共存离子、溶解性有机质、污染物浓度、吸附剂投加量、吸附持续时间等。这些因素对 MOFs 吸附性能影响的大小与具体 MOFs 材料有关，无法一概而论。通常，溶液 pH、溶液温度、共存离子、溶解性有机质对 MOFs 吸附的影响与 MOFs 自身性质相关。而污染物浓度、吸附剂投加量、吸附持续时间这三者的影响则较为明确。在未达到吸附平衡前，污染物浓度增加、吸附持续时间延长，有助于提升 MOFs 吸附容量。尽管增加吸附剂投加量可增加去除率，但更多吸附剂的使用意味着单位吸附剂吸附污染物的容量下降，从而降低了 MOFs 吸附容量。然而这仅是单一因素影响下的趋势，多种因素并存时各因素之间可能发生的相互作用让吸附过程变得更加复杂，因此需要通过实验进一步确认各因素之间的作用及影响。多因素实验中对于影响因素的选择，仍要结合实验具体需要优化方向，挑选影响权重较大因素进行。另外，响应变量的选择在某些时候也会影响优化结果，例如，实验设计中包含吸附剂投加量、污染物浓度等因素时，以污染物去除率和以吸附容量作为输出变量的结果会有差异，这是由于相应变量所体现优化目的不同。

3.4.2　MOFs 材料吸附结果分析

RSM 中，在确定实验设计方法后，选定影响因子即可将影响因子及其水平输入 Design-Expert 软件，根据软件输出的不同水平因素结合的实验组进行实验，收集吸附数据后填入实验结果中，运行软件后自动拟合生成符合实验数据最佳二次多项式回归模型，模型通式为[133]

$$y = \beta_0 + \sum_{i=1}^{k}\beta_i x_i + \sum_{i<j}^{k}\beta_{ij} x_i x_j + \sum_{i=1}^{k}\beta_{ii} x_i^2 \tag{3.3}$$

其中，y 为响应输出变量；β_0 为模型常数；x_i、x_j 为选择的因素；β_i 为线性系数；β_{ij} 为相互作用系数，β_{ii} 为二次项系数。

根据软件拟合数据所获得的模型，首先应该进行方差分析（analysis of variance，ANOVA），检查获得模型拟合匹配度和可信程度。其中，回归系数 R^2 代表模型拟合程度，R^2 值越接近 1，表明回归性越好，模型与实际数据拟合程度越高；高 R^2 代表模型的高适用性及准确性[134]。Fisher 测试值（F 值）和概率值（P 值）可用于进一步评估预测模型的精准度[135]。F 值越高，说明对变量大部分变化的响应可以用该回归模型来描述。对于 P 值，当 P 值越低，低于 0.05 时，回归预测模型的置信度约为 95%，证明模型有较高可信度。P 值除了用于评估模型外，同样适用于模型选取因素及各因素间相互作用重要性的判断[136]。同样，P 值低于 0.05，意味着该因素或两个因素之间共同作用项在该回归模型中是重要的，即对吸附性能具有重要影响。同时，依据 F 值能进一步评判不同因素的重要性，即对吸附影响的权重大小。

模型的适应度也可以借助失拟度检验（lack of fit test）来评估[137]。失拟度值不显著时，表明模型对实验数据的适应度较好。此外，模型精度的计算值也可用于模型质量评估[138]。当精度值远高于最小充分精度 4 时，说明模型精度高，能够用于进一步预测、优化参数条件。通常，根据拟合的二阶多项式模型计算的结果和实际实验结果处理对比可得到残差的正态概率分布图，若分布图中数据点排列越接近直线，表明模型的适应度越好。

Xiong 等利用 RSM 中 CCD 方法探究多因素条件下对 Ni-MIL-53(Fe)吸附强力霉素的影响[6]。实验中，以 pH（x_1）、强力霉素浓度（x_2）、温度（x_3）和共存钠离子（x_4）作为影响变量，设置 5 个水平（表 3.2），共进行 30 轮实验，用获得的数据拟合得到回归二阶多项式模型，如式（3.4）所示。方差分析结果如表 3.3 所示，$P<0.0001$，回归系数 R^2 达到 0.9991，两者表明该二阶方程模型拟合良好，能较好模拟吸附过程。根据 P 和 F，除 X_1X_4（$P=0.3468>0.05$）和 X_4^2（$P=0.3165>0.05$），在该模型中其余因素项（$P<0.001$）都是重要的。这四个因素对吸附影响大小顺序为：强力霉素浓度＞温度＞pH＞共存钠离子。模型绘制响应面图直观体现了多因素间的相互作用。从图 3.20 可以看出，强力霉素浓度、温度、共存钠离子浓度三因素变化时，pH 对强力霉素的吸附具有明显二次效应，这与仅考虑 pH 的研究是一致的。溶液温度升高和强力霉素浓度增加，强力霉素的吸附增加；氯化钠浓度增加，强力霉素的吸附由于钠离子竞争效应被抑制。以上分析结果说明这些因素之间相互作用并没有改变单因素作用规律，通过叠加共同作用影响强力霉素吸附。通过 RSM 进一步优化实验操作条件：强力霉素浓度 100mg/L、温度 35℃、pH = 7、共存钠离子浓度 5g/L，强力霉素吸附容量最大可达 397.22mg/g。

$$\begin{aligned}Y=&-262.31+52.16X_1+6.16X_2+3.33X_3-1.06X_4-0.08X_1X_2\\&-0.26X_1X_3-0.13X_1X_4+0.05X_2X_3-0.12X_2X_4+0.19X_3X_4\\&-2.78X_1^2-0.02X_2^2-0.07X_3^2+0.11X_4^2\end{aligned}\tag{3.4}$$

表 3.2　CCD 研究中使用的因素和水平

变量	编码	编码水平				
		−2	−1	0	1	2
pH	x_1	3	5	7	9	11
强力霉素浓度/(mg/L)	x_2	20	40	60	80	100
温度/℃	x_3	15	25	35	45	55
氯化钠浓度/(g/L)	x_4	1	3	5	7	9

表 3.3　方差分析结果

	平方和	自由度	均方值	F 值	P 值
模型	153218.03	14	10944.15	2239.75	<0.0001
X_1	185.89	1	185.89	38.04	<0.0001
X_2	132295.41	1	132295.41	4518.17	<0.0001
X_3	1770.00	1	1770.00	362.24	<0.0001
X_4	157.83	1	157.83	32.20	<0.0001
X_1X_2	165.94	1	165.94	33.96	<0.0001
X_1X_3	420.88	1	20.88	86.13	<0.0001
X_1X_4	4.61	1	4.61	0.94	0.3468
X_2X_3	1595.57	1	1596.57	326.74	<0.0001
X_2X_4	359.66	1	359.66	73.61	<0.0001
X_3X_4	229.46	1	229.46	46.96	<0.0001
X_1^2	3399.18	1	3399.18	695.65	<0.0001
X_2^2	2565.45	1	2565.45	525.03	<0.0001
X_3^2	1194.74	1	1194.74	244.51	<0.0001
X_4^2	5.25	1	5.25	1.07	0.3165
残差	73.29	15	4.98		
失拟度	72.87	10	7.29	85.37	<0.0001
R^2	0.9991				

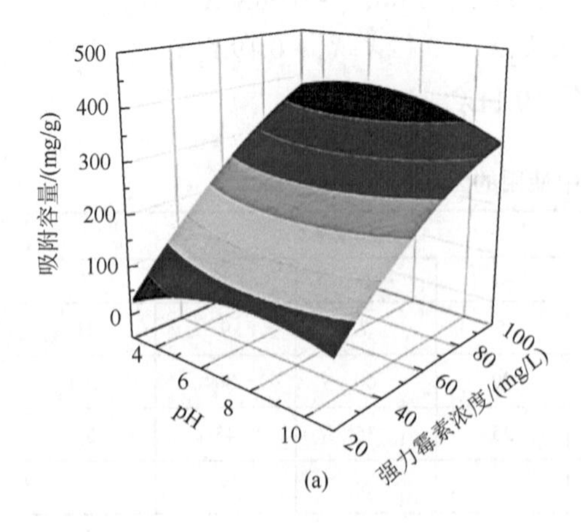

(a)

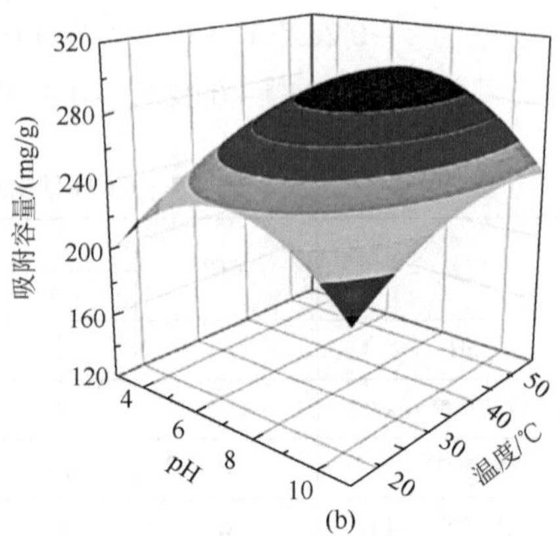

(b)

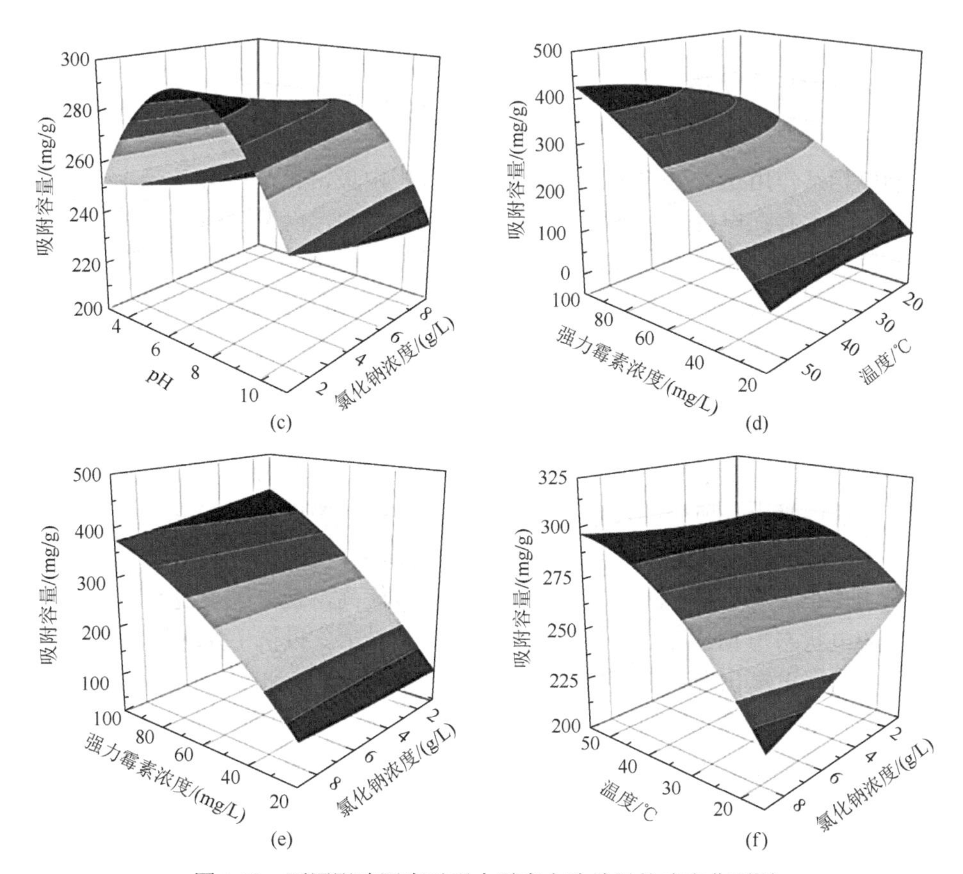

图 3.20　不同影响因素对强力霉素去除效果的响应曲面图

（a）pH-强力霉素浓度；（b）pH-温度；（c）pH-离子强度；（d）强力霉素浓度-温度；（e）强力霉素浓度-离子强度；（f）温度-离子强度

3.5　MOFs 材料吸附去除水体中污染物的机理分析

高比表面积、高孔隙度、可设计的孔结构等性能赋予 MOFs 优异吸附性能。作为一类新兴多孔吸附剂，MOFs 在水体污染物处理方面表现优异，对重金属离子、有机污染物等均有较好吸附去除效果。对于 MOFs 吸附过程，除了对影响吸附的因素等进行分析外，对 MOFs 吸附机理的分析探讨也尤为重要。明确吸附过程中污染物和 MOFs 相互作用规律和机理，从微观层面剖析吸附反应发生的驱动机理，对于进一步优化 MOFs 吸附性能、指导 MOFs 的应用具有重要意义。从文献中已报道的关于 MOFs 吸附污染物研究来看，在 MOFs 吸附污染物过程中，污染物和 MOFs 的吸附作用通常不止一种，往往涉及多种相互作用的协同与综合[139]。总体来讲，MOFs 吸附机理包括静电相互作用、氢键、π-π 相互作用、酸碱相互作用、疏水相互作用等[140]。本节将对这些吸附机理进一步分析讨论。

3.5.1 静电相互作用

静电相互作用是 MOFs 吸附去除污染物过程中最常见作用力之一。满足吸附剂和吸附质上存在电性差异条件，静电作用就会发生，而发生静电吸引或排斥则取决于两者所携带电荷分布差异。在水溶液中，通过质子化或去质子化，MOFs 表面电荷会随溶液 pH 变化而改变。在不同 pH 条件下测定 MOFs 的 Zeta 电位可获得其零电荷点 pH_{ZPC}，用于与污染物静电作用的判断。此外，通过改性、官能团嫁接、复合等手段也可以改变 MOFs 材料的表面荷电性质。

考虑静电相互作用，当 MOFs 和污染物分子带相同电荷时，两者产生静电排斥，不利于吸附反应进行。因而理想吸附条件是 MOFs 和污染物带相反电荷，两者间产生静电吸引，所带相反电荷越多，吸引越强，静电相互作用对污染物吸附贡献越大。对于有机污染物，分子结构通常含有—COOH、—NH_2、—OH 等可解离官能团，在溶液不同 pH 条件下发生不同程度解离，使分子呈现不同电性，进而变化荷电状态与 MOFs 发生静电相互作用影响吸附。以抗生素环丙沙星（CIP）为例，它是可电离化合物，解离常数分别为 5.9（一级）和 8.9（二级）。在不同 pH 条件下 CIP 呈现不同形态，即当 pH＜5.9 时，CIP 主要以阳离子（CIP^+）形式存在；当 pH＞8.9 时，以阴离子（CIP^-）形式存在；而 pH 在 5.9 和 8.9 之间时，CIP 以两性离子形式存在（$CIP^{\pm}$）。Moradi 等研究发现，在不同 pH 条件下，MOF-235(Fe) 吸附 CIP 的驱动机理不同[141]。MOF-235(Fe)的 Ph_{ZPC} 小于 2，在大于 2 条件下表面带负电。吸附 CIP 过程中，pH＜5.9，静电吸附和氢键作用主导；5.9＜pH＜8.9，疏水作用和氢键主导；pH＞8.9，氢键作用减弱至可忽略，静电相互作用和 π-π 作用推动吸附进行，但吸附能力有所下降。因此，pH 可介导污染物解离从而改变与吸附剂的作用形式。对于重金属污染物，单一价态重金属，如 Cu、Ni 等，带正电，只能与带负电 MOFs 发生静电吸引。而变化价态的重金属，如 As、Cr，通常以阴离子形式存在，且在不同 pH 条件下可转变成其他形式离子。Cr(Ⅵ)的形态取决于溶液 pH，一般以 $Cr_2O_7^{2-}$、$HCrO_4^-$ 和 CrO_4^{2-} 形式存在[142]。在强酸性条件下，Cr(Ⅵ)主要以 $Cr_2O_7^{2-}$ 和 $HCrO_4^-$ 形式存在；在弱酸或碱性条件下，CrO_4^{2-} 是 Cr(Ⅵ) 的主要形式。

3.5.2 氢键

氢键是分子间作用力的一种，形成在与氧、氮等原子通过共价键结合的氢原子与另外一个具有孤对电子的原子之间。该结构可用 X—H…Y 表示，通常发生氢键作用的 H 两边的 X、Y 是具有较强电负性的原子[143]。氢键可分为分子内氢键和分子间氢键，在 MOFs 吸附过程中则考虑 MOFs 与污染物分子间氢键作用。从形成条件来看，MOFs 含有更多电负性基团或原子，如—COOH、—NH_2 等，有利于与目标污染物之间形成氢键。对于污染物，有机污染物通常有较多含氧、氮、硫等基团，这些基团的存在为氢键的形成提供条件。而对于重金属离子，金属阳离子不具备形成条件，而阴离子形态重金属则可能通过与金属元素连接的氧参与氢键的形成。例如，Sarker 等报道通过羟基功能化 MIL-101 实现了对有机砷酸快速吸附去除[23]。机理分析表明，羟基功能化 MIL-101 表面的羟基与砷酸上的氧形成氢键，成为吸附反应进行的驱动力。此外，Yang 等研究发现，在 $CoFe_2O_4$@MIL-100(Fe) 材料单层吸附三价砷的基础上，低解离度的 H_3AsO_3 可通过分子间氢键作用在吸附剂表面形成多层结构，表现为多层吸附，提升了 $CoFe_2O_4$@MIL-100(Fe)对三价砷的吸附去除能力[144]。

易于功能化、复合的特性带给 MOFs 更多改性空间。对 MOFs 进行官能团修饰，如—NH_2、—OH 等，可有效增强与污染物氢键的形成，提升吸附性能[145]。Xu 等制备氨基化缺陷 UiO-66 吸附材料 UiO-66-D-NH_2[146]。利用浓盐酸刻蚀作用，使 UiO-66 骨架中部分配体缺失，这些增加的缺陷为有机砷的去除提供更多 Zr-O 结合位点。同时，氨基化后，—NH_2 与有机砷形成氢键产生二次相互作用，进一步强化对有机砷的吸附。UiO-66-D-NH_2 吸附有机砷能力为无氨基化 UiO-66-D 的 3 倍。氧化石墨烯（GO）作为一种功能化材料被广泛利用。Ahmed 等通过溶剂热法制备 GO/MIL-101 复合材料并用于含氮化合物吲哚和喹啉的去除[147]。GO 引入不仅提高复合材料孔隙度，增强材料吸附能力，而且 GO 表面大量含氧官能团为氢键形成提供条件。相比于喹啉，GO/MIL-101 复合材料对吲哚有更高吸附去除能力。这是由于吲哚分子五元杂环中的吡咯氮上仍有氢原子，可与 GO 表面的氧作用形成氢键，氢键生成进一步提升了复合材料对吲哚的去除能力。

3.5.3　π-π 相互作用

在吸附污染物过程，π-π 相互作用是一类常见的吸附作用形式，可用来解释两个含 π-系统分子间的相互作用，且两个分子一个为富电子 π-系统，另一个为贫电子 π-系统[148]。苯环是典型的 6 电子 π-系统结构，因而具有苯环结构的物质均含有 π-系统。典型 MOFs 材料，如 MIL、UiO 系列骨架结构中有机配体为苯环结构化合物，如对苯二甲酸、均苯三甲酸等，配体中 π-系统的苯环可与含 π-系统的污染物发生 π-π 相互作用[149]。例如，应用于皮革、纺织等工业领域的合成染料大多数含有高毒和致癌的芳香结构，可与含 π-系统 MOFs 通过 π-π 相互作用被吸附移除。Alqadami 等研究了 Fe_3O_4@AMCA-MIL-53(Al)复合材料吸附亚甲基蓝和孔雀石绿染料性能[150]。吸附实验表明该材料可有效吸附这两种染料，最大吸附容量分别为 1.02mmol/g 和 0.90mmol/g，机理分析表明 π-π 相互作用、静电相互作用和氢键在吸附中起主要作用，而 π-π 相互作用来源于 MIL-53(Al)-NH_2 结构中邻苯二甲酸单元与染料分子中苯环之间的 π-π 堆积。

除了含苯环有机配体的 MIL 等外，ZIF 系列材料中五元咪唑杂环中氮共用电子对参与环状共轭，构成 6 电子 π-系统，可与污染物间形成 π-π 相互作用[151]。Saghir 和 Xiao 利用 ZIF-8 吸附去除水体中四环素和二甲胺四环素[152]。当 pH＜6 时，ZIF-8 和污染物分子均带负电，产生静电排斥，而 ZIF-8 仍保持可观吸附去除效率，表明抗生素在 ZIF-8 上的吸附不仅是静电相互作用，还包含 ZIF-8 上咪唑环与抗生素结构中苯环之间的 π-π 相互作用。因此，ZIF-8 吸附四环素和二甲胺四环素过程是静电相互作用和 π-π 相互作用共同主导。许多研究表明 ZIF 材料对染料有较好的吸附性能[153]。在单一材料基础上，Hou 等制备的氧化石墨烯/ZIF 复合气凝胶（ZIF/GAs）可作为染料高效吸附剂[154]。相比于纯氧化石墨烯气凝胶，ZIF/GAs 复合材料对甲基橙（MO）、罗丹明 B（RhB）吸附能力显著提升，归因于 ZIF/GAs 对染料的静电吸引和 π-π 相互作用，而 π-π 相互作用中包含了 ZIF 及氧化石墨烯分别与染料分子相互作用的贡献。

3.5.4 酸碱相互作用

相比于静电相互作用、氢键等作用机理，酸碱相互作用在 MOFs 吸附污染物过程中研究较少，但仍是一类重要的相互作用机理。酸碱相互作用以软硬酸碱理论为基础，根据性质，该理论将酸和碱分为软硬两类。“软”和“硬”是按照电荷密度和粒子半径比值来划分，电荷密度高、半径小的粒子为“硬”，而电荷密度低、半径大的粒子为“软”。该理论中，当其他外界因素相同时，软酸与软碱相互作用更快，且结合更紧密，同理，硬酸与硬碱反应更快，作用更强烈[155]。因此，该理论规律可总结为软酸优先与软碱结合，硬酸优先与硬碱结合。例如，Zhang 等发现巯基功能化 MOFs 材料 HS-mSi@MOF-5 吸附 Pb(Ⅱ)和 Cd(Ⅱ)过程中，当 pH 为 2 时，带正电的 HS-mSi@MOF-5 与金属阳离子间的静电排斥并没有导致吸附能力显著下降，表明两者间存在其他相互作用力[156]。根据酸碱理论划分，Pb(Ⅱ)和 Cd(Ⅱ)分别属于软酸和边界酸，而 HS-mSi@MOF-5 上的硫醇基团作为一种软碱，在吸附过程中软酸金属离子可与作为软碱的巯基结合，削减了静电排斥所带来的负面吸附效果，使得 HS-mSi@MOF-5 仍可保持客观吸附能力。

基于酸碱相互作用原理，可进一步通过改性等调控手段提升 MOFs 材料吸附能力[157]。Jiang 等报道利用合成后配体交换法，在保持骨架形貌和稳定性不变基础上，实现 ZIF-7 中三唑基配体引入，制备 ZIF-7-M，调整交换时间引入的三唑基配体比例可达 71%[158]。吸附结果表明，与原始 ZIF-7 相比，ZIF-7-M 吸附 Cd^{2+} 动力学速率更快，且吸附容量显著提升。由于在 ZIF-7 中引入额外非配位氮原子，为 ZIF-7-M 与金属离子 Cd^{2+}之间路易斯酸碱相互作用提供了可能性，从而增强了 ZIF-7-M 与 Cd^{2+}两者酸碱相互作用，提升吸附能力。Hasan 等研究发现，使用氨基甲烷磺酸（AMSA）和乙二胺（ED）分别在 MIL-101 的不饱和配位或开放金属位点上配位，生成酸性基团（—SO_3H）和碱性基团（—NH_2），得到酸性 AMSA-MIL-101 和碱性 ED-MIL-101[159]。吸附萘普生和氯非布酸实验中，ED-MIL-101 的去除率和吸附容量均最高。相反，酸性 AMSA-MIL-101 吸附性能很差。利用吸附质与吸附剂间的酸碱相互作用可以解释该吸附现象。因为萘普生和氯非布酸上—COOH 基团的酸性，在吸附过程中碱性 ED-MIL-101 会与污染物形成酸碱相互作用。因此，带有碱性基团（—NH_2）的吸附剂比原始 MIL-101 具有更高吸附能力，而带有—SO_3H 基团的酸性 AMSA-MIL-101 则相反。

3.5.5 疏水相互作用

疏水性是分子与水互相排斥的程度，是物质本身所具有的一种物理性质。通常而言，疏水性分子是非极性或偏向于非极性，表现为低水溶性。从结构上看，疏水性分子通常有很长碳链，如长链烷烃、酯类等[160]。疏水作用的本质与熵有关，在水溶液中被水分子包围的两个非极性分子在熵驱动下结合在一起，形成稳定的缔合，达到系统能量最低化。在 MOFs 吸附水体内疏水性有机物过程中，疏水相互作用是一种重要的吸附驱动力。

对于 MOFs，进行疏水化修饰，如增加长链烷烃、氟功能化等，是一种有效提高 MOFs 与污染物通过疏水作用结合的方法[161, 162]。例如，Zhou 等以硬脂酸或 1-十二硫醇对负载在铜网上的 ZIF-67 进行疏水修饰，即将 ZIF-67/铜网浸泡在 75mL 含 0.05mol/L 硬脂酸或 0.02mol/L 1-十二硫醇的乙醇溶液中 5min，处理后用乙醇和去离子水进一步洗涤，100℃下烘干制备了疏水铜网复合材料，用于水/油分离[45]。水接触角测试证明，疏水化修饰后的材料疏水性能极大提高，水接触角扩大到 140°。水/油吸附实验结果表明，油液通过铜网迅速渗透，而水被截取，疏水复合材料可有效分离油和水，对正己烷、异辛烷、石油醚等油类分离效率均高于 98%。许多研究表明在 MOFs 骨架上进行氟化可增强 MOFs 疏水性能。Amador 等以 2, 3, 4, 5-四氟-1, 4-苯二甲酸为配体制备氟化 MOFs 材料 UiO-66-F4，并探究其吸附苯、甲苯、乙苯和二甲苯性能[163]。UiO-66-F4 和 UiO-66 表现出不同吸附性能，UiO-66-F4 对苯吸附能力明显增加，这是由于氟引入增强 UiO-66-F4 的疏水性能，进而改变吸附剂和吸附质间相互作用，从原始的 UiO-66 与苯的 π-π 堆积作用变为 UiO-66-F4 与苯的疏水相互作用，氟化提升了 UiO-66-F4 与苯的疏水作用。

与此同时，氟引入导致骨架孔径变小，UiO-66-F4 对大分子结构乙苯和二甲苯吸附能力减弱。除了疏水化修饰外，Zhu 等研究发现，通过金属掺杂可以实现 MOFs 疏水性能调节[164]。以螺旋形 MOFs（STU-1）为基础，通过直接合成法得到 Cu^{2+}、Cd^{2+}、Fe^{2+}掺杂的 STU-1。水蒸气吸附等温线测试表明，STU-1 呈Ⅲ型吸附等温线，属于疏水或弱亲水材料；而金属掺杂的 STU-1 则表现为Ⅶ型，属于强疏水材料。这表明金属掺杂可提升材料疏水性，而疏水性提升可能原因是掺杂金属离子在材料表面产生扰动，阻碍孔隙中水团簇的形成。

在吸附过程中，溶液性质变化也会影响 MOFs 与污染物间疏水相互作用[165]。Yang 等研究发现，污染物初始浓度变化会改变 Ce(Ⅲ)掺杂 UiO-66 的吸附机理[1]。当甲基橙浓度小于 150mg/L 时，吸附过程由静电相互作用和 π-π 相互作用主导，而当甲基橙浓度大于 150mg/L 时，大量疏水性甲基橙分子的存在增强了与 Ce(Ⅲ)掺杂 UiO-66 间的疏水相互作用，吸附过程由疏水相互作用、静电相互作用和 π-π 相互作用共同驱动。Bhadra 等研究了吸附质亲水/疏水性和溶剂极性对 MIL-101 和 ZIF-8 吸附过程的影响[166]。结果表明，溶剂极性变化会显著影响亲水/疏水吸附剂性能。溶剂极性增加，对于亲水性 MIL-101，其吸附噻吩、吡咯、硝基苯等芳香性有机物能力减弱；而对于疏水性 ZIF-8，其吸附能力随之升高。这种相反趋势主要是疏水性能差异引起疏水相互作用强弱不同所导致。Jun 等研究发现增加溶液中离子强度，有助于提升吸附质与吸附剂间的疏水相互作用[167]。当溶液中 NaCl 浓度增加时，盐析效应导致卡马西平和布洛芬在溶液中溶解度降低，从而增强两种污染物与铝基 MOF[$Al(OH)(C_8H_4O_4)$]间的疏水相互作用，尽管离子强度增加也进一步加剧了对 MOFs 吸附位点的竞争，使得吸附效果下降。

3.6 MOFs 材料稳定性及循环利用性

MOFs 作为一种有潜力的吸附剂，在实际利用过程中的稳定性及循环利用性对于吸附材料至关重要，需要进一步考察其稳定性及脱附循环再生性能，从而确定 MOFs 材料应用于实际水处理过程中可行性和可重复使用性能。以下分别对 MOFs 材料稳定性和循环利用性进行分节论述。

3.6.1 稳定性评估

MOFs 材料具备较高稳定性是其应用于水处理过程的重要前提。MOFs 骨架是由金属中心和有机配体通过配位键连接而成，配位键的强弱直接决定骨架稳定性。根据软硬酸碱理论，硬酸与硬碱、软酸与软碱之间能形成强配位键，ZIF、

MIL、UiO 系列等是典型水稳定性 MOFs 材料[154]，它们在水中具有较高稳定性，其骨架结合键的强度可抵抗溶液中水分子对金属离子/金属节点的竞争配位，因而这几类材料被广泛地研究报道[168]。评估 MOFs 材料稳定性，主要是借助相应的表征技术来测试 MOFs 材料在水处理过程中结构、微观形貌、组成等是否发生变化，从而验证 MOFs 稳定性。MOFs 是高结晶度的晶体材料，因此 X 射线衍射（XRD）是测试 MOFs 晶体稳定性的最简单方法。将使用后 MOFs 粉末 XRD 图与未使用原始样品的进行比较，即可得出 MOFs 晶体结构是否受损破坏[169]。但 XRD 峰形不变，样品的孔隙度和比表面积仍可能出现损失。此外，该技术无法捕捉到非晶态特征区域的变化，不能反映样品非晶态区的改变[170]。因此，可借助其他手段来进一步表征 MOFs 稳定性。扫描电子显微镜（SEM）可观察反应前后 MOFs 材料微观结构改变；氮气吸附-脱附曲线分析检测 MOFs 比表面积、孔隙度的变化；傅里叶变换红外光谱（FTIR）测试 MOFs 表面官能团变化情况[23]。Han 等检测了作为有机染料吸附剂的钛掺杂 UiO-66 材料稳定性[3]。XRD 结果中，不同 pH 条件下吸附有机染料后的钛掺杂 UiO-66 晶体结构保持不变，表明材料在酸性和碱性溶液中均具备良好的结构稳定性。同时，利用 SEM 进一步观察材料吸附染料前后的微观结构变化，发现钛掺杂 UiO-66 球状晶体形貌保持不变，说明钛掺杂 UiO-66 具备较高稳定性。此外，MOFs 材料中金属溶出很大程度上取决于 MOFs 自身稳定性，可通过电感耦合等离子体质谱（ICP-MS）等技术检测吸附处理后溶液中 MOFs 金属中心的浸出浓度，以进一步获得其稳定性数据[118]。Jang 等测试了 MIL-100(Fe)在不同溶液中的稳定性[138]，即将 MIL-100(Fe)粉末加入到 pH 分别为 2、7 和 12 的水溶液和罗丹明 B 溶液中，搅拌 24h。电感耦合等离子体-发射光谱仪（ICP-OES）检测结果表明，当 pH 为 7 和 12 时，MIL-100(Fe)中的铁在水溶液和罗丹明 B 溶液中基本无浸出，而当 pH 为 2 时，铁浸出浓度很低，水溶液和罗丹明 B 溶液中的浸出分别为 0.329mg/L 和 0.323mg/L，证明 MIL-100(Fe)具有良好的水稳定性。

在 MOFs 材料自身基础上，可通过复合、掺杂、疏水化修饰、碳化等手段进一步提高 MOFs 稳定性[171, 172]。例如，Zhou 等以硬脂酸或 1-十二硫醇对铜网上负载的 ZIF-67 进行疏水化修饰[45]。SEM 表明材料浸入水中 12h，未改性的 ZIF-67 受到水的侵蚀严重，菱形十二面体形态逐渐消失。然而，疏水化 ZIF-67 浸泡在水溶液中 12h 后形貌基本没有变化，结构完整，表明疏水化增强了 ZIF-67 材料水稳定性。Gai 等采用网状化学方法对有机配体进行扩展修饰，制备了具有 kgd 拓扑结构的高稳定性 MOFs（kgd-Zn），其侧链上的氧原子容易形成氢键，可以防止水溶液中酸或碱的攻击，进一步避免配位键的解离[160]。XRD 测试表明该材料即使在高酸性/碱性溶液中浸泡 7 天，kgd-Zn 的晶体结构仍保持完整。因此，通过疏水化等修饰改性手段，可以有效增强 MOFs 稳定性。

3.6.2　循环利用性评估

评估 MOFs 吸附循环利用性，是指在一定条件下，MOFs 材料的活性吸附位点被污染物全部占据时，即达到吸附饱和状态，通过利用不同手段使得活性吸附位点上的污染物被解吸，实现从 MOFs 上脱附，进而恢复吸附位点活性。根据文献中的报道，在实验室尺度范围内，甲醇、乙醇、丙酮等有机溶剂被广泛用作 MOFs 再生试剂[173, 174]，有机溶剂可通过相似相溶等原理达到 MOFs 上目标污染物的脱附。例如，Jung 等将吸附饱和的 MOFs 吸附剂与乙醇溶液搅拌，实现偶氮染料酸性黑 1 在 MOFs（Al-SA）上的有效脱附[175]。循环实验表明，未利用乙醇再生的 Al-SA 的吸附性能急剧下降，而用乙醇脱附再生的 Al-SA 经历 5 次循环仍可保持高吸附能力，表明乙醇可作为高效再生脱附剂。在 MOFs 脱附实验中，稀的酸碱溶液也是常用的再生试剂，其原理利用离子交换、竞争吸附位点等方式实现解吸[176]。Zhang 等利用稀盐酸溶液实现了 ZIF-67 的高效再生[151]。在硼的吸脱附再生循环实验中，第 5 次循环时 ZIF-67 的吸附容量仍可保持为原来的 94.1%，说明稀酸能够作为一种有效再生试剂。与此同时，许多研究中也将酸碱和醇两者结合，即得到酸性/碱性的醇溶液用于脱附反应。相比于单一的醇或者酸碱脱附剂，复合脱附剂具备两种脱附剂的优势，可实现污染物在吸附剂上更高效的解吸[150, 177]。例如，Kang 等比较了乙醇、氢氧化钠溶液、氢氧化钠的醇溶液对 ZIF-67 和 ZIF-8 吸附染料酸性蓝 40（AB40）后的脱附能力[178]。脱附实验表明，对于单独乙醇或氢氧化钠溶液作为再生试剂，氢氧化钠的醇溶液表现出更高的解吸率，对 ZIF-67 和 ZIF-8 的解吸率分别达到 95%和 93%，这种良好的再生性能可以归因于使用氢氧化钠的醇溶液与 AB40 分子间的充分竞争。

此外，对于有机污染物，通过热处理，如在低温下加热、惰性气氛下煅烧等，可实现孔道和表面有机物的去除、MOFs 吸附官能团活性恢复等，从而达到污染物解吸的目的。Amador 等报道，将氟化 MOFs 材料 UiO-66-F4 在 120℃的烘箱中加热，可让孔径内的污染物挥发，实现二甲苯在 UiO-66-F4 上的有效脱附[163]。再生实验表明，经过 4 次吸附-脱附再生循环后，UiO-66-F4 的吸附能力没有显著下降，对二甲苯的去除率依旧保持在 80%以上。这说明低温加热是一种有效的 MOFs 再生方式。Tang 等利用 MOFs 衍生多孔碳的高热稳定性，在氮气氛围下 700℃高温煅烧 1h，实现了 MOFs 衍生多孔碳的有效再生[179]。脱附实验表明，经过 3 次吸附-脱附再生循环后，MOFs 衍生多孔碳对环丙沙星的去除率仍保持在 83%以上。在另一项吸附油和有机物的报道中，Mao 等通过直接燃烧法实现了 ZIF-8/氧化石墨烯复合材料的循环再生[71]。该实验中以十六烷为例，ZIF-8/氧化石墨烯复合材料吸附十六烷达到饱和后，十六烷作为有机物可以直接点燃，利用燃烧氧化进行十六烷的化学移除，实现 ZIF-8/氧化石墨烯再生。结果表明，经过 10 次燃烧循环再生，ZIF-8/氧化石墨烯复合材料依旧可保持高吸附能力，且多孔 ZIF-8/氧化石墨烯吸附剂的宏观形貌和结构在循环后没有明显变化。

对于 MOFs 脱附再生过程，脱附方法和试剂的选择多样，MOFs、污染物种类、脱附试剂选择不同，均会对 MOFs 脱附产生不同影响。选择的脱附试剂的成本及脱附试剂本身是否可进一步多次利用，这些因素都是 MOFs 吸脱附过程中关于经济性的重要评估指标。此外，经过多次吸附-脱附再生循环，MOFs 材料稳定性及其中金属溶出等问题也需要慎重考虑与处理。

3.7 小结与展望

MOFs 材料凭借优异的性能，如高比表面积、高孔隙度、组分和结构可设计等，在吸附水体污染物方面表现优异。同时，根据污染物的性质及其可能的吸附去除机理，可进行具有特定功能 MOFs 的筛选，也可通过不同的方法手段直接进行目标 MOFs 的构建，以实现对某些指定污染物的选择吸附去除。另外，晶体 MOFs 材料固有的缺陷，包括相对低的稳定性、粉末不易回收、不便加工等，在一定程度上限制其发展应用。随着对 MOFs 研究的深入，通过不同手段对 MOFs 进行改性重构可扩展其应用性和功能性，例如，MOFs 与其他材料结合制备优势互补的高性能复合材料、惰性气氛碳化得到 MOFs 衍生碳材料提升其稳定性和循环利用性，能强化 MOFs 材料应用于水处理领域的性能，实现一种以 MOFs 为中心的高效经济、可持续修复污染水体的技术。与此同时，在实际水处理过程中，实际水体组分的复杂性、处理环境的不确定性，往往会制约 MOFs 吸附处理污染物的实际效率，为 MOFs 应用于水处理带来更多的挑战。为更好地发挥 MOFs 材料处理实际污染物的性能和优势，弥补其自身的不足，许多方面仍需要进一步探索：①尽管许多研究较为集中地探究了单一影响变量条件对 MOFs 吸附污染物性能的影响，但对多因素的综合影响及它们相互间作用的探究较少，对多因素影响的探究能为 MOFs 更好地用于水处理拓宽方向。②不少研究涉及利用 MOFs 进行实际废水的处理，但多数仍处于使用模拟实际废水的阶段，与 MOFs 处理实际废水仍有差距，因而对应用 MOFs 处理实际废水的研究仍需深入。③MOFs 材料的生产依旧是小规模实验室制备，未来如何进一步开发 MOFs 制备工艺，使其可应用于大规模工业生产仍是急需解决的问题。此外，MOFs 材料的制备成本偏高，如何降低 MOFs 成本也需优化或改进 MOFs 制备工艺。④由于 MOFs 材料自身相对低的稳定性，在污染水体中如何保持 MOFs 结构稳定，减少其金属的溶出，削弱 MOFs 材料应用时可能带来的环境风险和健康危害也需要更多探究。⑤污染水体的水文波动，其组分、性质的变化，外界条件的干预等对 MOFs 吸附处理污染物体系的冲击，有待在未来的研究中进一步验证，以完善构建 MOFs 污染物处理体系。

参 考 文 献

[1] Yang J M，Ying R J，Han C X，et al. Adsorptive removal of organic dyes from aqueous solution by a Zr-based metal-organic framework：effects of Ce(Ⅲ) doping[J]. Dalton Transactions，2018，47（11）：3913-3920.

[2] Liu M，Li S，Tang N，et al. Highly efficient capture of phosphate from water via cerium-doped metal-organic frameworks[J]. Journal of Cleaner Production，2020，265：121782.

[3] Han Y T，Liu M，Li K Y，et al. *In situ* synthesis of titanium doped hybrid metal-organic framework UiO-66 with enhanced adsorption capacity for organic dyes[J]. Inorganic Chemistry Frontiers，2017，4（11）：1870-1880.

[4] Yang Z H，Cao J，Chen Y，et al. Mn-doped zirconium metal-organic framework as an effective adsorbent for removal of tetracycline and Cr(Ⅵ) from aqueous solution[J]. Microporous and Mesoporous Materials，2019，277：277-285.

[5] Li X L，Zhang W，Huang Y Q，et al. Superior adsorptive removal of azo dyes from aqueous solution by a Ni(Ⅱ)-doped metal-organic framework[J]. Colloids and Surfaces A：Physicochemical and Engineering Aspects，2021，619：126549.

[6] Xiong W P，Zeng Z T，Li X，et al. Ni-doped MIL-53(Fe) nanoparticles for optimized doxycycline removal by using response surface methodology from aqueous solution[J]. Chemosphere，2019，232：186-194.

[7] Xiong P，Zhang H，Li G L，et al. Adsorption removal of ibuprofen and naproxen from aqueous solution with Cu-doped MIL-101(Fe)[J]. Science of the Total Environment，2021，797：149179.

[8] Nazir M A，Bashir M S，Jamshaid M，et al. Synthesis of porous secondary metal-doped MOFs for removal of Rhodamine B from water：role of secondary metal on efficiency and kinetics[J]. Surfaces and Interfaces，2021，25：101261.

[9] Nazir M A，Najam T，Zarin K，et al. Enhanced adsorption removal of methyl orange from water by porous bimetallic Ni/Co MOF composite：a systematic study of adsorption kinetics[J]. International Journal of Environmental Analytical Chemistry，2021（10）：1-16.

[10] Jin Y N，Wu J F，Wang J Q，et al. Highly efficient capture of benzothiophene with a novel water-resistant-bimetallic Cu-ZIF-8 material[J]. Inorganica Chimica Acta，2020，503：119412.

[11] Sun S W，Yang Z H，Cao J，et al. Copper-doped ZIF-8 with high adsorption performance for removal of tetracycline from aqueous solution[J]. Journal of Solid State Chemistry，2020，285：121219.

[12] Wan J，Li Y，Jiang Y M，et al. Silver-doped MIL-101(Cr) for rapid and effective capture of iodide in water environment：exploration on adsorption mechanism[J]. Journal of Radioanalytical and Nuclear Chemistry，2021，328（3）：1041-1054.

[13] Wang Z，Yang J，Li Y S，et al. Simultaneous degradation and removal of Cr(Ⅵ) from aqueous solution with Zr-based metal organic frameworks bearing inherent reductive sites[J]. Chemistry：A European Journal，2017，23（61）：15415-15423.

[14] Foo M L，Horike S，Fukushima T，et al. Ligand-based solid solution approach to stabilisation of sulphonic acid groups in porous coordination polymer $Zr_6O_4(OH)_4(BDC)_6$（UiO-66）[J]. Dalton Transactions，2012，41（45）：13791-13794.

[15] Yoo D K，Bhadra B N，Jhung S H. Adsorptive removal of hazardous organics from water and fuel with functionalized metal-organic frameworks：contribution of functional groups[J]. Journal of Hazardous Materials，2021，403：123655.

[16] Yu J，Xiong W P，Li X，et al. Functionalized MIL-53(Fe) as efficient adsorbents for removal of tetracycline antibiotics from aqueous solution[J]. Microporous and Mesoporous Materials，2019，290：109642.

[17] Park J M，Jhung S H. A remarkable adsorbent for removal of bisphenol S from water：minated metal-organic framework，MIL-101-NH_2[J]. Chemical Engineering Journal，2020，396：125224.

[18] Seo P W，Bhadra B N，Ahmed I，et al. Adsorptive removal of pharmaceuticals and personal care products from water with functionalized metal-organic frameworks：remarkable adsorbents with hydrogen-bonding abilities[J]. Scientific Reports，2016，6（1）：1-11.

[19] Bernt S，Guillerm V，Serre C，et al. Direct covalent post-synthetic chemical modification of Cr-MIL-101 using nitrating acid[J]. Chemical Communications，2011，47（10）：2838-2840.

[20] Hu Z G，Faucher S，Zhuo Y Y，et al. Combination of optimization and metalated-ligand exchange：an effective approach to functionalize UiO-66(Zr)MOFs for CO_2 separation[J]. Chemistry：A European Journal，2015，21（48）：17246-17255.

[21] Seo P W，Ahmed I，Jhung S H. Adsorptive removal of nitrogen-containing compounds from a model fuel using a metal-organic framework having a free carboxylic acid group[J]. Chemical Engineering Journal，2016，299：236-243.

[22] Lim C R，Lin S，Yun Y S. Highly efficient and acid-resistant metal-organic frameworks of MIL-101(Cr)-NH_2 for Pd(Ⅱ) and Pt(Ⅳ) recovery from acidic solutions：adsorption experiments，spectroscopic analyses，and theoretical computations[J]. Journal of Hazardous Materials，2020，387：121689.

[23] Sarker M，Song J Y，Jhung S H. Adsorption of organic arsenic acids from water over functionalized metal-organic frameworks[J]. Journal of Hazardous Materials，2017，335：162-169.

[24] Sarker M，Song J Y，Jhung S H. Carboxylic-acid-functionalized UiO-66-NH_2：a promising adsorbent for both aqueous- and non-aqueous-phase adsorptions[J]. Chemical Engineering Journal，2018，331：124-131.

[25] Ren L，Zhao X D，Liu B S，et al. Synergistic effect of carboxyl and sulfate groups for effective removal of radioactive strontium ion in a Zr-metal-organic framework[J]. Water Science and Technology，2021，83（8）：2001-2011.

[26] Liu C，Huang A. One-step synthesis of the superhydrophobic zeolitic imidazolate framework F-ZIF-90 for efficient removal of oil[J]. New Journal of Chemistry，2018，42（4）：2372-2375.

[27] Yang W X，Wang J M，Han Y，et al. Robust MOF film of self-rearranged UiO-66-NO_2 anchored on gelatin hydrogel via simple thermal-treatment for efficient Pb(Ⅱ) removal in water and apple juice[J]. Food Control，2021，130：108409.

[28] Yuan N，Gong X R，Han B H. Hydrophobic fluorous metal organic framework nanoadsorbent for removal of hazardous wastes from water[J]. ACS Applied Nano Materials，2021，4（2）：1576-1585.

[29] Wu J，Zhou J，Zhang S W，et al. Efficient removal of metal contaminants by EDTA modified MOF from aqueous solutions[J]. Journal of Colloid and Interface Science，2019，555：403-412.

[30] Ahmadijokani F，Tajahmadi S，Bahi A，et al. Ethylenediamine-functionalized Zr-based MOF for efficient removal of heavy metal ions from water[J]. Chemosphere，2021，264：128466.

[31] Nanthamathee C，Dechatiwongse P. Kinetic and thermodynamic studies of neutral dye removal from water using zirconium metal-organic framework analogues[J]. Materials Chemistry and Physics，2021，258：123924.

[32] Lee H J，Choi S，Oh M. Well-dispersed hollow porous carbon spheres synthesized by direct pyrolysis of core shell type metal organic frameworks and their sorption properties[J]. Chemical Communications，2014，50（34）：4492-4495.

[33] Zhang J J，Yan X L，Hu X Y，et al. Direct carbonization of Zn/Co zeolitic imidazolate frameworks for efficient adsorption of Rhodamine B[J]. Chemical Engineering Journal，2018，347：640-647.

[34] Jafari Z，Avargani V M，Rahimi M R，et al. Magnetic nanoparticles-embedded nitrogen-doped carbon nanotube/porous carbon hybrid derived from a metal-organic framework as a highly efficient adsorbent for selective removal of Pb(Ⅱ) ions from aqueous solution[J]. Journal of Molecular Liquids，2020，318：113987.

[35] Xiong W P，Zeng Z T，Zeng G M，et al. Metal-organic frameworks derived magnetic carbon-αFe/Fe_3C composites as a highly effective adsorbent for tetracycline removal from aqueous solution[J]. Chemical Engineering Journal，2019，374：91-99.

[36] Torad N L，Hu M，Ishihara S，et al. Direct synthesis of MOF-derived nanoporous carbon with magnetic Co nanoparticles toward efficient water treatment[J]. Small，2014，10（10）：2096-2107.

[37] Chen D Z，Chen C Q，Shen W S，et al. MOF-derived magnetic porous carbon-based sorbent：synthesis，characterization，and adsorption behavior of organic micropollutants[J]. Advanced Powder Technology，2017，28（7）：1769-1779.

[38] Wang H，Zhang X，Wang Y，et al. Facile synthesis of magnetic nitrogen-doped porous carbon from bimetallic metal organic frameworks for efficient norfloxacin removal[J]. Nanomaterials，2018，8（9）：664.

[39] El Naga A O A，Shaban S A，El Kady F Y A. Metal organic framework-derived nitrogen-doped nanoporous carbon as an efficient adsorbent for methyl orange removal from aqueous solution[J]. Journal of the Taiwan Institute of Chemical Engineers，2018，93：363-373.

[40] Wang J，Wang Y L，Liang Y，et al. Nitrogen-doped carbons from *in-situ* glucose-coated ZIF-8 as efficient adsorbents for Rhodamine B removal from wastewater[J]. Microporous and Mesoporous Materials，2021，310：110662.

[41] An H J，Bhadra B N，Khan N A，et al. Adsorptive removal of wide range of pharmaceutical and personal care products from water by using metal azolate framework-6-derived porous carbon[J]. Chemical Engineering Journal，2018，343：447-454.

[42] Peng H H，Cao J，Xiong W P，et al. Two-dimension N-doped nanoporous carbon from KCl thermal exfoliation of Zn-ZIF-L：efficient adsorption for tetracycline and optimizing of response surface model[J]. Journal of Hazardous Materials，2021，402：123498.

[43] Li W X，Cao J，Xiong W P，et al. *In-situ* growing of metal-organic frameworks on three-dimensional iron network as an efficient adsorbent for antibiotics removal[J]. Chemical Engineering Journal，2020，392：124844.

[44] Wang D，Gilliland S E，Yi X，et al. Iron mesh-based metal organic framework filter for efficient arsenic removal[J]. Environmental Science & Technology，2018，52（7）：4275-4284.

[45] Zhou P Z，Cheng J，Yan Y Y，et al. Ultrafast preparation of hydrophobic ZIF-67/copper mesh via electrodeposition and hydrophobization for oil/water separation and dyes adsorption[J]. Separation and Purification Technology，2021，272：118871.

[46] Zhang X L，Peng L H，Wang J N，et al. Decorating metal organic framework on nickel foam for efficient Cu^{2+} removal based on adsorption and electrochemistry[J]. Environmental Technology，2022，43（21）：3239-3247.

[47] Qin H F，Zhou Y，Huang Q Y，et al. Metal organic framework（MOF）/wood derived multi-cylinders high-power 3D reactor[J]. ACS Applied Materials & Interfaces，2021，13（4）：5460-5468.

[48] Tu K，Puértolas B，Adobes-Vidal M，et al. Green synthesis of hierarchical metal-organic framework/wood functional composites with superior mechanical properties[J]. Advanced Science，2020，7（7）：1902897.

[49] Zhang X F，Wang Z，Song L，et al. *In situ* growth of ZIF-8 within wood channels for water pollutants removal[J]. Separation and Purification Technology，2021，266：118527.

[50] Guo R X，Cai X H，Liu H W，et al. *In situ* growth of metal-organic frameworks in three-dimensional aligned lumen arrays of wood for rapid and highly efficient organic pollutant removal[J]. Environmental Science & Technology，2019，53（5）：2705-2712.

[51] Xu L L，Xiong Y，Dang B K，et al. *In-situ* anchoring of Fe_3O_4/ZIF-67 dodecahedrons in highly compressible wood aerogel with excellent microwave absorption properties[J]. Materials & Design，2019，182：108006.

[52] Wang Z，He Y，Zhu L，et al. Natural porous wood decorated with ZIF-8 for high efficient iodine capture[J]. Materials Chemistry and Physics，2021，258：123964.

[53] Gu Y，Wang Y C，Li H M，et al. Fabrication of hierarchically porous NH_2-MIL-53/wood-carbon hybrid membrane for highly effective and selective sequestration of Pb^{2+}[J]. Chemical Engineering Journal，2020，387：124141.

[54] Yang R，Cao Q H，Liang Y Y，et al. High capacity oil absorbent wood prepared through eco-friendly deep eutectic solvent delignification[J]. Chemical Engineering Journal，2020，401：126150.

[55] Huang G S，Huang C，Tao Y L，et al. Localized heating driven selective growth of metal-organic frameworks（MOFs）in wood：a novel synthetic strategy for significantly enhancing MOF loadings in wood[J]. Applied Surface Science，2021，564：150325.

[56] Guan H，Cheng Z Y，Wang X Q. Highly compressible wood sponges with a spring-like lamellar structure as effective and reusable oil absorbents[J]. ACS Nano，2018，12（10）：10365-10373.

[57] Sun H，Bi H J，Lin X，et al. Lightweight，anisotropic，compressible，and thermally-insulating wood aerogels with aligned cellulose fibers[J]. Polymers，2020，12（1）：165.

[58] Gu Y，Ye M X，Wang Y C，et al. Lignosulfonate functionalized *g*-C_3N_4/carbonized wood sponge for highly efficient heavy metal ion scavenging[J]. Journal of Materials Chemistry A，2020，8（25）：12687-12698.

[59] Chen G Y，He S，Shi G B，et al. *In-situ* immobilization of ZIF-67 on wood aerogel for effective removal of tetracycline from water[J]. Chemical Engineering Journal，2021，423：130184.

[60] Garemark J，Yang X，Sheng X，et al. Top-down approach making anisotropic cellulose aerogels as universal substrates for multifunctionalization[J]. ACS Nano，2020，14（6）：7111-7120.

[61] Yang Q X，Lu R，Ren S S，et al. Three-dimensional reduced graphene oxide/ZIF-67 aerogel：effective removal cationic and anionic dyes from water[J]. Chemical Engineering Journal，2018，348：202-211.

[62] Hou P C，Xing G J，Han D，et al. MIL-101(Cr)/graphene hybrid aerogel used as a highly effective adsorbent for wastewater purification[J]. Journal of Porous Materials，2019，26（6）：1607-1618.

[63] Qu J F，Chen D Y，Li N J，et al. Engineering 3D Ru/graphene aerogel using metal-organic frameworks：capture and highly efficient catalytic CO oxidation at room temperature[J]. Small，2018，14（16）：1800343.

[64] Wu Y H，Ren W J，Li Y W，et al. Zeolitic imidazolate framework-67@cellulose aerogel for rapid and efficient degradation of organic pollutants[J]. Journal of Solid State Chemistry，2020，291：121621.

[65] Ma X T，Lou Y，Chen X B，et al. Multifunctional flexible composite aerogels constructed through *in-situ* growth of metal-organic framework nanoparticles on bacterial cellulose[J]. Chemical Engineering Journal，2019，356：227-235.

[66] Inonu Z，Keskin S，Erkey C. An emerging family of hybrid nanomaterials：metal organic framework/aerogel composites[J]. ACS Applied Nano Materials，2018，1（11）：5959-5980.

[67] Wang L Y，Xu H，Gao J K，et al. Recent progress in metal-organic frameworks-based hydrogels and aerogels and their applications[J]. Coordination Chemistry Reviews，2019，398：213016.

[68] Yang W X，Han Y，Li C H，et al. Shapeable three-dimensional CMC aerogels decorated with Ni/Co-MOF for rapid and highly efficient tetracycline hydrochloride removal[J]. Chemical Engineering Journal，2019，375：122076.

[69] Zhu H，Yang X，Cranston E D，et al. Flexible and porous nanocellulose aerogels with high loadings of metal organic framework particles for separations applications[J]. Advanced Materials，2016，28（35）：7652-7657.

[70] Shen C K，Mao Z P，Xu H，et al. Catalytic MOF-loaded cellulose sponge for rapid degradation of chemical warfare agents simulant[J]. Carbohydrate Polymers，2019，213：184-191.

[71] Mao J J，Ge M Z，Huang J Y，et al. Constructing multifunctional MOF@rGO hydro-/aerogels by the self-assembly process for customized water remediation[J]. Journal of Materials Chemistry A，2017，5（23）：11873-11881.

[72] Liu Q，Li S S，Yu H H，et al. Covalently crosslinked zirconium-based metal organic framework aerogel monolith with ultralow-density and highly efficient Pb(Ⅱ) removal[J]. Journal of Colloid and Interface Science，2020，561：211-219.

[73] Nuzhdin A L，Shalygin A S，Artiukha E A，et al. HKUST-1 silica aerogel composites：novel materials for the separation of saturated and unsaturated hydrocarbons by conventional liquid chromatography[J]. RSC Advances，2016，6（67）：62501-62507.

[74] Zhu L T，Zong L，Wu X C，et al. Shapeable fibrous aerogels of metal organic frameworks templated with nanocellulose for rapid and large-capacity adsorption[J]. ACS Nano，2018，12（5）：4462-4468.

[75] Maleki H. Recent advances in aerogels for environmental remediation applications：a review[J]. Chemical Engineering Journal，2016，300：98-118.

[76] Ramasubbu V，Omar F S，Ramesh K，et al. Three dimensional hierarchical nanostructured porous TiO_2 aerogel/cobalt based metal organic framework（MOF）composite as an electrode material for supercapattery[J]. Journal of Energy Storage，2020，32：101750.

[77] Smirnova I，Gurikov P. Aerogels in chemical engineering：strategies toward tailor made aerogels[J]. Annual Review of Chemical and Biomolecular Engineering，2017，8：307-334.

[78] Li J J，Tan S C，Xu Z Y. Anisotropic nanocellulose aerogel loaded with modified UiO-66 as efficient adsorbent for heavy metal ions removal[J]. Nanomaterials，2020，10（6）：1114.

[79] Barrios E，Fox D，Li Sip Y Y，et al. Nanomaterials in advanced，high-performance aerogel composites：a review[J]. Polymers，2019，11（4）：726.

[80] Liu H L，Jiang C F，Li H Y，et al. Preparation of FeBTC/silica aerogels by a co-sol-gel process for organic pollutant adsorption[J]. Materials Research Express，2020，6（12）：1250g7.

[81] Sun W，Thummavichai K，Chen D，et al. Co-zeolitic imidazolate framework@cellulose aerogels from sugarcane bagasse for activating peroxymonosulfate to degrade *p*-nitrophenol[J]. Polymers，2021，13（5）：739.

[82] Ashour R M，Abdel-Magied A F，Wu Q，et al. Green synthesis of metal-organic framework bacterial cellulose nanocomposites for separation applications[J]. Polymers，2020，12（5）：1104.

[83] Lei C，Gao J K，Ren W J，et al. Fabrication of metal organic frameworks@cellulose aerogels composite materials for removal of heavy metal ions in water[J]. Carbohydrate Polymers，2019，205：35-41.

[84] Yuan Y，Yang D，Mei G B，et al. Preparation of konjac glucomannan based zeolitic imidazolate framework-8 composite aerogels with high adsorptive capacity of ciprofloxacin from water[J]. Colloids and Surfaces A：Physicochemical and Engineering Aspects，2018，544：187-195.

[85] Wang Q Z，Qin Y，Xue C L，et al. Facile fabrication of bubbles enhanced flexible bioaerogels for efficient and recyclable oil adsorption[J]. Chemical Engineering Journal，2020，402：126240.

[86] Peng H H，Xiong W P，Yang Z H，et al. Facile fabrication of three dimensional hierarchical porous ZIF-L/gelatin aerogel：highly efficient adsorbent with excellent recyclability towards antibiotics[J]. Chemical Engineering Journal，2021，426：130798.

[87] Tajik S，Nasernejad B，Rashidi A. Preparation of silica-graphene nanohybrid as a stabilizer of emulsions[J]. Journal of Molecular Liquids，2016，222：788-795.

[88] Alnaief M，Alzaitoun M A，García-González C A，et al. Preparation of biodegradable nanoporous microspherical aerogel based on alginate[J]. Carbohydrate Polymers，2011，84（3）：1011-1018.

[89] Shalygin A S，Nuzhdin A L，Bukhtiyarova G A，et al. Preparation of HKUST-1@silica aerogel composite for continuous flow catalysis[J]. Journal of Sol-Gel Science and Technology，2017，84（3）：446-452.

[90] Tan Y M，Sun Z Q，Meng H，et al. Aminated metal-organic framework（NH_2-MIL-101(Cr)）incorporated polyvinylidene（PVDF）hybrid membranes：synthesis and application in efficient removal of Congo red from aqueous solution[J]. Applied Organometallic Chemistry，2020，34（1）：e5281.

[91] Wei N，Zheng X D，Ou H X，et al. Fabrication of an amine-modified ZIF-8@GO membrane for high efficiency adsorption of copper ions[J]. New Journal of Chemistry，2019，43（14）：5603-5610.

[92] Ting H，Chi H Y，Lam C H，et al. High-permeance metal organic framework based membrane adsorber for the removal of dye molecules in aqueous phase[J]. Environmental Science：Nano，2017，4（11）：2205-2214.

[93] He J Y，Cai X G，Chen K，et al. Performance of a novelly-defined zirconium metal organic frameworks adsorption membrane in fluoride removal[J]. Journal of Colloid and Interface Science，2016，484：162-172.

[94] Tajuddin M H A，Jaafar J，Hasbullah H，et al. Metal organic framework in membrane separation for wastewater treatment：potential and way forward[J]. Arabian Journal for Science and Engineering，2021，46（7）：6109-6130.

[95] Wan P，Yuan M X，Yu X L，et al. Arsenate removal by reactive mixed matrix PVDF hollow fiber membranes with UiO-66 metal organic frameworks[J]. Chemical Engineering Journal，2020，382：122921.

[96] Chen X Y，Chen D Y，Li N J，et al. Modified-MOF-808-loaded polyacrylonitrile membrane for highly efficient，simultaneous emulsion separation and heavy metal ion removal[J]. ACS Applied Materials & Interfaces，2020，12（35）：39227-39235.

[97] Zhao Z，Shehzad M A，Wu B，et al. Spray-deposited thin-film composite MOFs membranes for dyes removal[J]. Journal of Membrane Science，2021，635：119475.

[98] Li T，Ren Y，Zhai S，et al. Integrating cationic metal-organic frameworks with ultrafiltration membrane for selective removal of perchlorate from water[J]. Journal of Hazardous Materials，2020，381：120961.

[99] Hou X B，Zhou H M，Zhang J，et al. High adsorption pearl-necklace-like composite membrane based on metal-organic framework for heavy metal ion removal[J]. Particle & Particle Systems Characterization，2018，35（6）：1700438.

[100] Basu S，Balakrishnan M. Polyamide thin film composite membranes containing ZIF-8 for the separation of pharmaceutical compounds from aqueous streams[J]. Separation and Purification Technology，2017，179：118-125.

[101] Peng L C，Zhang X L，Sun Y X，et al. Heavy metal elimination based on metal organic framework highly loaded on flexible nanofibers[J]. Environmental Research，2020，188：109742.

[102] Wu M，Guo X F，Zhao F Q，et al. A poly(ethylenglycol) functionalized ZIF-8 membrane prepared by coordination-based post-synthetic strategy for the enhanced adsorption of phenolic endocrine disruptors from water[J]. Scientific Reports，2017，7（1）：1-11.

[103] Cao J L, Su Y L, Liu Y N, et al. Self-assembled MOF membranes with underwater superoleophobicity for oil/water separation[J]. Journal of Membrane Science, 2018, 566: 268-277.

[104] Fang S Y, Zhang P, Gong J L, et al. Construction of highly water stable metal organic framework UiO-66 thin-film composite membrane for dyes and antibiotics separation[J]. Chemical Engineering Journal, 2020, 385: 123400.

[105] Efome J E, Rana D, Matsuura T, et al. Insight studies on metal-organic framework nanofibrous membrane adsorption and activation for heavy metal ions removal from aqueous solution[J]. ACS Applied Materials & Interfaces, 2018, 10 (22): 18619-18629.

[106] Li J, Gong J L, Zeng G M, et al. Zirconium-based metal organic frameworks loaded on polyurethane foam membrane for simultaneous removal of dyes with different charges[J]. Journal of Colloid and Interface Science, 2018, 527: 267-279.

[107] Yang W X, Wang J, Yang Q F, et al. Facile fabrication of robust MOF membranes on cloth via a CMC macromolecule bridge for highly efficient Pb(Ⅱ) removal[J]. Chemical Engineering Journal, 2018, 339: 230-239.

[108] Liu K N, Cao L Q. ZIF-67-based composite membranes generated from carboxymethyl chitosan and nylon mesh for separation applications[J]. Fibers and Polymers, 2021, 22 (12): 3261-3270.

[109] Cetecioglu Z, Ince B, Gros M, et al. Chronic impact of tetracycline on the biodegradation of an organic substrate mixture under anaerobic conditions[J]. Water Research, 2013, 47 (9): 2959-2969.

[110] Carabineiro S A C, Thavorn-Amornsri T, Pereira M F R, et al. Adsorption of ciprofloxacin on surface-modified carbon materials[J]. Water Research, 2011, 45 (15): 4583-4591.

[111] Nasir A M, Nordin N A H M, Goh P S, et al. Application of two-dimensional leaf-shaped zeolitic imidazolate framework (2D ZIF-L) as arsenite adsorbent: kinetic, isotherm and mechanism[J]. Journal of Molecular Liquids, 2018, 250: 269-277.

[112] Tang L, Yu J F, Pang Y, et al. Sustainable efficient adsorbent: alkali-acid modified magnetic biochar derived from sewage sludge for aqueous organic contaminant removal[J]. Chemical Engineering Journal, 2018, 336: 160-169.

[113] Jin J H, Yang Z H, Xiong W P, et al. Cu and Co nanoparticles co-doped MIL-101 as a novel adsorbent for efficient removal of tetracycline from aqueous solutions[J]. Science of the Total Environment, 2019, 650: 408-418.

[114] Jiang C Y, Zhang X X, Xu X X, et al. Magnetic mesoporous carbon material with strong ciprofloxacin adsorption removal property fabricated through the calcination of mixed valence Fe based metal organic framework[J]. Journal of Porous Materials, 2016, 23 (5): 1297-1304.

[115] Zhao R, Ma T T, Zhao S, et al. Uniform and stable immobilization of metal-organic frameworks into chitosan matrix for enhanced tetracycline removal from water[J]. Chemical Engineering Journal, 2020, 382: 122893.

[116] Wu Z L, Wang Y P, Xiong Z K, et al. Core-shell magnetic Fe_3O_4@Zn/Co-ZIFs to activate peroxymonosulfate for highly efficient degradation of carbamazepine[J]. Applied Catalysis B: Environmental, 2020, 277: 119136.

[117] Mirsoleimani-Azizi S M, Setoodeh P, Zeinali S, et al. Tetracycline antibiotic removal from aqueous solutions by MOF-5: adsorption isotherm, kinetic and thermodynamic studies[J]. Journal of Environmental Chemical Engineering, 2018, 6 (5): 6118-6130.

[118] Gu Y, Xie D H, Wang Y C, et al. Facile fabrication of composition tunable Fe/Mg bimetal organic frameworks for exceptional arsenate removal[J]. Chemical Engineering Journal, 2019, 357: 579-588.

[119] Li S Q, Zhang X D, Huang Y M. Zeolitic imidazolate framework-8 derived nanoporous carbon as an effective and recyclable adsorbent for removal of ciprofloxacin antibiotics from water[J]. Journal of Hazardous Materials, 2017,

321：711-719.

[120] Zhang Y，Chen Y S，Westerhoff P，et al. Stability and removal of water soluble CdTe quantum dots in water[J]. Environmental Science & Technology，2008，42（1）：321-325.

[121] Hu Q，Cao J，Yang Z H，et al. Fabrication of Fe-doped cobalt zeolitic imidazolate framework derived from $Co(OH)_2$ for degradation of tetracycline via peroxymonosulfate activation[J]. Separation and Purification Technology，2021，259：118059.

[122] Yang S B，Hu J，Chen C G，et al. Mutual effects of Pb(Ⅱ) and humic acid adsorption on multiwalled carbon nanotubes/polyacrylamide composites from aqueous solutions[J]. Environmental Science & Technology，2011，45（8）：3621-3627.

[123] Zhao X D，Wang T，Du G H，et al. Effective removal of humic acid from aqueous solution in an Al-based metal organic framework[J]. Journal of Chemical & Engineering Data，2019，64（8）：3624-3631.

[124] Liang C H，Tang Y，Zhang X D，et al. ZIF-mediated N-doped hollow porous carbon as a high performance adsorbent for tetracycline removal from water with wide pH range[J]. Environmental Research，2020，182：109059.

[125] Bhadra B N，Lee J K，Cho C W，et al. Remarkably efficient adsorbent for the removal of bisphenol A from water：bio-MOF-1-derived porous carbon[J]. Chemical Engineering Journal，2018，343：225-234.

[126] Isiyaka H A，Jumbri K，Sambudi N S，et al. Experimental and modeling of dicamba adsorption in aqueous medium using MIL-101(Cr) metal organic framework[J]. Processes，2021，9（3）：419.

[127] Yang Y Q，Zheng Z H，Ji W Q，et al. Insights to perfluorooctanoic acid adsorption micro-mechanism over Fe-based metal organic frameworks：combining computational calculation with response surface methodology[J]. Journal of Hazardous Materials，2020，395：122686.

[128] Mahmoodi N M，Taghizadeh M，Taghizadeh A. Activated carbon/metal-organic framework composite as a bio-based novel green adsorbent：preparation and mathematical pollutant removal modeling[J]. Journal of Molecular Liquids，2019，277：310-322.

[129] Awang Chee D N，Aziz F，Mohamed Amin M A，et al. Copper adsorption on ZIF-8/alumina hollow fiber membrane：a response surface methodology analysis[J]. Arabian Journal for Science and Engineering，2021，46（7）：6775-6786.

[130] Esfandiari K，Mahdavi A R，Ghoreyshi A A，et al. Optimizing parameters affecting synthetize of CuBTC using response surface methodology and development of AC@CuBTC composite for enhanced hydrogen uptake[J]. International Journal of Hydrogen Energy，2018，43（13）：6654-6665.

[131] Zango Z U，Ramli A，Jumbri K，et al. Optimization studies and artificial neural network modeling for pyrene adsorption onto UiO-66(Zr) and NH_2-UiO-66(Zr) metal organic frameworks[J]. Polyhedron，2020，192：114857.

[132] Mazloomi S，Yousefi M，Nourmoradi H，et al. Evaluation of phosphate removal from aqueous solution using metal organic framework；isotherm，kinetic and thermodynamic study[J]. Journal of Environmental Health Science and Engineering，2019，17（1）：209-218.

[133] Dehghan A，Zarei A，Jaafari J，et al. Tetracycline removal from aqueous solutions using zeolitic imidazolate frameworks with different morphologies：a mathematical modeling[J]. Chemosphere，2019，217：250-260.

[134] Mahmoodi N M，Oveisi M，Taghizadeh A，et al. Synthesis of pearl necklace-like ZIF-8@chitosan/PVA nanofiber with synergistic effect for recycling aqueous dye removal[J]. Carbohydrate Polymers，2020，227：115364.

[135] Binaeian E，Maleki S，Motaghedi N，et al. Study on the performance of Cd^{2+} sorption using dimethylethylenediamine-modified zinc-based MOF（ZIF-8-mmen）：optimization of the process by RSM technique[J]. Separation Science

and Technology，2020，55（15）：2713-2728.

[136] Mahmoodi N M，Oveisi M，Taghizadeh A，et al. Novel magnetic amine functionalized carbon nanotube/metal-organic framework nanocomposites：from green ultrasound-assisted synthesis to detailed selective pollutant removal modelling from binary systems[J]. Journal of Hazardous Materials，2019，368：746-759.

[137] Binaeian E，Motaghedi N，Maleki S，et al. Ibuprofen uptake through dimethyl ethylenediamine modified MOF：optimization of the adsorption process by response surface methodology technique[J]. Journal of Dispersion Science and Technology，2021，43（1）：1-14.

[138] Jang H Y，Kang J K，Park J A，et al. Metal-organic framework MIL-100(Fe) for dye removal in aqueous solutions：prediction by artificial neural network and response surface methodology modeling[J]. Environmental Pollution，2020，267：115583.

[139] Wagner M，Lin K Y A，Oh W D，et al. Metal-organic frameworks for pesticidal persistent organic pollutants detection and adsorption：a mini review[J]. Journal of Hazardous Materials，2021，413：125325.

[140] Hasan Z，Jhung S H. Removal of hazardous organics from water using metal-organic frameworks（MOFs）：plausible mechanisms for selective adsorptions[J]. Journal of Hazardous Materials，2015，283：329-339.

[141] Moradi S E，Haji Shabani A M，Dadfarnia S，et al. Effective removal of ciprofloxacin from aqueous solutions using magnetic metal-organic framework sorbents：mechanisms，isotherms and kinetics[J]. Journal of the Iranian Chemical Society，2016，13（9）：1617-1627.

[142] Li L C，Xu Y L，Zhong D J，et al. CTAB-surface-functionalized magnetic MOF@MOF composite adsorbent for Cr(Ⅵ) efficient removal from aqueous solution[J]. Colloids and Surfaces A：Physicochemical and Engineering Aspects，2020，586：124255.

[143] Karas L J，Wu C H，Das R，et al. Hydrogen bond design principles[J]. Wiley Interdisciplinary Reviews：Computational Molecular Science，2020，10（6）：e1477.

[144] Yang J C，Yin X B. $CoFe_2O_4$@MIL-100(Fe) hybrid magnetic nanoparticles exhibit fast and selective adsorption of arsenic with high adsorption capacity[J]. Scientific Reports，2017，7（1）：1-15.

[145] Yang J M，Zhang R Z，Liu Y Y. Superior adsorptive removal of anionic dyes by MIL-101 analogues：the effect of free carboxylic acid groups in the pore channels[J]. CrystEngComm，2019，21（38）：5824-5833.

[146] Xu Y Y，Lv J X，Song Y，et al. Efficient removal of low-concentration organoarsenic by Zr-based metal organic frameworks：cooperation of defects and hydrogen bonds[J]. Environmental Science：Nano，2019，6（12）：3590-3600.

[147] Ahmed I，Jhung S H. Remarkable adsorptive removal of nitrogen-containing compounds from a model fuel by a graphene oxide/MIL-101 composite through a combined effect of improved porosity and hydrogen bonding[J]. Journal of Hazardous Materials，2016，314：318-325.

[148] Xiao F，Pignatello J J. π^+-π Interactions between（hetero）aromatic amine cations and the graphitic surfaces of pyrogenic carbonaceous materials[J]. Environmental Science & Technology，2015，49（2）：906-914.

[149] Fan Y H，Zhang S W，Qin S B，et al. An enhanced adsorption of organic dyes onto NH_2 functionalization titanium-based metal organic frameworks and the mechanism investigation[J]. Microporous and Mesoporous Materials，2018，263：120-127.

[150] Alqadami A A，Naushad M，Alothman Z A，et al. Adsorptive performance of MOF nanocomposite for methylene blue and malachite green dyes：kinetics，isotherm and mechanism[J]. Journal of Environmental Management，2018，223：29-36.

[151] Zhang J L，Cai Y N，Liu K X. Extremely effective boron removal from water by stable metal organic framework

ZIF-67[J]. Industrial & Engineering Chemistry Research，2019，58（10）：4199-4207.

[152] Saghir S，Xiao Z G. Facile preparation of metal-organic frameworks-8（ZIF-8）and its simultaneous adsorption of tetracycline（TC）and minocycline（MC）from aqueous solutions[J]. Materials Research Bulletin，2021，141：111372.

[153] Thi Thanh M，Vinh Thien T，Thi Thanh Chau V，et al. Synthesis of iron doped zeolite imidazolate framework-8 and its remazol deep black RGB dye adsorption ability[J]. Journal of Chemistry，2017，2017：1-18.

[154] Hou P C，Xing G J，Han D，et al. Preparation of zeolite imidazolate framework/graphene hybrid aerogels and their application as highly efficient adsorbent[J]. Journal of Solid State Chemistry，2018，265：184-192.

[155] Khan N A，Yoo D K，Jhung S H. Polyaniline-encapsulated metal-organic framework MIL-101：adsorbent with record-high adsorption capacity for the removal of both basic quinoline and neutral indole from liquid fuel[J]. ACS Applied Materials & Interfaces，2018，10（41）：35639-35646.

[156] Zhang J M，Xiong Z H，Li C，et al. Exploring a thiol-functionalized MOF for elimination of lead and cadmium from aqueous solution[J]. Journal of Molecular Liquids，2016，221：43-50.

[157] Jayaramulu K，Narayanan R P，George S J，et al. Luminescent microporous metal organic framework with functional Lewis basic sites on the pore surface：specific sensing and removal of metal ions[J]. Inorganic Chemistry，2012，51（19）：10089-10091.

[158] Jiang J Q，Yang C X，Yan X P. Postsynthetic ligand exchange for the synthesis of benzotriazole-containing zeolitic imidazolate framework[J]. Chemical Communications，2015，51（30）：6540-6543.

[159] Hasan Z，Choi E J，Jhung S H. Adsorption of naproxen and clofibric acid over a metal organic framework MIL-101 functionalized with acidic and basic groups[J]. Chemical Engineering Journal，2013，219：537-544.

[160] Gai S，Fan R Q，Zhang J，et al. Fabrication of highly stable metal organic frameworks and corresponding hydrophobic foam through a reticular chemistry strategy for simultaneous organic micropollutant and insoluble oil removal from wastewater[J]. Journal of Materials Chemistry A，2021，9（6）：3369-3378.

[161] Yang C，Kaipa U，Mather Q Z，et al. Fluorous metal organic frameworks with superior adsorption and hydrophobic properties toward oil spill cleanup and hydrocarbon storage[J]. Journal of the American Chemical Society，2011，133（45）：18094-18097.

[162] Cai Y，Zhang Y D，Huang Y G，et al. Impact of alkyl-functionalized BTC on properties of copper-based metal organic frameworks[J]. Crystal Growth & Design，2012，12（7）：3709-3713.

[163] Amador R N，Cirre L，Carboni M，et al. BTEX removal from aqueous solution with hydrophobic Zr metal organic frameworks[J]. Journal of Environmental Management，2018，214：17-22.

[164] Zhu X W，Zhou X P，Li D. Exceptionally water stable heterometallic gyroidal MOFs：tuning the porosity and hydrophobicity by doping metal ions[J]. Chemical Communications，2016，52（39）：6513-6516.

[165] Hu Y Q，Guo T，Ye X S，et al. Dye adsorption by resins：effect of ionic strength on hydrophobic and electrostatic interactions[J]. Chemical Engineering Journal，2013，228：392-397.

[166] Bhadra B N，Cho K H，Khan N A，et al. Liquid-phase adsorption of aromatics over a metal organic framework and activated carbon：effects of hydrophobicity/hydrophilicity of adsorbents and solvent polarity[J]. The Journal of Physical Chemistry C，2015，119（47）：26620-26627.

[167] Jun B M，Heo J，Park C M，et al. Comprehensive evaluation of the removal mechanism of carbamazepine and ibuprofen by metal organic framework[J]. Chemosphere，2019，235：527-537.

[168] Feng M B，Zhang P，Zhou H C，et al. Water-stable metal-organic frameworks for aqueous removal of heavy metals and radionuclides：a review[J]. Chemosphere，2018，209：783-800.

[169] Wang D B，Jia F Y，Wang H，et al. Simultaneously efficient adsorption and photocatalytic degradation of tetracycline by Fe-based MOFs[J]. Journal of Colloid and Interface Science，2018，519：273-284.

[170] Burtch N C，Jasuja H，Walton K S. Water stability and adsorption in metal organic frameworks[J]. Chemical Reviews，2014，114（20）：10575-10612.

[171] Wen J，Fang Y，Zeng G M. Progress and prospect of adsorptive removal of heavy metal ions from aqueous solution using metal organic frameworks：a review of studies from the last decade[J]. Chemosphere，2018，201：627-643.

[172] Ragab D，Gomaa H G，Sabouni R，et al. Micropollutants removal from water using microfiltration membrane modified with ZIF-8 metal organic frameworks（MOFs）[J]. Chemical Engineering Journal，2016，300：273-279.

[173] Li X，Liu H L，Jia X S，et al. Novel approach for removing brominated flame retardant from aquatic environments using Cu/Fe-based metal-organic frameworks：a case of hexabromocyclododecane（HBCD）[J]. Science of the Total Environment，2018，621：1533-1541.

[174] Xiong W P，Zeng Z T，Li X，et al. Multi-walled carbon nanotube/amino-functionalized MIL-53(Fe) composites：remarkable adsorptive removal of antibiotics from aqueous solutions[J]. Chemosphere，2018，210：1061-1069.

[175] Jung K W，Choi B H，Lee S Y，et al. Green synthesis of aluminum-based metal organic framework for the removal of azo dye Acid Black 1 from aqueous media[J]. Journal of Industrial and Engineering Chemistry，2018，67：316-325.

[176] Xiong W P，Tong J，Yang Z H，et al. Adsorption of phosphate from aqueous solution using iron-zirconium modified activated carbon nanofiber：performance and mechanism[J]. Journal of Colloid and Interface Science，2017，493：17-23.

[177] Lin Z J，Zheng H Q，Zeng Y N，et al. Effective and selective adsorption of organoarsenic acids from water over a Zr-based metal-organic framework[J]. Chemical Engineering Journal，2019，378：122196.

[178] Kang X Z，Song Z W，Shi Q，et al. Utilization of zeolite imidazolate framework as an adsorbent for the removal of dye from aqueous solution[J]. Asian Journal of Chemistry，2013，25（15）：8324-8328.

[179] Tang Y，Chen Q M，Li W Q，et al. Engineering magnetic N-doped porous carbon with super-high ciprofloxacin adsorption capacity and wide pH adaptability[J]. Journal of Hazardous Materials，2020，388：122059.

第4章 MOFs光催化去除水体中污染物的应用

进入21世纪，环境污染和化石能源危机已成为困扰人类生存和发展的两大难题。在各种可再生能源中，太阳能是一种丰富而清洁的能源。因此，太阳能驱动环境修复技术已经引起了极大的关注。自从1972年Fujishima和Honda报道了使用TiO_2光催化剂的太阳能能量转换的开创性工作以来，已经取得了巨大的进展[1]。在此基础上，以TiO_2为代表的多相光催化技术去除污染物被证明是一种可行的方法。在紫外光照射下，TiO_2中可以产生电子-空穴对，导致还原和氧化反应。光催化可以氧化降解各种难降解的有机污染物，还可以还原重金属离子。同时，越来越多的新型的半导体光催化剂已经被报道，如g-C_3N_4、ZnO、Ag_3PO_4等。然而，由于半导体材料的带隙较大，电子-空穴对（载流子）易于复合，光催化效率低，实用性差，而且传统半导体材料的结构不易调节，限制了其在光催化领域的进一步发展。因此，探索高效、稳定、经济的光催化材料以取代传统的光催化材料具有广阔发展前景。

金属有机骨架（MOFs）材料是将含金属的单元[次级构建单元（SBUs）]与有机配体通过自组装形成具有有序孔结构的晶体材料。2006年，Garcia等首次使用MOF-5在紫外光照射下降解苯酚[2]。自从那时起，研究人员开始探究MOFs材料在光催化降解各种污染物的应用。由于金属单元和有机配体的多样性，自1995年以来，科学家报道和研究了超过20000种不同的MOFs材料[3]。MOFs材料具有比表面积大（Langmuir表面积超过了10000m^2/g）、孔隙率高（高达90%的孔体积）、组成多样、骨架组织良好、孔结构可控、结晶度高等特征[4]，使得其在光催化去除水体中污染物方面有潜在的应用前景[5, 6]。与传统的无机半导体相比，MOFs在以下方面具有独特优势：①MOFs的高孔隙率允许催化活性位点的暴露/可及，并有利于传质过程；②MOFs的结构可调性促进光响应扩展到更广的范围；③MOFs的多孔结构可以缩短光生载流子的迁移路径，并有利于光生载流子与底物之间的反应；④光敏剂或助催化剂可以负载在MOFs的骨架结构上或孔隙空间中，有利于光生电子和空穴的分离。由于这些优点，近年来研究人员一直致力于开发基于MOFs的光催化材料[7]。然而MOFs仍存在一些不足之处，限制了它们在环境修复领域的应用。大多数的MOFs由于较大的带隙只能利用紫外光，这意味着只有不超过5%的太阳能可以被利用[8]。同时，原始MOFs光生电子和空穴的快速复合导致光催化性能不理想。因此，研究人员提出了一些方案（如形貌/尺寸调节[9]、官能团修饰[10-12]、金属掺杂[13]、与半导体材料结合[14-16]、染料光敏化[17, 18]、金属纳米粒子负载[19, 20]等）有效地提高了 MOFs 光催化性能。同时，一些研究表明通过外加氧化剂（如臭氧[21]、过氧化氢[22]、过硫酸盐[23]），可以使得光催化反应更加高效、彻底。

此外，MOFs 具有大比表面积、高孔隙率和可调节的孔结构，使其成为通过化学/热处理产生 MOFs 衍生材料的良好前驱体[24]。MOFs 衍生材料具有高孔隙率、大比表面积、可调节的形貌和均匀分布的杂原子掺杂等优势，这对拓展 MOFs 在催化反应的应用具有重大意义。通过合理设计 MOFs 前驱体和外部控制合成步骤，可以对 MOFs 衍生材料的形貌、组成和性质进行调控。MOFs 可以转化为金属氧化物、金属磷化物、金属硫化物等，其中一些是半导体，可以用于光催化反应过程。MOFs 衍生材料的高孔隙率有利于光生载流子和活性位点的快速反应，并极大抑制光生载流子的复合。

本章主要介绍 MOFs 光催化的机理、表征方法、优化手段、MOFs 衍生物的光催化应用，以及 MOFs 在光-臭氧体系、光-芬顿体系、光-过硫酸盐体系降解污染物的能力和行为研究。

4.1　光催化机理

光催化剂受到太阳光的照射，当光子能量大于光催化剂的能量带隙（E_g）时就会发生电荷转移。在光激发作用下，传统的半导体材料（TiO_2、ZnO、g-C_3N_4）中的电子从价带（VB）跃迁到导带（CB），并在价带上留下空穴。MOFs 作为一种新型的光催化剂，在光辐照下具有类似半导体的行为。首先，MOFs 的有机配体可以收集光再通过配体-金属簇电荷转移（LMCT）机理来激活金属位点生成光生电子-空穴对（图 4.1）。光生电子（e^-）可从 MOFs 的最高占据分子轨道（HOMO）转移到最低未占据分子轨道（LUMO）*，随后转移到金属氧簇的表面，并在 HOMO 上留下空穴（h^+）。此外，对于 Fe 基 MOFs，其中的 Fe-O 簇可直接受可见光激发，产生光生电子和空穴。Roeffaers 研究团队[25]首次报道了 Fe 基 MOFs 可以作为可见光诱导的光催化剂。研究表明，MIL-100(Fe)、MIL-101(Fe)-NH_2、MIL-88B(Fe) 及 MIL-88B(Fe)-NH_2 在可见光照射下都具有对有机染料罗丹明 6G 的光催化降解活性。然而，MIL-100(Fe)和 MIL-88B(Fe)的有机配体不具备吸收可见光的能力，因此上述 Fe 基 MOFs 中的金属中心（Fe-O 簇）可以吸收可见光并触发光催化反应。其次，被激发的光生电子和空穴可转移到 MOFs 表面，部分未能转移的光生

* 在本章所引用的部分文章中未使用 LUMO 和 HOMO 这样的说法，而是使用半导体中的 CB 和 VB 分别代替 MOFs 中的 LUMO 和 HOMO，本章将其统一为 LUMO 和 HOMO。

电子和空穴会发生重组[26]。最后，MOFs 表面的光生载流子与 MOFs 表面的水、氧气等物质反应生成一些强氧化性自由基[如羟基自由基（·OH）、超氧自由基（$O_2^{\cdot-}$）等]。在空穴和这些自由基作用下，有机污染物被氧化成二氧化碳、水等物质，从而实现污染物在水体中的去除。而对于将 Cr(Ⅵ)还原为 Cr(Ⅲ)的行为，通常需要加入空穴清除剂去除空穴，有利于光生电子和空穴的分离，从而有效促进 Cr(Ⅵ)的还原。Rida Fatima 等[27]使用 MIL-125(Ti)/*g*-C_3N_4/rGO 光还原 Cr(Ⅵ)，与不添加空穴清除剂相比，甲醇作为空穴清除剂时，MIL-125(Ti)/gC_3N_4/rGO 表现出更强的光还原能力。

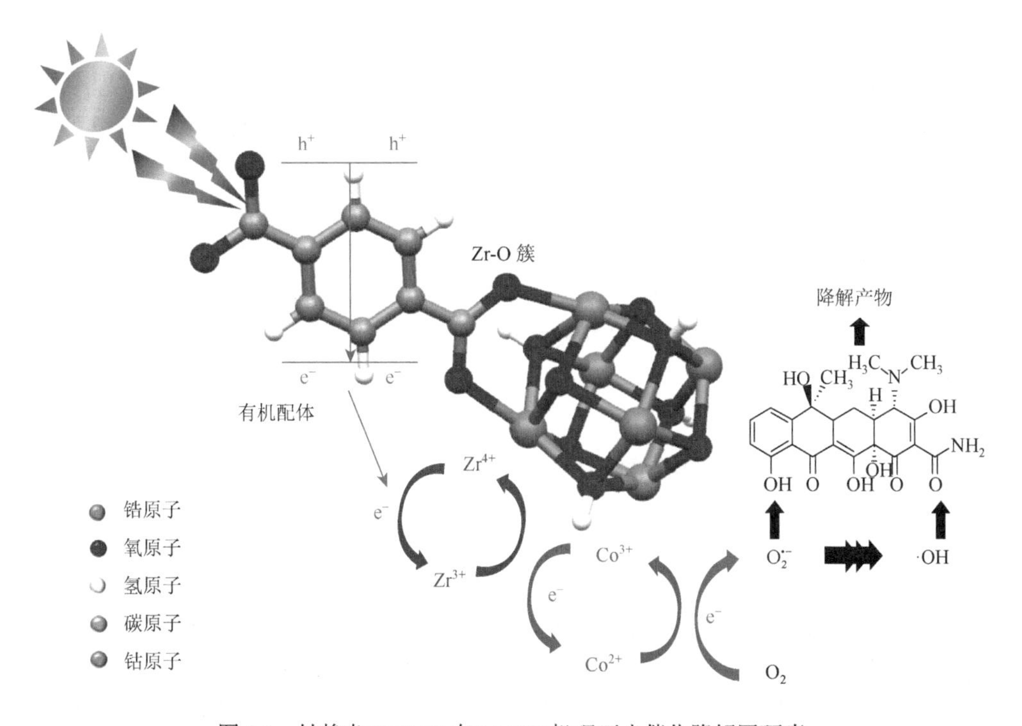

图 4.1　钴掺杂 UiO-66 在 LMCT 机理下光催化降解四环素

4.1.1　实验装置

图 4.2 为常见的光催化反应装置。

（1）光源：光化学第一定律（格鲁西斯-特拉帕定律）指出，光必须被吸收才能引起光化学反应[28]。除此之外，光催化剂只有吸收大于带隙能量的光子才能有效地进行光催化反应。不同光催化剂的带隙不同，因此在实验过程中需要合理选择光源辐射波长。与此同时，使用阳光驱动光催化反应受辐射时长、天气依赖性

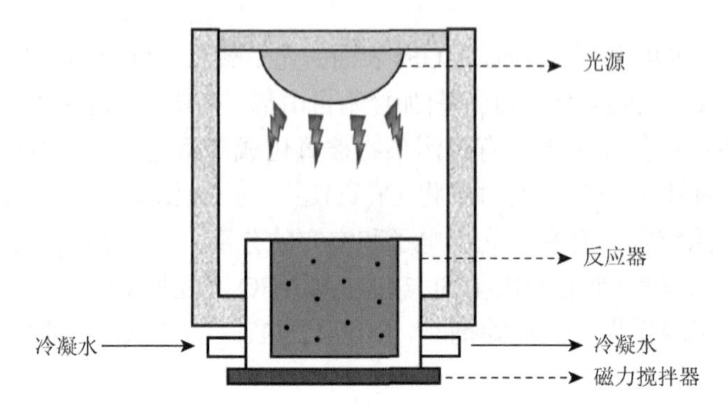

图 4.2　光催化反应装置

等不可控因素影响，实验结果易表现出不重复性。因此，实验室研究过程中常使用人造光源替代阳光驱动光催化反应。目前在光催化中，光源以氙灯和汞灯为主。

（2）反应器：光催化剂与污染物反应装置。

（3）冷凝水：保持反应过程中水温的稳定，在一定程度上减少光源辐射导致的温度变化对实验结果的影响。

（4）磁力搅拌器：使污染物溶液和光催化剂充分混合，实现催化剂表面与污染物有效传质。

4.1.2　MOFs 能带结构确定

1. MOFs 带隙

光催化领域中，带隙常指光催化剂导带的最低点和价带的最高点的能量之差，而 MOFs 作为光催化剂时，带隙为 LUMO 与 HOMO 之间的能量差值。光催化剂的吸光能力可衡量带隙大小，吸光能力越弱表明带隙越大，反之带隙越小。紫外-可见漫反射光谱是一种测量 MOFs 吸光能力的常见方法，主要原理是利用连续不同波长的光去照射样品，根据光进入样品内部后返回表面的光的强度进而确定 MOFs 的吸光性能。从紫外-可见漫反射光谱图计算得到带隙，常见有以下两种方式（截线法、Tauc plot 法）。

1）截线法

截线法的基本原理是样品的带边波长（或称吸收阈值，λ_g）取决于能量带隙（E_g），两者间呈现 $E_g(\text{eV}) = 1240/\lambda_g$ 的线性关系[29]。在紫外-可见漫反射光谱图求导得出拐点，后对拐点做切线与 X 轴交点为 λ_g。例如，从图 4.3 中可求得拐点为 $X = 434\text{nm}$，画切线得到 $\lambda_g = 469\text{nm}$，得出 $E_g = 1240/469 = 2.64\text{eV}$。

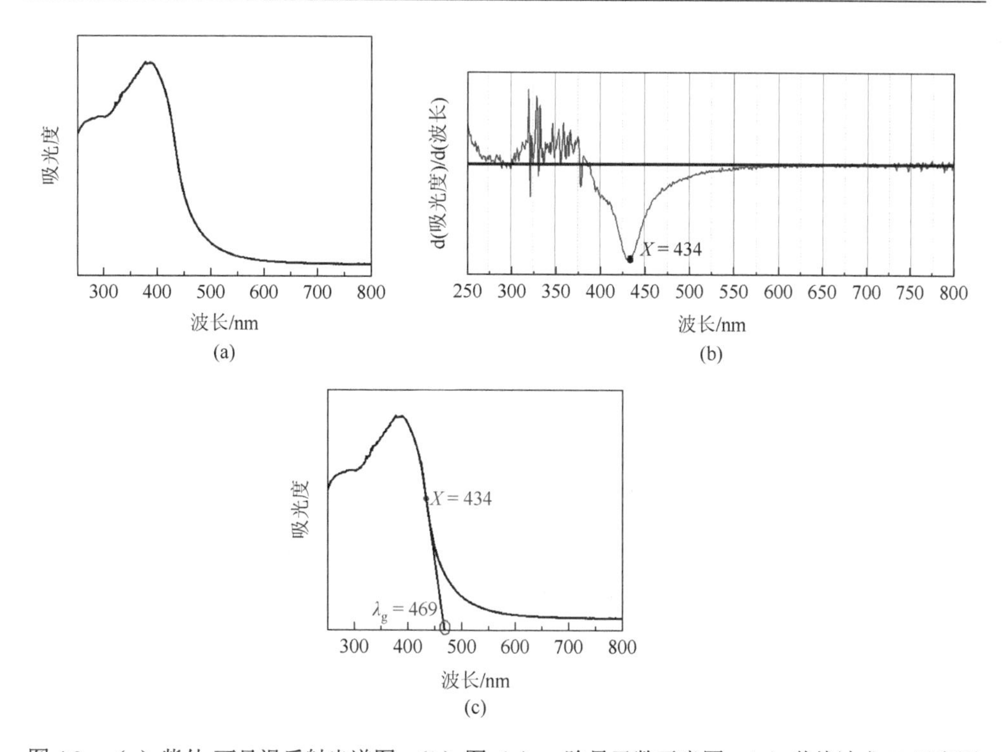

图 4.3　（a）紫外-可见漫反射光谱图；（b）图（a）一阶导函数示意图；（c）截线法求 E_g 示意图

2）Tauc plot 法

Tauc plot 法被广泛运用来计算样品带隙[30-33]。通过 Tauc、Davis 和 Mott 等提出的公式（Tauc plot）计算得到样品带隙：

$$(\alpha h\nu)^{1/n} = A(h\nu - E_g) \tag{4.1}$$

其中，α 为吸光指数；h 为普朗克常数，eV·s；ν 为光子频率，s^{-1}；A 为未知常数；E_g 为样品带隙，eV。指数 n 与半导体类型有关，当半导体为直接带隙半导体时 $n = 0.5$，当半导体为间接带隙半导体时 $n = 2.0$。以 $(\alpha h\nu)^{1/n}$ 为纵坐标和 $h\nu$ 为横坐标作图，而后找到直线段部分延长得到 E_g（图 4.4）。通常吸光度与 α 成正比，可用吸光度代替式（4.1）中的 α，所得的 E_g 与式（4.1）中所得的 E_g 一致，但需要说明。

2. HOMO 和 LUMO

通常情况下，MOFs 中 HOMO 和 LUMO 的氧化还原电位值测定方法与半导体结构的 VB 和 CB 测定方法一致[34]。

1）方法一

HOMO 可通过高分辨价带 X 射线光电子能谱仪（VB-XPS）测试得到。在费

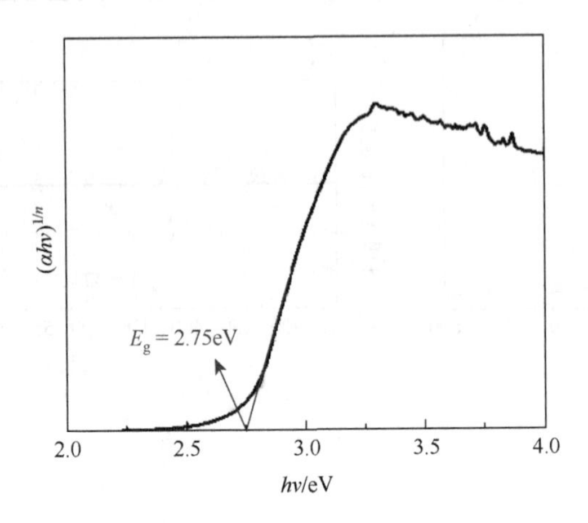

图 4.4　Tauc plot 法求 E_g 示意图

米能级即结合能（binding energy，0eV）附近找到直线段部分延长与横坐标轴交点处对应的纵坐标即为 HOMO 的氧化还原电位值（E_{HOMO}）[35]，如图 4.5 所示，$E_{HOMO} = 1.75$V。

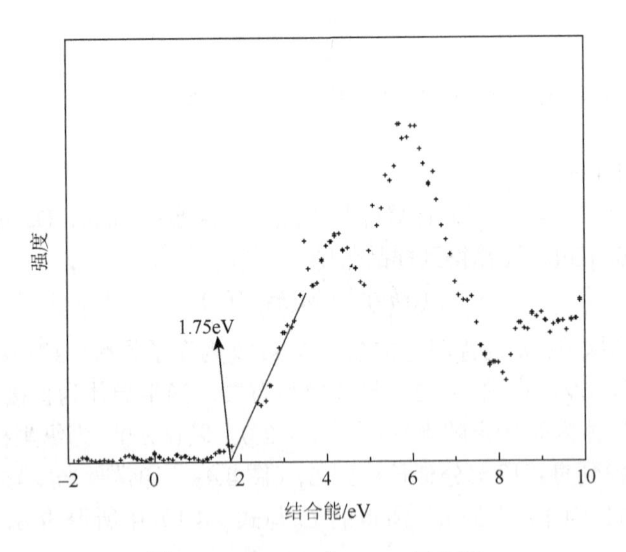

图 4.5　VB-XPS 求 E_{HOMO} 示意图

可通过式（4.2）计算得到 E_{LUMO} 对应的值：

$$E_{LUMO} = E_{HOMO} - E_g \tag{4.2}$$

其中，E_{LUMO} 为 LUMO 对应的氧化还原电位值。

2）方法二

E_{LUMO} 可以通过式（4.3）计算：

$$E_{\mathrm{LUMO}} = X - E^{\mathrm{e}} + 0.5E_{\mathrm{g}} \tag{4.3}$$

其中，X 为由组成原子的电负性的几何平均值估计的半导体的电负性，eV；E^{e} 为氢尺度上自由电子的能量，约为 4.5eV[36]。再通过式（4.4）计算得到 E_{HOMO} 对应的值：

$$E_{\mathrm{HOMO}} = E_{\mathrm{LUMO}} + E_{\mathrm{g}} \tag{4.4}$$

3）方法三

对于部分呈现 n 型半导体性质的 MOFs[当莫特-肖特基（Mott-Schottky）图谱呈现正斜率时，样品为 n 型半导体]，可通过莫特-肖特基测试测定其 E_{LUMO} 值，如图 4.6 所示。

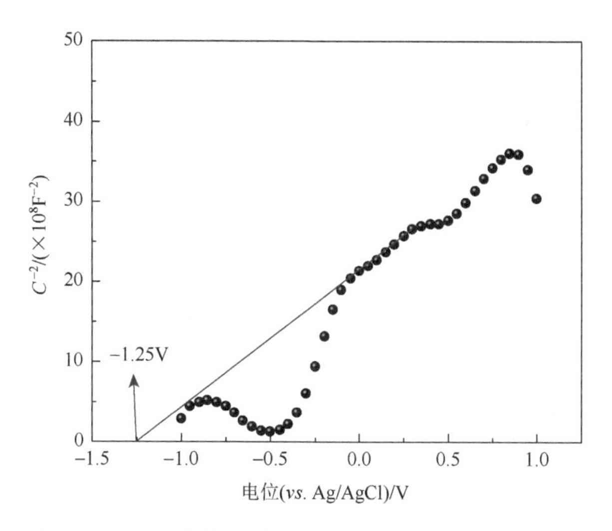

图 4.6　莫特-肖特基测试求 E_{LUMO} 示意图

作图得到平带电位（E_{f}）值为−1.25V（*vs.* Ag/AgCl）。图 4.6 为相对 Ag/AgCl 的电极电位，如需要可通过公式换算成一般氢电极（NHE）：$E_{\mathrm{NHE}} = E_{\mathrm{Ag/AgCl}} + 0.197$，其中 E_{NHE}、$E_{\mathrm{Ag/AgCl}}$ 分别对应 NHE 电极电位、Ag/AgCl 电极电位。因此，E_{f} 相对于 NHE 约为−1.05V。由于具备 n 型半导体性质的 MOFs 平带电位比 LUMO 高约 0.1V[37, 38]，可以估算出 $E_{\mathrm{LUMO}} = -1.15\mathrm{V}$。再根据 E_{g}，反推 E_{HOMO} 值。

4.1.3　光致发光

光致发光（PL）光谱的原理是利用某一波长的光激发 MOFs 使电子受激发后从 HOMO 跃迁到 LUMO，由于部分电子会与空穴复合以光能的形式释放能量，形成不同波长光的强度或能量分布的光谱图。因此，可检测其发光强度来反映电子和空穴的复合率，发光强度越强表明电子与空穴复合率越高，反之越低。因此常通过光致发光光谱检测样品的光生电子和空穴分离能力。

例如，Xie 等[39]使用 Ag_3PO_4 原位沉积到 MIL-53(Fe)表面形成 Ag_3PO_4/MIL-53(Fe)（APM-3）异质结。在光致发光光谱图中，复合材料 APM-3 展现出最低的荧光强度（图 4.7），表明异质结的形成有效地减少了光生电子和空穴的复合。

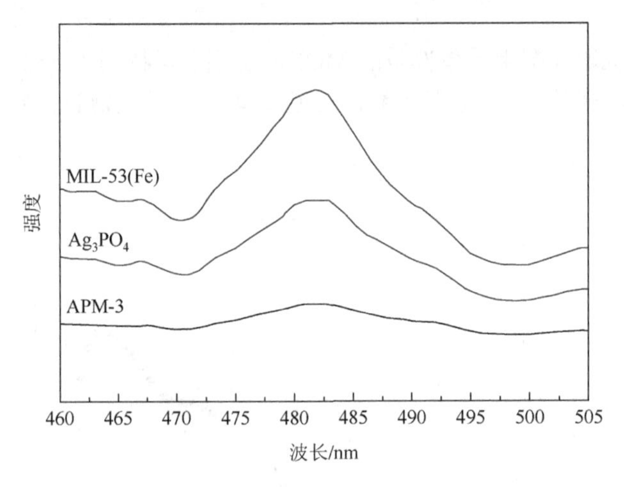

图 4.7　光致发光光谱图[39]

4.1.4　瞬态光电流响应

瞬态光电流响应的基本原理是基于光电效应：部分物质内部的电子吸收能量后逸出而形成电流，即光生电流。可以设想，光生电子和空穴复合越快，则越难产生光生电流，因此可以通过光生电流的大小判断光生电子和空穴的分离能力，光生电流越大代表光生电子和空穴易分离，光生电流越小代表光生电子和空穴易复合。

例如，Cao 等[40]将 Co 掺杂到 UiO-66 中形成 CoUiO-1，通过瞬态光电流响应发现 Co 掺杂后的 UiO-66 展现出更强的光电流效应（图 4.8），这表明 Co 掺杂有利于 UiO-66 光生电子和空穴的分离。

4.1.5　电化学阻抗谱

电化学阻抗谱（EIS）是衡量催化剂电荷转移能力的重要表征手段。电化学阻抗谱图中的圆弧直径可判断电荷界面转移阻抗的大小，圆弧直径越大代表电荷越难进行界面转移，圆弧直径越小代表电荷越容易进行界面转移。电化学阻抗谱图中圆弧直径越小，越能快速地进行电荷界面转移，从而降低光生载流子复合率，因此提高电荷转移能力是提升光催化性能的一个重要部分。

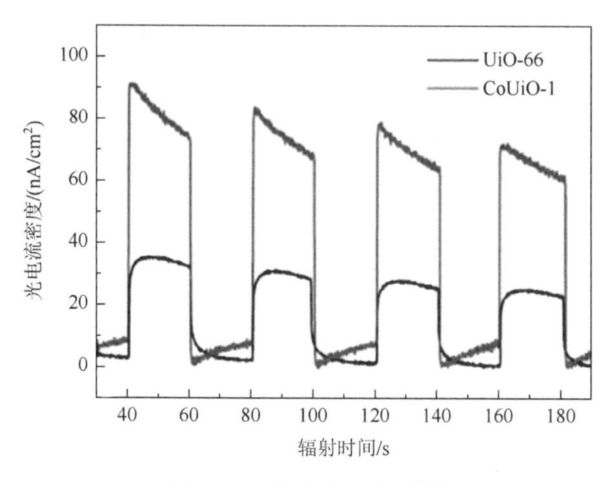

图 4.8　瞬态光电流响应[40]

例如，Zhang 等[41]合成 ZIF-L/g-C_3N_4 后将其热解为 N-ZnO/g-C_3N_4（NZCN）异质结，其中复合材料 15% NZCN 表现出比 N-ZnO 和 g-C_3N_4（CN）更小的圆弧直径（图 4.9）。这表明异质结有利于 N-ZnO 与 CN 之间的电荷界面转移。

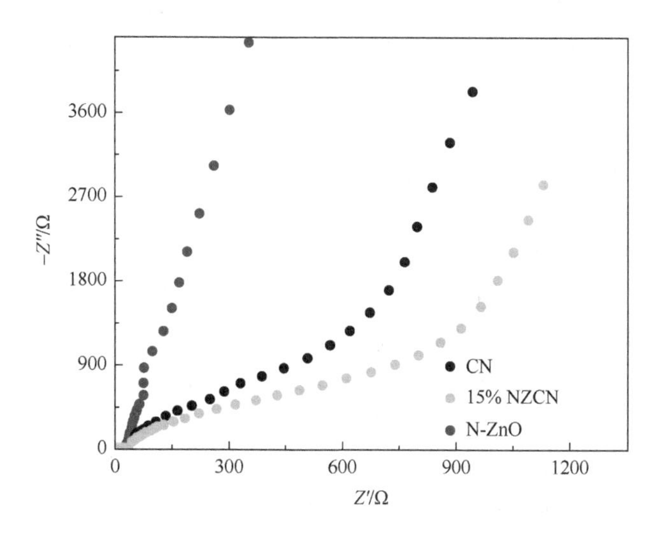

图 4.9　电化学阻抗谱图[41]

4.2　MOFs 基光催化剂的构建

在光催化过程中，材料的比表面积与孔径结构（关乎催化剂暴露的活性位点、反应接触面积等）、光吸收能力（关乎催化剂能利用的光能产生光生电子和空穴数量）、光生电子和空穴分离与转移能力（关乎实际上在催化过程中可被利用的光生电子和空穴数量）及光催化剂的氧化还原电位（关乎催化剂的氧化还原能力与能否生成强氧化自由基）对光催化性能具有十分重要的作用。研究人员围绕这几个方面对 MOFs 的光催化性能提出了几种改进方法：形貌/尺寸调节、官能团修饰、金属掺杂、与半导体材料结合、染料光敏化、金属纳米粒子负载、碳基材料修饰。

4.2.1　形貌/尺寸调节

对光催化剂的形貌/尺寸进行调节会对其比表面积、暴露的活性位点、反应接触面积等产生影响，当光催化剂尺寸达到纳米尺度时将发生量子尺寸效应并对能带结构产生影响[42]。形貌/尺寸调节而导致光催化活性的提高是由光催化剂的高吸附能力、量子尺寸效应和更多暴露的活性位点的协同效应所致[43]。通常，可通过提高 MOFs 外比表面积或者增加孔尺寸来提高催化剂与污染物的接触机会，从而有效提高催化剂的催化效率。

在不同形貌 MOFs 中，二维（2D）MOFs 纳米片具有较高的比表面积、高横向与厚度纵横比，这种特殊结构的 MOFs 具备更大的外比表面积，降低了污染物分子不能通过 MOFs 中孔道而被限制的影响，同时 2D MOFs 表面暴露了更多的活性位点与污染物分子接触，因此在有机污染物的光催化降解中引起了不断的关注。Yi 等[44]合成了新型的 2D MOFs：$[Cd(bpy)(H_2O)L]_n$（BUC-66）。研究发现，BUC-66 表现出出色的光催化 Cr(Ⅵ)还原性能，在紫外光照射下 30min 内对 Cr(Ⅵ)的还原效率超过 98%，远优于商业 TiO_2-P25（24%）。此外，BUC-66 可以有效光催化分解亚甲基蓝等。

Wang 等[45]对比了 Fe-MIL-101、Fe-MIL-100 和 Fe-MIL-53 的光降解四环素效果。Fe-MIL-101、Fe-MIL-100 和 Fe-MIL-53 表现出不同的形貌与结构特征。其中，Fe-MIL-101 具有特殊的微观结构和金属介质结构的形貌，颗粒是规则的八面体，并且晶体具有均匀的尺寸，约为 500nm。Fe-MIL-100 则表现为一些尺寸不同的颗粒（500nm～1μm）聚集在一起的团聚体。而 Fe-MIL-53 表现为许多不同长度的棍状黏合在一起的几何形状，每一个束直径为 80μm。它们在比表面积与孔径上也存在差异。与 Fe-MIL-100 相比，Fe-MIL-101 的比表面积并不大，但是 Fe-MIL-101 的孔体积与孔径远大于 Fe-MIL-100（表 4.1）。

表 4.1　Fe 基 MOFs 的比表面积、孔体积和孔径

Fe-MILs	比表面积/(m^2/g)	孔体积/(cm^3/g)	孔径/nm
Fe-MIL-101	252.59	0.86	25.74
Fe-MIL-100	1203.36	0.34	2.27
Fe-MIL-53	21.42	0.04	4.60

众所周知，金属氧簇和有机配体是 MOFs 的活性位点。由于 Fe-MIL-101 和 Fe-MIL-53 均是使用 Fe^{3+}和 1, 4-对苯二甲酸（H_2BDC）在不同条件下合成的，因此具有相同金属氧簇和有机配体，但它们不同的形貌和结构导致了不同的四环素降解效果。由于 Fe-MIL-101 的大比表面积及孔体积与孔径，Fe-MIL-101 表现出更优的四环素降解效果（图 4.10）。

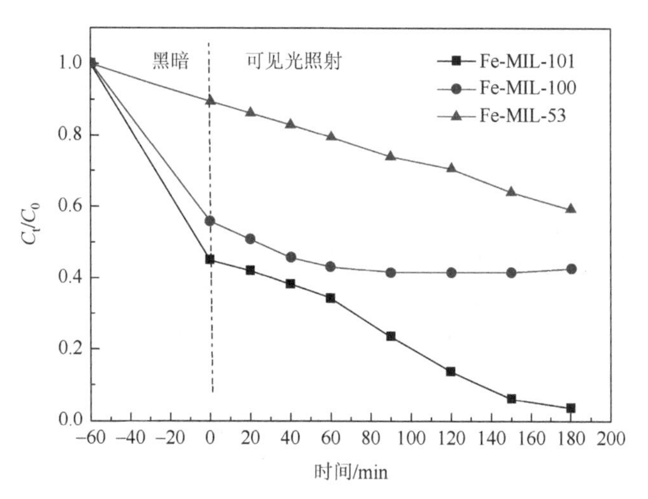

图 4.10　不同 Fe 基 MOFs 对于四环素的降解能力

Viswanathan 等[46]在不同条件下合成不同形貌（棒状、菱形、纺锤形）的 MIL-88A(Fe)并探究其在 H_2O_2 协同作用下降解罗丹明 B。其中，棒状 MIL-88A(Fe) 表现出最优催化性能，50min 时对罗丹明 B 的降解率为 98%，而菱形 MIL-88A(Fe) 和纺锤形 MIL-88A(Fe)仅分别为 72%和 51%。通过比表面积与孔径分析和光致发光测试发现，棒状 MIL-88A(Fe)有最大比表面积及最小光生电子和空穴复合率，因此棒状 MIL-88A(Fe)表现出最优催化性能。

Jiang 等[47]使用不同剂量（10μL、20μL、30μL 和 40μL）的 1mol/L HCl 对 MIL-53(Fe)晶体形貌、尺寸进行调节，并依次定义为 D-1、D-2、D-3 和 D-4。随着 HCl 用量增加（10～30μL），MIL-53(Fe)结晶度逐渐下降。当 HCl 剂量为 40μL 时，出现了 MIL-88B(Fe)晶体结构。这是由于 HCl 的调节具有双重功能：其一是减缓 $FeCl_3·6H_2O$ 水解，以及阻止溶解的羧酸的去质子化，控制着有机连接体的去质子化和晶体成核过程[48]。其二是 HCl 作为封端剂抑制了微晶生长。在结构上，HCl 可引起 MIL-53(Fe)的比表面积增加和新的大孔结构产生，经研究者验证这可能与 HCl 调节导致的金属簇缺乏有关。与 MIL-53(Fe)相比，经 HCl 调节后 MIL-53(Fe)光生载流子更容易分离。在光降解四环素实验中，MIL-53(Fe)对于四环素的降解率仅为 60.1%，而 D-1 表现出最优降解率（90.1%）。

4.2.2 官能团修饰

常见的有机配体对于可见光吸收能力差，这限制了 MOFs 的光催化应用。通常，光催化剂的氧化还原电位可以通过引入吸电子或给电子基团精确调节，原则上也可以促进电荷分离和改变带隙[49]。2008 年，Gascon 团队[50]在不改变 MOF-5 骨架结构条件下通过变换有机配体实现了带隙的改变。2012 年，Li 等[51]对比 MIL-125(Ti)与 NH_2-MIL-125(Ti)发现—NH_2 基团引入能提高 MIL-125(Ti)的光吸收能力，吸收边缘从 350nm 提升到 550nm，而且不影响 MIL-125(Ti)的晶体结构。这是由于—NH_2 中的孤对电子可为苯环的反键轨道（LUMO）提供电子，这种行为形成了能级更高的 HOMO，缩小了 HOMO 与 LUMO 之间能级差距，从而表现出光吸收能力的提升。2013 年，Flage-Larsen 等[52]发现—NH_2、—NO_2 取代 UiO-66 中有机配体的 H 原子会导致 UiO-66 的带隙显著减小，—NH_2 取代后的 UiO-66 带隙减小最显著。2015 年，Hendrickx 等[53]研究了单官能团化有机配体和双官能团化有机配体（X = —OH、—NH_2、—SH）对 UiO-66 带隙的影响，发现双官能团化有机配体制备的 UiO-66 比单官能团化的 UiO-66 表现出更高的吸光能力。另外，计算的周期性 UiO-66 的电子性质表明，带隙可以通过有机配体功能化而改变，UiO-66 带隙可在 2.2～4.0eV 范围内变化，表明有机配体功能化确实是一种很有前途的修饰 MOFs 带隙的方法。

然而能量带隙的减小并不一定意味着光催化效果的提升，Shen 等[54]以—NH_2、—NO_2、—Br 基团取代 UiO-66 中对苯二甲酸中的 H 原子分别合成了 UiO-66-NH_2、UiO-66-NO_2、UiO-66-Br 并用于光催化 As(Ⅲ)的氧化及 Cr(Ⅵ)的还原，结果发现—NH_2、—NO_2、—Br 基团引入可使 MOFs 能量带隙减小，但 UiO-66-NO_2、UiO-66-Br 展现出比 UiO-66 更低的光催化能力。研究者使用 Hammett 常数研究不同取代基对给定芳香体系电子特征的影响，发现光催化性能与取代基电子效应有很好的相关性。在 UiO-66-X 中的 Zr-O 簇已被确定为活性位点，它们被有机配体隔开。将官能团引入有机配体会影响金属中心周围的电子密度。由于给电子基团引起的较高电子密度将促进光生载流子的分离和转移，其中—NH_2 基团表现为给电子特性，而—NO_2 和—Br 基团表现为吸电子特性，从而光催化性能表现为 UiO-66-NH_2＞UiO-66＞UiO-66-Br＞UiO-66-NO_2。此外，Goh 等[29]将 2-氨基-1, 4-对苯二甲酸（NH_2-BDC）与 2-X-1, 4-对苯二甲酸（X-BDC，X = —H、—F、—Cl、—Br）混合作为有机配体用于合成 Zr 基 MOFs，结果发现 X-BDC（X = —F、—Cl、—Br）与 NH_2-BDC 混合制备的 Zr-MOFs 相比于纯 NH_2-BDC 制备的 Zr-MOFs 光吸收能力提升不大，但在苯甲醇的光氧化反应中，含有混合 NH_2-BDC 和 F-BDC 的 Zr-MOFs 是由 NH_2-BDC 制成的 Zr-MOFs 的转化率的 2.93 倍。

官能团修饰不仅可以改变MOFs带隙大小，而且可以提高MOFs水稳定性。由于金属中心与有机配体的弱配位性，大多数MOFs水稳定性较差，因此提高MOFs水稳定性对拓展MOFs实际应用有深远意义。为了提高原始MOFs水稳定性，一种有用的方法是增加MOFs表面疏水性。将疏水性官能团接枝到MOFs上可以增加MOFs疏水性进而提高其水稳定性。Fu等[55]使用合成后修饰法将低表面能苯基乙基侧链接枝到具有光催化能力的NH_2-MIL-101(Fe)上合成了MIL-101(Fe)-EPU。通过SEM、XRD分析发现，苯基乙基修饰后NH_2-MIL-101(Fe)的形貌和晶体结构没有改变。通过测定NH_2-MIL-101(Fe)和MIL-101(Fe)-EPU接触角发现，苯基乙基修饰有助于提高NH_2-MIL-101(Fe)疏水性。NH_2-MIL-101(Fe)和MIL-101(Fe)-EPU同时被暴露于水中36h和72h后通过热重曲线差异分析材料吸水性能，结果显示MIL-101(Fe)-EPU是否暴露在水中对其热重曲线影响不大，而NH_2-MIL-101(Fe)则有显著差别。同时，FTIR与XRD也显示暴露水体前后MIL-101(Fe)-EPU晶体结构基本不变，而NH_2-MIL-101(Fe)发生显著变化。这都表明苯基乙基修饰有助于提高NH_2-MIL-101(Fe)水稳定性。研究者用四溴双酚A作为目标污染物来验证苯基乙基修饰后NH_2-MIL-101(Fe)的光催化能力变化、催化稳定性变化，结果发现苯基乙基修饰对NH_2-MIL-101(Fe)的光催化性能影响不大，同时3次循环后降解性能没有明显变化，而NH_2-MIL-101(Fe)降解效率从88%降低到80%甚至58%，这表明苯基乙基修饰对于NH_2-MIL-101(Fe)稳定性提高有重要意义。Yan等[56]以MIL-101(Fe)-NH_2为模板剂，采用合成后修饰法接枝4-（三氟甲基）苯基异氰酸酯，制备了一种新型材料MIL-101(Fe)-TfmPU。MIL-101(Fe)-TfmPU的水接触角达到151°，表明其具有超强的疏水性。氨基苯-三氟甲基臂的引入降低了表面能，并且由于空间位阻，它可作为铁核和配体之间配位键的屏蔽。这种疏水性导致水稳定性显著改善。暴露于水中7天后，MIL-101(Fe)-TfmPU与其母体MIL-101(Fe)-NH_2相比，具有更好稳定性、更少的铁离子释放和高度完整的结构。同时，通过H_2O_2协助MIL-101(Fe)-TfmPU与MIL-101(Fe)-NH_2光降解环丙沙星实验发现，两者显示出相似的光催化能力。在不同实际水介质中，MIL-101(Fe)-TfmPU的光催化效率、晶体结构和化学键均得以保留。MIL-101(Fe)-TfmPU的水稳定性已成功增强，这确保其在水性介质中的光催化应用。

4.2.3 金属掺杂

金属掺杂是提高传统半导体材料光催化性能的常见手段之一，它可以改善催化剂的能带结构，对光催化剂的吸光性能和电子转移性能产生影响，从而改善光催化性能[57]。将存在多种价态的金属元素（Ti、Co、Ni、Fe等）掺杂到MOFs中，部分取代原有金属中心，在光生电子转移过程中这些掺杂的金属元素可以充当电子介体，与原位金属-氧簇通过金属间电荷转移（MMCT）机理传递电子，从而实现光生电子与空穴的有效分离与转移[40, 58]。Sun 等[59]通过合成后交换法将 Ti 离子取代 NH_2-UiO-66 中部分 Zr 离子合成了 NH_2-UiO-66(Zr/Ti)，具体步骤是将 NH_2-UiO-66 置于含 $TiCl_4(THF)_2$ 的 *N*, *N*-二甲基甲酰胺（DMF）溶液中，在特定条件下实现 Ti 离子取代 NH_2-UiO-66 中的 Zr 离子。NH_2-UiO-66(Zr/Ti)的 XRD 图谱表现出与 NH_2-UiO-66 的良好吻合性，表明 NH_2-UiO-66 骨架没有坍塌并且规则，并排除形成 Ti 基 MOFs 杂质的可能性。另外，通过 XPS、XRD 等测试证实了 Ti 成功掺杂到 NH_2-UiO-66。通过测试合成过程中 $TiCl_4(THF)_2$ 的 DMF 溶液中 Zr 离子含量，发现溶液中出现 Zr，这也证实 Ti 取代 Zr 形成 NH_2-UiO-66(Zr/Ti)。NH_2-UiO-66(Zr/Ti)表现出比 NH_2-UiO-66 更强的光催化活性。Sun 等为进一步阐明 NH_2-UiO-66 中 Zr 被 Ti 取代而表现出催化活性增强的原因，通过密度泛函理论（DFT）计算和低温电子自旋共振（ESR）给出了有效证明。DFT 计算研究了未掺杂和 Ti 掺杂的 NH_2-UiO-66(Zr)的电子结构。纯 NH_2-UiO-66(Zr)的态密度和能带结构表明费米能级附近的 HOMO 主要来自 2p 态（孤对）氮原子，而 LUMO 的底部由配体 2-氨基对苯二甲酸（ATA）的 π^*态主导，没有 Zr 离子的贡献。当引入 Ti 离子掺杂时，Ti 离子掺杂的 NH_2-UiO-66(Zr)的 LUMO 中出现几个能带。Zr 和 Ti 原子的部分态密度（DOSs）表明，Ti 原子对 NH_2-UiO-66(Zr/Ti)的 LUMO 底部有显著贡献。因此，理论结果表明电子从激发态的 ATA 向 Ti 部分转移是有利的，从而在 Ti 离子掺杂的 NH_2-UiO-66(Zr)中形成$(Ti^{3+}/Zr^{4+})_6O_4(OH)_4$。然而，由于 NH_2-UiO-66(Zr/Ti)中 Zr 和 Ti 离子存在电子态重叠（主要位于 3.4～4.6eV 的区域），Ti^{3+}可以进一步将电子转移到 Zr^{4+}以形成具有光催化活性的 Zr^{3+}。因此，推断取代的 Ti 部分可能作为电子介体促进电子从 ATA 转移到 Zr 中心。通过原位低温 ESR 技术进一步分析了 Ti 部分介导的电子转移，研究结果表明，Zr^{3+}可以在受辐射的 NH_2-UiO-66(Zr)上形成，在关闭辐射后 Zr^{3+}形成的信号强度保持不变。而对于 NH_2-UiO-66(Zr/Ti)，除了观察到 Zr^{3+}信号还观察到 Ti^{3+}信号，当关闭辐射后，可发现 Ti^{3+}信号不断降低而 Zr^{3+}信号不断增强，这表明 Ti^{3+}向 Zr^{4+}提供电子以促进 Zr^{3+}的形成，从而导致 Ti^{3+}信号下降，即 Ti 在 NH_2-UiO-66(Zr/Ti)上的光催化过程中充当电子介体的作用。

Cao 等[40]通过一步水热法用 Co 取代 UiO-66 中的 Zr 合成了具有不同 Co∶Zr 摩尔比的 CoUiO-66 系列材料。Co 充当介体使光生电子和空穴的分离与转移更有效（图 4.1），并且与 UiO-66 相比，Co 离子掺杂的 UiO-66 系列样品获得了增加的比表面积和总孔体积，这可提供更多活性位点，有利于提高吸附能力和光催化活性。在模拟阳光照射下，CoUiO-66 被激发，然后被激发的配体将光电子转移到 Zr-O 簇中形成 Zr^{3+}，即 LMCT 机理。形成的 Zr^{3+}可以与 O_2 反应生成$O_2^{\cdot-}$而 Zr^{3+}被氧化回 Zr^{4+}。Co 元素作为介体，可以立即捕获光生电子，极大改善光电子的转移，最大限度减少光生载流子的复合。Co^{3+}可通过光电子还原为 Co^{2+}，同时不稳定的 Co^{2+}容易再生为 Co^{3+}。然后光生电子可以与 O_2 反应生成 $O_2^{\cdot-}$ 并生成·OH 。氧化性 $O_2^{\cdot-}$、·OH 可以将四环素分子降解为其他产物。有研究报道掺杂的 Fe 离子不仅能充当电子介体，还能优化 MOFs 光吸收性能。Wang 等[60]将 Fe^{3+}引入到 NH_2-MIL-68(In)中，形成 NH_2-MIL-68($In_{\alpha}Fe_{1-\alpha}$)双金属纳米结构，其中光生电子可通过 LMCT 和 MMCT 机理被快速引导到催化剂表面，有效抑制电子与空穴的复合。同时随着 Fe 含量增加，带隙能量同步降低。更小的带隙能量意味着更高的太阳光利用效率和光激发载流子效率，有利于增强光催化性能。NH_2-MIL-68($In_{0.4}Fe_{0.6}$)光催化还原六价铬和氧化盐酸四环素的效率分别是 NH_2-MIL-68(In)的 3.4 倍和 1.8 倍。Xu 等[58]将 Fe 离子掺杂到 UiO-66 中也证明了这一观点。Dan Ao 等[61]将 Cu 离子掺杂到 NH_2-MIL-125(Ti)中得到 CuMIL1.0、CuMIL1.5、CuMIL2.0 和 CuMIL5.0（数字代表 Cu 在复合材料中的质量分数分别为 1.0%、1.5%、2.0%和 5.0%），通过 FTIR 观察到材料 CuMIL1.5 中存在 Cu—O 键的伸缩振动，XPS 分析得出 CuMIL1.5 中存在 Cu^{2+}，这证实了 Cu 离子成功掺杂到 NH_2-MIL-125(Ti)中。经 SEM 发现 Cu 离子掺杂到 NH_2-MIL-125(Ti)中并未改变 NH_2-MIL-125(Ti)微观形貌。通过进一步对催化剂光学性能的分析发现，NH_2-MIL-125(Ti)中 Cu^{2+}的引入不仅提高了催化剂光吸收能力，而且还进一步促进了光生载流子的分离与转移。在上述催化剂中，CuMIL1.5 表现出最优的光催化性能：CuMIL1.5 对于甲基橙和苯酚的降解速率分别是 NH_2-MIL-125(Ti)的 10.4 倍和 3.4 倍。此外，CuMIL1.5 在连续 4 次循环实验后仍保持稳定的催化效果。

4.2.4　与半导体材料结合

MOFs 与半导体材料结合可以有效分离光生电子-空穴对[62]。异质结通常被定义为两个不同半导体间的界面，而 MOFs 作为一种类半导体也可以与半导体构建异质结。常见的半导体由于比表面积小、活性位点不足等问题，不利于与污染物进行传质导致较低的催化活性。MOFs 的大比表面积和官能团有利于污染物吸附，独特多孔结构有利于光催化反应中的传质。此外，MOFs 还可以作为载体来提高纳米催化剂分散性。MOFs 与其他半导体材料构建异质结，可有效弥补两者不足。根据光催化过程中异质结界面间光生电子和空穴的转移方向、能带结构，常见异质结可分为Ⅰ型异质结、Ⅱ型异质结、Ⅲ型异质结、Z 型异质结等，如图 4.11 所示。

Ⅰ型异质结光催化剂：半导体 A 的导带（CB）和价带（VB）分别高于和低于半导体 B 的相应的能带。在光激发下，光生电子发生跃迁，光生电子和空穴将分别在半导体 B 中 CB 和 VB 上积累。由于光生载流子均聚集在半导体 B 上，导

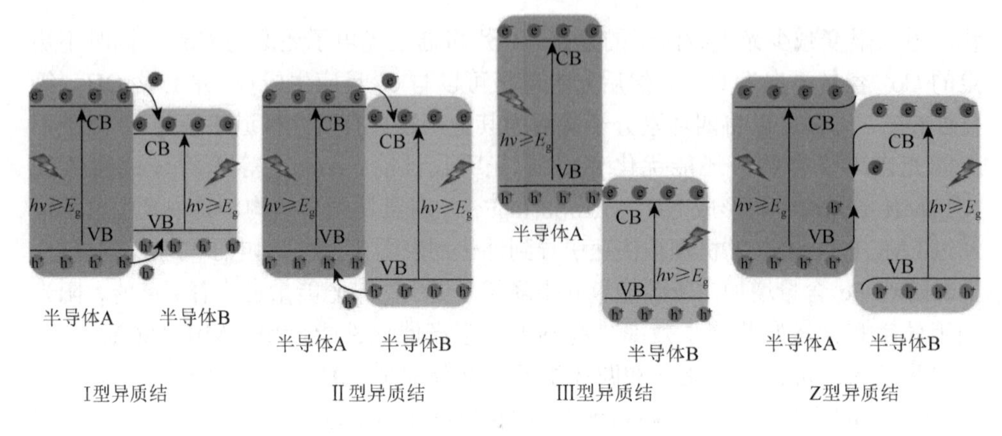

图 4.11　不同类型异质结示意图

致 I 型异质结光催化剂无法有效地分离光生载流子，光生电子与空穴仍会在半导体 B 上复合。此外，氧化还原反应均发生在氧化还原电位较低的半导体 B 中，这种电荷转移行为会显著降低 I 型异质结光催化剂的氧化还原能力。

Ⅱ型异质结光催化剂：半导体 A 中 CB 和 VB 能级均高于半导体 B 相应的能带。在光激发下，半导体 A 中 CB 处的光生电子将跃迁至半导体 B 中的 CB，而位于半导体 B 中 VB 处的光生空穴则向半导体 A 的 VB 迁移，这种电荷转移行为有利于光生载流子的空间分离。但是，还原反应和氧化反应分别发生在还原电位较低的半导体 B 和氧化电位较低的半导体 A 上，因而Ⅱ型异质结光催化剂的氧化还原能力会相应降低。

Ⅲ型异质结光催化剂：由于半导体 A 和半导体 B 的能带结构不重叠，半导体 A 和 B 之间不会发生光生电子-空穴对的迁移和分离，因此这种异质结对提升电子-空穴的分离能力几乎没有帮助。

Z 型异质结光催化剂：其能带结构类似于Ⅱ型异质结，但光生电子和空穴的转移方向与Ⅱ型异质结有差异，半导体 B 中被激发的光生电子与半导体 A 中的空穴结合，留下氧化能力更强的半导体 B 中 VB 的空穴与还原能力更强的半导体 A 中 CB 的电子，因此 Z 型异质结不仅有利于光生载流子的分离，同时也不会降低催化剂的氧化还原能力。目前实际应用中 MOFs 与半导体结合的异质结主要为Ⅱ型异质结和 Z 型异质结[63]。

CdS 作为窄带隙（2.2～2.4eV）半导体之一，已被证明是一种有效的可见光光催化剂，但由于光生电子和空穴的高复合率，以及单个 CdS 纳米粒子容易在光催化过程中聚集形成大颗粒，导致比表面积减小和光生载流子复合率增加，从而严重抑制其光催化活性。Hu 等[64]通过两步水热法合成了一系列不同比例的 *x*-CdS/MIL-53(Fe)复合材料［*x* 为 CdS 与 MIL-53(Fe)的质量比，分别为 0.25、0.5、

1.0、1.5 和 2.0]用于光催化降解罗丹明 B。将 CdS 沉积在 MIL-53(Fe)上使之均匀分布，避免了纳米 CdS 聚集，同时 MIL-53(Fe)与 CdS 构成Ⅱ型异质结有效地避免了光生电子和空穴的复合。单一 MIL-53(Fe)对罗丹明 B 基本不发生光降解作用，CdS 对罗丹明 B 的降解率约为 36%，而 0.25-CdS/MIL-53(Fe)、0.5-CdS/MIL-53(Fe)、1-CdS/MIL-53(Fe)和 1.5-CdS/MIL-53(Fe)对罗丹明 B 的降解率分别达到 34%、71%、78%和 86%，当 CdS 与 MIL-53(Fe)质量比为 2.0 时，降解率下降到 70%左右。这是由于“覆盖效应”，将大量 CdS 负载到 MIL-53(Fe)上会大量覆盖其表面活性位点，从而表现为光催化性能的下降。复合材料光催化性能的提升主要归因于在复合材料表面形成的异质结有利于分离光生电子与空穴。

Hu 等[65]将二维 BiOBr 纳米片紧密地生长在八面体 NH_2-UiO-66 表面，构造 NH_2-UiO-66/BiOBrⅡ型异质结复合材料并用于光催化降解四环素，结果发现吸光能力良好的 NH_2-UiO-66 对四环素基本不降解，通过瞬态光电流响应和电化学阻抗谱测试发现 NH_2-UiO-66 表现出极低的光生电子和空穴分离与转移能力。NH_2-UiO-66 含量为 15%的复合材料表现出最优的降解效果，可见光照射 150min 时四环素的降解率达到 75%，高于纯 BiOBr 的 50%，光催化速率分别是 BiOBr 和 NH_2-UiO-66 的 1.92 倍和 104 倍，这可归因于两种材料较大的界面接触面积，确保了 NH_2-UiO-66 和 BiOBr 之间的电荷载流子转移。此外，增加的比表面积赋予了 NH_2-UiO-66/BiOBr 复合材料对污染物的高吸附能力。因此，与 BiOBr 或 NH_2-UiO-66 相比，复合材料对四环素显示出增强的光催化性能。

Chen 等[66]将具有羧基末端的有机超分子苝二酰亚胺（PD）半导体加入到 MIL-53(Fe)晶体的合成过程中，获得了 PD/MIL-53(Fe)（PM）复合光催化剂。随着 PD 加入剂量的增加，可将该复合材料分别定义为 2.5PM、5PM、10PM、15PM。研究发现，PD 中的羧基参与了 MIL-53(Fe)合成过程中与 Fe 簇的配位，两者通过共价键的形式结合。复合过程中 PD 紧密地分布在 MIL-53(Fe)中，这种异质结构会在它们之间提供较大的接触面积。随着 PD 含量的上升，比表面积从 MIL-53(Fe)的 17.82m^2/g 增加到 15PM 的 344.10m^2/g，这表明 PD 纳米纤维的嵌入为催化提供了更多的活性位点和反应界面。同时，由于 PD 良好的吸光性能，PM 复合材料表现出比 MIL-53(Fe)增强的可见光吸收能力。两者形成的 Z 型异质结有利于光生电子和空穴的分离与转移，并保留了催化剂的氧化还原能力。在光催化降解盐酸四环素过程中，5PM 显示出最优的光催化性能。5PM 对盐酸四环素的降解率是 PD 的 4 倍和 MIL-53(Fe)的 33 倍。同时比较了 MIL-53(Fe)和 PD 等比例物理混合制备的样品[命名为 5(P + M)]的降解性能，发现 5PM 对于盐酸四环素的降解率为 94.08%，而 5(P + M)仅为 46.07%，这进一步证明异质结的成功合成。

Zhao 等[67]将 MIL-101(Fe)与 g-C_3N_4 结合形成 MIL-101(Fe)/g-C_3N_4 Z 型异质结用于光还原 Cr(Ⅵ)。在 MIL-101(Fe)/g-C_3N_4 光催化还原 Cr(Ⅵ)实验中，研究者发

现在没有使用空穴清除剂的条件下 Cr(Ⅵ)几乎不能被还原。而在以草酸铵作为空穴清除剂的条件下，MIL-101(Fe)、g-C_3N_4 和 MIL-101(Fe)/g-C_3N_4 的 Cr(Ⅵ)还原效率分别达到 53.8%、48.1%和 92.6%。这表明空穴清除剂在光还原 Cr(Ⅵ)过程中起着重要作用。这是由于草酸铵作为空穴清除剂，可以从光催化剂中捕获光生空穴，减少光生电子和空穴的复合。MIL-101(Fe)/g-C_3N_4 的光催化 Cr(Ⅵ)还原速率常数几乎是原始 MIL-101(Fe)的 3.7 倍，是纯 g-C_3N_4 的 3.9 倍。实际工业废水中重金属经常与其他有害有机污染物（如双酚 A）一起排放，研究者模拟了在自然 pH（约 6.8）下含有 20mg/L Cr(Ⅵ)和一定浓度（10mg/L、20mg/L、30mg/L）双酚 A 的双组分系统，在未添加任何其他空穴清除剂下评估 MIL-101(Fe)/g-C_3N_4 同时处理不同类别污染物的光催化性能。不含任何有机物的单一 Cr(Ⅵ)体系情况下，在可见光照射下连续反应 4h 后还原效率相对较低（仅 26.2%），这可能归因于不存在一个空穴清除剂。相比之下，在双酚 A 存在下，Cr(Ⅵ)的还原效率显著提高。在 20/10、20/20 和 20/30 的 Cr(Ⅵ)/双酚 A 二元体系中，Cr(Ⅵ)的还原效率分别为 68.0%、97.1%和 98.8%。同时，Cr(Ⅵ)的存在也可以增强二元体系中双酚 A 的光催化氧化。在单一系统中，双酚 A 的光催化降解率为 46.6%。在二元体系中，双酚 A 的光催化降解率分别显著提升至 94.8%、87.7%和 76.2%。g-C_3N_4 加入 MIL-101(Fe)中不仅增加了催化剂的吸光性能，而且通过形成直接 Z 型异质结大大增强了界面电荷载流子分离，从而产生了优异的 Cr(Ⅵ)还原和双酚 A 降解效果。

磷酸银（Ag_3PO_4）是一种优异的半导体光催化剂，在可见光照射下具有高量子效率，在分解水和去除有机污染物方面表现出出色的光催化活性。然而，Ag_3PO_4 存在光腐蚀问题。当 Ag_3PO_4 受光照激发，光生电子会与光催化剂中的 Ag^+ 反应，Ag^+ 被还原为金属 Ag，从而显著降低光催化活性。因此，解决 Ag_3PO_4 的光腐蚀问题对拓展其实际应用具有重要意义。解决这个问题的关键是快速转移和分离光生电子和空穴，尽可能避免电子还原 Ag^+。Xie 等[39]通过原位沉淀策略成功开发了由 MIL-53(Fe)和 Ag_3PO_4 组成的 Z 型异质结结构光催化剂 Ag_3PO_4/MIL-53(Fe)。研究者利用多种抗生素（四环素、土霉素、金霉素和脱氧四环素）降解实验评估合成样品的光催化活性。所有获得的 Ag_3PO_4/MIL-53(Fe)复合材料都表现出比纯 MIL-53(Fe)和 Ag_3PO_4 更优越的光催化活性。特别是 Ag_3PO_4 与 MIL-53(Fe)质量比为 1∶3 的复合材料 APM-3 表现出最好的光催化活性，可见光下光照 1h 内抗生素的去除率分别为 93.72%（四环素）、90.12%（土霉素）、85.54%（金霉素）和 91.74%（脱氧四环素）。APM-3 还表现出良好的光稳定性和可回收性。从图 4.12（a）中可以看出在 4 次循环运行后，纯 Ag_3PO_4 的四环素去除率从 71.67%下降到 46.46%。然而，在 APM-3 样品中仅检测到 8.12%的降解效率损失，远低于纯 Ag_3PO_4（损失 25.21%）。通过 XRD 测试循环前后样品结晶性质发现 APM-3 仅在 38.1°处出现了一个弱峰（Ag），强度值远低于使用后的 Ag_3PO_4[图 4.12（b）]，这证实了 Ag_3PO_4

在可见光照射下容易产生金属 Ag，因此 Ag_3PO_4 受到严重的光腐蚀，而 APM-3 可以在一定程度上有效避免光腐蚀问题。

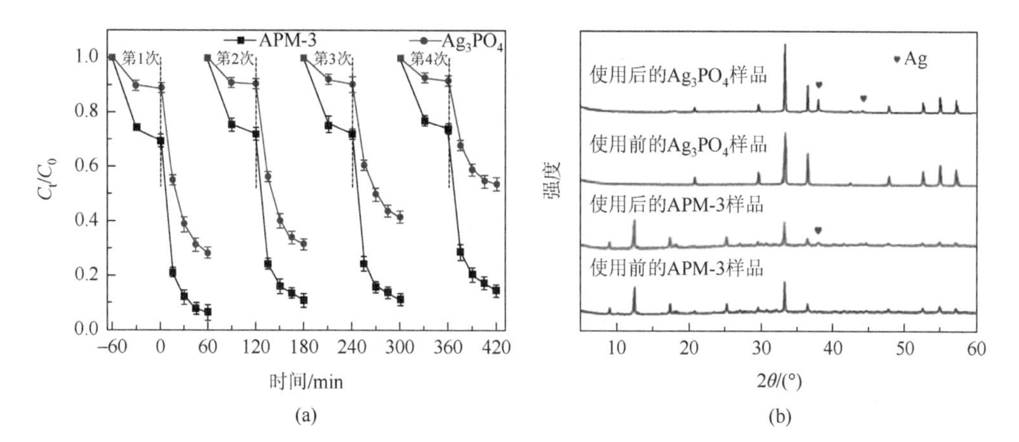

图 4.12　（a）Ag_3PO_4 和 APM-3 在可见光照射下降解四环素的循环光催化实验；（b）新鲜和使用过的 Ag_3PO_4 和 APM-3 的 XRD 图

Xie 等提出了 APM-3 样品中污染物降解的可能机理，如图 4.13 所示。当 APM-3 复合材料在可见光下照射时，MIL-53(Fe)和 Ag_3PO_4 都可以被激发，并且它们 VB/HOMO 上的光生电子可以转移到它们相应的 CB/LUMO 中，同时在它们的 VB/HOMO 上留下空穴。此外，在可见光照射的早期过程中，金属 Ag 出现在 MIL-53(Fe)和 Ag_3PO_4 的界面上。Ag 纳米粒子可以作为电荷传输的桥梁，金属 Ag 的费米能级介于 Ag_3PO_4 的 CB 和 MIL-53(Fe)的 HOMO 之间[65]。累积在 Ag_3PO_4 中 CB 上的光生电子先跃迁至金属 Ag 上，再转移到 MIL-53(Fe)的 HOMO 中并与空穴反应，这种电荷转移行为比 MIL-53(Fe)原本的光生载流子复合更快。因此，

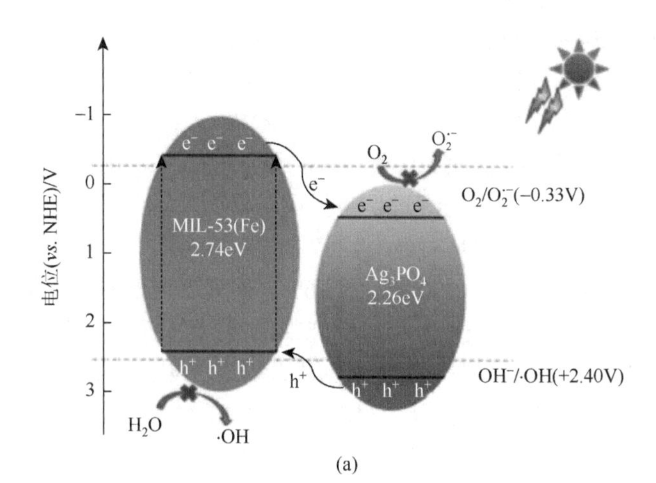

(a)

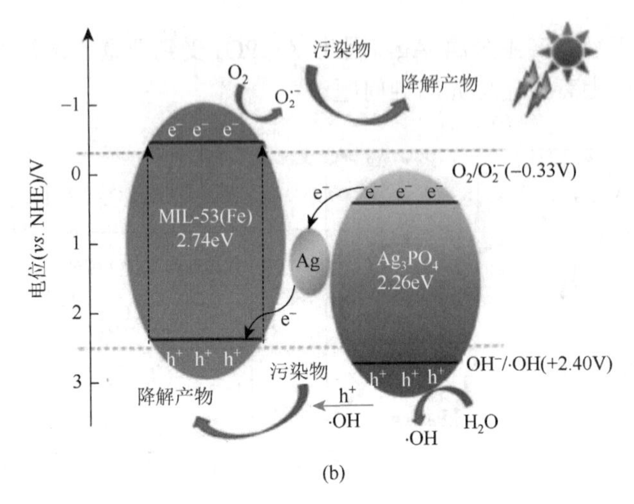

图 4.13　APM-3 复合材料的光催化机理方案及可能的电荷分离

（a）传统Ⅱ型异质结模型；（b）Z 型异质结模型

这种 Z 型异质结可有效地进行电荷转移从而尽可能地抑制光催化体系中电荷载流子的不良复合。累积在 MIL-53(Fe)的 LUMO 上的强还原性的电子形成富电子区，这可以很容易地被 O_2 反应产生 $O_2^{\cdot-}$。同时，位于 Ag_3PO_4 的 VB 上的空穴可以氧化 H_2O 生成·OH 或将污染物直接降解为无害的产物。因此，Z 型异质结转移体系可以有效地促进电子-空穴的分离，这合理地解释了 APM-3 复合材料优异的光催化性能和光稳定性。

如何设计 MOFs 异质结：①为了实现光生电子和空穴的更有效分离，所以Ⅱ型和 Z 型异质结是人们期望获得的异质结，调查异质结各组分的能带结构（带隙、HOMO、LUMO）是必要的。同时，不同的能带结构关乎 MOFs 的氧化还原能力。图 4.14 为部分 MOFs 的能带结构[36, 68-77]。②异质结构建过程中，选择具有合适的微观形貌 MOFs 与半导体构成异质结同样十分重要。在此过程中确保异质结耦合界面最大程度的接触，这有利于光生电子和空穴的传输和分离。Xiong 等[78]合成了不同形貌的 α-Fe_2O_3（纳米环、纳米盘、纳米棒），进一步对比了三种不同异质结界面（分别为“环对面”“面对面”“棒对面”）的 α-Fe_2O_3/Bi_2O_3 异质结复合材料光降解亚甲基蓝的效果，发现通过调整异质结界面，复合材料的光催化性能得到显著提高。光催化 120min，“环对面”“面对面”“棒对面”异质结对于亚甲基蓝的光催化降解率分别达到 40.8%、90.8%、78.6%。研究者通过对催化剂进行调查，发现不同形貌的光催化剂基本表现出相似的能带结构，因此基本可以排除能带结构差异对光催化剂性能的影响。研究者进一步通过瞬态光电流响应和电化学阻抗谱测试发现，“面对面”异质结界面复合材料中光生电子-空穴对的分离更强，同时表现出最小的界面阻抗。α-Fe_2O_3 和 Bi_2O_3 之间充分的界面接触和大的界面面积为有

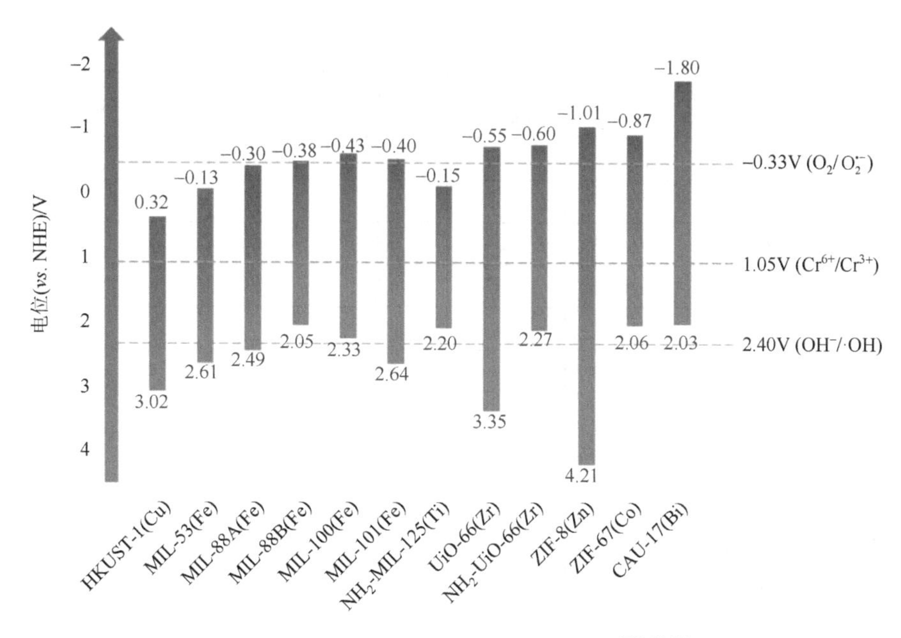

图 4.14　一些常见 MOFs 的能带结构图[36, 68-77]

效的电荷转移提供足够的通道。此外，“面对面”模型的低界面电阻有助于光生空穴和电子的转移。因此，设计具有高性能的复合光催化剂，应采用具有更紧密界面接触和更低界面电阻的异质结模型，如面对面模型。利用层状材料构建二维异质结构纳米复合材料是提高光生载流子分离效率的有效方法。Chou 等[79]制备了紧密耦合的 2D/2D ZIF-8/SnS_2 纳米片状复合材料。由于 2D SnS_2 和 2D ZIF-8 纳米片材之间具有良好的异质结界面，2D/2D ZIF-8/SnS_2 纳米复合材料形成了较大的接触界面，从而提高了界面电荷转移效率，缩短了电荷传递距离。结果表明，优化后的 2D/2D ZIF-8/SnS_2 复合材料具有优异的光催化性能，在可见光下 100min 对亚甲基蓝的降解速率分别是纯 SnS_2 和 2D ZIF-8 的 2.32 倍和 26.75 倍。

表 4.2 列举了一些常见 MOFs/半导体复合材料光催化去除环境中污染物的例子。

表 4.2　MOFs/半导体复合材料异质结光催化去除环境中的污染物

复合材料	污染物	污染物浓度/(mg/L)	催化剂浓度/(g/L)	时间/min	降解效率/%	参考文献
CdS/MIL-53(Fe)	罗丹明 B	10	1	120	86	[64]
BiOBr/UiO-66-NH_2	四环素	20	0.4	150	75	[65]
Ag_3PO_4/MIL-53(Fe)	四环素	20	0.5	60	93	[39]
TiO_2@NH_2-MIL-88B(Fe)	Cr(Ⅵ)	10.4	0.2	35	99	[37]

续表

复合材料	污染物	污染物浓度/(mg/L)	催化剂浓度/(g/L)	时间/min	降解效率/%	参考文献
1T-MoS_2/MIL-53(Fe)	布洛芬	10	0.4	120	100	[32]
$Cd_{0.5}Zn_{0.5}S$@ZIF-8	Cr(Ⅵ)	20	1	10	100	[31]
Bi_2MoO_6/UiO-66(Zr)	罗丹明 B	10	0.5	120	96	[80]
In_2S_3@MIL-125(Ti)	四环素	46	0.3	60	63	[81]
TiO_2@HKUST-1	亚甲基蓝	20	0.5	60	93	[82]
Bi_2MoO_6/MIL-88B(Fe)	罗丹明 B	20	0.4	120	99	[35]
MIL-101(Fe)/g-C_3N_4	Cr(Ⅵ)	20	0.5	60	93	[67]
PDI/MIL-53(Fe)	四环素	20	0.2	30	94	[66]
PCN-222/g-C_3N_4	罗丹明 B	20	1	180	98	[83]
$MgFe_2O_4$@UiO-66(Zr)	四环素	40	0.2	120	94	[84]
$WO_{2.72}$/UiO-66	甲基橙	20	0.3	60	100	[85]

4.2.5 染料光敏化

吸附在光催化剂表面的染料分子可以吸收各种可见光甚至近红外光。在光激发下，染料上电子从基态跃迁至激发态。染料光敏化原理是电子从染料的可见光激发色团到半导体催化剂 CB 的快速转移，并产生各种活性物质用于有机污染物的降解[86, 87]。通常染料中含有苯环可与部分 MOFs（如 UiO-66、MIL-125 等）的有机配体中的苯环形成强烈的 π-π 堆积和范德瓦耳斯相互作用，这种相互作用对于染料光敏化光催化剂系统中的有效电荷转移非常重要[88]。因此，染料光敏化用于 MOFs 理论上是可行的，同样将低带隙的染料引入 MOFs 中可以解决单一 MOFs 吸光能力差的问题。随着染料分子吸收可见光，处于基态的染料分子转变为激发态染料，电子从染料的 HOMO 跃迁到 LUMO[89]。激发态染料中 LUMO 的电位比 MOFs 的 LUMO 电位更负，则电子从激发态染料向 MOFs 的 LUMO 转移是可行的。MOFs 表面注入的电子被分子氧迅速接受，产生超氧自由基（$O_2^{\cdot-}$）和过氧化氢自由基（·OOH），引发自由基链式反应，降解废水中的污染物，当然能否生成自由基取决于 MOFs 的 LUMO 电位。

Liang 等[90]使用染料锌酞菁（ZnTCPc）通过浸渍法与 UiO-66(NH_2)形成复合物。其中可见光响应良好的 ZnTCPc 对亚甲基蓝并未显示出光催化活性，这进一步证明光催化性能不仅仅与光吸收能力有关。与原始 MOFs 相比，经 ZnTCPc 改性的样品显示出增强的亚甲基蓝可见光降解活性，在可见光照射 120min 后，降解效率从 UiO-66(NH_2)的 56%提高到 ZnTCPc/UiO-66(NH_2)的 89%，其中主要的活性

物质为光生空穴和 $O_2^{\cdot-}$，但是经过 4 次循环后 ZnTCPc/UiO-66(NH_2)降解效率从 89%降低到 70%左右。作为有机物的 ZnTCPc 同样可以被光催化过程中产生的活性物质降解，这使得催化剂稳定性受到影响。Thakare 和 Ramteke[91]报道了使用 8-羟基喹啉（HQQ）染料对 MOF-5 进行改性以降解苯酚。经 80min 可见光照射后，使用 HQQ/MOF-5（4g/L）作为光催化剂可以完全降解苯酚（1mg/L）。然而，使用未改性的 MOF-5 仅降解了不到 5%的苯酚，这表明了 HQQ 染料的重要作用。此外，HQQ/MOF-5 的光催化性能保持良好稳定性，直到 5 次循环运行后，在 XRD 和紫外-可见吸收光谱中都没有观察到差异，表明了 HQQ/MOF-5 复合材料的稳定性。

4.2.6　金属纳米粒子负载

金属纳米粒子具有较低的费米能级。当金属纳米粒子与费米能级较高的 MOFs 结合时，电子会从费米能级较高的 MOFs 转移到费米能级较低的金属纳米粒子直到费米能级平衡，从而抑制 MOFs 光生电子和空穴的复合。同时，部分贵金属（如金、银、钯等）可以通过局域表面等离子体共振（LSPR）效应极大地拓宽光催化剂的光响应范围，并且在金属-半导体界面处形成肖特基势垒防止电荷载流子复合[92]。

Shen 等[93]采用一锅水热法将直径为 3～6nm 的 Pd 纳米粒子固定在 NH_2-UiO-66(Zr)中进行光还原 Cr(Ⅵ)。与 NH_2-UiO-66(Zr)相比，所得的 Pd@NH_2-UiO-66 纳米复合材料表现出优异的可重复使用性和更高的光催化还原 Cr(Ⅵ)的活性。在催化剂用量为 0.5g/L，可见光照射 90min 后，负载 Pd 后 NH_2-UiO-66(Zr)对 Cr(Ⅵ)的去除率从 33%提高到 99%。研究者通过催化剂的光吸收能力、光生载流子分离效率和比表面积分析了 Pd 负载 NH_2-UiO-66 后光催化效果提升的原因。通过紫外-可见漫反射光谱测试，可以观察到 Pd 的引入有助于强化 NH_2-UiO-66 对可见光的吸收，这与样品的颜色变化一致，从淡黄色到棕色。瞬态光电流响应表明 Pd 的引入能够显著增强光生电流，并提高光激发电子-空穴对的分离效率和光生电荷载流子的寿命。同时 Pd 引入后 NH_2-UiO-66 的比表面积从 756.04m^2/g 增加到 836.6m^2/g，这表明 Pd@NH_2-UiO-66 较高的光催化活性可归因于增强的光吸收强度，更有效的光生电子-空穴对分离及增加的比表面积的综合效应。此外，添加有机染料（亚甲基蓝或甲基橙）可进一步促进 Cr(Ⅵ)的还原，空穴和光生电子分别实现染料的氧化和 Cr(Ⅵ)的还原，其中有机染料可与空穴反应进一步避免了光生电子和空穴的重组，以及减少空穴对于 Cr(Ⅲ)的氧化。

此外，Liang 等[94]通过简易乙醇还原法将 1wt% Pd、Au 或 Pt 纳米粒子固定在 MIL-100(Fe)上并在 H_2O_2 协同作用下光降解茶碱、布洛芬、双酚 A。显然，不同种类的贵金属沉积导致 M@MIL-100(Fe)（M 为 Pd、Au、Pt）的光催化活性显著不同。在上述样品中，Pd@MIL-100(Fe)对茶碱、布洛芬、双酚 A 表现出最高的光催化活性。研究者发现，当 Pd 纳米粒子含量为 1wt%时，Pd@MIL-100(Fe)表现出最优光催化效果。将 Pd 加入 MIL-100(Fe)后，有利于提高 MIL-100(Fe)吸光能力、光生电子-空穴对的分离与转移能力。为了更深入地了解催化剂对污染物的降解过程，进一步用不同的自由基清除剂进行了捕集实验，结果表明·OH 对茶碱、布洛芬、双酚 A 的降解起主要作用。Pd@MIL-100(Fe)还显示出极强的稳定性，经过 4 次循环后其光催化活性没有明显降低。

除了水热法、乙醇还原法，还可以通过光沉积法将金属纳米粒子负载在 MOFs 上。Guo 课题组[95]通过光沉积法将不同含量的 Ag 纳米粒子（0.5wt%、1wt%、2wt%、3wt%、5wt%）沉积在 MIL-125(Ti)微球表面形成不同 Ag 沉积量的 Ag@MIL-125(Ti)复合材料，并用于降解罗丹明 B。同样 Ag@MIL-125(Ti)表现出比 MIL-125(Ti)更高的吸光能力、光生载流子分离效率与转移能力。其中当 Ag 含量为 3wt%时，Ag@MIL-125(Ti)表现出最优的光催化效果，在可见光照射下 40min 内几乎将罗丹明 B 完全降解，远大于纯 MIL-125(Ti)的降解效率（8%），同时约为商用 TiO_2（P25）降解效率的 2.5 倍。通过自由基捕获实验发现，$O_2^{\cdot -}$ 和·OH 可能是罗丹明 B 光降解的主要活性物质，光生电子和空穴也参与了光催化降解过程。Ag（3wt%）@MIL-125(Ti)复合材料的光催化效率在 4 次循环后仅降低了 7%，说明该复合材料在污染物分子的光催化氧化过程中是稳定的。

除了单一金属纳米粒子负载 MOFs 外，双金属纳米粒子也被包裹在 MOFs 中用于光催化应用。2019 年，Zhang 等[96]通过溶胶-凝胶法将 CuPd 合金纳米粒子分散在 ZIF-8 上合成了 CuPd@ZIF-8，其对 Cr(Ⅵ)的还原具有良好的稳定性。与未负载的 ZIF-8 分子筛相比，CuPd 合金的负载提高了 ZIF-8 对 O_2 的吸附容量，并通过激光等离子体共振效应强化了催化剂的吸光性能。在光照射下，光生电子可以直接转移到 Cr(Ⅵ)或 O_2 上。尽管 O_2 在捕获光生电子方面存在竞争，但 O_2 的还原产物（$O_2^{\cdot -}$）也有助于 Cr(Ⅵ)的还原，最终导致光催化活性的提高。可见光照射 60min 后，含 5wt% CuPd 的 CuPd@ZIF-8 对 Cr(Ⅵ)的还原效率从原始 ZIF-8 的 22%提高到 89%。另外，还对比了其他对照样品对 Cr(Ⅵ)的还原效果，其顺序为 CuPd@ZIF-8＞Cu@ZIF-8＞Pd@ZIF-8＞ZIF-8＞CuPd＞Pd＞Cu。显然，与单一的金属纳米粒子（MNPs）相比，CuPd 合金表现出了协同效应。此外，优化后的 CuPd@ZIF-8 在连续 4 次循环运行后稳定性良好，Cr(Ⅵ)还原效率在 90%以上。

4.2.7 碳基材料修饰

除了以上方法外，研究人员还使用碳基材料与 MOFs 结合，所得到的复合材料同样表现出增强的光催化性能。常见的碳基材料有氧化石墨烯（GO）、还原氧化石墨烯（rGO）、碳量子点（CQDs）等，它们作为一种光敏剂，当 MOFs 与碳基材料结合时，材料的吸光能力会有所上升。同时，碳基材料具有优异的导电能力，可加速 MOFs 光响应生成的光生电荷的转移。

Zhang 等[97]通过简单的一步溶剂热法制备了不同 rGO 含量的 MIL-53(Fe)-rGO 杂化材料并用于降解亚甲基蓝。rGO 含量为 2.5%的杂化材料在紫外光和可见光照射下均表现出最佳光催化性能，紫外光和可见光下的降解速率常数分别是使用 MIL-53(Fe) 的 1.34 倍和 1.57 倍。光活性的显著提升可归因于 rGO 能够分离光生电子并抑制电子-空穴复合。Xu 及其同事[98]将 NH_2-UiO-66 和 rGO 结合构建分层三明治纳米结构复合材料，然而简单的溶剂法会导致 rGO 不可逆的堆叠集聚，同时 rGO 与 MOFs 成分之间有弱相互作用力，这些因素都不利于光催化性能的提升。所以 Xu 等先对 rGO 实施芳基重氮盐官能团化，即将部分 2-氨基对苯二甲酸锚点在官能团化后的 rGO 上，然后加入固定量的 Zr^{4+}和 2-氨基对苯二甲酸形成紧密连接的分层 rGO/NH_2-UiO-66 复合材料。随着 rGO 含量的增加，rGO/NH_2-UiO-66 表现出对苯甲醇光催化性能增强的效果，当 rGO 含量为 1.0wt%时达到最大值，在光照 8h 内实现了 18.6%的转化率。然而，当 rGO 含量超过 1.0wt%时，转化率急剧下降，这意味着过量的 rGO 对光催化性能有负面影响。这主要是因为过量的 rGO 屏蔽了 NH_2-UiO-66 吸收可见光，从而降低了光生电荷的浓度。Xu 等还采用直接溶剂热法制备了 rGO 和 NH_2-UiO-66 的复合材料，并将其定义为 rGO/NH_2-UiO-66-NP。rGO/NH_2-UiO-66-NP 对苯甲醇的转化率低至约 5.0%。因此，rGO 官能团化对于 rGO 和 MOFs 自组装形成层状夹心状异质结构是必不可少的，同时三明治状异质结构可以促进苯甲醇的光催化转化。另外，通过电化学（瞬态光电流响应、电化学阻抗谱图）分析得出 NH_2-UiO-66 在 rGO 的协同作用下光生电子和空穴的转移和分离更有效。同时，有研究报道通过静电自组装合成的 rGO/MOFs 复合材料同样表现出比直接溶剂热法更优异的光催化性能。Liang 等[34]通过静电自组装法合成了一系列 MIL-53(Fe)-rGO（M53-rGO）纳米复合材料。带负电的氧化石墨烯（GO）与带正电的 MIL-53(Fe)静电组装，然后将 GO 溶剂热还原为 rGO 得到 M53-rGO。与采用直接水热法得到的 D-M53-rGO 相比，所得 M53-rGO 光催化剂在 Cr(Ⅵ)的光还原方面表现出更高的活性。研究者发现最佳 rGO 含量为 0.5%，可见光照射 80min 后相应的 Cr(Ⅵ)还原率为 100%。进一步的实验表明，静电自组装法可以导致 MIL-53(Fe)和 rGO 片之间充分的界面接触，因此，与通过一锅溶剂热法简单随机集成 rGO 和 MIL-53(Fe)相比，光生载流子的寿命可以更有效地提高。更重要的是，M53-rGO 纳米复合材料在混合体系[Cr(Ⅵ)/染料]中也表现出相当高的光催化活性，这使其成为工业废水处理的潜在候选者。

碳量子点（CQDs）由尺寸小于 10nm 的准球形离散纳米粒子组成，除了具备优良的导电性能外，还具备易于官能团化、低毒性、廉价、优异的吸光性能[99]。特别是，CQDs 的上转换发光特性使它们能够直接收集太阳光的近红外部分并将其转换为可见光[100]。Wang 等[101]使用溶剂沉积法将 CQDs 负载到 NH_2-MIL-125 上形成 CQDs/NH_2-MIL-125。CQDs 不仅可以作为电子受体促进 NH_2-MIL-125 中的光生电子与空穴分离，还可以作为光谱转换器以实现 NH_2-MIL-125 增强的光吸收。无论在光源为全光谱、可见光甚至近红外光条件下，CQDs/NH_2-MIL-125 比 NH_2-MIL-125 都表现出更强的罗丹明 B 降解活性。CQDs/NH_2-MIL-125 中的 CQDs 含量可显著影响其光催化性能，当 CQDs 含量为 1%时，表现出最佳性能。CQDs/NH_2-MIL-125 优异的光催化性能归因于增强的光诱导电荷分离和提高的吸光性能。同时，优化后的 CQDs/NH_2-MIL-125 在连续 7 次循环运行后仍能保持良好的稳定性。

另外，有研究报道功能性碳纤维（FCF）可以将配位聚合物的光响应区域从紫外光区域扩展到可见光区域。FCF 具备高导电性，这可以允许光生电子的快速传输并防止它们与光生空穴复合。此外，FCF 大的比表面积和优异的吸收能力使其成为制备复合材料的理想载体。Xu 等[102]利用简单的胶体混合过程将新型配位聚合物$[Cu_2Br(ptz)]_n$(CP)[ptz = 5-(4-吡啶基)-1*H*-四唑]纳米带（CPNB）负载在 FCF 表面并用于降解罗丹明 B。所得 CPNB/FCF 复合材料对罗丹明 B 的光催化降解活性显著增强。当催化剂用量为 0.25g/L 时，在 180min 的可见光照射下，CPNB/FCF 复合催化剂对罗丹明 B 的去除率从 CPNB 的 3%显著提高到 88%。紫外-可见漫反射光谱图表明将 FCF 加入 CPNB 中，催化剂的光响应区域发生显著变化，从紫外光区域延伸到可见光区域。通过瞬态光电流响应和电化学阻抗谱测试发现，CPNB/FCF 较 CPNB 表现出增强的光生载流子分离与转移效率。结合莫特-肖特基曲线和紫外-可见漫反射光谱图计算出的带隙，得到催化剂的 CB/LUMO 与 VB/HOMO。研究者推测在可见光下，FCF 被激发并产生光生电子，该电子被转移到 CPNB 的 CB，这导致电子和空穴的有效分离，从而阻碍了它们的复合。在这个过程中，FCF 可以说是一种光敏剂和一种良好的电子传输材料。

4.3 MOFs 衍生光催化剂的构建

MOFs 具有高孔隙率、大比表面积和可调节的孔结构的特点，使它们成为通过化学/热处理生产 MOFs 衍生材料的良好前驱体。与传统的纳米多孔材料相比，MOFs 衍生材料具有独特的优势：①合成方法较简单，不需要额外的模板；②继承了原有 MOFs 材料的多孔结构，有助于传质过程及活性位点的暴露；③可以通过设计 MOFs 前驱体调整衍生材料的形貌和结构，从而对催化性能进行优化；④易于掺杂高度分散的杂原子，从而调整局部电子结构[24]。在氮气、空气、氩气等不同气氛下对MOFs材料进行不同程度的热解，可以将其转化为多孔碳、金属基化合物（如金属氧化物、金属磷化物、金属碳化物、金属硫化物）及金属/金属化合物和碳的复合材料。通过合理设计MOFs前驱体和外部控制合成步骤，可以对MOFs衍生材料的形貌、组成和性质进行调控。

4.3.1　多孔碳材料

MOFs材料可以通过在惰性气体中热解、掺入客体热解、组装在各种基质上热解获得衍生的多孔碳材料。多孔碳材料可以避免水相反应中金属浸出。金属锌的沸点为907℃，因此可以在惰性气体中高温热解将锌升华，制备不含金属的多孔碳材料。Bhadra等[103]在1000℃下直接热解ZIF-8(Zn)，得到了比表面积高达1855m^2/g的多孔碳材料。当热解温度无法达到金属的沸点时，也可通过酸洗除去其中的金属元素。通常纯碳材料在可见光下不显示光催化活性，Hussain等[104]在1000℃氩气氛围下热解MOF-5使锌原子直接升华以获得不含金属的纯碳产物（$C\text{-}Ar_{1000}$）。结果发现，$C\text{-}Ar_{1000}$在可见光下对亚甲基蓝基本不降解。目前MOFs衍生的多孔碳的作用主要有：①作为半导体材料的载体，使半导体均匀地分布在多孔结构中，为半导体和反应物之间提供更多的接触面积；②相对于MOFs，衍生的多孔碳基材料具备更高的导电性，可有效促进光生载流子的分离。MOFs衍生的多孔碳材料常与其衍生的金属化合物相结合，形成金属/金属化合物和碳的复合材料应用于光催化领域（详见4.3.3节）。

4.3.2　金属基化合物

除了多孔碳，许多多孔金属氧化物、金属碳化物、金属磷化物、金属硫化物、金属氢氧化物也通常是通过在空气或氧气下热解以去除碳并保留MOFs材料形态下合成的。金属基化合物光催化去除水体中污染物，以金属氧化物（ZnO、$BiVO_4$、BiOCl、Bi_5O_7I、$Bi_2Mo_3O_{12}$、Bi_2WO_6、TiO_2）、金属硫化物（In_2S_3、ZnS、CdS）为主。对于MOFs材料衍生的金属氧化物的合成，通常将具有预先设计形态和化学组成的MOFs材料在高于其分解温度下在空气（或氧气）中热解，发生由非平衡热处理引起的异质收缩过程，碳逐渐消失并生成金属氧化物。而金属硫化物常通过外源添加一些硫化物，使得MOFs中的金属离子与S^{2-}结合形成相应的金属硫化物。

Du等[105]以ZIF-8作为前驱体煅烧获得了多孔ZnO，并考察不同煅烧温度（300℃、500℃、750℃）、煅烧时间（3h、5h）下制备的多孔ZnO在紫外光下对亚甲基蓝的光催化降解能力。研究者发现，在不同煅烧温度和煅烧时间下所获得的 ZnO 表现出不同的比表面积和结晶度，300℃煅烧下获得的 ZnO 的比表面积最高，但结晶度较低，光催化活性较低；而 750℃煅烧下获得的 ZnO 的结晶度最高，但比表面积较低，光催化活性不高。结晶度和比表面积两者都与 ZnO 的催化性能有关，其中以 500℃下煅烧 5h 所获得的 ZnO 的结晶度和比表面积达到最佳的平衡，从而表现出最优异的光催化性能，并高于商品锐钛矿型 TiO_2 的光催化活性。Payra 等[106]进一步比较了由 ZIF-8 衍生的 ZnO(ZIF)与直接通过煅烧 $Zn(NO_3)_2 \cdot 6H_2O$ 获得的 ZnO(RP)对于光降解亚甲基蓝的区别。通过 XRD 分析发现，ZnO(ZIF)的晶粒尺寸比 ZnO(RP)小得多，这是由于 ZIF-8 扩展的晶体骨架结构可能阻碍了 ZnO 在纳米域以外的晶体生长。同时，通过比表面积与孔径分析得出 ZnO(ZIF)比 ZnO(RP)比表面积大得多。通过紫外-可见漫反射光谱图和光致发光光谱图发现，ZnO(ZIF)比 ZnO(RP)表现出更优异的吸光能力与光生载流子的分离能力。因此在降解去除亚甲基蓝时，ZnO(ZIF)的光降解速率是 ZnO(RP)的 2 倍。当光辐射 120min 时，ZnO(ZIF)能完全降解亚甲基蓝，而 ZnO(RP)对于亚甲基蓝的降解效率仅为 80%。

Chen 等[107]使用 Bi 基 MOFs(CAU-17)作为前驱体制备了纳米结构的 $BiVO_4$，即先将 CAU-17 吸附 VO^{3-}后煅烧得到 $BiVO_4$。通过 SEM 检测发现吸附 VO^{3-}的 CAU-17 形貌基本保持不变；通过能量色散 X 射线光谱仪分析发现 V 在材料中分布均匀；通过 XRD 检测材料晶相结构发生的变化，结果发现吸附 VO^{3-}后 CAU-17 的 XRD 图谱发生了显著的变化，研究者认为 CAU-17 分子筛在吸附 VO^{3-}过程中的结构演变是主要原因。由于 CAU-17 中所有的六边形通道、三角形通道和矩形通道都足够大，可以容纳 VO^{3-}（尺寸约 0.33nm），所以 V 物种可以很容易地固定在材料中。CAU-17 的 XRD 峰的消失和新峰的出现清楚地说明了晶体结构发生了明显的变化，表明形成的是化学键而不是纯的物理吸附。研究者进一步使用 XPS 分析了 V 与吸附位点之间的相互作用，发现相对于吸附前的 CAU-17，吸附后的 CAU-17 中出现了 Bi—O—V 键，这意味着 Bi-O 团簇可以作为活性中心来稳定结构内的 V 物种。研究者发现经过此方法合成的 $BiVO_4$ 具有继承自 Bi-MOFs 牺牲模板的棒状形貌，并且由小纳米粒子组成。与传统方法制备的 $BiVO_4$ 相比，MOFs 衍生的纳米结构 $BiVO_4$ 具有更好的光吸收能力、更窄的带隙、更高的电导率及更少的光生电子和空穴复合。因此，$BiVO_4$ 纳米结构在可见光下对亚甲基蓝的降解表现出很高的光催化活性。亚甲基蓝在 30min 内可被降解 90%，反应速率常数为 $0.058min^{-1}$，且催化剂具有良好的循环稳定性，至少 5 次循环后降解效率无明显变化。另外研究者发现，通过 CAU-17 吸附不同的阴离子（如 Cl^-、I^-、MoO_4^{2-}、WO_6^{6-} 等）后煅烧同样可分别制备 BiOCl、Bi_5O_7I、$Bi_2Mo_3O_{12}$、Bi_2WO_6 等。

2018 年，Fang 等[108]以 In 基 MOFs(MIL-68-In)作为前驱体，通过硫代乙酰胺（TAA，CH_3CSNH_2）硫化并控制硫化时间（6h、8h、10h、15h）合成了 In_2S_3 纳

米棒。研究者通过 XRD 比较了通过硫化得到的 In_2S_3 纳米棒与标准 In_2S_3 相结构，发现 In_2S_3 纳米棒与标准 In_2S_3 相很好地匹配，这有效证明 In_2S_3 的成功合成，其中 In_2S_3-8h 具有最佳结晶度，这进一步证实了反应时间过长或过短都会使催化剂的结晶度变差。研究者分析了 In_2S_3-8h 的红外光谱，结果发现 In_2S_3-8h 的曲线中没有 H_2BDC 和 MIL-68-In 的吸收峰，说明样品 MIL-68(In)经过硫化处理后没有其他任何杂质。研究者在可见光下评估了不同硫化样品对于甲基橙染料的光降解性能，发现硫化时间为 8h 的 In_2S_3 表现出最优的降解效率。在可见光照射 120min 后，In_2S_3-8h 对于甲基橙的降解效率可以达到 100%，而其他硫化时间得到的 In_2S_3 对于甲基橙的降解效率不足 80%。研究者通过光致发光光谱解释了 In_2S_3-8h 具备优异光催化性能的可能原因。In_2S_3-8h 的峰强度低于其他样品，这说明最佳结晶度的 In_2S_3-8h 具有较低的电子-空穴对复合率，因此 In_2S_3 的结晶度可能影响光催化活性。研究者使用异丙醇（IPA）、苯醌（BQ）和三乙醇胺（TEOA）分别作为羟基自由基（·OH）、超氧自由基（$O_2^{\cdot -}$）和空穴（h^+）的猝灭剂，结果发现 IPA 的添加对于降解甲基橙无影响，而加入 BQ 和 TEOA 后甲基橙的降解效果受到显著的影响，这表明 $O_2^{\cdot -}$ 和 h^+ 在 In_2S_3-8h 光降解甲基橙过程中起着重要的作用。同时，研究者比较了该工作合成的 In_2S_3-8h 与一系列用于降解甲基橙的 In_2S_3 和 CdS，MOFs 衍生的 In_2S_3 纳米棒比大多数文献中报道的催化剂具有更高的催化性能。通过这种硫化过程，金属硫化物可以很容易保持纯 MOFs 几何形状。由于金属硫化物的高孔隙率和有序结构，污染物分子很容易进行转移。同时，这些几何形状还可以防止光催化剂的聚集，使其有着更高的光催化活性。2020 年，Li 等[109]使用类似的方法将棒状的 Zn 基 MOFs(ZIF-L)作为前驱体，通过 TAA 硫化 ZIF-L 形成多孔管状 ZnS，并提出硫化机理。具体而言，S^{2-}首先与 ZIF-L 外表面释放的 Zn^{2+} 反应，借助 PVP 的黏附作用生成 ZnS 薄壁。然后，ZIF-L 内部的有机配体二甲基咪唑逐渐被 S^{2-}取代，内部的 Zn^{2+}向外扩散形成具有多孔管状结构的 ZnS。

$$CH_3CSNH_2 + OH^- + Zn^{2+} \longrightarrow CH_3COONH_4 + ZnS$$

研究者通过控制硫化时间为 1h、2h、3h、6h 合成了 ZnS 复合材料，分别命名为 ZS-1、ZS-2、ZS-3、ZS-6。由于该复合材料具有较大能量带隙，研究者在紫外光下对比不同复合材料和 ZIF-L 对于 Cr(Ⅵ)的还原和对有机染料活性红（X-3B）的光降解性能。在所有催化剂中 ZS-3 表现出优异的光催化性能，20min 内可还原 97.5%的 Cr(Ⅵ)和降解 94.6%的 X-3B。而 ZIF-L 在 20min 内只还原了约 10%的 Cr(Ⅵ)和降解 26.9%的 X-3B。经过 3 次循环后，ZS-3 表现出优异的稳定性。多孔管状 ZnS 对 Cr(Ⅵ)还原和染料降解表现出比 P25（商业 TiO_2）和 ZnS 更好的光催化性能[110]。Wu 等[110]通过两步升温水热法将 MIL-68(In)硫化成 In_2S_3，在其表面生长 MoS_2 微球形成 MoS_2/In_2S_3 异质结复合材料，并研究了在可见光下降解甲基橙的效果。相对于纯 In_2S_3，MoS_2/In_2S_3 对于甲基橙的降解效率更高。经过对

MoS_2/In_2S_3 的光学性能进行分析发现，MoS_2 的引入一方面有利于增强 In_2S_3 在可见光区的吸光能力，可以产生更多的光生电子-空穴对来分解有机污染物；另一方面有利于光生电子-空穴对的分离，提高实际可用于催化的光生电子及空穴的数量。因此，更多的光生电子和空穴可用于产生活性氧物质，从而提高 In_2S_3 的光催化性能。

Ma 等[111]使用简便的化学浴沉积方法成功合成了基于 Cd 基 MOFs 衍生的 CdS 光催化剂。CdS 前驱体来源于 Cd 基 MOFs，H_2S 气体作为 S 源。通过控制 CdS 前驱体的煅烧温度（200℃、400℃、500℃、600℃），得到四种 CdS 纳米光催化剂（分别为 CdS-1、CdS-2、CdS-3、CdS-4）。制备所得 CdS 的优异光催化性能与 MOFs 的多孔和分子筛特性的优点很好地结合在一起。研究者通过各种表征方法研究了制备所得的 CdS 的形态、微观结构和光学性能的演变。光催化剂的形貌取决于煅烧温度，当煅烧温度为 200℃时，CdS 为絮状结构，随着煅烧温度升高到 400℃，纳米粒子逐渐演变成多孔蜂窝结构。在 500℃，多孔蜂窝结构变得明显，而且纳米粒子之间存在均匀的孔。随着煅烧温度升高到 600℃，纳米结构的连接骨架部分坍塌，CdS 晶界变得模糊，纳米结构的尺寸变大。为了确定样品的能带结构和光吸收特性，研究了不同 CdS 样品的紫外-可见漫反射光谱，发现所有样品在 510nm 左右有明显的吸收边。随着煅烧温度的升高，吸收边首先发生红移。煅烧温度达到 400℃后，吸收边开始出现蓝移，表明样品的带隙随煅烧温度而变化。对于 CdS-4，除了 510nm 的吸收边外，还会出现大约 350nm 的新吸收边，经验证 350nm 的新吸收边对应 $CdSO_4$。CdS-1、CdS-2、CdS-3 和 CdS-4 的带隙值分别为 2.21eV、2.27eV、2.29eV 和 2.34eV。从 N_2 吸附-脱附等温线得出 CdS-1、CdS-2、CdS-3 和 CdS-4 光催化剂的孔径值分别为 12.6nm、15.2nm、25.7nm 和 10.1nm，在 500℃所得的 CdS 的孔径最大。使用罗丹明 B 作为目标污染物来评价不同 CdS 的催化能力，其中 CdS-3 表现出最优的光催化性能，与商业 CdS 纳米粒子相比，衍生所得的 CdS 在可见光照射下表现出更优异的光降解效果。研究者表示随着煅烧温度的升高，CdS 光催化剂的尺寸逐渐变大，形成蜂窝状多孔结构，可以提供与污染物较大的接触面积，从而产生协同效应，提高电子-空穴对的分离效果，进一步提高降解效率。而在 600℃下，CdS 晶体结构改变为 $CdSO_4$ 的晶体，因此光催化性能下降。

TiO_2 作为一种常见的光催化剂已被广泛运用。然而纯 TiO_2 的带隙为 3.2eV，导致其只能利用紫外光，而紫外光仅占太阳光谱的 4%～5%，这限制了太阳能应用的实际效率[112, 113]。因此，扩展 TiO_2 对可见光的吸收能力成为提升其光催化性能的手段之一。非金属掺杂剂（C、N、B、S 等）可在 TiO_2 能级结构中形成新的中间能级（介于 CB 和 VB 之间），电子可以从中间能级被激发直接跃迁到 CB，从而减小了带隙[114, 115]。He 等[116]使用 NH_2-MIL-125(Ti)作为前驱体，利用有机配体中的 N 元素（而不是外源添加氮源）原位合成了氮掺杂 TiO_2($N-TiO_2$)，得到的纳米结构的 $N-TiO_2$ 由细小的纳米粒子组成并维持了 MOFs 原本的饼状形貌。同时使用 MIL-125(Ti)作为前驱体合成了 TiO_2。$N-TiO_2$ 比 TiO_2 表现出更优异的吸光性能、光生电子和空穴分离能力。使用亚甲基蓝作为目标污染物对比 $N-TiO_2$、TiO_2、商用 P25 的光催化性能。光照 120min，$N-TiO_2$、TiO_2 和商用 P25 对于亚甲基蓝的降解效率分别为 90.5%、86.6%和 71.2%。Li 等[117]使用两步煅烧法先后在空气和氨气条件下煅烧 MIL-125(Ti)制备 $N-TiO_2$，并研究第二步煅烧温度（400℃、500℃、600℃）对 $N-TiO_2$($N-TiO_2$-1、$N-TiO_2$-2、$N-TiO_2$-3)的影响，以两步均在空气氛围下煅烧获得的 TiO_2 作为对照。同样得到的 $N-TiO_2$ 维持了 MIL-125(Ti)的饼状结构，随着煅烧温度的升高，样品的晶粒尺寸增加。当温度为 400℃时，$N-TiO_2$-1 表现为锐钛矿结构。而当温度大于 400℃时，$N-TiO_2$-2、$N-TiO_2$-3 表现为锐钛矿/金红石混合相结构，且 $N-TiO_2$-3 表现出更多的金红石相。通过 XPS 分析发现 Ti—N 键的存在，这证实了 $N-TiO_2$ 的成功合成。通过紫外-可见漫反射光谱图发现饼状 $N-TiO_2$ 的吸收边随着煅烧温度的升高表现出红移，表明 N 的掺杂含量与煅烧温度呈正相关。计算得到 TiO_2、$N-TiO_2$-1、$N-TiO_2$-2、$N-TiO_2$-3 的带隙分别为 3.07eV、3.00eV、2.86eV 和 2.77eV，表明 N 掺杂可以有效缩小 TiO_2 带隙。通过电化学阻抗谱测试研究样品的电荷转移能力，结果发现阻抗：$N-TiO_2$-2＜$N-TiO_2$-1＜TiO_2＜$N-TiO_2$-3，表明锐钛矿和金红石的适当比例有利于电子转移并抑制 TiO_2 中的电荷复合，有利于提高光催化性能。当温度进一步升高，过多生成的金红石相将作为光生电子与空穴复合中心而不是提供电子通路，促进了 TiO_2 中电子-空穴对的复合。在降解罗丹明 B 过程中，光催化性能遵循顺序：$N-TiO_2$-2＞$N-TiO_2$-1＞$N-TiO_2$-3＞TiO_2。He 等[114]通过在低温下对 MIL-125(Ti)进行退火，成功地合成了原位碳掺杂的 TiO_2（C_x/TiO_2，x 为煅烧时间：2h、5h、8h、10h）复合材料。EDS 结果显示 C 元素均匀分布在 TiO_2 基体中，C_{2h}/TiO_2、C_{5h}/TiO_2、C_{8h}/TiO_2 和 C_{10h}/TiO_2 的带隙分别为 2.89eV、2.92eV、2.96eV 和 2.98eV，均小于商用 TiO_2(P25)。同时通过电化学阻抗谱图发现，C_x/TiO_2 直径较小的光催化剂表现出比 P25 更好的电子导电性，并且 C_{8h}/TiO_2 表现出最小的直径，从而揭示了由非晶态碳掺杂引起的更快的界面电荷传输。在光降解双酚 A 过程中，C_{8h}/TiO_2 的反应速率（0.01887min^{-1}）比 MIL-125(Ti)提高了 10.3 倍，比 P25（0.00178min^{-1}）提高了 9.6 倍。

Zhang 等[118]使用 MOF-5 作为前驱体，在空气条件下以不同的煅烧温度（300℃、400℃、450℃、500℃）、煅烧时间（1h、2h、3h、4h）合成 C 掺杂 ZnO(C@ZnO)。其中 C@ZnO-450℃-2h 对罗丹明 B 展现出最优的光催化性能。C@ZnO-450℃-2h 保留了 MOF-5 八面体形貌，但略有缩小。EDS 元素映射显示 C、O、Zn 元素均匀分布在八面体中，同时 XPS 证实了 Zn—C 键的存在，这表明 C 元素成功地均匀掺杂到 ZnO 中。通过比表面积与孔径分析测试发现由 MOF-5 转化为 C@ZnO-450℃-2h，比表面积从 1101m^2/g 变化到 833m^2/g，总孔体积从 0.4m^3/g 变化到 0.32m^3/g，表明 C@ZnO-450℃-2h 很好地继承了 MOF-5 的微观结构。而商用 ZnO 的比表面积和总孔体积分别仅为 7.82m^2/g 和 0.06m^3/g，可见 MOFs 衍生物的优越性。杂质 C 引入 ZnO 的晶格中可以改变 ZnO 的能带结构，从而调整其带隙，C@ZnO-450℃-2h 的能量带隙为 2.92eV，低于商用 ZnO 的 3.20eV。同时光致发光测试结果表明，C 掺杂可以有效抑制 ZnO 光生电子和空穴复合从而提高光催化降解活性。MOFs 前驱体决定了所得复合材料的晶体结构、掺杂分布、热稳定性和金属氧化物-碳质量分数。MOFs 与其衍生的纳米复合材料之间的相关性表明，不同的参数在光催化性能中起着不同的作用。可以通过选择合适的 MOFs 前驱体来调整所需的特性。Hussain 等[119]系统地研究了 3 种不同的 Zn 基 MOFs（MOF-5、MOF-74 和 ZIF-8）在水蒸气和氩气中高温制备多孔 ZnO/C 纳米复合材料（ZnO/C_{MOF-5}、ZnO/C_{MOF-74}、ZnO/C_{ZIF-8}），以及其对有机染料污染物的光降解行为。主要围绕“MOFs 分解如何导致金属氧化物/碳结构的形成？”“这些不同的 ZnO/C 复合材料与它们的光催化性能之间有什么关系？”进行探讨。结果发现，MOF-5 和 MOF-74 在水蒸气下的热分解产生了具有高 ZnO 含量的高度结晶的 ZnO 纳米粒子，而 ZIF-8 的水蒸气处理产生了结晶较差的 ZnO 纳米粒子，复合材料中 ZnO 的质量分数较低。其中，ZnO/C_{MOF-5} 显示最高的热稳定性，ZnO/C_{MOF-74} 具有中等稳定性，而 ZnO/C_{ZIF-8} 在高温下的耐热性较差。XPS 和拉曼分析证实 ZnO/C_{MOF-5} 和 ZnO/C_{MOF-74} 中 C 是唯一的掺杂剂，而 ZnO/C_{ZIF-8} 中 N 是主要的掺杂剂。FTIR 图谱表明，与 ZnO/C_{MOF-74} 相比，ZnO/C_{MOF-5} 的表面存在更多的羧基官能团（—COOH），而 ZnO/C_{ZIF-8} 中羧基官能团可忽略不计。SEM、TEM 和 EDS 元素映射分析表明，这三种复合材料都保留了前驱体的形态，分散良好的 ZnO 纳米粒子均匀分布在多孔碳基质中。由于 N 和/或 C 掺杂，这三种衍生复合材料在漫反射光谱中都显示出红移，表明与块状 ZnO（3.3eV）相比，衍生复合材料带隙较窄（约 3.1eV）。计算的比表面积和孔径分布证实了这三种衍生复合材料中继承的结构被保留。在这些选定的 Zn-MOFs 中，MOF-5 衍生的 ZnO/C 复合材料被证明是最好的光催化剂，在可见光下具有最高的亚甲基蓝染料降解效率。

尽管由 MOFs 衍生的 ZnO 具备比正常的 ZnO 更优异的光催化性能，但是光催化性能仍然不足。为了优化其催化性能，Zhang 等[120]将 Au 负载在 ZIF-8 衍生的 ZnO 表面。Au 不仅可以通过局域表面等离子体共振（LSPR）效应促进 ZnO 对可见光的吸收，而且有效地促进了光生载流子的分离。为了更好地在 ZnO 表面形成 Au 纳米粒子，Zhang 等先用聚多巴胺（PDA）对 ZIF-8 衍生的 ZnO 表面进行改性形成 PDA 层（ZnO@PDA），由于其强大的黏附性，通常被用作表面改性层，有助于稳定形成的金属纳米粒子。而后在 ZnO@PDA 表面还原氯金酸盐形成 ZnO@PDA-Au，可按 Au/Zn 值将复合材料分为 ZnO@PDA-Au-1、ZnO@PDA-Au-2、

ZnO@PDA-Au-3（Au/Zn 质量比分别为 0.0089、0.0153、0.0259）。将 ZnO@PDA-Au 复合材料应用于罗丹明 B 的光催化降解。在紫外可见光照射下，ZnO@PDA-Au-3 对罗丹明 B 的降解效率最高，在 24min 内降解效率约为 99%，而在相同条件下，ZnO@PDA 和 ZnO 对罗丹明 B 的降解效率分别为 40%和 16%。光催化性能的提高归功于 PDA 和 Au 的贡献，它们增强了催化剂的吸光性能，促进了光生电子-空穴对的分离。特别值得一提的是，Au 对光催化性能的提高起到了至关重要的作用，它不仅可以利用 LSPR 效应大大提高催化剂对可见光的吸收，还可以作为电子陷阱有效地接收从 ZnO 的 CB 中转移的电子，从而减少空穴与电子复合。

使用 MOFs 作为前驱体构建衍生材料异质结，是有效提升光活性的手段之一。Huang 等[121]首次利用 MOFs 前驱体（Bi-BTC）通过简单的化学刻蚀工艺制备了一种新型的 $BiOBr/Bi_{24}O_{31}Br_{10}$ 异质结光催化剂，其中十六烷基三甲基溴化铵（CTAB）作为刻蚀剂和 Br 源。CTAB 引入的有机离子可以在热处理中轻松去除，其温和的化学性质允许刻蚀反应以可控的速率进行，而不会改变整体 MOFs 形态。在不同的温度条件（450℃、500℃）下煅烧经刻蚀后的 Bi-BTC 合成了 $BiOBr/Bi_{24}O_{31}Br_{10}$ 光催化剂，当煅烧温度为 600℃时，只合成了 $Bi_{24}O_{31}Br_{10}$，这是由 BiOBr 中的 Br 在高温过程中损失所致。同时还合成了不经过刻蚀直接煅烧（450℃）的纯 Bi_2O_3 作为对照。使用不同 Bi 基催化剂光降解罗丹明 B，Bi_2O_3、$BiOBr/Bi_{24}O_{31}Br_{10}$（450℃）、$BiOBr/Bi_{24}O_{31}Br_{10}$（500℃）和 $Bi_{24}O_{31}Br_{10}$（600℃）对于罗丹明 B 的降解效率分别为 19.9%、92.4%、65.9%和 24.7%。$BiOBr/Bi_{24}O_{31}Br_{10}$（450℃）的光催化速率常数比 Bi_2O_3 高约 13.1 倍，表明 Bi-BTC 衍生材料的降解活性由于引入 Br 元素而显著增加。当煅烧温度上升到 500℃时比表面积下降，导致光降解罗丹明 B 效率下降。而 600℃下得到的单相 $Bi_{24}O_{31}Br_{10}$ 不是异质结，所以光催化性能低下。同时为了排除染料敏化的影响，研究者也使用了无色的盐酸四环素来评估 $BiOBr/Bi_{24}O_{31}Br_{10}$（450℃）的催化活性，结果表明其对于盐酸四环素也有良好的催化活性。紫外-可见漫反射和光致发光结果也表明 $BiOBr/Bi_{24}O_{31}Br_{10}$（450℃）具备最优的吸光性能、光生电子和空穴分离能力。通过自由基猝灭实验发现，空穴和单性氧（$^1O_2$）、$O_2^{\cdot-}$ 在降解罗丹明 B 过程中起主要作用。Zheng 等[122]使用富氮 Ti/Zr 双金属 MOFs 在空气氛围下煅烧得到氮掺杂 TiO_2/ZrO_2（$N-TiO_2/ZrO_2$）复合材料。该复合材料同时克服了传统光催化剂的两个主要限制：宽带隙、光生电子和空穴快速复合。N_{2p} 缺陷态的存在使得电子更容易跃迁并降低带隙，混合相 $N-TiO_2$ 和 ZrO_2 之间的异质结构降低了光生电子和空穴的复合率。所制备的 $N-TiO_2/ZrO_2$ 复合材料具有良好的光催化性能，在紫外光照射 80min 后对亚甲基蓝的光降解效率可达 93.2%；紫外光照射 120min 后，对四环素和苯酚的光降解效率分别为 86.3%和 72.4%。

碳基材料与 MOFs 衍生材料结合可有效改善其光催化性能。Zhu 等[123]通过微波辅助方法将还原氧化石墨烯（rGO）并入 MOFs 衍生的 ZnO 复合材料中，并将其用作光催化降解亚甲基蓝的光催化剂。结果表明，所制备的含有 1.5wt% rGO 的复合材料显示出最佳的光催化性能，光催化活性是使用纯 ZnO 的 1.78 倍。光催化性能的提高可归因于 rGO 能够增强 ZnO 的光吸收能力、分离光生电子和空穴能力。

金属氧化物在水中容易聚集，从而削弱了它们的降解效率并限制了实际应用。为了避免这种情况，可以将金属氧化物附着或浸渍到稳定的载体中。Xu 等[124]利用一锅溶剂热法将不同比例的坡缕石（PAL）与 Co/In 双金属 MOFs 杂交得到 Co/In-MOF@*n*PAL（*n* 为 PAL 与 Co/In-MOF 的质量比），而后煅烧形成 In_2O_3/Co_3O_4@*n*PAL。在 PAL 的存在下，Co/In-MOF 的结构仍然可以保留，衍生的 In_2O_3/Co_3O_4@*n*PAL 的光催化活性得到了很大的提高。这是由于 PAL 可以增加 In_2O_3/Co_3O_4@*n*PAL 复合材料孔体积，并且提供更多的吸附位点来吸附亚甲基蓝和四环素，以及电子-空穴与带负电荷的 PAL 之间的静电相互作用。因此，使用 In_2O_3/Co_3O_4@5.0%PAL 作为催化剂，在可见光照射下，约 99%的亚甲基蓝（40min 内）和 80%的四环素（120min 内）被降解，远高于 In_2O_3/Co_3O_4（亚甲基蓝约 15%，四环素约 40%）。Du 等[125]将 ZIF-8 作为前驱体，沸石 A(zeolite A)作为载体，通过声化学合成法成功制备了 ZIF-8@ Zeolite A(ZIF-8@Z)催化剂。然后通过去除 ZIF-8 的有机官能团，将 ZIF-8@Z 催化剂在不同温度下煅烧成 ZnO@Z 光催化剂。相较于 ZIF-8@Z，衍生的 ZnO@Z 表现出更高的罗丹明 B 催化活性，这是由于多孔沸石可以吸收罗丹明 B 并延长罗丹明 B 与催化剂的接触过程。

4.3.3 金属/金属化合物和碳的复合材料

MOFs 材料由有机配体和金属中心组成，在惰性气氛下直接热解 MOFs 材料而不去除金属可以将其转化合成衍生的金属/金属化合物和碳复合材料。复合材料中碳组分有助于电子传输和金属/金属化合物的固定。高温热解时，有机配体逐渐分解并生成多孔碳骨架，与此同时，金属中心逐渐脱落并催化周围的碳生成石墨碳，金属物质均匀地固定在多孔碳骨架上。由于 MOFs 前驱体的有机配体和金属节点具有高度有序排列的特点，可以在多孔碳基质上形成超细的金属/金属化合物纳米粒子，且粒径大小可通过 MOFs 前驱体的设计及热解条件控制来实现。

ZnO 的低比表面积及其由高表面能导致的团聚趋势限制了 ZnO 纳米粒子的光催化效果。Hussain 等[104]在 800℃和 1000℃及不同气氛（空气、氩气和水蒸气混合气体）下对 MOF-5 进行一步碳化，得到均匀分散在功能化多孔碳基体 ZnO 纳米粒子（ZnO/C），ZnO/C 保留了立方形貌和高比表面积。在 1000℃氩气和水蒸气混合气体中得到的复合材料在光催化降解亚甲基蓝方面具有显著的优势，在可见光照射下，30min 内对亚甲基蓝的去除率达到 90%以上。CdS 纳米粒子的易团聚和快速电荷复合限制了其光催化活性。Yang 等[126]使用 ZIF-8 作为牺牲模板衍生多孔碳材料（MPC），并通过（3-氨基丙基）-三甲氧基硅烷（APMS）作为偶联剂对 MPC 表面进行官能团化使得 MPC 表面富含—NH_2，通过—NH_2 来锚定 Cd^{2+}，而后在 MPC 表面生长均匀分布的 CdS 纳米粒子生成 x CdS/MPC（其中 x 为 CdS 的质量分数，$x = 5\%$、10%、20%、30%）。而未通过 APMS 官能团化并在 MPC 表面直接生长的 CdS（CdS@MPC）则表现出 CdS 纳米粒子严重聚集现象。通过可见光下光降解头孢氨苄实验发现，MPC 对头孢氨苄不具备光降解能力。20% CdS/MPC 展现出最优的降解效果（90.5%），光降解速率是纯 CdS 的 4 倍。

Li 等[127]利用 HKUST-1 先后在氮气和氧气条件下热解产生富含 Cu_2O 的八面体结构的碳基材料（Cu_2O@C），并与 g-C_3N_4 复合形成 GCNOX/Cu_2O@C。GCNOX/Cu_2O@C 在 H_2O_2 协同作用下光催化降解罗丹明 B 和环丙沙星。其中，碳基材料不仅有利于光的吸收和利用，而且由于其优异的导电性，在可见光下 GCNOX/Cu_2O 产生的载流子可以快速迁移到碳层，从而抑制表面电子-空穴对的复合。当 VB 上的空穴不能快速转移或消耗时，Cu_2O 在光催化过程中容易被氧化为低活性的 CuO，造成光腐蚀现象，这对于催化剂活性和稳定性不利。其中碳基材料可促进 GCNOX/Cu_2O 中载流子的有效转移，对保护光催化剂的稳定性具有重要意义。经过 4 次降解实验发现，GCNOX/Cu_2O@C 降解效率没有明显变化，第 4 次循环在 90min 内对罗丹明 B 的降解效率仍达到 87.4%。

4.4　基于 MOFs 的光催化体系对污染物的降解行为

单一光催化体系由于 MOFs 载流子分离效率不高等原因，催化降解污染物的能力还是相对较低的，目前许多研究者研究了其他高级氧化工艺与光催化结合的实验，如在光催化体系中额外加入 O_3、H_2O_2、过硫酸盐（PS）等物质。由于 O_3、H_2O_2、PS 这类物质在光照条件下分解产生活性物质或与催化剂反应生成活性氧（ROS），同时加入的 O_3、H_2O_2、PS 可捕获催化剂中被激发产生的光生电子，从而减少光生载流子的重组，因而在体系中加入 O_3、H_2O_2、PS 是提升体系降解污染物效果的有效手段之一。

4.4.1　光-臭氧体系

臭氧（O_3）具有较高的氧化电位[2.07V（*vs.* NHE）]，可以氧化多种有机污染物。在催化氧化过程中，臭氧作为氧化剂主要攻击富含电子的官能团，如双键、胺和芳香环[128]。光催化和臭氧氧化相结合的光催化臭氧化（PCO）技术是有效降解有机污染物的前景技术。PCO 具有以下优点：①臭氧可以清除 MOFs LUMO 中的电子（e^-）并减少光生电子与空穴重组；②臭氧可以与催化剂反应产生额外的 ROS。这两个因素提高了光催化和臭氧氧化降解污染物的能力。

Yu 等[21]使用臭氧增强 MIL-88A(Fe)的光催化活性，同时臭氧在 MIL-88A(Fe)表面的路易斯酸性位点（LAS，是指所有能接收电子的位点，对于 MOFs 常指其中的不饱和金属离子[129]）有效地分解产生 ROS，两者结合实现了 4-硝基苯酚的有效降解。降解体系中，只添加臭氧时，4-硝基苯酚的降解效率为 51.4%。同时添加臭氧和催化剂[MIL-88A(Fe)]时，4-硝基苯酚的降解效率提升到 92.9%。降解效率增加归因于存在大量 LAS，这在催化臭氧氧化中起着关键作用。LAS 被认为是臭氧吸附和分解的活性位点，因此可通过磷酸盐阻断 LAS 以确定催化臭氧氧化的贡献[130]。在 MIL-88A(Fe)/UV/O_3 体系中，降解 30min 时，4-硝基苯酚的降解效率可达到 100%，而添加磷酸盐后降解效率下降到 41.4%。这证明了 LAS 的存在与其催化臭氧的作用。值得注意的是，在抑制了 LAS 对臭氧的催化后，MIL-88A/UV/O_3 体系对 4-硝基苯酚的降解效率为 41.4%，仍然大于 MIL-88A/UV 体系的降解效率（35.6%），这可能是由于臭氧捕获光生电子而抑制 MIL-88A 光生电子和空穴的重组，从而提升降解效率。为了验证臭氧的作用，他们测量了有无臭氧的 MIL-88A 的电化学阻抗谱图和光致发光光谱，以分析 LUMO 电子和 HOMO 空穴的分离与转移能力。结果发现，[MIL-88A(Fe) + 臭氧]反应体系显示出比 MIL-88A(Fe)更小的圆弧直径，表明臭氧的存在可以通过捕获光生电子来促进载流子分离。同时，[MIL-88A + 臭氧]显示出比[MIL-88A]更低的光致发光光谱强度，进一步表明臭氧可以作为 LUMO 电子捕获剂来抑制光生载流子的复合。另外，研究者测量了 MIL-88A 的能带结构，发现 MIL-88A 产生的光生电子可以还原 O_2 形成 $O_2^{\cdot -}$，但无法氧化 OH^- 形成 $\cdot OH$。并提出 MIL-88A/UV/O_3 的降解机理：①MIL-88A 表面的 LAS 可以催化臭氧形成活性氧物质[式（4.5）～式（4.9）]。②臭氧可以捕获 MIL-88A 激发的光生电子减少空穴与光生电子的重组，从而促进了活性氧物质的产生[式（4.10）和式（4.11）]。

$$Fe^{3+} + OH^- \longrightarrow Fe^{2+}—OH \tag{4.5}$$

$$Fe^{3+}—OH + O_3 \longrightarrow Fe^{3+}—O_3 + \cdot OH \tag{4.6}$$

$$Fe^{3+}—O_3 + OH^- \longrightarrow Fe^{2+} + \cdot HO_2 + {}^1O_2 \tag{4.7}$$

$$Fe^{3+} + \cdot OH_2 \longrightarrow Fe^{2+} + O_2 + H^+ \tag{4.8}$$

$$Fe^{2+} + O_3 + H_2O \longrightarrow Fe^{3+} + \cdot OH + OH^- \tag{4.9}$$

$$\text{MIL-88A} + h\nu \rightarrow e^- + h^+ \tag{4.10}$$

$$O_3 + e^- + H_2O \longrightarrow {}^1O_2 + O_2^{\cdot -} + \cdot OH \tag{4.11}$$

4.4.2 光-芬顿体系

亚铁盐和过氧化氢的组合称为芬顿（Fenton）试剂。芬顿氧化法是指将芬顿试剂（Fe^{2+}和过氧化氢）加入到废水中可以反应形成·OH并用于废水的处理技术［式（4.12）和式（4.13）］，具有操作简单、降解效率高等优点。芬顿氧化体系的反应活性受溶液pH、环境温度、过氧化氢的浓度及Fe^{2+}的浓度等各种操作参数的影响。首先，实际处理过程中过氧化氢利用率偏低，造成污染物的低分解率。而且，均相的芬顿反应要求溶液pH为3左右，低于实际废水的pH，调节pH会增加运营成本。此外，添加亚铁盐将增大含铁污泥量，从而造成二次污染。近几年，研究人员发现非均相类芬顿的工艺可以在很宽的pH范围内进行，且该催化剂可以循环使用，从而避免了铁泥的产生[131]。非均相催化剂是指一些过渡金属基催化剂，其中铁基固体催化剂最为常见。同时，将光与非均相类芬顿反应结合可以增强电子传递并加速Fe^{3+}/Fe^{2+}的氧化还原循环以增强过氧化氢的催化过程。光芬顿氧化过程是在紫外线或日光照射下，以及过氧化氢和铁基固体的结合下发生，从而生成了更多·OH[132]。

$$Fe^{2+} + H_2O_2 \longrightarrow Fe^{3+} + \cdot OH + OH^- \qquad (4.12)$$

$$Fe^{3+} + H_2O_2 \longrightarrow Fe^{2+} + \cdot HO_2 + H^+ \qquad (4.13)$$

与传统固相催化剂相比，Fe基MOFs具有许多优异的特性，如丰富的纳米级空腔、可调的孔隙率、大的比表面积、开放的孔道和良好的热稳定性。特别是，丰富的纳米级空腔和开放的孔道为有机污染物提供通道，这有助于克服催化过程中的传质限制。除了上述优势外，MOFs中分散良好的Fe还可以作为催化反应的活性位点。同时，已经证明Fe基MOFs能被可见光激发，光生电子再从$\equiv O^{2-}$转移至$\equiv Fe^{3+}$，将$\equiv Fe^{3+}$还原成$\equiv Fe^{2+}$。因此，Fe基MOFs参与光芬顿（photo-Fenton）反应降解有机污染物是优化传统非均相芬顿体系不足的有效手段，在此过程中Fe基MOFs提供了更多的活性位点，同时Fe基MOFs被光激发实现了$\equiv Fe^{3+}/\equiv Fe^{2+}$有效循环从而实现$H_2O_2$快速活化。Wu等[133]合成了Fe基MOFs（MIL-101、MIL-88B、MIL-53）并与传统固相催化剂Fe_2O_3对比了光芬顿降解盐酸四环素的效果，结果显示20min内Fe基MOFs光芬顿降解盐酸四环素的效果远优于Fe_2O_3，同时MIL-101显示出最优的催化性能，MIL-101对盐酸四环素的降解速率常数（$0.07min^{-1}$）分别是MIL-88B（$0.035min^{-1}$）和MIL-53（$0.017min^{-1}$）的2倍和4.12倍。通过对比结构、光学和氧化还原特性，以及配位不饱和铁位点的数量等因素发现，MIL-101表现出最优的催化性能可能是由于其最大的比表面积和孔体积，以及最多的不饱和铁位点。由于不饱和金属位点呈现阳离子特性，因此表现出路易斯酸性，而 H_2O_2 作为路易斯碱，倾向于吸附在路易斯酸性位点上，当 MOFs 中的金属位点完全被有机配体占据，通常会阻碍活性金属位点活化 H_2O_2[129]。磷酸盐是一种路易斯碱，有研究证明磷酸根离子比 H_2O_2 更容易与不饱和金属位点结合，抑制不饱和金属位点催化 H_2O_2[134]。为验证催化体系中不饱和铁位点的作用，研究者添加了 100mmol/L 磷酸盐到光芬顿体系中，发现盐酸四环素的降解被完全抑制了。另外，通过对比 MIL-101/H_2O_2/光催化体系、单纯光催化体系和 MIL-101/H_2O_2 体系，发现类芬顿体系与光催化体系存在显著的协同作用，20min 内 MIL-101/H_2O_2/光催化体系对盐酸四环素的降解效率（80%）高于单纯光催化体系（0%）和 MIL-101/H_2O_2 体系（32.48%）。在 MIL-101/H_2O_2/光催化体系中，H_2O_2 作为路易斯碱，倾向于与不饱和铁活性中心（路易斯酸位点）直接配位。由于大量 Fe-O 簇的存在，MIL-101 可以直接被可见光激发转变成高能态，并立即产生光生电子-空穴对。几乎同时，光生电子从 $\equiv O^{2-}$ 转移到 $\equiv Fe^{3+}$，导致 $\equiv Fe^{3+}$ 还原为 $\equiv Fe^{2+}$。产生的 $\equiv Fe^{2+}$ 与表面配位的 H_2O_2 结合引发非均相芬顿反应，导致 $\equiv Fe^{2+}$ 氧化并生成·OH。在此过程中，$\equiv Fe^{2+}$ 返回到原始价态 $\equiv Fe^{3+}$。因此，在可见光照射下实现了 $\equiv Fe^{2+}/\equiv Fe^{3+}$ 的加速循环，这有助于增加·OH 的生成量并提高整个系统的氧化能力。

除了单金属 Fe 基 MOFs 外，金属掺杂技术已被证明能提高 MOFs 光芬顿体系的催化性能。Kirchon 等[135]利用 Co、Mn 同晶金属取代 Fe 合成了 PCN-250（Fe_2M，M = Co、Mn、Fe），发现 Co、Mn 取代 PCN-250(Fe_3)中的 Fe 后，可提高其芬顿体系和光芬顿体系对于亚甲基蓝的降解能力。这是因为 Fe 被 Mn 和 Co 离子的同构取代允许 Mn 和 Co 物种与 Fe 之间通过氧桥共享部分电子，实现更快地从 $\equiv Fe^{3+}$ 再生为 $\equiv Fe^{2+}$，从而实现亚甲基蓝的有效降解。Wu 等[136]将 Mn 掺杂到 MIL-53(Fe)中，同时通过缩短水热时间来合成低结晶度的双金属 MOFs[L-MIL-53(Fe, Mn)]并用于降解环丙沙星。低结晶度的 MOFs 由于水热时间短，大多数金属位点无法与有机配体完全配位，因此形成更多的不饱和金属位点。低结晶度的 L-MIL-53(Fe)相较于 MIL-53 表现出增强的催化性能，对于环丙沙星的降解能力提高了 7%。而在低结晶度的前提下，并在掺杂 Mn 后，L-MIL-53(Fe, Mn)对环丙沙星的降解效率从 L-MIL-53(Fe)的 30.3%提升到 89.0%，由此可见 Fe 和 Mn 节点之间在低结晶状态下发生的强化协同作用可以显著提高双金属 MOFs 对 H_2O_2 的活化能力。

除此之外，Fe 基 MOFs 还可与其他功能性无机材料结合进一步提升其催化活性，如贵金属纳米粒子、磁性金属氧化物（如 Fe_3O_4）和其他半导体材料（如 TiO_2、g-C_3N_4、Ti_3C_2 和 Ag_3PO_4）。Liang 等[94]通过简单的室温光沉积方法将贵金属（Au、Pd 和 Pt）纳米粒子固定在 MIL-100(Fe)上，记为 M@MIL-100(Fe)。Au、Pd 和 Pt 纳米粒子均匀分散在 MIL-100(Fe)上，界面紧密接触，平均直径为 2～15nm。通过光电化学分析结果发现，贵金属沉积有助于提升 MIL-100(Fe)的光生电子与空穴的分离能力。主要的 ROS（·OH）是通过 MIL-100(Fe)光激发的电子和 M@MIL-100(Fe)催化剂的 Fe-O 簇活化 H_2O_2 所得。与纯 MIL-100(Fe)相比，所得纳米复合材料表现出更强的催化活性。Fe_3O_4 因结构中 Fe^{2+} 含量较高、成本低、环境友好、独特的磁性能和显著的光学性能而被证明是一种有益的非均相光芬顿过程的磁性催化剂。将 Fe_3O_4 和 Fe 基 MOFs 结合，可有效促进光生电子与空穴的分离。He 等[137]将 Fe_3O_4 与 MIL-100(Fe)结合光芬顿降解左氧氟沙星。研究发现，将 Fe_3O_4 引入 MIL-100(Fe)中不仅有效地提高催化剂的吸光能力，在光照条件下产生更多的光生电子和空穴，而且有利于光生电子和空穴的分离，从而使得催化体系中实际可用的光生电子更多。在可见光照射下，光生电子和空穴通过配体-金属簇电荷转移（LMCT）或直接 Fe-O 簇激发得到。与 MIL-100(Fe)相比，Fe_3O_4 的 CB 水平较低，因此 MIL-100(Fe)产生的光生电子可以转移到 Fe_3O_4 的表面从而抑制 MIL-100(Fe)光生电子-空穴对的直接复合，同时电子将 Fe_3O_4 中 Fe^{3+} 还原成 Fe^{2+}，Fe^{3+}/Fe^{2+} 循环有利于催化 H_2O_2 产生更多的·OH。此外，由于 H_2O_2 的分解也会消耗电子，进一步抑制了 MIL-100(Fe)光生电子和空穴的快速复合，从而产生更多的空穴来吸附和降解左氧氟沙星。当 Fe_3O_4 与 MIL-100(Fe)质量比为 1∶4 时，催化剂表现出最优的左氧氟沙星降解能力，其降解速率常数分别是 Fe_3O_4 和 MIL-100(Fe)的 35.7 倍和 2.4 倍。同时，该复合材料表现出磁性，可通过磁场进行快速回收。

通过将 Fe 基 MOFs 与其他传统半导体（如 TiO_2、g-C_3N_4 和 Bi_2WO_6）结合形成异质结，异质结的形成解决了 Fe 基 MOFs 光生电子分离效率不足的问题，同时异质结间电荷转移有效地将 Fe^{3+} 还原成 Fe^{2+}，从而实现 H_2O_2 的高效催化。Li 等[138]通过水热法将 g-C_3N_4 加入到 NH_2-MIL-88B(Fe)前驱体溶液中合成了 g-C_3N_4/NH_2-MIL-88B(Fe)复合材料，并用于光芬顿降解亚甲基蓝，当 g-C_3N_4 含量为 5wt%、10wt%、20wt%、30wt%时分别定义为 lp-1、lp-2、lp-3、lp-4。lp-2 展现出最优降解效果，120min 亚甲基蓝的降解效率为 100%，远高于 g-C_3N_4（24.8%）和 NH_2-MIL-88B(Fe)（57.0%）。lp-*x* 复合材料的活性增强可归因于 g-C_3N_4/NH_2-MIL-88B(Fe)异质结的形成导致光生电子和空穴分离效率提升，在光照条件下 g-C_3N_4 和 NH_2-MIL-88B(Fe)同时被激发，位于 g-C_3N_4 CB 中的电子经异质结界面转移至 NH_2-MIL-88B(Fe)将 Fe^{3+} 还原成 Fe^{2+}，NH_2-MIL-88B(Fe)也可被激发使得 Fe^{2+} 形成，大量形成的 Fe^{2+} 实现了 H_2O_2 的高效催化产生·OH。

碳基材料与 Fe 基 MOFs 结合，同样可有效促进光芬顿过程。Liu 等[139]报道了一种在 MIL-88A(Fe)表面聚合超薄氧化石墨烯（GO）以形成 MIL-88A(Fe)/GO 复合材料的简便方法，并通过光芬顿法降解罗丹明 B。当 MIL-88A(Fe)/GO 复合材料中 GO 掺杂含量为 9.0wt%时，对罗丹明 B 的光降解速率是纯 MIL-88A(Fe)的

8.4 倍。同时，该实验中 MIL-88A(Fe)反应溶剂为富马酸，避免使用 *N*, *N*-二甲基甲酰胺（DMF）作为反应溶剂。因为如果 DMF 在合成过程中没有被完全去除，那么存留于 MOFs 中的 DMF 可能会在应用过程中造成二次污染。在可见光照射下，MIL-88A(Fe)/GO-H_2O_2 体系对罗丹明 B 的去除表现出比纯 MIL-88A(Fe)-H_2O_2 更好的光催化效率。H_2O_2 作为电子受体可以显著改善 MIL-88A(Fe)对罗丹明 B 的去除性能。同时，GO 在光催化反应中也发挥了重要作用。此外，MIL-88A(Fe)/GO 光催化剂在水溶液中表现出高稳定性和可重复使用性。

4.4.3 光-过硫酸盐体系

在过去的十年中，基于 $SO_4^{\cdot-}$ 自由基的高级氧化技术（AOPs）因能够有效消除和矿化天然水中有害污染物而引起了全世界关注[140]。与羟基自由基（·OH）相比，$SO_4^{\cdot-}$ 具有更高还原电位[2.5～3.1V（*vs.* NHE）]、更宽 pH 适应性和更长寿命（$t_{1/2} = 30～40\mu s$）。过硫酸盐（PS）在室温下稳定，可通过热、过渡金属、紫外光（UV）或其他方式活化[式（4.14）]，形成高反应活性的 $SO_4^{\cdot-}$ 自由基[141-143]。

$$S_2O_8^{2-} + 催化剂 \longrightarrow SO_4^{\cdot-} + (SO_4^{\cdot-}或SO_4^{2-}) \tag{4.14}$$

活化过硫酸盐技术在实际中应用广泛，因为形成的自由基与有机化学物质发生反应，导致部分或完全矿化[144, 145]。其中，使用铜、铁、锌、钴和锰等过渡金属通过单电子转移活化过硫酸盐形成 $SO_4^{\cdot-}$ 是一种常见的方法。

$$S_2O_8^{2-} + M^{n+} \longrightarrow M^{n+1} + SO_4^{\cdot-} + SO_4^{2-} \tag{4.15}$$

其中，M 为过渡金属元素。

钴离子和含钴材料是过硫酸盐最佳的活化剂，然而钴具有致癌性，限制了其应用[146]。铁作为研究最多的金属，具有良好的活化性能，且相对无毒、环保、廉价，同时 Fe^{2+}与过硫酸盐反应可形成硫酸盐自由基。催化过程中，Fe^{2+}不足会使得过硫酸盐利用率低，而过量的 Fe^{2+}会造成铁捕获 $SO_4^{\cdot-}$ 。

$$S_2O_8^{2-} + Fe^{2+} \longrightarrow Fe^{3+} + SO_4^{\cdot-} + SO_4^{2-} \tag{4.16}$$

$$Fe^{2+} + SO_4^{\cdot-} \longrightarrow Fe^{3+} + SO_4^{2-} \tag{4.17}$$

与传统 Fe 基催化剂相比，Fe 基 MOFs 具有高暴露的活性位点，丰富的孔隙结构，在可见光下 Fe-O 簇能被有效激发使得 Fe^{3+}有效还原成 Fe^{2+}，从而实现过硫酸盐更有效活化。同时过硫酸盐作为一种电子受体，可快速接受 Fe 基 MOFs 激发的光生电子导致光生电子和空穴的有效分离。

2017 年，Gao 等[147]报道了在 LED 灯照射下使用 MIL-53(Fe)活化 PS 降解有机染料酸性橙 7（AO7）。在降解过程中，研究者发现只添加 PS 和添加 PS 与可见光照射的体系对于酸性橙 7 基本不降解，说明 PS 无法直接降解酸性橙 7，同时也不能被可见光活化。在 MIL-53(Fe)/PS 体系中，也仅仅降解了 17%的酸性橙 7。而在可见光照射下，MIL-53(Fe)在没有 PS 的情况下表现出中等的光催化活性，并且实现了约 24%的酸性橙 7 去除率。这可能主要归因于可见光照射的 MIL-53(Fe)产生了光生载流子，从而实现酸性橙 7 的氧化。然而，酸性橙 7 的去除率并不令人满意，这可能是由于光生电子和空穴的快速复合。当光催化与 PS 活化相结合时[MIL-53(Fe)/PS/光催化体系]，酸性橙 7 的降解率几乎达到了 100%，因此使用 Fe 基 MOFs 在光照条件下活化 PS 用于降解有机污染物表现出优异的潜力。Mei 等[148]研究了 MIL-53(Fe)/PS/光催化体系中电子迁移过程，发现有机配体在可见光区不存在光响应，因此排除了配体-金属簇电荷转移（LMCT）机理。研究者认为 MIL-53(Fe)中的 Fe-O 簇在可见光下被激发，光生电子从 O^{2-}转移到 Fe^{3+}形成 Fe^{2+}。形成的 Fe^{2+}失去电子可以还原 PS 和 O_2 产生 $SO_4^{\cdot-}$ 和 $O_2^{\cdot-}$，而 Fe^{2+}本身被氧化为 Fe^{3+}，从而有效促进电子和空穴的分离。$SO_4^{\cdot-}$、$O_2^{\cdot-}$ 和空穴具有很强的氧化能力，可以直接氧化罗丹明 B。此外，空穴可以氧化 H_2O 为·OH，以及水溶液中 $SO_4^{\cdot-}$ 的存在也可能导致自由基互变反应而产生·OH。所有这些自由基都有助于在 MIL-53(Fe)/PS/光催化过程中降解罗丹明 B。

为减少催化过程中带来的二次污染，Zhang 等[149]使用相对清洁的 Fe 基 MOFs（MIL-88A）在可见光照射下活化 PS 用于降解四环素。MIL-88A 是一种以水溶液为溶剂而不是使用 DMF 合成的环保型 Fe 基 MOFs。值得注意的是，DMF 是公认的致癌物，使用时可能会造成二次污染。研究者通过自由基猝灭实验同时结合 MIL-88A 能带结构详细探讨了自由基的产生与来源，并分析各种自由基在降解四环素时的权重。叔丁醇（TBA）、乙醇（EtOH）、氮气（N_2）分别作为·OH、·OH 和 $SO_4^{\cdot-}$、$O_2^{\cdot-}$ 的猝灭剂加入 MIL-88A/PS/光催化体系，发现系统缺少了·OH 后对于四环素的降解能力只有微弱的降低，这说明·OH 在四环素降解中起到了微不足道的作用。当同时猝灭·OH 和 $SO_4^{\cdot-}$ 两种自由基时，该体系对于四环素的降解效率从将近 100%降低到 40%，这说明 $SO_4^{\cdot-}$ 对四环素降解起主导作用。此外，当向体系中通入 N_2 来抑制催化剂利用 O_2 生成 $O_2^{\cdot-}$ 时，该体系对于四环素的降解效率从将近 100%降低到 63%。为了进一步验证 $O_2^{\cdot-}$ 的来源，在黑暗条件下，使用 MIL-88A(Fe)/PS 和 MIL-88A(Fe)/PS + N_2 体系降解四环素，发现这两个体系对四环素降解差别不大，说明 MIL-88A(Fe)不会催化 PS 产生 $SO_4^{\cdot-}$ 自由基进一步反应转化为 $O_2^{\cdot-}$，MIL-88A/PS/光催化体系中 $O_2^{\cdot-}$ 是由 MIL-88A 光激发的光生电子与 O_2 结合反应生成。研究者提出了 MIL-88A/PS/光催化体系降解四环素的机理，即 MIL-88A 被可见光照射而被激发生成光生电子和空穴，其中光生电子可以被 PS 捕获生成 $SO_4^{\cdot-}$，PS 可充当电子受体实现光生电子的快速转移，从而减少光生载流子的复合。此外，$SO_4^{\cdot-}$ 还可以通过 MIL-88A 中的═Fe^{3+}激活 PS 产生，从而使

MIL-88A/PS/光催化体系实现对四环素的高效降解。

一些外部条件对于催化过程有着至关重要的影响，光照即为其之一，但较少关注光照波长对于 Fe 基 MOFs/PS 光催化体系的影响。Hu 等[150]进一步研究了不同波长下 MIL-101(Fe)/PS/光催化体系对于磷酸三（2-氯乙基）酯（TCEP）降解能力的影响，发现该体系的性能高度依赖于照射波长，降解效率以 420nm＞280nm＞310nm＞472nm 的顺序下降。同时，研究者还比较了水质对于 420nm 光照条件下 MIL-101(Fe)/PS 体系与均相紫外光活化 PS 体系降解磷酸三(2-氯乙基)酯的影响，发现该条件下 MIL-101(Fe)/PS 体系表现出更优越的性能，表明它是消除水中有机污染物的潜在技术。

可通过调节 Fe 基 MOFs 的比表面积与电负性对 Fe 基 MOFs/PS/光催化体系催化性能进行调控。Mei 等[151]报道了使用木糖醇对 MIL-53(Fe)的比表面积和 Fe^{3+}/Fe^{2+}比值进行调整，论证了 MIL-53(Fe)的电负性和比表面积与其催化活性之间的关系。在实验中，研究者分别将木糖醇加入到 MIL-53(Fe)合成前驱体溶液中合成了 XY-M-Fe 样品。通过比表面积与孔径分析测试发现，木糖醇的加入有利于提高 MIL-53(Fe)的孔体积和比表面积。通常，比表面积的增加伴随着活性位点和吸附位点的增加，这对于催化剂性能有利。通过 XPS 分析了 XY-M-Fe 和 MIL-53(Fe)的化学状态和化学成分，发现 XY-M-Fe 的 Fe_{2p}和 O_{1s}态的结合能发生明显变化。XY-M-Fe 中 Fe_{2p}态的所有峰始终向更高的能量移动 0.55eV，表明 Fe 的氧化态增强。O_{1s}态也移动到更高的能量 0.7eV。在这种情况下，Fe 和 O 元素结合能的显著增加意味着 MIF-53(Fe)结构中总电子密度的降低，这可能是加入木糖醇后，MIL-53(Fe)中 Fe^{2+}/Fe^{3+}比值的降低导致 Fe 原子周围电子密度降低，Fe^{3+}的电负性（是指原子在化合物中吸引电子的能力）高于 Fe^{2+}，因此 XY-M-Fe 显示出强大的吸引电子的能力。经过光致发光、瞬态光电流响应、电化学阻抗谱分析发现，XY-M-Fe 表现出更强光生电子和空穴分离与转移能力。XY-M-Fe/PS/光催化体系在 60min 内对于杀虫剂噻虫嗪（TMX）的降解效率约为 97%，而 MIL-53(Fe)/PS/可见光体系对于 TMX 基本不降解。研究者提出了 XY-M-Fe/PS/光催化体系的可能机理，即添加木糖醇不仅增加 MIL-53(Fe)的比表面积，暴露更多的活性位点，同时也增多电负性较高的 Fe^{3+}，这有利于吸引光生电子降低电子和空穴复合，从而增加 MIL-53(Fe)的催化活性。

同样构建异质结对于光-过硫酸盐体系也是一种改进其催化性能的有效手段。Zhao 等[38]通过简单的球磨法将不同比例的 MIL-100(Fe)与 $Bi_{12}O_{17}Cl_2$ 进行复合得到 $Bi_{12}O_{17}Cl_2$/MIL-100(Fe) Ⅱ型异质结复合材料[BM*x*，*x* 是 $Bi_{12}O_{17}Cl_2$ 总质量为 200mg 时 MIL-100(Fe)的质量，如 BM100、BM200、BM300、BM400 和 BM500]，在光照条件下活化 PS 用于降解双酚 A，其中 BM200/PS/光照体系在 40min 内降解了约 100%的双酚 A，而 MIL-100(Fe)/PS/光照体系在 60min 时才能将双酚 A 完全降解，通过计算得出 BM200/PS/光照体系对于双酚 A 的降解速率是 MIL-100(Fe)/PS/光照体系的 1.68 倍。在探究不同因素对催化体系降解双酚 A 的影响时，研究者发现 BM200/PS/光照体系可以在 3.0～11.0 的广泛初始 pH 范围内实现对双酚 A 的有效降解。同时，当 PS 浓度增加到 2.0mmol/L 以上时，过量的 PS 会与 $SO_4^{\cdot-}$ 反应生成氧化能力更低的 $S_2O_8^{\cdot-}$，同时大量的 $SO_4^{\cdot-}$ 会相互反应生成 $S_2O_8^{-}$。

$$SO_4^{\cdot-} + S_2O_8^{2-} \longrightarrow SO_4^{2-} + S_2O_8^{\cdot-} \tag{4.18}$$

$$SO_4^{\cdot-} + SO_4^{\cdot-} \longrightarrow S_2O_8^{2-} \tag{4.19}$$

同时，研究者还发现当溶液中存在无机离子（NO_3^-、Cl^-、SO_4^{2-}、HCO_3^-、$H_2PO_4^-$）时，会降低 BM200/PS/光照体系降解双酚 A 的能力。通过光致发光、瞬态光电流响应和电化学阻抗谱分析，研究者发现 $Bi_{12}O_{17}Cl_2$/MIL-100(Fe)复合材料表现出比 MIL-100(Fe)和 $Bi_{12}O_{17}Cl_2$ 更优异的光生电子和空穴的分离和转移能力。通过自由基猝灭实验，发现 $O_2^{\cdot-}$、$SO_4^{\cdot-}$ 和空穴为降解双酚 A 的主要自由基。结合 MIL-100(Fe)与 $Bi_{12}O_{17}Cl_2$ 能带结构分析，研究者提出 BM200/PS/光照体系对于双酚 A 的降解机理。在光照条件下，MIL-100(Fe)与 $Bi_{12}O_{17}Cl_2$ 同时被激发，$Bi_{12}O_{17}Cl_2$ 中光生电子从 VB 迁移至 CB，而 MIL-100(Fe)可通过 LMCT 机理将光生电子从 HOMO 转移到 LUMO，MIL-100(Fe)的 HOMO 中的空穴倾向于向 $Bi_{12}O_{17}Cl_2$ 中的 VB 转移，$Bi_{12}O_{17}Cl_2$ 中的电子倾向于向 MIL-100(Fe)的 LUMO 中转移，这导致光生电子和空穴有效分离。MIL-100(Fe)的 LUMO 中的光生电子可以与 O_2 反应产生 $O_2^{\cdot-}$，可以快速分解双酚 A 分子。而引入电子受体（PS）清除了 MIL-100(Fe)的 LUMO 中的光生电子，这可以有效抑制光生电子和空穴的复合并促进 $SO_4^{\cdot-}$ 和·OH 的产生。上述两种具有强氧化性的含氧自由基可以快速光降解双酚 A 分子。此外，BM200 表面上的 Fe-O 簇可以活化 PS 生成 $SO_4^{\cdot-}$，同时空穴也会直接氧化双酚 A。

Fe 基 MOFs 不仅可以与半导体材料形成异质结促进活化 PS 用以降解污染物，还能与共价有机骨架（COFs）结合形成异质结。Lv 等[152]通过可行的分步方法合成了两种新型可见光响应 MOFs@COFs 基催化剂，即 MIL-101-NH_2@TpMA 和 UiO-66-NH_2@TpMA，然后将所得的光催化剂用作 PS 活化剂，用于光催化降解双酚 A。SEM、TEM、XRD 和 FTIR 表征结果表明 MIL-101-NH_2@TpMA 和 UiO-66-NH_2@TpMA 制备成功。光学分析（包括光致发光、紫外-可见漫反射、电化学阻抗谱和瞬态光电流响应）结果表明，MOFs 和 COFs 的组成可以有效提高催化剂的光催化活性。此外，与纯 MIL-101-NH_2、UiO-66-NH_2 和 TpMA 相比，所得 MIL-101-NH_2@TpMA 和 UiO-66-NH_2@TpMA 复合材料表现出更强的双酚 A 降解能力。此外，MIL-101-NH_2@TpMA 和 UiO-66-NH_2@TpMA 也表现出很好的可重用性、稳定性和普遍适用性。

4.5 小结与展望

光催化作为一种清洁的技术，在去除污染物方面具有较大的应用潜力。MOFs 作为一种新型可控的优质光催化剂，在去除水体中污染物方面具有较大的应用前景。通常，MOFs 的光催化活性可通过光吸收性能、光生电子与空穴的分离与转移性能、比表面积等进行调节，常见的策略如形貌/尺寸调节、官能团修饰、金属掺杂、与半导体材料结合、染料敏化、金属纳米粒子负载、碳基材料修饰。同时，MOFs 衍生材料拥有出色的物理化学性质，使得其在光催化领域同样扮演着重要的角色。基于 MOFs 的环境光催化技术目前还处于初级阶段，需要进一步发展成为一种友好、稳定的技术，以便在未来实现低成本的实际应用。总体来讲，要深入开展研究工作，需要克服以下挑战和障碍：

（1）目前，大部分文献中具备光催化活性的 MOFs 仍停留在实验室合成阶段。此外，一些 MOFs 的合成方法相对复杂，不易调控，能否在实际应用中大规模生产是值得思考的一个问题。因此，研发更简单、适于批量生成的合成方法，对未来大规模应用是十分必要的。

（2）针对负载的金属纳米粒子用于改进 MOFs 光催化性能主要集中在贵金属（如 Pd、Pt、Au 和 Ag），对非贵金属（如 Cu、Bi）的研究值得进一步探索。

（3）到目前为止，MOFs 的多功能应用还很有限，主要集中于染料与四环素的光催化降解，而关于 Cr(Ⅵ)的还原及一些新型污染物（内分泌干扰物、药品和个人护理用品、全氟化合物、溴代阻燃剂等）的降解报道较少。

（4）为了更好地调控 MOFs 的光催化作用，需要对其降解过程进行深入的研究。例如，在大多数情况下，由于有机污染物的矿化不完全，应对降解中间体的毒性进行评估。

（5）除了检测光催化过程中的活性物种（如·OH、$O_2^{\cdot-}$ 和空穴）外，光催化机理的更多细节还需要深入研究。例如，需要确定污染物在 MOFs 表面/孔道中的吸附位点、界面电子传递机理及限速步骤。

（6）MOFs 由金属离子和有机配体组成，当光催化技术与其他高级氧化技术结合时，应深入研究有机配体是否会被氧化分解，如果有机配体能被氧化，应如何提升 MOFs 在催化过程中的抗氧化性能。

参 考 文 献

[1] Fujishima A，Honda K. Electrochemical photolysis of water at a semiconductor electrode[J]. Nature，1972，238（5358）：37-38.

[2] Alvaro M，Carbonell E，Ferrer B，et al. Semiconductor behavior of a metal-organic framework（MOF）[J].

Chemistry：A European Journal，2007，13（18）：5106-5112.

[3] Furukawa H，Cordova K E，O'Keeffe M，et al. The chemistry and applications of metal-organic frameworks[J]. Science，2013，341（6149）：1230444.

[4] Wu H B，Xia B Y，Yu L，et al. Porous molybdenum carbide nano-octahedrons synthesized via confined carburization in metal-organic frameworks for efficient hydrogen production[J]. Nature Communications，2015，6（1）：1-8.

[5] Zhao S N，Wang G B，Poelman D，et al. Metal organic frameworks based materials for heterogeneous photocatalysis[J]. Molecules，2018，23（11）：2947.

[6] Du C Y，Zhang Z，Yu G L，et al. A review of metal organic framework（MOFs）-based materials for antibiotics removal via adsorption and photocatalysis[J]. Chemosphere，2021，272：129501.

[7] Xiao J D，Jiang H L. Metal-organic frameworks for photocatalysis and photothermal catalysis[J]. Accounts of Chemical Research，2018，52（2）：356-366.

[8] Sang Y H，Zhao Z H，Zhao M W，et al. From UV to near-infrared，WS_2 nanosheet：a novel photocatalyst for full solar light spectrum photodegradation[J]. Advanced Materials，2015，27（2）：363-369.

[9] Tan X N，Zhang J L，Shi J B，et al. Fabrication of NH_2-MIL-125 nanocrystals for high performance photocatalytic oxidation[J]. Sustainable Energy & Fuels，2020，4（6）：2823-2830.

[10] Du Y X，Jie G G，Jia H L，et al. Visible-light-induced photocatalytic CO_2 reduction over zirconium metal organic frameworks modified with different functional groups[J]. Journal of Environmental Sciences，2023，132：22-30.

[11] Shi L，Wang T，Zhang H B，et al. An amine-functionalized iron(Ⅲ) metal-organic framework as efficient visible-light photocatalyst for Cr(Ⅵ) reduction[J]. Advanced Science，2015，2（3）：1500006.

[12] Hu L J，Chen J F，Wei Y S，et al. Photocatalytic degradation effect and mechanism of *Karenia mikimotoi* by non-noble metal modified TiO_2 loading onto copper metal organic framework (SNP-TiO_2@Cu-MOF) under visible light[J]. Journal of Hazardous Materials，2023，442：130059.

[13] Ojha N，Kumar S. Tri-phase photocatalysis for CO_2 reduction and N_2 fixation with efficient electron transfer on a hydrophilic surface of transition-metal-doped MIL-88A(Fe)[J]. Applied Catalysis B：Environmental，2021，292：120166.

[14] Pan Y T，Li D D，Jiang H L. Sodium-doped C_3N_4/MOF heterojunction composites with tunable band structures for photocatalysis：interplay between light harvesting and electron transfer[J]. Chemistry：A European Journal，2018，24（69）：18403-18407.

[15] Bariki R，Majhi D，Das K，et al. Facile synthesis and photocatalytic efficacy of UiO-66/$CdIn_2S_4$ nanocomposites with flowerlike 3D-microspheres towards aqueous phase decontamination of triclosan and H_2 evolution[J]. Applied Catalysis B：Environmental，2020，270：118882.

[16] Guo D，Wen R Y，Liu M M，et al. Facile fabrication of *g*-C_3N_4/MIL-53(Al) composite with enhanced photocatalytic activities under visible-light irradiation[J]. Applied Organometallic Chemistry，2015，29（10）：690-697.

[17] Otal E H，Kim M L，Calvo M E，et al. A panchromatic modification of the light absorption spectra of metal-organic frameworks[J]. Chemical Communications，2016，52（40）：6665-6668.

[18] Qin J N，Wang S B，Wang X C. Visible-light reduction CO_2 with dodecahedral zeolitic imidazolate framework ZIF-67 as an efficient co-catalyst[J]. Applied Catalysis B：Environmental，2017，209：476-482.

[19] He J，Wang J Q，Chen Y J，et al. A dye-sensitized Pt@UiO-66(Zr) metal-organic framework for visible-light photocatalytic hydrogen production[J]. Chemical Communications，2014，50（53）：7063-7066.

[20] Fang X Z，Shang Q C，Wang Y，et al. Single Pt atoms confined into a metal-organic framework for efficient photocatalysis[J]. Advanced Materials，2018，30（7）：1705112.

[21] Yu D Y，Li L B，Wu M，et al. Enhanced photocatalytic ozonation of organic pollutants using an iron-based metal-organic framework[J]. Applied Catalysis B：Environmental，2019，251：66-75.

[22] Li W J，Li Y，Ning D，et al. An Fe(Ⅱ) metal-organic framework as a visible responsive photo-Fenton catalyst for the degradation of organophosphates[J]. New Journal of Chemistry，2018，42（1）：29-33.

[23] Wang M H，Yang L Y，Guo C P，et al. Bimetallic Fe/Ti-based metal-organic framework for persulfate-assisted visible light photocatalytic degradation of orange Ⅱ[J]. ChemistrySelect，2018，3（13）：3664-3674.

[24] Chen Y Z，Zhang R，Jiao L，et al. Metal-organic framework-derived porous materials for catalysis[J]. Coordination Chemistry Reviews，2018，362：1-23.

[25] Laurier K G M，Vermoortele F，Ameloot R，et al. Iron(Ⅲ)-based metal-organic frameworks as visible light photocatalysts[J]. Journal of the American Chemical Society，2013，135（39）：14488-14491.

[26] Hussain M Z，Yang Z，Huang Z，et al. Recent advances in metal-organic frameworks derived nanocomposites for photocatalytic applications in energy and environment[J]. Advanced Science，2021，8（14）：2100625.

[27] Fatima R，Kim J O. De novo synthesis of photocatalytic bifunctional MIL-125(Ti)/gC_3N_4/RGO through sequential self-assembly and solvothermal route[J]. Environmental Research，2022，205：112422.

[28] Albini A. Some remarks on the first law of photochemistry[J]. Photochemical & Photobiological Sciences，2016，15（3）：319-324.

[29] Goh T W，Xiao C X，Maligal-Ganesh R V，et al. Utilizing mixed-linker zirconium based metal-organic frameworks to enhance the visible light photocatalytic oxidation of alcohol[J]. Chemical Engineering Science，2015，124：45-51.

[30] Liu J H，Wei X N，Sun W Q，et al. Fabrication of S-scheme CdS-*g*-C_3N_4-graphene aerogel heterojunction for enhanced visible light driven photocatalysis[J]. Environmental Research，2021，197：111136.

[31] Qiu J H，Zhang X F，Zhang X G，et al. Constructing $Cd_{0.5}Zn_{0.5}S$@ZIF-8 nanocomposites through self-assembly strategy to enhance Cr(Ⅵ) photocatalytic reduction[J]. Journal of Hazardous Materials，2018，349：234-241.

[32] Liu N，Huang W Y，Tang M Q，et al. *In-situ* fabrication of needle-shaped MIL-53(Fe) with 1T-MoS_2 and study on its enhanced photocatalytic mechanism of ibuprofen[J]. Chemical Engineering Journal，2019，359：254-264.

[33] Li D G，Huang J X，Li R B，et al. Synthesis of a carbon dots modified *g*-C_3N_4/SnO_2 Z-scheme photocatalyst with superior photocatalytic activity for PPCPs degradation under visible light irradiation[J]. Journal of Hazardous Materials，2021，401：123257.

[34] Liang R W，Shen L J，Jing F F，et al. Preparation of MIL-53(Fe)-reduced graphene oxide nanocomposites by a simple self-assembly strategy for increasing interfacial contact：efficient visible-light photocatalysts[J]. ACS Applied Materials & Interfaces，2015，7（18）：9507-9515.

[35] Zhao K，Zhang Z S，Feng Y L，et al. Surface oxygen vacancy modified Bi_2MoO_6/MIL-88B(Fe) heterostructure with enhanced spatial charge separation at the bulk & interface[J]. Applied Catalysis B：Environmental，2020，268：118740.

[36] di Credico B，Redaelli M，Bellardita M，et al. Step-by-step growth of HKUST-1 on functionalized TiO_2 surface：an efficient material for CO_2 capture and solar photoreduction[J]. Catalysts，2018，8（9）：353.

[37] Yuan R R，Yue C L，Qiu J L，et al. Highly efficient sunlight-driven reduction of Cr(Ⅵ) by TiO_2@NH_2-MIL-88B(Fe) heterostructures under neutral conditions[J]. Applied Catalysis B：Environmental，2019，251：229-239.

[38] Zhao C，Wang J S，Chen X，et al. Bifunctional $Bi_{12}O_{17}C_{12}$/MIL-100(Fe) composites toward photocatalytic Cr(Ⅵ)

sequestration and activation of persulfate for bisphenol A degradation[J]. Science of the Total Environment，2021，752：141901.

[39] Xie L C，Yang Z H，Xiong W P，et al. Construction of MIL-53(Fe) metal-organic framework modified by silver phosphate nanoparticles as a novel Z-scheme photocatalyst：visible-light photocatalytic performance and mechanism investigation[J]. Applied Surface Science，2019，465：103-115.

[40] Cao J，Yang Z H，Xiong W P，et al. One-step synthesis of Co-doped UiO-66 nanoparticle with enhanced removal efficiency of tetracycline：simultaneous adsorption and photocatalysis[J]. Chemical Engineering Journal，2018，353：126-137.

[41] Zhang C J，Jia M Y，Xu Z Y，et al. Constructing 2D/2D N-ZnO/g-C_3N_4 S-scheme heterojunction：efficient photocatalytic performance for norfloxacin degradation[J]. Chemical Engineering Journal，2022，430：132652.

[42] Zhao Y，Li R G，Mu L C，et al. Significance of crystal morphology controlling in semiconductor-based photocatalysis：a case study on $BiVO_4$ photocatalyst[J]. Crystal Growth & Design，2017，17（6）：2923-2928.

[43] Wang W，Fang J J，Chen H. Nano-confined g-C_3N_4 in mesoporous SiO_2 with improved quantum size effect and tunable structure for photocatalytic tetracycline antibiotic degradation[J]. Journal of Alloys and Compounds，2020，819：153064.

[44] Yi X H，Wang F X，Du X D，et al. Highly efficient photocatalytic Cr(Ⅵ) reduction and organic pollutants degradation of two new bifunctional 2D Cd/Co-based MOFs[J]. Polyhedron，2018，152：216-224.

[45] Wang D B，Jia F Y，Wang H，et al. Simultaneously efficient adsorption and photocatalytic degradation of tetracycline by Fe-based MOFs[J]. Journal of Colloid and Interface Science，2018，519：273-284.

[46] Viswanathan V P，Mathew S V，Dubal D P，et al. Exploring the effect of morphologies of Fe(Ⅲ) metal-organic framework MIL-88A(Fe) on the photocatalytic degradation of rhodamine B[J]. ChemistrySelect，2020，5（25）：7534-7542.

[47] Jiang D N，Zhu Y，Chen M，et al. Modified crystal structure and improved photocatalytic activity of MIL-53 via inorganic acid modulator[J]. Applied Catalysis B：Environmental，2019，255：117746.

[48] Patra S K，Rahut S，Basu J K. Enhanced Z-scheme photocatalytic activity of a π-conjugated heterojunction：MIL-53(Fe)/Ag/gC_3N_4[J]. New Journal of Chemistry，2018，42（23）：18598-18607.

[49] Yang C，Huang W，da Silva L C，et al. Functional conjugated polymers for CO_2 reduction using visible light[J]. Chemistry：A European Journal，2018，24（66）：17454-17458.

[50] Gascon J，Hernández-Alonso M D，Almeida A R，et al. Isoreticular MOFs as efficient photocatalysts with tunable band gap：an operando FTIR study of the photoinduced oxidation of propylene[J]. ChemSusChem：Chemistry & Sustainability Energy & Materials，2008，1（12）：981-983.

[51] Fu Y，Sun D，Chen Y，et al. An amine-functionalized titanium metal-organic framework photocatalyst with visible-light-induced activity for CO_2 reduction[J]. Angewandte Chemie International Edition，2012，51（14）：3364-3367.

[52] Flage-Larsen E，Røyset A，Cavka J H，et al. Band gap modulations in UiO metal-organic frameworks[J]. The Journal of Physical Chemistry C，2013，117（40）：20610-20616.

[53] Hendrickx K，Vanpoucke D E P，Leus K，et al. Understanding intrinsic light absorption properties of UiO-66 frameworks：a combined theoretical and experimental study[J]. Inorganic Chemistry，2015，54（22）：10701-10710.

[54] Shen L，Liang R，Luo M，et al. Electronic effects of ligand substitution on metal-organic framework photocatalysts：the case study of UiO-66[J]. Physical Chemistry Chemical Physics，2015，17（1）：117-121.

[55] Fu J W，Wang L，Chen Y H，et al. Enhancement of aqueous stability of NH_2-MIL-101(Fe) by hydrophobic

grafting post-synthetic modification[J]. Environmental Science and Pollution Research，2021，28（48）：68560-68571.

[56] Yan D Y，Gao N Y，Wu X N，et al. Fabrication of hydrophobic Fe-based metal-organic framework through post-synthetic modification：improvement of aqueous stability[J]. Journal of Water Process Engineering，2021，40：101979.

[57] Khaki M R D，Shafeeyan M S，Raman A A A，et al. Application of doped photocatalysts for organic pollutant degradation：a review[J]. Journal of Environmental Management，2017，198：78-94.

[58] Xu X Q，Liu R X，Cui Y H，et al. PANI/FeUiO-66 nanohybrids with enhanced visible-light promoted photocatalytic activity for the selectively aerobic oxidation of aromatic alcohols[J]. Applied Catalysis B：Environmental，2017，210：484-494.

[59] Sun D R，Liu W J，Qiu M，et al. Introduction of a mediator for enhancing photocatalytic performance via post-synthetic metal exchange in metal-organic frameworks（MOFs）[J]. Chemical Communications，2015，51（11）：2056-2059.

[60] Wang S Q，Meng F Q，Sun X J，et al. Bimetallic Fe/In metal-organic frameworks boosting charge transfer for enhancing pollutant degradation in wastewater[J]. Applied Surface Science，2020，528：147053.

[61] Ao D，Zhang J，Liu H. Visible-light-driven photocatalytic degradation of pollutants over Cu-doped NH_2-MIL-125(Ti)[J]. Journal of Photochemistry and Photobiology A：Chemistry，2018，364：524-533.

[62] Wang H L，Zhang L S，Chen Z G，et al. Semiconductor heterojunction photocatalysts：design，construction，and photocatalytic performances[J]. Chemical Society Reviews，2014，43（15）：5234-5244.

[63] Low J X，Xu J G，Jaroniec M，et al. Heterojunction photocatalysts[J]. Advanced Materials，2017，29（20）：1601694.

[64] Hu L X，Deng G H，Lu W C，et al. Deposition of CdS nanoparticles on MIL-53(Fe) metal-organic framework with enhanced photocatalytic degradation of RhB under visible light irradiation[J]. Applied Surface Science，2017，410：401-413.

[65] Hu Q S，Chen Y，Li M，et al. Construction of NH_2-UiO-66/BiOBr composites with boosted photocatalytic activity for the removal of contaminants[J]. Colloids and Surfaces A：Physicochemical and Engineering Aspects，2019，579：123625.

[66] Chen H，Zeng W G，Liu Y T，et al. Unique MIL-53(Fe)/PDI supermolecule composites：Z-scheme heterojunction and covalent bonds for uprating photocatalytic performance[J]. ACS Applied Materials & Interfaces，2021，13（14）：16364-16373.

[67] Zhao F P，Liu Y P，Ben Hammouda S，et al. MIL-101(Fe)/g-C_3N_4 for enhanced visible-light-driven photocatalysis toward simultaneous reduction of Cr(Ⅵ) and oxidation of bisphenol A in aqueous media[J]. Applied Catalysis B：Environmental，2020，272：119033.

[68] Wu Q，Liu Y N，Jing H C，et al. Peculiar synergetic effect of γ-Fe_2O_3 nanoparticles and graphene oxide on MIL-53(Fe) for boosting photocatalysis[J]. Chemical Engineering Journal，2020，390：124615.

[69] Lei Z D，Xue Y C，Chen W Q，et al. The influence of carbon nitride nanosheets doping on the crystalline formation of MIL-88B(Fe) and the photocatalytic activities[J]. Small，2018，14（35）：1802045.

[70] Yuan R R，Qiu J L，Yue C L，et al. Self-assembled hierarchical and bifunctional MIL-88A(Fe)@$ZnIn_2S_4$ heterostructure as a reusable sunlight-driven photocatalyst for highly efficient water purification[J]. Chemical Engineering Journal，2020，401：126020.

[71] Wang J W，Qiu F G，Wang P，et al. Boosted bisphenol A and Cr(Ⅵ) cleanup over Z-scheme WO_3/MIL-100(Fe)

composites under visible light[J]. Journal of Cleaner Production，2021，279：123408.

[72] Lei X F，Wang J，Shi Y，et al. Constructing novel red phosphorus decorated iron-based metal organic framework composite with efficient photocatalytic performance[J]. Applied Surface Science，2020，528：146963.

[73] Chen H，Wang Y Q，Huang F. Layer by layer self-assembly MoS_2/ZIF-8 composites on carboxyl cotton fabric for enhanced visible light photocatalysis and recyclability[J]. Applied Surface Science，2021，565：150458.

[74] Zheng X N，Li Y，Yang J，et al. Z-scheme heterojunction Ag/NH_2-MIL-125(Ti)/CdS with enhanced photocatalytic activity for ketoprofen degradation：mechanism and intermediates[J]. Chemical Engineering Journal，2021，422：130105.

[75] Yi X H，Ma S Q，Du X D，et al. The facile fabrication of 2D/3D Z-scheme *g*-C_3N_4/UiO-66 heterojunction with enhanced photocatalytic Cr(Ⅵ) reduction performance under white light[J]. Chemical Engineering Journal，2019，375：121944.

[76] Su Y，Zhang Z，Liu H，et al. $Cd_{0.2}Zn_{0.8}S$@UiO-66-NH_2 nanocomposites as efficient and stable visible-light-driven photocatalyst for H_2 evolution and CO_2 reduction[J]. Applied Catalysis B：Environmental，2017，200：448-457.

[77] Yang L，Xin Y M，Yao C F，et al. *In situ* preparation of Bi_2WO_6/CAU-17 photocatalyst with excellent photocatalytic activity for dye degradation[J]. Journal of Materials Science：Materials in Electronics，2021，32（10）：13382-13395.

[78] Xiong Z W，Liu Q，Gao Z P，et al. Heterogeneous interface design to enhance the photocatalytic performance[J]. Inorganic Chemistry，2021，60（7）：5063-5070.

[79] Chou X Y，Ye J，Cui M M，et al. Construction of 2D/2D heterogeneous of ZIF-8/SnS_2 composite as a transfer of band-band system for efficient visible photocatalytic activity[J]. ChemistrySelect，2019，4（38）：11227-11234.

[80] Ding J，Yang Z Q，He C，et al. UiO-66(Zr) coupled with Bi_2MoO_6 as photocatalyst for visible-light promoted dye degradation[J]. Journal of Colloid and Interface Science，2017，497：126-133.

[81] Wang H，Yuan X Z，Wu Y，et al. *In situ* synthesis of In_2S_3@ MIL-125(Ti) core-shell microparticle for the removal of tetracycline from wastewater by integrated adsorption and visible-light-driven photocatalysis[J]. Applied Catalysis B：Environmental，2016，186：19-29.

[82] Min X B，Li X Y，Zhao J，et al. Heterostructured TiO_2@HKUST-1 for the enhanced removal of methylene blue by integrated adsorption and photocatalytic degradation[J]. Environmental Technology，2021，42（26）：4134-4144.

[83] Jia H J，Ma D X，Zhong S W，et al. Boosting photocatalytic activity under visible-light by creation of PCN-222/*g*-C_3N_4 heterojunctions[J]. Chemical Engineering Journal，2019，368：165-174.

[84] Vo T K，Kim J. Facile synthesis of magnetic framework composite $MgFe_2O_4$@UiO-66(Zr) and its applications in the adsorption-photocatalytic degradation of tetracycline[J]. Environmental Science and Pollution Research，2021，28（48）：68261-68275.

[85] Zhang Q S，Yang J H，Xu M，et al. Fabrication of $WO_{2.72}$/UiO-66 nanocomposites and effects of $WO_{2.72}$ ratio on photocatalytic performance：judgement of the optimal content and mechanism study[J]. Journal of Chemical Technology & Biotechnology，2018，93（9）：2710-2718.

[86] Zhang X H，Peng T Y，Song S S. Recent advances in dye-sensitized semiconductor systems for photocatalytic hydrogen production[J]. Journal of Materials Chemistry A，2016，4（7）：2365-2402.

[87] Wu X Y，Zeng Y，Liu H C，et al. Noble-metal-free dye-sensitized selective oxidation of methane to methanol with green light（550nm）[J]. Nano Research，2021，14（12）：4584-4590.

[88] Qiu J H，Zhang X G，Feng Y，et al. Modified metal-organic frameworks as photocatalysts[J]. Applied Catalysis B：Environmental，2018，231：317-342.

[89] Reddy P A K，Reddy P V L，Kwon E，et al. Recent advances in photocatalytic treatment of pollutants in aqueous media[J]. Environment International，2016，91：94-103.

[90] Liang Q，Zhang M，Zhang Z H，et al. Zinc phthalocyanine coupled with UiO-66(NH_2) via a facile condensation process for enhanced visible-light-driven photocatalysis[J]. Journal of Alloys and Compounds，2017，690：123-130.

[91] Thakare S R，Ramteke S M. Postmodification of MOF-5 using secondary complex formation using 8-hydroxyquinoline（HOQ）for the development of visible light active photocatalysts[J]. Journal of Physics and Chemistry of Solids，2018，116：264-272.

[92] Kavitha R，Nithya P M，Kumar S G. Noble metal deposited graphitic carbon nitride based heterojunction photocatalysts[J]. Applied Surface Science，2020，508：145142.

[93] Shen L J，Wu W M，Liang R W，et al. Highly dispersed palladium nanoparticles anchored on UiO-66(NH_2)metal-organic framework as a reusable and dual functional visible-light-driven photocatalyst[J]. Nanoscale，2013，5（19）：9374-9382.

[94] Liang R W，Luo S G，Jing F F，et al. A simple strategy for fabrication of Pd@MIL-100(Fe) nanocomposite as a visible-light-driven photocatalyst for the treatment of pharmaceuticals and personal care products（PPCPs）[J]. Applied Catalysis B：Environmental，2015，176：240-248.

[95] Guo H X，Guo D，Zheng Z S，et al. Visible-light photocatalytic activity of Ag@MIL-125(Ti) microspheres[J]. Applied Organometallic Chemistry，2015，29（9）：618-623.

[96] Zhang Y，Park S J. Stabilization of dispersed CuPd bimetallic alloy nanoparticles on ZIF-8 for photoreduction of Cr(Ⅵ) in aqueous solution[J]. Chemical Engineering Journal，2019，369：353-362.

[97] Zhang Y，Li G，Lu H，et al. Synthesis，characterization and photocatalytic properties of MIL-53(Fe)-graphene hybrid materials[J]. RSC Advances，2014，4（15）：7594-7600.

[98] Xu J，He S，Zhang H L，et al. Layered metal-organic framework/graphene nanoarchitectures for organic photosynthesis under visible light[J]. Journal of Materials Chemistry A，2015，3（48）：24261-24271.

[99] Zhang Z J，Zheng T T，Li X M，et al. Progress of carbon quantum dots in photocatalysis applications[J]. Particle & Particle Systems Characterization，2016，33（8）：457-472.

[100] Miao R，Zhang S F，Liu J F，et al. Zinc-reduced CQDs with highly improved stability，enhanced fluorescence，and refined solid-state applications[J]. Chemistry of Materials，2017，29（14）：5957-5964.

[101] Wang Q J，Wang G L，Liang X F，et al. Supporting carbon quantum dots on NH_2-MIL-125 for enhanced photocatalytic degradation of organic pollutants under a broad spectrum irradiation[J]. Applied Surface Science，2019，467：320-327.

[102] Xu X X，Yang H Y，Li Z Y，et al. Loading of a coordination polymer nanobelt on a functional carbon fiber：a feasible strategy for visible light active and highly efficient coordination polymer based photocatalysts[J]. Chemistry：A European Journal，2015，21（9）：3821-3830.

[103] Bhadra B N，Ahmed I，Kim S，et al. Adsorptive removal of ibuprofen and diclofenac from water using metal-organic framework-derived porous carbon[J]. Chemical Engineering Journal，2017，314：50-58.

[104] Hussain M Z，Schneemann A，Fischer R A，et al. MOF derived porous ZnO/C nanocomposites for efficient dye photodegradation[J]. ACS Applied Energy Materials，2018，1（9）：4695-4707.

[105] Du Y，Chen R Z，Yao J F，et al. Facile fabrication of porous ZnO by thermal treatment of zeolitic imidazolate framework-8 and its photocatalytic activity[J]. Journal of Alloys and Compounds，2013，551：125-130.

[106] Payra S，Challagulla S，Bobde Y，et al. Probing the photo- and electro-catalytic degradation mechanism of methylene blue dye over ZIF-derived ZnO[J]. Journal of Hazardous Materials，2019，373：377-388.

[107] Chen J F，Chen X Y，Zhang X，et al. Nanostructured $BiVO_4$ derived from Bi-MOF for enhanced visible-light photodegradation[J]. Chemical Research in Chinese Universities，2020，36（1）：120-126.

[108] Fang Y，Zhu S R，Wu M K，et al. MOF-derived In_2S_3 nanorods for photocatalytic removal of dye and antibiotics[J]. Journal of Solid State Chemistry，2018，266：205-209.

[109] Li Y X，Fu H F，Wang P，et al. Porous tube-like ZnS derived from rod-like ZIF-L for photocatalytic Cr(Ⅵ) reduction and organic pollutants degradation[J]. Environmental Pollution，2020，256：113417.

[110] Wu D Y，Wu C Y. MoS_2 microspheres/MOF-derived In_2S_3 heterostructures with enhanced visible-light photocatalytic activity[J]. Journal of Sol-Gel Science and Technology，2020，94（2）：251-256.

[111] Ma L G，Ai X Q，Yang X M，et al. Cd(Ⅱ)-based metal-organic framework-derived CdS photocatalysts for enhancement of photocatalytic activity[J]. Journal of Materials Science，2021，56（14）：8643-8657.

[112] Jia M Y，Yang Z H，Xu H Y，et al. Integrating N and F co-doped TiO_2 nanotubes with ZIF-8 as photoelectrode for enhanced photo-electrocatalytic degradation of sulfamethazine[J]. Chemical Engineering Journal，2020，388：124388.

[113] Pelaez M，Nolan N T，Pillai S C，et al. A review on the visible light active titanium dioxide photocatalysts for environmental applications[J]. Applied Catalysis B：Environmental，2012，125：331-349.

[114] He X，Wu M，Ao Z M，et al. Metal-organic frameworks derived C/TiO_2 for visible light photocatalysis：simple synthesis and contribution of carbon species[J]. Journal of Hazardous Materials，2021，403：124048.

[115] Basavarajappa P S，Patil S B，Ganganagappa N，et al. Recent progress in metal-doped TiO_2，non-metal doped/codoped TiO_2 and TiO_2 nanostructured hybrids for enhanced photocatalysis[J]. International Journal of Hydrogen Energy，2020，45（13）：7764-7778.

[116] He Y Z，Zhang X，Wei Y Z，et al. Ti-MOF derived N-doped TiO_2 nanostructure as visible-light-driven photocatalyst[J]. Chemical Research in Chinese Universities，2020，36（3）：447-452.

[117] Li J L，Xu X T，Liu X J，et al. Novel cake-like N-doped anatase/rutile mixed phase TiO_2 derived from metal-organic frameworks for visible light photocatalysis[J]. Ceramics International，2017，43（1）：835-840.

[118] Zhang Y，Zhou J B，Chen X，et al. MOF-derived C-doped ZnO composites for enhanced photocatalytic performance under visible light[J]. Journal of Alloys and Compounds，2019，777：109-118.

[119] Hussain M Z，Pawar G S，Huang Z，et al. Porous ZnO/carbon nanocomposites derived from metal organic frameworks for highly efficient photocatalytic applications：a correlational study[J]. Carbon，2019，146：348-363.

[120] Zhang Z J，Li M，Wang H. ZIF-8 derived ZnO decorated with polydopamine and Au nanoparticles for efficient photocatalytic degradation of rhodamine B[J]. ChemistrySelect，2021，6（21）：5356-5365.

[121] Huang G H，Li Z S，Liu K，et al. Bismuth MOF-derived $BiOBr/Bi_{24}O_{31}Br_{10}$ heterojunctions with enhanced visible-light photocatalytic performance[J]. Catalysis Science & Technology，2020，10（14）：4645-4654.

[122] Zheng J J，Sun L，Jiao C Y，et al. Hydrothermally synthesized Ti/Zr bimetallic MOFs derived N self-doped TiO_2/ZrO_2 composite catalysts with enhanced photocatalytic degradation of methylene blue[J]. Colloids and Surfaces A：Physicochemical and Engineering Aspects，2021，623：126629.

[123] Zhu G，Li X L，Wang H Y，et al. Microwave assisted synthesis of reduced graphene oxide incorporated MOF-derived ZnO composites for photocatalytic application[J]. Catalysis Communications，2017，88：5-8.

[124] Xu J X，Gao J Y，Liu Y，et al. Fabrication of In_2O_3/Co_3O_4-palygorskite composites by the pyrolysis of In/Co-MOFs for efficient degradation of methylene blue and tetracycline[J]. Materials Research Bulletin，2017，91：1-8.

[125] Du G Q，Feng P J，Cheng X，et al. Immobilizing of ZIF-8 derived ZnO with controllable morphologies on zeolite

A for efficient photocatalysis[J]. Journal of Solid State Chemistry，2017，255：215-218.

[126] Yang C，Cheng J H，Chen Y C，et al. CdS nanoparticles immobilized on porous carbon polyhedrons derived from a metal-organic framework with enhanced visible light photocatalytic activity for antibiotic degradation[J]. Applied Surface Science，2017，420：252-259.

[127] Li X，Wan J Q，Ma Y W，et al. Mesopores octahedron GCNOX/Cu_2O@C inhibited photo-corrosion as an efficient visible-light catalyst derived from oxidized g-C_3N_4/HKUST-1 composite structure[J]. Applied Surface Science，2020，510：145459.

[128] Gomes J，Costa R，Quinta-Ferreira R M，et al. Application of ozonation for pharmaceuticals and personal care products removal from water[J]. Science of the Total Environment，2017，586：265-283.

[129] Tang J T，Wang J L. Metal organic framework with coordinatively unsaturated sites as efficient Fenton-like catalyst for enhanced degradation of sulfamethazine[J]. Environmental Science & Technology，2018，52（9）：5367-5377.

[130] Bing J S，Hu C，Zhang L L. Enhanced mineralization of pharmaceuticals by surface oxidation over mesoporous γ-Ti-Al_2O_3 suspension with ozone[J]. Applied Catalysis B：Environmental，2017，202：118-126.

[131] Wang X N，Zhang X C，Zhang Y，et al. Nanostructured semiconductor supported iron catalysts for heterogeneous photo-Fenton oxidation：a review[J]. Journal of Materials Chemistry A，2020，8（31）：15513-15546.

[132] Moreira F C，Boaventura R A R，Brillas E，et al. Electrochemical advanced oxidation processes：a review on their application to synthetic and real wastewaters[J]. Applied Catalysis B：Environmental，2017，202：217-261.

[133] Wu Q S，Yang H P，Kang L，et al. Fe-based metal-organic frameworks as Fenton-like catalysts for highly efficient degradation of tetracycline hydrochloride over a wide pH range：acceleration of Fe(Ⅱ)/Fe(Ⅲ) cycle under visible light irradiation[J]. Applied Catalysis B：Environmental，2020，263：118282.

[134] Gao C，Chen S，Quan X，et al. Enhanced Fenton-like catalysis by iron-based metal organic frameworks for degradation of organic pollutants[J]. Journal of Catalysis，2017，356：125-132.

[135] Kirchon A，Zhang P，Li J L，et al. Effect of isomorphic metal substitution on the fenton and photo-fenton degradation of methylene blue using Fe-based metal-organic frameworks[J]. ACS Applied Materials & Interfaces，2020，12（8）：9292-9299.

[136] Wu Q S，Siddique M S，Guo Y L，et al. Low-crystalline bimetallic metal-organic frameworks as an excellent platform for photo-Fenton degradation of organic contaminants：intensified synergism between hetero-metal nodes[J]. Applied Catalysis B：Environmental，2021，286：119950.

[137] He W J，Li Z P，Lv S C，et al. Facile synthesis of Fe_3O_4@MIL-100(Fe) towards enhancing photo-Fenton like degradation of levofloxacin via a synergistic effect between Fe_3O_4 and MIL-100(Fe)[J]. Chemical Engineering Journal，2021，409：128274.

[138] Li X Y，Pi Y H，Wu L Q，et al. Facilitation of the visible light-induced Fenton-like excitation of H_2O_2 via heterojunction of g-C_3N_4/NH_2-iron terephthalate metal-organic framework for MB degradation[J]. Applied Catalysis B：Environmental，2017，202：653-663.

[139] Liu N，Huang W Y，Zhang X D，et al. Ultrathin graphene oxide encapsulated in uniform MIL-88A(Fe) for enhanced visible light-driven photodegradation of RhB[J]. Applied Catalysis B：Environmental，2018，221：119-128.

[140] Matzek L W，Carter K E. Activated persulfate for organic chemical degradation：a review[J]. Chemosphere，2016，151：178-188.

[141] He X，Mezyk S P，Michael I，et al. Degradation kinetics and mechanism of β-lactam antibiotics by the activation

of H_2O_2 and $Na_2S_2O_8$ under UV-254nm irradiation[J]. Journal of Hazardous Materials，2014，279：375-383.

[142] Zhao L，Hou H，Fujii A，et al. Degradation of 1, 4-dioxane in water with heat- and Fe^{2+}-activated persulfate oxidation[J]. Environmental Science and Pollution Research，2014，21（12）：7457-7465.

[143] Zhang B T，Zhang Y，Teng Y H，et al. Sulfate radical and its application in decontamination technologies[J]. Critical Reviews in Environmental Science and Technology，2015，45（16）：1756-1800.

[144] Wang Y，Cao J，Yang Z H，et al. Fabricating iron-cobalt layered double hydroxide derived from metal-organic framework for the activation of peroxymonosulfate towards tetracycline degradation[J]. Journal of Solid State Chemistry，2021，294：121857.

[145] Liu F，Cao J，Yang Z H，et al. Heterogeneous activation of peroxymonosulfate by cobalt-doped MIL-53(Al) for efficient tetracycline degradation in water：coexistence of radical and non-radical reactions[J]. Journal of Colloid and Interface Science，2021，581：195-204.

[146] Chen Y Q，Liu Y P，Zhang L，et al. Efficient degradation of imipramine by iron oxychloride-activated peroxymonosulfate process[J]. Journal of Hazardous Materials，2018，353：18-25.

[147] Gao Y W，Li S M，Li Y X，et al. Accelerated photocatalytic degradation of organic pollutant over metal-organic framework MIL-53(Fe) under visible LED light mediated by persulfate[J]. Applied Catalysis B：Environmental，2017，202：165-174.

[148] Mei W，Li D Y，Xu H M，et al. Effect of electronic migration of MIL-53(Fe) on the activation of peroxymonosulfate under visible light[J]. Chemical Physics Letters，2018，706：694-701.

[149] Zhang Y，Zhou J B，Chen X，et al. Coupling of heterogeneous advanced oxidation processes and photocatalysis in efficient degradation of tetracycline hydrochloride by Fe-based MOFs：synergistic effect and degradation pathway[J]. Chemical Engineering Journal，2019，369：745-757.

[150] Hu H，Zhang H X，Chen Y，et al. Enhanced photocatalysis degradation of organophosphorus flame retardant using MIL-101(Fe)/persulfate：effect of irradiation wavelength and real water matrixes[J]. Chemical Engineering Journal，2019，368：273-284.

[151] Mei W D，Song H，Tian Z Y，et al. Efficient photo-Fenton like activity in modified MIL-53(Fe) for removal of pesticides：regulation of photogenerated electron migration[J]. Materials Research Bulletin，2019，119：110570.

[152] Lv S W，Liu J M，Li C Y，et al. Two novel MOFs@COFs hybrid-based photocatalytic platforms coupling with sulfate radical-involved advanced oxidation processes for enhanced degradation of bisphenol A[J]. Chemosphere，2020，243：125378.

第 5 章　MOFs 光电催化去除水体中污染物的应用

能源供应短缺和能源消耗增加导致环境污染加剧，已成为 21 世纪全世界面临的重大挑战[1-3]。根据《2050 年世界与中国能源展望（2017 年版）》的预测，世界能源消耗量估计将翻一番，从目前的 10Gt 到 2050 年的约 22Gt[4]。绿色能源利用方法已被用于解决能源危机[5-7]。在自然界中，叶绿体的光合作用可以将太阳能光化学转化为化学能。与自然光合作用类似，能量转换引起了科学界的更多关注[8-10]。为了开发更多的可持续能源利用方式，利用阳光将 CO_2 和 H_2O 转化为高附加值的碳产品或清洁的 H_2 燃料的人工光合作用正逐渐被用于响应可持续发展战略[11-13]。长期以来，太阳能的利用一直是不可缺少的研究课题[14-16]。早在 20 世纪 70 年代，Fujishima 和 Honda 首先探索了光电化学（photoelectrochemistry，PEC）水分解技术，将太阳能与电能相结合，更高效地输出化学能[17]。PEC 水分解工艺有效地将光催化体系所需的可再生能源与电催化相结合，从而获得更高的催化效率。

PEC 系统是光催化（photocatalysis，PC）和电催化（electrocatalysis，EC）系统的混合体，它们通常由两个浸入电解质中的电极和一个外部电源组成。其中，至少一个电极必须是半导体材料或类半导体材料才能用作光电阳极或光电阴极，并且电极应同时具有捕光和电催化功能[18]。PEC 性能的提升归因于外电路对光生电子的定向迁移和快速传导，有效抑制了电子-空穴对（e^-/h^+对）的复合[19]。由于光电极是整个能量转换过程的关键部分，PEC 系统的效率受到光电极结构的严格限制。通常，光电极的研究主要集中在通过 n 型半导体构建光电阳极进行氧化反应，以及通过 p 型半导体构建光电阴极进行还原反应[20]。在光电极的构建过程中，常采用无机半导体材料作为电极基板。必须提到的是，大多数半导体（如 TiO_2、$BiVO_4$、Cu_2O、Fe_2O_3）仍然面临许多挑战，如光收集性能差、电子与空穴分离效率低、吸收带隙不合适、催化活性低及光腐蚀等局限（表 5.1）。经过十多年的发展，配位聚合物由于新颖的功能和精致的结构单元而受到广泛关注[21-23]。其中，作为一种具有永久孔隙率的配位聚合物，金属有机骨架（MOFs）发展迅速，并被开发以应对生物、能源和环境领域的许多挑战，如气体分离[24-26]、有机污染物吸附[27, 28]、催化反应[29-32]、化学传感[33, 34]、生物医学[35-38]和储气[39-42]。在新型光电极的构建中，规则结构的 MOFs 由于可变的金属离子或簇及灵活的有机配体而表现出优异的合成可调性[43-47]，有利于满足传统光电子材料改性和 PEC 性能改进的需要。此外，结合特定热处理后，MOFs 可以进一步调整化学成分，其衍生的纳米结构可以保持规则的孔隙率和高比表面积，加速电解液进入电极并增加电极和电解液之间的接触面积[48-52]。因此，MOFs 及其衍生物被认为是解决 PEC 系统中遇到挑战的理想材料。

表 5.1 常见半导体的特性及改性策略

样品	带隙/eV	优点	缺点	改进方案
TiO_2	3.0～3.2	化学稳定性高 实用性强 光催化活性好	电荷载流子迁移率低 吸收范围窄 电阻率高	掺杂-沉积 掺杂-敏化 掺杂-耦合
$BiVO_4$	2.4～2.5	晶体结构稳定 高光量子 电子传输效率高	比表面积低 量子利用率低 e^-/h^+对分离效率低	纳米结构修饰 表面处理工程 异质结
Cu_2O	2.0～2.2	空穴迁移率高 无毒性 来源普遍丰富	稳定性低 有轻度腐蚀 许多晶界缺陷状态	助催化剂沉积 调节晶体刻面 原子层沉积
Fe_2O_3	2.1～2.2	再循环能力好 地下含量丰富 可收集可见光	间接的带隙跃迁 短激发态寿命（10～12s） 短孔扩散长度（2～4nm）	纳米结构设计 Z 型异质结 杂原子掺杂

早在 2012 年，Hou 等首次报道了 MOFs 薄膜均匀沉积在玻碳电极（glassy carbon electrode，GCE）上，并提供了关于 MOFs 薄膜作为光电化学传感器应用的见解[53]。他们用 4-羧基苯基改性 GCE 将羧基引入到 GCE 表面，解决了 MOFs 晶体在载体上异质成核性较差的问题。这种制造 MOFs 薄膜的方法为扩展其他材料作为基底的应用给出了重要指导。同时，由于自组装单分子膜的暴露，官能团能够与金属离子或金属簇二级构建单元（secondary-building unit，SBU）发生特定的相互作用，该研究团队又利用 3-氨基丙基三乙氧基硅烷（3-aminopropyltriethoxysilane，APTES）作为自组装单分子，在 APTES 功能化的铟锡氧化物（indium tin oxide，ITO）电极上制备出厚度可控制的且具有(110)取向的 ZIF-8 薄膜，这项 ITO 上高度取向的 ZIF-8 薄膜的制备工作再一次奠定了 MOFs 薄膜在光电化学应用中的基础[54]。截至目前，MOFs 光电极的研究虽然有限，但已在多种光电化学应用中表现出色。例如，Zhang 等在 2016 年使用胺化的钛基 MOFs 敏化 TiO_2 纳米线光电极作为太阳能水氧化的光阳极，在可见光下电流大幅增加[44]。同时，Sun 等以 ZIF-8 衍生的碳质材料作为染料敏化太阳能电池中的对电极[55]，结果表明，在 AM1.5G 大气质量（air mass）光照下，基于碳质材料的太阳能电池的效率为 7.32%，与相同条件下基于铂电极的太阳能电池相当。此外，在光电化学还原 CO_2 方面，Deng 等在 2019 年开发了一种在 Cu_2O 光阴极表面包覆 MOFs[$Cu_3(BTC)_2$]形成的新型光阴极[56]。Cu_2O 基底上形成的理想

界面促进了电子从 Cu_2O 基底转移到 MOFs 层表面，实现了光电化学还原 CO_2 效率的增强。

近年来，MOFs 材料在光电化学中的应用研究取得了许多创新性成果，然而很少有人对 MOFs 及其衍生物修饰的光电极在脉冲电化学中的应用进行综述，所以有必要总结 MOFs 在光电化学中的研究进展，为该领域的研究奠定基础。文献调研结果显示，Deng 等在 2012 年的综述“光电化学途径实现人工光合作用的金属有机框架”回顾了 MOFs 在光电化学中取得的初步进展[20]，但这篇综述仅总结了 MOFs 修饰的光电极在光收集性能的提高、电荷动力学的改善和助催化剂的促进等方面的一些研究成果。本章将更全面地总结这一领域的发展状况。首先回顾了改良的 MOFs 材料的光电极的构建原理和形成方法。随后，比较了光电极中常见的 MOFs 系列的光电化学应用，包括 MIL 系列材料、ZIF 系列材料、UiO 系列材料、PCN 系列材料，讨论了 MOFs 修饰的光电极的稳定性、重现性和可重复使用性。最后，针对现存挑战提出了未来的展望。

5.1　光电催化原理

光催化氧化技术是一种结合光催化和电催化的新型高级氧化技术，通过辅助外电路实现光催化效率的提高，同时可兼顾电催化和光催化的优点。外部电压的施加在提高光生载流子分离效率的同时，与光催化形成协同氧化体系。通过调节外部施加电压的大小及光源的光子通量，可实现光电催化体系催化能力的调控。此外，与单独的光或电相比，光与电同时施加可有助于光电极产生更多的载流子，并在载流子有效分离后用于对污染物的氧化还原，从而提高体系的处理效率。

对于半导体而言，禁带是指固有存在于高能导带和低能价带之间的能带结构，其间的能量差称为带隙，具有带隙是半导体的特性之一。半导体光生电子和空穴的产生取决于光对半导体带隙的激发过程。当照射能量高于带隙时，低能价带上的光生电子可被有效激发并跃迁至高能导带，同时在低能价带上形成光生空穴。光电极利用光生电子-空穴对相应的强还原-氧化性直接或间接通过产生强氧化性活性物种实现高催化活性。值得注意的是，光生电子-空穴对极易发生复合从而削减光电极的催化性能。只有部分的光生电子-空穴可在催化体系中发挥作用，能够与溶液中物质发生作用，因此，光催化的技术瓶颈即为光生载流子（光生电子-空穴对）的寿命极短。

为了解决光催化的技术瓶颈，研究者利用外部电路的辅助施压促进了光生电子的传递，在一定程度上缓解了光生载流子的复合，延长光生电子和空穴的寿命，从而提高光电极的催化效能。此外，光电技术的开发有效避免了传统光催化剂难以有效回收及回收困难所造成的二次污染问题。当电极载体与催化剂有效键合时，还可提高二者之间的传质，有利于光电催化性能的优化。介于光电催化体系的上述优势，Vinodgopal 等在 1993 年通过光电催化技术成功实现了氯苯酚的光电催化降解。结果显示，光与电的协同作用可将氯苯酚的降解效率提高近 10 倍。在后续污染物的处理技术中，光电催化技术作为光催化技术的革新受到了研究者的广泛关注和研究[57-60]。

具体来讲，光电催化技术是通过实现光敏性催化剂的有效固定，结合外加偏压与激发光源，促进光电极中产生的光生电子快速传递至外电路，从而实现光生载流子的高效分离，达到催化体系的高量子化效率和高催化活性[61]。区别于光催化与电催化，光电协同体系中涉及光能、电能、化学能的互相转化。在电极的选择方面，该技术一般选择半导体或金属。当电极为金属时，光能可迅速转化为热能，由于光电子效应的产生，金属电极的催化性能受到极大限制。当电极为半导体时，其内部能带结构可随着激发光能的引入在填满电子的价带和空的导带间变化，并伴随着光生电子-空穴对的产生。光生空穴的强氧化性可帮助电极快速夺取溶液中水分子的电子产生羟基自由基，实现光能到化学能的转化。当溶液中羟基自由基或其他活性物种足够多时，污染物大分子可被矿化为小分子甚至无机化为水和二氧化碳。

光电催化技术中，半导体可直接作为光电极也可作为导电基底与修饰材料进行复合从而调控催化活性。目前研究基础相对丰富的光阳极材料包括以 TiO_2、ZnO、CdS 等为基础所形成的薄膜电极。随着光电技术的发展，已在多种污染物（如苯胺、有机氯农药及抗生素等新污染物）的降解中成功实现光电催化的应用[62, 63]。例如，Luo 等使用纳米 WO_3 薄膜电极作为光阳极，利用光电化学的方法降解有机纺织染料，发现在光阳极表面产生的羟基自由基、空穴和氯自由基等活性物种的共同作用下[式（5.1）～式（5.3）]，该方法能在短时间内迅速高效地处理有机污染物[64]。

$$WO_3 + h\nu \longrightarrow h^+ + e^- \tag{5.1}$$

$$h^+ + Cl^- \rightarrow \cdot Cl \tag{5.2}$$

$$\cdot Cl + Cl^- \rightarrow \cdot Cl_2^- \tag{5.3}$$

Jia 等通过电阳极氧化和沉积工艺构建了 ZIF-8/NF-TiO_2 光电极，并用于降解磺胺二甲基嘧啶（sulfamethazine，SMZ）[65]。掺杂 N 和 F 后，更宽的吸收边（554nm）可以促进光生 e^-/h^+对的激发。同时，金红石相和锐钛矿相之间的异质结构将促进 e^-/h^+对的分离[24]。金红石相与锐钛矿相接触后，锐钛矿相接触的费米能高于金红石相，导致锐钛矿相的能带向上弯曲，金红石相向下弯曲，达到电平衡。如图 5.1 所示，ZIF-8 作为助催化剂，与 NF-TiO_2 形成异质结构。此外，由 ZIF-8 与 TiO_2

接触形成的 N—Ti—O 键有助于将 ZIF-8 产生的 e^-转移到 NF-TiO_2 表面。另一方面，由 ZIF-8 和 NF-TiO_2 接触形成的其他化学键结构可以促进光生 e^-/h^+对的有效分离。金红石相为 e^-/h^+转移过程提供了另一个通道。ZIF-8 导带中的 e^-可以克服界面势垒并进一步迁移到具有高还原性(101)面 NF-TiO_2 的导带上，通过外部电路适时转移到阴极。溶液中的 O_2 进一步捕获电子以形成自由基 $O_2^{\cdot-}$，NF-TiO_2 价带中的 h^+会迁移到 ZIF-8，ZIF-8 可以直接将污染物氧化成小分子，h^+、$O_2^{\cdot-}$ 和·OH 可以进一步将 SMZ 降解为更小的中间体或直接降解为最终产物（CO_2 和 H_2O）。

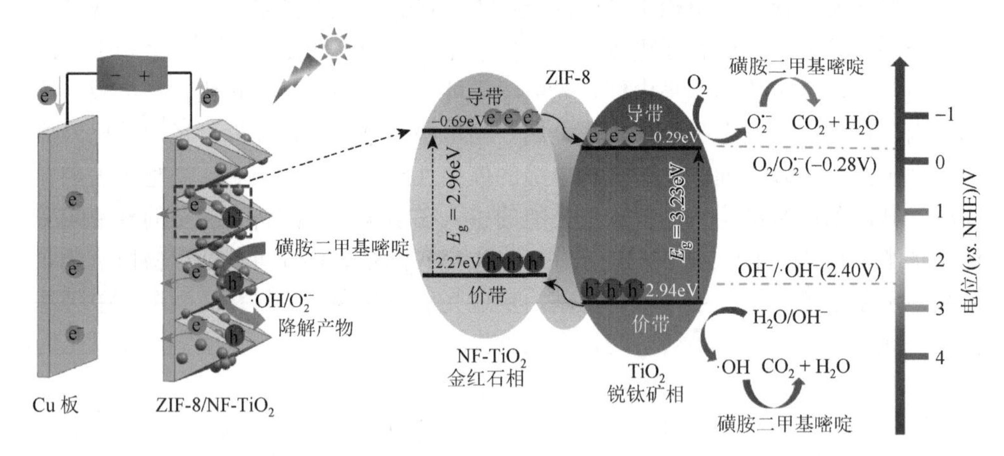

图 5.1　ZIF-8/NF-TiO_2 中光电极光电催化降解 SMZ 可能的机理图[65]

5.2　MOFs 材料在光电催化中的作用

在形成 PEC 器件的过程中，MOFs 在提高光电极的效率和实用性方面发挥着重要作用，主要表现在以下几个方面：①增强光收集能力，扩大光吸收范围；②加速载流子分离效率，改善电路辅助分离；③增加电荷注入效率，增强非均质界面传质；④优化光电极结构，提高异质结的催化活性。

5.2.1　提高光利用效率

在光电系统研究中，光利用效率是影响太阳能转换效率的主要因素，尽可能提高光利用效率对提高光电极性能具有重要作用。由于固有带隙不同，不同氧化物具有不同光利用效率。二氧化钛显示出宽带隙（3.0～3.2eV）和低光利用效率[66-74]，但由于多样形态、良好稳定性和高化学活性，它在光电极机理的探索中占重要地位。考虑到可控带隙和光吸收，MOFs 也被认为是一种有效的光敏剂[44, 75]。例如，

Song 等利用热溶剂法将 NH_2-MIL-125(Ti)纳米粒子修饰成有序通道阵列 TiO_2 纳米管，并制备了 TNTAs@Ti-MOF 复合电极用作光电催化阳极[76]。形态上，纯 TiO_2 纳米管为无裂纹且高度有序管状结构，平均管半径 90nm，管长 1.9μm，壁厚 20nm。单个 NH_2-MIL-125(Ti)是多面体，平均边长约 300nm。与 TiO_2 纳米管和 NH_2-MIL-125(Ti)相比，所制备的 TNTAs@Ti-MOF 复合电极显示出不同形态，复合电极中 NH_2-MIL-125(Ti)纳米粒子变为准球形，尺寸为 40～60nm，主要结合到 TiO_2 纳米管的通道中。当 NH_2-MIL-125(Ti)添加量从 10mg 增加到 60mg 时，负载的 Ti-MOF 纳米粒子明显增加。表征结果中，纯 TiO_2 纳米管最大吸收峰出现在 392nm，与 Ti-MOF 复合后，吸收峰扩展到 481nm。相应地，复合电极的带隙也从纯 TiO_2 纳米管的 3.2eV 缩小到 2.3eV。在照射光“开-关”的电化学表征中，三个样品的光电流在光开关打开时保持恒定值，然后随着光开关关闭而迅速减小到零，这意味着优异的光电敏感特性。此外，单个 TiO_2 纳米管和 NH_2-MIL-125(Ti)光电流值远低于 TNTAs@Ti-MOF 复合阳极光电流值。相比之下，TNTAs@Ti-MOF 具有最佳 PEC 性能，它的最高光电流密度为 $920\mu A/cm^2$。此外，莫特-肖特基测试显示，TiO_2 纳米管和 NH_2-MIL-125(Ti)都是典型 n 型半导体。TiO_2 纳米管和 NH_2-MIL-125(Ti)的 Ag/AgCl/3mol/L KCl 的平带电位分别为–0.58V 和–1.35V，对应于 TiO_2 纳米管和 NH_2-MIL-125(Ti)的导带电位 E_{CB} 分别为–0.78V 和–1.55V。与可逆氢电极（reversible hydrogen electrode，RHE）电位相比，TiO_2 纳米管和 NH_2-MIL-125(Ti)的价带（valence band，VB）电位分别为 3.03V 和 1.66V。结果表明，由 MOFs 和半导体构成的异质能带结构具有优异光利用效率。在氙灯照射下，TiO_2 纳米管和 Ti-MOF 被激发并直接产生电子和空穴。随后，光生电子从 NH_2-MIL-125(Ti)的最低未占分子轨道（lowest unoccupied molecular orbit，LUMO）转移到 TiO_2 纳米管导带（conduction band，CB）。同时，产生的空穴可以从 TiO_2 纳米管的 VB 转移到 NH_2-MIL-125(Ti)的最高占据分子轨道（highest occupied molecular orbit，HOMO）。由于复合电极界面处的匹配带电位，光生电子和空穴被有效分离。工作电极上的空穴可以氧化水产生氧气，铂电极上的电子可以还原水产生氢气。此外，具有 Ti-O-N 相互作用的有机连接体有助于吸收可见光以提高 TNTAs@Ti-MOF 复合电极 PEC 性能。因此，最终在性能上，使用 TNTAs@Ti-MOF 混合膜作为光阳极和铂作为对电极的最高产氢率为 $132.86\mu mol/(h\cdot cm^2)$，是原始 TNTAs 作为光阳极的近 14 倍[$9.44\mu mol/(h\cdot cm^2)$]。

Zhou 等成功地使用 MOFs 衍生物作为光敏剂来提高光利用效率。他们首先在半导体 ZnO 上原位生长 ZIF[77]，为了获得巨大的表面积壳和丰富的孔隙率，硫化了 ZnO@Zn-ZIF、ZnO@Co-ZIF 和 ZnO@ZnCo-ZIF。硫化后，ZnO@ZnCo-ZIF 逐渐刻蚀成分层结构的 ZnO@ZnS/CoS，颜色从浅紫色变为灰色，其中蜂窝状 ZnO@ZnS/CoS 纳米棒可以观察到均匀结构的 ZnS/CoS 壳。此外，与 ZnO@ZnCo-ZIF

中 ZnO 的直径为 145nm 相比，ZnO@ZnS/CoS 中核心 ZnO 的直径减小到 135nm，说明硫化处理后 ZnO 纳米棒部分转化为 ZnS。最后，分别获得了蜂窝状 ZnO@ZnS、ZnO@CoS 和 ZnO@ZnS/CoS 异质结光电极。硫化后的结构特性提供了长的入射光子传输路径和大量暴露的活性位点，以实现有效的光吸收。电化学阻抗谱（electrochemical impedance spectroscopy，EIS）研究表明，ZnO@ZnS/CoS 具有最小的电子转移电阻，说明其中的电荷迁移速度最快。此外，与原始的 ZnO 光电极相比，硫化物 MOFs 不同程度地促进了光电极光谱红移。这些异质结复合材料直接用作光阳极，由于强大的光捕获能力、有效的电子与空穴分离，以及特殊的蜂窝状形态和合适的能带匹配结构产生的快速表面水氧化，表现出大大增强的 PEC 水氧化性能。观察到 ZnO@ZnS/CoS 具有更高的光电流密度和光转换效率可归因于三个主要方面。第一，MOFs 衍生的结构为光吸收提供了更长的光路，并为光阳极催化活性位点的暴露提供了高电化学活性表面积。第二，由 ZnO 和 ZnS/CoS 形成的特殊的三元异质结可以提高光捕获能力，从而促进吸收光子快速产生电子-空穴对。第三，衍生的助催化剂 CoS 作为有效的析氧催化剂（oxygen evolution catalyst，OEC）和空穴受体赋予了较低的析氧势垒，以驱动表面水的快速氧化，同时抑制光生电荷载流子的复合。因此，所有这些因素都有助于 ZnO@MOF 衍生物具有优异的 PEC 水氧化性能。在全光谱照明下，ZnO@ZnS/CoS 的 PEC 性能远远优于以前报道的 ZnO 基光阳极[78-80]。最终表现为，ZnO@ZnS/CoS 光电流密度（0.6V 时为 2.46mA/cm^2）大幅度提高、起始电位（–0.35V）明显降低以利于催化反应的发生，光转换效率（0.14V 时为 0.65%）及稳定性均有效提高。此外，研究发现 ZnO@ZnS/CoS 光阳极在 0.14V 时具有 0.65%的最大光转换效率（η），高于 ZnO@CoS（0.24V 时为 0.38%）、ZnO@ZnS（0.27V 时为 0.33%）和 ZnO（0.27V 时为 0.23%）。

与 TiO_2 和 ZnO 不同，$BiVO_4$ 由于具有合适的带隙（2.4～2.5eV），在等离子体化学气相沉积系统的研究中发挥着越来越重要的作用。为了进一步提高光利用效率，MOFs 也被用作光敏剂来延长可见光的吸收。Liu 等利用聚乙烯吡咯烷酮（polyvinyl pyrrolidone，PVP），通过水热方法在 Mo：$BiVO_4$ 表面制备了超薄的 MIL-101(Fe)层，构建了核壳结构的光阳极[81]。MOFs 被用作光敏剂来延长可见光的吸收。$BiVO_4$ 中掺杂的 Mo^{6+}可以替代 V^{5+}的置换缺陷，增加电子迁移率，提高载流子密度。与 V^{5+}相比，Mo^{6+}的半径更大，可以使 VO_4 四面体的晶胞扩展，这将有利于每个 VO_4 四面体之间的电子跳跃。此外，PVP 参与 MIL-101(Fe)的水热合成，由于金属离子和吡咯烷酮环之间的强相互作用，PVP 可作为有效的架桥剂，强相互作用将有助于在 $BiVO_4$ 表面吸附 PVP 分子，为 Fe^{3+}的吸收和 MIL-101(Fe)的生长提供大量成核位点。最后，得到了 MIL-101(Fe)壳和 $BiVO_4$ 或 Mo：$BiVO_4$ 核的壳核异质结构。在 AM1.5G 模拟太阳光照射下，优化的 MIL-101(Fe)/Mo：$BiVO_4$ 光阳极在 1.23V 下与 Na_2SO_4 电解质中的可逆氢电极相比显示出 4.01mA/cm^2 的显著稳定的光电流密度，大约是原始 $BiVO_4$ 光阳极的 4 倍。$\eta_{注入}$ 和 $\eta_{分离}$ 分别为 76.4%和 69.5%，远远高于原始 $BiVO_4$ 光阳极在 1.23V（*vs.* RHE）时的 58.5%和 25.4%。在 Mo 掺杂的 $BiVO_4$ 表面涂覆超薄 MOFs 层以提高电导率从而促进界面原子和电子耦合，以及光生载流子的传输。作为壳层的超薄 MIL-101(Fe)层，可以与 Mo：$BiVO_4$ 核均匀紧密地结合，从而提高 PEC 性能。在 $BiVO_4$ 中掺杂 Mo 可以有效地增加空穴扩散长度，这有助于增强电荷分离。结果证实，所制备的光阳极在超过 4300 次光开关循环后表现出超快的光响应性和对照明的长期稳定性。上述所有的光阳极在开关循环后都表现出重复和灵敏的响应，电流密度值的顺序为 MIL-101(Fe)/Mo：$BiVO_4$＞MIL-101(Fe)/$BiVO_4$＞Mo：$BiVO_4$＞$BiVO_4$ 光阳极。显然，MIL-101(Fe)/Mo：$BiVO_4$ 核/壳光阳极对分解水具有最佳的 PEC 活性。MIL-101(Fe)/Mo：$BiVO_4$ 在 0.88V（*vs.* RHE）时应用偏压光子电流效率的最高值为 0.76%，远优于 MIL-101(Fe)/$BiVO_4$ 在 0.86 V（*vs.* RHE）时的 0.53%，Mo：$BiVO_4$ 在 0.93V（*vs.* RHE）时的 0.24%，以及原始 $BiVO_4$ 在 0.90V（*vs.* RHE）时的 0.19%。单色入射光子-电子转换效率（incident photon-to-current-conversion efficiency，IPCE）结果显示在约 425nm 处为最高值，顺序为 MIL-101(Fe)/Mo：$BiVO_4$（46.8%）＞MIL-101(Fe)/$BiVO_4$（34.6%）＞Mo：$BiVO_4$（22.4%）＞$BiVO_4$（16.1%）光阳极，这表明 MIL-101(Fe)改性和 Mo 掺杂可以有效提高 $BiVO_4$ 光阳极的转换效率。引入 MIL-101(Fe)后，光阳极在可见光区域的光吸收显著提高。这表明，MIL-101(Fe) 结构中有机配体和 Fe-O 团簇的可见光响应有效地改变了 $BiVO_4$ 的带隙，扩大了光电极对可见光的吸收。

5.2.2　提升载流子分离效率

确保光生 e^-/h^+ 对被分离并转移到活性位点是提高光电极 PEC 效率的另一有效策略。通过改变多能级结构单元，HOMO 和 LUMO 能级可以被调整以更好地匹配半导体能级和传输载流子[20]。此外，有机配体和金属中心的适当选择也可以增加 MOFs 的电荷载流子迁移率，从而部分避免光腐蚀并提高 IPCE。最近，Zhou 等提出了一种通过使用变价的双金属 MOFs 来提高电解质/半导体界面处的电荷分离效率的策略[82]。他们采用水热沉积法在 $BiVO_4$ 表面均匀沉积 CoNi-MOFs，获得了由 3D 双金属 MOFs 和 $BiVO_4$ 组成的二元光阳极。当被可见光照射时，$BiVO_4$ 吸收光子后产生的空穴迁移到 CoNi-MOFs，Co^{2+} 和 Ni^{2+} 及时捕获空穴并被氧化成高价态（Co^{3+}/Co^{4+} 和 Ni^{3+}/Ni^{4+}）。高价金属离子随后成为氧化界面 H_2O 到 O_2 的活性位点，而电子通过外部电路转移到对电极，并参与水还原反应产生 H_2。因此，光生电荷被有效地分离。由于 CoNi-MOFs/$BiVO_4$ 产生的 O_2 和 H_2 的比例接近理论值，且法拉第效率约为 90%，这进一步证明在该 PEC 系统中，大部分光生电荷被及时分离以产生 O_2 和 H_2[40]。与此同时，CoNi-MOFs/$BiVO_4$ 的 IPCE 得到了提高，是纯 $BiVO_4$ 的 3 倍。

此外，Jiao 等提出了钝化层捕捉缺陷以提高电子与空穴分离效率的策略。钝化层最初应用于半导体光电极[83]，以减少腐蚀，并提高它们在电解液中的化学或光化学稳定性[84]。他们使用 Zr-MOFs[UiO-66-$(COOH)_2$]作为前驱物，在赤铁矿上沉积一层 Fe_2ZrO_5 表面钝化层，可以钝化表面缺陷，有效减少电子与空穴的复合[85-87]。与 Fe_2O_3 相比，Fe_2ZrO_5-Fe_2O_3 具有更高的表面电荷分离效率。除了提高电子和空穴分离的效率，有效的表面钝化层可以进一步降低初始电位，从而获得更好的 PEC 性能。具体表现为，原始 Fe_2O_3 和 Fe_2ZrO_5-Fe_2O_3 的紫外-可见吸收曲线非常相似，表明光吸收能力没有显著变化。Fe_2ZrO_5-Fe_2O_3 光阳极在 350～650nm 的整个范围内显示出高 IPCE 值。特别是 Fe_2ZrO_5-Fe_2O_3 在 370nm 处的 IPCE 值达到 31.5%，是原始 Fe_2O_3（18.7%）的 1.7 倍。Fe_2ZrO_5 层装饰的赤铁矿光阳极在 1.23V（*vs.* RHE）下可实现 2.88mA/cm^2 的优异光电流密度，比普通光阳极高 3 倍。此外，Fe_2ZrO_5-Fe_2O_3 光阳极在 3h 内保持其初始光电流密度没有明显衰减。与此同时，Fe_2ZrO_5 层作为一种双功能材料来增强 PEC 性能，可以形成钝化层来抑制电荷复合，且赤铁矿中的 Zr 掺杂可大大增加载流子密度，改性后载流子密度由 Ti-Fe_2O_3 的 $1.26\times10^{20}cm^{-3}$ 提升至 $2.65\times10^{21}cm^{-3}$（Fe_2ZrO_5-Ti-Fe_2O_3）。总之，在赤铁矿表面形成的 Fe_2ZrO_5 可以作为有效的钝化层来阻挡表面缺陷，进而抑制电荷复合。该层还可以加速固液界面处的电荷传输，从而提高析氧反应（oxygen evolution reaction，OER）效率。

5.2.3 提高电荷注入效率

电荷注入效率可以直观地反映光电极对反应动力学的影响，从而影响光电化学的性能[78]。2020 年，Li 等报道的 Fe_2O_3@ZIF-67 光电极表现出较高的电荷注入效率，在 1.23V（*vs.* RHE）下表现出 85%的效率，是 Fe_2O_3 的 1.6 倍[88]。这项工作首先通过高温烧结工艺获得了掺钛的 Fe_2O_3 纳米棒，浸入含有 PVP 的 DMF 溶液后通过溶剂热工艺将 ZIF-67 沉积在 Fe_2O_3 纳米棒上。纯 Fe_2O_3 具有良好的一维纳米棒结构，厚度为 450.7nm。Fe_2O_3@ZIF-67 光阳极与 Fe_2O_3 光阳极的厚度几乎相同，且呈现出类似纳米棒的形态，但表面更粗糙。未经 PVP 分子修饰的 Fe_2O_3@ZIF-67 光阳极的形态和直径与纯 Fe_2O_3 纳米棒的形态和直径非常相似，这可能源于 Fe_2O_3 和 ZIF-67 之间的弱亲和力。较高的 PVP 浓度有利于在 Fe_2O_3 纳米棒表面生成更多的 ZIF-67，表明 PVP 可以为 ZIF-67 的生长提供更多的成核位点。电化学表征结果显示，原始 Fe_2O_3 光电极在 1.23V 表现出相对较小的光电流密度

（0.41mA/cm^2）。相比之下，Fe_2O_3@ZIF-67 显示出增强的光电流密度。然而仅经过 PVP 改性的 Fe_2O_3 的光电流密度与裸 Fe_2O_3 的光电流密度非常相似，这表明 PEC 性能的提高归功于 ZIF-67 的作用。值得注意的是，Fe_2O_3 和 Fe_2O_3@ZIF-67 光阳极都显示出 350～620nm 范围内的光响应，但与原始 Fe_2O_3 光阳极相比，Fe_2O_3@ZIF-67 光阳极的 IPCE 值更高。具体而言，Fe_2O_3 和 Fe_2O_3@ZIF-67 光阳极在 350nm 处的相应 IPCE 值分别为 9.7%和 23.3%，增强了近 1.4 倍，这表明 Fe_2O_3@ZIF-67 光阳极的电荷注入效率更高。直观的数据有效验证了上述推论，Fe_2O_3@ZIF-67-0.75 实现了高电荷注入效率 η_{inj} 和电荷分离效率 η_{sep}［$\eta_{inj}=85\%$ 和 $\eta_{sep}=7.2\%$，1.23V（*vs.* RHE）］，优于裸 Fe_2O_3［52%和 5.7%，1.23V（*vs.* RHE）］。电荷注入效率的提高归因于独特的电极结构。具体来讲，ZIF-67 覆盖层被均匀包裹在 Fe_2O_3 纳米棒表面，当激发的光生空穴从 Fe_2O_3 的价带迁移时，ZIF-67 覆盖层可以有效地利用表面多孔结构来引导电解质进入，从而提高了异质结界面的传质能力[88]。这最终反映在从光阳极表面到电解质的电荷注入效率的提高上。

对于 Co-MOF，Yang 等也通过在 TiO_2 纳米棒阵列上涂层 p 型卟啉基 MOFs 合成了 TiO_2@Co-MOF 光阳极。TiO_2@MOF 核壳纳米棒阵列是通过层层自组装的方法将 8nm 厚的 MOFs 层包裹在垂直排列的 TiO_2 纳米棒阵列支架上而形成的[89]。TiO_2@Co-MOF 光阳极垂直布置在 FTO 电触点上，保持一些光生载流子（空穴）沿纳米棒垂直轴的长光路径长度，同时允许沿光阳极/电解质界面的短光路径长度传输。在 TiO_2 和 MOFs 之间形成了 p-n 结，促进 TiO_2 纳米棒的光生电子和空穴的提取。在 320～420nm 波长范围内，TiO_2@MOF 和 TiO_2@Co-MOF 样品比裸 TiO_2 纳米棒阵列的 IPCE 增加显著。尽管在 TiO_2 上涂覆 MOFs 和 Co-MOF 可将光吸收光谱范围扩展至 700nm，但 MOFs 涂层引起的光吸收范围的扩展并不是 TiO_2@MOF 和 TiO_2@Co-MOF 光阳极在光电催化过程中整体光电流增强的原因。因为 MOFs 层只有 8nm 厚，这导致了 MOFs 层的光程长度有限。相反主要是归因于 IPCE 增加光谱范围分离效率和电荷注入效率。MOFs 帮助从 TiO_2 中提取光产生的载体，并促进这些载体注入电解液。p-n 结处的内部电场降低了电荷重组率，并提高了光阳极中光生载流子的电荷迁移率，在 TiO_2 表面涂上 MOFs 可以减少光生空穴在光阳极/电解质界面上的捕获，有利于电荷的增加。在 MOFs 中加入 Co^{3+} 进一步提高了光生载流子在光阳极中的电荷迁移率，增强了电解液中的电荷注入。由于 p 型 MOFs 涂层提供了具有多反应活性中心的多孔表面，以及 Co^{2+}对电荷的提取率，光阳极/电解液界面的电荷注入效率得到有效提高。

5.2.4　优化光电极结构

MOFs 具有半导体性质，可以与半导体基底形成异质结来增强催化活性。由于 MOFs 的合成可调节性，通过控制 MOFs 层的厚度和结晶体的尺寸[89-91]，可以有效地改善由 MOFs 和半导体基底形成的电极的紧密性、有效接触面积和响应位点。Dong 等使用表面活性剂——PVP 分子作为中间介质，在 Fe_2O_3 纳米棒表面可控地生长出了超薄 MIL-101(Fe)壳，构建的这种半导体/MOFs 核/壳异质结构增多了活性位点，实现了 PEC 水的高效氧化[75]。PVP 作为封端剂，在 MOFs 形成过程中控制了纳米粒子的大小与厚度，同时纳米级均匀的 MIL-101(Fe)壳与 Fe_2O_3 核之间形成了紧密的连接。MOFs 和赤铁矿的协同作用共同产生了优异的 PEC 性能。复合光阳极提供的光电流密度为 2.27mA/cm^2[1.23V（*vs.* NHE）]，大约是原始 Fe_2O_3 的 2.3 倍。Li 等也进行了类似的研究，即使用 PVP 作为辅助性介体，在 Fe_2O_3 表面生长 ZIF-67 纳米棒。由于极性基团（吡咯烷酮环）和非极性基团的存在，PVP 很容易吸附在固体表面，且通过吡咯烷酮环和 Co^{2+}的配位增强亲和力[88]。制备得到了水氧化性能优异的光电极 Fe_2O_3@ZIF-67，H_2 的产生量为 12.5μmol/(cm^2·h)，O_2 的产生量为 5μmol/(cm^2·h)。

Jia 等制备了 ZIF-8/NF-TiO_2 光电极，即以中空 TiO_2 纳米管为基础，N 和 F 共掺杂后，ZIF-8 纳米粒子沉积在金字塔形金红石型 TiO_2 基底表面。与未改性的锐钛矿型 TiO_2 相比，ZIF-8/NF-TiO_2 的反应速率提高了 21.7 倍，光电催化过程中的协同因子可达 3.5[65]。ZIF-8 的多孔结构，锐钛矿型和金红石型 TiO_2 的固有能带差异，大大提高了光利用效率，促进了电子与空穴的分离。利用 SEM 对薄膜电极的形貌和微观结构进行了表征，结果显示 TiO_2-NTs 为直径在 40nm 到 50nm 变化，平均厚度为 20nm 的中空管。ZIF-8 在 TiO_2-NTs 上的负载[图 5.2（a）]导致通过成核和生长形成的纳米粒子的平均尺寸为 15～30nm。ZIF-8 沉积在 TiO_2-NTs 的表面或内部，没有完全阻塞纳米管。有趣的是，当 TiO_2-NTs 在 NH_4F 存在下煅烧时，管状结构分别显著变为颗粒状或金字塔状[图 5.2（b）]。值得一提的是，当纯钛箔在相同的煅烧条件下或在 NH_4Cl 存在下煅烧 TiO_2-NTs 时，没有观察到颗粒形状或金字塔形状[92]。他们推测 NF-TiO_2 的形态与 TiO_2-NTs 如此不同的原因是 HF 的刻蚀。当 TiO_2-NTs 在 450℃下煅烧时，纳米管会同时被 HF 刻蚀并被 NH_4F 分解产生的 NH_3 掺杂。如图 5.2（c）和（d）所示，较小的 ZIF-8 纳米粒子均匀地沉积并分散在 NF-TiO_2 的表面上。引入 TEM 测试以进一步研究 ZIF-8/NF-TiO_2 的内部结构。图 5.2（e）中明显的颗粒表明 ZIF-8-NPs 的存在，图 5.2（f）表明 ZIF-8-NPs 紧密附着在 NF-TiO_2 上。计算快速傅里叶变换（fast Fourier transform，FFT）以获得晶格结构。晶格条纹间距分别为 0.35nm 和 0.32nm，分别与锐钛矿结构 TiO_2 的(101)面和金红石结构 TiO_2 的(110)面重合[图 5.2（g）][93]。上述所有分析表明，ZIF-8-NPs 成功地装饰在 ZIF-8/NF-TiO_2 表面，具有良好的分散性，改善了光电极结构。

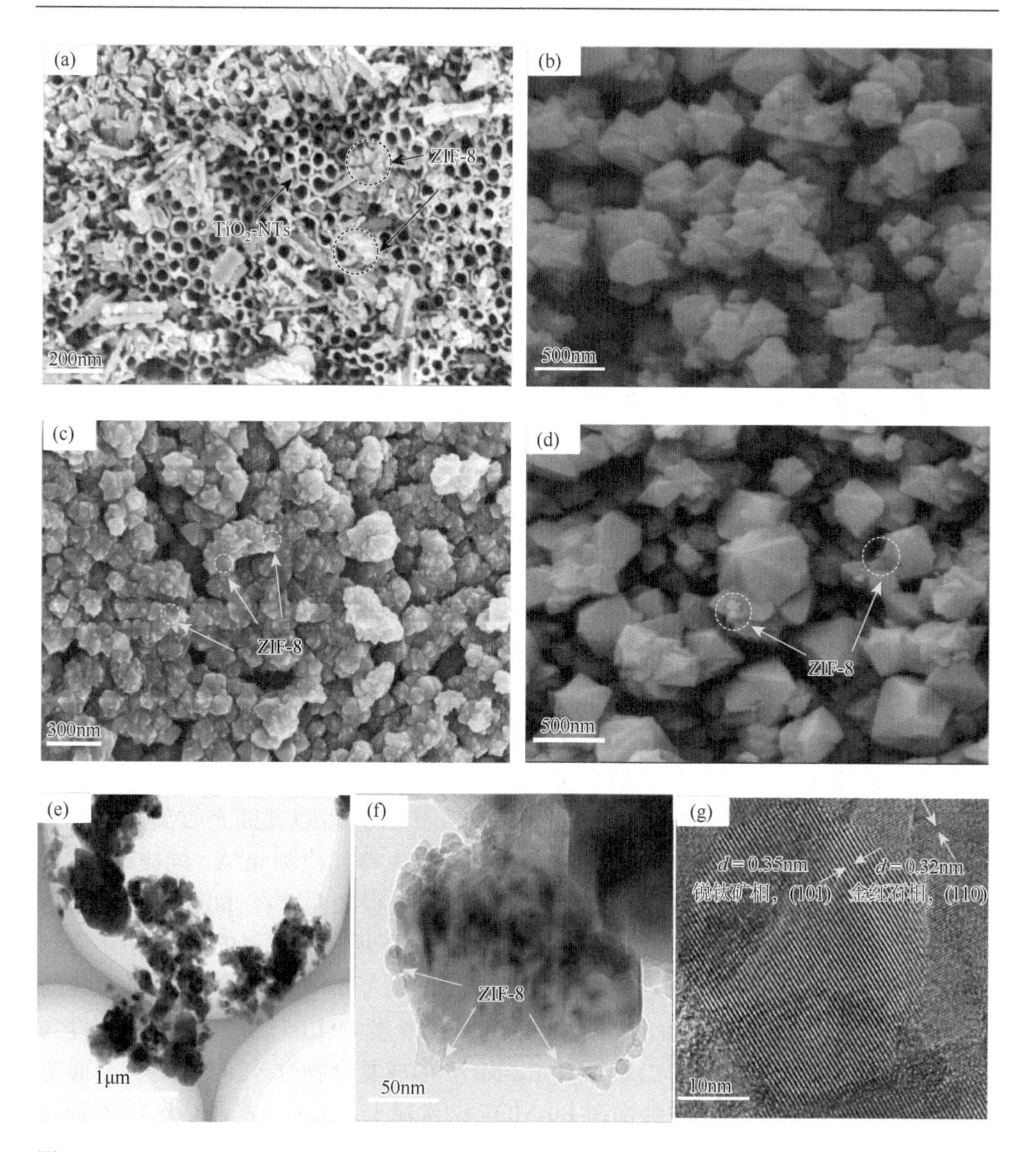

图5.2 ZIF-8/TiO_2（a）、NF-TiO_2（b）、ZIF-8/NF-TiO_2[（c）和（d）]的SEM图；ZIF-8/NF-TiO_2的TEM图[（e）和（f）]和HRTEM图（g）

5.3 MOFs基光电极的构造策略

根据导电基底参与光电极的方式，将光电电化学过程中PEC器件的制备策略分为以下三类：①涂覆材料形成光电极；②生长材料形成光电极；③演化材料形成光电极。

5.3.1 涂覆材料

涂覆材料形成的光电极是将合成材料分散到溶液中，然后用黏合剂固定在导板上，整个过程通常重复 3～5 次甚至更多。在该方法中，黏合剂多采用全氟磺酸-聚四氟乙烯共聚物，ITO 被广泛用作导电基底，这是因为 ITO 具有优异的导电性，且在高温高压条件下性质稳定。例如，Wang 等首先将 ITO 玻璃切成 5cm×(1～2)cm 的小块。然后，用乙醇和 NaOH（2mol/L）的混合溶液（V/V，1∶1）清洗 ITO 玻璃电极 20min，并用蒸馏水清洗直至电极清洁。干燥后，将 40μL B-TiO_2 分散液（6mg/mL）滴到 ITO 导电玻璃片上干燥，所得电极即为 B-TiO_2 光电极。接着，将 40μL Bi_2O_3 分散液（5mg/mL）和 40μL 金纳米粒子（AuNPs）悬浮液连续滴到 B-TiO_2/ITO 电极表面，得到 AuNPs/Bi_2O_3/B-TiO_2 光电极[94]。金纳米粒子的修饰为 N6-甲基腺嘌呤（m^6A）抗体的锚定提供了场所。经抗体免疫反应捕获 m^6A 后，Zr 基金属有机骨架（UiO-66）进一步特异性地附着在 m^6A 的磷酸基团上，最终得到一种用于 m^6A 检测的新型光电化学（PEC）免疫传感器。UiO-66 中的 $Zr_6O_4(OH)_4$ 团簇可以与磷酸基团强烈结合，捕获 m^6A 后，UiO-66 专门附于 m^6A 磷酸基上。此外，UiO-66 的高孔隙度促进了$[Ru(bpy)_3]^{2+}$的富集，以及由$[Ru(bpy)_3]^{2+}$产生的激发态电子在可见光照射下可以转移到 Bi_2O_3/B-TiO_2/ITO 光电极，以提高光电电流响应。在最终的 PEC 传感器中，Ru@UiO-66 以提高光收集效率和光电转换效率的优势作为磷酸盐识别单元和信号放大单元检测 m^6A。同样地，Gao 等将 9μL 的 CdS/Eu-MOF 悬浮液涂覆在 ITO 电极表面并在 60℃下干燥制得 CdS/Eu-MOF 复合电极[95]。利用 SEM 和 TEM 研究了所制备材料的形态结构。CdS 是具有清晰晶界的均匀颗粒结构。由 TEM 分析结果可知，CdS 纳米颗粒的直径约为 5nm。另一方面，所制备的 Eu-MOF 表现出长度为(1.05±0.28)μm 和宽度为(80±25)nm 的纳米棒结构。当 CdS 和 Eu-MOF 形成复合物时，Eu-MOF 的表面变得粗糙，许多 CdS 纳米颗粒装饰在 Eu-MOF 纳米棒上。Gao 等发现 CdS 纳米颗粒在 Eu-MOF 表面的分散有效地减少了 CdS 纳米颗粒的聚集并形成了相对均匀的结构。对比 CdS 和 CdS/Eu-MOF 修饰电极的开路暗-明-暗光电压响应，发现当灯打开时，CdS/ITO 的开路电位（V_{ocp}）从−0.091V 变为−0.74V，而 CdS/Eu-MOF/ITO 的 V_{ocp} 从−0.064V 变为−0.87V。V_{ocp} 的快速变化证实了两个电极都对光照敏感。进一步观察表明，CdS/Eu-MOF/ITO 在光辐照下的 V_{ocp} 比 CdS/ITO 更负，这意味着前者更有效地分离了光生电子-空穴对。在可见光照射下，CdS/Eu-MOF 复合修饰电极的光电流比 CdS 修饰电极高约 2.5 倍，这是因为 MOFs 可以通过最小化电荷复合损失和利用更宽的太阳光谱进行光收集来帮助改善半导体的 PEC 性能。当氨苄西林（ampicillin，AMP）结合适体固定在 CdS/Eu-MOF 修饰电极上作为识别元件时，构建了对AMP表现出特定光电流响应的自供电PEC适体传感器。在最佳条件下，该传感器的光电流在1×10^{-10}～2×10^{-7}mol/L范围内与AMP浓度的对数值呈线性相关，检测限为9.3×10^{-11}mol/L。

Yang等通过在氮气气氛中直接碳化沸石咪唑酯骨架ZIF-8，制备了新型光活性材料——氮掺杂的多孔碳-ZnO（NPC-ZnO）纳米多面体，之后将NPC-ZnO纳米多面体悬浮液滴在ITO电极表面并进行空气干燥，制备了ITO/NPC-ZnO电极[96]。ZnO纳米棒的直径约为150nm，ZIF-8纳米多面体具有典型的菱形十二面体形态，粒径均匀，约为150nm[97, 98]。NPC-ZnO纳米多面体保持了与ZIF-8纳米多面体相似的形态，且其粒径（约100nm）小于ZIF-8纳米多面体的粒径。在光照射下，将抗坏血酸引入电解质溶液导致ITO/NPC-ZnO电极的光电流明显增加，表明抗坏血酸可以被光生空穴有效氧化，NPC-ZnO纳米多面体的价带（HOMO）可以减少光生电子-空穴对的复合，导致光电流增加。此外，NPC-ZnO纳米多面体的光电流比ZnO纳米棒和ZIF-8纳米多面体的光电流高约500倍，证实NPC-ZnO纳米多面体中NPC与高度分散的ZnO之间的相互作用可以大大增强PEC活性。因此，在可见光照射下，NPC-ZnO纳米多面体在溶解氧和抗坏血酸的水介质中表现出比ZnO纳米棒和ZIF-8纳米多面体更好的PEC性能，被用作传感器。该传感器在碱性磷酸酶（alkaline phosphatase，ALP）测定中表现出良好的性能，具有从2～1500U/L的宽线性响应范围和1.7U/L的低检测限。由于NPC的优异电化学性能和ZnO在纳米多面体中的均匀分布，获得的NPC-ZnO增强了电极光生电子转移过程。另一方面，NPC和ZnO之间的相互作用可改变ZnO的带隙并将光吸收范围从紫外光扩大到可见光。

Cao等首先将CuO分散在1mL乙醇中，然后在ITO电极表面加入适量的Cu-BTC材料的悬浮液，再加入5μL全氟磺酸（0.1wt%），全氟磺酸以良好的成膜性能将CuO固定在ITO上，成功制备了CuO/Cu-BTC电极[99]。它基于衍生自Cu-BTC金属有机骨架（其中BTC代表苯-1, 3, 5-三羧酸）的CuO材料，通过在高温（300℃）下煅烧Cu-BTC获得改性CuO，保持了前驱体Cu-BTC的结构特征。CuO材料具有较大的比表面积和分级结构，可以显著增加电极响应位点，并具有更高的光电转换效率。当暴露在可见光下时，CuO会产生稳定的光电流。这种新颖的PEC检测方法具有8.6×10^{-11}mol/L的检测下限和较宽的线性范围（1.0×10^{-10}～1.0×10^{-5}mol/L）。Cu-BTC衍生的CuO材料在360nm处显示出强吸收峰，并在从紫外光到可见光的范围内具有强吸收。利用荧光光谱法研究了半导体光激发载流子转移和复合的过程。在360nm激发波长下，CuO的发射峰出现在400nm左右，表明这种MOFs衍生的CuO材料有望具有优异的光化学性能。Cu-BTC MOFs衍生的CuO与传统HKUST-1衍生的CuO-H的光电流响应相比，在可见光照射下，这种MOFs衍生的CuO材料具有灵敏的光电流响应，光电流值约为 7.6nA，表明这种新型 CuO 材料具有良好的光催化活性。与之相比，传统的 HKUST-1 衍生的 CuO-H 表现出较低的光电流响应。这可能是因为较大尺寸的 CuO-H 不利于光吸收。添加马拉硫磷后，CuO 修饰电极的光电流响应降低。这可能是因为 CuO 与马拉硫磷结合的位阻效应可以有效地阻止 CuO 光生电子的转移，从而降低 CuO 的光电流。Liu 等也采用前驱体溶液在透明导电膜上滴注的方法制备了光阳极。不同的是，导电膜为成本更低的 FTO，且涂覆干燥后的电极又经高温退火最终得到无孔掺铁半导体/MOFs 电极[100]。

除透明导电膜作为导电基底外，同样具有优异导电性的海绵多孔状泡沫铜、泡沫镍等也可以作为一类导电基底参与光电极的构造。由于 ITO、FTO 吸水性强，会吸收空气中的水分和二氧化碳发生化学反应进而变质，因此在某些光电化学应用中多采用延展性较好、成本更低的泡沫镍、泡沫铜等作为导电基底。除了较低的成本外，金属泡沫中规则间隔的开孔结构可以为电解质中的氧化还原耦合提供高比表面积，并降低电极中电解质的传质限制[101]。其中，泡沫镍具有独特的三维多孔结构，由三维带孔的金属柱组成，具有相当于金属箔的电导率。与 ITO 和 FTO 相比，它允许金属泡沫作为从外部电路到氧化还原电解质的良好的电子传输基底。此外，泡沫镍有利于电沉积，并允许光在通过后连续折射，相比于网格或板结构更有效地使用光[102]。同样地，由于三维结构和高吸附性，泡沫铜通常被用作集电极[103]。在相关研究中，Cheng 等将 C-Zn/Co-ZIF 催化剂与全氟磺酸膜溶液、超纯水共同混合制备胶涂覆在泡沫铜上[104]。采用滴干法制备了 C-Zn/Co-ZIF 阴极，用于 CO_2 光电化学还原反应（CO_2 photoelectrochemical reduction reaction，CO_2 PRR）。原始 Zn/Co-ZIF 中含有 C 的官能团被碳化并变成非晶态多孔碳，而在热解过程中形成了许多 Co 和 ZnO 纳米粒子。采用铜泡沫作为三维导电载体，可均匀分散 C-Zn/Co-ZIF 催化剂，有效防止催化剂聚集。密度泛函理论（density functional theory，DFT）计算表明，与其他对照组相比，C-Zn/Co-ZIF 中的配位不饱和 CoN_3V 位点对高阶有机物具有最高的催化活性。在 CO_2 PRR 体系中采用热解 1h 的 1h-C-Zn/Co-ZIF 作为催化剂时，总碳原子转化率达到 5459nmol/(h·cm^2)，对高阶太阳能燃料的选择性达到 84%。与 Zn/Co-ZIF 和 C-ZIF-8 相比，1h-C-Zn/Co-ZIF、2h-C-Zn/Co-ZIF 和 3h-C-Zn/Co-ZIF 对 CO_2 PRR 显示出增强的活性和选择性。当对系统施加 1.9V 偏压时，所有 C-Zn/Co-ZIF 催化剂都显示出最高的活性。

除全氟磺酸溶液作黏合剂外，壳聚糖作为一种高分子碱性多糖聚合物，也被用作光电极制备过程中的黏合剂和增稠剂。Zhang 等在一锅式制备基于一维 MIL-53(Fe)微棒的磁性纳米球装饰的多功能混合磁性复合材料（MHMCs）时选择了壳聚糖作为黏合剂。具体地，将 MIL-53(Fe)混合磁性复合材料分散在壳聚糖溶液中形成 10mg/mL 溶液，超声处理 5min 后将 0.3mL 胶体溶液滴在预处理过的 ITO 表面，在真空条件下室温干燥 24h 得到 MHMCs 膜电极[105]。

5.3.2　生长材料

涂覆法形成的光电极制作简单快速，但常因为材料与基底的界面不够紧密而易发生脱落，且传质速率会有所下降。因此，有效改善传质过程已成为构造光电极的进一步研究方向。材料生长到 ITO/FTO 裸表面逐渐成为一个值得关注的领域。Cui 的研究团队[106]通过水热法在 FTO 基底上成功得到了原位生长的 TiO_2，具体为在磁力搅拌下，将钛酸四丁酯（1.5mL）缓慢地加入到 30mL 盐酸和 30mL 去离子水的混合溶液中。混合后将溶液与 FTO 基底共同放入铁氟龙内衬不锈钢高压釜中，在 180℃下维持 6h，冷却至室温后，用无水乙醇和去离子水洗涤得到了生长有 TiO_2 的 FTO。然后在 TiO_2 上电沉积 FeOOH 薄膜，利用 FeOOH 牺牲模板法在 TiO_2 表面锚定了致密超薄的 MIL-100(Fe)薄膜，实现了 MOFs 相在垂直取向 TiO_2 表面的原位修饰。ElRouby 的研究团队[107]通过水热法成功地在 FTO 基底上获得了原位生长的 TiO_2 纳米棒（TiO_2 nanorod，TDNR）。具体地，在磁力搅拌下，将丁醇钛(Ⅳ)（0.5mL）缓慢加入到 15mL HCl（37%）和 15mL 去离子水混合溶液中。混合后，将溶液和 FTO 基底放入衬有特氟龙的不锈钢高压釜中，在 150℃下放置 4h。在室温下冷却后，通过用蒸馏水洗涤获得生长有 TDNRs 层的 FTO。然后，通过一步法将致密且超薄的 ZIF-8 薄膜固定在玻璃 FTO-TDNR 基底表面，以实现 MOFs 相在垂直取向的 TiO_2 表面的原位改性。TDNR 表面 MOFs 的存在极大地影响了 TiO_2 的光学特性，光吸收转移到可见光区域。光电极 ZIF-67/TDNR 被用作在 Na_2SO_4 水溶液中进行水光氧化的光阳极。在黑暗中，所有光电极都呈现出高阻抗的电容行为。在可见光照射下，所有光电极阻抗都在 10^5～$10^6\Omega/cm^2$ 范围内。这与观察到的光电流结果一致。在紫外可见光下，光电化学阻抗谱（photoelectrochemical impedance spectroscopy，PEIS）显得平坦。具有最高光电流（MOFs 生长 16h）的光阳极也显示出陷阱态电荷转移电阻的最低值，证明了 MOFs 作为表面助催化剂的作用，即对水分解具有有益作用，还发现表面存在 MOFs 会增加电荷复合率。光电流是电荷转移和复合微观过程之间动态相互作用的结果。此外，在 MOFs 沉积后 TDNR 的吸收边发生了红移，因此，该 MOFs 具有在紫外和可见光区域收集光的能力[108, 109]。这归因于 TDNR 和 MOFs 粒子之间的相互作用。

Jia 等将 FTO 玻璃基底导电面朝下置于高压釜中，在 70℃的烘箱中进行 11h 的水热反应，得到了生长有 ZnO@ZIF-8/67 纳米棒阵列的 FTO[110]。其中 ZnO 作为自牺牲模板形成薄的 ZIF-8 缓冲层，表面缺陷钝化效应促进了电荷分离，ZIF-67 通过构建 ZnO@ZIF-8/67/1D 排列增强了可见光区域的光收集[111]。通过应用 ZIF-67 作为光敏剂，ZnO 的 PEC 水氧化性能显著增强，该半导体显示出高效的可见光驱动 PEC 水分解。这种 ZnO@ZIF-8/67-NAs 光阳极在 1.23V（*vs.* RHE）下表现出 $0.11mA/cm^2$ 的光电流密度，比原始 ZnO-NAs 高 9.2 倍，长时间（2000s）照射后，ZnO@ZIF-8/67-NAs 光阳极的电流密度仍然大于 ZnO-NAs，这要归功于快速地沿 ZnO 纳米棒的三维电子传输和 ZIF-67 的强烈可见光吸收。ZnO@ZIF-8/67-NAs 的 PEC 性能研究在三电极电化学电池中进行，结果显示，ZnO@ZIF-8/67-6.25-NAs、ZnO@ZIF-8/67-12.5-NAs 和 ZnO@ZIF-8/67-25.0-NAs 的电化学活性表面积（ECSA）分别为 $20.85\mu F/cm^2$、$33.25\mu F/cm^2$ 和 $19.7\mu F/cm^2$，表明 ZnO@ZIF-8/67-12.5-NAs 的较大表面积提高了光阳极/液体界面的光捕获能力和电荷转移，太多的 ZIF-8/67 会阻碍电极上的光子吸收和电荷转移。同时在模拟太阳光的全波长下，纯 ZnO 样品在可见光区域表现出比 ZnO@ZIF-8/67-NAs 低得多的 IPCE。在 600nm 左右波长处，ZnO@ZIF-8/67-NAs 的 IPCE 为 1.1%，远高于 ZnO-NAs（0.03%）。上述结果主要是因为 ZIF-8/67 和 ZnO 构建的异质结在光致电子-空穴对的电荷产生和分离中起着重要作用。当 ZIF-8/67 层与 ZnO 接触时，ZIF-67 很容易被能量大于其带隙的光子激发，产生电子-空穴对，光生电子通过外电路转移到铂对电极产生氢气，空穴将被水氧化消耗。在 ZnO 光阳极表面引入 ZIF-67 通过吸收可见光提高了光收集效率，并抑制了光生电子-空穴对的复合。由于电子传输快速且定向，一维 ZnO@ZIF-8/67-NAs 排列被用作光阳极以改善 ZnO 的 PEC 性能。

Han 等结合水热法和选择性刻蚀法在 FTO 玻璃上制备了 ZnO 纳米管阵列，并将生长有 ZnO 纳米管阵列的 FTO 基底置于 500℃的马弗炉中煅烧以除去表面的表面活性剂[112]。接着再次放入装有 MOFs 前驱体和 N-CD 混合液的特氟龙内衬不锈钢高压釜中，导电面朝下，经过逐层生长后得到 ZnO/N-CD@ZIF-8。根据上述方法制备了三种类型的电极：直接生长在掺氟 SnO_2 基底上的 ZnO 纳米管、具有 ZIF-8 的垂直排列的 ZnO 纳米管和具有 N-CD 嵌入 ZIF-8 的 ZnO 纳米管。SEM 图像显示垂直排列的 ZnO 六方纳米管外径范围为 170～280nm，内径范围为 90～140nm；带有 N-CD 嵌入 ZIF-8 的 ZnO 纳米管厚度约 2μm，直径约 320nm。性能表现上，与不同 ZnO 纳米结构光阳极对应的值相比，嵌入 N-CD 的 ZIF-8 的 ZnO 纳米管阵列的光电流密度在−0.6～0.5V 的电位范围内显著增加，证实了嵌入 N-CD 的 ZIF-8 可作为与 ZnO 接触的有效光敏剂。

除了传统的水热生长方法外，Kaur 等利用电沉积帮助材料在 FTO 表面生长[113]。他们使用 Pt 作为对电极，Ag/AgCl 作为参比电极，并使用 TiO_2/FTO 玻璃作为工作电极。通过单层石墨烯分散体和 Eu-MOFs DMF 分散体形成电沉积电解质。为了制备目标光电极，将 TiO_2/FTO 浸入溶液中并在 1V 恒定施加电位下以计时电流模式保持 400s，获得了石墨烯-MOFs 复合光电极。这些光阳极材料已在实验室规模的染料敏化太阳能电池（dye-sensitized solar cell，DSSC）进行了测试。与几乎绝缘的 Eu-MOFs 薄膜（电导率约为 $10^{-12}S/cm$）相比，石墨烯-MOFs 薄膜的电导率提高了约 300mS/cm，证实了复合膜的形成。所制备的 DSSC 具有 2.2%的转换效率，这归因于石墨烯的存在加速了 TiO_2/石墨烯-MOFs 界面上的电荷转移，具体来讲就是石墨烯的引入导致来自 Eu-MOFs 的 LUMO 能级的光生电子通过石墨烯的传导转移到 TiO_2 的导带中，原子堆叠的石墨烯-MOFs 结构有助于电子传输。石墨烯和 Eu-MOFs 通过 π 电子堆叠相互作用，有利于复合膜吸收并有效利用光。Liu 等最近完成了一项类似的研究[81]，选择 KI 溶液、$Bi(NO_3)_3 \cdot 5H_2O$ 和含对苯醌的无水乙醇混合溶液作为电沉积 BiOI 的镀液，以 FTO 为工作电极，Ag/AgCl 为参比电极，铂箔为对电极，在−0.1V 下电沉积 BiOI 膜 180s。电镀完成后，进一步将 5mL 二甲基亚砜与 0.2mol/L 乙酰丙酮氧化钒混合溶液滴加到 BiOI 光电极上，煅烧后完成 BiOI 光电极到 $BiVO_4$ 的化学转化。在掺杂 Mo 和生长 MOFs 层后，得到 MIL-101(Fe)/Mo：$BiVO_4$ 光阳极，既增加了空穴扩散长度，又提高了光生载流子的导电性和透射率。在模拟 AM 1.5G 光照下，得到的光阳极在 Na_2SO_4 水溶液中的光电流密度可达 4.0mA/cm^2［1.23V（*vs*. RHE）］，大约是 $BiVO_4$ 光阳极的 4 倍。

5.3.3　基体演化

以上电极构造都是依靠外加导电基底与材料形成体电极，电极的 PEC 表现往往受限于导电基底的性能。半导体自身进化形成导电基底很好地解决了这个问题，目前关于 PEC 器件构造的研究中常见的半导体基底为 TiO_2。

TiO_2 具有低毒、高稳定性和催化活性优异等优点。它以纳米管[76, 114]、纳米棒[115]、纳米线[116]和纳米带[117, 118]的形式参与 PEC 器件的构造，最常见的形式是纳米管结构。它主要是通过阳极氧化获得的。研究人员可以通过控制电解质组成、施加电压[119, 120]和氧化时间[121]等关键因素来制备不同的纳米管形态。Zhang 等使用石墨板作为对电极，将经丙酮、乙醇和超纯水预处理的钛箔（2.0cm×1.0cm）浸入含有 98mL 乙二醇、0.33g NH_4F 和 2mL 超纯水的电解液中[122]。在 30V 的恒定电位下阳极氧化 2h 后，非晶态 TiO_2 在马弗炉中以 5℃/min 的速率加热到 550℃并保持 3h，获得平均内径为(46±11)nm 的 TiO_2-NTs 作为导电基底。接下来，采用液相外延法在 TiO_2-NTs 表面逐层生长石墨相氮化碳（*g*-C_3N_4）和 $Mn_3(BTC)_2$。同样，Jia 等通过对 4.5cm×5cm 的钛箔样品进行阳极氧化处理，获得具有有序结构的 TiO_2-NTs 纳米管[65]。具体来说，他们用碳化硅砂纸抛光钛箔，并分别在丙酮、异丙醇、乙醇和超纯水中超声处理 15min。将箔片（在室温下）浸入含有 NaF（0.5wt%）和 Na_2SO_4（75mmol/L，150mL）的电解质中，在电化学电池中进行阳极氧化 5h。通过可调的直流稳压电源（WYL603 型）提供 20V 的电压，并将 Cu 用作对电极[65]。随后用去离子水冲洗，然后在 N_2 中干燥，并在 450℃下煅烧 TiO_2-NTs，从而进行热处理。在空气中于 450℃煅烧的过程中，非晶态 TiO_2 结晶为锐钛矿型 TiO_2。在后续处理中，通过添加 NH_4F 粉末改变煅烧气氛获得了 NF-TiO_2，并将 NF-TiO_2 光电极加入 MOFs 前驱体溶液中获得了 ZIF-8/NF-TiO_2 光电极，用于光电催化降解磺胺二甲基嘧啶（图 5.3）。Dou 等以石墨板为对电极，将在丙酮、乙醇和超纯水中预处理后的钛箔（2.0cm×1.0cm）浸入含有 98mL 乙二醇、0.33g NH_4F、2mL 超纯水的电解质溶液中，30V 恒电位下阳极氧化 2h 后在马弗炉中以 5℃/min 的速率加热至 550℃并保持 3h，得到平均内径为(41±8)nm 的 TiO_2-NTs 作为导电基底[123]。通过液相外延法，在 TiO_2-NTs 表面反复逐层生长了 ZIF-67。

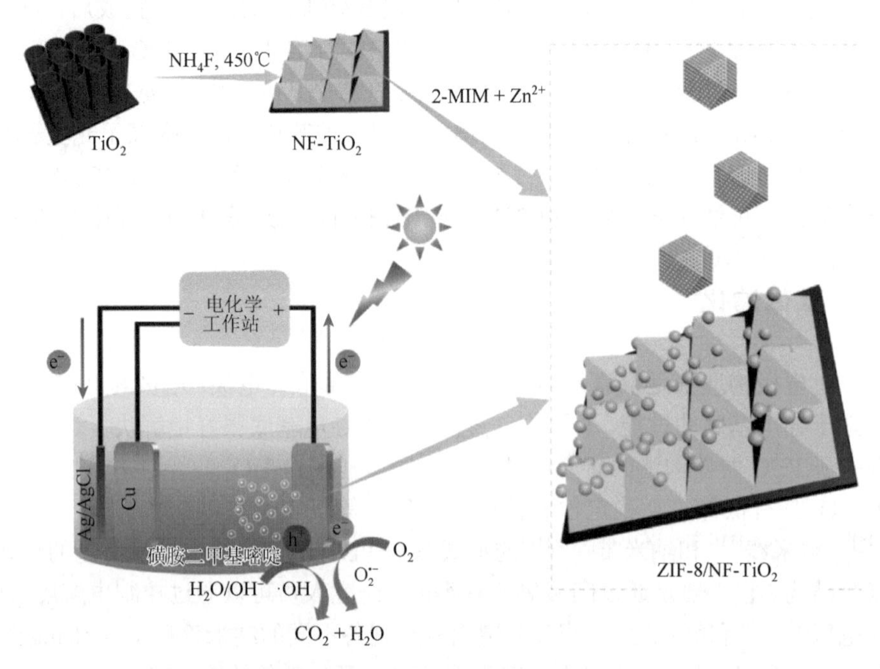

图 5.3　ZIF-8/NF-TiO_2 的形成过程及其光电催化去除磺胺二甲基嘧啶

然而，通过阳极氧化钛箔获得的纳米管不仅具有较低的钛箔利用率，而且由于片状材料的低渗透性，还具有较低的扩散效率和转换频率。最近，Yang 等提出了一种策略，选择钛金属网进行阳极氧化，获得的 3D 空心 TiO_2 纳米线簇更有利于活性位点的暴露，以及基质和产品的扩散[116]。将网分成大小为 20mm×10mm 的块，并用 HF∶HNO_3∶H_2O＝1∶4∶5（体积比）的洗涤溶液处理 10s。阳极氧化之前，将钛网分别放入异丙醇、丙酮和超纯水中进行超声处理。在阳极氧化期间，将钛网用作工作电极，并将钛箔用作对电极。在 20V 的电压下，氧化在含有 0.3g NH_4F、2mL 水和 88mL 乙二醇的电解质中保持 90min。目标光电极样品将在马弗炉中于 400℃退火 3h 后获得。3D 空心 TiO_2 NWc 独特的空心纳米碳结构增加了活性位点的暴露面积，网络结构极大地提高了基材和溶液之间的扩散速率。3D

空心 TiO_2 NWc 单位面积光电流强度具有明显优势，这可能是因为与封闭片状结构相比，空心和纳米线簇结构暴露了更多的活性位点。

除了阳极氧化方法，Jiao 等开发了另一种合适的 TiO_2 基质以容纳 MOFs 材料[124]。将干净的钛箔放入装有 10mL 盐酸水溶液（0.45mol/L）的聚四氟乙烯内衬的不锈钢高压釜中，并在 220℃下保持 12h。使用去离子水清洗后观察到钛箔的表面生长了一层蓝色的薄膜，即 TiO_2 光电极。随后，将 TiO_2 光电极置于含有 10mL N_2H_4 水溶液（20wt%）的聚四氟乙烯内衬的不锈钢高压釜中，在 220℃下于高压釜中处理 20h 得到 Ti^{3+}掺杂的 TiO_2 基底。Ti^{3+}的存在增加了表面缺陷，增强了 MOFs 前驱体溶液中配体与 TiO_2 表面的相互作用，有利于后续利用一锅合成法对光电极进行杂原子掺杂和氧化物表面改性从而得到 In-Ni/N/TiO_2 光电极。应用上述策略，成功制备了 In-Ni/N/TiO_2 光电极。

5.4　MOFs 基光电极对污染物的降解行为

在 PEC 应用中常用的 MOFs 包括 MIL 系列、ZIF 系列、UiO 系列、PCN 系列。此外，MOFs 的衍生物也被报道用于 PEC 系统，因为它们显著提高了光电化学性能（表 5.2）。本节将详细讨论这些 MOFs 及其衍生物在 PEC 中的性能和机理。

表 5.2　用于 PEC 的 MOFs 及其衍生物修饰的光电极

系列	光电极	MOFs 形式	光电催化剂	IPCE/%	PEC 应用	参考文献
MIL	光阳极	MOFs	MIL-68(In)-NH_2/MWCNT/CdS	NA	传感器	[125]
MIL	光阳极	MOFs	NH_2-MIL-125(Ti)/TiO_2	84.4	水解离	[126]
MIL	光阳极	衍生物	M-TiO_2/CdSe@CdS	42.0	水解离	[127]
MIL	光阳极	衍生物	$Ti_xFe_{1-x}O_y$/Fe_2O_3	46.6	水解离	[128]
MIL	光阳极	MOFs	O-CNTs@MIL-88B(Fe)	NA	去除 Sb(III)	[129]
MIL	光阳极	衍生物	rGO-TiO_2-NR	NA	水解离	[130]
MIL	光阳极	MOFs	Bi-MOF/$BiVO_4$	NA	水解离	[131]
MIL	光阳极	MOFs	MIL-53(Fe)/Fe：$BiVO_4$	NA	水解离	[132]
MIL	光阳极	MOFs	Fe_2O_3：Ti/NH_2-MIL-101(Fe)	42.3	水解离	[75]
MIL	光阳极	MOFs	Fe_2O_3/MIL-101(Fe)	26.6	水解离	[133]
MIL	光阳极	MOFs	Fe_2O_3/MIL-53(Fe)	NA	降解 PNP	[12]
ZIF	光阳极	衍生物	Co-CoO_x/NC/Mo_2	NA	传感器	[134]
ZIF	光阳极	衍生物	ZnCdS@MoS_2	NA	传感器	[135]

续表

系列	光电极	MOFs 形式	光电催化剂	IPCE/%	PEC 应用	参考文献
ZIF	光阴极	MOFs	C-Zn/Co-ZIF	NA	还原 CO_2	[104]
ZIF	光阳极	衍生物	Co_9S_8@$ZnIn_2S_4$	NA	水解离	[136]
ZIF	光阳极	MOFs	ZIF-67/CNTs-g-C_3N_4/TiO_2	NA	传感器	[123]
UiO	光阳极	MOFs	$[Ru(bpy)_3]^{2+}$@UiO-66	8.0	传感器	[137]
UiO	光阳极	MOFs	Au/UiO-66(NH_2)/CdS	NA	传感器	[138]
PCN	光阳极	MOFs	C_{60}@PCN-224	NA	传感器	[139]
PCN	光阳极	MOFs	PCN-224/rGO	NA	传感器	[140]

注：IPCE 表示光电转换效率；PNP 表示 4-硝基酚；NA 表示未获得。

5.4.1 MIL 系列

MOFs 修饰的 PEC 光电极的研究还处于初级阶段，研究基础相对薄弱。在各种 MOFs 系列中，MIL 系列 MOFs 基光电极的研究工作相对丰富和成熟。MIL 主要由铁、铝、铬等金属离子与有机配体相互作用合成[141]。常见的 MIL 修饰的 PEC 光电极包括铟基 MOFs、钛基 MOFs 和铁基 MOFs。

1. 铟基 MOFs

目前，关于铟基 MOFs 修饰光催化电极的研究非常有限。例如，Zhang 等通过原位沉积法对铟基 MOFs 进行了研究，纯 CdS 为聚集在一起的纳米球，加入适量的 MIL-68(In)-NH_2/MWCNT 后，MIL-68(In)-NH_2/MWCNT 作为载体可以有效地抑制 CdS 纳米粒子的生长和聚集[125]。在可见光照射下，MIL-68(In)-NH_2 和 CdS 都可以被激发，由于匹配良好的重叠能带结构，光生电子从 CdS 转移到 MIL-68(In)-NH_2，然后注入 ITO，从而产生光电流响应。同时，保留在 MIL-68(In)-NH_2 中的空穴将转移到 CdS 的 VB 并随后迁移到液固界面。CdS 纳米粒子与 MIL-68(In)-NH_2 紧密接触，并与功能化的多壁碳纳米管（multi-walled carbon nanotube，MWCNT）一起调整电子传递路径，进一步促进载流子的转移和分离。获得的 MIL-68(In)-NH_2/MWCNT/CdS 复合电极能与四环素（tetracycline，TC）分子通过特定的相互作用形成一个 PEC 传感器。因此，得到的 MIL-68(In)-NH_2/MWCNT/CdS 复合电极与 TC 分子通过特异性相互作用瞬间反应形成光电流信号，光电流信号的波动可成功响应出范围从 0.1nmol/L 到 1μmol/L 的 TC 含量。在检测过程中，TC 结合适体会特异性地捕获溶液中的 TC 分子，通过捕获的 TC 分子与光生空穴之间的瞬时反应产生升高的光电流信号。MWCNT 的转移特性通过调整电子传输路径进一步提高了光电转换效率。适体作为生物识别单元通过化学键合作用接枝在修饰电极上，通过适体与溶液中 TC 的特异性相互作用可以捕获 TC 分子，通过观察光电流信号的波动来检测 TC 的浓度。

2. 钛基 MOFs

由于 TiO_2 丰富的光学研究基础，钛基 MOFs 也被考虑用于光电极的构建。在光电极的研究中，常见的钛基 MOFs 是 MIL-125(Ti)，它由准立方四方系和含氧八聚体 $Ti_8O_8(OH)_4$ 簇合物与氨基二羧酸连接组成。其主要特征是高孔隙度，存在四方（6.1Å）或八面体（12.5Å）腔体，可获得微孔（5～7Å）和良好的有机溶剂化学稳定性。Sharma 等报道了一种由 MIL-125(Ti)和单壁碳纳米管（single-walled carbon nanotube，SWCNT）组成的复合电极作为染料敏化太阳能电池（DSSC）的活性光电层[114]。SWCNT 提供了优良的导电性，而 MIL-125(Ti)增强了光吸收能力，并利用其多孔性最大限度地减少电荷重组。此外，电化学阻抗谱图证实，在光阳极材料中添加 SWCNT 产生了更导电的电荷转移途径。最终，MIL-125(Ti)/SWCNT DSSC 的功率转换效率从 MIL-125(Ti)的 2.68%提高到 5.26%。MK-2 染料负载的 MIL-125/SWCNT/TiO_2-FTO 复合材料表面可以在紫外-可见光区域吸收光，该光阳极成为光收集的有效平台。NH_2-MIL-125(Ti)是一种具有 2.6eV 带隙的优良光催化剂，其氧化钛团簇与有机连接物（即 2-氨基对苯二甲酸）配位[142]。它具有比 MIL-125(Ti)更高的水稳定性，在可见光下实现半导体应用。Yoon 等设计了光敏 NH_2-MIL-125(Ti)包覆 TiO_2 纳米棒的结构，研究了 MOF/半导体异质结光电极在 PEC 水分解中的性能[126]。NH_2-MIL-125(Ti)和 TiO_2 纳米结构之间的界面处建立的（Ⅱ）型能带排列有助于 MIL(125)-NH_2 的导带（CB）与 TiO_2 的 CB 之间的电荷分离和电子转移。在 AM1.5G 光照下，NH_2-MIL-125(Ti)/TiO_2 的光电流密度在 1.23V（*vs.* RHE）下可达 1.63mA/cm^2，是原始 TiO_2 纳米晶体的 2.7 倍。当将 MIL(125)-NH_2 涂覆在 TiO_2 NRs 上时，线性扫描伏安（LSV）曲线的起始电位从 0.44V（*vs.* RHE）降低到 0.27V（*vs.* RHE）。在 1.23V（*vs.* RHE）的施加电位下测量了 300～800nm 的 IPCE 光谱，MIL(125)-NH_2/TiO_2 NRs 在 $\lambda = 340$nm 处表现出最高的 IPCE（84.4%），几乎是原始 TiO_2 NRs 的 2.5 倍。$\lambda = 350$nm 区域的 IPCE 增强可归因于 MIL(125)-NH_2 中 Ti^{4+}主动还原为 Ti^{3+}，随后将电子传输到 TiO_2，从而延长了分离的电荷载流子的寿命。通过整合 AM1.5G 太阳光谱的吸光度，原始 TiO_2 NRs 和 MIL(125)-NH_2/TiO_2 NRs 的 η_{abs} 值分别为 78.9%和 79.8%。

除了与半导体直接形成异质结外，MOFs 也可以以衍生物的形式与半导体结合以发挥更多优势。Shi 等开展了探索致敏 MOFs 衍生 TiO_2 的胶体量子点的工作[127]。具体来讲，使用 NH_2-MIL-125(Ti)作为牺牲模板来合成锐钛矿-金红石混合相 TiO_2，并使用核壳 CdSe@CdS 量子点（quantum dots，QDs）来敏化 TiO_2，从而获得 M-TiO_2/CdSe@CdS。当混合相 TiO_2 存在时，e^-和 h^+的空间分离进一步降低重组效果。M-TiO_2/QDs 良好的电子能带取向可以将 QDs 中大量的 e^-和 h^+提取至 M-TiO_2，从而提高了电流密度。用核壳 CdSe@CdS 量子点敏化后，光阳极表现出高效和稳定的太阳能制氢。基于 M-TiO_2/CdSe 光阳极的 PEC 系统的最高饱和光电流密度为 7.55mA/cm^2[0.9V（*vs.* RHE）]，比 C-TiO_2/CdSe 光阳极（6.87mA/cm^2）高。通过使用核壳量子点，M-TiO_2/CdSe@CdS 光阳极在相同条件下达到 10.72mA/cm^2，与 C-TiO_2/CdSe@CdS 光阳极（7.24mA/cm^2）相比提高了 48.07%。在相同条件下对 M-TiO_2-575 也进行了相同的实验，电流密度仅为 5.26mA/cm^2，低于 M-TiO_2 和 C-TiO_2 的值。采用 M-TiO_2 基底时，可以获得更高的电流密度。与商业纯锐钛矿型 TiO_2 相比，稳定性也显著提高：两个 QDs 敏化的 C-TiO_2 光阳极在 180s 内迅速衰减，仅保持初始值的 70%左右。对于 C-TiO_2/CdSe，衰减速度非常快，7200s 后仅保留其初始值的 42.07%。对于 C-TiO_2/CdSe@CdS，电流密度在 3600s 后达到相当稳定的值，2h 后仅保持其初始值的 57.5%。另一方面，M-TiO_2/CdSe@CdS 和 M-TiO_2/CdSe 的光电流值在前 180s 内基本没有下降，分别保持初始值的 97.4% 和 95.3%。即使连续运行 2h 后，M-TiO_2 样品仍保留了其初始值的 78.1%（M-TiO_2/CdSe@CdS）和 76.9%（M-TiO_2/CdSe）以上。此外，M-TiO_2/QDs 和 C-TiO_2/QDs 光阳极代表性样品的 IPCE 测量是在阳光照射（AM1.5G，100mW/cm^2）下进行的。在整个可见光谱范围内，具有 M-TiO_2/QDs 光阳极的 PEC 器件的 IPCE 值明显高于具有 C-TiO_2/QDs 光阳极的 PEC 器件的 IPCE 值。这些结果与 PEC 器件与 M-TiO_2/QDs 和 C-TiO_2/QDs 光阳极的光电流密度值的差异一致。原因可能是协同效应：①受益于 M-TiO_2/QDs 有利的电子能带排列，更多的电子和空穴可以从 QDs 中提取到 M-TiO_2 中，从而提高光电流密度。由于有效的电子转移，在很大程度上抑制了电子积累和氧化。②根据电荷动力学分析，随着混合相 TiO_2 的存在，电子和空穴的空间分离增加，进一步降低复合效应[143]。同时，上述结果也证实了壳核结构有效地将芯材料与 QDs 表面化学和周围化学环境分离，从而降低了表面缺陷并改善了 PEC 稳定性[144]。QDs 的可调能带和良好的能带布置，以及受控的混合相（锐钛矿相和金红石相）的形成有利于良好的电子能带取向和电荷快速转移[127]。该研究证明了 MOFs 衍生 TiO_2 结合 QDs 形成异质结是提高 PEC 制氢效率的有效策略。

Li 等在钛基 MOFs 衍生物方面也做了出色的工作，他们通过原位热处理含钛金属有机骨架 NH_2-MIL-125(Ti)，形成 $Ti_xFe_{1-x}O_y$ 壳/Fe_2O_3 核纳米棒阵列电极[128]。高温煅烧时，MOFs 中分布均匀且有序的 Ti 离子进入 Fe_2O_3 中取代部分 Fe 离子，改善了 Fe_2O_3 的低电导率（$<10^{-6}\Omega^{-1}\cdot cm^{-1}$）、低电子迁移率[约 $10^{-2}cm^2/(V\cdot s)$]和短的空穴扩散长度（2～4nm）。复合电极的 PEC 性能明显高于原始 Fe_2O_3 电极，在模拟照明 AM1.5G 条件下，光电流密度是 Fe_2O_3 纳米棒阵列电极的 26.7 倍，并表

现出优异的稳定性，连续运行 5h 后光电流密度保持率为 98.9%。$Ti_xFe_{1-x}O_y/Fe_2O_3$（200μL）纳米棒阵列电极在 370nm 处达到 IPCE 最大值，为 46.6%，原始 Fe_2O_3 纳米棒阵列电极仅为 5%。与原始 Fe_2O_3 纳米棒阵列电极相比，$Ti_xFe_{1-x}O_y/Fe_2O_3$ 纳米棒阵列电极中的光致空穴可以更快地移动到电极表面，并且随着水氧化反应进行得更快。因此，可以大大抑制光生电子和光生空穴之间的复合，以提高 $Ti_xFe_{1-x}O_y/Fe_2O_3$ 纳米棒阵列电极的 PEC 活性。在形成 $Ti_xFe_{1-x}O_y$ 壳层时，由 Fe_2O_3 中的 Ti 取代产生的结构缺陷作为光致空穴的捕获位点，以增强电极内的电荷分离并促进空穴和电解质之间的电荷转移以进行水氧化，从而大大提高了 Fe_2O_3 纳米棒的 PEC 活性。$Ti_xFe_{1-x}O_y/Fe_2O_3$ 纳米棒的 $Ti_xFe_{1-x}O_y$ 壳厚度为 7.6nm，是 Fe_2O_3 纳米棒的两倍。因此，当 $Ti_xFe_{1-x}O_y$ 壳层过厚时，Fe_2O_3 中 Ti 取代引起的结构缺陷密度过高，这些结构缺陷更多地作为电子-空穴对的复合中心而不是空穴捕获位点，从而降低 PEC 活性。金属离子在 MOFs 结构中的有序分散，使得金属离子快速且均匀地结合到主体材料中，因此 MOFs 衍生的金属离子结合是有利的。这种方法，除了金属离子掺入，可以很容易地扩展到薄层涂层。并且通过使用多金属 MOFs 可以实现多金属离子的掺入。研究结果证实了 MOFs 衍生金属离子掺入法是构造光电极又一有效策略。

3. 铁基 MOFs

虽然铟基 MOFs、钛基 MOFs 材料已在光化学应用中发挥了一定作用，但以铁为基础的 MOFs 材料因具有成本效益低、分布范围广、土壤丰度高和无毒性而具有更多的应用优势[145]。例如，Li 等开发了一种由 Fe 基 MOFs[如 MIL-88B(Fe)]和碳纳米管（CNT）组成的光电化学过滤器，利用 Fe 基 MOFs 对于 Sb(Ⅴ)的高亲和力同时氧化和吸附剧毒的 Sb(Ⅲ)，实现“一步”Sb(Ⅲ)净化[146]。其中，MIL-88B(Fe)纳米粒子均匀地包覆在碳纳米管侧壁上。MIL-88B(Fe)经照射后，电子-空穴对被激发。这些光生空穴是强氧化剂，能够直接氧化 Sb(Ⅲ)或间接诱导其他活性氧物质（如羟基自由基）的产生。由于其高亲和力，铁基 MOFs 还可以螯合所产生的 Sb(Ⅴ)。碳纳米管作为导电支架，MIL-88B(Fe)作为吸附剂和催化剂，制得的 CM 杂化滤光片具有高的比表面积和高浓度的光生载流子。在复合材料中，MIL-88B(Fe)组分提供了较大的比表面积，有利于 Fe-O 簇活性位点的暴露和目标化合物的传质。此外，碳纳米管的引入提高了电子导电性，促进了光生电荷载流子的分离和转移，从而在电极表面留下更多参与氧化反应的光生空穴，所得到的混合滤波器具有高的比表面积和丰富的载体。在最佳合成条件下，三维网络结构的 Sb(Ⅲ)转化率可达(97.7±1.5)%，Sb(Ⅲ)的总去除率为(92.9±2.3)%。然而，必须指出由于基质的兼容性，异质结界面的形成总是伴随着缺陷产生，这在一定程度上降低了载体密度。

为了解决这个问题，Cui 等在 TiO_2 上成功地原位修饰了用 FeOOH 牺牲模板法制得的 MIL-100(Fe)，得到的致密超薄的 MIL-100(Fe)薄膜紧密地锚定在垂直取向 TiO_2 表面，并用于光电水氧化[106]。MIL-100(Fe)/TiO_2 的形态与 TiO_2 的形态几乎相同，这也间接地表明 MIL-100(Fe)以超薄薄膜的形式存在。EDS 谱图更直观地显示出 TiO_2 纳米棒周围的 Fe 和 C 元素的均匀分布。通过在 TiO_2 表面修饰 MIL-100(Fe)，获得了丰富的不饱和的 Fe 位活性中心，可以迅速消耗捕获的光生空穴，保持了较高的载流子密度。MIL-100(Fe)/TiO_2 不仅具有明显的 E_{Fb} 正位移，且具有最小的斜率。这种原位修饰的方法使异质结界面之间产生了较强的接枝键，有效抑制了界面缺陷从而降低载流子复合。MIL-100(Fe)/TiO_2 的 IPCE 曲线红移不明显，表明超薄结构的 MIL-100(Fe)基体带来了新的光吸收有限问题。

Liu 等利用具有良好可见光响应的 MIL-101(Fe)作为壳层，并将其涂覆在 Mo 掺杂的 $BiVO_4$ 表面，得到的 MIL-101(Fe)/Mo：$BiVO_4$ 光电阳极具有高光吸收能力和高 PEC 活性[81]。由于 MIL-101(Fe)壳层的良好可见光响应，MIL-101(Fe)/$BiVO_4$ 的光电流密度从 1.53mA/cm^2 增加至 2.59mA/cm^2。在 Mo 调节和 MIL-101(Fe)涂层的协同作用下，MIL-101(Fe)/Mo：$BiVO_4$ 光电流密度持续增加到 4.01mA/cm^2，这比 MIL-101(Fe)/$BiVO_4$、Mo：$BiVO_4$ 和 $BiVO_4$ 光电阳极分别高 1.55 倍、2.52 倍和 3.64 倍[81]。此外，MIL-101(Fe)/Mo：$BiVO_4$ 的表面注入效率和电荷分离效率明显改善，并且分离效率比注射效率更大程度提高，进一步表明 Mo 掺杂和 MOF 涂层促使空穴更快通过电极/电解质界面进入溶液中，并得到及时利用。类似工作也被开展用于高效水氧化，不同的是，Fe 被掺杂进入 $BiVO_4$ 以提高 $BiVO_4$ 稳定性和 PEC 性能，使光电流稳定在一个恒定值[100]。掺杂过程中 Fe 离子代替少量 Bi 离子，改善了 $BiVO_4$ 晶体结构，消除晶体缺陷。Fe 掺杂不仅有利于 $BiVO_4$ 的稳定性和光转换效率，而且可以与共催化剂[MIL-53(Fe)]协同作用，进一步提高光吸收能力和载流子的分离效率。

以上工作已证实超薄薄膜的形成有利于提升 PEC 性能，但膜的质量不总是令人满意。因此，对 MOFs 涂层精细控制是实现高光电性能的关键。Dong 等利用一种简单的表面活性剂可控构建半导体/MOF 核/壳异质结构以实现 PEC 水的高效氧化[75]。他们选择以 PVP 分子为介体，在 Fe_2O_3 纳米棒表面可控生长几纳米厚的超薄 MOFs 壳层。尽管在没有 PVP 的情况下制备的样品也能增强可见光吸收，但复合电极显示出的光电流与原始 Fe_2O_3：Ti 电极是类似的，这表明 Fe_2O_3 纳米棒与 MOFs 大颗粒间可能接触不良，厚膜的导电性也较差。此外，采用超快瞬态吸收光谱（TAS）对光激发载流子动力学进行检测，Fe_2O_3：Ti/MOF 样品在皮秒时间尺度上表现出最快速衰减，寿命 $\tau_{1/2}$ 从 Fe_2O_3：Ti 的 31.6ps 降低到 Fe_2O_3：Ti/MIL-101(Fe) 的 17.8ps 和 Fe_2O_3：Ti/NH_2-MIL-101(Fe)的 7.43ps。吸收信号快速衰减意味着空穴被 MOFs 壳及时提取，避免了被表面陷阱捕获，有利于电荷分离和抑制电子与空穴的复合。

同样，Wang 等通过控制 MIL-101 层的厚度调节膜的光电响应能力[147]。为了避免传统溶剂方法中快速成核和聚集的问题，Wang 等对异质结的构建方法做出改进，首次采用化学气相沉积（chemical vapor deposition，CVD）法制备了 Fe_2O_3/Fe MOFs 纳米异质结，并研究了沉积时间对其 PEC 性能的影响。SEM 结果显示，Fe_2O_3/MIL-101 形成了连续致密薄膜。TEM 的形态鉴定结果表明，Fe_2O_3 NAs 与 MIL-101 层之间没有明显的界面边界。致密的界面接触被认为有利于 Fe_2O_3 和 MOFs 之间的快速光诱导电荷转移。同时，载流子复合被有效抑制也通过线性伏安扫描结果证实，Fe_2O_3/MIL-101 的起始电位显著负移，这进一步促进了更多的空穴参与地表水氧化反应。

目前，对 PEC 应用的 MOFs 光电施工的研究相对有限。大多数研究主要集中在水分解应用上，并且光电极的功能相对单一。Zhang 等制备了多功能 MOFs 改性光电极，其由具有磁性的 Fe_3O_4 纳米球装饰一维 MIL-53(Fe)微棒组成[12]。Fe_3O_4 纳米球可分散地附着在 MIL-53(Fe)微棒表面。加入 Fe_2O_3 后，多功能杂化磁性复合材料（MHMCs）具有良好的磁灵敏度。在室温下 MHMCs 表现出接近零的矫顽力和剩磁，饱和磁化强度可达 11.47emu/g。通过铁氧簇上 Fe^{3+} 的自旋允许的 d-d 跃迁，MIL-53(Fe)可以被激发，在可见光照射下能持续产生光电流，形成了对可见光敏感的MHMCs薄膜，既能用作光电极促进光电水氧化，又可以在 H_2O_2 介导的可见光催化过程中用作光催化剂。

5.4.2　ZIF 系列

ZIF 是 MOFs 的亚类，具有与硅铝酸盐相同的拓扑结构和水稳定性[148]。除了 N—部分和羟基基团，位于外表面上的不饱和阳离子（酸性中心）用作 ZIF 的基本活性中心[149]。ZIF 的合成条件是相对温和的，即使在室温下也可以合成，且水稳定性较高，在 PEC 器件的构造中不会因合成条件而受限，因此也在 PEC 器件构造中占有重要地位。在最新研究中，Li 等完成了在半导体上生长 ZIF 覆盖层的工作[88]。由于 ZIF-67 在碱性电解质体系中具有高效的电催化水氧化活性，因此 Li 等通过简易表面辅助控制合成法在 α-Fe_2O_3 纳米阵列上生长了 ZIF-67 并用于 PEC 水氧化。ZIF-67 覆盖层作为助催化剂，增加了空穴到表面通道，减少表面电荷复合，从而促进水氧化动力学。强度调制光电流谱对 ZIF-67 覆盖层电荷输运特性的研究结果显示，ZIF-67 的加入使空穴到表面的通量增加，这一趋势有助于增加空穴到表面的流量，以改善 PEC 的性能。与 MIL 一样，ZIF 除了可在半导体表面生长直接用于 PEC 器件构造外，在作为前驱体制备具有特定形貌的功能材料方面也表现出色。例如，Zhang 等先是通过简单的烧结方法构建了 C@ZnCdS 多面体笼，为进一步促进光生载流子的分离，又构建了 ZnCdS@MoS_2 异质结构笼以寻求更紧密接触的异质结界面[105]。新的异质结构笼通过定制的形貌和紧密接触的异质结界面表现出更高的电荷分离效率，且具有的多层中空异质结构能够促进更多光散射/反射的光捕获，提高可见光捕获能力。同时，MoS_2 的聚集程度也因分层的中空异质结构而大大减弱。与 ZnCdS 和 MoS_2 相比，ZnCdS@MoS_2 的 PEC 能力分别提升了 3.1 倍和 47.3 倍。所获得的 PEC 传感器的检测限为 7.6×10^{-11}mol/L，线性反应范围为 1×10^{-10}～3×10^{-7}mol/L。

为设计出对高阶太阳能燃料（如乙醇和丙醇）具有高选择性的 CO_2 催化剂，考虑到热解后获得的碳基催化剂的较高电荷转移能力和吸附能力，Cheng 等对 ZIF 衍生物进行了研究。该团队直接热解了含氮碳源的锌/钴双金属沸石-咪唑酯骨架（Zn/Co-ZIF），利用 N 掺杂改变催化剂的电子和几何性质，同时在多孔碳中构建了协调不饱和过渡金属氮活性中心[104]。XPS 结果表明，金属-N 在 1h-C-Zn/Co-ZIF、2h-C-Zn/Co-ZIF 和 3h-C-Zn/Co-ZIF 化合物中的比例不断减少，Co 物种在 1h-C-Zn/Co-ZIF、2h-C-Zn/Co-ZIF 和 3h-C-Zn/Co-ZIF 化合物中的比例不断增加。根据 DFT 计算结果，CoN_3V 具有最低的 G^*COH^*CO 自由能，表明 CoN_3V 具有最高的选择性来生产高阶液体燃料。为了研究 CO_2 PRR 及其结构的催化活性，计算了产生乙醇反应途径的中间体的自由能。通常，中间产物 G^*COH^*CO 的自由能可以最佳地反映 CO_2 PRR 至高阶液体燃料的选择性。DFT 计算表明，CeZn/Co-ZIF 中配位不饱和的 CoN_3V 位点对高阶有机物具有最高催化活性。相应地，CO_2 PRR 实验显示 1h-C-Zn/Co-ZIF 催化剂表现出对于高阶液体燃料最高选择性（84%），总碳原子转化率达 5459nmol/(h·cm^2)。结合 XPS 和 CO_2 PRR 实验结果，1h-C-Zn/Co-ZIF 比其他碳基样品含有更多的 CoN_3V 位。催化剂这些性质的改变导致中间产物在表面上结合更牢固，从而更容易产生高阶产品。

Han 等也对氮掺杂进行了研究[112]，这是一项关于氮掺杂碳点（nitrogen-doped carbon dots，N-CDs）的研究。他们在一维 ZnO 纳米管上制备了 N-CDs 嵌入的 ZIF-8，以金属有机骨架修饰 ZnO 一维纳米结构为主体，以 CDs 为客体，获得了增强的可见光区域的吸收效率和较高的光电流密度。基于 TEM 和 EDX 分析结果，表明 ZIF-8 均匀生长在锚定 N-CDs 的一维 ZnO 纳米管上。ZnO/N-CD@ZIF-8 的光吸收边在 380nm 后发生明显红移，表明其对于增强的可见光区域的吸收效率。进一步通过 DFT 计算检验其光吸收能力，态密度结果显示，在 ZnO 的表面添加一个或多个掺杂了氮的正合烯（含两个吡啶氮原子，表示为 CorN2pyr）时，带隙值降低：ZnO 表面为 2.93eV，ZnO + CorN2pyr 为 1.96eV，证实了碳点中的氮掺杂会导致费米能级排列发生变化从而表现出显著的吸收红移。Jia 等研究了氮氟掺杂的 ZIF-8 负载在 TiO_2 电极片上，其中氮和氟的掺杂可以将吸收边缘扩大到可见光区域并促进 N—Ti—O 键的形成，ZIF-8、金红石相和锐钛矿之间的双异质结构有效地促进了载流子转移[65]。通过紫外-可见漫反射光谱（UV-vis diffuse reflectance spectroscopy，UV-vis DRS）分析薄膜电极的带隙能量（E_g）。从图 5.4（a）可知吸收边的形成是纳米材料的本征跃迁，而不是杂质能级跃迁。吸收边为：ZIF-8/NF-TiO_2＞NF-TiO_2＞ZIF-8/TiO_2＞TiO_2，ZIF-8/NF-TiO_2 的吸收边为 554nm。根据 Kubellka-Munk 方程[150]，通过转换 Tauc 图评估带隙能量，ZIF-8/NF-TiO_2、NF-TiO_2、ZIF-8/TiO_2 和 TiO_2 的 E_g 值估计分别为 2.88eV、2.96eV、3.15eV 和 3.23eV[图 5.4（b）]。与 TiO_2 相比，ZIF-8/TiO_2 的吸收边呈现出一定程度的红移，因为 ZIF-8 的多孔结构可以有效利用入射光的多次反射，表明光电极选择的多样性是 TiO_2 和 ZIF-8 之间的相互作用[151]。更广泛的吸收导致更多的载流子被光电催化剂利用，并产生更多的活性自由基和更好的 PEC 性能[152]。改进的可见光响应增强了 ZIF-8/NF-TiO_2 对 SMZ 分子的 PEC 活性。

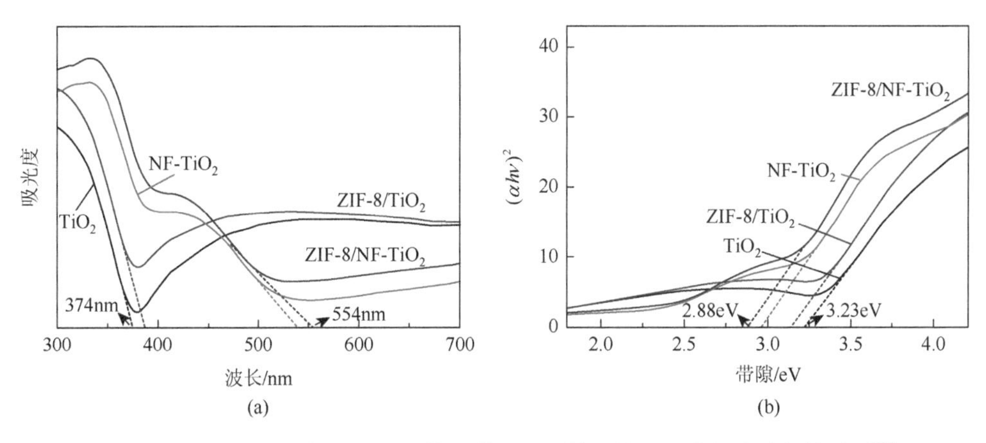

图 5.4 （a）样品的紫外-可见吸收光谱；（b）样品的 $(\alpha h\nu)^2$ 与带隙的关系图[65]

为了分析光生载流子的分离率，在可见光照射下表征了 0.5mol/L Na_2SO_4 中光阳极的瞬态光电流密度。如图 5.5（a）所示，表明 ZIF-8 是一种有效的可见光敏化剂。如图 5.5（b）所示，在 ZIF-8/NF-TiO_2 上观察到最小半径，这表明 ZIF-8/NF-TiO_2 的界面层电阻最小。如图 5.5（c）所示，TiO_2 呈现 n 型半导体特性，平带电位为–0.69V。ZIF-8/NF-TiO_2 的半导体特性保持 n 型，而平带电位负向移动了 0.1V，为–0.79V。循环伏安曲线表明，在 2V 电压下电极没有被破坏。当施加正偏压[2V（*vs.* Ag/AgCl）]时，ZIF-8/NF-TiO_2 比 NF-TiO_2 具有更大的电位差。ZIF-8/NF-TiO_2 中 CB 的更大弯曲导致更大的电荷（e^-/h^+）分离。莫特-肖特基测试证实了 ZIF-8/NF-TiO_2 的界面电子转移动力学的改善，这提高了 SMZ 的 PEC 效率。循环伏安图中 ZIF-8/NF-TiO_2 增加的光电流也证实了这一点[图 5.5（d）]。研究了薄膜电极的各种光电化学特性，从多个角度分析了电子转移和界面传输过程，结果进一步支持了光致发光（photoluminescence，PL）光谱的结果[图 5.5（e）和（f）]。

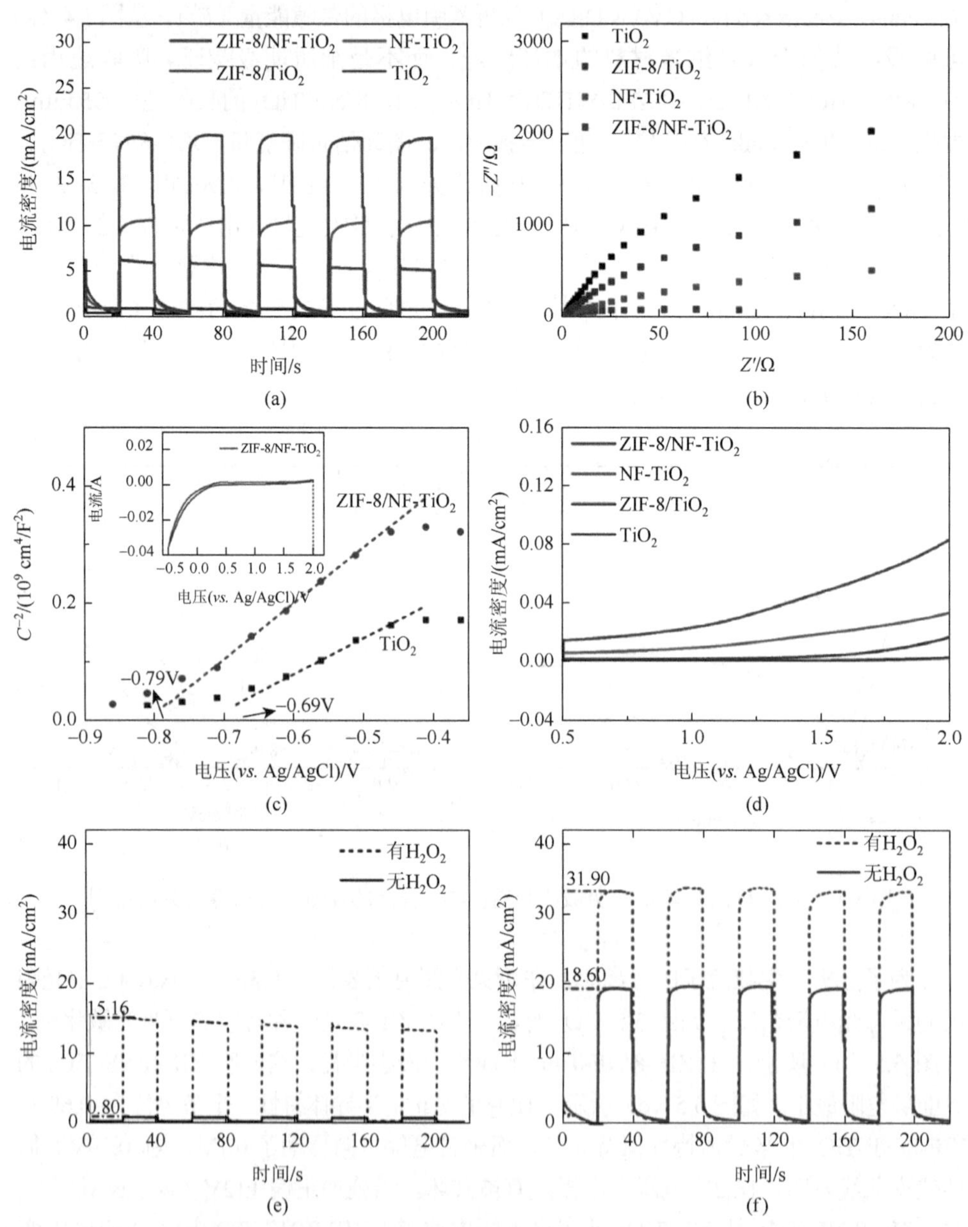

图 5.5 （a）光电流瞬态响应曲线；（b）频率范围为 10^0～10^5Hz 的阻抗图；（c）ZIF-8/NF-TiO_2 的莫特-肖特基图和循环伏安图；（d）所制备电极的线性扫描伏安图；TiO_2（e）和 ZIF-8/NF-TiO_2（f）在可见光照射下，没有和有 0.5mol/L H_2O_2 的光电流密度，实验条件：Na_2SO_4 浓度为 0.5mol/L，pH = 3.5，初始 SMZ 浓度为 10mg/L

上述关于 ZIF 的工作主要集中于单个光电极的研究，而 Dou 等分别在 CNTs-g-C_3N_4/TiO_2-NTs 上生长了 ZIF-67 和 ZIF-8，用得到的光电极构建 PEC-H_2O_2 传感器[123]。利用 ZIF-67 和 ZIF-8 相同的孔径尺寸，有效避免了物质在涂层中的扩散，同时允许 H_2O_2 分子的扩散，获得了具有催化和分子尺寸过滤效应的多孔表面涂层。因为 ZIF-67 对 H_2O_2 有很好的催化作用，而 ZIF-8 对 H_2O_2 没有催化作用，所以 ZIF-8/CNTs-g-C_3N_4/CNTs/TiO_2 NTs 作为敏感光电极，而 ZIF-8/CNTs-g-C_3N_4/CNTs/TiO_2 NTs 作为参考光电极，传感光电极对 H_2O_2 的灵敏度高于基准光电极，利用差分策略有效地消除了较大尺寸分子对电极表面的干扰。优化条件下 PEC 传感器对 H_2O_2 的检测限达 1.5nmol/L，获得了灵敏度高、抗干扰能力强的 PEC 传感器。

5.4.3　UiO 系列

目前，MIL 改性 PEC 光电极和 ZIF 改性 PEC 光电极在水氧化、CO_2 还原等方面均具有优异的性能，相比于前两者，UiO 系列具有良好的生物相容性，在 PEC 生物传感器方面也取得了新的进展。UiO 是 MOFs 的一个重要分支，是以金属锆离子为金属中心合成的，该系列 MOFs 材料突破了沸石等孔径相对较小的限制[153]。以 UiO-66 为例，它由[$Zr_6O_4(OH)_4$]簇合物和 1, 4-邻苯二甲酸组成，化学稳定性好、无毒、生物相容性好、孔隙率高、可容纳多种光敏分子[154]。受已知对磷酸基团具有强亲和力的氧化物的启发，Wang 等假设 UiO-66 中的[$Zr_6O_4(OH)_4$]簇可能对磷酸基团具有较强的结合能力[155]。为了验证该想法，他们首先制备了磷酸化的肯普特修饰的 TiO_2/ITO 电极，然后将$[Ru(BPY)_3]^{2+}$引入 Zr 基 MOFs（UiO-66）的孔中。最后，成功获得了用于检测超敏蛋白激酶 A 活性的 PEC 生物传感器。该报道证实了 UiO 系列中 Zr-O 团簇对磷酸基团的高度亲和力，可以用作通过形成 Zr—O—P 键识别磷酸酯基团的锚定物。因此，对磷酸基团的高亲和力使 Zr 基 MOFs 更有利于磷酸盐和膦酸盐的富集。随后，Wu 等也利用 UiO-66 作为磷酸基团的锚定物，并利用多重光电流信号放大技术设计了一种新型 PEC 传感器[156]。他们在 UiO-66(NH_2)基质上原位还原 Au 纳米粒子（nanoparticles，NPs），经 CdS NPs 修饰后成功制备了新型 PEC 活性 Au/UiO-66(NH_2)/CdS，用于通过竞争策略进行己烯雌酚（diethylstilbestrol，DES）检测。在检测过程中，恒定浓度的 DES 抗体固定在电极上，然后通过抗原和抗体之间的特异性免疫反应将不同浓度的游离 DES 标记在电极上，DES 的浓度可以通过光电流的特性直接反映出来。在可见光照射下，CdS 和 UiO-66(NH_2)的 CB 中电子被激发，CdS 中的光生电子可以注入 UiO-66(NH_2)的 CB 中，最后转移到 ITO 电极上，从而产生光电流响应。此外，Au 将热电子注入 CdS 和 UiO-66(NH_2)的 CB 同时加速电子转移。类似地，由于 CdTe 与 CdS 之间能级的匹配，CdTe 中的激发电子将被快速注入 CdS 中。蜜勒胺 Melem 和 UiO-66(NH_2)中产生的空穴会转移到 CdS 的 VB 上，与水反应生成 O_2。所设计的 PEC 免疫传感器具有 0.1pg/mL～20ng/mL 的线性检测范围，0.06pg/mL 的低限检测。

5.4.4 PCN 系列

PCN 由多个立方八面体笼组成，并在空间中形成笼-通道拓扑结构[157]。由于其优异的光电活性和环境稳定性，PCN 系列材料也被研究人员考虑用在 PEC 器件的构造中。PCN 系列材料在光电极中的应用研究主要集中在 PCN-224 上。它是一种具有羧基末端的卟啉 MOF，由[$Zr_6O_4(OH)_4$]簇和有机卟啉配体组成[158]。受到 Hu 等研究的启发，Zhou 等选用了具有羧基末端的电子互补卟啉衍生金属有机骨架（PCN-224），利用其强结合特性在 π-π 相互作用和物理吸附的驱动下，在有机溶液中成功耦合了 C_{60}[159]。从 SEM 图可以看出，偶联后的整体形貌基本保持了 PCN-224 的立方形状，并在立方的外表面观察到了一些纳米团簇 C_{60}。当 C_{60}@PCN-224 受到光照后，C_{60} 和 PCN-224 吸收光子产生激发电子。由于 PCN-224 的 LUMO 较负，PCN-224 的光生电子转移至 C_{60}，而 C_{60} 的 LUMO 中的电子进入电解液，使 O_2 转化为 $O_2^{\cdot-}$。同时，C_{60} 的光生空穴转移至 PCN-224 后进一步被 ITO 的电子清除。在这种情况下，PCN-224 和 C_{60} 构建的体系加速了光诱导电子转移，抑制了载流子的复合，从而实现了更高的光电转换效率。另外，利用 PCN-224 上的羧基末端可作为生物分子高效结合位点的优势，以 PEC 免疫传感器为例，C_{60}@PCN-224 以纳米杂化物为探针，以纳米体为识别单元，对 S100B 进行了检测，得到了可观的传感性能。

Peng 等也在 PCN 用于光电传感器方面做了相关研究，采用溶剂热法在氧化石墨烯（graphene oxide，GO）表面原位生长了 PCN-224，利用 PCN-224/rGO 纳米复合材料的 Zr-O-As 配位和 π-π 堆积构建了对对氨基苯甲酸（*p*-arsanilic acid，*p*-ASA）具有很强亲和力的 PEC 传感器[140]。有趣的是，他们将 ITO 电极上修饰的 PCN-224/rGO 纳米复合材料用作光电阴极。与裸 PCN/rGO 电极相比，PCN/rGO/ASA 表现出更强的阴极光电流，在传感器电极上观察到的阴极光电流归因于 O_2 的释放。*p*-ASA 作为吸附质调节了 PCN/rGO 电极的能带位置，缩短了耗尽层的距离，减弱了电场强度，使更多的光诱导电子可以更容易地穿过耗尽层上更弱的界面电场来还原氧，其氧化还原电位为–0.334V（*vs.* Ag/AgCl）。因此，阴极光电流增强主要归因于 *p*-ASA 吸附引起的耗尽层缩短和电场减弱。该 PEC 传感器对 *p*-ASA 的检测范围可从 10ng/L 到 10mg/L。

5.5　MOFs 基光电极的稳定性、重现性和可重复使用性

5.5.1　MOFs 基光电极的稳定性

目前，许多关于 MOFs 的光电极研究已经评估了稳定性和可重复使用性（表 5.3）。稳定性可从结构稳定性和性能稳定性两个方面进行评估。这对 MOFs 光电极能否在催化过程中保持其初始结构尤为重要。

表 5.3　MOFs 及其衍生物修饰的光电极的稳定性、重现性和可重复使用性

光电极	稳定性	重现性/RSD	可重复使用性	参考文献
ZnCdS@MoS_2	NA	7 并行/5.20%	3 周/95.60%	[135]
C_{60}@PCN-224	NA	6 并行/2.54%	4 周/89.82%	[139]
In_2O_3@g-C_3N_4	10 个周期	5 并行/3.10%	1 周/92.20%	[160]
MIL-68(In)-NH_2/MWCNT/CdS	20 个周期	5 并行/1.40%	NA	[161]
MIL-101(Fe)	NA	NA	4 周/93.60%	[162]
CdS/Eu-MOF	NA	6 并行/2.10%	1 周/97.80%	[95]
Ti-MOF/Fe_2O_3	NA	NA	5h/98.9%	[128]
Fe_2O_3：Ti/NH_2-MIL-101(Fe)	10 个周期	NA	NA	[75]
Co_xO_yNPs/MWCNTs/GCE	NA	NA	NA	[163]
NH_2-MIL-125(Ti)/TiO_2	NA	6 并行/4.70%	1 周/94.10%	[164]
CoNi-MOFs/$BiVO_4$	NA	NA	3h/90.0%	[165]
Au/UiO-66(NH_2)/CdS	10 个周期	5 并行/2.20%	1 周/93.00%	[138]
$[Ru(bpy)_3]^{2+}$@UiO-66	NA	10 并行/4.33%	NA	[137]
ZIF-67/TiO_2-NTs	NA	5 并行/2.90%	NA	[166]

注：RSD 表示相对标准偏差；NA 表示未获得。

Dong 等通过测试反应后的 SEM、XRD、TEM 更全面地评估了光电极的结构稳定性，实验结果表明未发现明显的形态和相结构变化，表明基于 MOFs 的核/壳纳米复合材料具有出色的稳定性，这种增强的稳定性被认为源自超薄 MOFs 薄膜及 MOFs 与无机半导体之间的紧密连接[75]。同样地，在许多其他工作中也发表了类似的结果。由此可见，光电催化过程中的微电场和光照对 MOFs 催化剂的主要结构影响很小。MOFs 光电极中浸出的金属离子的浓度也能反映出结构稳定性的差异。例如，Cui 等通过电感耦合等离子体-发射光谱仪（inductively coupled plasma- optical emission spectrometry，ICP-OES）发现连续工作 3h 后电解质中 Fe

元素的浸出量仅为 1.33%[106]。该结果表明，MIL-100(Fe)在 PEC 稳定后呈现低度的腐蚀或刻蚀，进一步表明 MIL-100(Fe)在 PEC 水分解过程中具有良好的稳定性。

Jia 等制备的光电极在稳定性方面表现出色。在 2V（*vs.* Ag/AgCl）下连续测试了 ZIF-8/NF-TiO_2 薄膜电极的长时间光电流衰减曲线[65]。如图 5.6（a）所示，光电流曲线无明显下降趋势，表明该光电极具有优异的光稳定性。ZIF-8/NF-TiO_2 薄膜电极在相同条件下运行 8 个循环后去除率仅下降 7.8%[图 5.6（b）]。与粉状催化剂相比，ZIF-8/NF-TiO_2 薄膜电极避免了回收率降低的问题，在 SMZ 降解中表现出更高的重现性。光电流密度与去除率的同步降低如图 5.6（c）所示。8 个循环后 ZIF-8/NF-TiO_2 薄膜电极的 XRD 谱与新鲜薄膜电极的 XRD 谱相比没有显著变化[图 5.6（d）]。以上均表明制备的膜电极是稳定的。

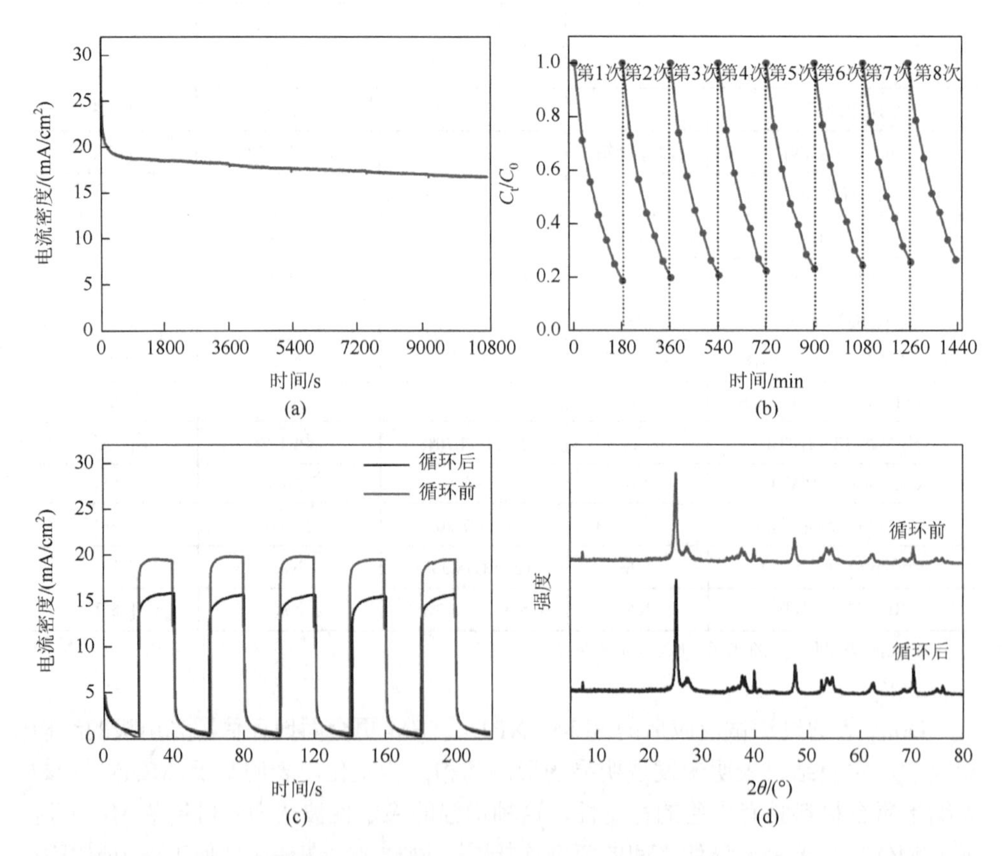

图 5.6　（a）长时间光电流衰减曲线；（b）回收测试；PEC 工艺前后 ZIF-8/NF-TiO_2 的光电流瞬态响应曲线（c）和 XRD 图（d）[65]

另一方面，性能稳定性是评估光电极进一步应用的关键问题。光电极避免了粉状催化剂回收不便和回收率下降的问题。性能稳定性通常通过长期光电流曲线、循环开关实验曲线和循环伏安曲线来体现。Zhang 等开发的光电极在 4℃下储存 3 周后，可保持 95.6%的光电流信号[105]。Zhou 等构建的 C_{60}@PCN-224 光电极即使在 1 个月后仍保持初始光电流信号的 89.82%[159]。两者都表现出令人满意的稳定性。类似的结果已经发表在许多其他作品中[126, 167]。此外，Feng 的研究团队进行了 MOFs 衍生的 In_2O_3@*g*-C_3N_4 光电极的循环开关实验[168]。在 10 个开/关照射周期下，光电流响应中没有观察到明显的信号变化，读数稳定。Fiaz 和 Athar 制备的工作电极的稳定性通过重复 50 个循环的循环伏安（CV）法测试来评估。第 1 次到第 50 次循环的 CV 曲线相互重叠，只有可忽略不计的轻微变化[169]。

5.5.2　MOFs 基光电极的重现性

除了稳定性之外，在 PEC 传感器的研究中也经常出现对重现性的评价。

为了研究这一点，Cao 等构建了一种用于检测非电活性马拉硫磷的 PEC 传感器[99]。它基于使用衍生自 Cu-BTC（BTC 代表苯-1, 3, 5-三羧酸）金属有机骨架的分层 CuO 材料。通过高温（300℃）煅烧 Cu-BTC 获得改性 CuO，它具有高光电流转换效率。这种 PEC 检测方法具有 8.6×10^{-11}mol/L 的检测下限和较宽的线性检测范围（1.0×10^{-10}～1.0×10^{-5}mol/L）。基于 CuO 的 PEC 传感器通过以下方式检测马拉硫磷：在可见光照射下，CuO 产生稳定光电流，当马拉硫磷被引入检测系统时，CuO 与马拉硫磷中的硫基团（—S 或 P═S）间的配位导致形成 CuO-马拉硫磷络合物，这导致电子从 CuO 纳米粒子转移到电极表面。因此，CuO 产生的光生电子不能有效转移，导致光电流明显降低。基于光电流下降幅度与马拉硫磷浓度的关系，实现了非电活性农药马拉硫磷的 PEC 检测。对于传感器，重现性和稳定性很重要。为了研究这一点，使用相同批次 CuO 材料制备 10 个相同电极来检测相同浓度的马拉硫磷溶液，响应电流的相对标准偏差为 4.5%，这表明该 PEC 传感器具有良好重现性。用 1.0×10^{-8}mol/L 马拉硫磷记录传感器光电流响应，并在 400s 内多次打开/关闭灯，相对标准偏差为 3.2%，传感器的光电流响应没有明显变化。这表明 CuO 可用于构建稳定光电化学传感器。此外，根据电极在不同存储时间下的响应电流来评估传感器稳定性。CuO 修饰电极在 4℃下储存 5h、1 天、1 周和 1 个月，然后将它们用于相同检测。结果显示响应电流值变化不明显，传感器仍保持初始光电流响应 93.6%。以上结果表明该传感器具有良好稳定性，而其他类似研究的相对标准偏差（RSD）均小于 5%[123, 156]。

5.5.3　MOFs 基光电极的可重复使用性

从长期工业应用角度看，MOFs 及其衍生物修饰的光电极的可重复使用性是另一个需要考虑的突出问题。大多数情况下，制备的光电极非常稳定，可用于重复处理有机污染物。例如，Jia 等的研究中完成 8 次循环降解实验后，ZIF-8/NF-TiO_2 光电极对磺胺二甲嘧啶降解率为初始降解率的 90.4%，RSD 为 3.61%[65]。另外，还观察到 MOFs 及其衍生物修饰的光电极的催化活性随催化循环次数的增加而降低，这主要是由于降解中间体对光电极活性位点的阻塞。因此，在未来光电极的探索中，光电极上活性位点的清洁和活化是重要的方向。

5.6　小结与展望

近年来，MOFs 领域的蓬勃发展使 MOFs 及其衍生物修饰的光电极在电极系统设计和 PEC 应用方面取得了重要进展。如表 5.4 所示，其他常规半导体的光电催化往往归因于一些独特结构特征，如异质结、壳核结构、三维结构、能带匹配、金属掺杂和衍生物的扩展应用等，而 MOFs 及其衍生物可以集中实现上述结构要求。因此，MOFs 及其衍生物修饰的光电极可能成为光电化学中传统光电极有前途的替代品。通过研究大量文献得出如下结论：①由于 MOFs 的结构多样性和类半导体特性，MOFs 修饰的光电极具有丰富的发展策略和确切的可行性。此外，基于 MOFs 或 MOFs 衍生物的可控孔隙率和高比表面积，MOFs 修饰的光电极可以增加电解质/电极接触面积。②在各种光电极形成方法中，涂覆材料形成光电极的方法比较普遍，而材料容易从光电极上脱落。相反，改进材料进而形成光电极的方法更稳定，但由于合成过程复杂，研究成果相对较少。③在各种 MOFs 中，MIL 修饰的光电极在光电化学中应用更为广泛，包括铟基 MIL、钛基 MIL 和铁基 MIL。其中，铁基 MIL 材料尤其受到关注，在传感器、水分解、重金属去污和有机污染物降解等方面表现良好。需要注意的是，MOFs 修饰的光电极的研究仍处于起步阶段，需要付出很多努力来构建具有优异且稳定的 PEC 性能的 MOFs 修饰的光电极，以下是一些关键点。

表 5.4　以往论文中发表的其他样本

光电极	PEC 应用/η	亮点	参考文献
TNTs-Ag/SnO_2-Sb	降解/68%-60min	三维结构	[170]
TiO_2-$BiVO_4$-BP/RP	降解/96.5%-240min	多异质结	[171]
NITiO_2，(111)NRs	降解/88.3%-120min	提高吸附能力	[172]
α-Fe_2O_3@CeO_2	降解/88.6%-60min	核壳异质结	[173]
BiOBr/ITO	降解/91.4%-180min	纳米片阵列结构	[174]
SnNP/GaNNW/Si	CO_2 减少量/201μmol/(cm^2·h)	共价 Ga—C 和 Sn—O 键合	[175]
ZnPc/C_3N_4	CO_2 减少量/1.625μmol/(cm^2·h)	波段匹配	[176]

续表

光电极	PEC 应用/η	亮点	参考文献
M-TiO_2@ZnO	CO_2 减少量/62.4μmol/(cm^2·h)	p-n 异质结	[177]
Ti/ZnO-Fe_2O_3	CO_2 减少量/258μmol/(cm^2·h)	层状双氢氧化物衍生物	[178]
Pt-TNT/Pt-RGO	CO_2 减少量/935nmol/(cm^2·h)	贵金属的存放	[179]
Fe_{FAL}：GaNNWs	水分解/306μmol/(cm^2·h)	GaN 的空间限制	[180]
TiO_2@Au_{25}/TiO_2	水分解/7.973μmol/(cm^2·h)	核壳结构	[181]
Cu.Sn-$ZnFe_2O_4$	水分解/NA	Cu-Sn 双离子梯度掺杂	[182]
Au_x/GQDs/NP-TNTA	水分解/NA	静电自组装策略	[183]
β-In_2S_3	水分解/NA	表面缺陷	[184]

注：NA 表示未获得。

（1）从导电基底和活性催化位点的角度来看，需要不断探索新型 MOFs 基光电极。尽管目前有一些类型的 MOFs 已被证明适用于高效光电催化剂的构建，但相对于 MOFs 的多样性，现阶段对于其在光电化学中的应用研究还远远不够。因此，开发更多类型的 MOFs 光电催化剂对推动 MOFs 在 PEC 途径人工光合作用的实际应用具有重要意义。此外，除了将 MOFs 与常用的导电基底（如 TiO_2、$BiVO_4$）相结合外，还应考虑其他新型半导体材料制备出更多形貌和结构的高活性 MOFs 光电催化剂。

（2）从电极体系的构建来看，除研究具有宽光响应和高效电荷分离外，优化主客体键合方式、开发更有效的结合方式、提高导电基底和活性催化位点的紧密结合也是十分迫切的。这有利于电子转移，降低势垒特性，从而提高量子效率。材料改性技术、表面相互作用和结构匹配都可以被认为是获得具有较低过电位和较高光电转换效率的光电极的有效策略。此外，探索光电阴极可以进一步丰富电极体系的构建。

（3）从成本和环境可持续性来看，开发富含地球元素的高效无毒光电催化剂更符合绿色发展需求。同时，增加反应中间体生态毒性和人体毒性的评估机制也更有利于研究的实际意义。特别地，在光电催化的研究过程中，提高矿化率和光电极的稳定性也是应对绿色发展需求的有效策略。

（4）从机理讨论的角度来看，要掌握 DFT 的理论分析、动力学蒙特卡罗模拟和微观动力学模型。其中，模拟预测和动力学模型可以帮助人们更好地理解光电极的界面特性和多组分结构中的电荷传输，尤其是纳米尺度上载流子的产生、分离和迁移。DFT 理论计算可用于定义可能的光电极结构，模拟电解质在光电极表面的吸附，计算光电极的电子和光学特性。

（5）从未来发展的角度和方向来看，机器学习和大数据可以很好地用于这个方向的研究。在当前的 PEC 领域，MOFs 因种类繁多、特性突出等优点在 PEC 材料中展现出良好的应用前景。然而，MOFs 及其衍生物修饰的光电极的应用还处于起步阶段，因此需要高效地开发光电极。结合计算和实验使用机器学习是一种潜在的有效方法，它避免了基于第一性原理的复杂算法和不可预测的错误，并以元素电子结构等基础数据为先验知识，将数据与计算机算法相结合用于预测光电催化剂活性。具体来讲，以影响光电催化表观速率常数的关键因素为特征选择，通过对 MOFs 和常见半导体的基础数据进行回归问题中的预测，采用线性回归、高斯过程回归等方法进一步用于分析 MOFs 及其衍生物修饰的光电极性质。最后，通过实验初步验证基于逐步回归分析的关键因素的有效性与回归模型优势。

参 考 文 献

[1] Wang W J，Zeng Z T，Zeng G M，et al. Sulfur doped carbon quantum dots loaded hollow tubular g-C_3N_4 as novel photocatalyst for destruction of *Escherichia coli* and tetracycline degradation under visible light[J]. Chemical Engineering Journal，2019，378：122132.

[2] Yang Y，Zeng G，Huang D L，et al. *In situ* grown single-atom cobalt on polymeric carbon nitride with bidentate ligand for efficient photocatalytic degradation of refractory antibiotics[J]. Small，2020，16（29）：2001634.

[3] Li X Y，Cui K P，Guo Z，et al. Heterogeneous Fenton-like degradation of tetracyclines using porous magnetic chitosan microspheres as an efficient catalyst compared with two preparation methods[J]. Chemical Engineering Journal，2020，379：122324-122331.

[4] Passalacqua R，Perathoner S，Centi G. Semiconductor，molecular and hybrid systems for photoelectrochemical solar fuel production[J]. Journal of Energy Chemistry，2017，26（2）：219-240.

[5] Cheng M，Liu Y，Huang D L，et al. Prussian blue analogue derived magnetic Cu-Fe oxide as a recyclable photo-Fenton catalyst for the efficient removal of sulfamethazine at near neutral pH values[J]. Chemical Engineering Journal，2019，362：865-876.

[6] Song P P，Yang Z H，Xu H Y，et al. Arsenic removal from contaminated drinking water by electrocoagulation using hybrid Fe-Al electrodes：response surface methodology and mechanism study[J]. Desalination and Water Treatment，2016，57（10）：4548-4556.

[7] Song P P，Song Q Q，Yang Z H，et al. Numerical simulation and exploration of electrocoagulation process for arsenic and antimony removal：electric field，flow field，and mass transfer studies[J]. Journal of Environmental Management，2018，228：336-345.

[8] Yu H B，Jiang L B，Wang H，et al. Modulation of Bi_2MoO_6-based materials for photocatalytic water splitting and environmental application：a critical review[J]. Small，2019，15（23）：1901008-1901017.

[9] Wang W J，Niu Q Y，Zeng G M，et al. 1D porous tubular g-C_3N_4 capture black phosphorus quantum dots as 1D/0D metal-free photocatalysts for oxytetracycline hydrochloride degradation and hexavalent chromium reduction[J]. Applied Catalysis B：Environmental，2020，273：119051-119060.

[10] Yang Y Y，Zeng G M，Huang D L，et al. Molecular engineering of polymeric carbon nitride for highly efficient photocatalytic oxytetracycline degradation and H_2O_2 production[J]. Applied Catalysis B：Environmental，2020，272：118970-118979.

[11] Hod I，Sampson M D，Deria P，et al. Fe-porphyrin-based metal-organic framework films as high-surface

concentration，heterogeneous catalysts for electrochemical reduction of CO_2[J]. ACS Catalysis，2015，5（11）：6302-6309.

[12] Zhang C H，Ai L H，Jiang J. Solvothermal synthesis of MIL-53(Fe) hybrid magnetic composites for photoelectrochemical water oxidation and organic pollutant photodegradation under visible light[J]. Journal of Materials Chemistry A，2015，3（6）：3074-3081.

[13] Chi L，Xu Q，Liang X Y，et al. Iron-based metal-organic frameworks as catalysts for visible light-driven water oxidation[J]. Small，2016，12（10）：1351-1358.

[14] Yu H B，Huang B B，Wang H，et al. Facile construction of novel direct solid-state Z-scheme AgI/BiOBr photocatalysts for highly effective removal of ciprofloxacin under visible light exposure：mineralization efficiency and mechanisms[J]. Journal of Colloid and Interface Science，2018，522：82-94.

[15] Zhou C Y，Lai C，Huang D L，et al. Highly porous carbon nitride by supramolecular preassembly of monomers for photocatalytic removal of sulfamethazine under visible light driven[J]. Applied Catalysis B：Environmental，2018，220：202-210.

[16] Zhou C Y，Zeng Z T，Zeng G M，et al. Visible-light-driven photocatalytic degradation of sulfamethazine by surface engineering of carbon nitride：properties，degradation pathway and mechanisms[J]. Journal of Hazardous Materials，2019，380：120815-120823.

[17] Fujishima A，Honda K. Electrochemical photolysis of water at a semiconductor electrode[J]. Nature，1972，238（5358）：37-38.

[18] Jeon T H，Koo M S，Kim H，et al. Dual-functional photocatalytic and photoelectrocatalytic systems for energy- and resource-recovering water treatment[J]. ACS Catalysis，2018，8（12）：11542-11563.

[19] Sun R，Zhang Z Q，Li Z J，et al. Review on photogenerated hole modulation strategies in photoelectrocatalysis for solar fuel production[J]. ChemCatChem，2019，11（24）：5875-5884.

[20] Deng X，Long R，Gao C，et al. Metal-organic frameworks for artificial photosynthesis via photoelectrochemical route[J]. Current Opinion in Electrochemistry，2019，17：114-120.

[21] Kaur R，Kim K H，Paul A K，et al. Recent advances in the photovoltaic applications of coordination polymers and metal organic frameworks[J]. Journal of Materials Chemistry A，2016，4（11）：3991-4002.

[22] Wang Z W，Wang H，Zeng Z T，et al. Metal-organic frameworks derived $Bi_2O_2CO_3$/porous carbon nitride：a nanosized Z-scheme systems with enhanced photocatalytic activity[J]. Applied Catalysis B：Environmental，2020，267：118700-118711.

[23] Lee C C，Chen C I，Liao Y T，et al. Enhancing efficiency and stability of photovoltaic cells by using perovskite/Zr-MOF heterojunction including bilayer and hybrid structures[J]. Advanced Science，2019，6（5）：1801715-1801721.

[24] Peng Y，Li Y S，Ban Y J，et al. Two-dimensional metal-organic framework nanosheets for membrane-based gas separation[J]. Angewandte Chemie，2017，129（33）：9889-9893.

[25] Rodenas T，Luz I，Prieto G，et al. Metal-organic framework nanosheets in polymer composite materials for gas separation[J]. Nature Materials，2015，14（1）：48-55.

[26] Wang X R，Chi C L，Zhang K，et al. Reversed thermo-switchable molecular sieving membranes composed of two-dimensional metal-organic nanosheets for gas separation[J]. Nature Communications，2017，8（1）：1-10.

[27] Yu J，Xiong W P，Li X，et al. Functionalized MIL-53(Fe) as efficient adsorbents for removal of tetracycline antibiotics from aqueous solution[J]. Microporous and Mesoporous Materials，2019，290：109642-109649.

[28] Xiong W P，Zeng Z T，Li X，et al. Multi-walled carbon nanotube/amino-functionalized MIL-53(Fe) composites：

remarkable adsorptive removal of antibiotics from aqueous solutions[J]. Chemosphere，2018，210：1061-1069.

[29] Yu Y F，Wu X J，Zhao M T，et al. Anodized aluminum oxide templated synthesis of metal-organic frameworks used as membrane reactors[J]. Angewandte Chemie，2017，129（2）：593-596.

[30] Cao J，Sun S，Li X，et al. Efficient charge transfer in aluminum-cobalt layered double hydroxide derived from Co-ZIF for enhanced catalytic degradation of tetracycline through peroxymonosulfate activation[J]. Chemical Engineering Journal，2020，382：122802-122809.

[31] Liu Y，Huang D L，Cheng M，et al. Metal sulfide/MOF-based composites as visible-light-driven photocatalysts for enhanced hydrogen production from water splitting[J]. Coordination Chemistry Reviews，2020，409：213220-213229.

[32] Wang C，Xie Z G，de Krafft K E，et al. Doping metal-organic frameworks for water oxidation，carbon dioxide reduction，and organic photocatalysis[J]. Journal of the American Chemical Society，2011，133（34）：13445-13454.

[33] Wang G X，Xu J Q，Ge J M，et al. Effect of applied electric field on the chemical structure and thermal diffusion of DLC film irradiated by laser[J]. International Journal of Materials and Product Technology，2017，55（4）：354-367.

[34] Zhao M T，Wang Y X，Ma Q L，et al. Ultrathin 2D metal-organic framework nanosheets[J]. Advanced Materials，2015，27（45）：7372-7378.

[35] Zhao M T，Huang Y，Peng Y W，et al. Two-dimensional metal-organic framework nanosheets：synthesis and applications[J]. Chemical Society Reviews，2018，47（16）：6267-6295.

[36] He C B，Lu K D，Liu D M，et al. Nanoscale metal-organic frameworks for the Co-delivery of cisplatin and pooled siRNAs to enhance therapeutic efficacy in drug-resistant ovarian cancer cells[J]. Journal of the American Chemical Society，2014，136（14）：5181-5184.

[37] Lu K D，He C B，Lin W B. Nanoscale metal-organic framework for highly effective photodynamic therapy of resistant head and neck cancer[J]. Journal of the American Chemical Society，2014，136（48）：16712-16715.

[38] Lu K D，He C B，Lin W B. A chlorin-based nanoscale metal-organic framework for photodynamic therapy of colon cancers[J]. Journal of the American Chemical Society，2015，137（24）：7600-7603.

[39] Jian M P，Liu H Y，Williams T，et al. Temperature-induced oriented growth of large area，few-layer 2D metal-organic framework nanosheets[J]. Chemical Communications，2017，53（98）：13161-13164.

[40] Clough A J，Yoo J W，Mecklenburg M H，et al. Two-dimensional metal-organic surfaces for efficient hydrogen evolution from water[J]. Journal of the American Chemical Society，2015，137（1）：118-121.

[41] Dong R H，Pfeffermann M，Liang H W，et al. Large-area，free-standing，two-dimensional supramolecular polymer single-layer sheets for highly efficient electrocatalytic hydrogen evolution[J]. Angewandte Chemie International Edition，2015，54（41）：12058-12063.

[42] Murray L J，Dincă M，Long J R. Hydrogen storage in metal-organic frameworks[J]. Chemical Society Reviews，2009，38（5）：1294-1314.

[43] Liao X J，Fu H M，Yan T T，et al. Electroactive metal-organic framework composites：design and biosensing application[J]. Biosensors and Bioelectronics，2019，146：111743-111750.

[44] Zhang L P，Cui P，Yang H B，et al. Metal-organic frameworks as promising photosensitizers for photoelectrochemical water splitting[J]. Advanced Science，2016，3（1）：1500243-1500250.

[45] Xiong W P，Zeng Z T，Li X，et al. Ni-doped MIL-53(Fe) nanoparticles for optimized doxycycline removal by using response surface methodology from aqueous solution[J]. Chemosphere，2019，232：186-194.

[46] Chueh C C，Chen C I，Su Y A，et al. Harnessing MOF materials in photovoltaic devices：recent advances，

challenges, and perspectives[J]. Journal of Materials Chemistry A, 2019, 7（29）：17079-17095.

[47] Furukawa H, Cordova K E, O'Keeffe M, et al. The chemistry and applications of metal-organic frameworks[J]. Science, 2013, 341（6149）：1230444-1230450.

[48] Cao J, Yang Z H, Xiong W P, et al. Peroxymonosulfate activation of magnetic Co nanoparticles relative to an N-doped porous carbon under confinement: boosting stability and performance[J]. Separation and Purification Technology, 2020, 250：117237-117243.

[49] Xiong W P, Zeng Z T, Zeng G M, et al. Metal-organic frameworks derived magnetic carbon-αFe/Fe_3C composites as a highly effective adsorbent for tetracycline removal from aqueous solution[J]. Chemical Engineering Journal, 2019, 374：91-99.

[50] Liao Y T, Ishiguro N, Young A P, et al. Engineering a homogeneous alloy-oxide interface derived from metal-organic frameworks for selective oxidation of 5-hydroxymethylfurfural to 2, 5-furandicarboxylic acid[J]. Applied Catalysis B: Environmental, 2020, 270：118805-118811.

[51] Liao Y T, Matsagar B M, Wu K C W. Metal-organic framework（MOF）-derived effective solid catalysts for valorization of lignocellulosic biomass[J]. ACS Sustainable Chemistry & Engineering, 2018, 6（11）：13628-13643.

[52] Konnerth H, Matsagar B M, Chen S S, et al. Metal-organic framework（MOF）-derived catalysts for fine chemical production[J]. Coordination Chemistry Reviews, 2020, 416：213319-213326.

[53] Hou C, Peng J, Xu Q, et al. Elaborate fabrication of MOF-5 thin films on a glassy carbon electrode (GCE) for photoelectrochemical sensors[J]. RSC Advances, 2012, 2：12696-12699.

[54] Hou C T, Xu Q, Peng J Y, et al. (110)-Oriented ZIF-8 thin films on ITO with controllable thickness[J]. ChemPhysChem, 2013, 14（1）：140-144.

[55] Sun X, Li Y F, Dou J, et al. Metal-organic frameworks derived carbon as a high-efficiency counter electrode for dye-sensitized solar cells[J]. Journal of Power Sources, 2016, 322：93-98.

[56] Deng X, Li R, Wu S K, et al. Metal-organic framework coating enhances the performance of Cu_2O in photoelectrochemical CO_2 reduction[J]. Journal of the American Chemical Society, 2019, 141（27）：10924-10929.

[57] Garcia-Segura S, Brillas E. Applied photoelectrocatalysis on the degradation of organic pollutants in wastewaters[J]. Journal of Photochemistry and Photobiology C: Photochemistry Reviews, 2017, 31：1-35.

[58] Luo J, Wang Y B, Cao D, et al. Enhanced photoelectrocatalytic degradation of 2, 4-dichlorophenol by TiO_2/Ru-IrO_2 bifacial electrode[J]. Chemical Engineering Journal, 2018, 343：69-77.

[59] Cao D, Wang Y B, Qiao M, et al. Enhanced photoelectrocatalytic degradation of norfloxacin by an Ag_3PO_4/$BiVO_4$ electrode with low bias[J]. Journal of Catalysis, 2018, 360：240-249.

[60] Eswar N K R, Adhikari S, Ramamurthy P C, et al. Efficient interfacial charge transfer through plasmon sensitized Ag@Bi_2O_3 hierarchical photoanodes for photoelectrocatalytic degradation of chlorinated phenols[J]. Physical Chemistry Chemical Physics, 2018, 20（5）：3710-3723.

[61] 李杨，赵曼曼，姚颖悟. 光电催化技术在有机废水处理中的研究进展[J]. 电镀与精饰，2014，36（1）：12-17.

[62] 魏晓云，夏鹏飞，李昂臻，等. 强化混凝-光电氧化组合工艺深度处理垃圾渗滤液膜滤浓缩液[J]. 环境工程学报，2012，6（9）：3040-3046.

[63] 夏鹏飞，魏晓云，刘锐平，等. 强化混凝-光电氧化组合技术深度处理垃圾渗滤液[J]. 环境科学学报，2011，31（1）：13-19.

[64] Luo J, Yartym J, Hepel M. Photoelectrochemical degradation of orange Ⅱ textile dye on nanostructured WO_3 film electrodes[J]. Journal of New Materials for Electrochemical Systems, 2002, 5（4）：315-322.

[65] Jia M Y, Yang Z H, Xu H Y, et al. Integrating N and F co-doped TiO_2 nanotubes with ZIF-8 as photoelectrode

for enhanced photo-electrocatalytic degradation of sulfamethazine[J]. Chemical Engineering Journal，2020，388：124388-124394.

[66] Ma Q L，Zhang H X，Guo R N，et al. Construction of CuS/TiO_2 nano-tube arrays photoelectrode and its enhanced visible light photoelectrocatalytic decomposition and mechanism of penicillin G[J]. Electrochimica Acta，2018，283：1154-1162.

[67] Huang J Y，Zhang K Q，Lai Y K. Fabrication，modification，and emerging applications of TiO_2 nanotube arrays by electrochemical synthesis：a review[J]. International Journal of Photoenergy，2013，2013：761971-761979.

[68] Choi J，Park H，Hoffmann M R. Combinatorial doping of TiO_2 with platinum（Pt），chromium（Cr），vanadium（V），and nickel（Ni）to achieve enhanced photocatalytic activity with visible light irradiation[J]. Journal of Materials Research，2010，25（1）：149-158.

[69] Kudo A，Miseki Y. Heterogeneous photocatalyst materials for water splitting[J]. Chemical Society Reviews，2009，38（1）：253-278.

[70] Qin D D，Li Y L，Wang T，et al. Sn-doped hematite films as photoanodes for efficient photoelectrochemical water oxidation[J]. Journal of Materials Chemistry A，2015，3（13）：6751-6755.

[71] Kim E S，Kang H J，Magesh G，et al. Improved photoelectrochemical activity of $CaFe_2O_4$/$BiVO_4$ heterojunction photoanode by reduced surface recombination in solar water oxidation[J]. ACS Applied Materials & Interfaces，2014，6（20）：17762-17769.

[72] Ye K H，Chai Z，Gu J，et al. BiOI-$BiVO_4$ photoanodes with significantly improved solar water splitting capability：p-n junction to expand solar adsorption range and facilitate charge carrier dynamics[J]. Nano Energy，2015，18：222-231.

[73] Kong D C，Qi J，Liu D Y，et al. Ni-doped $BiVO_4$ with V^{4+} species and oxygen vacancies for efficient photoelectrochemical water splitting[J]. Transactions of Tianjin University，2019，25（4）：340-347.

[74] Toe C Y，Zheng Z，Wu H，et al. Photocorrosion of cuprous oxide in hydrogen production：rationalising self-oxidation or self-reduction[J]. Angewandte Chemie International Edition，2018，57（41）：13613-13617.

[75] Dong Y J，Liao J F，Kong Z C，et al. Conformal coating of ultrathin metal-organic framework on semiconductor electrode for boosted photoelectrochemical water oxidation[J]. Applied Catalysis B：Environmental，2018，237：9-17.

[76] Song H H，Sun Z Q，Xu Y，et al. Fabrication of NH_2-MIL-125(Ti) incorporated TiO_2 nanotube arrays composite anodes for highly efficient PEC water splitting[J]. Separation and Purification Technology，2019，228：115764-115774.

[77] Zhou J，Zhou A，Shu L，et al. Cellular heterojunctions fabricated through the sulfurization of MOFs onto ZnO for high-efficient photoelectrochemical water oxidation[J]. Applied Catalysis B：Environmental，2018，226：421-428.

[78] Thorne J E，Li S，Du C，et al. Energetics at the surface of photoelectrodes and its influence on the photoelectrochemical properties[J]. The Journal of Physical Chemistry Letters，2015，6（20）：4083-4088.

[79] Qiu Y C，Yan K Y，Deng H，et al. Secondary branching and nitrogen doping of ZnO nanotetrapods：building a highly active network for photoelectrochemical water splitting[J]. Nano Letters，2012，12（1）：407-413.

[80] Jiang C，Moniz S J A，Khraisheh M，et al. Earth-abundant oxygen evolution catalysts coupled onto ZnO nanowire arrays for efficient photoelectrochemical water cleavage[J]. Chemistry：A European Journal，2014，20（40）：12954-12961.

[81] Liu C H，Luo H，Xu Y，et al. Synergistic cocatalytic effect of ultra-thin metal-organic framework and Mo-dopant

for efficient photoelectrochemical water oxidation on $BiVO_4$ photoanode[J]. Chemical Engineering Journal，2020，384：123333-123342.

[82] Wang S C，Chen P，Yun J H，et al. An electrochemically treated $BiVO_4$ photoanode for efficient photoelectrochemical water splitting [J]. Angewandte Chemie International Edition，2017，56（29）：8500-8504.

[83] Jiao T T，Lu C，Zhang D，et al. Bi-functional Fe_2ZrO_5 modified hematite photoanode for efficient solar water splitting[J]. Applied Catalysis B：Environmental，2020，269：118768-118773.

[84] Pande K P，Hsu Y S，Borrego J M，et al. Grain-boundary edge passivation of GaAs films by selective anodization[J]. Applied Physics Letters，1978，33（8）：717-719.

[85] Li X，Liu S W，Fan K，et al. MOF-based transparent passivation layer modified ZnO nanorod arrays for enhanced photo-electrochemical water splitting[J]. Advanced Energy Materials，2018，8（18）：1800101-1800111.

[86] le Formal F，Tetreault N，Cornuz M，et al. Passivating surface states on water splitting hematite photoanodes with alumina overlayers[J]. Chemical Science，2011，2（4）：737-743.

[87] Kim J Y，Youn D H，Kang K，et al. Highly conformal deposition of an ultrathin FeOOH layer on a hematite nanostructure for efficient solar water splitting[J]. Angewandte Chemie International Edition，2016，55（36）：10854-10858.

[88] Li W Z，Wang K K，Yang X T，et al. Surfactant-assisted controlled synthesis of a metal-organic framework on Fe_2O_3 nanorod for boosted photoelectrochemical water oxidation[J]. Chemical Engineering Journal，2020，379：122256.

[89] Yang H，Bright J，Kasani S，et al. Metal-organic framework coated titanium dioxide nanorod array p-n heterojunction photoanode for solar water-splitting[J]. Nano Research，2019，12（3）：643-650.

[90] Sun Y，Xia Y. Shape-controlled synthesis of gold and silver nanoparticles[J]. Science，2002，298（5601）：2176-2179.

[91] Lu G，Li S Z，Guo Z，et al. Imparting functionality to a metal-organic framework material by controlled nanoparticle encapsulation[J]. Nature Chemistry，2012，4（4）：310-316.

[92] Li R，Hu J H，Deng M S，et al. Integration of an inorganic semiconductor with a metal-organic framework：a platform for enhanced gaseous photocatalytic reactions[J]. Advanced Materials，2014，26（28）：4783-4788.

[93] Xiao J D，Jiang H L. Metal-organic frameworks for photocatalysis and photothermal catalysis[J]. Accounts of Chemical Research，2018，52（2）：356-366.

[94] Wang Y，Yin H S，Li X H，et al. Photoelectrochemical immunosensor for N_6-methyladenine detection based on Ru@UiO-66，Bi_2O_3 and Black TiO_2[J]. Biosensors and Bioelectronics，2019，131：163-170.

[95] Gao J，Chen Y X，Ji W H，et al. Synthesis of a CdS-decorated Eu-MOF nanocomposite for the construction of a self-powered photoelectrochemical aptasensor[J]. Analyst，2019，144（22）：6617-6624.

[96] Yang R Y，Yan X X，Li Y M，et al. Nitrogen-doped porous carbon-ZnO nanopolyhedra derived from ZIF-8：new materials for photoelectrochemical biosensors[J]. ACS Applied Materials & Interfaces，2017，9(49)：42482-42491.

[97] Gai P B，Zhang H J，Zhang Y S，et al. Simultaneous electrochemical detection of ascorbic acid，dopamine and uric acid based on nitrogen doped porous carbon nanopolyhedra[J]. Journal of Materials Chemistry B，2013，1（21）：2742-2749.

[98] Jiang Z，Sun H Y，Qin Z H，et al. Synthesis of novel ZnS nanocages utilizing ZIF-8 polyhedral template[J]. Chemical Communications，2012，48（30）：3620-3622.

[99] Cao Y，Wang L，Wang C，et al. Photoelectrochemical determination of malathion by using CuO modified with a metal-organic framework of type Cu-BTC[J]. Mikrochimica Acta，2019，186：481-490.

[100] Liu G X，Li Y P，Xiao Y，et al. Nanoporous Fe-doped $BiVO_4$ modified with MIL-53(Fe) for enhanced photoelectrochemical stability and water splitting perfromances[J]. Catalysis Letters，2018，149（3）：870-875.

[101] Yoon S H，Cho J H，Jung H Y，et al. Clinical impact of BK virus surveillance on outcomes in kidney transplant recipients[J]. Transplantation Proceedings，2015，47（3）：660-665.

[102] Tang T T，Li K，Shen Z M，et al. Facile synthesis of polypyrrole functionalized nickel foam with catalytic activity comparable to Pt for the poly-generation of hydrogen and electricity[J]. Journal of Power Sources，2016，301：54-61.

[103] Zhang M，Cheng J，Xuan X X，et al. Pt/graphene aerogel deposited in Cu foam as a 3D binder-free cathode for CO_2 reduction into liquid chemicals in a TiO_2 photoanode-driven photoelectrochemical cell[J]. Chemical Engineering Journal，2017，322：22-32.

[104] Cheng J，Xuan X X，Yang X，et al. Enhanced photoelectrochemical hydrogenation of green-house gas CO_2 to high-order solar fuel on coordinatively unsaturated metal-N sites containing carbonized Zn/Co ZIFs[J]. International Journal of Hydrogen Energy，2019，44（39）：21597-21606.

[105] Zhang X，Peng J J，Ding Y P，et al. Rationally designed hierarchical hollow ZnCdS@MoS_2 heterostructured cages with efficient separation of photogenerated carriers for photoelectrochemical aptasensing of lincomycin[J]. Sensors and Actuators B：Chemical，2020，306：127552-127587.

[106] Cui W C，Bai H Y，Qu K G，et al. *In situ* decorating coordinatively unsaturated Fe sites for boosting water oxidation performance of TiO_2 photoanode[J]. Energy Technology，2019，7（7）：1801128-1801137.

[107] El Rouby W M A，Antuch M，You S M，et al. Novel nano-architectured water splitting photoanodes based on TiO_2-nanorod mats surface sensitized by ZIF-67 coatings[J]. International Journal of Hydrogen Energy，2019，44（59）：30949-30964.

[108] Wei J，Hu Y X，Wu Z X，et al. A graphene-directed assembly route to hierarchically porous Co-N_x/C catalysts for high-performance oxygen reduction[J]. Journal of Materials Chemistry A，2015，3（32）：16867-16873.

[109] Zhang Z，Hao J H，Yang W S，et al. Defect-rich CoP/nitrogen-doped carbon composites derived from a metal organic framework：high performance electrocatalysts for the hydrogen evolution reaction[J]. ChemCatChem，2015，7（13）：1920-1925.

[110] Jia G R，Liu L L，Zhang L，et al. 1D alignment of ZnO@ZIF-8/67 nanorod arrays for visible-light-driven photoelectrochemical water splitting[J]. Applied Surface Science，2018，448：254-260.

[111] Pattengale B，Yang S，Ludwig J，et al. Exceptionally long-lived charge separated state in zeolitic imidazolate framework：implication for photocatalytic applications[J]. Journal of the American Chemical Society，2016，138（26）：8072-8075.

[112] Han H，Karlicky F，Pitchaimuthu S，et al. Highly ordered N doped carbon dots photosensitizer on metal organic framework decorated ZnO nanotubes for improved photoelectrochemical water splitting[J]. Small，2019，15（40）：1902771.

[113] Kaur R，Kim K H，Deep A. A convenient electrolytic assembly of graphene-MOF composite thin film and its photoanodic application[J]. Applied Surface Science，2017，396：1303-1309.

[114] Sharma S K，Kumar K，Paul A K. Synthesis and solar cell application of a Ti(metal)-organic framework/carbon nanotube composite[J]. Materials Research Express，2019，6（12）：125050.

[115] Tang R，Zhou S J，Yuan Z M，et al. Metal-organic framework derived $Co_3O_4/TiO_2/Si$ heterostructured nanorod array photoanodes for efficient photoelectrochemical water oxidation[J]. Advanced Functional Materials，2017，27（37）：1701102.

[116] Yang W K，Wang X H，Hao W J，et al. 3D hollow-out TiO_2 nanowire cluster/GOx as an ultrasensitive photoelectrochemical glucose biosensor[J]. Journal of Materials Chemistry B，2020，8（11）：2363-2370.

[117] Wang J，Xue C，Yao W Q，et al. MOF-derived hollow TiO_2@C/$FeTiO_3$ nanoparticles as photoanodes with enhanced full spectrum light PEC activities[J]. Applied Catalysis B：Environmental，2019，250：369-381.

[118] Tang R，Yin R Y，Zhou S J，et al. Layered MoS_2 coupled MOFs-derived dual-phase TiO_2 for enhanced photoelectrochemical performance[J]. Journal of Materials Chemistry A，2017，5（10）：4962-4971.

[119] Wang C C，Wang X，Liu W. The synthesis strategies and photocatalytic performances of TiO_2/MOFs composites：a state-of-the-art review[J]. Chemical Engineering Journal，2020，391：123601.

[120] Mahajan V K，Mohapatra S K，Misra M. Stability of TiO_2 nanotube arrays in photoelectrochemical studies[J]. International Journal of Hydrogen Energy，2008，33（20）：5369-5374.

[121] Li H，Chen Z，Tsang C K，et al. Electrochemical doping of anatase TiO_2 in organic electrolytes for high-performance supercapacitors and photocatalysts[J]. Journal of Materials Chemistry A，2014，2（1）：229-236.

[122] Zhang F X，Zhang P，Wu Q，et al. Impedance response of photoelectrochemical sensor and size-exclusion filter and catalytic effects in $Mn_3(BTC)_2$/g-C_3N_4/TiO_2 nanotubes[J]. Electrochimica Acta，2017，247：80-88.

[123] Dou J Z，Li D J，Li H J，et al. A differential photoelectrochemical hydrogen peroxide sensor based on catalytic activity difference between two zeolitic imidazolate framework surface coatings[J]. Talanta，2019，197：138-144.

[124] Jiao W，Zhu J X，Ling Y，et al. Photoelectrochemical properties of MOF-induced surface-modified TiO_2 photoelectrode[J]. Nanoscale，2018，10（43）：20339-20346.

[125] Liu Z N，Li Q，Zhu H，et al. 3D negative thermal expansion in orthorhombic MIL-68(In)[J]. Chemical Communications，2018，54（45）：5712-5715.

[126] Yoon J W，Kim J H，Jang H W，et al. NH_2-MIL-125(Ti)/TiO_2 nanorod heterojunction photoanodes for efficient photoelectrochemical water splitting[J]. Applied Catalysis B：Environmental，2019，244：511-518.

[127] Shi L，Benetti D，Li F Y，et al. Phase-junction design of MOF-derived TiO_2 photoanodes sensitized with quantum dots for efficient hydrogen generation[J]. Applied Catalysis B：Environmental，2020，263：118317.

[128] Li C H，Huang C L，Chuah X F，et al. Ti-MOF derived $Ti_xFe_{1-x}O_y$ shells boost Fe_2O_3 nanorod cores for enhanced photoelectrochemical water oxidation[J]. Chemical Engineering Journal，2019，361：660-670.

[129] Li M H，Liu Y B，Shen C S，et al. One-step Sb(III) decontamination using a bifunctional photoelectrochemical filter[J]. Journal of Hazardous Materials，2020，389：121840.

[130] Jeganathan C，Sabari Girisun T C，Vijaya S，et al. Improved charge collection and photo conversion of bacteriorhodopsin sensitized solar cells coupled with reduced graphene oxide decorated one-dimensional TiO_2 nanorod hybrid photoanodes[J]. Electrochimica Acta，2019，319：909-921.

[131] Kim S，Dela Pena T A，Seo S，et al. Co-catalytic effects of Bi-based metal-organic framework on $BiVO_4$ photoanodes for photoelectrochemical water oxidation [J]. Applied Surface Science，2021，563.

[132] Liu G X，Li Y P，Xiao Y，et al. Nanoporous Fe-doped $BiVO_4$ modified with MIL-53(Fe) for enhanced photoelectrochemical stability and water splitting perfromances[J]. Catalysis Letters，2019，149（3）：870-875.

[133] Jeon T H，Moon G H，Park H，et al. Ultra-efficient and durable photoelectrochemical water oxidation using elaborately designed hematite nanorod arrays [J]. Nano Energy，2017，39：211-218.

[134] Luo S J，Wu Z，Zhao J F，et al. ZIF-67 derivative decorated MXene for a highly integrated flexible self-powered photodetector[J]. ACS Applied Materials & Interfaces，2022，14（17）：19725-19735.

[135] Zhang Y B，Chen D Y，Li N J，et al. Fabricating 1D/2D Co_3O_4/$ZnIn_2S_4$ core-shell heterostructures with boosted charge transfer for photocatalytic hydrogen production[J]. Applied Surface Science，2023，610：155272.

[136] Wang S，Guan B Y，Wang X，et al. Formation of hierarchical $Co_9S_8@ZnIn_2S_4$ heterostructured cages as an efficient photocatalyst for hydrogen evolution[J]. Journal of the American Chemical Society，2018，140（45）：15145-15148.

[137] Chen Z H，Zhang L，Liu Y，et al. Highly sensitive electrogenerated chemiluminescence biosensor for galactosyltransferase activity and inhibition detection using gold nanorod and enzymatic dual signal amplification[J]. Journal of Electroanalytical Chemistry，2016，781：83-89.

[138] Guo A J，Pei F B，Feng S S，et al. A photoelectrochemical immunosensor based on magnetic all-solid-state Z-scheme heterojunction for SARS-CoV-2 nucleocapsid protein detection [J]. Sensors and Actuators B：Chemical，2022，374：132800.

[139] Zhou Q，Li G H，Chen K Y，et al. Simultaneous unlocking optoelectronic and interfacial properties of C_{60} for ultrasensitive immunosensing by coupling to metal organic framework[J]. Analytical Chemistry，2019，92（1）：983-990.

[140] Peng M，Guan G J，Deng H，et al. PCN-224/rGO nanocomposite based photoelectrochemical sensor with intrinsic recognition ability for efficient p-arsanilic acid detection[J]. Environmental Science：Nano，2019，6（1）：207-215.

[141] Férey G，Mellot-Draznieks C，Serre C，et al. A chromium terephthalate-based solid with unusually large pore volumes and surface area[J]. Science，2005，309（5743）：2040-2042.

[142] Hou C T，Xu Q，Wang Y J，et al. Synthesis of Pt@NH_2-MIL-125(Ti) as a photocathode material for photoelectrochemical hydrogen production[J]. RSC Advances，2013，3（43）：19820-19823.

[143] Zhang J，Xu Q，Feng C，et al. Importance of the relationship between surface phases and photocatalytic activity of TiO_2[J]. Angewandte Chemie International Edition，2008，120（9）：1790-1793.

[144] Chen Y F，Vela J，Htoon H，et al. “Giant” multishell CdSe nanocrystal quantum dots with suppressed blinking[J]. Journal of the American Chemical Society，2008，130（15）：5026-5027.

[145] Xiong W P，Zeng G M，Yang Z H，et al. Adsorption of tetracycline antibiotics from aqueous solutions on nanocomposite multi-walled carbon nanotube functionalized MIL-53(Fe) as new adsorbent[J]. Science of the Total Environment，2018，627：235-244.

[146] Li M H，Liu Y B，Shen C S，et al. One-step Sb(Ⅲ) decontamination using a bifunctional photoelectrochemical filter[J]. Journal of Hazardous Materials，2020，389：121840.

[147] Wang H L，He X，Li W X，et al. Hematite nanorod arrays top-decorated with an MIL-101 layer for photoelectrochemical water oxidation[J]. Chemical Communications，2019，55（76）：11382-11385.

[148] Huang X C，Lin Y Y，Zhang J P，et al. Ligand directed strategy for zeolite-type metal-organic frameworks：zinc(Ⅱ)imidazolates with unusual zeolitic topologies[J]. Angewandte Chemie International Edition，2006，45（10）：1557-1559.

[149] Jia B Y，Cao P，Zhang H，et al. Mesoporous amorphous TiO_2 shell-coated ZIF-8 as an efficient and recyclable catalyst for transesterification to synthesize diphenyl carbonate[J]. Journal of Materials Science，2019，54（13）：9466-9477.

[150] Cheng H F，Wang W J，Huang B B，et al. Tailoring AgI nanoparticles for the assembly of AgI/BiOI hierarchical hybrids with size-dependent photocatalytic activities[J]. Journal of Materials Chemistry A，2013，1（24）：7131-7136.

[151] Cardoso J C，Stulp S，de Brito J F，et al. MOFs based on ZIF-8 deposited on TiO_2 nanotubes increase the surface adsorption of CO_2 and its photoelectrocatalytic reduction to alcohols in aqueous media[J]. Applied Catalysis B：

Environmental，2018，225：563-573.

[152] Zhou C Y，Lai C，Xu P，et al. *In situ* grown AgI/$Bi_{12}O_{17}Cl_2$ heterojunction photocatalysts for visible light degradation of sulfamethazine：efficiency，pathway，and mechanism[J]. ACS Sustainable Chemistry & Engineering，2018，6（3）：4174-4184.

[153] Cavka J H，Jakobsen S，Olsbye U，et al. A new zirconium inorganic building brick forming metal organic frameworks with exceptional stability[J]. Journal of the American Chemical Society，2008，130（42）：13850-13851.

[154] Cao J，Yang Z H，Xiong W P，et al. One-step synthesis of Co-doped UiO-66 nanoparticle with enhanced removal efficiency of tetracycline：simultaneous adsorption and photocatalysis[J]. Chemical Engineering Journal，2018，353：126-137.

[155] Wang Z H，Yan Z Y，Wang F，et al. Highly sensitive photoelectrochemical biosensor for kinase activity detection and inhibition based on the surface defect recognition and multiple signal amplification of metal-organic frameworks[J]. Biosensors and Bioelectronics，2017，97：107-114.

[156] Wu T T，Yan T，Zhang X，et al. A competitive photoelectrochemical immunosensor for the detection of diethylstilbestrol based on an Au/UiO-66(NH_2)/CdS matrix and a direct Z-scheme Melem/CdTe heterojunction as labels[J]. Biosensors and Bioelectronics，2018，117：575-582.

[157] Ma S，Zhou H C. A metal organic framework with entatic metal centers exhibiting high gas adsorption affinity[J]. Journal of the American Chemical Society，2006，128（36）：11734-11735.

[158] Li T，Hu P，Li J W，et al. Enhanced peroxidase-like activity of Fe@PCN-224 nanoparticles and their applications for detection of H_2O_2 and glucose[J]. Colloids and Surfaces A：Physicochemical and Engineering Aspects，2019，577：456-463.

[159] Zhou Q，Li G H，Chen K Y，et al. Simultaneous unlocking optoelectronic and interfacial properties of C_{60} for ultrasensitive immunosensing by coupling to metal-organic framework[J]. Analytical Chemistry，2019，92（1）：983-990.

[160] Hou T，Xu N N，Song X，et al. Label-free homogeneous photoelectrochemical aptasensing of VEGF165 based on DNA-regulated peroxidase-mimetic activity of metal-organic-frameworks[J]. Chinese Chemical Letters，2023，34（6）：107907.

[161] Zhang X，Yan T，Wu T T，et al. Fabrication of hierarchical MIL-68(In)-NH_2/MWCNT/CdS composites for constructing label-free photoelectrochemical tetracycline aptasensor platform[J]. Biosensors and Bioelectronics，2019，135：88-94.

[162] Valizadeh H，Tashkhourian J，Abbaspour A. A carbon paste electrode modified with a metal-organic framework of type MIL-101(Fe) for voltammetric determination of citric acid [J]. Microchimica Acta，2019，186（7）：455.

[163] Gholivand M B，Solgi M. Sensitive warfarin sensor based on cobalt oxide nanoparticles electrodeposited at multi-walled carbon nanotubes modified glassy carbon electrode (Co_xO_yNPs/MWCNTs/GCE) [J]. Electrochimica Acta，2017，246：689-698.

[164] Jin D Q，Xu Q，Yu L Y，et al. Photoelectrochemical detection of the herbicide clethodim by using the modified metal-organic framework amino-MIL-125(Ti)/TiO_2[J]. Microchimica Acta，2015，182（11）：1885-1892.

[165] Zhou S Q，Chen K Y，Huang J W，et al. Preparation of heterometallic CoNi-MOFs-modified $BiVO_4$：a steady photoanode for improved performance in photoelectrochemical water splitting[J]. Applied Catalysis B：Environmental，2020，266：118513.

[166] Zhang Q，Zhang F X，Yu L，et al. A differential photoelectrochemical method for glucose determination based on

alkali-soaked zeolite imidazole framework-67 as both glucose oxidase and peroxidase mimics[J]. Microchimica Acta，2020，187（4）：1-8.

[167] Jiao Z B，Zheng J J，Feng C C，et al. Fe/W Co-doped $BiVO_4$ photoanodes with a metal organic framework cocatalyst for improved photoelectrochemical stability and activity[J]. ChemSusChem，2016，9（19）：2824-2831.

[168] Feng Y X，Yan T，Wu T T，et al. A label-free photoelectrochemical aptasensing platform base on plasmon Au coupling with MOF-derived In_2O_3@g-C_3N_4 nanoarchitectures for tetracycline detection[J]. Sensors and Actuators B：Chemical，2019，298：126817.

[169] Fiaz M，Athar M. Modification of MIL-125(Ti) by incorporating various transition metal oxide nanoparticles for enhanced photocurrent during hydrogen and oxygen evolution reactions[J]. ChemistrySelect，2019，4（29）：8508-8515.

[170] He H，Sun S J，Gao J，et al. Photoelectrocatalytic simultaneous removal of 17α-ethinylestradiol and *E. coli* using the anode of Ag and SnO_2-Sb 3D-loaded TiO_2 nanotube arrays[J]. Journal of Hazardous Materials，2020，398：122805.

[171] Wang Y Q，Wu J K，Yan Y，et al. Black phosphorus-based semiconductor multi-heterojunction TiO_2-$BiVO_4$-BP/RP film with an *in situ* junction and Z-scheme system for enhanced photoelectrocatalytic activity[J]. Chemical Engineering Journal，2021，403：126313.

[172] Zhang J，Tang B，Zhao G H. Selective photoelectrocatalytic removal of dimethyl phthalate on high-quality expressed molecular imprints decorated specific facet of single crystalline TiO_2 photoanode[J]. Applied Catalysis B：Environmental，2020，279：119364.

[173] He S，Yan C，Chen X Z，et al. Construction of core-shell heterojunction regulating α-Fe_2O_3 layer on CeO_2 nanotube arrays enables highly efficient Z-scheme photoelectrocatalysis[J]. Applied Catalysis B：Environmental，2020，276：119138.

[174] Ling Y L，Dai Y Z，Zhou J H. Fabrication and high photoelectrocatalytic activity of scaly BiOBr nanosheet arrays[J]. Journal of Colloid and Interface Science，2020，578：326-337.

[175] Zhou B W，Kong X H，Vanka S，et al. A GaN：Sn nanoarchitecture integrated on a silicon platform for converting CO_2 to HCOOH by photoelectrocatalysis[J]. Energy & Environmental Science，2019，12（9）：2842-2848.

[176] Zheng J G，Li X J，Qin Y H，et al. Zn phthalocyanine/carbon nitride heterojunction for visible light photoelectrocatalytic conversion of CO_2 to methanol[J]. Journal of Catalysis，2019，371：214-223.

[177] Han B，Wang J X，Yan C X，et al. The photoelectrocatalytic CO_2 reduction on TiO_2@ZnO heterojunction by tuning the conduction band potential[J]. Electrochimica Acta，2018，285：23-29.

[178] Xia S J，Meng Y，Zhou X B，et al. Ti/ZnO-Fe_2O_3 composite：synthesis，characterization and application as a highly efficient photoelectrocatalyst for methanol from CO_2 reduction[J]. Applied Catalysis B：Environmental，2016，187：122-133.

[179] Zhang M，Cheng J，Xuan X Y，et al. CO_2 synergistic reduction in a photoanode-driven photoelectrochemical cell with a Pt-modified TiO_2 nanotube photoanode and a Pt reduced graphene oxide electrocathode[J]. ACS Sustainable Chemistry & Engineering，2016，4（12）：6344-6354.

[180] Zhou B W，Ou P F，Rashid R T，et al. Few-atomic-layers iron for hydrogen evolution from water by photoelectrocatalysis[J]. Iscience，2020，23（10）：101613.

[181] Huo S P，Wu Y F，Zhao C Y，et al. Core-shell TiO_2@Au_{25}/TiO_2 nanowire arrays photoanode for efficient photoelectrochemical full water splitting[J]. Industrial & Engineering Chemistry Research，2020，59（32）：

14224-14233.

[182] Lan Y Y，Liu Z F，Guo Z G，et al. Accelerating the charge separation of $ZnFe_2O_4$ nanorods by Cu-Sn ions gradient doping for efficient photoelectrochemical water splitting[J]. Journal of Colloid and Interface Science，2019，552：111-121.

[183] Song W J. Intracellular DNA and microRNA sensing based on metal-organic framework nanosheets with enzyme-free signal amplification[J]. Talanta，2017，170：74-80.

[184] Gao Y X，Zhang S H，Bu X B，et al. Surface defect engineering via acid treatment improving photoelectrocatalysis of β-In_2S_3 nanoplates for water splitting[J]. Catalysis Today，2019，327：271-278.

第6章　MOFs活化过硫酸盐去除水体中污染物的应用

随着经济和工业化的快速发展，水污染已成为人类面临的最严重的威胁之一[1-3]。合成的有机污染物，如药品和个人护理用品（PPCPs）、农药和染料等，由于它们具有抗光解性和对生物降解的高度抵抗力而被认为是持久性有机污染物（POPs）[4-9]。许多持久性有机污染物对人类健康和环境能造成危害[10-13]。因此，开发有效的处理技术以去除水体中的有机污染物势在必行。近十多年来，基于硫酸根自由基（$SO_4^{\cdot-}$）的高级氧化技术（SR-AOPs）受到越来越多关注，已然成为有机污染物处理的研究热点[14-17]。相比于传统的基于·OH的AOPs而言，SR-AOPs具有许多优点[18, 19]：①$SO_4^{\cdot-}$的氧化电位（2.6～3.1V）高于·OH（1.8～2.7V）；②$SO_4^{\cdot-}$可以在更宽pH范围（2～8）与有机污染物有效反应；③$SO_4^{\cdot-}$的半衰期（0～40μs）长于·OH（＜1μs）；④$SO_4^{\cdot-}$对具有不饱和键或芳香电子的有机物的选择性比·OH更高。$SO_4^{\cdot-}$通常由过一硫酸盐（PMS，HSO_5^-）或过二硫酸盐（PDS，$S_2O_8^{2-}$）的物理或化学活化产生[14, 20-22]。迄今为止，有许多产生$SO_4^{\cdot-}$的方法，如直接使用能量（如热、紫外线和超声波等）激活，在碱性介质中通过不同过渡金属（如Co、Fe和Cu等）、金属氧化物（Co_3O_4、Fe_3O_4、CuO和Mn_3O_4）及非金属材料催化[20, 23-26]。使用催化剂来活化PMS/PDS已被证明是一种更高效且成本更低的策略[20]。通常，催化剂在形貌和组成方面的发展可以分为两个阶段：①从均相催化到非均相催化；②从金属系统到无金属系统。然而，大量研究表明金属基催化剂虽然具有高效激活PMS/PDS的能力，但这些催化剂往往伴随二次污染、金属离子毒性、金属离子大量溶解、稳定性差等问题。此外，使用碳材料（纳米金刚石、碳纳米管和石墨烯等）来活化PMS/PDS虽然不会出现上述问题，但此类无金属催化剂的催化性能却仍不令人满意。由此可见，开发具有低成本、高活性、良好稳定性和环境友好性的新型多相催化剂是重要但具有挑战性的[27]。

金属有机骨架（MOFs）是一种由无机金属中心（金属离子或金属簇）和笼头连接的有机配体自组装形成的具有周期性网络结构的结晶多孔材料[28-30]。可调节的孔隙拓扑结构、纹理特征、超高比表面积和出色的定制化使MOFs在大多数材料中脱颖而出，并且已经广泛应用于分离、储气、分子传感和催化等领域[31-34]。此外，基于其成分和结构特性，MOFs已成为制备金属氧化物、金属碳材料和碳材料（主要是N掺杂）的理想模板材料。在过去的十多年里，MOFs材料作为新兴催化剂已被广泛应用于 SR-AOPs 领域，并取得了许多令人兴奋的进展。基于此，本章介绍和总结了单体 MOFs、MOFs 的复合物及 MOFs 的衍生物在 SR-AOPs 领域的研究进展，并重点介绍了 MOFs 对水体中污染物降解的机理，主要有自由基和非自由基两种途径。此外，还描述了 MOFs 在水体中的稳定性和可复用性。最后，总结了 MOFs 基材料在 SR-AOPs 应用中存在的问题及未来的科学发展方向，以更好地将 MOFs 应用于 SR-AOPs 来改善环境。

6.1 单体 MOFs 活化过硫酸盐去除水体中污染物

6.1.1 MIL 系列活化过硫酸盐的应用

MIL 作为 MOFs 材料中典型的代表之一，由不同的过渡金属元素（如 Fe）和二羧酸配体（如琥珀酸和戊二酸）组成[35-37]。与金属氧化物相比，MIL 具有多孔性与不饱和金属位点等独特优势，使得其在催化领域得到广泛应用[38-40]。在一个完整的降解反应中，主要涉及 MIL 提供的配位不饱和金属离子（CUS）与 PMS/PDS 发生一系列反应生成 $SO_4^{\cdot-}$ 和 $\cdot OH$，而后生成的具有强氧化性的自由基可以有效降解有机污染物。此外，MIL 具有较高的比表面积和孔体积，不仅可以提供高密度的活性中心和较大的反应空间，还可以为水体中有机污染物的有效吸附提供场地，从而促进生成的 $SO_4^{\cdot-}$ 、$\cdot OH$ 等自由基与目标有机污染物更好地反应[41]。

由于 Fe 基多相催化剂的丰富性、环境友好性、优异的磁分离性和成本效益，MIL 已广泛应用于催化领域，并成为 SR-AOPs 的有力候选者。Li 等[42]通过简单的溶剂热法合成了四种 MIL：MIL-101(Fe)、MIL-100(Fe)、MIL-53(Fe)和 MIL-88B(Fe)，分别用于偶氮染料 AO_7 的降解。此外，还通过 Langmuir 吸附等温线的拟合研究了这四种 MIL 的吸附等温线和降解 AO_7 的性能。实验结果表明，由于材料的高比表面积，MIL-101(Fe)的吸附与降解结合的能力显著高于 MIL-100(Fe)、MIL-53(Fe) 和 MIL-88B(Fe)，这表明催化能力与催化剂的活性位点及不同的笼尺寸密切相关。Fe(Ⅱ)作为活性位点不仅可以与 $S_2O_8^{2-}$ 反应生成大量 $SO_4^{\cdot-}$ 和 $\cdot OH$，还可以与溶解氧反应生成超氧自由基阴离子（$O_2^{\cdot-}$）。产生的 $SO_4^{\cdot-}$ 、$\cdot OH$ 和 $O_2^{\cdot-}$ 可以将 AO_7 氧化成中间体甚至是 CO_2 和 H_2O。据推测，MIL-101(Fe)结构中的 Fe 可以激活 PDS 生成 $SO_4^{\cdot-}$ 的方程式如下所示：

$$Fe(III) + S_2O_8^{2-} \longrightarrow Fe(II) + S_2O_8^{\cdot-} \tag{6.1}$$

$$Fe(II) + S_2O_8^{2-} \longrightarrow Fe(III) + SO_4^{\cdot-} + SO_4^{2-} \tag{6.2}$$

$$SO_4^{\cdot-} + H_2O \longrightarrow \cdot OH + H^+ + SO_4^{2-} \tag{6.3}$$

$$SO_4^{\cdot-} + OH^- \longrightarrow \cdot OH + SO_4^{2-} \tag{6.4}$$

$$Fe(II) + O_2 \longrightarrow Fe(III) + O_2^{\cdot -} \tag{6.5}$$

MIL 的性能除了与催化剂的比表面积有关外，还与其提供的 CUS 有关。CUS 的存在不仅可以促进 MOFs 与客体分子（气体或液体）之间的相互作用，还可以促进 MOFs 与其他物质之间的氧化还原反应[43]。值得注意的是，Fe(Ⅱ)/Fe(Ⅲ) CUS 是交替的活性位点，真空活化会导致 Fe(Ⅱ)/Fe(Ⅲ)的相对比例发生变化。此外，大量可溶性 Fe(Ⅱ)与 PMS/PDS 反应生成$SO_4^{\cdot -}$，但过量 Fe(Ⅱ)可能会与$SO_4^{\cdot -}$进一步反应生成 Fe(Ⅲ)，导致活性位点没有被充分利用，从而降低 MIL 的催化性能。因此，Pu 等[44]通过在不同真空化学活化条件下处理 MIL-53(Fe)，研究了温度和加热时间对 Fe(Ⅱ)/Fe(Ⅲ) CUS 相对含量的影响，以及 CUS 对其降解性能的影响。结果表明，高温能促进 Fe(Ⅱ) CUS 的形成，但延长加热时间并不能进一步增加其含量。当 Fe(Ⅱ)/Fe(Ⅲ) CUS 的比值为 1.76 时，所制备的 MIL-53(Fe)的比表面积和孔径最大，催化剂表现出最佳的催化活性。MIL-53(Fe)激活 PDS 的可能机理分为两部分：一部分是来自催化剂表面活性位点和由 Fe(Ⅱ)/Fe(Ⅲ) CUS 诱导的多相催化；另一部分是由微量溶解的 Fe(Ⅱ)和 Fe(Ⅲ)引发的辅助均相反应。一年后，该课题组在一系列不同温度和合成时间下制备了 MIL-53(Fe)，并用于激活 PDS 去降解橙黄 G（OG）[45]。实验结果表明，合成温度会影响 MIL-53(Fe)的结晶度和催化活性，而合成时间会改变 MIL-53(Fe)的形态。随着合成时间的延长，MIL-53(Fe)的形态从八面体晶体转变为不规则、坍塌状的晶体，这严重影响了催化材料的性能。同时，通过调节溶液初始 pH 可以改变 MIL-53(Fe)表面上 Fe 物种的活性催化位点，进而改变产生的自由基的数量，这对 OG 降解有很大影响。

上述结果表明，高比例的 Fe(Ⅱ)-MOFs 的合成可以有效提高催化剂的活性。最近，Chi 等[46]在不同真空化学活化条件下对 Fe-MOFs 进行处理，生成 Fe(Ⅱ)-MOFs-x 材料以激活 PDS 降解邻苯二甲酸二丁酯（DBP），并深入研究了 Fe(Ⅱ)-MOFs 对 PDS 的活化过程。实验结果表明，活化过程没有改变 MOFs 的中心金属原子的状态。同时，他们还指出高比例的 Fe(Ⅱ) CUS 增强了 MOFs 的活化能力，这主要是因为 Fe(Ⅱ)的亚稳态电子层具有易失电子的特性[47]，形成加速电子转移的内动力，从而增强 CUS 捕获和转移的能力。众所周知，传统的亚铁盐前驱体在水热条件下很容易被氧化为 Fe(Ⅲ)并水解为 Fe_2O_3[48]。为了制备高比例的 Fe(Ⅱ)-MOFs，Pu 等[49]使用了三种不同的有机配体{$[Fe(Cp)(CO)_2]_2$、Fe(PyBDC)和 Fe(PIP)}合成 Fe(Ⅱ)-MOFs 并用于降解磺胺甲噁唑（SMX）。所制备的三种催化剂都具有较高的 SMX 降解效率（都超过 97%）。此外，还指出 PMS 的活化主要归因于非均相过程，其中表面结合的 Fe(Ⅱ)作为主要活性位点并为 PMS 或溶解氧提供电子。

近年来，由于原始的 MOFs 表现出优异的光催化性能，以 MOFs 为催化剂的光催化和 PMS/PDS 的强大结合已被广泛应用于有机污染物的降解，并取得了许多重要成果。由于铁氧体（Fe-O）的存在，MIL 系列在可见光照射下表现出良好的光化学反应特性[50]。最近的一些研究表明，MOFs与PMS/PDS系统的组合在可见光照射下表现出协同作用。Gao等通过简便的溶剂热法成功合成MIL-53(Fe)，在MIL-53(Fe)/PDS/可见光体系中，AO_7的降解性能明显高于MIL-53(Fe)/可见光体系[51]，这是因为引入的PDS可以抑制电荷载流子复合，从而促进光生电子（e^-）激活PDS产生自由基，进而提高AO_7的降解效率。类似地，MIL-53(Fe)被合成以激活PMS并在可见光照射下降解罗丹明B（RhB）[52]。在可见光照射下，当PMS存在时，MIL-53(Fe)/可见光系统在20min内可以使RhB几乎完全脱色，这远高于其他系统的总和。机理分析表明，Fe-O簇中电子迁移产生的Fe^{2+}可以还原PMS和O_2以产生$SO_4^{\cdot-}$和$O_2^{\cdot-}$，从而加速e^-和光生空穴（h^+）的分离。另一种可见光响应的Fe-MOFs（MIL-88A）被成功合成并作为PDS活化的多相催化剂，在可见光照射下降解盐酸四环素（TC-HCl）[53]。光催化和PDS的结合可以显著提高可见光照射下TC-HCl的降解效率。捕获实验和电子顺磁共振（EPR）测试结果表明，MIL-88A导带（CB）上的e^-和MIL-88A中的Fe(III)反应会产生$SO_4^{\cdot-}$，而PDS作为电子受体可以抑制h^+和e^-的复合，因此在MIL-88A/PDS/可见光系统中，TC-HCl的降解速率显著提高。

尽管如此，在SR-AOPs过程中，由于自由基可以攻击任何有机物质，利用MOFs从中选择性去除一些小分子靶向污染物仍然具有挑战性[54]。为了解决上述问题，Li等[55]使用表面分子印迹法制备了MIL100分子印迹催化剂（MIL100-MIP），用于降解复杂废水中的邻苯二甲酸二乙酯（DEP）。与MIL100催化剂相比，MIL100-MIP可以大大提高催化体系的催化效率，这主要归功于其对DEP的精确吸附。催化剂表面DEP浓度的增加可以提高自由基与污染物之间的接触效率，从而提高其催化性能。该方法成本低廉，对难降解有机污染物的去除率较高。

6.1.2　ZIF系列活化过硫酸盐的应用

ZIF作为MOFs材料的其他典型代表，主要由四面体配位阳离子（如Co^{2+}、Zn^{2+}、Cu^{2+}和B^{3+}）与咪唑盐（Im）桥接而成[55, 56]。与其他类型MOFs相比，ZIF在结构拓扑和配位因子方面表现出丰富的沸石化学性质，并具有优异热稳定性和化学稳定性[57-60]。在ZIF/PMS或PDS系统中，ZIF中的金属离子（Co^{2+}、Cu^{2+}和Zn^{2+}等）作为活性位点来与PMS/PDS反应生成自由基。其中，ZIF-8(Zn)和ZIF-67(Co)是两种典型ZIF材料，并在ZIF系列中得到了广泛的研究和应用。

众所周知，过渡金属可以有效活化PMS/PDS以降解有机污染物。其中，Co被证明是最有效的激活PMS/PDS的过渡金属。因此，在2013年，Hou等报道了原始MOFs作为一种新型催化剂用于SR-AOPs降解有机污染物的开创性工作[61]。通过水热法合成了一种一维Co(Ⅱ)配位聚合物$[CoCl_2(bbm)_2]_n\cdot(DMF)_n$以激活PDS，其实现了对刚果红（CR）的高效降解。同年，Cui 的研究小组合成了两种基于5, 6-二甲基苯并咪唑和 H_2nip 配体的 Co(Ⅱ)配位聚合物，用作激活 PDS 降解甲基橙（MO）的催化剂[62]。这两种 Co(Ⅱ)配位聚合物对 MO 的降解都显示出很高的催化活性。而后，Lin 和 Chang[63]在 2015 年报道了第一个将 MOFs 用作新型催化剂以激活 PMS 降解有机污染物的例子：将 ZIF-67 用于降解 RhB。值得一提的是，ZIF-67 的合成条件简单且温和，可以在环境条件下快速合成，无须使用有毒溶剂。结果表明，ZIF-67 的催化性能优于传统 Co_3O_4 纳米粒子（NPs），这归因于其大的比表面积。此外，他们发现该催化剂具有较高的循环稳定性，经过 3 次循环后降解效率仍可保持原始效率的 90%以上。在 RhB 的降解过程中，Co 离子作为活性位点与 HSO_5^- 反应产生 $SO_4^{\cdot-}$ 和·OH [式（6.6）～式（6.9）][64]。需要注意的是，$CoOH^+$ 的形成也可以激活 PMS 产生自由基[式（6.10）][65]。最终生成的 $SO_4^{\cdot-}$ 和·OH 具有很强的氧化性能，可以将 RhB 转化为中间体甚至是 CO_2 和 H_2O。

$$Co^{2+} + HSO_5^- \longrightarrow Co^{3+} + SO_4^{\cdot-} + OH^- \quad (6.6)$$

$$SO_4^{\cdot-} + OH^- \longrightarrow \cdot OH + SO_4^{2-} \quad (6.7)$$

$$Co^{3+} + HSO_5^- \longrightarrow Co^{2+} + SO_5^{\cdot-} + H^+ \quad (6.8)$$

$$HSO_5^- + H_2O \longrightarrow \cdot OH + SO_4^{2-} + H^+ \quad (6.9)$$

$$CoOH^+ + HSO_5^- \longrightarrow CoO^+ + SO_4^{\cdot-} + H_2O \quad (6.10)$$

考虑到 ZIF 拥有不同的拓扑结构，且溶剂在多孔材料的合成中发挥了重要作用，目前大多数使用溶剂热法来制备 MOFs，需要的合成过程并不环保，且从工业角度来看，也远远不能提供可接受的工业条件[66, 67]。此外，用溶剂法合成 MOFs 常常会使用有机溶剂，为了有效地合成具有催化性能的 ZIF 材料，Li 等[68]分别使用三乙胺[$(C_2H_5)_3N$]和 DMF 作为溶剂来合成 Co-BTC(A)和 Co-BTC(B)。这两种 ZIF 对 DBP 降解的差异是由粒径引起的，当将 Co-BTC(B)纳米粒子加入溶液中时，会瞬间产生大量自由基，导致自由基的自清除并降低了 DBP 的降解效率。在这项研究中，还有一个关键发现是在反应溶液的初始 pH 为 2.75 的情况下，反应后 Co(Ⅱ)的相对含量会减少，这表明一定量的 Co(Ⅱ)浸出到溶液中并参与了催化剂的氧化反应。这一结论也得到了浸出实验的论证，其中浸出的 Co 离子对 DBP 的降解显示出相当高的活性。这些结果表明该系统同样涉及均相反应。Co(Ⅱ)作为嵌入骨架中的活性位点经过单电子转换并激活 PMS 以生成 $SO_4^{\cdot-}$。除此以外，Cong 等[69]分别选择 ZIF-9（具有立方体中的 SOD 拓扑和空间结构）和 ZIF-12（具有菱形十二面体中的 RHO 拓扑和空间结构）作为催化剂降解 RhB。降解实验表明，ZIF-9 在开始时表现出更好的降解效率，在 5min 内 ZIF-9 和 ZIF-12 对 RhB 的降解效率分别为 54.8%和 27.7%，这是因为纳米级的 ZIF-9 与 PMS 的接触更紧密，因此性能较好。但随着反应时间的延长，ZIF-12 的降解效率逐渐赶上 ZIF-9，这是由于 RHO 型 ZIF-12 具有更大的微孔体积和更大的比表面积，更多的 PMS 会随着时间的推移扩散到骨架/孔中，从而有效地提高了其降解性能。上述实验都很好地证明了催化剂的性能与粒径、结构拓扑和笼尺寸密切相关。

6.1.3　双金属基 MOFs 活化过硫酸盐的应用

一般，MOFs 的活性金属中心是其具有催化活性的主要原因。具有多个金属中心的 MOFs 可能比具有孤立金属中心的 MOFs 表现出更好的催化性能。因此，在原始 MOFs 的基础上引入或掺杂一个或多个金属中心受到越来越多的关注，因为这种结合可以增强它们的特殊活性[70, 71]。而一般情况下，掺杂在金属节点的金属会引起单体 MOFs 的形态变化。例如，Yu 等[72]通过一锅溶剂热法制备了 Mn 掺杂的 MIL-53(Fe)，并用于 PMS 活化以降解四环素（TC）。通过 SEM 分析合成样品的形态结构如图 6.1（a）所示，MIL-53(Fe)颗粒呈规则的六棱锥状，尺寸均匀。从图 6.1（b）可以看出，Mn^{2+}的加入明显影响了 MIL-53(Fe)的形态结构。图 6.1（b）显示 Mn-MIL-53(Fe)-0.3 的形貌呈现双锥六棱柱状，并具有锋利的边缘和光滑的表面结构。图 6.1（c）显示了 Mn-MIL-53(Fe)/PMS 系统对 TC 降解的催化性能和动力学行为。结果表明，在 MIL-53(Fe)/PMS 体系中，60min 内 TC 的降解效率达到 43.1%，而在 Mn-MIL-53(Fe)-0.5/PMS 和 Mn-MIL-53(Fe)-0.3/PMS 体系中，TC 的降解效率分别为 89.8%和 93.2%。此外，Mn-MIL-53(Fe)-3/PMS 体系对 TC 的降解效率下降到 76.6%，在 Mn-MIL-53(Fe)-2/PMS 体系中的降解效率下降到 83.5%。并且在只有 PMS 的对照实验中，TC 的降解效率为 26.1%。相应地，图 6.1（d）显示，TC 的一阶动力学常数（k_{obs}）从 $0.0042min^{-1}$（只有 PMS）增加到 $0.0428min^{-1}$ [Mn-MIL-53(Fe)-0.3/PMS]。而 MIL-53(Fe)、Mn-MIL-53(Fe)-3、Mn-MIL-53(Fe)-2、Mn-MIL-53(Fe)-1 和 Mn-MIL-53(Fe)-0.5 的 k_{obs} 值分别为 $0.0128min^{-1}$、$0.0265min^{-1}$、$0.0308min^{-1}$、$0.0331min^{-1}$ 和 $0.0381min^{-1}$。根据比表面积（BET）分析，Mn-MIL-53(Fe)-0.3 具有较大的比表面积，这有利于被吸附的 TC 分子与活性位点接触。此外，更大的比表面积可以为 PMS 的活化提供更多的活性位点，从而提高其催化性能。Mn-MIL-53(Fe)激活 PMS 产生自由基的可能机理描述如下：首先，催化剂上的 Fe(Ⅱ)和 Mn(Ⅱ)位点通过向 PMS 提供电子而生成 $SO_4^{\cdot-}$ 和 HO^-，而 Fe(Ⅱ)和 Mn(Ⅱ)则在失去电子后分别转化为 Fe(Ⅲ)和 Mn(Ⅲ)。然后，Mn(Ⅲ)和 Fe(Ⅲ)位点在获得电子后，又重新分别转变为 Mn(Ⅱ)和 Fe(Ⅱ)，这就形成了 Mn 和 Fe 之间价态变化的循环。最后，生成的 $SO_4^{\cdot-}$ 和·OH 自由基可有效降解 TC 分子。Mn-MIL-53(Fe)的催化性能优于 MIL-53(Fe)，这可能是由于 Mn 和 Fe 之间可能具有协同效应[73]。此外，由于 Mn 和 Fe 之间发生氧化还原反应，可以提高电子转移速率，从而促进了 $SO_4^{\cdot-}$ 和·OH 的产生。这两方面都提高了催化剂的降解效率和可重复使用性。可能的机理如图 6.1（e）所示。此外，Fang 和他的同事报道了一种双金属 Fe/Ti-MOFs-NH_2 用于去

除 AO_7 的方法[74]。由于 Ti^{3+} 的存在增加了·OH 的形成，降解效率可以显著提高。他们的研究还显示当 Fe/Ti（摩尔比）= 3∶1 时，Fe/Ti-MOFs-NH_2 表现出最高的活性。这种效率可以归因于 Fe-MOFs-NH_2 和 Ti-MOFs-NH_2 之间的协同效应：MOFs 提供的 Fe^{3+}/Fe^{2+} 氧化还原循环可以激活 PDS 产生 $SO_4^{\cdot-}$，而 Ti^{4+}/Ti^{3+} 可以促进·OH 的形成。

虽然 MOFs 在许多催化反应中表现出优异的潜力，但合成特定的、均匀尺寸的 MOFs 纳米粒子仍然是一个巨大的挑战。因此，Yao 等开发了一种温和有效的超声辅助合成方法来制备 ZIF-8、ZIF-67 和 Co/ZIF-8，其颗粒大小和形态设计良好[75]。通过调整掺入异质金属 Co 的含量，ZIF-8 的结构实现了从 35nm 到超过 300nm 的可调控的颗粒尺寸，这是由 Zn-ZIFs 和 Co-ZIFs 的成核和生长速度不同造成的。令人惊奇的是，这种双金属 Zn/Co-ZIFs 显示出层次分明的多孔结构，其物理化学性质得到改变，导致 N_2 等温吸附-解吸特性的改变。此外，当作为异质催化剂使用时，Co 掺杂的双金属 ZIF-8 在有机染料降解中激活 PMS 的催化性能较纯 ZIF-8 有所提升，且与单金属 ZIF-67 相比，其结构稳定性也很好。这项工作为可预测地设计和控制制造具有理想结构和成分的双金属 MOFs 纳米结构提供了一种新的策略。

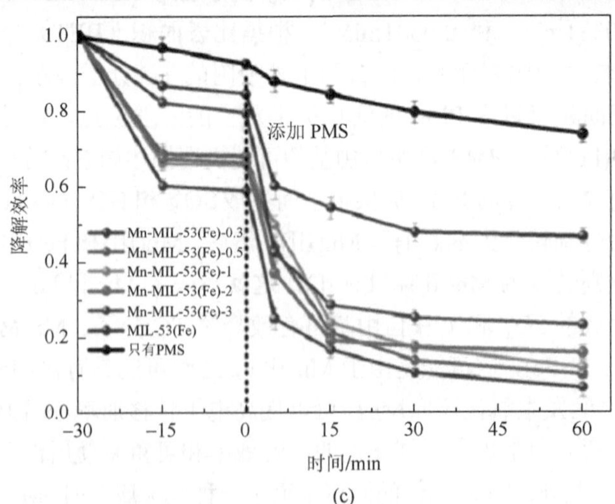

(c)

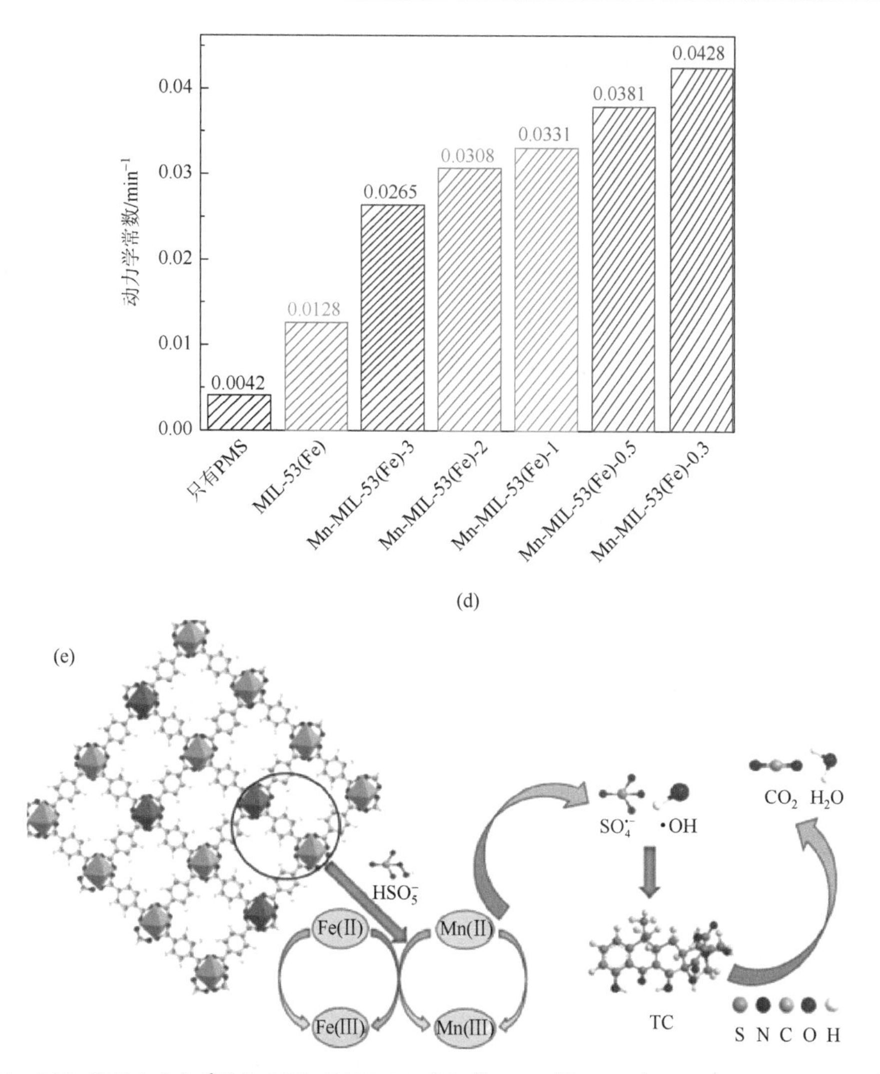

图 6.1　MIL-53(Fe)（a）和 Mn-MIL-53(Fe)-0.3（b）的 SEM 图；TC 在 Mn-MIL-53(Fe)/PMS 系统中的降解效率（c）和动力学常数（d），实验条件：催化剂用量为 0.2g/L，初始 TC 浓度为 30mg/L，PMS 浓度为 0.3g/L；（e）Mn-MIL-53(Fe)/PMS 系统降解 TC 的可能反应机理[72]

上述实验中，在 MOFs/PMS 系统降解污染物的过程中，都只涉及简单的自由基过程，但实际上，降解机理中也时常会涉及非自由基的过程。最近，Liu 等在降解机理方面的研究取得了一定的进展。通过简单的一步溶剂热法合成了 Co 掺杂的 MIL-53(Al)，并用它来活化 PMS 以去除水中的 TC[76]。在 25% Co-MIL-53(Al)/PMS 体系催化降解 TC 的过程中，MIL-53(Al)的孔隙不仅是 Co 与 PMS 活化的附着点，也为 TC 分子和活性物质之间的接触提供了良好的活性位点。从图 6.2（a）和（b）可以看出，Co-MIL-53(Al)/PMS 的降解效率和 k_{obs} 都得到了显著的提升。系统整个降解机理过程可分为两部分[图 6.2（c）]：第一个是金属离子激活 PMS 生成自由基的传统过程；第二个是非自由基氧化过程。PMS 中的 $SO_5^{\cdot-}$ 可以成对反应生成 $S_2O_8^{2-}$ 和单线态氧（$^1O_2$）[式（6.11）][77]。SO_5^{2-} 和 HSO_5^- 反应形成 $^1O_2$[式（6.12）]。最终，由此产生的 $SO_4^{\cdot-}$ 自由基和 $^1O_2$ 非自由基将 TC 降解。

$$SO_5^{\cdot-} + SO_5^{\cdot-} \longrightarrow S_2O_8^{2-} + {}^1O_2 \tag{6.11}$$

$$SO_5^{2-} + HSO_5^- \longrightarrow HSO_4^{2-} + {}^1O_2 \tag{6.12}$$

表 6.1 总结了目前单体 MOFs 催化剂活化 PMS/PDS 以降解有机污染物的研究进展。结果表明，与其他金属基 MOFs 相比，Co 基 MOFs（即 ZIF）对 PMS 的

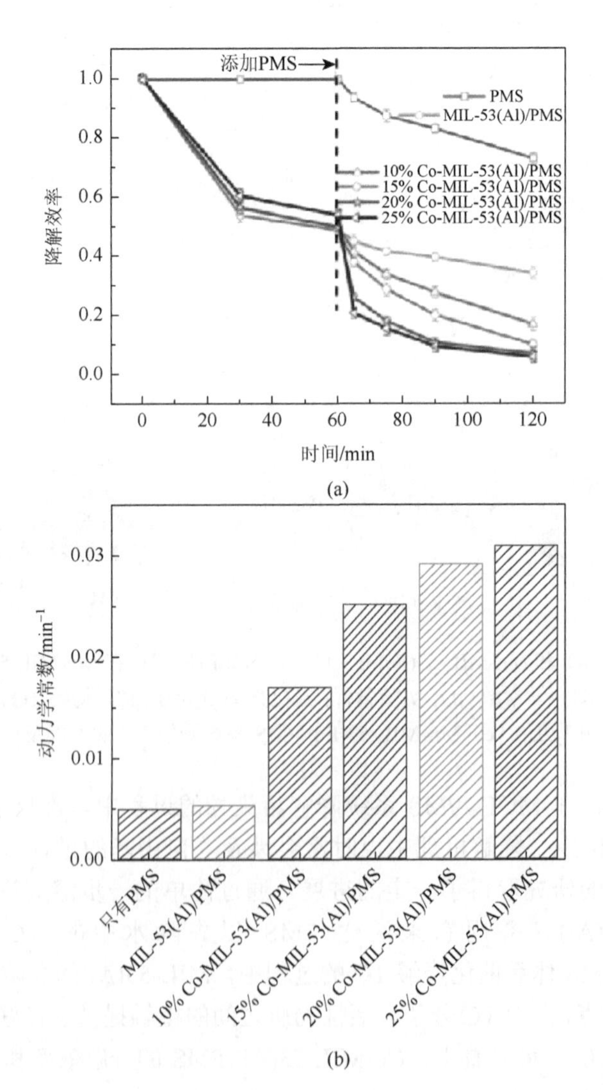

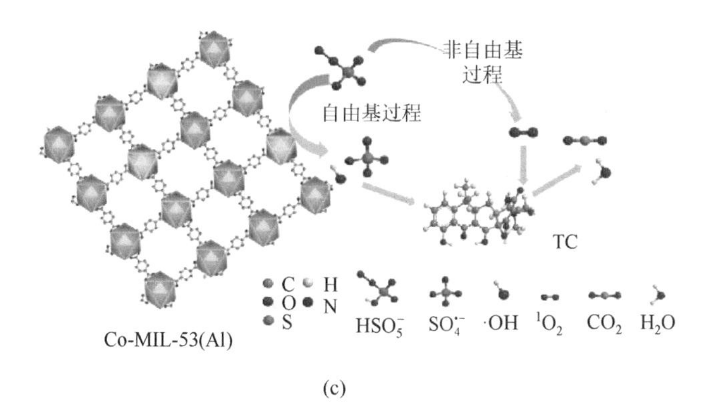

(c)

图 6.2　不同催化剂下的 TC 降解效率（a）和动力学常数（b），实验条件：[催化剂] = 0.2g/L，[PMS] = 0.3g/L，[TC] = 30mg/L，温度为 298K；（c）Co-MIL-53(Al)/PMS 体系中 TC 降解的可能反应机理[76]

活化具有最佳催化能力，但是PMS/PDS的强氧化会攻击有机配体，破坏原始MOFs的结构，从而导致原始 MOFs 在 SR-AOPs 过程中表现出不稳定性。此外，现有的研究主要集中在 Fe 基或 Co 基 MOFs 上，然而其他 MOFs 也应该被进一步研究，特别是双金属或多金属系统，因为它们有可能从协同效应中获益。因此，在 SR-AOPs 中，还需要进一步研究具有更高的化学、热和机械稳定性及高催化性能的原始 MOFs。

表 6.1　单体 MOFs 材料作为 PMS/PDS 活化的催化剂

催化剂	污染物	反应条件	额外条件	去除率/%	反应时间/min	参考文献
MIL-88A	RhB	[RhB] = 10mg/L；[MOFs] = 0.5g/L；[PDS] = 200mg/L；T = 40℃		80	120	[78]
MIL-53(Fe)	OG	[OG] = 0.2×10^{-3}mol/L；[MOFs] = 1g/L；[PDS] = 32×10^{-3}mol/L；T = 25℃		98	120	[44]
MIL-101(Fe)＞MIL-100(Fe)＞MIL-53(Fe)＞MIL-88B(Fe)	AO_7	[AO_7] = 80mg/L；[MOFs] = 0.2g/L；[PDS] = 15mmol/L；T = 25℃；pH = 6.16		97	240	[42]
Fe(Ⅱ) MOFs	DBP	[DBP] = 0.018mmol/L；[MOFs] = 0.4g/L；[PDS] = 2.7mmol/L；T = 25℃		86.73	60	[46]
Fe(Ⅱ) MOFs	SMX	[SMX] = 0.04mmol/L；[MOFs] = 0.5g/L；[PDS] = 2mmol/L；T = 30℃		99	180	[49]
MIL-53(Fe)	AO_7	[AO_7] = 0.05×10^{-3}mol/L；[MOFs] = 0.6g/L；[PDS] = 2.0×10^{-3}mol/L；T = 25℃；pH = 6.0	可见光	100	90	[51]
ZIF-67	RhB	[RhB] = 50mg/L；[MOFs] = 50mg/L；[PMS] = 150mg/L；T = 20℃		80	60	[63]

续表

催化剂	污染物	反应条件	额外条件	去除率/%	反应时间/min	参考文献
ZIF-12 ZIF-9	RhB	[RhB] = 50mg/L；[MOFs] = 100mg/L；[PMS] = 150mg/L；T = 25℃		90.7 92.7	35	[69]
MIL-53(Fe)	OG	[OG] = 0.2×10^{-3}mol/L；[MOFs] = 1g/L；[PDS] = 32×10^{-3}mol/L；T = 25℃		98	120	[44]
NH_2-MIL-101(Fe)	Amaranth（AMR）	[AMR] = 50mg/L；[MOFs] = 100mg/L；[PMS] = 200mg/L；T = 40℃		100	30	[79]
Fe/Ti-MOFs-NH_2	Orange II	[Orange II] = 50mg/L；[MOFs] = 100mg/L；[PDS] = 14×10^{-3}mol/L；pH = 5.0	可见光	100	10	[74]
Mn-MIL-53(Fe)	TC	[TC] = 30mg/L；[MOFs] = 0.2g/L；[PMS] = 0.3g/L；T = 25℃		93.2	60	[72]
Cu-MIL-101(Fe) Co-MIL-101(Fe)	AO_7	[AO_7] = 0.1mmol/L；[MOFs] = 0.3g/L；[PDS] = 8.0mmol/L；T = 25℃		92 98	150	[80]
Co-MIL-53(Al)	TC	[TC] = 30mg/L；[MOFs] = 0.2g/L；[PMS] = 0.3g/L；T = 25℃		94	60	[76]

6.2　MOFs 复合材料活化过硫酸盐去除水体中污染物

由于单体 MOFs 有限的活性位点和较差的稳定性，其应用于 SR-AOPs 的性能不尽如人意。此外，ZIF 在水中的稳定性通常相对较低，特别是在长期运行中，限制了它们在实际应用中的发展。目前的改性主要集中在 MOFs 与其他具有高比表面积和热稳定性的催化剂结合以增强催化性能和稳定性。本节着重介绍基于 MOFs 基复合材料的研究进展及其在 SR-AOPs 中的应用。

6.2.1　金属氧化物修饰型 MOFs 的应用

氧化锰由于对生态系统友好，在地球上含量丰富，并且在 +2 价、+3 价和 +4 价之间具有氧化-还原循环而在异质催化剂领域受到广泛关注[81]。因此，Hu 等[82]通过溶剂热法成功制备了环境友好型复合材料 Mn_3O_4/ZIF-8。利用合成的 Mn_3O_4/ZIF-8 催化剂降解目标污染物 RhB，并对其催化效率和协同机理进行了评估。当 Mn_3O_4 和 ZIF-8 质量比为 0.5∶1 时，所制备的复合材料表现出最高的催化活性，在 40min 内 RhB 的去除率为 98%，远远高于 Mn_3O_4 的活性。由于 Mn 和 Zn 在体系中的协同作用，Mn_3O_4/ZIF-8 显示了对 PMS 的高效活化。Mn_3O_4/ZIF-8 中的 Mn_2O_3 和 Mn_3O_4 可以激活 PMS，生成 $SO_4^{\cdot-}$ 和 ·OH 。

除此之外，Ai 等通过简单的原位生长法成功制备了 ZIF 支撑的 PBAs 材料

（PBA-ZIF8）[83]。在 PBA-ZIF8/PMS 系统中，30min 内 RhB 的降解效率高达 97.5%。根据可重复使用实验和 Co 浸出的测定结果可知，PBA-ZIF8 复合材料具有优异的催化活性和高可回收性。结果表明，经过 5 次实验后，RhB 降解效率仍可接近 89%，5 次循环后总 Co 浸出浓度仅为 0.124mg/L。机理分析表明，$SO_4^{\cdot-}$ 由 PMS 与 PBA-ZIF8 表面上的 Co(Ⅱ)和 Fe(Ⅱ)物种偶联产生，且在整个反应过程中对 RhB 的降解起主导作用。此外，还有相关研究通过溶剂热法合成了一种类似的 MOFs 负载型复合材料，即 $CoFe_2O_4$/ZIF-8，用于非均相激活 PMS 降解亚甲基蓝（MB）[84]，其同样显示出较高的降解性能及可循环使用性。

催化剂的回收利用是多相催化的重要标准之一[85]。然而，高度分散的 MOFs 催化剂悬浮在分散介质中而没有沉淀，使其难以从应用系统中分离回收。因此，迫切需要开发易于从溶液中分离的高效催化剂。目前，设计以磁性粒子为核、MOFs 为壳的新型核壳结构被认为是可行的解决方案。Zeng 等[86]首次通过一锅热法制造了一种核壳结构纳米反应器（Co_3O_4@MOFs）。其中，Co 浸出的电感耦合等离子体质谱（ICP-MS）测量可以确定 MOFs 作为所制备催化剂的保护壳，可以保护 Co_3O_4 核免受侵蚀。此外，所制备的纳米复合材料在 Co_3O_4 核和 MOFs 外壳之间含有一个空腔，其可以作为一个良好的 PMS 活化结构。使用 Co_3O_4@MOFs 作为催化剂，在 60min 内，对氯苯酚（4-CP）的去除率接近 100%，而单独使用 Co_3O_4/PMS 时，其对 4-CP 的去除率仅为 59.6%。Co_3O_4@MOFs/PMS 比 Co_3O_4@MOFs 具有更高的催化活性和稳定性，这可以归因于以下几点：首先，MOFs 外壳的高纳米孔隙率和开孔网络使 PMS 和 4-CP 分子快速扩散，随后进入或离开纳米反应器。其次，MOFs 外壳的有机单元通过 π-π 相互作用为系统中 4-CP 的富集提供了特定的吸附作用，从而使反应物在纳米反应器内得到富集。最后，封装结构促进了 Co_3O_4 在有限腔体中稳定地激活 PMS。因此，由 MOFs 和金属氧化物合成的特殊结构在 SR-AOPs 中具有广阔的应用前景。此外，Fe_3O_4 纳米粒子因其良好的磁性和对环境的低毒性而被广泛用作核心[87]。一项类似的研究表明，通过 Fe_3O_4@MIL-101(Fe) 激活 PDS 可以降解 AO_7[88]。虽然核壳 MOFs 复合材料可以在内部空间中富集 PMS/PDS 和污染物以刺激限制效应，然而，结构依赖性的深度机理还需在以后研究中进一步探索。

最近，Wu 等[89]设计并成功合成了一种核壳 MOFs 封装的 Fe_3O_4 磁性纳米粒子（Fe_3O_4@Zn/Co-ZIFs）以激活 PMS 降解卡马西平（CBZ）。在 Fe_3O_4@Zn/Co-ZIFs/PMS 系统中，实现了对 CBZ 的完全去除，而单独使用 Fe_3O_4@Zn/Co-ZIFs 和 PMS，在 30min 内只能分别去除 5%和 7%的 CBZ。此外，他们还测定了不同工艺过程中 Co 离子的浸出浓度。结果表明，Fe_3O_4@Zn/Co-ZIFs/PMS 系统在反应 30min 后，Co 离子浸出浓度仅为 0.067mg/L，远低于 ZIF-67/PMS（0.196mg/L）和 Fe_3O_4@Zn/Co-ZIFs（0.185mg/L）。此外，强相互作用在提高复合材料的催化活性方面发挥了重要作用，这归因于 Fe_3O_4 和 Zn/Co-ZIFs 之间的电子转移，导致 Co^{3+} 和 Co^{2+} 之间有效的氧化还原循环。此外，Zn/Co-ZIFs 作为催化剂的壳，具有较大的比表面积和较高的孔隙率，有利于污染物的吸附，从而更有效地降解污染物。

6.2.2 非金属材料修饰型 MOFs 的应用

尽管 MOFs 和基于 MOFs 的纳米反应器是 SR-AOPs 的有效催化剂，但管道堵塞和回收问题在很大程度上阻碍了粉状 MOFs 材料的实际应用。静电纺丝技术可以通过将纳米粒子负载在纤维上有效解决催化剂回收率低的问题[90]。使用纳米纤维作为载体有以下优点：①较好的电纺性和稳定性，这有利于其生产并且可用于多种情况[91]；②高比表面积增强催化剂的暴露程度，进而提高催化性能[91]。因此，Wang 等[92]通过静电纺丝技术成功合成 ZIF-67/聚丙烯腈（PAN）复合物并用于酸性黄 17（AY）、TC 和双酚 A（BPA）的降解。ZIF-67/PAN/PMS 在 10min 内去除了大约 95.1%的 AY（500mg/L），远高于单独使用 PAN（<10%）时的降解效果。有趣的是，合成的 ZIF-67/PAN 复合纳米纤维具有灵活的一维纳米结构，不仅有利于催化剂与溶液分离，而且还保持较高的催化稳定性。这种可重复使用、灵活且高效的催化膜显示出工业应用的巨大前景。此外，同一研究小组采用类似的静电纺丝策略来制造蜘蛛网状 Fe-Co PBA/PAN（FCPBA/PAN）纳米纤维，应用于 SR-AOPs 中[89]。虽然这种改性后的材料可以减轻粉状 MOFs 的易聚集性和回收率差的问题，但是其对 BPA 的降解效果并不令人满意，其在 240min 内仅去除了 67%的 BPA（反应条件：500mg/L PMS 和 233mg/L FCPBA/PAN，初始 pH 为 2.8）。与柔性 ZIF-67/PAN 复合纳米纤维相比，这种蜘蛛网状 MOFs 基复合材料的催化能力要低得多。但总体来讲，这些可重复使用且灵活的 MOFs 基复合材料在实际工业应用中显示出巨大的潜力。

除此之外，类似的 MOFs 负载聚合物已被报道用于 SR-AOPs，包括异形体[93]和聚合物[94]。纤维素气凝胶因具有比表面积大、制备简单、成本低等优点，在作为支撑基材料方面显示出巨大的应用前景，而且它可以很容易地从悬浮体系中去除，实现催化剂的分离和再利用[95]。因此，Ren 等[93]通过原位合成法制备了不同尺寸和形态的 MOFs（ZIF-9、ZIF-12）@纤维素气凝胶。这些 MOFs@纤维素气凝胶/PMS 体系对包括 RhB、TC 和对硝基苯酚（*p*-NP）在内的有机污染物均表现出优异的降解性能。他们还通过 EPR 和自由基清除实验研究了潜在机理，实验结果证实在降解污染物过程中 $SO_4^{\cdot-}$ 是主要的活性物质。后来，Wu 和同事报道了 ZIF-67 负载会在宏观树脂上形成复合物（ZIF@R）[94]。在去除 RhB 过程中，ZIF@R 表现出高性能，20min 可以实现 RhB 的完全降解。此外，还研究了复合物剂量、氧化剂剂量和温度的影响[94]。实验结果表明脱色动力学在更高的剂量和温度下显著增强。

目前，MOFs/气凝胶复合材料一般通过直接混合法和原位 MOFs 合成法制备[96]。与 MOFs 的原位生长相比，直接混合法更容易操作，且 MOFs 的装载量更易于控制。因此，我们的团队使用直接混合法制备了 MIL-88B(Fe)/明胶气凝胶（GA）复合材料（MGA-*x*），其合成过程如图 6.3（a）所示[97]。如图 6.3（b）所示，纯 GA 显示出相互连接的三维网状结构和光滑的孔壁。负载的 MIL-88B(Fe)［图 6.3（c）］表现出均匀的六角形微纺锤形晶体，长度约为 700nm，宽度约为 120nm。从图 6.3（d）可以看出，MIL-88B(Fe)纳米粒子均匀地锚定在 GA 的孔壁上，并且紧密地排列在一起。将 MIL-88B(Fe)装入气凝胶后，气凝胶的多孔结构保持不变，但其孔壁不再光滑。部分 MIL-88B(Fe)纳米粒子被包裹在气凝胶壁内，而其他粒子则堆积在 MGA-150 的表面。SEM 结果显示了 MIL-88B(Fe)在 GA 上的固定化。图 6.3（e）显示了不同系统中诺氟沙星（NOR）的降解效率。纯 GA 底物的降解效率不到 13.9%。在单独的 PDS 系统中，NOR 的降解效率为 7.0%，而 GA/PDS 系统只有 21.2%，表明纯 GA 对 PDS 的催化活性很差。也就是说，GA 和 PDS 之间没有协同作用，而是纯粹的累积作用。在 MGA-150/PDS 体系中，当吸附平衡后加入 PDS，观察到 NOR 的浓度迅速下降，30min 内其降解效率为 93.0%，90min 后，几乎所有的 NOR 都被降解了。MGA-150 显示了对 PDS 的出色激活能力，在降解过程中有效地降解了 NOR。图 6.3（f）显示了基于伪一阶动力学模型的降解速率常数（k_{obs}）。在 MGA-150/PDS 体系中，k_{obs} 为 0.0487min^{-1}，是 PDS 体系（0.0009min^{-1}）的 54 倍，是 GA/PDS 体系（0.0021min^{-1}）的 23.2 倍。

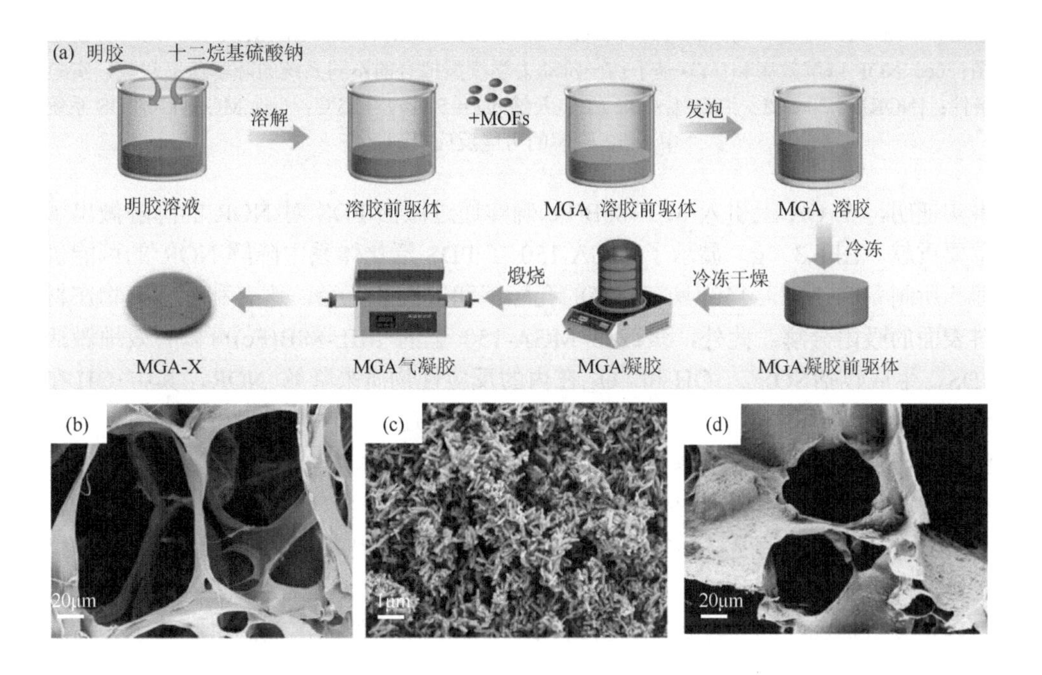

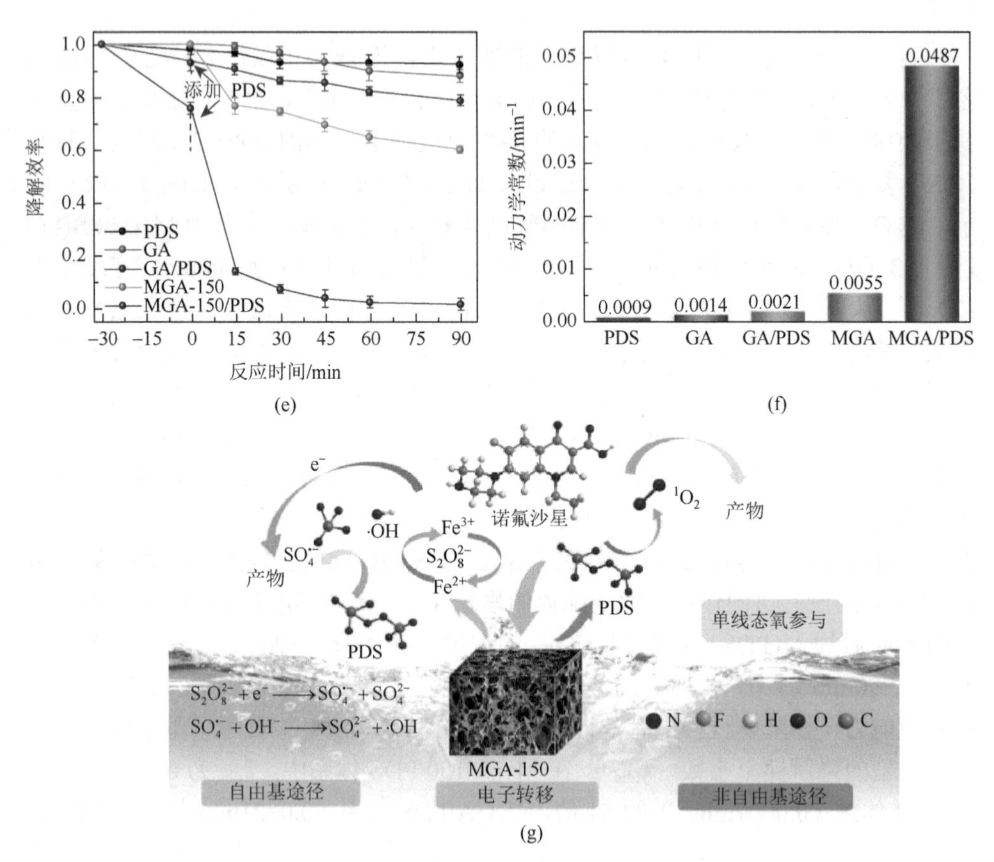

图 6.3　（a）MGA 复合物的制备过程；GA（b）、MIL-88B(Fe)（c）和 MGA-150（d）的 SEM 图；（e）NOR 降解效率和（f）基于伪一阶动力学模型拟合的不同系统的降解速率常数，实验条件：$[NOR]_0 = 20mg/L$，$[PDS]_0 = 0.3g/L$，天然 pH = 5.4，$T = 25℃$；（g）MGA-150/PDS 系统中 NOR 降解的可能反应机理[97]

事实证明，在 GA 上引入 MIL-88B(Fe)确实通过激活 PDS 对 NOR 的降解做出了重要贡献。图 6.3（g）显示了 MGA-150 在 PDS 活化体系中降解 NOR 的可能机理。所制备的 MGA-150 具有较高的孔隙率和较大的孔径，这有利于污染物在材料表面的吸附分解。此外，负载在 MGA-150 上的 MIL-88B(Fe)可以有效地激活 PDS，生成包括 $SO_4^{\cdot-}$、·OH 和 $^1O_2$ 在内的反应性物质来降解 NOR，其中·OH 在 NOR 的氧化降解中占主导。MGA-150 复合材料还可以作为电子传输介质，加速整个电子传输过程。自由基（$SO_4^{\cdot-}$ 和·OH）、非自由基（$^1O_2$）氧化和直接电子转移都参与了 NOR 的降解反应。

MOFs 与其他功能材料的复合物的形成可以有效提高 MOFs 的催化性能和稳定性。作为氧化还原介质，2-蒽醌磺酸盐（AQS）在降解过程中充当电子穿梭机，可以提高目标底物的去除效率。因此，Li 等[98]利用简便的溶剂热法制备了一种新的 AQS 修饰的 MOFs[AQS-NH-MIL-101(Fe)]并用于 BPA 的去除。该催化剂可以有效激活 PDS 来降解 BPA。MOFs 表面的 Fe 活性位点和 PDS 之间的相互作用可以产生·OH 、$SO_4^{\cdot-}$和$O_2^{\cdot-}$，其生成过程如式（6.1）～式（6.5）所示。AQS 通过可逆的氧化和还原反应加速了电子的转移。此外，AQS 也参与了一系列促进$SO_4^{\cdot-}$生成的反应，其生成过程如式（6.13）～式（6.18）所示，式中 Q 代表醌。

$$2Q + H_2O \longrightarrow 2SQ + 2H^+ \tag{6.13}$$

$$Q + O_2^{\cdot-} \longrightarrow SQ + O_2 \tag{6.14}$$

$$SQ + O_2^{\cdot-} \longrightarrow HQ + O_2 \tag{6.15}$$

$$Fe(III) + SQ \longrightarrow Fe(II) + Q + H^+ \tag{6.16}$$

$$Fe(III) + HQ \longrightarrow Fe(II) + SQ + H^+ \tag{6.17}$$

$$SQ + S_2O_8^{2-} \longrightarrow 2SO_4^{\cdot-} + Q \tag{6.18}$$

近年来，基于 MOFs 的异质结复合材料具有优异光催化性能，并且在 SR-AOPs 应用中引起了广泛关注。Gong 等[99]通过简单的水热法成功合成了由 g-C_3N_4 和 MIL-101(Fe)组成的异质结构复合材料，以探索在可见光照射下，g-C_3N_4/MIL-101(Fe)/PDS 的光催化性能。实验结果表明，g-C_3N_4/MIL-101(Fe)/PDS 系统显示出明显增强的 BPA 降解性能，其表观速率常数 k 约为 MIL-101(Fe)/PDS/可见光系统的 8.9 倍。由于 g-C_3N_4 和 MIL-101(Fe)之间的异质结构匹配良好且接触紧密，g-C_3N_4 的 CB 上的 e^-可以转移到 MIL-101(Fe)的 CB 上。此外，h^+倾向于从 MIL-101(Fe)的 VB 迁移到 g-C_3N_4 的 VB 上，从而有效促进电荷载流子的分离。e^-在 MIL-101(Fe)表面的积累加速了 Fe^{2+}对 PDS 的活化，导致$SO_4^{\cdot-}$的产生。另一方面，g-C_3N_4 表面的 e^-可以还原吸附在催化剂表面的 O_2，生成$O_2^{\cdot-}$。BPA 可以直接被生成的具有强氧化能力的$SO_4^{\cdot-}$、$O_2^{\cdot-}$和 h^+所降解。因此，g-C_3N_4 和 MIL-101(Fe)组成的复合材料具有优良的光催化性能，可用于降解污染物。除了二元催化剂的制备，三元催化剂也得到了广泛的研究。例如，采用“溶液混合-干燥”的方法制备了 Ag/AgCl@ZIF-8/g-C_3N_4（x-AZCN，其中 x 代表 Ag/AgCl@ZIF-8 与 g-C_3N_4 的质量比），在 60min 内降解了 87.3%的左氧氟沙星（LVFX）[100]。值得注意的是，他们比较了“研磨法”和“溶液混合-干燥法”对制备材料性能的影响后发现，“研磨法”制备的材料的降解性能远不如“溶液混合-干燥法”。这可能是由于 Ag/AgCl@ZIF-8 和 g-C_3N_4 混合不充分及研磨过程中 ZIF-8 结构的破坏。此外，由于复合材料中 AgCl、ZIF-8 和 g-C_3N_4 之间有多条电子转移路径，有效抑制了光生载流子的重组，有效提高了电子的利用率。同样，还有相关研究制备了 MOFs/氮化硼[101]及 MIL-53(Fe)/BiOCl 复合材料[102]作为在可见光照射下激活 PDS 的光催化剂，这些催化剂都展示出优异的 PDS 催化活性。

目前基于 MOFs 的改性主要有两种：一种是与金属氧化物的复合；另一种是与非金属的功能载体材料的复合。其中与功能性材料的复合主要通过两种策略实现：①将事先制备好的 MOFs 和其他添加剂进行后处理（即静电纺丝、溶胶-凝胶浇铸、热压、冷冻干燥等）；②MOFs 在多孔基材（即泡沫、纳米纤维、海绵等）上原位生长。表 6.2 总结了 MOFs 基复合材料用于 PMS/PDS 活化降解有机污染物的研究进展。这些基于 MOFs 的复合材料成功解决了工业应用问题，如可加工性、机械稳定性和可回收性等实际应用问题。然而，催化剂中金属离子的浸出会降低催化活性并引起二次污染，且 MOFs 和载体的协同作用很小。因此，具有增强性能的基于 MOFs 的复合材料和载体的制备需要进一步研究。此外，还应进一步探索 MOFs 和载体的协同作用，以阐明深层机理。

表 6.2　MOFs 基复合材料作为 PMS/PDS 活化的催化剂

催化剂	污染物	反应条件	额外条件	去除率/%	反应时间/min	参考文献
ZIF-67/PAN	AY	[AY] = 500mg/L；[MOFs] = 233mg/L；[PMS] = 0.5g/L；T = 25℃；pH = 3.2		95.1	10	[92]
ZIF-12@GEL ZIF-9@GEL	TC PNP	[TC] = 30mg/L；[PNP] = 20mg/L；[MOFs] = 0.6g/L；[PMS] = 0.6g/L；T = 25℃；pH = 5.5		90	60	[93]
ZIF@R	RhB	[RhB] = 10mg/L；[MOFs] = 50mg/L；[PMS] = 50mg/L；T = 30℃；pH = 7		100	30	[94]
FCPBA/PAN	BPA	[BPA] = 20mg/L；[PMS] = 500mg/L；[MOFs] = 233mg/L，T = 20℃；pH = 2.8		67	240	[89]
NF/ZIF-67	RhB	[RhB] = 100mg/L；[MOFs] = 25mg/L；[PMS] = 150mg/L；T = 25℃；pH = 7.0		99	30	[103]
Mn_3O_4/ZIF-8	RhB	[RhB] = 10mg/L；[MOFs] = 0.3g/L；[PMS] = 0.3g/L；T = 23℃；pH = 5.18		98	40	[82]
Ag/AgCl@ZIF-8/g-C_3N_4	LVFX	[LVFX] = 10mg/L；[MOFs] = 0.1g/L；[PMS] = 200mmol/L；T = 25℃；	可见光	87.3	60	[100]
AQS-NH-MIL-101(Fe)	BPA	[BPA] = 60mg/L；[MOFs] = 0.2g/L；[PDS] = 10mmol/L；T = 25℃；pH = 5.76		97.7	180	[98]
Fe_3O_4@MIL-101(Fe)	AO_7	[AO_7] = 25mg/L；[MOFs] = 1.0g/L；[PDS] = 25×10^{-3}mol/L；pH = 3.58		98.1	60	[88]
Co_3O_4@MOF	4-CP	[4-CP] = 0.78×10^{-3}mol/L；[MOFs] = 0.5g/L；[PMS] = 0.8×10^{-3}mol/L；T = 25℃；pH = 7.0		100	60	[86]
$CoFe_2O_4$/ZIF-8	MB	[MB] = 20mg/L；[MOFs] = 0.05g/L；[PMS] = 0.3g/L；T = 20℃；pH = 6.3		97.9	60	[84]
g-C_3N_4/MIL-101(Fe)	RhB	[RhB] = 10mg/L；[MOFs] = 0.5g/L；[PDS] = 1.0mmol/L；T = 25℃	可见光	98	60	[99]

续表

催化剂	污染物	反应条件	额外条件	去除率/%	反应时间/min	参考文献
MGA	NOR	[NOR] = 20mg/L；[MOFs] = 0.15g/L；[PDS] = 100mg/L；T = 25℃；pH = 5.4		100	90	[97]
MIL-53(Fe)/BiOCl	RhB	[RhB] = 20mg/L；[MOFs] = 0.5g/L；[PDS] = 3.0mmol/L；pH = 3		99.5	30	[102]
PBA-ZIF8	RhB	[RhB] = 20mg/L；[MOFs] = 40mg/L；[PDS] = 1.0mmol/L		97.5	30	[83]
Fe_3O_4@Zn/Co-ZIFs	CBZ	[CBZ] = 5mg/L；[MOFs] = 25mg/L；[PMS] = 0.4mmol/L；T = 30℃；pH = 6.8		100	30	[89]

6.3 MOFs的衍生材料活化过硫酸盐去除水体中污染物

如上所述，单体MOFs和基于MOFs的复合材料可以作为PMS/PDS的活化剂，且具有优异的催化性能。更有趣的是，除了直接使用外，由离子/簇和有机连接体组成的MOFs还可以通过在合适条件下的煅烧和热解转化为纳米金属复合物、金属/碳杂化物和碳材料。MOFs在惰性气氛（N_2、Ar）条件下热解可以生成纳米多孔金属/碳复合材料，通过进一步刻蚀残留的金属物质可转化为碳材料。此外，MOFs在氧化性气体（空气、H_2O和CO_2）气氛下直接热处理，可以获得多孔金属氧化物[98, 104]。自2010年首次尝试以来，各种热处理工艺极大地改变了母体MOFs的组成，并伴随着结构和性能的转变[105]。从那时起，人们投入了大量的精力来开发MOFs衍生材料。本节总结介绍了MOFs衍生的纳米结构材料的最新进展，以及其在SR-AOPs应用中表现出的良好性能。

6.3.1 MOFs衍生的金属复合物的应用

一般情况下，当MOFs在空气气氛下直接热解处理时，有机连接体完全分解后留下孔隙，而金属离子则被氧化成金属氧化物[104, 106]从而获得MOFs衍生的金属氧化物。普鲁士蓝类似物（PBAs）是一类分子式为$M_3^{II}[M^{III}(CN)_6]_2\cdot 6H_2O$（M多为过渡金属，如Fe、Co、Cu和Mn等）的MOFs，可通过热解作为用于制造纳米结构材料的理想模板而引起了广泛研究[107]。普鲁士蓝（PB）是一种混合价Fe(III)六氰合铁酸盐(II)的化合物[108]。然而，PB在碱性溶液中很容易转化为$Fe(OH)_3$[109]，这限制了其在各种催化反应中的应用。因此，Li等[110]将PBAs应用于活化PMS，以去除溶液中的有机污染物，这为PBAs应用于SR-AOPs中开辟了新途径。结果表明，在$Fe_xCo_{3-x}O_4$/PMS体系中，尽管催化剂浓度较低（0.1g/L），但 60min 内 BPA 的去除率高达 95%。$Fe_xCo_{3-x}O_4$ 的催化活性与报道的 Fe-Co 基催化剂相当[111]，并且表现出比 Fe_3O_4 和 Co_3O_4 更强的性能，这归因于催化剂表面存在八面体（B 位）Co(Ⅱ)离子活性位点。一方面，B 位 Co(Ⅱ)可以提供电子以促进 B 位 Co(Ⅲ)离子的增加；另一方面，B 位 Co(Ⅲ)离子可以接受电子以保持催化剂表面的电荷平衡。这表明 Co(Ⅱ)—Co(Ⅲ)—Co(Ⅱ)氧化还原循环参与了催化氧化反应[112]。除此之外，Wu 和同事[113]首次使用 MIL-100(Fe)作为前驱体，通过不同摩尔比的 Fe/Co 浸润后再通过简单易行的热解过程制备了一系列 MOFs 衍生的磁性金属氧化物（α-Fe_2O_3/Co_3O_4/$CoFe_2O_4$、Fe_2O_3/$CoFe_2O_4$ 和 Co_3O_4/$CoFe_2O_4$）。合成的金属氧化物在 PMS 存在下对苯酚（phenol）的降解表现出较高的催化性能和稳定性。该研究为利用 MOFs 制备金属氧化物开辟了一条新的合成途径。从那时起，人们投入了大量的努力来开发 MOFs 衍生的金属氧化物。值得一提的是，MOFs 衍生的金属/双金属氧化物具有较大的比表面积，这对于提高其性能可能很重要。因此，Yang 等[114]以 Co/Fe bi-MOFs 为模板，通过煅烧法和一步水热法分别合成 $CoFe_2O_4$ NPs 和 $CoFe_2O_4$ NC 并用于 BPA 的去除。与水热法制备的 $CoFe_2O_4$ NPs 相比，$CoFe_2O_4$ NC 活化的 PMS 对 BPA 的降解效果更好，60min 内 BPA 的降解效率超过 97%，比 $CoFe_2O_4$ NPs 的降解效率高出 30%。$CoFe_2O_4$ NC 的大比表面积和良好的介孔结构是其高催化能力的主要原因。而后，DaS 等系统地制备了来自不同 Co 基 MOFs 的各种 Co_3O_4 NPs，具有 2D 结构、3D 微棒结构和 3D 纳米十二面体结构，通过激活 PMS 来降解 RhB[115]。他们发现具有不同形态和结构的原始 MOFs 可以显著影响 Co_3O_4 NPs 形成，这对 PMS 的催化能力具有间接影响。

由于 MOFs 衍生的 Co-Fe 氧化物的独特性质，优化和评价 MOFs 衍生的 Co-Fe 氧化物/PMS 系统对去除有机染料具有重要意义。此外，阐明 Co-Fe 氧化物/PMS 系统的机理也显得非常重要。由于 MOFs 中 Co 与 Fe 比例可控，MOFs 衍生的 $CoFe_2O_4$ 中的 Co 与 Fe 比例可以很容易地调整，从而产生新的认识需求[116]。活性位点的识别和 Fe 掺杂的作用是两大争议点。考虑到这些，Zhai 等以 1, 4-对苯二甲酸（H_2BDC）为配体合成了 Co/Fe bi-MOFs、Fe-MOFs 和 Co-MOFs，而后进一步煅烧成具有过量 Co 原子的 MOFs 衍生的 $CoFe_2O_4$（M-$Co_{1+x}Fe_{2-x}O_4$）、M-Fe_2O_3 和 M-Co_3O_4[117]。M-Co_3O_4 呈现的 RhB 降解动力学速率常数为 $0.047min^{-1}$，远远低于 M-$Co_{1+x}Fe_{2-x}O_4$ 的（$0.260min^{-1}$）。M-Fe_2O_3 的催化性能极差，在 60min 内的 RhB 降解效率仅为 38.6%。与 M-Co_3O_4 和 M-Fe_2O_3 相比，M-$Co_{1+x}Fe_{2-x}O_4$ 的性能明显更好，这表明 Co 和 Fe 的协同效应的存在。机理研究表明，$SO_4^{\cdot-}$ 在污染物降解中起着重要作用，初始催化剂中八面体的 Co(Ⅲ)参与了 PMS 的活化。表面吸附的 OH^- 对 PMS 活化的影响可以忽略不计，同时 Fe 的价态转换也不存在。Fe 可以通过 M-$Co_{1+x}Fe_{2-x}O_4$ 中强大的 Fe-Co 相互作用来促进性能提高，这可能会改善 Co 位点活性。这项工作的发现显示了 M-$Co_{1+x}Fe_{2-x}O_4$ 系统处理有机染料废水的潜在应用。限制 M-$Co_{1+x}Fe_{2-x}O_4$ 系统实际应用的主要挑战是 M-$Co_{1+x}Fe_{2-x}O_4$ 的低成本和规模化生产，这需要在未来加以克服。这项工作为开发新型异质催化剂/PMS 系统用于实际有机染料废水处理提供了启示。

后来，Lin 等使用 ZIF-67 作为前驱体在 600℃的 N_2 环境下碳化后生成 Co_3O_4/C（MCN）复合材料，MCN 中 Co_3O_4 是用于 PMS 活化和 RhB 降解的活性位点[118]。MCN 不仅表现出高饱和磁化率（45emu/g），而且还具有激活氧化剂的催化活性。除了 MOFs 和氧化物的直接碳化之外，MOFs 和氧化物也可以结合起来形成一些特殊的结构。考虑到 MOFs 独特的物理化学特性，在纳米尺度上调整形态可以将它们转化为金属有机微器件。它们的开放通道的直径通常小于 2nm，这通常会限制大尺寸客体物种的封装或降低 MOFs 内访客物种的扩散效率。为了加速客体污染物的扩散，在 MOFs 晶体内产生宏观/中孔可能是有益的。基于上述理论，Khan 等[119]仍然选择 ZIF-67 作为前驱体，不同的是，在煅烧 ZIF-67 之前，采用了自上而下的刻蚀策略来获得中空结构。使用中空结构的 ZIF-67 衍生的 HCo_3O_4/C 比使用固体 ZIF-67 作为前驱体材料的降解效率更高。HCo_3O_4/C/PMS 系统降解 BPA 的可能机理可以解释为：首先，溶液中一定量的 BPA 分子被吸附在催化剂表面。其次，通过壳扩散的 PMS 和污染物（BPA）进入空腔，PMS 被 HCo_3O_4 催化活化，产生一些表面结合自由基（$SO_4^{\cdot-}$）。随后，被吸附的 BPA 分子与最近的 $SO_4^{\cdot-}$ 发生氧化还原反应而被降解，并且预先占据的活性位点与自由位点同时释放。最后，新的自由释放位点位于催化剂（HCo_3O_4）表面，其允许溶液中污染物（BPA）分子的重新吸附，直到所有 BPA 降解。此外，中空结构提供了额外的活性位点和高比表面积，从而增强了反应动力学。

此外，考虑到内核和外壳之间有空腔的蛋黄壳纳米粒子（YSNs）结构的约束作用，以及碳成分的存在可以改善金属材料在电化学应用中的稳定性和分散性，Zhang 等[120]成功合成了 Co_3O_4/C@SiO_2 蛋黄壳纳米反应器（YSCCs），其中由 MOFs 衍生的 Co_3O_4 作为活性核心，而 SiO_2 则充当保护壳。由于对结构和组成的合理优化，YSCCs 在降解 BPA 时表现出良好的活性。PMS 和 BPA 通过 10nm 的硅壳后扩散进入腔体。存在的石墨碳加速了电子从催化剂向 PMS 转移，从而提高了反应的动力学。亲水的 SiO_2 在整个 BPA 的降解过程中起到了关键作用。SiO_2 通过封装和耦合效应提高了催化/降解效率，并在稳定活性位点方面发挥了重要作用。具有合理结构和组成的 YSCCs 催化剂是通过一锅法制备的，为制备 MOFs 衍生的复合材料提供了一种新方法。这些 YSCCs 催化剂对废水中 BPA 的降解具有良好的活性，大大限制了有毒 Co 离子的浸出，解决了实际应用中的问题。

值得注意的是，MOFs 衍生的 Fe(Co)氧化物具有高饱和磁化强度，这使得它们在反应后很容易与水分离。然而，磁性也使它们容易结块，这会影响整个降解系统的性能。为了克服磁性氧化物纳米粒子的聚集性，Lin 等[121]利用静电自组装法制备了基于 ZIF-67/GO 的纳米复合材料，通过简单的碳化过程将其转变为 Co_3O_4/GO（磁性钴/石墨烯，MCG）。在整个制备过程中，来自 GO 的 O_2 促进了 Co NPs 的氧化，从而进一步转化为 Co_3O_4。ZIF-67 衍生的 Co_3O_4 NPs 被组装在 GO 片上。结果表明，MCG 比 ZIF-67 衍生的 Co_3O_4 对 PMS 的活化表现出更高的催化活性，这可以归因于 GO 和 Co_3O_4 之间的界面相互作用可以提高电子的传输能力和增加化学反应位点，也提高了 Co_3O_4 的分散性。此外，Bao 和同事还报道了另一种简单、可扩展的方法，即通过在 Al_2O_3 陶瓷膜上固定 Co_3O_4（CoFCM）来解决 NPs 团聚的局限性[122]。催化降解实验的结果表明，CoFCM 在有 PMS 的情况下能有效地去除磺胺甲噁唑（SMX）。此外，该膜还显示出良好的耐久性，在至少 3 个操作周期内保持了 95%以上的初始流量。更有趣的是，CoFCM 显示出了巨大的工业前景。

除了广泛研究的 PBAs 和 ZIF-67 模板用于制备金属氧化物外，MOFs 衍生成金属硫化物也可应用于 SR-AOPs 中。Zhu 等[123]通过 MOFs-模板配体交换途径合成了一种新型 GO 支撑的 ZIF-67@GN 纳米催化剂，随后在 N_2 气氛下诱导了 Co_3S_4 到 CoS 的相变生成 CoS@GN。这种合成策略驱使 ZIF-67 内的 Co 离子向外迁移，形成由大量暴露的活性位点组成的核壳结构，适用于 PMS 活化。GO 载体在富集目标污染物，以及吸附分子和自由基之间的电荷转移方面都表现出较高的效率。受益于独特的结构特征，合成的纳米复合材料在很宽的 pH 范围内表现出优异的催化性能。当使用 CoS@GN 催化剂时，BPA 的降解效率在 8min 内达到 100%，动力学常数为 $0.62min^{-1}$，这比大多数报道的非均相催化剂高出 1～2 个数量级。更重要的是，该实验首次解决了 GO 作为载体在调节自由基的种类和作用位点方面的关键作用。一般而言，CoS 激活了 PMS 以产生大量的 $SO_4^{\cdot-}$，但由于 CoS 的富集效率和电子转移效率较差，$SO_4^{\cdot-}$ 倾向于积累，然后在饱和后扩散出催化剂表面，并被 H_2O/OH^- 作为副反应消耗掉，生成·OH。GO 的存在不仅为 BPA 提供了一个吸附域，而且还为电子流动提供了高速通道。因此，具有优异吸附和导电的 GO 使得 $SO_4^{\cdot-}$ 一旦产生就被立即用于与污染物的反应，这限制了 $SO_4^{\cdot-}$ 从催化剂表面的扩散和·OH 的产生。该催化剂充当表面结合的 $SO_4^{\cdot-}$ 吸收器，用于原位降解吸附的 BPA。此外，构建了 CoS@GN 涂层膜反应器以避免催化剂的损失，其在连续 3 个循环中仍然保持较好的催化性能，这表明催化剂的可重复使用性和系统稳定性令人满意。总体而言，这项工作为 MOFs 衍生的金属硫化物在环境中的应用开辟了一条新途径，并提供了一系列新的 Co 基纳米催化剂，通过 SR-AOPs 对持久性有机污染物进行降解。

双金属层状氢氧化物（LDHs）是一种含有二价和三价金属离子的类水滑石化合物，近些年来引起了广泛研究[124, 125]。LDHs 层通过主体层和插层阴离子之间的氢键相互作用连接在一起。在层状结构中灵活多变的金属阳离子使得 LDHs 有望成为高活性催化剂[126, 127]。LDHs 的传统合成方法操作困难且制得的催化剂分散不均[128-130]，因此急需一种操作简单且高效的方法用于制备 LDHs[131, 132]。MOFs 上分布着大量金属离子，且其具有丰富的孔隙结构，可以将有机配体原位均匀地去除[133]。同时，MOFs 的阳离子通过水解、沉淀转化为 LDHs[134]，得到的 LDHs 组分分布均匀，可以获得更好的性能。此外，在 MOFs 向 LDHs 转化的过程中，可以采用无毒和廉价的金属离子来替代 Co 中心，而催化活性依然存在，这将会给我们带来启发。最近，Cao 等以 Co-ZIF 为前驱体，合成了性能良好的 LDH（AlCo-LDH）[135]。如图 6.4（a）和（b）所示，原始 Co-ZIF 具有均匀的六角片状形貌。当用乙醇刻蚀 Co-ZIF 后，缺陷型 Co-ZIF（Co-ZIF-D）表面变得粗糙［图 6.4（c）和（d）］[136]。此外，X 射线衍射光谱实验表明 AlCo-LDH 样品主要由非晶态的 $Al(OH)_3$ 组成。如图 6.4（e）和（f）所示，随着刻蚀和重构过程，所制备的 AlCo-LDH 的孔结构显示出显著改变。相比于原始 Co-ZIF，最终产物的比表面积显著增大，这有助于 TC-HCl 分子扩散，并与反应位点相互作用。从图 6.4（g）～（j）可以清晰观察到，AlCo-LDH 中各元素均匀分布且 Co 元素含量相对较低。如图 6.4（k）所示，AlCo-LDH/PMS 体系对 TC-HCl 的降解效率（96.1%）远高于 Co-ZIF/PMS（37.43%）和 Co-ZIF-D/PMS（41.25%）。值得一提的是，AlCo-LDH/PMS 体系可以在 5min 内降解 92.3%的 TC-HCl。此外，各体系基于伪一级动力学模型的降解速率常数如图 6.4（l）所示，这更进一步佐证了所

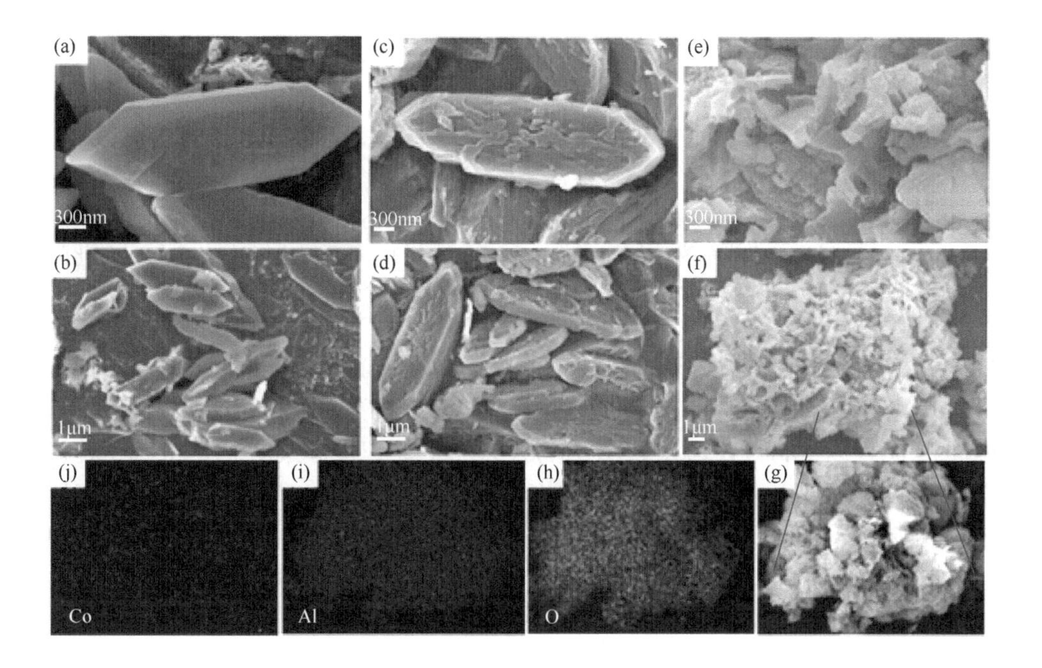

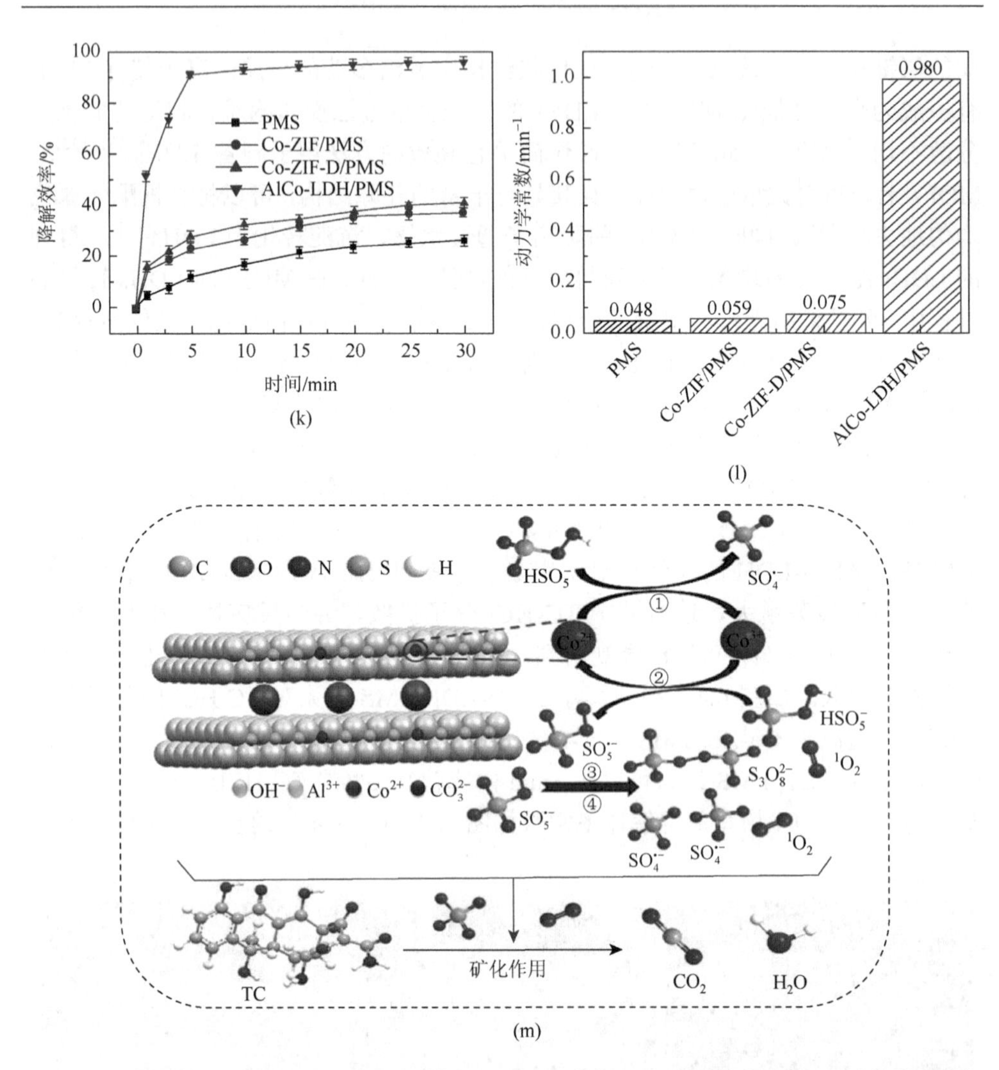

图 6.4 Co-ZIF[（a）和（b）]、Co-ZIF-D[（c）和（d）]和 AlCo-LDH[（e）和（f）]的 SME 图；（g）AlCo-LDH 样品元素分布图：O（h）、Al（i）和 Co（j）；不同催化剂对 TC-HCl 的催化降解效率（k）和动力学常数（l）；（m）AlCo-LDH/PMS 体系对 TC-HCl 降解的反应机理图[135]

制备的复合物的催化活性显著提升。AlCo-LDH 具有独特的类水滑石层状结构，其较大的比表面积和孔体积使得 TC-HCl 分子更容易扩散并与反应位点相互作用。Co 的电负性为 1.88eV，远大于 Al（1.6eV）[137]，这可能导致电子从 Al 离子转移至 Co 离子，而后电子可以与 PMS 反应生成 $SO_4^{\cdot-}$。由于 $SO_5^{\cdot-}$ 具有高反应速率和低催化性能，其自反应导致 $^1O_2$ 的生成[式（6.11）和式（6.19）][64, 138]。AlCo-LDH 生成的 $SO_4^{\cdot-}$ 自由基和 $^1O_2$ 可以高效降解 TC-HCl 分子，如图 6.4（m）所示。

$$SO_5^{\cdot-} + SO_5^{\cdot-} \longrightarrow 2SO_4^{\cdot-} + {}^1O_2 \qquad (6.19)$$

为了更好地构建 LDHs 并获得满意的催化性能，Ramachandran 等[139]采用不同的刻蚀时间来控制 Ni-MOFs 衍生的 NiCo-LDHs 的结构和形貌。随着刻蚀时间的延长，生成的 LDHs 的片状结构逐渐变薄，并具有良好的方向性。但过度的模板刻蚀会对层状结构造成破坏，导致催化活性极度下降。就其机理而言，表面的≡Ni—OH 和≡Co—OH 可以与 PMS 反应产生 OH^-，形成的≡Ni^+—OH^-和≡Co^+—OH^-可以激活 PMS 产生 $SO_4^{\cdot -}$ 自由基。NiCo-LDH/10 作为 PMS 最有效的激活剂，产生自由基来降解活性红-120（RR-120）染料。表 6.3 列举了一些 MOFs 衍生的金属复合物在 SR-AOPs 中的应用，目前 MOFs 衍生成金属氧化物的研究较多，但实际上，MOFs 衍生成金属硫化物、金属氢氧化物已经在电催化等领域取得了较多进展，未来可以更多考虑其在 SR-AOPs 中的应用。

表 6.3　MOFs 衍生的金属复合物材料作为 PMS/PDS 活化的催化剂

催化剂	污染物	反应条件	额外条件	去除率/%	反应时间/min	参考文献
Co_3O_4/C@SiO_2	BPA	[BPA] = 20mg/L；[MOFs] = 0.1g/L；[PMS] = 0.1g/L；T = 25℃；pH = 7.0		99.1	23	[120]
$CoFe_2O_4$	苯酚	[苯酚] = 45×10^{-6}mol/L；[MOFs] = 0.1g/L；[PMS] = 0.45×10^{-3}mol/L；T = 25℃；pH = 6.5		97.6	120	[113]
MnO_x@C	4-氨基苯甲酸乙酯（ABEE）	[ABEE] = 20mg/L；[MOFs] = 50mg/L；[PMS] = 0.15g/L；T = 25℃；pH = 7.0		91.3	30	[140]
$CoMn_2O_4$	SA	[SA] = 10mg/L；[MOFs] = 50mg/L；[PMS] = 0.1g/L；T = 25℃；pH = 6.3		100	30	[141]
Co_3O_4	RhB	[RhB] = 0.1mmol/L；[MOFs] = 50mg/L；[PMS] = 1.0mmol/L；T = 25℃；pH = 7.03		100	90	[142]
Co_3O_4	RhB	[RhB] = 50mg/L；[MOFs] = 50mg/L；[PMS] = 0.25g/L；T = 25℃		100	90	[118]
$Fe_xCo_{3-x}O_4$	BPA	[BPA] = 20mg/L；[MOFs] = 100mg/L；[PMS] = 0.65mmol/L；T = 25℃		95	60	[110]
CoS@GN	BPA	[BPA] = 20mg/L；[MOFs] = 0.1g/L；[PMS] = 0.1g/L；T = 25℃；pH = 6.65		97.1	8	[123]
Co_3O_4@Fe_2O_3	NOR	[NOR] = 10μmol/L；[PMS] = 0.2mmol/L，[MOFs] = 0.2g/L；T = 25℃；pH = 6.0		>90	50	[143]
CoFCM	SMX	[SMX] = 10mg/L；[PMS] = 0.01g/L；T = 30℃；pH = 5		>90	90	[122]
Co_3O_4/GO	AY	[AY] = 100mg/L；[MOFs] = 500mg/L；[PMS] = 90mg/L；T = 25℃；pH = 7.0		98	40	[121]
HCo_3O_4/C	BPA	[BPA] = 87.6μmol/L；[MOFs] = 0.1g/L；[PMS] = 325μmol/L；T = 25℃		97	4	[119]
MnFeO	BPA	[BPA] = 10mg/L；[MOFs] = 0.1g/L；[PMS] = 0.2g/L		100	30	[144]

续表

催化剂	污染物	反应条件	额外条件	去除率/%	反应时间/min	参考文献
$Mn_xCo_{3-x}O_4$	CBZ	[CBZ] = 21.16×10^{-6}mol/L；[MOFs] = 0.05g/L；[PMS] = 0.5×10^{-3}mol/L；T = 25℃；pH = 6.0		100	30	[145]
NiCo-LDH	RR-120 染料	[RR-120 染料] = 1×10^{-4}mol/L；[MOFs] = 5mg/L；[PMS] = 3mmol/L		89	10	[139]
AlCo-LDH	TC-HCl	[TC-HCl] = 30mg/L；[MOFs] = 20mg/L；[PMS] = 40mg/L；T = 25℃		96.1	30	[135]

6.3.2　MOFs 衍生的金属/C 纳米复合材料的应用

目前，MOFs 衍生的金属/（N）C 纳米复合材料作为用于 SR-AOPs 污染物处理的优良催化剂引起了广泛关注。大量的研究显示过渡金属氧化物（TMO）被认为是促进 SR-AOPs 的主要和最佳催化剂，但是金属离子的浸出可能会导致二次污染，这阻碍了它们在环境修复中的进一步应用。最近，过渡金属-氮碳材料（TMNCs）是一种新兴的低浸出和高效率的替代品，源于 N 配位锚定金属原子并降低它们的吸附能[146-148]。具有独特结构和组成的 MOFs 是合成 TMNCs 的前驱体，在最近的研究中也取得了不错的进展。最近，我们团队[149]以 Cu@Co-MOFs 为前驱体，通过一步碳化法制备了磁性 CuCo/C 催化剂，其制备过程如图 6.5（a）所示。实际上，直接热解与以生物碳或碳纳米管为原料相比，MOFs 形成碳基体已成为一种更方便可行的方法。制备的磁性 CuCo/C 催化剂可以在 30min 内降解 90%的环丙沙星（CIP）。此外，整个降解系统可以在较宽 pH（3～9）范围内激活 PMS，如图 6.5（b）和（c）所示。经过热解，作为分散剂的碳基体可以促进活性金属高度均匀分布。此外，经 4 次循环后，所制备的催化剂对 CIP 的降解效率仍然能达到 85%，而且催化剂很容易通过磁铁从溶液中分离出来。因此，该催化剂表现出良好的稳定性和可重复使用性。CuCo/C + PMS 体系中，CIP 降解的可能机理如图 6.5（d）所示。首先，源自 MOFs 有机配体的碳基质有利于 CIP 分子和 PMS 的部分富集。催化剂可以在 30min 内吸附 15% CIP，还可以将部分污染物和 PMS 吸附到催化剂表面。特别是，多孔碳由于导电性可以促进电子从催化剂转移到 PMS。添加 PMS 后，利用分布在催化剂上的具有可变化学价态的 Cu/Co 双金属纳米粒子激活 PMS 生成 $SO_4^{\cdot-}$ 、·OH 和 $O_2^{\cdot-}$ 自由基，其通过电子转移作为降解 CIP 的自由基途径。与此同时，$^1O_2$ 是通过激活 PMS 产生的，并且非自由基（$^1O_2$）在降解 CIP 过程中起主导作用。最后，CIP 被分解成一些小分子物质，其中包含通过激活 PMS 产生自由基活性物种（$SO_4^{\cdot-}$ 、·OH 和 $O_2^{\cdot-}$ ）和非自由基（$^1O_2$）。

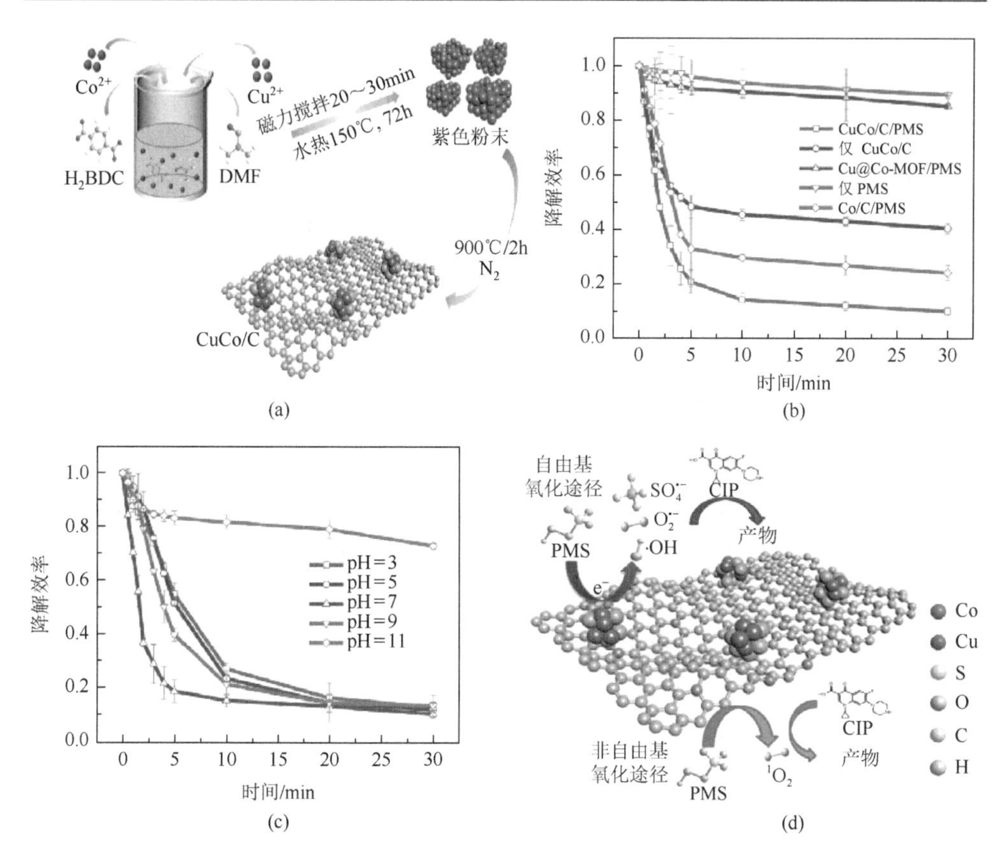

图 6.5　（a）CuCo/C 样品的制备示意图；不同反应体系（b）、溶液 pH（c）条件下不同催化剂对 CIP 的降解效果，条件：[PMS] = 0.25g/L，[污染物] = 10mg/L，[催化剂] = 0.25g/L，T = 298K；（d）CuCo/C + PMS 系统中 CIP 的可能降解机理[149]

另外，Zeng 等[150]以 Fe-MIL-88B-NH_2 为前驱体，而后将得到的前驱体产物在真空条件、200℃下活化 24h，然后置于 Ar 气氛中，在 900℃下退火活化 6h，得到 Fe/Fe_3C@NC 混合物。从 TEM 和 SEM 图可以发现，除了新出现的金属 NPs 外，碳化 NPs 的形状仍然是纺锤形的，并且其尺寸保持不变。TEM 图表明 NPs 被一个薄的石墨化碳壳所包围。这种封装结构有效地提高了电催化的活性和稳定性。Fe/Fe_3C@NC/PMS 系统在 4-CP 的降解过程中表现出优异的性能，在 90min 内就能去除 98%的 4-CP。在 Fe/Fe_3C@NC/PDS 系统中，铁 NPs 和 N 掺杂 C 之间的协同效应促进了 4-CP 的降解。在 π-π 相互作用力的影响下，4-CP 和 PMS 从溶液中富集到 N 掺杂的 C 基中，导致催化剂周围的反应物浓度增加[151]。

此外，为了制备更优秀的催化剂，MOFs 衍生的碳材料在 PMS/PDS 活化中的机理仍需进一步研究。Liu 和同事[152]选择 MIL-53(Fe)和氨基（—NH_2）改性的 MIL-53(Fe)作为前驱体，在 N_2 气氛中退火制备 MOFs 衍生的金属@多孔碳混合材料。煅烧实验表明，MIL-53(Fe)需要在 900℃时才能转化为稳定的核壳结构，而 NH_2-MIL-53(Fe)则仅需 650℃，并且两者在转变为金属@多孔碳混合材料时均有 Fe^0 的产生。这一现象表明，—NH_2 基团的存在不仅降低了 Fe@多孔碳的合成温度，而且提高了多孔碳对 Fe^0 的包裹性。同时，由于引入 N_2 和封装结构，Fe@多孔碳材料具有缺陷的结构。通过将所制备的催化剂激活 PMS 降解阿昔洛韦（ACV），研究了 Fe、N 和多孔碳结构对 Fe@N 掺杂的多孔碳的协同效应和反应机理。Fe^0、Fe_2O_3 和 C 是激活 PMS 生成 $SO_4^{\cdot-}$ 的有效活性位点[153]。因此，Fe_xC 显示了激活 PMS 和去除 ACV 的能力。Fe_xC-900/PMS 降解性能的提高是由于 Fe_xC-900 周围产生了 Fe^0，它可以产生更多的 $SO_4^{\cdot-}$ 和 Fe(Ⅱ)活性位点[式（6.20）]。此外，多孔碳促进了其表面的电子转移[154]。

$$Fe^0 + 2HSO_5^- \longrightarrow Fe^{2+} + 2SO_4^{\cdot-} + 2OH^- \quad (6.20)$$

Fe_xCN-650/PMS 降解 ACV 的机理与 Fe_xC-900/PMS 系统相比，存在着显著区别。Fe_xC-900/PMS 系统只涉及简单的自由基过程，而 Fe_xCN-650 可以通过 N 掺杂的碳材料产生独特的非自由基氧化作用激活 PMS/PDS。石墨烯层中的 N_2 破坏了 sp^2 杂化的碳构型，可以诱导相邻碳原子的电子转移，从而破坏 sp^2 石墨烯层的化学惰性，提高催化活性[155]。季铵盐首先吸附 HSO_5^- 并提供电子以破坏 O—O 键（HO—SO_4^-），从而完成 PMS 的活化[155]。吡啶氮和吡咯啉氮可以加速电子转移并激活 PMS，产生 $SO_4^{\cdot-}$［式（6.21）］，而不是通过氧化还原反应产生 $SO_4^{\cdot-}$ 作为活性物种。这些结果表明，—NH_2 基团对获得的 Fe@多孔碳产品的相组成和形态有重要影响，进而影响了其激活 PMS 的能力。此外，Liang 等[156]提出了影响催化性能和催化机理的因素。研究发现，N 掺杂和催化剂的比表面积是影响污染物去除率的两个重要参数。HSO_5^- 的自分解促进了 $^1O_2$ 的形成，这主要影响了 N 掺杂的 GO 对污染物的降解[157]。

$$H_2O + SO_5^- + 2e^- \longrightarrow SO_4^{\cdot-} + 2OH^- \quad (6.21)$$

由于金属/碳材料空间限域金属纳米粒子具有独特的异质结构和电子效应，在 SR-AOPs 应用中引起了广泛关注[158]。此外，所制备的材料的催化性能会受金属的粒径、形貌和局域配位环境等的影响[159]。因此，我们的团队[77]选用 ZIF-67 为前驱体，在 N_2 氛围下通过两步热解制得 N 掺杂的多孔碳封装的 Co 纳米粒子复合材料（Co@NC-800）［图 6.6（a）］。如 SEM 图[图 6.6（b）和（c）]所示，可以清楚地观察到 Co@NC-800 继承了原有 ZIF-67 的菱形十二面体的形貌且粒径几乎没有变化，但其表面变得粗糙［图 6.6（d）和（e）］，表面向内凹陷。图 6.6（f）和（g）分别所示的 TEM 图和 HRTEM 图显示，Co 纳米粒子被封装在碳层中，从而避免了其被腐蚀和在反应过程中浸出。反应后，Co@NC-800 的 Co 浸出量低至 0.147mg/L。此外，即使在反应 24h 后，Co@NC-800 的 Co 浸出量仍然低至 0.021mg/L。制备的 Co@NC-800 所具有的高比表面积不仅有利于 Co 纳米粒子的

图 6.6　(a) Co@NC-800 制备过程；(b) 和 (c) ZIF-67 的 SEM 图；(d) 和 (e) Co@NC-800 的 SEM 图；(f) Co@NC-800 的 TEM 图；(g) Co@NC-800 的 HRTEM 图；(h) TC-HCl 降解反应机理

均匀分布，还有利于 TC 分子的吸附以促进后续降解[160]。Co 纳米粒子限制于碳层内对催化剂的稳定性有十分重要的影响[161]。得益于此，Co@NC-800/PMS

对 TC 的降解表现出卓越的性能。此外，更重要的是，Co@NC-800/PMS 体系降解 TC-HCl 的过程中包括了非自由基（$^1O_2$）和自由基（$SO_4^{\cdot-}$ 和 $O_2^{\cdot-}$）过程［图 6.6（h）］。有趣的是，Li 等通过 ZIF-67 与尿素的石墨化合成磁性 N 掺杂碳（Co@NC）也得到了类似的结构，其 Co 纳米粒子被封装在 N 型掺杂的碳层中，从而避免其被腐蚀和在反应过程中浸出。反应 24h 后，Co@NC 的钴浸出量低至 0.11mg/L[146]。此外，密度泛函理论（DFT）计算表明，封装的 Co 纳米粒子可以通过在 N 掺杂的协同作用下提高碳晶格的电子密度来促进碳催化。更重要的是，他们发现在 Co@NC/PMS 降解 BPA 的过程中，$^1O_2$ 起主导作用，这不同于由 $SO_4^{\cdot-}$ 起主导作用的 TMO 催化剂。但 Qin 等[162]在之后制备了类似的 Co@NC 材料却对其机理有着不同的解释。同样，Co 纳米粒子核被很好地封装在 N 掺杂的碳膜中。Co@NC 在 PMS 存在下也表现出很高的苯胺（aniline）去除率，只有约 0.018mg/L Co 离子浸出。然而，与之前的研究不同，自由基反应参与了 Co@NC/PMS 降解苯胺的过程，其中 $SO_4^{\cdot-}$ 自由基对苯胺的降解占主导地位。类似的 MOFs 衍生材料对各种污染物的处理表现出不同的降解机理。因此，有必要进一步研究，以实现使用相同或相似的 MOFs 衍生材料处理不同污染物的多种机理的可能性。

Li 等通过在 N_2 氛围中热分解 PBAs（Mn_yFe_{1-y}-Co PBAs；$0<y<1$），制备了一系列石墨烯包覆的 $Fe_xMn_{6-x}Co_4$-N@C（$0<x<6$）[163]。核心金属中的 Fe、Mn 和 Co 的协同作用促进了污染物的去除。此外，更加有趣的是，催化性能随着 Mn 含量的增加而增强，表明 Mn_4N 催化的 PMS 得到了更多的电子，因为 Mn_4N 中的 Mn 可以促进 PMS 激活过程中电子转移，利用 DFT 计算也证明了这一点。PMS 分子在 Mn_4N 表面的吸附可以拉伸—OH 基团和—SO_4 基团之间的 O—O 键长，进而促进 O—O 键断裂生成 $SO_4^{\cdot-}$ 和·OH。同时，自由基清除和 EPR 实验进一步证实了 $SO_4^{\cdot-}$ 和·OH 的生成，它们都是 PMS 活化过程中涉及的主要反应自由基。该研究通过结合实验和理论计算，详细阐述了开发用于 PMS 活化的高性能催化剂的见解。此外，Chen 等[164]选择 PBAs 为前驱体，使用热解法合成了碳钴铁（MCCI）纳米复合物用于降解 RhB。实验结果显示：多孔碳中掺杂的 N 物质有效增加费米能级附近的态密度，并促进电子在内部金属和外部 C 壳之间传递从而促进后续的催化反应[165]。

然而，以粉末形式存在的 MOFs 衍生的金属/碳复合物，在被用于水相催化时存在回收难的问题。因此，为了提高其工业化应用的性能，更多的关注点放在将 MOFs 的衍生物合成更稳定的 3D 结构。通过将 MOFs 与其他载体材料复合来制备 3D MOFs 及其衍生的材料结构可以有效解决回收难的问题。气凝胶（AG）具有 3D 互连的多孔结构，其中空气占 90%以上的孔体积[166]，这致使它可以作为优秀的载体材料[167]。然而，AG 具有不稳定的热力学参数，MOFs 材料的纳米粒子倾向于团聚，AG 的孔结构也会因此而被破坏，最终导致较差的催化和回收性能[168]。

因此，选择合适的制备方法及载体是合成性能良好的 3D MOFs/AG 的关键点。我们的团队[169]选用 N 元素丰富的 Fe 掺杂 ZIFs（Fe-ZIF-L）作为牺牲模板，合成了 Fe 负载 N 掺杂碳材料（Fe@NC-800）。而后，将 Fe@NC-800 颗粒分散在明胶气凝胶孔道中获得了 3D 可压缩 Fe@NC-800/AG，合成过程如图 6.7（a）所示。从 EDS 能谱图[图 6.7（b）～（i）]中可以观察到 AG 中富含 C、N 和 O 元素，Fe 和 Zn 元素相对较少。而在图 6.7（j）～（q）中可以看出，Fe@NC-800-0.15/AG 复合物富含 Fe 和 Zn 元素。值得一提的是，所制备的复合物中 AG 的孔结构并未被破坏。如图 6.7（r）和（s）所示，相比于单体，Fe@NC-800/AG/PMS 体系显示出优异的 TC-HCl 降解效率。由此可以推测，TC-HCl 的降解效率与复合物中 Fe@NC-800 含量密切相关。而后，探讨了由不同的 Zn 与 Fe 摩尔比所制备的 Fe@NC-800/AG 对 TC-HCl 降解的影响，发现 Fe 含量增加，TC-HCl 的降解效率也随之增强。如图 6.6（u）所示，提出了 Fe@NC-800/AG/PMS 体系对 TC-HCl 的降解机理。一方面，引入的 AG 可以有效克服 Fe@NC-800 纳米粒子的团聚，充分暴露其活性位点[170]。而 Fe@NC-800 中所富含的 N 和 Fe 也可以充当活性位点，促进生成更多自由基[171]。另一方面，AG 中丰富的吡咯氮可以通过静电吸附作用吸附污染物，促进其与 PMS 接触，从而加快了所生成自由基与污染物之间的反应。此外，所制备的复合物呈现出分级孔结构（微孔、中孔和大孔），这降低了污染物的扩散阻力[172]。得益于 3D 可压缩的特性，所制备的复合物易于从反应体系中分离。因此，该项研究为制备高效、可重复使用性好的 3D MOFs 提供了一种全新的思路。

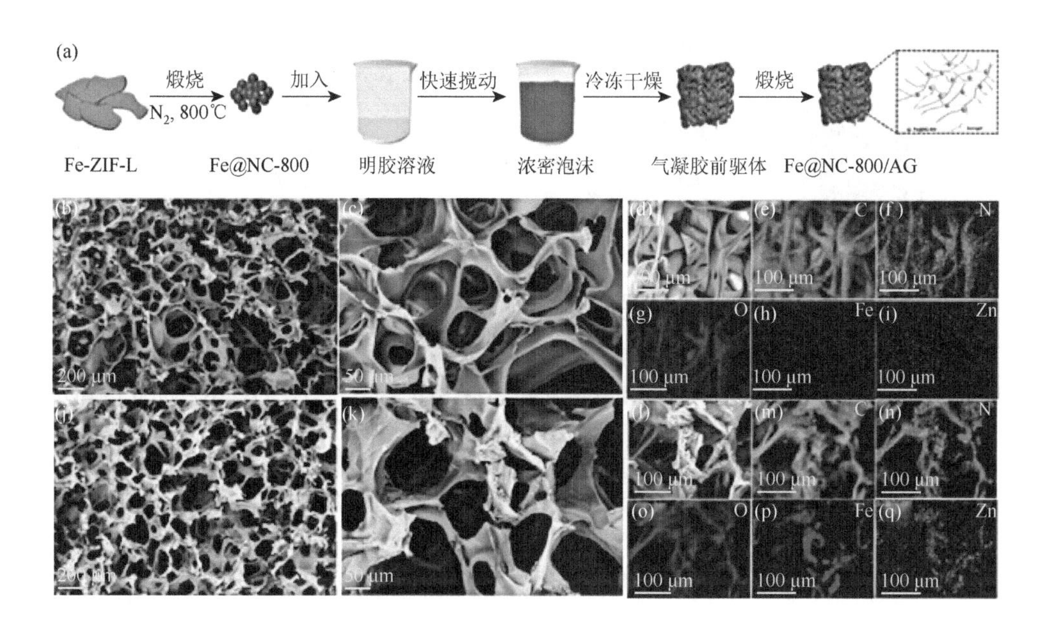

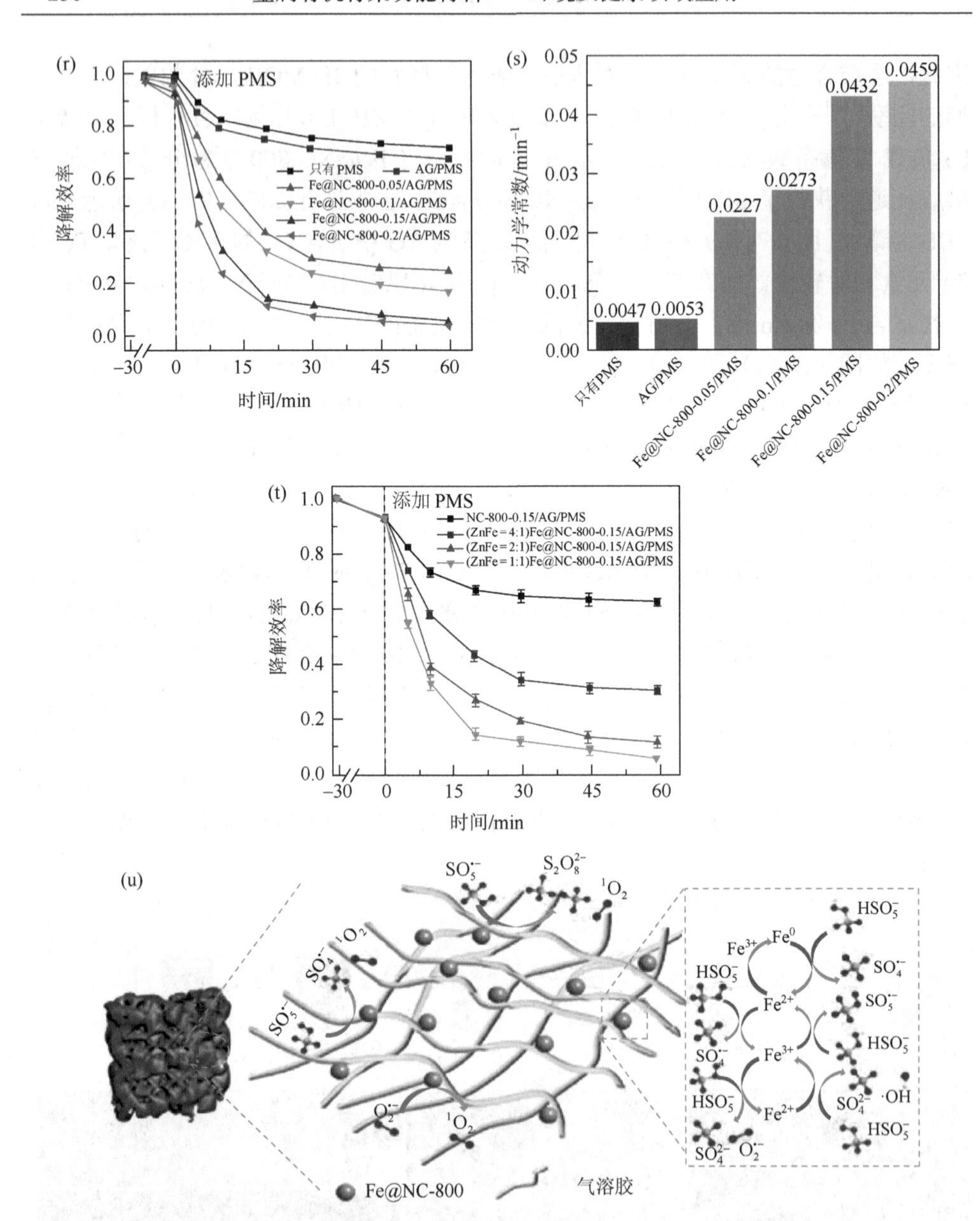

图 6.7　(a) Fe@NC-800-0.15/AG 的合成图；AG[(b) 和 (c)]和 Fe@NC-800-0.15/AG [(j) 和 (k)]在 N_2 中 150℃煅烧后的 SEM 图和 EDS[AG：(d) ～ (i)；Fe@NC-800-0.15/AG：(l) ～ (q)]；不同体系的 TC-HCl 降解效率 (r) 及相应的动力学常数 (s)；(t) 不同 Zn 与 Fe 摩尔比的 Fe-ZIF-L 前驱体对应的 Fe@NC-800-0.15/AG/PMS 体系对 TC-HCl 的降解效率；(u) Fe@NC-800-0.15/AG/PMS 体系降解 TC-HCl 的反应机理图[169]

最近，包括固定在载体上的单个金属原子的单原子催化剂（SACs）已成为多相催化中最活跃的新前沿。在过去的两年中，已证明 MOFs 在创建 SACs 方面的巨大潜力[173, 174]。作为开创性研究，Li 等首次展示了锚定在多孔 N 掺杂 GO 上的单 Co 原子，具有去除 BPA 的高活性和稳定性[173]。通过在 N_2 中热解含 Fe-Co 的 PBA 得到 N 掺杂 GO 封装的 FeCo 双金属纳米笼（FeCo@NC），然后在 80℃下用 1mol/L H_2SO_4 处理 4h 制备了 Co 单原子催化剂（FeCo-NC）。此外，通过 X 射线吸收精细结构测量研究了 Fe/Co 原子和 C/N 之间可能的键合，结果证实在 FeCo-NC 中具有 CoN_4 结构的单个 Co 原子，FeCo-NC 去除 BPA 的催化性能是 FeCo@NC 的 10 倍。此外，通过 DFT 计算表明 CoN_4 具有单个 Co 原子的位点作为活性位点，具有最佳的 PMS 活化结合能，而相邻的吡咯 N 位点吸附有机污染物分子。双反应位点大大降低了 PMS 活化产生的活性氧（$^1O_2$）的迁移距离，从而提高了 SR-AOPs 的催化性能。这项研究扩展了 SR-AOPs 的应用，并阐明了 SACs 应用于 SR-AOPs 中的新双反应位点机理。同样地，Yang 等分离出锚定在 ZIFs 衍生的 N 掺杂多孔碳上的双原子 Fe-Co，以激活 PMS 降解 BPA[175]。通过使用与 Li 等的工作类似的实验方法，他们发现了与上述工作类似的降解机理，即 N 配位的双原子 Fe-Co 作为 PMS 激活的活性位点，邻近的吡咯啉 N 作为目标有机分子的吸附位点。除了上面提到的 Fe 和 Co SACs，He 的团队还研究了应用于 SR-AOPs 降解 BPA 的 MOFs 衍生的 Mn-SACs[176]。类似的程序被应用于分析活性部位和吸附部位。他们发现，N 配位的单个 Mn 原子（MnN_4）作为 PMS 活化的活性位点，而相邻的吡咯啉 N 位点则作为目标有机分子的吸附位点。通过比较上述由 MOFs 衍生的 SACs 材料在 SR-AOPs 方面的应用，可以发现所制备的 SACs 结构相似。此外，通过使用各种分析技术和 DFT 计算，发现了类似的 N 配位金属的活性位点和相邻的吡咯啉 N 吸附位点[173, 175, 176]。

目前，除了 MOFs 衍生的金属复合物以外，MOFs 衍生的金属/C 纳米复合材料应用于 SR-AOPs 的研究也取得了许多重大性的突破。表 6.4 总结了 MOFs 衍生的金属/（N）C 纳米复合材料应用于有机污染物处理的最新进展。由表 6.4 可知，ZIF 和 PBAs 是制备 MOFs 衍生的金属/C 纳米复合材料中最常用的 MOFs 前驱体。但值得注意的是，高热解温度等苛刻的制备条件会增加制备成本，进而限制其在环境修复中的应用。因此，这些有意义的研究为制备高性能和稳定的 MOFs 衍生的金属/（N）C 纳米复合催化剂用于环境修复开辟了一条新途径。

表 6.4　MOFs 衍生的金属/C 纳米复合材料作为 SR-AOPs 的催化剂

催化剂	污染物	反应条件	额外条件	去除率/%	反应时间/min	参考文献
Fe_xC-900 Fe_xCN-650	ACV	[ACV] = 10mg/L；[MOFs] = 100mg/L；[PMS] = 0.65mmol/L；T = 25℃；pH = 3.6		100	5 30	[152]
CuCo/C	CIP	[CIP] = 10mg/L；[MOFs] = 0.25g/L；[PMS] = 0.25g/L；T = 25℃；pH = 5.5		100	30	[149]

续表

催化剂	污染物	反应条件	额外条件	去除率/%	反应时间/min	参考文献
Fe/Fe_3C@NC	4-CP	[4-CP] = 20mg/L；[MOFs] = 0.2g/L；[PMS] = 2g/L；T = 25℃；pH = 7		100	60	[150]
Co@NC	TC	[TC] = 30mg/L；[PMS] = 200mg/L；[MOFs] = 200mg/L；T = 25℃		100	30	[77]
Co@NC	Aniline	[Aniline] = 20mg/L；[MOFs] = 0.01g/L；[PMS] = 0.2g/L；T = 25℃		100	15	[162]
Co@NC	BPA	[BPA] = 10mg/L；[MOFs] = 0.1g/L；[PMS] = 0.25×10^{-3}mol/L		85	15	[146]
$Fe_xMn_{6-x}Co_4$-N@C	BPA	[BPA] = 20mg/L；[MOFs] = 0.1g/L；[PMS] = 0.2g/L；T = 25℃；pH = 6.0		100	12	[163]
Fe@NC	TC-HCl	[TC-HCl] = 30mg/L；[PMS] = 0.25×10^{-3}mol/L		95.5	60	[169]
MCCI	RhB	[RhB] = 10mg/L；[MOFs] = 50mg/L；[PMS] = 50mg/L；T = 30℃		80	60	[164]
FeCo-NC	4-CP	[4-CP] = 20mg/L；[MOFs] = 0.1g/L；[PMS] = 0.2g/L；T = 25℃；pH = 6.0		100	4	[173]
MCNC	RhB	[RhB] = 10mg/L；[MOFs] = 50mg/L；[PMS] = 50mg/L；T = 30℃		97.9	60	[177]
Fe_xCo_y@C	BPA	[BPA] = 20mg/L；[MOFs] = 0.1g/L；[PMS] = 0.25g/L；T = 20℃		98	30	[178]
Co/C	Caffeine	[Caffeine] = 50mg/L；[MOFs] = 50mg/L；[PDS] = 100mg/L；T = 25℃；pH = 5.4		100	120	[179]
CoFe/NC	BPA	[BPA] = 50μmol/L；[MOFs] = 0.1g/L；[PDS] = 0.5×10^{-3}mol/L；T = 25℃		10	20	[180]
Co/C	PCA	[PCA] = 20mg/L；[MOFs] = 0.15g/L；[PMS] = 2.5×10^{-3}mol/L；T = 25℃；pH = 7.5		100	60	[181]
Fe_3C@NCNTs/GNS	BPA	[BPA] = 20mg/L；[MOFs] = 0.2g/L；[PMS] = 0.2g/L；T = 20℃		97.8	30	[182]

6.3.3 MOFs 衍生碳材料的应用

具有可调孔径、高比表面积、高化学稳定的多孔碳材料（CMs）已被证实是应用于 SR-AOPs 的有前景的材料。更重要的是，它不含金属，是一种绿色环保的材料[25]。目前已经报道了还原氧化石墨烯（rGO）[183]、纳米金刚石（0D）[184]、纳米管（1D）[185]、GO（2D）[186]及六边形有序介孔碳（3D）[187]通过激活 PMS/PDS 用于废水修复。此外，通过杂原子（B、N、S 和 P 等）掺杂 CMs 可以改变其表面性质和产生缺陷从而进一步提高催化剂的性能[188]。由于其固有的可调节结构和巨大的碳含量，MOFs 可以在没有任何辅助碳源的情况下直接衍生成高纳米 CMs 或者是特定杂原子掺杂高纳米 CMs。因此，总结 MOFs 衍生碳材料的进展对于了解 SR-AOPs 的最新发展将是有价值的。

一般而言，可以通过在惰性气体中热解 MOFs 然后通过酸刻蚀来合成 CMs，但是如果金属中心可以原位蒸发，则可以跳过酸刻蚀步骤。通常，以 Zn 为中心的 MOFs 很吸引人，并且由于其去除 Zn 的操作简单而被广泛选择作为构建 CMs 的前驱体/模板。ZIF-8 是一种 Zn-MOFs，由于其合成方法简便、N 含量高和比表面积大，已被广泛用作制备 N 掺杂 CMs 的模板[189]。此外，高温煅烧可以使金属 Zn 蒸发[190]。ZIF-8 衍生的无金属 N 掺杂的多孔碳，具有高分散氮、大比表面积和可控结构的优点，被用于 PDS 激活降解各种有机污染物（如对氯苯胺（PCA）、苯酚、对氯苯酚和 RhB）[191]。结果显示，N-C-900（在 900℃下热解）与 PDS 的组合对 PCA 的降解显示出最佳效率。根据催化性能和相应的基团含量之间的相关性，研究了石墨 N 和 C—O 的作用。结果表明，在催化过程中，C—O 和 C—N 表面的石墨 N 被发现是核心活性物种。进一步的分析表明，N-C 激活 PDS 对 PCA 的降解涉及两个途径，包括自由基（即 $SO_4^{\cdot-}$ 和·OH 自由基）途径和非自由基（即 $^1O_2$ 和电子转移）途径，其中 $^1O_2$ 和电子转移的非自由基途径在 N-C/PDS 系统中起主导作用。$^1O_2$ 的贡献随着反应时间的延长而减弱，而电子转移则表现出相反的趋势。但有时，这些 CMs 总是不可避免地存在着微孔特征和石墨化程度差的缺点，这确实不利于电子转移和惰性碳网络的活化[192]。已有研究表明在 H_2 存在下热解 ZIF-67 是缓解这些问题的有效方法，因为 Co 可以作为生产碳纳米管（CNTs）的良好催化剂[121]。更重要的是，由于 2-甲基咪唑的富氮配体，可以实现高含量的 N 掺杂，而且完全分布的 Co 元素对纳米管的尺寸控制也非常有利。因此，Ma 等[193]以 ZIF-67 为单一前驱体，在 N_2/H_2（体积比为 95∶5）气氛下成功制备了 N 掺杂碳纳米管骨架（NCNTFs）。经过对热解温度的优化，可以发现在 800℃下热解得到的 NCNTFs 具有相对较高的 N 含量和良好的石墨化程度，对 BPA 的降解显示出良好的催化性能。此外，还对比了 NCNTFs-800 对 PMS 和 PDS 的激活情况。当 NCNTFs-800 与 PDS 结合时，可以降解 83.0%的 BPA，这比 NCNTFs-800/PMS 系统稍差一些。这种差异可以归因于 PMS 和 PDS 之间不同的分子结构。众所周知，PMS 和 PDS 都为过氧化物的衍生物，其中 PMS 是由—SO_3—单取代的过氧化物，PDS 是由—SO_3—双取代的过氧化物。因此，PMS 具有不对称的分子结构，PDS 具有对称的分子结构。不同的分子结构赋予了它们不同的特性。首先，PMS 比 PDS（1.222Å）有更长的 O—O 键（1.326Å），这意味着它更容易被激活。其次，根据 DFT 的计算结果，PMS 和 PDS 在被 N 掺杂的碳催化剂激活时将产生不同的反应途径[194]。吸附在 sp^2 共轭碳网络上的 PMS 倾向于诱导非自由基氧化过程，而 PDS 可能促进 H_2O 的解离，并在 N 掺杂碳催化剂的帮助下促进·OH 自由基的生成。更重要的是，实验结果进一步验证了这种非自由基氧化过程对有机污染物的降解效率更高[194]。鉴于这些事实，这里的 NCNTFs-800/PMS 系统比 NCNTFs-800/PDS 系统具有更高的 BPA 降解效率。尽管过氧化物也是 AOPs 技术中的一种典型氧化剂，但由于 H_2O_2 分子在碳催化剂表面的吸附力很弱，不会进行有效的电荷转移，所以 NCNTFs-800/H_2O_2 不能降解任何 BPA[194]。

为了研究氮含量和物种之间的关系对催化效率的影响，Quan 和同事选择了氮含量分别为 24.7wt%、6.28wt%和 5.16wt%的三种富氮 MOFs（ZIF-8、NH_2-MIL-53 和 IRMOF-3）来制备具有不同氮含量掺杂多孔碳（NPC）[195]。结果表明，与无氮多孔碳（由 MOF-5 获得）相比，所制备的 NPC 对 BPA 的降解性能都显著增强，甚至优于最有效的均相 Co^{2+}的 PMS 活化剂。有趣的是，他们发现随着石墨氮含量的增加，催化性能显著增强。此外，还通过改变煅烧温度来调节石墨氮的含量，结果表明具有较高石墨氮含量的 NPC 表现出更好的 PMS 活化性能，以产生 $SO_4^{\cdot-}$ 和·OH。这是由于石墨氮在激活相邻碳原子方面的优越能力，以增强 PMS 的吸附和解离。该研究可为制备用于 SR-AOPs 的高效无金属催化剂提供新的见解。

考虑到石墨氮对 PMS 的驱动激活，Wang 等将通过 Zn-Co PBAs{$Zn_3[Co(CN)_6]_2\cdot 6H_2O$}的原位热解构建的多孔氮掺杂碳（PNC）微球用于 PMS 活化[196]。氰化物基团（—C≡N，来自 Zn-Co PBAs）赋予 PNC 微球丰富的孔隙率、高石墨化程度和丰富的氮含量。与其他常见碳材料及源自 ZIF-8 和 ZIF-67 的同源氮掺杂碳催化剂相比，PNC-800（在 800℃下热解）对 MB 显示出更好的 PMS 活化性能。此外，除了上面提到的 $^1O_2$ 引导的非自由基过程以外，该实验还提出了另外一种非自由基途径来主导 MB 的降解。PNC-800 的高石墨化程度和丰富的表面石墨氮位点是诱导非自由基途径的两个关键因素。石墨氮可以破坏 sp^2-杂化碳构型的化学惰性，诱导电荷从相邻碳原子转移到石墨氮原子而产生带正电荷的位点，这有效提高了 PMS 的吸附能力，并产生电子转移中间体。与通过激活 PMS 产生自由基不同，电子转移中间体可作为一个平台将污染物中的电子直接转移到 PMS，而不是与 PMS 反应生成 $SO_4^{\cdot-}$ 作为活性物种。这项工作为使用富氮纳米碳作为多相催化剂用于 PMS 活化提供新的见解，为未来设计和制备各种高性能碳催化剂开辟新途径。

目前，大多数 PMS 活化剂仍仅限于基于氧化还原金属（如 Fe、Co、Cu）的衍生物，并且由于恶劣和强氧化环境，金属浸出似乎是不可避免的。此外，还缺乏对杂原子，特别是 S 和 F 对 MOFs 衍生的 CMs 的高级氧化活性影响的系统研究。MOFs 衍生物的形貌也经常由于活性金属与碳底物之间的强相互作用而坍塌，导致多孔结构被破坏，比表面积显著减小。因此，Zhao 等通过组装-碳化-刻蚀工艺获得一系列杂原子掺杂的高多孔碳催化剂[197]。他们选择环境友好的非氧化还原元素 Zr 作为金属节点，以避免在碳化过程中形成金属杂质（如 Fe_2S_3），这可能会显著影响碳基体上杂原子的掺杂含量。Zr 基 MOFs（即 UiO-66、UiO-66-F_4、UiO-66-SO_3Na 和 UiO-66-NH_2）是通过微波辅助水热法成功获得的。这些 MOFs 用作前驱体，通过在 N_2 气氛中进行高温处理，然后酸洗来制备杂原子掺杂的碳质材料（UC、UC-F、UC-S 和 UC-Ns）。为了深入了解 PMS 活化能力和表面杂原子之间的相关性，他们进行了 DFT 计算，模拟了优化的 PMS 吸附构型，并计算了石墨烯-杂原子对 PMS 的吸附能（E_{ads}）。石墨烯的 E_{ads} 值为−1.343eV，石墨烯-F 为−1.571eV，石墨烯-S 为−1.595eV，石墨烯-N 为−1.940eV，这表明与没有任何掺杂物的石墨烯平面相比，所有石墨烯-杂原子的 E_{ads} 都向下移动，意味着 PMS 可以更容易被激活。N 掺杂的碳比非掺杂的碳具有更低的电子转移电阻，碳平面上的 N 掺杂通常会促进催化剂/PMS 界面之间的电子转移，并提高 N 掺杂的多孔碳对 PMS 的活化效率。此外，与石墨烯-S 和石墨烯-F 相比，石墨烯-N 对 PMS 的吸附性能最好，这与 UC-N 的 PMS 活化性能一致。由于与其他 UC 相比，UC-N 的活化性能要高得多，N 杂原子被认为在提高 PMS 活化性能方面发挥着重要作用，这与先前报道碳催化剂中的 N 掺杂剂通常被认为是作为主导的活动中心的研究得到了一样的结论。然而，直到现在，哪种类型的含氮物种具有 PMS 激活能力仍不清楚并存在争议。因此，通过建立 DFT 以模拟对 PMS 的吸附特性，结果显示吸附能的顺序为 E_{ads}（吡啶氮）＞E_{ads}（吡咯氮）＞E_{ads}（石墨氮），表明与吡咯氮和吡啶氮相比，石墨氮对 PMS 表现出更强的吸附能力。因此，可以得出结论：石墨氮位点是控制 PMS 激活能力的更有效的活性中心。

虽然上述杂原子掺杂的碳催化剂在 PMS 活化中表现出不错的性能，但大多数研究仍然停留在仅 N 掺杂碳催化剂上，很少有人关注具有两种杂原子的碳催化剂的性能，更不用说三掺杂碳催化剂。事实上，由于多种杂原子之间可能的协同效应，共掺杂（N、S）或三掺杂碳（N、P 和 S）可能比简单的仅 N 掺杂碳表现出更好的性能，但需要注意的是 P（1.30Å）和 S（1.04Å）的原子半径远大于 C 的（0.86Å），而 N 的原子半径（0.80Å）更小，这使得选择 P 或 S 作为 C 掺杂剂更为困难。考虑到这些，Ma 等首先采用 ZIF-67 作为牺牲模板制备 ZIF-67@环三磷腈-*co*-4, 4′-磺酰二酚（ZIF-67@PZS）核壳结构体[198]。该方法的关键在于 ZIF-67 可以通过在热解下形成小的 Co-P 纳米粒子来为碳壳提供额外的 N 源并消耗过量的 P。此外，ZIF-67 分解释放的气体也有利于产生介孔结构的壳。随后，当它经过酸洗时，可以很容易地获得原子分布均匀的空心 N、P 和 S 三掺杂壳（NPSC）。为了比较，他们根据先前的研究成果[199]，研究了使用硝酸铵作为 N 源制备的不同杂原子掺杂碳催化剂的催化性能，包括 N 掺杂 CNTs（NCNTs）、N 掺杂 GO（NGO）和 N 掺杂介孔碳（NMPC）。实验结果表明，NCNTs、NGO 和 NMPC 对 BPA 的降解效率均小于 30.0%，略逊于 NPC 的（38.7%），远低于 NPSC-700 的（90.1%），这进一步验证了多个杂原子的协同效应可能为杂原子掺杂碳催化剂催化性能的显著提升提供一种先进替代方案。NPSC 对 BPA 降解可分为以下两个过程。首先，催化剂 sp^2 碳网络在强氧化条件下被多个含氧功能基团（羟基、羰基和羧基）所装饰[200]。然后带电活性位点可作为电子供体，使 PMS 的电子结构重新排列并产生 $SO_4^{\cdot-}$。同时，由于 BPA 和 HSO_5^- 之间的相互作用，碳的失活面可以得到部分恢复。除此之外，常见的过氧化物也会在这个系统中出现，它可能会分解或与·OH 反应，产生 $O_2^{\cdot-}$[201]。丰富的杂原子具有高密度的活性位点，使得污染物倾向于优先吸附到其表面，并随后转化为其他中间产物。此外，位于边缘的官能团、石墨氮和可能的内在缺陷也可能有助于电荷转移和 BPA 的降解[202, 203]。

在碳基质中加入 N、P 和 S 等非金属物种可以显著提高其对 PMS/PDS 活化的催化性能。然而，MOFs 衍生的 CMs 在热解过程中经常发生严重的颗粒聚集和骨架坍塌。g-C_3N_4 被认为是一个良好的支持模板，在防止 MOFs 在热解过程中的聚集方面发挥了重要作用[204]。引入的 g-C_3N_4 增强了 MOFs 衍生碳材料的稳定性和比表面积，而 g-C_3N_4 提供的额外外部 N 源有利于 PMS/PDS 的活化。此外，光催化与 SR-AOPs 的耦合同样也是增强其降解性能的有效途径。Gong 等以 ZIF-8 为前驱体衍生成 N 掺杂碳（ZIF-NC），然后 ZIF-NC 和 g-C_3N_4 以适当的质量比在甲醇溶液中混合，并在 300℃ Ar 气氛下加热制备生成[205]。0.5%的 ZIF-NC/g-C_3N_4/PMS 体系在可见光照射下表现出优异的光催化活性，60min 后对 BPA 去除率达到 97%。得益于良好的异质结构，g-C_3N_4 与 ZIF-CN 之间的紧密异质结构，有效地增强了界面电荷分离和光捕获能力，提供了丰富的表面活性位点。其降解机理可以分为两个部分：①积累在 MOFs 材料表面的 e^-加速了与 PMS/PDS 的反应，形成 $SO_4^{\cdot-}$；②MOFs 上的 e^-迁移到 g-C_3N_4 的表面，与 O_2 发生氧化还原反应，形成 $O_2^{\cdot-}$。同时，积累在 g-C_3N_4 表面的 h^+也可以直接降解污染物。需要注意的是，由于 e^- 和 h^+的快速复合，光催化效率较低，而在改性的复合物体系中，PMS 可以充当一种电子受体，有效防止其复合。

目前，除了上述提到的例子，其他一些 MOFs 也被用作模板来制备杂原子掺杂的 CMs，如 MIL-100、MIL-101 和 ZIF-67 等[206-208]。表 6.5 总结了过去将 MOFs 衍生的 CMs 应用于激活 PDS 或 PMS 降解有机污染物的研究。这些有趣的工作为制备用于环境修复的无金属催化剂开辟了一条新途径。通常，氮掺杂的多孔碳中的石墨氮含量可以通过改变热解温度来调节，较高的温度通常会导致高的石墨化程度和高的石墨氮含量，但是，高温会引起晶体结构和多孔性的改变，进而导致催化位点的丧失。此外，MOFs 衍生的 CMs 不容易被回收，并且导致低耐久性。因此，制备应用于 SR-AOPs 中 MOFs 衍生碳材料的深层调控机理需要进一步的探索。

表 6.5　MOFs 衍生的金属/（N）C 纳米复合材料作为 SR-AOPs 的催化剂

催化剂	污染物	反应条件	额外条件	去除率/%	反应时间/min	参考文献
CBs@NCCs	MB	[MB] = 100mg/L；[MOFs] = 60mg/L；[PMS] = 1g/L；T = 15℃		100	60	[209]
ZIF-NC/g-C_3N_4	BPA	[BPA] = 20mg/L；[MOFs] = 0.2g/L	可见光	97	60	[205]
NC	PCA	[PCA] = 0.3mmol/L；[MOFs] = 150mg/L；[PDS] = 5mmol/L；pH = 6.0		93.8	60	[191]
NCNTFs	BPA	[BPA] = 25mg/L；[MOFs] = 50mg/L；[PMS] = 0.4g/L；T = 20℃		97.3	30	[193]
NPC	RhB	[RhB] = 100mg/L；[MOFs] = 0.2g/L；[PMS] = 1.4g/L；T = 20℃		85	60	[210]
PNC	MB	[MB] = 100mg/L；[MOFs] = 0.1g/L；[PMS] = 1.0g/L；T = 25℃；pH = 6.3		100	10	[196]
UC-N	BPA	[BPA] = 20mg/L；[MOFs] = 25mg/L；[PMS] = 0.3g/L		100	60	[197]
NPCs	苯酚	[苯酚] = 20mg/L；[MOFs] = 0.2g/L；[PMS] = 1.6×10^{-3}mol/L；T = 25℃；pH = 7.0		100	50	[195]
NPCs	Phenol	[Phenol] = 20mg/L；[MOFs] = 0.1g/L；[PMS] = 1g/L；T = 25℃		100	10	[211]
GPS@ZIF-8	Phenol	[Phenol] = 20mg/L；[MOFs] = 0.1g/L；[PDS] = 0.5g/L；T = 25℃		98.3	60	[212]
N-G	TCP	[TCP] = 50mg/L；[MOFs] = 0.1g/L；[PMS] = 3.25×10^{-3}mol/L；T = 25℃		100	5	[213]
HCNFs	TC	[TC] = 50mg/L；[MOFs] = 0.2g/L；[PMS] = 0.5g/L；T = 25℃；pH = 3.2		80	20	[214]

6.4　MOFs 材料活化过硫酸盐的机理

目前工作中，研究人员特别关注的是在催化剂表面产生活性物种的催化机理。总体来讲，MOFs 基催化剂对水中有机污染物的降解机理可以概括为两种途径：自由基途径和非自由基途径。一般，自由基如 $SO_4^{\cdot-}$、·OH 和 $O_2^{\cdot-}$ 自由基被认为是 SR-AOPs 的主要活性氧物种。MOFs、MOFs 基复合材料和 MOFs 衍生的金属复合物，它们的催化降解是以 $SO_4^{\cdot-}$ 和·OH 自由基为主，而 MOFs 衍生的金属/碳复合物和碳材料有时候则会涉及非自由基主导过程。

6.4.1　自由基途径

自由基途径是基于电子转移及由此产生的 PMS/PDS 中 O—O 键的激活和解离，以产生 $SO_4^{\cdot-}$、·OH 自由基，从而对污染物进行降解。对于自由基途径，大致可以总结为以下三种类型。第一种，来自 MOFs 单体、MOFs 复合物及 MOFs 衍生的金属氧化物的催化剂提供金属离子，主要涉及 M(Ⅱ)—M(Ⅲ)—M(Ⅱ)（M = Fe、Co 和 Mn 等）的氧化还原循环参与催化氧化反应，金属离子可以激活 PMS/PDS 产生 $SO_4^{\cdot-}$ 和·OH，其具有强氧化性，可以有效降解水中的有机污染物［图 6.8（a）］。第二种，当光照加入到整个降解系统中时，这些催化剂可以诱导一个独特的自由基过程［图 6.8（b）］：当能量大于或等于 MOFs 材料的能隙的光照射时，VB 中的 e^- 将被激发，然后转移到 CB 中，在 VB 中留下相对稳定的 h^+。e^- 在 MOFs 表面的积累加速了活性位点对 PMS/PDS 的激活，导致 $SO_4^{\cdot-}$ 和·OH 的产生。空气中的 O_2 可以与光诱导电子反应，生成 $O_2^{\cdot-}$。污染物可以被生成的 $SO_4^{\cdot-}$、$O_2^{\cdot-}$ 和具有强氧化能力的 h^+ 直接氧化[205]。第三种，自由基过程如图 6.8（b）所示，当碳催化剂的结晶度较差（如非晶态碳）时，来自有机分子的电子不能迅速扩散，所以积累的电荷会吸附 HSO_5^- 破坏 O—O 键（HO—SO_4^-），完成 PMS 的活化[152]，从而产生自由基，而后通过自由基过程完成对污染物的降解。

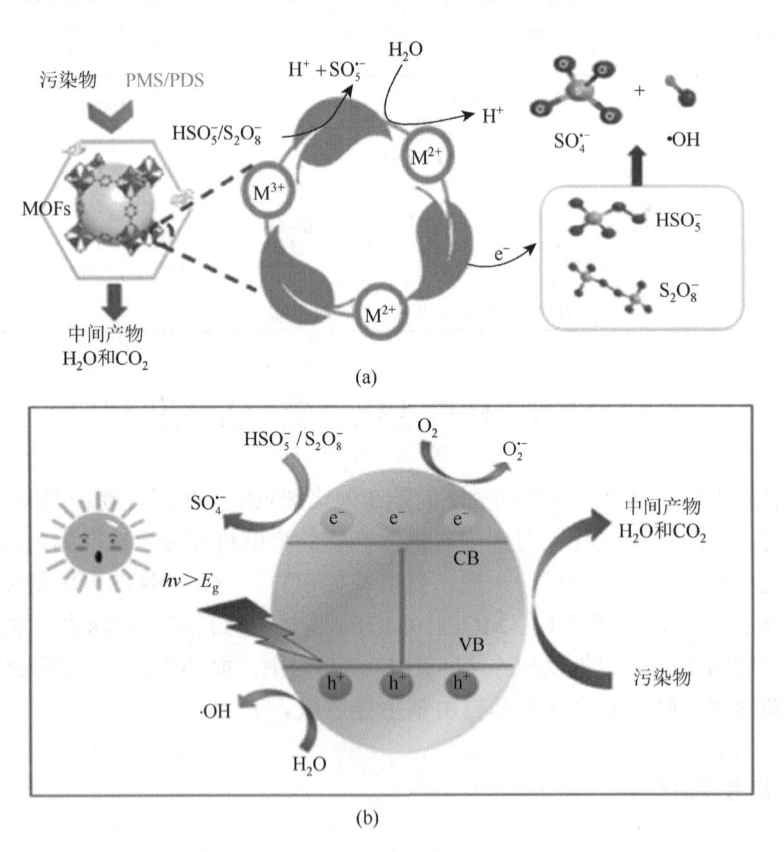

图 6.8　（a）MOFs 激活 PMS/PDS 可能的反应机理；（b）可见光照射下 MOFs 对 PMS/PDS 可能的活化机理[215]

但以上涉及的三种自由基又有些区别。所涉及的$SO_4^{\cdot -}$自由基是一种选择性的活性氧物种，有利于单电子氧化。带有环状活化基团的芳香族化合物（如对羟基苯甲酸）很容易与$SO_4^{\cdot -}$自由基反应，而带有环状失活基团的芳香族化合物（如硝基苯）则与$SO_4^{\cdot -}$自由基表现出惰性反应性。此外，由于$SO_4^{\cdot -}$自由基的矿化能力有限，污染物只能部分地被氧化成 CO_2 和 H_2O，其余部分则转化为小分子的中间体[68]。根据以前的研究结果显示，在以$SO_4^{\cdot -}$自由基为主导的 MOFs 基催化剂应用于 SR-AOPs 时，其矿化能力较低，只能达到 18%～55%[110, 123, 143, 216, 217]。相比$SO_4^{\cdot -}$自由基，·OH 自由基作为一种相对非选择性的活性氧物种可以与大多数有机物发生反应。·OH 自由基主导的 SR-AOPs 涉及三种机理，包括从饱和化合物中提取氢、电子提取及与不饱和芳香族化合物的亲电加成反应[218]。然而，$O_2^{\cdot -}$自由基参与 $^1O_2$ 的产生，导致难以识别和区分$O_2^{\cdot -}$自由基只是作为产生 $^1O_2$ 的中间物，还是基于 MOFs 的 SR-AOPs 中的主导活性氧物种[218]。

6.4.2　非自由基途径

近年来，非自由基途径在基于 MOFs 的 SR-AOPs 中引起越来越多关注。不少研究报道显示，不仅自由基途径在降解污染物方面发挥作用，一些 MOFs 衍生的 CMs，特别是 N 掺杂的 CMs，可以通过独特的非自由基氧化作用降解有机污染物。如图 6.9 所示（非自由基过程），石墨氮可以破坏 sp^2-杂化碳构型的化学惰性，诱导电荷从相邻 C 原子转移到石墨氮原子而产生带正电荷的位点，这有效提高了 PMS 的吸附能力，并产生电子转移中间体。与通过激活 PMS 产生自由基不同，电子转移中间体作为一个平台将污染物电子直接转移到 PMS，而不是与其反应生成$SO_4^{\cdot -}$作为反应物种[195]。此外，一些研究表明，非自由基途径还可以通过生成 $^1O_2$ 来诱导。$^1O_2$ 是一种非自由基活性氧物种，具有一些特殊性质，如较温和的氧化电位和对富电子物质（如染料、苯酚、氯酚、药品和具有亲电性的 EDC）更有选择性[219]。由于非自由基途径的底物特异性和适度的氧化潜力，它对各种无机离子（如HCO_3^-、NO_3^-、Cl^-和卤化物等）和现实生活中无处不在的天然有机物的影响更具抵抗力。在掺杂 N 的石墨烯边缘部位的羰基（C═O）通过亲核加成和介导过氧化物中间体 $^1O_2$，在与 PMS/PDS 相互作用中起着至关重要的作用[25, 220]。$O_2^{\cdot -}$自由基的重组和$O_2^{\cdot -}$自由基与·OH 自由基的反应是生成 $^1O_2$ 的两个途径[218]。此外，$^1O_2$ 也可以由 PMS 自我分解产生[221, 222]。通常情况下，随着SO_5^{2-}浓度的提高，整个降解系统的溶液呈现碱性，这有利于 $^1O_2$ 的生成。

为了证实基于 MOFs 的 SR-AOPs 中存在电子转移非自由基途径，首先将催化剂和 PMS/PDS 混合在溶液中反应，然后在固定时间间隔内加入污染物。如果催化剂能调解污染物和 PMS/PDS 间的电子转移，则催化剂和 PMS/PDS 的混合对降

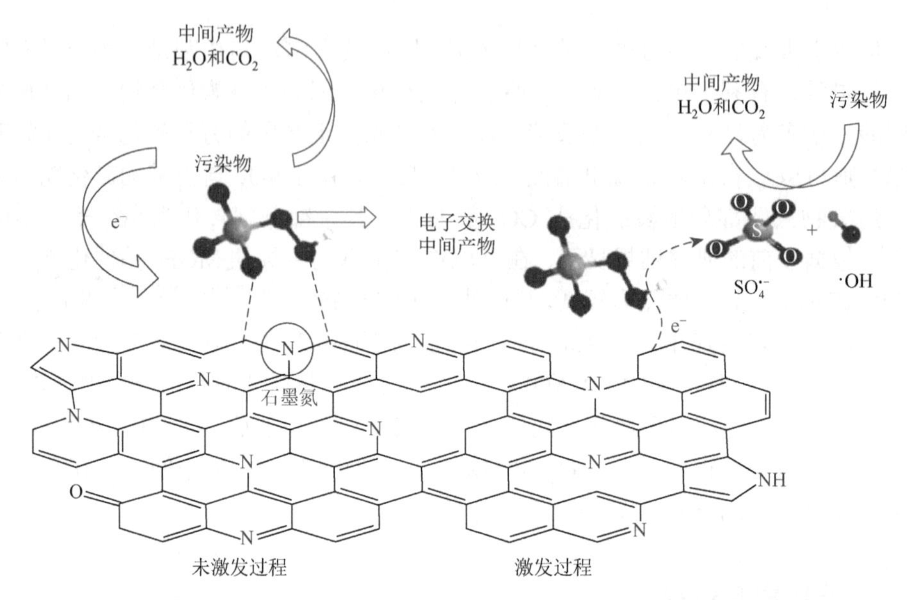

图 6.9 PMS 在 MOFs 衍生的 N 掺杂碳材料上的活化机理[215]

解效率没有明显影响。如果 $^1O_2$ 生成是在 PMS/PDS 活化系统中进行的，那么随着混合时间延长，降解效率将逐渐下降，因为 PMS/PDS 和 $^1O_2$ 被不断消耗[223, 224]。最近 Ren 等发现，PDS 可以被 CNTs 催化，形成具有高氧化还原电位的 CNTs 表面封闭的 CNT-PS*复合物。然后，CNT-PS*复合物选择性地从共吸附的有机基质中提取电子，通过电子转移氧化有机污染物，完成氧化还原循环[225]。然而，精确定量评估非自由基途径在总氧化还原过程中的贡献仍是一个挑战。此外，由于非自由基过程的复杂机理仍是模糊且有争议的，应关注设计更有效的催化剂和探索深层机理，研究内在催化位点，提高稳定性并挖掘这些特性的潜力。

6.5 MOFs 基材料在 SR-AOPs 处理中的稳定性和可重复使用性

稳定性是 MOFs 基催化剂能否用于实际应用的先决条件。首先，有必要了解基于 MOFs 的催化剂在氧化过程中是否能保持其原有的结构。Mei 等比较了反应前后样品的 FTIR 和 XRD 图谱，发现 MIL-53(Fe)的晶体和化学结构在 6 次循环后没有明显变化[52]。此外，其他研究也报道了类似的发现[68, 98, 141]。这些重复的实验显示，MOFs 基材料在激活 PMS/PDS 产生自由基降解污染物后仍具有很强的稳定性，这表明 MOFs 在降解污染物的过程中对自由基具有一定的抵抗力。以前的研究表明，在有机污染物存在的情况下，由于 MOFs 对自由基的竞争，其分解可以完全或部分被抑制[226]。因此，基于 MOFs 的材料的高活性和稳定性明显得到了保护。其次，金属离子从 MOFs 基催化剂中的浸出，可以更好地了解样品的稳定性。众所周知，传统的异质催化剂（如氧化铁、氧化钴等）无疑会导致金属离子的浸出，对人体和环境造成潜在的危害[151]。由于特殊的结构，基于 MOFs 的催化剂通常比传统的异质催化剂具有更高的稳定性。例如，Lv 等研究发现，经过 240min 的反应，MIL-100(Fe)中 Fe 的浸出量只有 Fe_2O_3 催化剂的 14%[227]。更有趣的是，在 MOFs 中加载其他功能材料[82, 92, 93]或形成特殊的结构（如核壳结构和空心结构[86, 87, 89, 119]）可以更有效地防止金属离子的浸出。特别是在核壳结构中，保护壳作为一个有效的屏障，缓解了外部对金属活性位点的侵蚀。例如，Zeng 等研究发现，Co_3O_4@MOFs 中 Co 的浸出比例为 0.18%～0.28%，仅为裸 Co_3O_4 体系的十分之一[86]。此外，Wu 等[89]报道设计的 Fe_3O_4@Zn/Co-ZIFs 在反应 30min 后，Co 离子的浸出浓度仅为 0.067mg/L，远远低于 ZIF-67/PMS 系统（0.196mg/L）和 Fe_3O_4@Co-ZIFs/PMS 系统（0.185mg/L）。这很可能是由于 Fe_3O_4@Zn/Co-ZIFs 中的 ZIF-8 外壳对 Co 离子浸出的限制和保护。实验结果表明，催化剂的化学结构在很大程度上决定了金属的浸出量。此外，Lv 等研究发现，Fe^{II}@MIL-100(Fe)的 Fe 离子浸出量达到 7.1mg/L[227]，远远高于 $Fe_xCo_{3-x}O_4$ 纳米笼的 Fe 离子（0.1mg/L）[110]。还有研究表明，添加有机酸等螯合剂可以有效提高 MOFs 基催化剂的稳定性。例如，Vu 等研究发现 Fe^{3+}-CA/MIL-101(Cr)催化剂的 Fe 离子浸出量小于 0.08mg/L，远远低于 MIL-101(Cr)的（1.5mg/L）[228]。这是由于在 Fe 离子和 MOFs 的二级构建单元之间建立了稳定的 CA 分子桥，因此可以有效防止 Fe 离子的浸出[229]。在大多数情况下，浸出金属的浓度低于欧盟规定的环境标准（2mg/L）[230]。

从长期的工业应用来看，可重复使用性是 MOFs 基催化剂应用于 SR-AOPs 中另一个需要考虑的突出问题。大多数研究表明，所制备的 MOFs 基催化剂非常稳定，可用于有机污染物的重复处理[92, 120, 121]。例如，Fe_xCN-650[152]和 ZIF-67/PAN[92]在重复使用后，催化性能基本维持在原样品的水平。在最近的研究中，Cao 等[169]通过将 Fe-ZIF-L 衍生后的 Fe@NC 负载于 AG 上，成功合成了 Fe@NC-800-0.15/AG。由图 6.10 可知，所制备的 Fe@NC-800-0.15/AG 催化剂具有良好的可重复使用性，Fe@NC-800-0.15/AG/PMS 体系对 TC-HCl 的初始降解效率为 94.3%，第 10 次使用时降解效率为 90.17%。为了证明其实际应用性，进行了一个连续的再生实验，即将两块 Fe@NC-800-0.15/AG 组合在一起进行填充柱实验，如图 6.10（b）所示。从图 6.10（c）可知，双层过滤器在 420min 后仍可以降解 90%以上的 TC-HCl。气凝胶中丰富的通道为 Fe@NC-800 和 TC-HCl 分子间的接触提供了充足的空间[231]。虽然 MOFs 基催化剂在可重复使用性上都表现出了不错的效果，但是也有人观察到 MOFs 基催化剂的催化性往往在 3～5 次后略有下降，主要的原因有以下两点：①在 MOFs 基催化剂降解污染物的过程中，特别是在强酸或强碱条件下不可避免地出现活性成分或催化剂的损失；②由于在降解过程中会涉及催化剂与污染物之间的吸附过程，但是活性位点上吸附的污染物过多抑制了 MOFs 与氧化剂的相互作用，因而使得降解性能降低[98, 152, 193]。

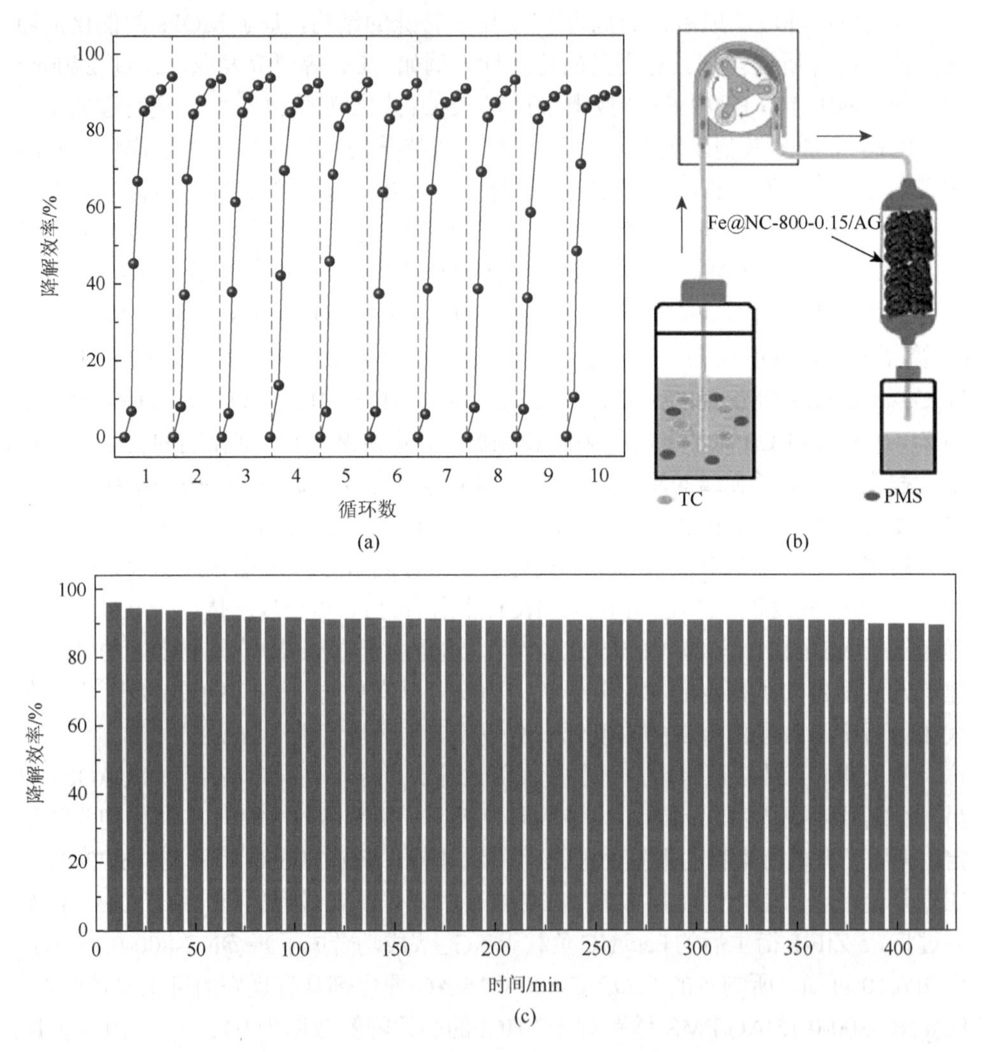

图 6.10　(a) Fe@NC-800-0.15/AG 激活 PMS 降解 TC-HCl 的循环实验；(b) 一体化双层过滤器实验装置图；(c) 循环实验中 TC-HCl 的去除效果[169]

6.6　小结与展望

到目前为止，MOFs 基材料已被广泛用于催化领域，代表了 SR-AOPs 中一种有前途的催化剂。与过渡性催化剂相比，MOFs 基催化剂有许多固有优势，如大比表面积、高度有序的结构和成分多样。此外，由金属离子和有机配体组成的 MOFs 由于多孔结构和定制成分，作为制备金属复合物、金属/（N）C 混合材料和 CMs 的杰出模板/前驱体，引起人们极大兴趣。目前，单体 MOFs、MOFs 复合材料和MOFs衍生物作为PMS/PDS的激活剂在降解有机污染物方面表现出出色的催化性能。从分离难易、性能、工业化、浸出性和成本等方面考虑，粉状的 MOFs 催化剂在回收等方面所存在的问题阻碍了它们在工业上的应用。而真正应用于实际 SR-AOPs 的 MOFs 基材料是包括气凝胶和纤维过滤器在内的宏观材料。载体的存在可以大大降低 MOFs 基材料的生产成本。同时，载体的外层包裹结构可以抑制金属离子的浸出，而容易分离的特性可以保证 MOFs 基材料在 SR-AOPs 中的工业化应用。此外，MOFs 衍生的金属/C 混合材料和 CMs 的催化降解是由非自由基过程所主导的。由于其复杂性，有必要进一步研究以充分挖掘这些特性的潜力。尽管 MOFs 基材料在 SR-AOPs 中的应用已经取得了很大进展，但仍然存在一些缺点阻碍这些材料在环境修复中进一步应用，包括有毒金属离子的浸出及材料难以从溶液中分离。如何抑制金属的浸出以回归到最本质的异质催化是基于 MOFs 的 SR-AOPs 的最关键问题。在该技术能够实际应用于工作台面和实验工厂层面之前，还需要进行一些改进。以下几个方面值得更多关注：

（1）MOFs 基的复合物大多数采用溶剂热法，在合成过程中会大量使用有机溶剂（如 DMF、甲醇等），潜在的二次污染也是一个问题。仍然需要做更多的工作来使 MOFs 成为一种具有成本效益的应用选择，如尽量减少溶剂的使用和探索更便宜的有机配体构造的策略。此外，MOFs 的衍生物合成过程通常涉及合成复杂和产率低等问题，精确热解转化机理仍不明确，以及存在着微孔特征和石墨不良的缺点。因此，材料合成的方法有很大的改进空间。

（2）MOFs 基催化剂在 SR-AOPs 中的实际应用仍然受到许多缺点的限制，如聚集、金属离子的浸出及回收后催化效率低。此外，MOFs 基材料在上清液排出时容易被夹带。将它们固定在一个磁芯或一些稳定的材料上是一个潜在的解决方案。尽管如此，迄今为止的实验表明，金属浸出是不能完全避免的。因此，在减少金属浸出方面还有很大的改进空间。

（3）关于 MOFs 基催化剂在 SR-AOPs 中的应用，包括金属-配体复合物的结合机理，仍需进一步研究。这些结果有助于今后合理设计新型 MOFs 催化剂及其在中性条件下 SR-AOPs 的应用。此外，不饱和脂肪酸、氧化剂和水污染物之间的相互作用机理将促进设计出更有效的 MOFs。

（4）在目前的调查中，研究最多的污染物是染料（如 RhB、AO_7、MB 等）、苯酚和 BPA。在未来，新兴的污染物（如 PPCPs、内分泌干扰物、全氟化合物等）需要给予更多关注。另外值得考虑的是，目前大多数研究是在实验室中处理合成的水样，但实际水体中还有许多其他物质，可能使得有机污染物的去除过程更为复杂。因此，需要做出更多努力来评估这些用于处理实际污水的技术。

（5）在 MOFs-PMS/PDS 体系中，污染物的降解效率非常可观，但矿化率往往很低。因此，与其他一些处理方法（如传统的生物氧化、光化学及电化学技术）相结合，可以成为实际污水处理中的研究热点。此外，在 MOFs-PMS/PDS 降解体系中加入光照时，光照后产生电子的效率即量子效率也应该被测量。遗憾的是，没有相关文章研究该方面的问题。

参 考 文 献

[1] Rodríguez-Lado L，Sun G F，Berg M，et al. Groundwater arsenic contamination throughout China[J]. Science，2013，341（6148）：866-868.

[2] Rojas S，Horcajada P. Metal-organic frameworks for the removal of emerging organic contaminants in water[J]. Chemical Reviews，2020，120（16）：8378-8415.

[3] Tkaczyk A，Mitrowska K，Posyniak A. Synthetic organic dyes as contaminants of the aquatic environment and their implications for ecosystems：a review[J]. Science of the Total Environment，2020，717：137222.

[4] Barbosa M O，Moreira N F F，Ribeiro A R，et al. Occurrence and removal of organic micropollutants：an overview of the watch list of EU Decision 2015/495[J]. Water Research，2016，94：257-279.

[5] Kumar A，Khan M，He J H，et al. Recent developments and challenges in practical application of visible-light-driven TiO_2-based heterojunctions for PPCP degradation：a critical review[J]. Water Research，2020，170：115356.

[6] Wang J L，Wang S Z. Removal of pharmaceuticals and personal care products（PPCPs）from wastewater：a review[J]. Journal of Environmental Management，2016，182：620-640.

[7] Yang Y，Ok Y S，Kim K H，et al. Occurrences and removal of pharmaceuticals and personal care products（PPCPs）in drinking water and water/sewage treatment plants：a review[J]. Science of the Total Environment，2017，596：303-320.

[8] 温冠，林业泓，胡安美，等. 水体中抗生素处理方法的研究进展[J]. 河南化工，2020，37（9）：9-13.

[9] 赵涛，丘锦荣，蒋成爱，等. 水环境中磺胺类抗生素的污染现状与处理技术研究进展[J]. 环境污染与防治，2017，39（10）：1147-1152.

[10] Cagnetta G，Robertson J，Huang J，et al. Mechanochemical destruction of halogenated organic pollutants：a critical review[J]. Journal of Hazardous Materials，2016，313：85-102.

[11] Jones K C，de Voogt P. Persistent organic pollutants（POPs）：state of the science[J]. Environmental Pollution，1999，100（1-3）：209-221.

[12] Muñoz C C，Hendriks A J，Ragas A M J，et al. Internal and maternal distribution of persistent organic pollutants in sea turtle tissues：a meta-analysis[J]. Environmental Science & Technology，2021，55（14）：10012-10024.

[13] Sweetman A J，Dalla Valle M，Prevedouros K，et al. The role of soil organic carbon in the global cycling of persistent organic pollutants（POPs）：interpreting and modelling field data[J]. Chemosphere，2005，60（7）：959-972.

[14] Giannakis S，Lin K Y A，Ghanbari F. A review of the recent advances on the treatment of industrial wastewaters by sulfate radical-based advanced oxidation processes（SR-AOPs）[J]. Chemical Engineering Journal，2021，406：127083.

[15] Guan C T，Jiang J，Pang S Y，et al. Formation and control of bromate in sulfate radical-based oxidation processes for the treatment of waters containing bromide：a critical review[J]. Water Research，2020，176：115725.

[16] Oh W D，Dong Z L，Lim T T. Generation of sulfate radical through heterogeneous catalysis for organic contaminants removal：current development，challenges and prospects[J]. Applied Catalysis B：Environmental，2016，194：169-201.

[17] 李丽，刘占孟，聂发挥. 过硫酸盐活化高级氧化技术在污水处理中的应用[J]. 华东交通大学学报，2014，31（6）：114-118.

[18] Ahmed M M，Barbati S，Doumenq P，et al. Sulfate radical anion oxidation of diclofenac and sulfamethoxazole for water decontamination[J]. Chemical Engineering Journal，2012，197：440-447.

[19] Yuan R X，Ramjaun S N，Wang Z H，et al. Effects of chloride ion on degradation of Acid Orange 7 by sulfate radical-based advanced oxidation process：implications for formation of chlorinated aromatic compounds[J]. Journal of Hazardous Materials，2011，196：173-179.

[20] Hu P D，Long M C. Cobalt-catalyzed sulfate radical-based advanced oxidation：a review on heterogeneous catalysts and applications[J]. Applied Catalysis B：Environmental，2016，181：103-117.

[21] Liu C G，Wu B. Sulfate radical-based oxidation for sludge treatment：a review[J]. Chemical Engineering Journal，2018，335：865-875.

[22] Wang J L，Wang S Z. Activation of persulfate（PS）and peroxymonosulfate（PMS）and application for the degradation of emerging contaminants[J]. Chemical Engineering Journal，2018，334：1502-1517.

[23] Ismail L，Ferronato C，Fine L，et al. Elimination of sulfaclozine from water with $SO_4^{\cdot-}$ radicals：evaluation of different persulfate activation methods[J]. Applied Catalysis B：Environmental，2017，201：573-581.

[24] Lau T K，Chu W，Graham N J. The aqueous degradation of butylated hydroxyanisole by UV/ $S_2O_8^{2-}$ ：study of reaction mechanisms via dimerization and mineralization[J]. Environmental Science & Technology，2007，41（2）：613-619.

[25] Duan X G，Sun H Q，Wang S B. Metal-free carbocatalysis in advanced oxidation reactions[J]. Accounts of Chemical Research，2018，51（3）：678-687.

[26] 汤宽厚，李欣，李莉，等. 碳材料活化过硫酸盐降解有机污染物的研究进展[J]. 鲁东大学学报（自然科学版），2021，37（4）：348-353.

[27] Wang C H，Kim J，Malgras V，et al. Metal-organic frameworks and their derived materials：emerging catalysts for a sulfate radicals-based advanced oxidation process in water purification[J]. Small，2019，15（16）：1900744.

[28] Li H L，Eddaoudi M，O'Keeffe M，et al. Design and synthesis of an exceptionally stable and highly porous metal-organic framework[J]. Nature，1999，402（6759）：276-279.

[29] Furukawa H，Cordova K E，O'Keeffe M，et al. The chemistry and applications of metal-organic frameworks[J]. Science，2013，341（6149）：1230444.

[30] Yaghi O M，Li H L. Hydrothermal synthesis of a metal-organic framework containing large rectangular channels[J]. Journal of the American Chemical Society，1995，117（41）：10401-10402.

[31] Lin Z J，Lv J，Hong M C，et al. Metal-organic frameworks based on flexible ligands（FL-MOFs）：structures and applications[J]. Chemical Society Reviews，2014，43（16）：5867-5895.

[32] Liu J，Thallapally P K，McGrail B P，et al. Progress in adsorption-based CO_2 capture by metal-organic frameworks[J]. Chemical Society Reviews，2012，41（6）：2308-2322.

[33] Yin H Q，Yin X B. Metal-organic frameworks with multiple luminescence emissions：designs and applications[J]. Accounts of Chemical Research，2020，53（2）：485-495.

[34] Zhu L，Liu X Q，Jiang H L，et al. Metal-organic frameworks for heterogeneous basic catalysis[J]. Chemical Reviews，2017，117（12）：8129-8176.

[35] Burtch N C，Jasuja H，Walton K S. Water stability and adsorption in metal-organic frameworks[J]. Chemical Reviews，2014，114（20）：10575-10612.

[36] Dhaka S，Kumar R，Deep A，et al. Metal-organic frameworks（MOFs）for the removal of emerging contaminants from aquatic environments[J]. Coordination Chemistry Reviews，2019，380：330-352.

[37] Gu Z Y，Yang C X，Chang N A，et al. Metal-organic frameworks for analytical chemistry：from sample collection to chromatographic separation[J]. Accounts of Chemical Research，2012，45（5）：734-745.

[38] Joseph J，Iftekhar S，Srivastava V，et al. Iron-based metal-organic framework：synthesis，structure and current technologies for water reclamation with deep insight into framework integrity[J]. Chemosphere，2021，284：131171.

[39] Liu X B，Liang T T，Zhang R T，et al. Iron-based metal-organic frameworks in drug delivery and biomedicine[J]. ACS Applied Materials & Interfaces，2021，13（8）：9643-9655.

[40] Xia Q，Wang H，Huang B B，et al. State-of-the-art advances and challenges of iron-based metal organic frameworks from attractive features，synthesis to multifunctional applications[J]. Small，2019，15（2）：1803088.

[41] 衣晓虹，王崇臣. 铁基金属-有机骨架及其复合物高级氧化降解水中新兴有机污染物[J]. 化学进展，2021，33（3）：471-489.

[42] Li X H，Guo W L，Liu Z H，et al. Fe-based MOFs for efficient adsorption and degradation of acid orange 7 in aqueous solution via persulfate activation[J]. Applied Surface Science，2016，369：130-136.

[43] Huo S H，Yan X P. Facile magnetization of metal-organic framework MIL-101 for magnetic solid-phase extraction of polycyclic aromatic hydrocarbons in environmental water samples[J]. Analyst，2012，137（15）：3445-3451.

[44] Pu M J，Ma Y W，Wan J Q，et al. Activation performance and mechanism of a novel heterogeneous persulfate catalyst：metal-organic framework MIL-53(Fe) with Fe^{II}/Fe^{III} mixed-valence coordinatively unsaturated iron center[J]. Catalysis Science & Technology，2017，7（5）：1129-1140.

[45] Pu M J，Guan Z Y，Ma Y W，et al. Synthesis of iron-based metal-organic framework MIL-53 as an efficient catalyst to activate persulfate for the degradation of orange G in aqueous solution[J]. Applied Catalysis A：General，2018，549：82-92.

[46] Chi H Y，Wan J Q，Ma Y W，et al. Ferrous metal-organic frameworks with stronger coordinatively unsaturated metal sites for persulfate activation to effectively degrade dibutyl phthalate in wastewater[J]. Journal of Hazardous Materials，2019，377：163-171.

[47] Miao Z W，Gu X G，Lu S G，et al. Enhancement effects of reducing agents on the degradation of tetrachloroethene in the Fe(Ⅱ)/Fe(Ⅲ) catalyzed percarbonate system[J]. Journal of Hazardous Materials，2015，300：530-537.

[48] Li Q P，Tian C B，Zhang H B，et al. An alternative strategy to construct Fe(Ⅱ)-based MOFs with multifarious structures and magnetic behaviors[J]. CrystEngComm，2014，16（39）：9208-9215.

[49] Pu M J，Niu J F，Brusseau M L，et al. Ferrous metal-organic frameworks with strong electron-donating properties for persulfate activation to effectively degrade aqueous sulfamethoxazole[J]. Chemical Engineering Journal，2020，394：125044.

[50] Wang D K，Wang M T，Li Z H. Fe-based metal-organic frameworks for highly selective photocatalytic benzene hydroxylation to phenol[J]. ACS Catalysis，2015，5（11）：6852-6857.

[51] Gao Y W，Li S M，Li Y X，et al. Accelerated photocatalytic degradation of organic pollutant over metal-organic framework MIL-53(Fe) under visible LED light mediated by persulfate[J]. Applied Catalysis B：Environmental，

2017，202：165-174.

[52] Mei W D，Li D Y，Xu H M，et al. Effect of electronic migration of MIL-53(Fe) on the activation of peroxymonosulfate under visible light[J]. Chemical Physics Letters，2018，706：694-701.

[53] Zhang Y，Zhou J B，Chen X，et al. Coupling of heterogeneous advanced oxidation processes and photocatalysis in efficient degradation of tetracycline hydrochloride by Fe-based MOFs：synergistic effect and degradation pathway[J]. Chemical Engineering Journal，2019，369：745-757.

[54] Shi H J，Wang Y L，Tang C J，et al. Mechanisim investigation on the enhanced and selective photoelectrochemical oxidation of atrazine on molecular imprinted mesoporous TiO_2[J]. Applied Catalysis B：Environmental，2019，246：50-60.

[55] Li X T，Wan J Q，Wang Y，et al. Mechanism of accurate recognition and catalysis of diethyl phthalate（DEP）in wastewater by novel MIL100 molecularly imprinted materials[J]. Applied Catalysis B：Environmental，2020，266：118591.

[56] Yao J F，Wang H T. Zeolitic imidazolate framework composite membranes and thin films：synthesis and applications[J]. Chemical Society Reviews，2014，43（13）：4470-4493.

[57] Yang H，He X W，Wang F，et al. Doping copper into ZIF-67 for enhancing gas uptake capacity and visible-light-driven photocatalytic degradation of organic dye[J]. Journal of Materials Chemistry，2012，22（41）：21849-21851.

[58] Pattengale B，Yang S Z，Ludwig J，et al. Exceptionally long-lived charge separated state in zeolitic imidazolate framework：implication for photocatalytic applications[J]. Journal of the American Chemical Society，2016，138（26）：8072-8075.

[59] 冯凡，曾坚贤，黄小平，等. 沸石咪唑骨架膜的制备及其应用进展[J]. 过程工程学报，2022，22（6）：11.

[60] 王鹏，张哲，陈文清. 沸石咪唑酯骨架材料合成及应用研究进展[J]. 四川化工，2021，24：34-37.

[61] Hou W L，Dong G Y，Zhao Y Q，et al. Synthesis，crystal structure，and catalytic properties of a new cobalt(Ⅱ) 1D coordination polymer[J]. Synthesis and Reactivity in Inorganic，Metal-Organic，and Nano-Metal Chemistry，2013，43（9）：1186-1189.

[62] Qin L，Li Y H，Ma P J，et al. Exploring the effect of chain length of bridging ligands in cobalt(Ⅱ) coordination polymers based on flexible bis (5, 6-dimethylbenzimidazole) ligands：synthesis，crystal structures，fluorescence and catalytic properties[J]. Journal of Molecular Structure，2013，1051：215-220.

[63] Lin K Y A，Chang H A. Zeolitic imidazole framework-67（ZIF-67）as a heterogeneous catalyst to activate peroxymonosulfate for degradation of Rhodamine B in water[J]. Journal of the Taiwan Institute of Chemical Engineers，2015，53：40-45.

[64] Anipsitakis G P，Dionysiou D D. Degradation of organic contaminants in water with sulfate radicals generated by the conjunction of peroxymonosulfate with cobalt[J]. Environmental Science & Technology，2003，37（20）：4790-4797.

[65] Shi P H，Dai X F，Zheng H G，et al. Synergistic catalysis of Co_3O_4 and graphene oxide on Co_3O_4/GO catalysts for degradation of Orange Ⅱ in water by advanced oxidation technology based on sulfate radicals[J]. Chemical Engineering Journal，2014，240：264-270.

[66] Guo Y X，Jia Z Q，Shi Q，et al. Zr(Ⅳ)-based coordination porous materials for adsorption of copper(Ⅱ) from water[J]. Microporous and Mesoporous Materials，2019，285：215-222.

[67] Fu H F，Song X X，Wu L，et al. Room-temperature preparation of MIL-88A as a heterogeneous photo-Fenton catalyst for degradation of rhodamine B and bisphenol a under visible light[J]. Materials Research Bulletin，2020，

125：110806.

[68] Li H X，Wan J Q，Ma Y W，et al. Degradation of refractory dibutyl phthalate by peroxymonosulfate activated with novel catalysts cobalt metal-organic frameworks：mechanism，performance，and stability[J]. Journal of Hazardous Materials，2016，318：154-163.

[69] Cong J K，Lei F，Zhao T，et al. Two Co-zeolite imidazolate frameworks with different topologies for degradation of organic dyes via peroxymonosulfate activation[J]. Journal of Solid State Chemistry，2017，256：10-13.

[70] 周志英，张彪，苏丹，等. 低 Cu(Ⅰ) 掺杂的高效双金属 Fe-MOFs 催化剂的制备及其催化过硫酸盐降解有机染料的性能研究[J]. 山东化工，2021，50：43-47.

[71] Cao J，Yang Z H，Xiong W P，et al. One-step synthesis of Co-doped UiO-66 nanoparticle with enhanced removal efficiency of tetracycline：simultaneous adsorption and photocatalysis[J]. Chemical Engineering Journal，2018，353：126-137.

[72] Yu J，Cao J，Yang Z H，et al. One-step synthesis of Mn-doped MIL-53(Fe) for synergistically enhanced generation of sulfate radicals towards tetracycline degradation[J]. Journal of Colloid and Interface Science，2020，580：470-479.

[73] Qiu X J，Yang S J，Dzakpasu M，et al. Attenuation of BPA degradation by $SO_4^{\cdot -}$ in a system of peroxymonosulfate coupled with Mn/Fe MOF-templated catalysts and its synergism with Cl^- and bicarbonate[J]. Chemical Engineering Journal，2019，372：605-615.

[74] Wang M H，Yang L，Guo C P，et al. Bimetallic Fe/Ti-based metal-organic framework for persulfate-assisted visible light photocatalytic degradation of orange Ⅱ[J]. ChemistrySelect，2018，3（13）：3664-3674.

[75] Yao B Q，Lua S K，Lim H S，et al. Rapid ultrasound-assisted synthesis of controllable Zn/Co-based zeolitic imidazolate framework nanoparticles for heterogeneous catalysis[J]. Microporous and Mesoporous Materials，2021，314：110777.

[76] Liu F，Cao J，Yang Z H，et al. Heterogeneous activation of peroxymonosulfate by cobalt-doped MIL-53(Al) for efficient tetracycline degradation in water：coexistence of radical and non-radical reactions[J]. Journal of Colloid and Interface Science，2021，581：195-204.

[77] Cao J，Yang Z H，Xiong W P，et al. Peroxymonosulfate activation of magnetic Co nanoparticles relative to an N-doped porous carbon under confinement：boosting stability and performance[J]. Separation and Purification Technology，2020，250：117237.

[78] Lin K Y A，Chang H A，Hsu C J. Iron-based metal organic framework，MIL-88A，as a heterogeneous persulfate catalyst for decolorization of Rhodamine B in water[J]. RSC Advances，2015，5（41）：32520-32530.

[79] Zhang M W，Lin K Y A，Huang C F，et al. Enhanced degradation of toxic azo dye，amaranth，in water using Oxone catalyzed by MIL-101-NH_2 under visible light irradiation[J]. Separation and Purification Technology，2019，227：115632.

[80] Duan M J，Guan Z，Ma Y W，et al. A novel catalyst of MIL-101(Fe) doped with Co and Cu as persulfate activator：synthesis，characterization，and catalytic performance[J]. Chemical Papers，2018，72（1）：235-250.

[81] Huang J Z，Zhong S F，Dai Y F，et al. Effect of MnO_2 phase structure on the oxidative reactivity toward bisphenol A degradation[J]. Environmental Science & Technology，2018，52（19）：11309-11318.

[82] Hu L X，Deng G H，Lu W C，et al. Peroxymonosulfate activation by Mn_3O_4/metal-organic framework for degradation of refractory aqueous organic pollutant rhodamine B[J]. Chinese Journal of Catalysis，2017，38（8）：1360-1372.

[83] Ai S S，Guo X，Zhao L，et al. Zeolitic imidazolate framework-supported Prussian blue analogues as an efficient

Fenton-like catalyst for activation of peroxymonosulfate[J]. Colloids and Surfaces A：Physicochemical and Engineering Aspects，2019，581：123796.

[84] Zhang K，Sun D D，Ma C，et al. Activation of peroxymonosulfate by $CoFe_2O_4$ loaded on metal-organic framework for the degradation of organic dye[J]. Chemosphere，2020，241：125021.

[85] Karakas K，Celebioglu A，Celebi M，et al. Nickel nanoparticles decorated on electrospun polycaprolactone/chitosan nanofibers as flexible，highly active and reusable nanocatalyst in the reduction of nitrophenols under mild conditions[J]. Applied Catalysis B：Environmental，2017，203：549-562.

[86] Zeng T，Zhang X L，Wang S H，et al. Spatial confinement of a Co_3O_4 catalyst in hollow metal-organic frameworks as a nanoreactor for improved degradation of organic pollutants[J]. Environmental Science & Technology，2015，49（4）：2350-2357.

[87] Xu L J，Wang J L. Magnetic nanoscaled Fe_3O_4/CeO_2 composite as an efficient Fenton-like heterogeneous catalyst for degradation of 4-chlorophenol[J]. Environmental Science & Technology，2012，46（18）：10145-10153.

[88] Yue X Y，Guo W L，Li X H，et al. Core-shell Fe_3O_4@MIL-101(Fe) composites as heterogeneous catalysts of persulfate activation for the removal of Acid Orange 7[J]. Environmental Science and Pollution Research，2016，23（15）：15218-15226.

[89] Wu Z L，Wang Y P，Xiong Z K，et al. Core-shell magnetic Fe_3O_4@Zn/Co-ZIFs to activate peroxymonosulfate for highly efficient degradation of carbamazepine[J]. Applied Catalysis B：Environmental，2020，277：119136.

[90] Rose M，Böhringer B，Jolly M，et al. MOF processing by electrospinning for functional textiles[J]. Advanced Engineering Materials，2011，13（4）：356-360.

[91] Gao S，Zhang Z Y，Liu K C，et al. Direct evidence of plasmonic enhancement on catalytic reduction of 4-nitrophenol over silver nanoparticles supported on flexible fibrous networks[J]. Applied Catalysis B：Environmental，2016，188：245-252.

[92] Wang C H，Wang H Y，Luo R L，et al. Metal-organic framework one-dimensional fibers as efficient catalysts for activating peroxymonosulfate[J]. Chemical Engineering Journal，2017，330：262-271.

[93] Ren W J，Gao J K，Lei C，et al. Recyclable metal-organic framework/cellulose aerogels for activating peroxymonosulfate to degrade organic pollutants[J]. Chemical Engineering Journal，2018，349：766-774.

[94] Wu C H，Yun W C，Wi-Afedzi T，et al. ZIF-67 supported on marcoscale resin as an efficient and convenient heterogeneous catalyst for Oxone activation[J]. Journal of Colloid and Interface Science，2018，514：262-271.

[95] Feng J D，Nguyen S T，Fan Z，et al. Advanced fabrication and oil absorption properties of super-hydrophobic recycled cellulose aerogels[J]. Chemical Engineering Journal，2015，270：168-175.

[96] Wang L Y，Xu H，Gao J K，et al. Recent progress in metal-organic frameworks-based hydrogels and aerogels and their applications[J]. Coordination Chemistry Reviews，2019，398：213016.

[97] Jing Y，Jia M Y，Xu Z Y，et al. Facile synthesis of recyclable 3D gelatin aerogel decorated with MIL-88B(Fe) for activation peroxydisulfate degradation of norfloxacin[J]. Journal of Hazardous Materials，2022，424：127503.

[98] Li X H，Guo W L，Liu Z H，et al. Quinone-modified NH_2-MIL-101(Fe) composite as a redox mediator for improved degradation of bisphenol A[J]. Journal of Hazardous Materials，2017，324：665-672.

[99] Gong Y，Yang B，Zhang H，et al. Ag-C_3N_4/MIL-101(Fe) heterostructure composite for highly efficient BPA degradation with persulfate under visible light irradiation[J]. Journal of Materials Chemistry A，2018，6（46）：23703-23711.

[100] Zhou J，Liu W，Cai W. The synergistic effect of Ag/AgCl@ZIF-8 modified g-C_3N_4 composite and peroxymonosulfate for the enhanced visible-light photocatalytic degradation of levofloxacin[J]. Science of the Total Environment，

2019，696：133962.

[101] Ke Q，Shi Y P，Liu Y X，et al. Enhanced catalytic degradation of bisphenol A by hemin-MOFs supported on boron nitride via the photo-assisted heterogeneous activation of persulfate[J]. Separation and Purification Technology，2019，229：115822.

[102] Miao S C，Zha Z X，Li Y，et al. Visible-light-driven MIL-53(Fe)/BiOCl composite assisted by persulfate：photocatalytic performance and mechanism[J]. Journal of Photochemistry and Photobiology A：Chemistry，2019，380：111862.

[103] Peng L，Gong X B，Wang X H，et al. *In situ* growth of ZIF-67 on a nickel foam as a three-dimensional heterogeneous catalyst for peroxymonosulfate activation[J]. RSC Advances，2018，8（46）：26377-26382.

[104] Huang D L，Wang G F，Cheng M，et al. Optimal preparation of catalytic metal-organic framework derivatives and their efficient application in advanced oxidation processes[J]. Chemical Engineering Journal，2021，421：127817.

[105] Hu J，Wang H L，Gao Q M，et al. Porous carbons prepared by using metal-organic framework as the precursor for supercapacitors[J]. Carbon，2010，48（12）：3599-3606.

[106] Kotal M，Tabassian R，Roy S，et al. Metal-organic framework-derived graphitic nanoribbons anchored on graphene for electroionic artificial muscles[J]. Advanced Functional Materials，2020，30（29）：1910326.

[107] Lundgren C A，Murray R W. Observations on the composition of Prussian blue films and their electrochemistry[J]. Inorganic Chemistry，1988，27（5）：933-939.

[108] Ferlay S，Mallah T，Ouahes R，et al. A room-temperature organometallic magnet based on Prussian blue[J]. Nature，1995，378（6558）：701-703.

[109] Zhang L，Wu H B，Lou X W. Metal-organic-frameworks-derived general formation of hollow structures with high complexity[J]. Journal of the American Chemical Society，2013，135（29）：10664-10672.

[110] Li X N，Wang Z H，Zhang B，et al. $Fe_xCo_{3-x}O_4$ nanocages derived from nanoscale metal-organic frameworks for removal of bisphenol A by activation of peroxymonosulfate[J]. Applied Catalysis B：Environmental，2016，181：788-799.

[111] Oh W D，Lua S K，Dong Z L，et al. High surface area DPA-hematite for efficient detoxification of bisphenol A via peroxymonosulfate activation[J]. Journal of Materials Chemistry A，2014，2（38）：15836-15845.

[112] Ren Y M，Lin L Q，Ma J，et al. Sulfate radicals induced from peroxymonosulfate by magnetic ferrospinel MFe_2O_4（M = Co，Cu，Mn，and Zn）as heterogeneous catalysts in the water[J]. Applied Catalysis B：Environmental，2015，165：572-578.

[113] Qin F X，Jia S Y，Liu Y，et al. Metal-organic framework as a template for synthesis of magnetic $CoFe_2O_4$ nanocomposites for phenol degradation[J]. Materials Letters，2013，101：93-95.

[114] Yang S J，Qiu X J，Jin P K，et al. MOF-templated synthesis of $CoFe_2O_4$ nanocrystals and its coupling with peroxymonosulfate for degradation of bisphenol A[J]. Chemical Engineering Journal，2018，353：329-339.

[115] Das R，Pachfule P，Banerjee R，et al. Metal and metal oxide nanoparticle synthesis from metal organic frameworks（MOFs）：finding the border of metal and metal oxides[J]. Nanoscale，2012，4（2）：591-599.

[116] Yang S J，Guo X Y，Wang Z R，et al. Significance of B-site cobalt on bisphenol A degradation by MOFs-templated $Co_xFe_{3-x}O_4$ catalysts and its severe attenuation by excessive cobalt-rich phase[J]. Chemical Engineering Journal，2019，359：552-563.

[117] Zhao J J，Wei H X，Liu P S，et al. Activation of peroxymonosulfate by metal-organic frameworks derived $Co_{1+x}Fe_{2-x}O_4$ for organic dyes degradation：a new insight into the synergy effect of Co and Fe[J]. Journal of Environmental Chemical Engineering，2021，9（4）：105412.

[118] Lin K Y A，Chang H A，Chen R C. MOF-derived magnetic carbonaceous nanocomposite as a heterogeneous catalyst to activate oxone for decolorization of Rhodamine B in water[J]. Chemosphere，2015，130：66-72.

[119] Khan M A N，Klu P K，Wang C H，et al. Metal-organic framework-derived hollow Co_3O_4/carbon as efficient catalyst for peroxymonosulfate activation[J]. Chemical Engineering Journal，2019，363：234-246.

[120] Zhang M，Wang C H，Liu C，et al. Metal-organic framework derived Co_3O_4/C@SiO_2 yolk-shell nanoreactors with enhanced catalytic performance[J]. Journal of Materials Chemistry A，2018，6（24）：11226-11235.

[121] Lin K Y A，Hsu F K，Lee W D. Magnetic cobalt-graphene nanocomposite derived from self-assembly of MOFs with graphene oxide as an activator for peroxymonosulfate[J]. Journal of Materials Chemistry A，2015，3（18）：9480-9490.

[122] Bao Y P，Oh W D，Lim T T，et al. Surface-nucleated heterogeneous growth of zeolitic imidazolate framework：a unique precursor towards catalytic ceramic membranes：synthesis，characterization and organics degradation[J]. Chemical Engineering Journal，2018，353：69-79.

[123] Zhu C Q，Liu F Q，Ling C，et al. Growth of graphene-supported hollow cobalt sulfide nanocrystals via MOF-templated ligand exchange as surface-bound radical sinks for highly efficient bisphenol A degradation[J]. Applied Catalysis B：Environmental，2019，242：238-248.

[124] Jia X D，Zhang X，Zhao J Q，et al. Ultrafine monolayer Co-containing layered double hydroxide nanosheets for water oxidation[J]. Journal of Energy Chemistry，2019，34：57-63.

[125] 王海燕，石高全. 层状双金属氢氧化物/石墨烯复合材料及其在电化学能量存储与转换中的应用[J]. 物理化学学报，2018，34（1）：22-35.

[126] Yang Z Z，Zhang C，Zeng G M，et al. Design and engineering of layered double hydroxide based catalysts for water depollution by advanced oxidation processes：a review[J]. Journal of Materials Chemistry A，2020，8（8）：4141-4173.

[127] 吕维扬，孙继安，姚玉元，等. 层状双金属氢氧化物的控制合成及其在水处理中的应用[J]. 化学进展，2021，32（12）：2049.

[128] Gu P C，Zhang S，Li X，et al. Recent advances in layered double hydroxide-based nanomaterials for the removal of radionuclides from aqueous solution[J]. Environmental Pollution，2018，240：493-505.

[129] Dionigi F，Zeng Z H，Sinev I，et al. *In-situ* structure and catalytic mechanism of NiFe and CoFe layered double hydroxides during oxygen evolution[J]. Nature Communications，2020，11（1）：1-10.

[130] Lee S，Bai L C，Hu X L. Deciphering iron-dependent activity in oxygen evolution catalyzed by nickel-iron layered double hydroxide[J]. Angewandte Chemie International Edition，2020，132（21）：8149-8154.

[131] Ahmed D N，Naji L A，Faisal A A H，et al. Waste foundry sand/MgFe-layered double hydroxides composite material for efficient removal of red dye from aqueous solution[J]. Scientific Reports，2020，10（1）：1-12.

[132] Zhang A T，Zheng W，Yuan Z，et al. Hierarchical NiMn-layered double hydroxides@CuO core-shell heterostructure *in-situ* generated on $Cu(OH)_2$ nanorod arrays for high performance supercapacitors[J]. Chemical Engineering Journal，2020，380：122486.

[133] Dhakshinamoorthy A，Li Z H，Garcia H. Catalysis and photocatalysis by metal organic frameworks[J]. Chemical Society Reviews，2018，47（22）：8134-8172.

[134] He P，Yu X Y，Lou X W. Carbon-incorporated nickel-cobalt mixed metal phosphide nanoboxes with enhanced electrocatalytic activity for oxygen evolution[J]. Angewandte Chemie International Edition，2017，56（14）：3897-3900.

[135] Cao J，Sun S W，Li X，et al. Efficient charge transfer in aluminum-cobalt layered double hydroxide derived from

Co-ZIF for enhanced catalytic degradation of tetracycline through peroxymonosulfate activation[J]. Chemical Engineering Journal，2020，382：122802.

[136] Gong J，Cao J，Zhang J，et al. The effect of silver resources on the photocatalytic reduction and oxidation properties of AgSCN[J]. Materials Technology，2017，32（14）：852-861.

[137] Rahm M，Zeng T，Hoffmann R. Electronegativity seen as the ground-state average valence electron binding energy[J]. Journal of the American Chemical Society，2018，141（1）：342-351.

[138] Shao P H，Tian J Y，Yang F，et al. Identification and regulation of active sites on nanodiamonds：establishing a highly efficient catalytic system for oxidation of organic contaminants[J]. Advanced Functional Materials，2018，28（13）：1705295.

[139] Ramachandran R，Sakthivel T，Li M Z，et al. Efficient degradation of organic dye using Ni-MOF derived NiCo-LDH as peroxymonosulfate activator[J]. Chemosphere，2021，271：128509.

[140] Zhao Y，Zhan X H，Wang H，et al. MOFs-derived MnO_x@C nanosheets for peroxymonosulfate activation：synergistic effect and mechanism[J]. Chemical Engineering Journal，2022，433：133806.

[141] Li C X，Chen C B，Lu J Y，et al. Metal organic framework-derived $CoMn_2O_4$ catalyst for heterogeneous activation of peroxymonosulfate and sulfanilamide degradation[J]. Chemical Engineering Journal，2018，337：101-109.

[142] Pu J Y，Wan J Q，Wang Y，et al. Different Co-based MOFs templated synthesis of Co_3O_4 nanoparticles to degrade RhB by activation of oxone[J]. RSC Advances，2016，6（94）：91791-91797.

[143] Chen L W，Zuo X，Yang S J，et al. Rational design and synthesis of hollow Co_3O_4@Fe_2O_3 core-shell nanostructure for the catalytic degradation of norfloxacin by coupling with peroxymonosulfate[J]. Chemical Engineering Journal，2019，359：373-384.

[144] Wu S J，Zhuang G X，Wei J X，et al. Shape control of core-shell MOF@MOF and derived MOF nanocages via ion modulation in a one-pot strategy[J]. Journal of Materials Chemistry A，2018，6（37）：18234-18241.

[145] Deng J，Cheng Y Q，Lu Y A，et al. Mesoporous manganese Cobaltite nanocages as effective and reusable heterogeneous peroxymonosulfate activators for Carbamazepine degradation[J]. Chemical Engineering Journal，2017，330：505-517.

[146] Li H R，Tian J Y，Zhu Z G，et al. Magnetic nitrogen-doped nanocarbons for enhanced metal-free catalytic oxidation：integrated experimental and theoretical investigations for mechanism and application[J]. Chemical Engineering Journal，2018，354：507-516.

[147] Dong F，Wu M J，Chen Z S，et al. Atomically dispersed transition metal-nitrogen-carbon bifunctional oxygen electrocatalysts for zinc-air batteries：recent advances and future perspectives[J]. Nano-Micro Letters，2021，14（1）：36.

[148] Jiang R，Li L，Sheng T，et al. Edge-site engineering of atomically dispersed Fe-N_4 by selective C—N bond cleavage for enhanced oxygen reduction reaction activities[J]. Journal of the American Chemical Society，2018，140（37）：11594-11598.

[149] Chen M M，Niu H Y，Niu C G，et al. Metal-organic framework-derived CuCo/carbon as an efficient magnetic heterogeneous catalyst for persulfate activation and ciprofloxacin degradation[J]. Journal of Hazardous Materials，2022，424：127196.

[150] Zeng T，Yu M D，Zhang H Y，et al. Fe/Fe_3C@N-doped porous carbon hybrids derived from nano-scale MOFs：robust and enhanced heterogeneous catalyst for peroxymonosulfate activation[J]. Catalysis Science & Technology，2017，7（2）：396-404.

[151] Yao Y J，Chen H，Lian C，et al. Fe，Co，Ni nanocrystals encapsulated in nitrogen-doped carbon nanotubes as

Fenton-like catalysts for organic pollutant removal[J]. Journal of Hazardous Materials，2016，314：129-139.

[152] Liu C，Wang Y P，Zhang Y T，et al. Enhancement of Fe@porous carbon to be an efficient mediator for peroxymonosulfate activation for oxidation of organic contaminants：incorporation NH_2-group into structure of its MOF precursor[J]. Chemical Engineering Journal，2018，354：835-848.

[153] Devi L G，Srinivas M，ArunaKumari M L. Heterogeneous advanced photo-Fenton process using peroxymonosulfate and peroxydisulfate in presence of zero valent metallic iron：a comparative study with hydrogen peroxide photo-Fenton process[J]. Journal of Water Process Engineering，2016，13：117-126.

[154] Yao Y J，Chen H，Qin J C，et al. Iron encapsulated in boron and nitrogen codoped carbon nanotubes as synergistic catalysts for Fenton-like reaction[J]. Water Research，2016，101：281-291.

[155] Duan X G，Ao Z M，Sun H Q，et al. Nitrogen-doped graphene for generation and evolution of reactive radicals by metal-free catalysis[J]. ACS Applied Materials & Interfaces，2015，7（7）：4169-4178.

[156] Liang P，Zhang C，Duan X G，et al. N-doped graphene from metal-organic frameworks for catalytic oxidation of *p*-hydroxylbenzoic acid：N-functionality and mechanism[J]. ACS Sustainable Chemistry & Engineering，2017，5（3）：2693-2701.

[157] Frank B，Zhang J，Blume R，et al. Heteroatoms increase the selectivity in oxidative dehydrogenation reactions on nanocarbons[J]. Angewandte Chemie International Edition，2009，48（37）：6913-6917.

[158] Chen Z L，Wu R B，Liu Y，et al. Ultrafine Co nanoparticles encapsulated in carbon-nanotubes-grafted graphene sheets as advanced electrocatalysts for the hydrogen evolution reaction[J]. Advanced Materials，2018，30（30）：1802011.

[159] Guo X X，Geng S B，Zhuo M J，et al. The utility of the template effect in metal-organic frameworks[J]. Coordination Chemistry Reviews，2019，391：44-68.

[160] Chu H Q，Zhang D，Jin B W，et al. Impact of morphology on the oxygen evolution reaction of 3D hollow cobalt-molybdenum nitride[J]. Applied Catalysis B：Environmental，2019，255：117744.

[161] Yang Z C，Qian J S，Yu A Q，et al. Singlet oxygen mediated iron-based Fenton-like catalysis under nanoconfinement[J]. Proceedings of the National Academy of Sciences，2019，116（14）：6659-6664.

[162] Qin X，Shi P H，Liu H L，et al. Magnetic M_xO_y@NC as heterogeneous catalysts for the catalytic oxidation of aniline solution with sulfate radicals[J]. Journal of Nanoparticle Research，2017，19（6）：1-15.

[163] Li X N，Ao Z M，Liu J Y，et al. Topotactic transformation of metal-organic frameworks to graphene-encapsulated transition-metal nitrides as efficient Fenton-like catalysts[J]. ACS Nano，2016，10（12）：11532-11540.

[164] Lin K Y A，Chen B J. Prussian blue analogue derived magnetic carbon/cobalt/iron nanocomposite as an efficient and recyclable catalyst for activation of peroxymonosulfate[J]. Chemosphere，2017，166：146-156.

[165] Tu Y C，Ren P J，Deng D H，et al. Structural and electronic optimization of graphene encapsulating binary metal for highly efficient water oxidation[J]. Nano Energy，2018，52：494-500.

[166] Wan W C，Zhang R Y，Ma M Z，et al. Monolithic aerogel photocatalysts：a review[J]. Journal of Materials Chemistry A，2018，6（3）：754-775.

[167] Barrios E，Fox D，Li Sip Y Y，et al. Nanomaterials in advanced，high-performance aerogel composites：a review[J]. Polymers，2019，11（4）：726.

[168] Zhou L M，Zhang K，Hu Z，et al. Recent developments on and prospects for electrode materials with hierarchical structures for lithium-ion batteries[J]. Advanced Energy Materials，2018，8（6）：1701415.

[169] Cao J，Yang Z H，Xiong W P，et al. Three-dimensional MOF-derived hierarchically porous aerogels activate peroxymonosulfate for efficient organic pollutants removal[J]. Chemical Engineering Journal，2022，427（1）：

130830，2-11.

[170] Guo Y N，Park T，Yi J W，et al. Nanoarchitectonics for transition-metal-sulfide-based electrocatalysts for water splitting[J]. Advanced Materials，2019，31（17）：1807134.

[171] Xu L，Fu B R，Sun Y，et al. Degradation of organic pollutants by Fe/N co-doped biochar via peroxymonosulfate activation：synthesis，performance，mechanism and its potential for practical application[J]. Chemical Engineering Journal，2020，400：125870.

[172] Ma X Y，Lou Y，Chen X B，et al. Multifunctional flexible composite aerogels constructed through *in-situ* growth of metal-organic framework nanoparticles on bacterial cellulose[J]. Chemical Engineering Journal，2019，356：227-235.

[173] Li X N，Huang X，Xi S B，et al. Single cobalt atoms anchored on porous N-doped graphene with dual reaction sites for efficient Fenton-like catalysis[J]. Journal of the American Chemical Society，2018，140（39）：12469-12475.

[174] Qiao B T，Wang A Q，Yang X F，et al. Single-atom catalysis of CO oxidation using Pt_1/FeO_x[J]. Nature Chemistry，2011，3（8）：634-641.

[175] Yang J R，Zeng D Q，Li J，et al. A highly efficient Fenton-like catalyst based on isolated diatomic Fe-Co anchored on N-doped porous carbon[J]. Chemical Engineering Journal，2021，404：126376.

[176] Yang J R，Zeng D Q，Zhang Q G，et al. Single Mn atom anchored on N-doped porous carbon as highly efficient Fenton-like catalyst for the degradation of organic contaminants[J]. Applied Catalysis B：Environmental，2020，279：119363.

[177] Wu C H，Lin J T，Lin K Y A. Magnetic cobaltic nanoparticle-anchored carbon nanocomposite derived from cobalt-dipicolinic acid coordination polymer：an enhanced catalyst for environmental oxidative and reductive reactions[J]. Journal of Colloid and Interface Science，2018，517：124-133.

[178] Li X，Rykov A I，Zhang B，et al. Graphene encapsulated Fe_xCo_y nanocages derived from metal-organic frameworks as efficient activators for peroxymonosulfate[J]. Catalysis Science & Technology，2016，6（20）：7486-7494.

[179] Lin K Y A，Chen B C. Efficient elimination of caffeine from water using Oxone activated by a magnetic and recyclable cobalt/carbon nanocomposite derived from ZIF-67[J]. Dalton Transactions，2016，45（8）：3541-3551.

[180] Wang Y，Gao C Y，Zhang Y Z，et al. Bimetal-organic framework derived CoFe/NC porous hybrid nanorods as high-performance persulfate activators for bisphenol a degradation [J]. Chemical Engineering Journal，2021，421：127800.

[181] Liu Y，Chen X Y，Yang Y L，et al. Activation of persulfate with metal-organic framework-derived nitrogen-doped porous Co@C nanoboxes for highly efficient *p*-chloroaniline removal[J]. Chemical Engineering Journal，2019，358：408-418.

[182] Ma W J，Wang N，Du Y C，et al. One-step synthesis of novel Fe_3C@nitrogen-doped carbon nanotubes/graphene nanosheets for catalytic degradation of Bisphenol A in the presence of peroxymonosulfate[J]. Chemical Engineering Journal，2019，356：1022-1031.

[183] Sun H Q，Liu S Z，Zhou G L，et al. Reduced graphene oxide for catalytic oxidation of aqueous organic pollutants[J]. ACS Applied Materials & Interfaces，2012，4（10）：5466-5471.

[184] Duan X G，Ao Z M，Zhang H Y，et al. Nanodiamonds in sp^2/sp^3 configuration for radical to nonradical oxidation：core-shell layer dependence[J]. Applied Catalysis B：Environmental，2018，222：176-181.

[185] Sun H Q，Kwan C K，Suvorova A，et al. Catalytic oxidation of organic pollutants on pristine and surface nitrogen-modified carbon nanotubes with sulfate radicals[J]. Applied Catalysis B：Environmental，2014，154：134-141.

[186] Duan X G，Sun H Q，Kang J，et al. Insights into heterogeneous catalysis of persulfate activation on dimensional-structured nanocarbons[J]. ACS Catalysis，2015，5（8）：4629-4636.

[187] Indrawirawan S，Sun H Q，Duan X G，et al. Nanocarbons in different structural dimensions（0-3D）for phenol adsorption and metal-free catalytic oxidation[J]. Applied Catalysis B：Environmental，2015，179：352-362.

[188] Duan X G，Sun H Q，Wang Y X，et al. N-doping-induced nonradical reaction on single-walled carbon nanotubes for catalytic phenol oxidation[J]. ACS Catalysis，2015，5（2）：553-559.

[189] Cheng N Y，Ren L，Xu X，et al. Recent development of zeolitic imidazolate frameworks（ZIFs）derived porous carbon based materials as electrocatalysts[J]. Advanced Energy Materials，2018，8（25）：1801257.

[190] Song Y X，Qiang T T，Ye M，et al. Metal organic framework derived magnetically separable 3-dimensional hierarchical Ni@C nanocomposites：synthesis and adsorption properties[J]. Applied Surface Science，2015，359：834-840.

[191] Liu Y，Miao W，Fang X，et al. MOF-derived metal-free N-doped porous carbon mediated peroxydisulfate activation via radical and non-radical pathways：role of graphitic N and CO[J]. Chemical Engineering Journal，2020，380：122584.

[192] Lee W J，Maiti U N，Lee J M，et al. Nitrogen-doped carbon nanotubes and graphene composite structures for energy and catalytic applications[J]. Chemical Communications，2014，50（52）：6818-6830.

[193] Ma W J，Wang N，Fan Y N，et al. Non-radical-dominated catalytic degradation of bisphenol A by ZIF-67 derived nitrogen-doped carbon nanotubes frameworks in the presence of peroxymonosulfate[J]. Chemical Engineering Journal，2018，336：721-731.

[194] Duan X G，Ao Z M，Sun H Q，et al. Insights into N-doping in single-walled carbon nanotubes for enhanced activation of superoxides：a mechanistic study[J]. Chemical Communications，2015，51（83）：15249-15252.

[195] Wang G L，Chen S，Quan X，et al. Enhanced activation of peroxymonosulfate by nitrogen doped porous carbon for effective removal of organic pollutants[J]. Carbon，2017，115：730-739.

[196] Wang N，Ma W J，Ren Z Q，et al. Prussian blue analogues derived porous nitrogen-doped carbon microspheres as high-performance metal-free peroxymonosulfate activators for non-radical-dominated degradation of organic pollutants[J]. Journal of Materials Chemistry A，2018，6（3）：884-895.

[197] Zhao S Y，Long Y K，Shen X H，et al. Regulation of electronic structures of MOF-derived carbon via ligand adjustment for enhanced Fenton-like reactions[J]. Science of the Total Environment，2021，799：149497.

[198] Ma W J，Wang N，Tong T Z，et al. Nitrogen，phosphorus，and sulfur tri-doped hollow carbon shells derived from ZIF-67@poly (cyclotriphosphazene-*co*-4, 4′-sulfonyldiphenol) as a robust catalyst of peroxymonosulfate activation for degradation of bisphenol A[J]. Carbon，2018，137：291-303.

[199] Duan X G，O'Donnell K，Sun H Q，et al. Sulfur and nitrogen co-doped graphene for metal-free catalytic oxidation reactions[J]. Small，2015，11（25）：3036-3044.

[200] Hu P Q，Su H R，Chen Z Y，et al. Selective degradation of organic pollutants using an efficient metal-free catalyst derived from carbonized polypyrrole via peroxymonosulfate activation[J]. Environmental Science & Technology，2017，51（19）：11288-11296.

[201] Wang Y B，Cao D，Zhao X. Heterogeneous degradation of refractory pollutants by peroxymonosulfate activated by CoO_x-doped ordered mesoporous carbon[J]. Chemical Engineering Journal，2017，328：1112-1121.

[202] Ding M，Bannuru K K R，Wang Y，et al. Free-standing electrodes derived from metal-organic frameworks/nanofibers hybrids for membrane capacitive deionization[J]. Advanced Materials Technologies，2018，3（11）：1800135.

[203] Duan X G，Su C，Zhou L，et al. Surface controlled generation of reactive radicals from persulfate by carbocatalysis on nanodiamonds[J]. Applied Catalysis B：Environmental，2016，194：7-15.

[204] Zhang G X，Huang D L，Cheng M，et al. Megamerger of MOFs and *g*-C_3N_4 for energy and environment applications：upgrading the framework stability and performance[J]. Journal of Materials Chemistry A，2020，8（35）：17883-17906.

[205] Gong Y，Zhao X，Zhang H，et al. MOF-derived nitrogen doped carbon modified *g*-C_3N_4 heterostructure composite with enhanced photocatalytic activity for bisphenol A degradation with peroxymonosulfate under visible light irradiation[J]. Applied Catalysis B：Environmental，2018，233：35-45.

[206] Bauza M，Turnes Palomino G，Palomino Cabello C. MIL-100(Fe)-derived carbon sponge as high-performance material for oil/water separation[J]. Separation and Purification Technology，2021，257：117951.

[207] Gupta N，Murthy Z V P. Synthesis and application of ZIF-67 on the performance of polysulfone blend membranes[J]. Materials Today Chemistry，2022，23：100685.

[208] Kharissova O V，Kharisov B I，Ulyand I E，et al. Catalysis using metal-organic framework-derived nanocarbons：recent trends[J]. Journal of Materials Research，2020，35（16）：2190-2207.

[209] Wang N，Ma W J，Ren Z Q，et al. Template synthesis of nitrogen-doped carbon nanocages-encapsulated carbon nanobubbles as catalyst for activation of peroxymonosulfate[J]. Inorganic Chemistry Frontiers，2018，5（8）：1849-1860.

[210] Ma W J，Du Y C，Wang N，et al. ZIF-8 derived nitrogen-doped porous carbon as metal-free catalyst of peroxymonosulfate activation[J]. Environmental Science and Pollution Research，2017，24（19）：16276-16288.

[211] Liang P，Wang Q C，Kang J，et al. Dual-metal zeolitic imidazolate frameworks and their derived nanoporous carbons for multiple environmental and electrochemical applications[J]. Chemical Engineering Journal，2018，351：641-649.

[212] Li X M，Yan X L，Hu X Y，et al. Enhanced adsorption and catalytic peroxymonosulfate activation by metal-free N-doped carbon hollow spheres for water depollution[J]. Journal of Colloid and Interface Science，2021，591：184-192.

[213] Liang P，Zhang C，Duan X G，et al. An insight into metal organic framework derived N-doped graphene for the oxidative degradation of persistent contaminants：formation mechanism and generation of singlet oxygen from peroxymonosulfate[J]. Environmental Science：Nano，2017，4（2）：315-324.

[214] Wang C H，Kim J，Kim M，et al. Nanoarchitectured metal-organic framework-derived hollow carbon nanofiber filters for advanced oxidation processes[J]. Journal of Materials Chemistry A，2019，7（22）：13743-13750.

[215] Huang D L，Zhang G X，Yi J，et al. Progress and challenges of metal-organic frameworks-based materials for SR-AOPs applications in water treatment[J]. Chemosphere，2021，263：127672.

[216] Li X，Wu D，Hua T，et al. Micro/macrostructure and multicomponent design of catalysts by MOF-derived strategy：opportunities for the application of nanomaterials-based advanced oxidation processes in wastewater treatment[J]. Science of the Total Environment，2022，804：150096.

[217] Liu D，Gu W Y，Zhou L，et al. Recent advances in MOF-derived carbon-based nanomaterials for environmental applications in adsorption and catalytic degradation [J]. Chemical Engineering Journal，2022，427：131503.

[218] Chen X，Oh W D，Lim T T. Graphene- and CNTs-based carbocatalysts in persulfates activation：material design and catalytic mechanisms[J]. Chemical Engineering Journal，2018，354：941-976.

[219] Duan X G，Sun H Q，Shao Z P，et al. Nonradical reactions in environmental remediation processes：uncertainty and challenges[J]. Applied Catalysis B：Environmental，2018，224：973-982.

[220] Li D G，Duan X G，Sun H Q，et al. Facile synthesis of nitrogen-doped graphene via low-temperature pyrolysis：the effects of precursors and annealing ambience on metal-free catalytic oxidation[J]. Carbon，2017，115：649-658.

[221] Ball D L，Edwards J O. The kinetics and mechanism of the decomposition of Caro's acid[J]. Journal of the American Chemical Society，1956，78（6）：1125-1129.

[222] Evans D F，Upton M W. Studies on singlet oxygen in aqueous solution. Part 3. The decomposition of peroxy-acids[J]. Journal of the Chemical Society，Dalton Transactions，1985（6）：1151-1153.

[223] Zhang M，Luo R，Wang C H，et al. Confined pyrolysis of metal-organic frameworks to N-doped hierarchical carbon for non-radical dominated advanced oxidation processes[J]. Journal of Materials Chemistry A，2019，7（20）：12547-12555.

[224] Luo R，Li M Q，Wang C H，et al. Singlet oxygen-dominated non-radical oxidation process for efficient degradation of bisphenol A under high salinity condition[J]. Water Research，2019，148：416-424.

[225] Ren W，Xiong L L，Yuan X H，et al. Activation of peroxydisulfate on carbon nanotubes：electron-transfer mechanism[J]. Environmental Science & Technology，2019，53（24）：14595-14603.

[226] Liu K，Gao Y X，Liu J，et al. Photoreactivity of metal-organic frameworks in aqueous solutions：metal dependence of reactive oxygen species production[J]. Environmental Science & Technology，2016，50（7）：3634-3640.

[227] Lv H L，Zhao H Y，Cao T C，et al. Efficient degradation of high concentration azo-dye wastewater by heterogeneous Fenton process with iron-based metal-organic framework[J]. Journal of Molecular Catalysis A：Chemical，2015，400：81-89.

[228] Vu T A，Le G H，Dao C D，et al. Isomorphous substitution of Cr by Fe in MIL-101 framework and its application as a novel heterogeneous photo-Fenton catalyst for reactive dye degradation[J]. RSC Advances，2014，4（78）：41185-41194.

[229] Qin L，Li Z W，Xu Z H，et al. Organic-acid-directed assembly of iron-carbon oxides nanoparticles on coordinatively unsaturated metal sites of MIL-101 for green photochemical oxidation[J]. Applied Catalysis B：Environmental，2015，179：500-508.

[230] Gao C，Chen S，Quan X，et al. Enhanced Fenton-like catalysis by iron-based metal organic frameworks for degradation of organic pollutants[J]. Journal of Catalysis，2017，356：125-132.

[231] Guo R X，Cai X H，Liu H W，et al. *In situ* growth of metal-organic frameworks in three-dimensional aligned lumen arrays of wood for rapid and highly efficient organic pollutant removal[J]. Environmental Science & Technology，2019，53（5）：2705-2712.

第 7 章　MOFs 基类芬顿反应去除水体中污染物的应用

水污染是全球性的环境问题之一。近年来，大量的新兴合成有机物，如药物和个人护理用品、化妆品、杀虫剂和染料排放到不同类型的废水中，并最终进入自然水体。众所周知，这些化合物中绝大多数是持久性有机污染物（POPs），因为它们在阳光照射下稳定性高，并且抗微生物侵蚀[1-8]。许多持久性有机污染物由于持久的生物毒性累积效应能够通过食物链对包括人类在内的生物体造成健康损害。因此，迫切需要开发一种高效的方法从环境中去除这些持久性有机污染物。高级氧化技术（AOPs）已被证明在极短的处理时间内，就能取得良好的废水中有机污染物的去除效果[9-20]。AOPs 是一种环境友好的化学、电化学或光化学方法，能原位生成高氧化活性羟基自由基（·OH）作为其主要氧化剂[21-29]。

芬顿法在环境治理领域受到了广泛的关注[30-38]。在传统的芬顿反应式（7.1）中，亚铁离子（Fe^{2+}）催化过氧化氢（H_2O_2）的分解，生成·OH[39-42]。生成的铁离子（Fe^{3+}）可通过式（7.2）还原，称为类芬顿反应[43]。芬顿反应生成的·OH 是第二大反应性化学物质，它们可以通过吸氢[式（7.3）]或加入羟基[式（7.4）]来降解有机污染物[44]。

$$Fe^{2+} + H_2O_2 \longrightarrow Fe^{3+} + HO^- + \cdot OH \tag{7.1}$$

$$Fe^{3+} + H_2O_2 \longrightarrow Fe^{2+} + H^+ + HO_2 \cdot \tag{7.2}$$

$$RH + \cdot OH \longrightarrow H_2O + R \cdot \longrightarrow \text{进一步氧化} \tag{7.3}$$

$$R + \cdot OH \longrightarrow \cdot ROH \longrightarrow \text{进一步氧化} \tag{7.4}$$

在 20 世纪 30 年代，芬顿反应在有机物降解方面的实际应用取得了开拓性进展。随后，芬顿反应及其衍生技术，如电芬顿[45-53]和光芬顿[54-60]也被广泛研究用于降解各类有机污染物。在均相芬顿氧化系统中，由于传质限制可以忽略，反应可以非常有效地应用于降解过程中[61]。但传统的芬顿法存在一些缺点，如需要严格的 pH 调节（pH 为 2.8～3.5），会产生污泥，废水中催化剂的损失等[62-64]。使用固体催化剂的非均相类芬顿过程可以应对这些缺点，并逐渐发展起来[39, 40, 65-72]。在多相类芬顿催化中，铁（或其他过渡金属）稳定在催化剂的结构上，可以在更宽的 pH 范围内减少氢氧根的沉淀。目前有一些综述总结了在非均相类芬顿反应中用作催化剂或金属载体的多种材料[73-76]。这些综述表明，开发成本低、活性高、稳定性好、对环境有益的新型多相催化剂十分重要，但也具有挑战性。

金属有机骨架（MOFs），也称为多孔配位网络（PCNs），或多孔配位聚合物（PCPs），是由有机配体和金属离子（或簇）组装而成的结晶无机-有机杂化物[77-83]。MOFs不仅结合了无机和有机组分各自的优异特性，而且时常表现出独特的特性，超出了组分简单混合的预期[84-88]。此外，MOFs材料还可以根据具体应用需要设计尺寸、纹理特性和特定结构。这一研究领域的早期工作主要集中在新型MOFs材料的合成上。然而，近年来寻找潜在的应用已经成为一个非常有趣的话题。自20世纪90年代末被发现以来，MOFs已经被应用于许多领域，如分离、能量储存、传感和催化分解[89-94]。

MOFs的出现为开发具有化学稳定性好、结构良好、孔体积大、比表面积大等优良特性的催化剂提供了新的机遇。然而，应该承认的是，MOFs的热稳定性和水稳定性通常低于碳材料，而MOFs衍生催化剂的构建正在为MOFs的催化领域应用带来新的潜力。同时，MOFs衍生的类芬顿催化剂发展迅速[68, 73, 95-101]。目前对各种MOFs衍生类芬顿催化剂包括单金属（如Fe、Co、Cu）和含MOFs的多金属（如Fe/Co、Fe/Cu）进行了广泛研究。越来越多的研究表明，基于MOFs的类芬顿催化技术将在有机污染物的去除中扮演重要角色。

7.1　MOFs基类芬顿反应去除水体中污染物的反应机理

Fe^{2+}可以活化H_2O_2产生·OH。对于传统的芬顿反应，机理一般认为是羟基自由基理论，即H_2O_2在Fe^{2+}的催化作用下可分解产生·OH，主要有两个步骤，如式（7.5）和式（7.6）所示：

$$\mathrm{Fe(III)} + \mathrm{H_2O_2} \longrightarrow \mathrm{Fe(II)} + \mathrm{HO_2}\cdot + \mathrm{H^+} \tag{7.5}$$

$$\mathrm{Fe(II)} + \mathrm{H_2O_2} \longrightarrow \mathrm{Fe(III)} + \cdot\mathrm{OH} + \mathrm{OH^-} \tag{7.6}$$

步骤1是由H_2O_2通过式（7.5）将MOFs中Fe(III)还原为Fe(Ⅱ)。步骤2是通过式（7.6）分解H_2O_2，生成氧化性很强的活性物质·OH，再生成Fe(III)，其中Fe(Ⅱ)被H_2O_2氧化成Fe(III)。Fe(III)/Fe(Ⅱ)的循环是芬顿反应的速控步骤，因此加快Fe(III)/Fe(Ⅱ)的转化是增加芬顿反应速率的有效方法。

光芬顿反应是可见光或紫外光辅助的芬顿反应，与传统的芬顿反应相比能够快速产生更多的·OH，进而高效降解有机物。除了MOF-5，大多数MOFs属于分子光催化剂，可以描述为HOMO-LUMO理论。在可见光照射下，MOFs可以通过配体-金属簇电荷转移（LMCT）机理和金属-氧簇激发［式（7.7）］产生电子和空穴。电子从HOMO被激发到LUMO，在HOMO上留下一个空穴。电子可以直接将MOFs中Fe(III)还原为Fe(Ⅱ)，进而参与芬顿反应［式（7.6）］。一方面，空穴

可以与 H_2O_2 反应形成·OH，而电子可以与溶解的 O_2 反应形成 $O_2^{\cdot-}$。空穴、·OH 和 $O_2^{\cdot-}$ 都是氧化性很强的活性物质，可以直接参与有机污染物的降解。另一方面，空穴还可以将 Fe(Ⅱ)氧化为 Fe(Ⅲ)，促进 Fe(Ⅱ)/Fe(Ⅲ)的稳定动态循环，加速·OH 的生成。H_2O_2 作为电子受体，可以捕获电子形成·OH，抑制电子和空穴的重组，最终改善有机污染物的降解。

$$\text{MOFs} + h\nu \longrightarrow \text{h}^+ + \text{e}^- \tag{7.7}$$

$$\text{H}_2\text{O}_2 + \text{e}^-(\text{MOFs}) \longrightarrow \cdot\text{OH} + \text{OH}^- \tag{7.8}$$

7.2 单体 MOFs 基类芬顿反应去除水体中污染物

7.2.1 铁基 MOFs 材料类芬顿反应

在已报道的各种类型的 MOFs 中，铁基 MOFs 作为非均相类芬顿催化剂表现出了巨大的潜力。这是因为铁的分布广泛、无毒性，并且铁基 MOFs 能够由于铁氧簇（Fe-O）的存在而有可见光响应[102, 103]。到目前为止，已经通过使用多种类型的有机配体开发了大量的铁基 MOFs。联吡啶，因吡啶环与 Fe^{2+} 具有较强的亲和力，且对·OH 具有抗氧化性，是目前应用最广泛的配体之一[104]。此外，在 2, 20-联吡啶配体上引入羧基可以进一步得到稳定的配合物，这是因为羧基可以与催化过程中形成的 Fe^{3+} 结合，抑制其水解。根据 Li 等[105]的报道，以 2, 20-联吡啶-5, 50-二羧酸酯为配体，成功合成了 Fe(Ⅱ) MOFs 材料（Fe-bpydc）。该材料在中性 pH 条件下对活化 H_2O_2 以诱导有机污染物的降解表现出高效率，并在反应体系中保持良好的稳定性。Fe-bpydc 在 3 个连续的降解循环中总转化率（TON）可以达到 23%，远远超过先前报道的基于 MOFs 的芬顿系统。对 H_2O_2 浓度变化的测量表明，Fe-bpydc 只有在有机底物存在的情况下才能消耗 H_2O_2，从而防止了 H_2O_2 的无效分解，提高了其利用效率。选择不同类型的配体还会影响 MOFs 催化剂的形貌结构进而改善其催化性能[102, 106]。例如，与 MIL-68(Fe)（以 1, 4-苯二甲酸为配体）相比，MIL-100(Fe)（以 1, 3, 5-苯三羧酸为配体）表现出更强的可见光吸收和相对更为高效的催化降解能力。这可能是由于 MIL-100(Fe)中含有 Fe_3O 团簇具备可见光吸收能力而产生电子，并且能够有效从金属中心转移到底物上。此外，已有研究证实了催化剂中的 μ_3-O 原子可以促进 μ_3-O 团簇单元中形成明显的电子离域态，有利于电子从金属离子转移到氧化剂中形成活性物种[107, 108]。由于 MOFs 的结构高度可调控，这些结果突出了寻找更经济和可持续的 MOFs 用于类芬顿催化的巨大潜力。

MOFs 催化的类芬顿过程的效率可以通过与光能（紫外或可见光）相结合来

提高，这是目前一个热门的研究领域。近年来，人们对开发新的非均相光芬顿反应有了更大的兴趣[109-111]。众所周知，FeOOH 具有 2.2～2.5eV 的带隙，是一种很有前途的可见光催化剂[112]。不幸的是，光催化剂上快速的电子与空穴复合率很大程度上限制了氧化效率[112]。一些研究人员已经证明，可以通过减小粒径来克服这一问题[113]。在 MOFs 材料中含有非常小的 Fe(III)氧化物团簇（5～8nm），被认为是可见光光催化剂。2013 年，Laurier 等[114]合成了一种含 Fe(III)氧化物簇合物的新 MOFs，并证明了其对罗丹明 B（RhB）降解的高光催化效率。在接下来的研究中，发现 MIL-53(Fe)在可见光照射下表现出很高的光芬顿活性[115]。在最近发表的一项工作中，MIL-53(Fe)/H_2O_2/可见光体系对两种 PPCPs（氯贝酸和卡马西平）的降解性能明显高于 MIL-53(Fe)/H_2O_2、Fe(Ⅱ)/H_2O_2 或 TiO_2/可见光体系[116]。因此，可见光和 H_2O_2 都是提高降解效率的必要条件。结果表明，MIL-53(Fe)的光芬顿活性主要来自铁-氧团簇的直接激发。在 H_2O_2 和可见光存在下，正协同效应有助于提高 MIL-53 的催化性能。MIL-53(Fe)表面的 Fe(III)可以催化 H_2O_2 分解生成·OH［式（7.5）和式（7.6）］。另一方面，H_2O_2 作为一种有效的牺牲剂来捕获 MIL-53(Fe)激发态中的光诱导电子，形成·OH［式（7.7）和式（7.8）］。在另一项研究中，Ai 等[117]也通过简单的溶剂热反应合成了对苯二甲酸铁金属有机骨架 MIL-53(Fe)。在可见光照射和一定量的 H_2O_2 存在的情况下，它能在 50min 内完全分解 10mg/L 的 RhB。结果表明，溶液 pH、染料初始浓度、H_2O_2 投加量等操作参数对催化活性有较大影响。通过检测·OH 和瞬态光电流响应来研究 MIL-53(Fe)的活化作用，结果表明 H_2O_2 在催化过程中有两种表现：①它可以被 MIL-53(Fe)通过类芬顿反应产生·OH 催化分解；②它可以在可见光照射下捕获激发态 MIL-53(Fe)导带中的光生电子以形成·OH。此外，还通过在给定反应条件下改变 H_2O_2 浓度研究了 H_2O_2 用量对 RhB 在 MIL-53(Fe)/可见光/H_2O_2 体系中降解的影响。当 H_2O_2 浓度从 5mmol/L 增加到 20mmol/L 时，降解效率相应地从 77%提高到 98%。降解效率的提高是由于随着 H_2O_2 浓度的增加，·OH 的浓度增加[118, 119]。然而，当 H_2O_2 浓度从 20mmol/L 增加到 40mmol/L 时，降解效率没有进一步提高，而是保持在几乎恒定的水平。这可以解释为多余的 H_2O_2 分子充当·OH 的清除剂，以生成具有较低氧化电位的过羟基自由基［式（7.9）和式（7.10）］[120]：

$$H_2O_2 + \cdot OH \longrightarrow H_2O + HO_2 \cdot \tag{7.9}$$

$$HO_2 \cdot + \cdot OH \longrightarrow H_2O + O_2 \tag{7.10}$$

此外，Ma 等[121]开发出了另一种 Fe 基 MOFs 材料，即 NH_2-MIL-88B（以 2-氨基对苯二甲酸为配体），并将其以吸附和类芬顿氧化相结合的方式从水溶液中去除培氟沙星。当单独使用 H_2O_2 时，仅实现了相对较低的培氟沙星去除率（约 10.0%），这表明在没有 NH_2-MIL-88B 的情况下，由于 H_2O_2 对有机污染物的弱氧化降解，H_2O_2 对培氟沙星降解的影响非常有限[122, 123]。此外，在没有 H_2O_2 的情况下，NH_2-MIL-88B 对培氟沙星的去除率为 30.5%，是 H_2O_2 单独存在时的 3 倍。这表明，NH_2-MIL-88B 作为典型的 MOFs 材料，对包括培氟沙星在内的水溶液中有机污染物具有较高的吸附能力。然而，结合使用 H_2O_2 和 NH_2-MIL-88B 可在 120min 内完全去除培氟沙星，这表明基于 NH_2-MIL-88B 的类芬顿氧化在去除培氟沙星的过程起着重要作用。另外还评估了 NH_2-MIL-88B 通过吸附和类芬顿氧化去除培氟沙星的可重复使用性。NH_2-MIL-88B 通过吸附去除了 46.7%培氟沙星。此后，去除率随着每次循环而下降，在第 2 个吸附循环后下降到 16%，在第 4 次循环后缓慢下降到 13.9%。相比之下，类芬顿过程第 1 次循环的去除率为 100%，4 次循环后仅略微下降至 88.2%。由此得出结论，NH_2-MIL-88B 通过吸附和类芬顿氧化去除培氟沙星具有相对较好的重复使用性。

目前，MOFs 大多数使用溶剂热法进行制备，需要的合成程序并不环保，从工业角度来看，也远远不能提供可接受的工业条件[124, 125]。通过简便、快速的方法制备 MOFs，不仅可以降低能源消耗，而且有利于 MOFs 的发展和应用[126]。He 等[127]采用微波辅助快速合成了 NH_2-MIL-88B(Fe) MOFs，并研究了其对亚甲基蓝（MB）的去除效果，评价了 MOFs 作为催化剂在类芬顿反应中去除污染水中有机染料的潜力。当 MB 溶液中同时存在 NH_2-MIL-88B(Fe)和 H_2O_2 时，50min 后 MB 的去除率几乎达到 100%。较窄的 pH 范围仍然是芬顿反应去除水中有机污染物的瓶颈。有趣的是，制备的 NH_2-MIL-88B(Fe) MOFs 表现出固有的 H_2O_2 氧化活性，并在较宽的 pH 范围内通过类芬顿反应降解 MB。在研究的 pH（3.0～11.0）范围内，pH 对 MB 的降解无显著影响，MB 的去除率为 88.1%～95.5%。NH_2-MIL-88B(Fe) MOFs 具有较高的稳定性，经 5 次循环后，去除率仍能保持在 80%以上。此外，NH_2-MIL-88B(Fe)可以很容易地通过简单的离心从反应溶液中分离出来并重复使用。因此，不需要额外的化学物质来再生 NH_2-MIL-88B(Fe)，表明该 MOFs 是一种有前景的催化剂，在水净化方面有潜在的应用前景。Fu 等[125]首次报道了一种室温制备 MIL-88A（以反丁烯二酸为有机配体）的方法。该方法可以通过改变反应物的量来轻松控制 MIL-88A 的尺寸，得到的 MIL-88A 呈纺锤形，MIL-88A-1 的长度约为 1000nm，宽度约为 500nm，MIL-88A-2（增加一倍的反应底物）的长度约为 500nm，宽度约为 300nm，表明反应物浓度对形貌没有影响。然而，高浓度的反应物有利于减小 MIL-88A 的粒径。当乙醇作为唯一溶剂时，肉眼看不到明显的沉淀，而在水的存在下，砖红色的产物立即析出。这表明水在室温制备过程中起着重要的作用。他们推测水不仅可以促进反丁烯二酸的去质子化，还有利于铁盐的水解进而加速晶体成核。这种室温制备方法是绿色的，仅以水和乙醇为溶剂，使用更大的反应器易于实现大规模合成，有利于 MIL-88A 的规模化应用。MIL-88A-1 和 MIL-88A-2 在可见光下，在 H_2O_2 存在的情况下对 RhB 和双酚 A（BPA）都表现出良好的光芬顿催化降解效率，分别在 80min 和 60min

后基本完全降解RhB，表明制备的MIL-88A在可见光驱动下具有良好的催化活性。尺寸较小的 MIL-88A-2 的光芬顿催化活性比 MIL-88A-1 更好，这与 MIL-88A-2 的体积更小、活性部位更多有关[128]。H_2O_2作为电子受体，大大改善了 RhB 和 BPA 的降解，其中主要的活性物质是光生电子和 H_2O_2 反应产生的·OH 。此外，合成的 MIL-88A 具有良好的重复使用性，经 5 次循环后，降解效率没有明显下降。理想的可持续 MOFs 合成应该在室温下进行，合成时间短，没有有机溶剂，没有有害的副产品，没有腐蚀性的反应物，没有长时间或腐蚀性的合成后的洗涤步骤和净化处理。Martínez 等[129]在环境和经济可持续的条件（水作为合成溶剂和室温）下制备了 Fe-BTC 和 MIL-100(Fe)，并测试了它们对 MB 的芬顿氧化活性。Fe-BTC 表现出良好的催化性能和显著的结构稳定性，在 15min 内 MB 去除率超过 90%，60min 后达到 95%，甚至在接近中性的 pH 条件下也是如此。与 Fe-BTC 相比，用相同的有机配体但用 Fe^{2+}而不是 Fe^{3+}作为铁源合成的 MIL-100(Fe)材料，在芬顿降解 MB 的过程中显示出极大的结构不稳定性。商业购买的 Fe-BTC 和 MIL-100(Fe) 材料比实验制备的 Fe-BTC 材料更不稳定，活性更低。这是因为 Fe-BTC 材料的半非晶态结构提供了不同的坚固的铁位点。同样，可持续的制备方法导致了与同源的商用纳米粒子相比的小颗粒。Fe-BTC 材料在 40℃、pH 为 4 和低剂量的 H_2O_2 条件下非常活跃。温度的增加提高了氧化剂激活的动力学，但影响了材料的结构，增加了铁的浸出。此外，Fe-BTC 在连续 3 个反应周期内仍保持其催化性能，尽管在第 2 个周期后检测到某些催化剂失活，这可能是由于在催化剂表面吸附了氧化的副产物。

值得注意的是，合成方法对芬顿催化性能有显著影响。低温等离子体作为一种新方法，在材料制备和改性方面得到了广泛的应用。Tao 等[130]采用介质阻挡放电（DBD）等离子体法成功合成了 Fe-MOFs，并应用于芬顿法降解甲基橙（MO）。在搅拌下加入一定量的 $FeCl_3·6H_2O$ 和 150mL 的 *N*, *N*-二甲基甲酰胺（DMF），然后在溶液中加入对苯二甲酸和 150mL 的乙醇。搅拌 0.5h 后，将混合后的溶液泵入介质阻挡放电等离子体反应器，并在一定时间内放电。反应后的混合物放置 24h，固体产物在 160℃下干燥 4h 以除去 DMF。不同条件下合成的 Fe-MOFs 表面形貌存在明显差异，有着不同的结晶，而且还影响着芬顿催化降解 MO 的性能。随着放电时间的增加，晶体呈现出更多的规则，芬顿催化活性先升高后降低。放电时间为 100min 的晶体最为均匀，晶粒尺寸相对较小，降解效率最高。反应物浓度越高，结晶就越规则、均匀，而反应物浓度越低，结晶之间就越有积累。此外，放电电压为 18kV、反应物浓度为 14g/L、质量比（对苯二甲酸与 $FeCl_3·6H_2O$）为 1∶5 条件下得到的 Fe-MOFs 表现出最佳的芬顿催化性能。较低的反应物浓度不利于金属离子与有机配体的结合，而较高的反应物浓度会超过溶剂的承载能力。随着 Fe 离子含量的增加，骨架材料上的活性位点增加。因此，最佳合成条件为放电时间 100min，放电电压 18kV，反应物浓度 14g/L，反应物质量比（对苯二甲酸与 $FeCl_3 \cdot 6H_2O$）为 1∶5。在 MO 浓度为 50mg/L、Fe-MOFs 用量为 0.12g/L、pH 为 5 和 H_2O_2 用量为 1mL/L 的情况下，Fe-MOFs 能在 40min 内去除 85%的 MO。在传统的水热过程中，形成 Fe-MOFs 前驱体的反应是通过加热诱导的，当前驱液的浓度增加到一定程度时，Fe-MOFs 晶体就会在壁面附近或灰尘颗粒上成核[131]。在 DBD 等离子体 MOFs 制备中，有大量的微放电通道，由带电粒子、光子和活性中性粒子组成，均匀地分布在溶液薄膜的表面[132]。这些粒子与 DMF 碰撞，释放出它们的能量，在溶液膜的表面形成许多局部的过热点。正是这些过热点诱发了反应，在环境温度和压力下形成了 Fe-MOFs 的前驱体。前驱体的浓度随着循环而增加，并导致成核生长，以及更高的产量。

在一些研究中，人们还开发出可以用于光催化和芬顿氧化的双功能催化剂。例如，Li 等[133]通过简便的沉淀法构建了一种具有 n 型半导体特性的 Fe(Ⅱ)基金属有机骨架 α-草酸亚铁二水合物（α-FOD），作为光催化和芬顿氧化双功能催化剂。Fe(Ⅲ)和 Cr(Ⅲ)配合物在有机酸存在下的形成和迁移有助于暴露 α-FOD 表面的活性位点，从而赋予 Cr(Ⅵ)出色的光还原催化活性。在可见光（5W LED 灯）照射下，α-FOD 表现出优异的光催化还原 Cr(Ⅵ)活性，可以在 6min 内将 50mL 100mg/L Cr(Ⅵ)还原。此外，所制备的 α-FOD 在温和条件（pH = 4）下对有机染料的降解表现出高芬顿氧化活性（99.3%的 RhB 在 10min 内被降解），并且具有相当高的循环稳定性。这是因为在高 pH 条件下，OH^-与·OH（$\cdot OH + OH^- \longrightarrow O^- + H_2O$）的结合降低了可用于反应中·OH 的量，导致活性降低。

光芬顿反应体系中的光源波长影响污染物的降解效率，这主要取决于 MOFs 自身的光吸收能力。Hu 等[134]研究合成了铁基 MIL-101(Fe)（以对苯二甲酸为配体），并建立了多波长光 + MIL-101(Fe) + H_2O_2 的光芬顿反应体系来去除磷酸三(2-氯乙基)酯（TCEP）。在紫外光和可见光照射下，TCEP 均可被降解。MIL-101(Fe) 的催化性能在很大程度上取决于光波长，降解效率随着波长的增加而减小。反应 60min 后，该体系在波长为 420nm 处降解了约 90% TCEP，但对于波长大于 472nm，仅观察到轻微降解。这种差异可归因于光子能量和带隙。MIL-101(Fe)的带隙宽度为 2.41eV，535nm、587nm、625nm 的辐照在该带隙之外，不能激活 MIL-101(Fe)。相反，短波长可见光（420nm 和 472nm）可以将 MIL-101(Fe)激活为激发态。在这种情况下，MIL-101(Fe)中发生电子跃迁和电荷分离，使其变为激发态，电子的有效转移加速诱导了 H_2O_2 分裂生成·OH。在这些可见光波长中，420nm 系统的效率最高。TCEP 降解过程呈 S 形曲线，包括缓慢诱导期和快速自由基氧化过程。反应物向 MIL-101(Fe)的运输和 Fe-O 团簇内电子转移的激活可能是诱导期的主要机理，而·OH 氧化过程为准一级动力学。首先，TCEP 和 H_2O_2 完全扩散和吸附到 MIL-101(Fe)中并接触$[Fe_3(\mu_3\text{-}O)(COO)_6]$簇，这一过程将消耗相对较长的时间。其次，MIL-101(Fe)在可见光或紫外光照射下变为激发态，导致电荷分离和电子从 O^{2-}转移到 Fe-O 簇上的 Fe(III)。因此，Fe(III)被还原为 Fe(Ⅱ)。这两个过程的积累可能是诱导期的主要机理，也可能是该光芬顿系统中的速率决定步骤。在初始阶段之后，Fe(Ⅱ)与 H_2O_2 相互作用生成·OH，而 Fe(Ⅱ)被氧化为 Fe(III)。·OH 可以与 TCEP 反应形成各种产物。在完全矿化之前，产生了 11 种降解产物，主要的降解途径包括裂解、羟基化、羰基化和羧化。值得注意的是，两个阶段的降解效率高度依赖于反应条件。这些反应可能受到 H_2O_2 浓度、能量辐射强度、温度和质子化程度的影响，并且可能会同时发生。在高温和高质量比[H_2O_2]：[MIL-101(Fe)]的条件下，加速了反应速率。在酸性条件（pH = 3）下，反应 60min 后仅观察到 1%的质量损失，但随着 pH 的增加，铁的浸出加剧。MIL-101(Fe)在酸性条件下浸出少量铁主要是表面铁苯甲酸配合物被·OH 逐渐氧化，在碱性条件下的铁离子浸出主要是其自分解所致。此外，在 MIL-101(Fe)重复反应 3 次，反应时间为 60min，TCEP 的降解效率分别为 94%、90%和 82%。MIL-101(Fe)中金属浸出是导致效率下降的主要原因。值得注意的是，诱导期仍然存在，持续时间与 MIL-101(Fe)相同，这说明催化剂干燥后失去了活化表面，需要重新活化。

自 1990 年来，超声波（US）因安全、清洁、无二次污染物和高穿透性的特殊优势而发展成为一种有吸引力的有机污染物去除方法[135]。超声空化引起的“热点”理论和“声致发光”现象导致氧自由基的形成和难降解的有机物的降解。但 US 自身存在设备昂贵、能源投入大的缺点，严重限制了其在实际水处理工艺中的应用[136-138]。将 US 与其他能源（即紫外光/可见光照射）、催化剂和化学添加剂（即芬顿试剂）相结合，有望解决上述问题。近年来，超声辅助非均相芬顿系统由于以下三个方面而受到广泛关注：①US 由于空化效应可产生·OH 和 H_2O_2，有利于去除污染物并减少氧化剂添加量[式（7.11）～式（7.14）]；②US 可以促进 H_2O_2 分解生成·OH[139]；③US 还可以加速 Fe(III)向 Fe(Ⅱ)的传质和还原速率[140]。Geng 等[141]首次探索了 MIL-Fe-MOFs（MIL-53、MIL-88B 和 MIL-101）的 US/芬顿催化性能去除盐酸四环素。MIL-88B 对盐酸四环素的去除率最高，其中 83.3%的盐酸四环素在 7min 内被清除，其次是 MIL-101 和 MIL-53。这主要是由于 MIL-88B 具有最多的路易斯酸位点，它代表了 MIL-88B 结构中最协调的不饱和位点。在 40～80W 的范围内，增加 US 功率提高了盐酸四环素的去除率，速率常数从 $0.187min^{-1}$ 增加到 $0.219min^{-1}$，这可以归因于在更高的 US 功率下形成更多的空化气泡并塌陷，从而形成更多的·OH。然而，当 US 的功率超过 80W 时，催化效率并没有进一步得到提升。可以考虑两个可能的原因来解释这种现象：①在高功率下产生过多的气泡，这导致声波散射到周围，因此 US 能源的利用效率降低，自由基的生成量减少[142, 143]。②溶液的湍流度随 US 功率的增大而增大，适当的湍流度有利于传质[144, 145]，但当湍流达到最优水平时，持续增大会导致反应物接触时间缩短，不利于反应的进行。MIL-88B 在 US/芬顿体系中去除盐酸四环素的机理如下。在反应前，盐酸四环素被吸附在 MIL-88B 的表面，催化剂的大孔径和 US 促进了质量传递。在降解过程中，第一，加入 H_2O_2 后，作为一种路易斯碱，H_2O_2 迅速附着在 Fe-MOFs 的活性部位。MIL-88B 表面的 Fe(Ⅲ)位点可以与 H_2O_2 反应产生·OH。由于 US 有助于促进 Fe(Ⅱ)/Fe(Ⅲ)循环，这一过程可以得到加强。此外，由 US 引起的清洁效应使得活性位点在催化剂表面不断暴露，从而与更多的 H_2O_2 结合，保证了自由基·OH 的不断生成。第二，US 导致 H_2O_2 直接裂解为·OH。第三，固体催化剂 MIL-88B 的存在增强了 US 的空化作用，H_2O 可以解离成·OH，最后变成 H_2O_2，·OH 能够氧化盐酸四环素，而作为芬顿反应引发剂的 H_2O_2 可以与 MOFs 表面的 Fe(Ⅲ)反应，形成更多的·OH。第四，由声光现象产生的 $O_2^{\cdot-}$ 也有助于盐酸四环素的去除。最终，US 的引入明显提高了 MIL-88B 的异质芬顿反应的反应速率。经过 30min 的吸附和 7min 的降解，总有机碳（TOC）减少为原来的 42.5%，显示出 MIL-88B 在 US/芬顿体系中良好的矿化能力。

$$H_2O_2 + US \longrightarrow \cdot OH + \cdot H \tag{7.11}$$

$$O_2 + 2H_2O + US \longrightarrow 4\cdot OH \tag{7.12}$$

$$2O_2\cdot + 4\cdot H \longrightarrow 2H_2O_2 \tag{7.13}$$

$$2\cdot OH \longrightarrow H_2O_2 \tag{7.14}$$

7.2.2　其他单金属基 MOFs 材料类芬顿反应

在 AOPs 中，芬顿法是产生高氧化电位的·OH 降解难降解有机污染物的一种强有力的方法。除铁基 MOFs 外，还合成了许多其他金属，如铜基和钴基 MOFs 类芬顿催化剂。铜基类芬顿催化剂，由于铜的氧化还原性能与铁相似而引起了广泛的关注。重要的是，H_2O_2 对 Cu(Ⅱ)的还原[4.6×10^2 L/(mol·s)]比对 Fe(Ⅲ)的还原更容易发生，Cu(Ⅰ)-H_2O_2 系统比 Fe(Ⅱ)-H_2O_2 系统[76L/(mol·s)]拥有更高的反应速率[10^4L/(mol·s)]，可以有效地产生·OH[146-148]。2015 年，Lv 等[149]采用水热法合成了掺铜介孔二氧化硅微球（Cu-MSMs）。结果表明，通过 Cu-O-Si 的化学结合，0.91wt%的铜成功被嵌入到 MSMs 的骨架中。Cu-MSMs 催化芬顿过程降解苯妥英（PHT）和苯海拉明（DP）表现出良好的性能。在类芬顿反应过程的第一步中，H_2O_2 被 Cu-MSMs 中的≡Cu(Ⅰ)骨架转化为·OH，≡Cu(Ⅰ)被同步氧化为≡Cu(Ⅱ)。生成的·OH 可引起 PHT 和 DP 的分解。更重要的是，生成的酚中间体可以吸附在 Cu-MSMs 表面，与≡Cu(Ⅱ)络合形成≡Cu-配体，并与 H_2O_2 相互作用，促进 Cu(Ⅱ)的还原。结果，在 Cu-MSMs 表面的≡Cu-配体加快了 Cu(Ⅱ)/Cu(Ⅰ)循环，产生了更多·OH 用于药物降解。

除 Cu(Ⅰ)外，Cu(Ⅱ)也被用于 MOFs 催化剂的合成。例如，一种新的五配位 Cu-MOFs，即 Cu_2(2, 20-联吡啶)$_2$(五氟苯甲酸酯)$_4$（化合物 1），由 Han 等[150]于 2016 年采用水热法合成。化合物 1 中每个 Cu(Ⅱ)中心分别与两个氮原子和三个氧原子配位，呈近似方锥体配位几何。铜原子周围的赤道面由两个来自单齿五氟苯甲酸盐的氧原子和一个桥接的双齿五氟苯甲酸盐（一个氧原子桥接两个铜原子）组成，平均 Cu—O 距离为 1.954Å，两个氮原子来自一个 2, 2′-联吡啶配体，Cu—N 距离为 2.004Å。化合物 1 对 MO 无催化活性。然而，在 H_2O_2 存在时，约 85%的 MO 可以在 15min 后被降解。此外，在有 H_2O_2 时，化合物 1 可以在不搅拌的情况下降解 MO，但搅拌可以充分将两者混合，进而提高 MO 的降解速率。他们还发现类芬顿反应并没有改变化合物 1 的结构，紫外可见光照射对该反应的催化活性没有影响。由此推断，MO 的降解有以下两个可能的原因：第一，从分子结构上考虑，每个 Cu(Ⅱ)中心与三个氧原子和两个氮原子是五配位的，形成近似方锥体的配位几何结构。根据价键理论，Cu(Ⅱ)中心趋向于具有六配位或七配位结构，所以五配位 Cu(Ⅱ)可以与 H_2O_2 分子中的氧原子配位，形成过渡态[151]。然后，Cu—O 键（属于 H_2O_2 的氧原子）在过渡态的状态中断开，生成·OH。第二，根据反应类型，Cu(Ⅱ)通过类芬顿反应与 H_2O_2 反应，生成·OH[152]。随后，·OH 能有效地降解有机染料，完成催化过程。Au 等[153]以 2, 4, 6-三苯基吡啶衍生的三位和双位羧酸连接物合成了 Cu(Ⅱ) MOFs，即 ^{PTB}MOF 和 ^{PDB}MOF，用于降解酒石黄。在 ^{PTB}MOF 的晶体结构中，每个 Cu(Ⅱ)中心与一个 H_2O 分子配位，并通过四个有机配体的羧酸基团与另一个 Cu(Ⅱ)连接，形成[$Cu_2(PTB)_4(H_2O)_2$] SBUs。SBUs 通过有机配体 PTB 相互连接，形成 ^{PTB}MOF。^{PDB}MOF 的单晶结构由[$Cu_2(PDB)_2(DMF)_2$] SBUs 组成，其中每个 Cu(Ⅱ)中心与一个 DMF 分子相协调。PDB 有机配体将 SBUs 连接在一起，形成二维图案，然后相互交错，形成三维骨架。与 Fe 基 MOFs 芬顿体系类似，Cu(Ⅱ)化合物可以与 H_2O_2 反应产生·OH，通过芬顿和类芬顿反应催化氧化有机污染物[154]。在 ^{PTB}MOF 和 H_2O_2 存在下，LED 光照射 8.5h 后，酒石黄的去除率为 75.1%。当降解反应延长至 24h，得到无色溶液时，去除率接近 98.9%。在可见光下，^{PDB}MOF 对酒石黄的降解具有相似的活性，在 7h 和 24h 后，去除率分别为 72.7%和 97.3%。混合价双核 Cu(Ⅱ)-Cu(Ⅰ)基 MOFs 在分子内电子转移研究中具有重要意义，在一些研究中也被作为是降解有机染料的有效催化剂。Hassanein 等[155]报道了在含 1, 10-邻菲咯啉的混合价态双核氰化 MOFs [$Cu^{Ⅰ}(CN)(phen)_2 \cdot Cu^{Ⅱ}(CN)_2 \cdot (phen)] \cdot 5H_2O$ 和 H_2O_2 存在时，催化 3, 5-二叔丁基儿茶酚（3, 5-$DTBCH_2$）的氧化反应。在 30℃，pH = 9.0 的标准条件下，3, 5-$DTBCH_2$ 在 MOFs 和 H_2O_2 中被氧化，在 40min 内所得氧化产物产率为 65%。根据实验结果和观察，利用 H_2O_2 的氧化还原特性提出了反应机理。这些特性涉及一个循环的电子转移过程，该过程由 H_2O_2 的电子转移到催化剂的氧化位点开始；

Cu(Ⅱ)产生HO_2·，或由催化剂的还原位点转移电子；Cu(Ⅰ)与H_2O_2产生·OH[156]。这些自由基物种相互作用，氧化3, 5-$DTBCH_2$。

近年来，Co基MOFs的合成取得了显著的进展。双苯并咪唑衍生物常作为N基配体用于Co基MOFs的构建，因为它们具有柔性，可以随金属中心自由弯曲和旋转[157]。另外，芳香二羧酸酯由于出色的配位能力、高的结构稳定性和多种多样的配位模式已被证明是很好的有机配体[158]。为了更进一步，一些研究小组已经将他们的努力集中在混合配体MOFs的制备上。在一篇相关报道中，三种基于Co(Ⅱ)的MOFs由三种柔性双苯并咪唑配体和四溴对苯二甲酸与硝酸钴(Ⅱ)进行自组装水热合成[159]。降解实验表明，三种MOFs中有两种MOFs（二维层结构）几乎可以完全降解刚果红（CR），而另一种MOFs的去除率仅为77.3%，表明MOFs的结构在催化活性中起着关键作用。结果还表明，有机配体的细微差异对MOFs结构的构建有重要影响。在最近的一项研究中，使用柔性5, 6-二甲基苯并咪唑配体合成了一系列Co(Ⅱ)-MOFs[160]。在双（5, 6-二甲基苯并咪唑）聚合物的自组装过程中，有机配体和羧酸阴离子的间隔对不同结构的构建有很大的影响。形成的Co(Ⅱ)-MOFs所具有的结构不同，有4连通网络的3倍互穿直径阵列，也有三维不相互渗透的3连接骨架和二维网络结构。结构上的差异导致了类芬顿催化活性的不同。三维MOFs对H_2O_2的活化活性明显高于二维MOFs。当三维MOFs为多相催化剂时，在130min后，CR的去除率最高可达98%。然而，当二维MOFs被引入体系时，最多只有56%的染料被去除。这些化合物的不同催化活性可能与金属中心周围不同的配位环境有关。

有一些研究还比较了有机配体相同但金属离子不同的MOFs的催化活性。最近，从乙酸铜（Cu-A）或乙酸钴（Co-A）及其混合配体中获得了两种新的MOFs（硅氧烷二羧酸和4, 4-联吡啶）[161]。SEM图显示，合成的Cu-A MOFs为准球形颗粒（球晶），Co-A MOFs为立方晶粒。Co-A MOFs具有较小的孔径、较高的比表面积和较低的带隙，因此在自然阳光照射下比Cu-A MOFs催化剂表现出更高的活性。

7.2.3 双金属基MOFs材料类芬顿反应

近年来，为原始MOFs引入或掺杂一个或多个金属中心受到越来越多关注，因为这种结合可以增强它们的特殊活性[162-165]。普鲁士蓝（PB）是一种杂价铁(Ⅲ)六氰化铁酸盐(Ⅱ)化合物，1704年被柏林科学家Diesbach偶然发现[166]。PB在碱性溶液中可转化为$Fe(OH)_3$[167]，这限制了它在各种催化反应过程的实际应用[168]。Li等[169]合成了两种Fe-Co PBAs作为光芬顿催化剂，用于催化去除溶液中有机污染物。催化剂由Fe^{2+}/Fe^{3+}阳离子与八面体$[Co(CN)_6]^{3-}$阴离子基团构成，呈立方晶格结构。在pH为3～8.5时，这两种Fe-Co PBAs对RhB分解效率异常高。相同条件下，

Fe(Ⅱ)-Co PBA/H_2O_2/可见光体系的降解能力相当于均相光芬顿过程（Fe^{3+}/H_2O_2）。除常规表征技术外，还利用 Mössbauer 光谱深入探讨了光芬顿过程中 Fe-Co PBAs 中铁的配位环境和氧化态。在光芬顿反应的第一步，与铁配位的水分子被 H_2O_2 分子取代，形成的 Fe(Ⅱ)-过氧化物配合物可通过式（7.15）产生·OH。另一方面，催化剂中 Fe(Ⅲ)也能被 H_2O_2 以较慢速率还原生成HOO·[式(7.16)]。$^1O_2$、HOO·、·OH［式（7.17）～式（7.20）］被证实可以直接参与 RhB 的降解。

$$[Fe(CN)_5(H_2O)]^{3-} + H_2O_2 \longrightarrow [Fe(CN)_5(HO)_2]^{3-} + H_2O \longrightarrow [Fe(CN)_5(H_2O)]^{2-} + \cdot OH + OH^- \tag{7.15}$$

$$[Fe(CN)_5(H_2O)]^{2-} + H_2O_2 \longrightarrow [Fe(CN)_5(HO)_2]^{2-} + H_2O \longrightarrow [Fe(CN)_5(H_2O)]^{3-} + HOO\cdot + H^+ \tag{7.16}$$

$$HO_2\cdot \longrightarrow H^+ + O_2^{\cdot -} \tag{7.17}$$

$$O_2^{\cdot -} + \cdot OH \longrightarrow {}^1O_2 + OH^- \tag{7.18}$$

$$HO_2\cdot + O_2^{\cdot -} \longrightarrow {}^1O_2 + HO_2^- \tag{7.19}$$

$$HO_2\cdot + HO_2\cdot \longrightarrow {}^1O_2 + H_2O_2 \tag{7.20}$$

在接下来的一年，该研究小组还报道了联氨（Hz）可以显著增强 Fe-Co PBAs 基类芬顿反应的降解性能[170]。在 pH = 4.0 时，Hz 提高了 Fe(Ⅲ)-Co PBAs 对双酚 A（BPA）的降解活性两个数量级以上。两种机理可以解释 BPA 降解的显著增强。第一，催化剂中 Hz 配位铁的活性明显高于原配位铁。第二，Hz 的加入增强了 Fe(Ⅲ)-Co PBAs 的溶解，进而显著增加反应速率。同年，该小组基于 Fe-Co PBAs 成功合成了多孔 $Fe_xCo_{3-x}O_4$ 纳米笼[171]。研究表明，在 500℃下加热 1h，可去除 Fe-Co PBAs 中的—CN 基团。与 Co_3O_4 和 Fe_3O_4 相比，得到的 $Fe_xCo_{3-x}O_4$ 纳米笼表现出更高的催化活性，这主要是由于催化剂表面存在八面体的 Co(Ⅱ)。B 位 Co(Ⅱ)可以提供电子，使得 B 位 Co(Ⅲ)增加。B 位 Co(Ⅲ)会从体系中接受电子，保持催化剂表面的电荷平衡。这就说明催化氧化反应中存在 Co(Ⅱ)—Co(Ⅲ)—Co(Ⅱ)氧化还原循环。

2005 年，Férey 等[77]报道了中孔 Cr-MIL-101 的发现，该材料具有高的比表面积、大的孔径（2.9～3.4nm）和显著高的水热稳定性。在这项研究之后，科学家进行了广泛的尝试，将金属纳米粒子纳入 Cr-MIL-101 骨架，以生产新型催化剂。2014 年，Vu 小组发表了利用常规溶剂热法将 Fe 原子（约占 Cr 原子的 25%）加入到 Cr-MIL-101 中[78]。在该实验中，Fe-Cr-MIL-101 表现出高的光芬顿催化活性和高的稳定性，而 Cr-MIL-101 几乎没有芬顿催化活性。这一结果表明 Fe-Cr-MIL-101 中 Fe(Ⅲ)位点有利于 H_2O_2 的分解。次年，Qin 等[79]提出了一种有机酸[柠檬酸(CA)]协同策略，将 Fe-C 氧化物组装在 MIL-101(Cr)的配位不饱和 Cr 位点上。这种方法可以防止纳米粒子在基质外表面聚集。不同于传统的溶液浸渍，添加 CA 能显著增强金属离子与 MOFs 的二次构筑单元（SUB）之间的结合，这在金属负载控制方面非常有用。通过比较 Fe^{3+}-CA/MIL-101(Cr)和 Fe^{3+}-CA/MIL-53(Cr)，研究了 MOFs 材料的性质对光芬顿催化活性的影响。结果表明，前者的脱色和 TOC 脱除活性是后者的 10 倍，表明载体的结构和性质对催化剂分解 H_2O_2 的活性有显著影响。Fe-C 氧化物纳米粒子分散在外表面并接枝到 MIL-53 的空腔中，纳米粒子与载体之间的有害相互作用导致活性丧失。金属-氧簇激发和配体-金属簇电荷转移在 MOFs 的光催化性能中起着重要作用。因此，他们认为，Fe^{3+}-CA/MIL-101(Cr)的优异催化活性来自 Cr-oxo 团簇的直接激发和[Fe-O-C]位点与 Cr 节点之间的界面光生电荷转移。

7.3 改性 MOFs 基类芬顿反应去除水体中污染物

7.3.1 金属元素修饰型 MOFs 基类芬顿反应

对一些 Fe 基 MOFs 在芬顿法降解有机污染物方面进行了广泛研究。MOFs 独特的结构特征，如广泛分布的单个 Fe 位点及其多孔结构和大比表面积，提供了许多暴露的活性位点，促进了与反应物的接触。以往的研究表明，MOFs 的催化活性与其金属组成有关，无论是孤立的金属中心还是金属团簇。近年来，在 MOFs 中掺杂不同的金属或多个金属中心来激发特定的活性引起了广泛的关注。Lv 等[172]合成了新奇的 Fe^{II}@MIL-100(Fe)类芬顿催化剂，并将其应用于降解 MB。引入 Fe(Ⅱ)后，Fe^{II}@MIL-100(Fe)带正电荷较多，对 MB 的吸附能力较低，这可能对催化降解过程产生不利影响[173, 174]。由于 MIL-100(Fe)的高比表面积（$1646m^2/g$）和带正电荷的 MB 与带负电荷吸附剂之间的强静电作用，MB 的含量通过吸附作用在前 30min 内迅速下降了 27%。然而，比表面积为 $1228m^2/g$ 的 Fe^{II}@MIL-100(Fe)，由于带正电荷的 MB 与带负电荷吸附剂之间的弱静电作用，显示出相对较低的吸附能力。Fe^{II}@MIL-100(Fe)催化剂比 MIL-100(Fe)催化剂表现出更高的催化降解能力。通过 TOF 值估计，Fe^{II}@MIL-100(Fe)中活性位点的催化活性在整个芬顿反应过程中是最高的。通过 EPR 测定·OH 的数量是按照 Fe^{II}@MIL-100(Fe)＞MIL-100(Fe)＞Fe_2O_3 的顺序变化。通过 TPR 分析揭示的表面氧化还原特性表明，Fe^{II}@MIL-100(Fe)的还原峰较低。基于上述结果，引入的 Fe(Ⅱ)物种不仅增加了纯 MOFs 样品的铁含量，而且有利于 Fe(Ⅱ)和 Fe(Ⅲ)位点的原位循环及产生 Fe(Ⅱ)和 Fe(Ⅲ)物种之间的协同效应，有效地生成了·OH。MB 吸附在催化剂表面，然后与·OH 进行原位反应，形成降解产物。值得注意的是，Fe(Ⅱ)负载在 MIL-100(Fe)上，可能会在类芬顿反应过程中浸出。结果表明，Fe^{II}@MIL-100(Fe)的铁浸出浓度显著高于对照 MIL-100(Fe)，高达 7.1mg/L，可能对环境造成潜在危害。因而，更多关于引入 Fe(Ⅱ)活性位点和 MOFs 样品之间的相互作用，进而修改催化剂结构的研究是非常必要的，这对于进一步设计基于 MOFs 的芬顿催化剂非常重要。

对于一些材料，在没有阳光的情况下无法产生电子仍然是一个挑战。由于光敏剂在没有光子激发的情况下不能产生电子-空穴对，因此在暗光条件下的催化活性大大减弱[114, 175-177]。长余辉磷光体（LPP）是一种发光材料，具有独特的储能能力和激发后的长效发射（长达数小时）特性。加入催化材料后，LPP 可以储存光能，以便在弱光条件下使用[178]。基于这一概念，一些研究者将光学独立的 Mn 掺杂到 Fe-MOFs 中定制 LPP，以此来满足污染控制应用的特定要求。Ding 等[179]制备了一种新型 Mn 掺杂 Fe-MOFs（MIL-88B-Fe）类芬顿催化剂，用于去除废水中的有机污染物。新合成的 Mn 掺杂 MOFs 的表面显示出均匀的针状结构，长度为 0.6～0.8μm，直径为 800nm，形态结构类似于 MIL-88B-Fe。这说明 Mn 的掺入并没有使催化剂的形态发生明显的变化。在 MOFs 表面掺杂 Mn（4wt%～10wt%）显著提高了催化剂的降解性能，当 Mn 添加量为 8wt%时，催化剂的最大降解效率为 96%。当 Mn 掺杂量为 10wt%时，H_2O_2 在 MOFs 介孔表面的吸附减弱，苯酚的催化降解效率降低。路易斯碱 H_2O_2 倾向于直接与 Mn-MIL-88B-Fe 中的不饱和铁活性中心（路易斯酸中心）配位，由此生成的 Fe(Ⅱ)成为活性位点，并与表面上的配位 H_2O_2 形成键。这引发了非均相芬顿反应生成·OH，而 Fe(Ⅱ)被氧化为 Fe(Ⅲ)。经历 4 个连续的降解测试周期，Mn 掺杂 Fe-MOFs（MIL-88B-Fe）在每个循环中苯酚的降解效率保持不变。在 20 天内，降解性能没有下降，表现出良好的耐久性和稳定性。这表明 Mn 掺杂 Fe-MOFs（MIL-88B-Fe）具有较高的催化效率和稳定性，具有满足应用要求的潜力，能够有效去除污染物。

为了提高 MOFs 的催化性能，研究人员将金属纳米粒子（MNPs）引入 MOFs 材料中。MNPs 具有高稳定性，并且由于尺寸小而表现出多种独特的性质。然而，它们的团聚降低了催化活性[180]。制备多相催化剂的一种可行方法是将具有所需催化活性的 MNPs 负载到具有所需催化性能的 MOFs 上。作为稳定的多孔材料，MOFs 可以有效防止 MNPs 的团聚并增加它们与反应物之间的接触面积。相反，由于 MOFs 自身所特有的催化活性和金属组分之间的协同作用，MNPs 可以提高 MOFs 的催化性能。几种制备贵金属掺杂 MOFs 纳米复合材料的方法，包括直接溶液浸渍法、胶体合成法和化学气相沉积法[181-185]。此外，使用特定取代基（如—NH_2 基团）作为配体合成 MOFs 是提高负载 MNPs 光催化活性的有效策略。一方面，—NH_2 基团的引入可以稳定嵌入的 MNPs，而另一方面，—NH_2 取代基中存在氮孤对电子产生了新的电子构型，这将电子密度提供给了反键轨道，从而延长光激发态寿命[186]。Chen 等[187]将三金属 Cu-Co-Ni 纳米粒子通过直接溶液浸渍法固定在氨基修饰的 MOFs MIL-101(Fe)上，以增强可见光芬顿反应。结果表明，Cu-Co-Ni 纳米粒子均匀分布在复合材料表面和空腔内。此外，与纯 MIL-101(Fe)

和 NH_2-MIL-101(Fe)相比，NH_2-MIL-101(Fe)@CuCoNi 表现出更高光利用率和更好催化性能。在 NH_2-MIL-101(Fe)@CuCoNi 和微量 H_2O_2 存在下，连续可见光照射下阴离子染料 MB 和阳离子染料结晶紫在 2h 内去除率分别为 99%和 93%。降解动力学分析表明催化过程遵循准一级动力学模型。5 次循环后，该复合材料仍能表现出约 80%去除率，这表明了它优异的稳定性。此外，捕获实验和电子顺磁共振波谱的结果表明，在不同 pH 条件下，参与 MB 和结晶紫染料降解的活性物种并不相同，MB 主要被·OH 氧化去除，而结晶紫被 $O_2^{\cdot-}$ 降解。

然而，这些方法中的许多都导致了高能量消耗或贵金属纳米粒子与 MOFs 之间的界面接触不足。2015 年，Liang 等[188]使用一种简便的醇还原方法在 90℃条件下合成了 Pd@MIL-100(Fe)。钯原子在 Pd@MIL-100(Fe)的表面可以有效减少光生电子-空穴对的复合，从而提高单一 MIL-100(Fe)的光催化性能。同年，一系列的 M@MIL-100(Fe)（M = Au，Pd，Pt）催化剂通过光沉积技术在室温下成功制备[189]。所得催化剂的光催化活性排序为 Pt@MIL-100(Fe)＞Pd@MIL-100(Fe)＞Au@MIL-100(Fe)＞MIL-100(Fe)。M@MIL-100(Fe)（M = Au，Pd，Pt）具有较高的光活性，主要是由于金属纳米粒子与 MIL-100(Fe)之间的协同作用、高效的载流子分离和增强的可见光吸收。在这两种情况下，H_2O 在光生空穴上的分解，以及 H_2O_2 与光生电子/Fe(III)-O 团簇的反应可以生成·OH 。

就催化活性组分而言，使用 MOFs 作为催化剂有两种策略。第一种策略是 MOFs 成分，尤其是它们的金属位点，具有催化活性。第二种策略是 MOFs 成分不一定具有催化活性，相反，活性成分被引入并驻留在 MOFs 表面。显然，与第一种策略相比，第二种策略允许人们在 MOFs 类型的选择上有更多的选择。Zhuang 等[190]报道了一种简单、无载气的气相沉积方法制备 UiO-66 负载的 Fe 催化剂，并将其应用在水中各种有机物的催化氧化。制备的 Fe/UiO-66 的 Fe 负载量为 7.0wt%～8.5wt%。UiO-66 的晶体结构不受 Fe 引入的明显影响，而比表面积显著降低，表明大部分 Fe 组分存在于 UiO-66 的孔隙中。在反应的前 40min 内，UiO-66 对 MO 的去除率高于 Fe/UiO-66。然而，40min 后，Fe/UiO-66 的去除率明显高于 UiO-66 的去除率。这是因为与 Fe/UiO-66 相比，UiO-66 具有更大的比表面积和孔体积，而吸附一般比催化反应快，UiO-66 对 MO 的去除主要是吸附作用而不是催化作用。这就表明，水溶液中的 MO 可以被 UiO-66 通过吸附去除，相反，它可以在 Fe/UiO-66 的催化下被 H_2O_2 氧化，在 60min 内去除率约为 93%。此外，进一步的催化测试表明，就化学需氧量去除效率而言，Fe/UiO-66 在催化水中苯衍生物（如苯胺）的氧化方面相当有效。Liu 等[191]将掺入含 Fe^{2+}的化合物作为配体，通过简便的溶剂热法，用乙酸锆和 1, 1′-二茂铁-二羧酸合成了银耳状的含铁金属有机骨架（TFMOFs）。TFMOFs 结合了分子水平上具有良好分散的 Fe^{2+}位点的二茂铁部分，以及具有大比表面积和较多暴露位点的 MOFs 膜的优点。此外，作为芬顿氧化的有效催化剂，在适宜的pH和H_2O_2用量的降解条件下，迅速降解了分别超过99%、95%和97%的RhB、MO和活性黑S，且无须额外的光照。他们还研究了初始污染物浓度及反应动力学，表明在TFMOFs和H_2O_2存在下产生的·OH能够将污染物降解为无毒分子。此外，TFMOFs的催化活性在3次循环后仍保持良好。TFMOFs的良好活性和通用性使其成为处理废水的有前途的催化剂。

此外，还开发了使用非铁芬顿催化剂的类芬顿系统。铈、钴、铜、锰和其他氧化还原金属氧化物用作催化剂，研究它们对H_2O_2分解为·OH的反应性[192-194]。Dong等[195]通过一步水热合成方法将铈（Ce）引入锆基UiO-67骨架中，然后在高温（400℃）下煅烧，成功合成了Ce掺杂的UiO-67-400并用于MB的降解。Ce掺杂UiO-67具有表面光滑的八面体结构。实验结果表明，在400℃煅烧的Ce掺杂UiO-67-400催化剂具有较大的孔径和独特的介孔结构，与未掺杂的相比，这为MB的扩散提供了丰富的孔洞和通道，促进了基质内的固液接触。在最佳条件下，30min内MB去除率达到94.1%。具体地，具有高孔隙率和开孔结构的锆基UiO-67可以快速将反应物分子扩散到催化剂材料中。由于MB的芳香环与介孔碳基体的石墨结构之间的π-π相互作用，MB分子首先从溶液富集到催化剂表面[196]。加入H_2O_2后，由Ce^{3+}和Ce^{4+}组成的纳米粒子可以通过分子内电子转移过程催化H_2O_2生成·OH[197]。随后，MB再被·OH氧化降解，生成中间体，最终矿化生成CO_2和H_2O。

7.3.2 金属氧化物修饰型MOFs基类芬顿反应

废水处理的实际应用中，MOFs基催化剂能够良好分散于反应溶液中，这使得其很难从体系中分离出来进行回收。以Fe_3O_4为核心，MOFs为外壳的新型核壳结构的设计可能是一种可行的解决方案[198, 199]。Fe_3O_4纳米粒子由于低毒性和良好的磁性能而作为非均相类芬顿催化剂被广泛研究[200]。然而，Fe_3O_4纳米粒子对光溶解非常敏感，这可以通过使用MOFs作为外壳来克服激发的辐射。2013年，Zhang等[201]通过简单的方法成功制备了Fe_3O_4@MIL-100(Fe)催化剂。该催化剂易于分离和回收，催化活性无明显损失。更重要的是，Fe_3O_4@MIL-100(Fe)的MB降解速率明显强于H_2O_2-芬顿体系的光催化性能，甚至高于C_3N_4和TiO_2光催化体系。在核壳结构Fe_3O_4@MOFs/H_2O_2-芬顿体系中，H_2O_2作为电子受体与MOFs上的光生电子发生反应，抑制了光生电子-空穴对的复合。进一步的研究表明，Fe_3O_4@MOFs/H_2O_2-芬顿体系的催化性能与MOFs壳层的厚度密切相关。Zhao等[202]考察了壳层厚度（25～250nm）对Fe_3O_4@MIL-100光催化性能的影响，确定了MOFs壳层的最佳厚度约为50nm。当壳层厚度过小时，只会产生少量的电子-空穴对；然而，如果壳体的厚度过大，MOFs壳体中局部产生的孔将无法靠近Fe_3O_4壳[203]。Yang等[204]

采用简单的溶剂热法合成了 Fe_3O_4@MOFs-5 壳核纳米复合材料并用于有机污染物的去除，其中典型的类芬顿多相催化剂 Fe_3O_4 被中空金属有机骨架 MOFs-5 包裹。由于 MOFs 壳层的存在，类芬顿催化剂具有较高的比表面积。以 MB 作为污染物，多孔的 MOFs 壳层可以将污染物集中到具有催化活性的 Fe_3O_4 表面上，为自由基氧化污染物提供了稳定的微环境，从而使壳核 Fe_3O_4@MOFs-5 纳米复合材料表现出优异的非均相类芬顿催化性能。在 H_2O_2 和 Fe_3O_4@MOFs-5 纳米复合材料的作用下，60min 内 MB 的去除率接近 100%。纳米复合材料 Fe_3O_4@MOFs-5 在外加磁场作用下可轻易回收，且具有良好的稳定性，因为化学稳定的 MOFs 外壳可以有效地保护 Fe_3O_4 不受铁浸出的影响。此外，一些研究表明在已有的 Fe_3O_4@MOFs 复合物中掺杂磁性纳米粒子能够进一步提升 Fe_3O_4@MOFs 对 H_2O_2 分解的强催化活性[205]。Niu 等[205]将 Fe_3O_4 NPs 固定在 Pd NPs 上形成核壳型 Pd@Fe_3O_4 杂化物。随后，为了提高稳定性并避免 Pd@Fe_3O_4 杂化物在水溶液中的聚集，进一步将中空的 Fe-MOFs 包裹 Pd@Fe_3O_4 获得壳核结构复合材料（Pd@Fe_3O_4@MOFs）。核壳型催化剂的空腔可以保证反应物向内部催化剂的高扩散速率，并提供内部催化剂的高催化活性和长期稳定性[206-208]。Pd NPs 对 Fe_3O_4 NPs 的形成起到了重要作用。在没有 Pd 的情况下，乙酰丙酮铁在 280℃下直接在三甘醇中分解，Fe_3O_4 NPs 的产率非常低，表明 Pd NPs 可以催化 Fe(Ⅲ)还原为 Fe(Ⅱ)形成 Fe_3O_4。另一方面，Fe_3O_4 NPs 可以作为稳定剂以防止 Pd NPs 的聚集。在没有 Fe_3O_4 涂层的情况下，Pd NPs（直径 20nm）在三甘醇中严重聚集。Pd@Fe_3O_4@MOFs 可以通过 H_2O_2 分解的·OH 催化氯酚和苯酚的氧化降解。在 H_2O_2/污染物的摩尔比低的情况下，污染物可以被高效快速地降解和矿化。Pd@Fe_3O_4@MOFs 出色的催化效率归功于在 Pd@Fe_3O_4@MOFs 悬浮液中能快速连续产生·OH 。·OH 的产生是由内部 Pd@Fe_3O_4 中的电子从 Pd 转移到 Fe_3O_4 和 MOFs 壳所致，促进 Fe(Ⅲ)/Fe(Ⅱ)快速的氧化还原循环。

在光芬顿反应过程中，Fe 基 MOFs 的光吸收能力是决定催化活性的重要因素。通过半导体与 Fe 基 MOFs 之间形成的异质结能为光生电子的跃迁提供有效的平台，极大地加快电子的转移，有效降低电子-空穴对的复合率，进而提高芬顿催化活性。Li 等[209]开发了一种一锅策略来制备 TiO_2@NH_2-MIL-88B(Fe)异质结构，方法是直接将 MOFs 和 TiO_2 前驱体的混合物放置在高压釜中，在 150℃下加热 72h。制备的复合材料 SU-3（Ti∶Fe 的最佳摩尔比）在可见光 LED 照射和 H_2O_2 存在下表现出良好的吸附性能和较好的催化活性，可去除 100%的 MB，比 NH_2-MIL-88B(Fe) 效率更高。吸附能力的提高主要是因为光催化剂表面存在负电荷，提供了 MB 分子与 TiO_2@NH_2-MIL-88B(Fe)之间的静电相互作用。重要的是，TiO_2 和 MOFs 的异质结构为快速界面光产生电荷转移提供了一个坚实的平台，提高了光催化活性。在黑暗中，MB 由于静电相互作用首先被吸附在 SU-3 的表面。然后 TiO_2@NH_2-MIL-88B(Fe)

在可见光的激发下发生电子跃迁，生成电子-空穴对。在异质结形成之前，TiO_2 的导带位置位于 NH_2-MIL-88B 的导带之上。而异质结产生后，TiO_2 的 Fe_3-μ_3-oxo 团簇和 Fe-MOFs 达到了相同的费米能级水平，TiO_2 的 CB 位于 Fe-MOFs 的 CB 下方[210-212]。因此，受激发的 Fe_3-μ_3-oxo 团簇的光生电子可以转移到 TiO_2 的 CB 上，有利于电子-空穴对的有效分离[213]。随后，位于 TiO_2 的 CB 上的电子能够与 H_2O_2 产生大量的·OH[214]。此外，NH_2-MIL-88B(Fe)的 VB 中的空穴也可与 H_2O/OH^-反应生成·OH。而且，即使循环使用 5 次，催化剂的效率也没有明显降低，这说明 TiO_2@NH_2-MIL-88B(Fe)具有良好的稳定性和可重复使用性。

ZnO 由于无毒、低成本、高反应活性和优异的光电性能而成为有机污染物降解的光催化剂。前人研究结果表明，ZnO NPs 分布在介孔材料表面，能够表现出较高的催化活性[215, 216]。Ahmad 等[217]成功地用原位自组装方法制备了负载 ZnO NPs 的稳定介孔 MIL-100(Fe)。微孔 MOFs 中小于 2nm 的小孔隙有助于小分子的吸附，但限制了大分子从 MOFs 空腔中扩散和进入，从而阻碍了它们在某些情况下的应用。介孔 MIL-100(Fe)的催化性能比微孔 MIL-100(Fe)高 2～3 个数量级。在可见光照射 120min 内，介孔 MIL-100(Fe)@ZnO 光芬顿系统中苯酚的去除率接近 95%，TOC 降解率为 43%～49%。在介孔 MIL-100(Fe)中如此高的催化活性可归因于具有开孔腔的中孔使反应物容易扩散到内部介质并允许外表面和内表面与反应物完全接触。此外，介孔 MIL-100(Fe)中的 Fe 会加速 H_2O_2 分解产生·OH。将一定量的 ZnO NPs 负载在介孔 MIL-100(Fe)上以降低光芬顿反应过程中的电子与空穴复合。

7.3.3　非金属材料修饰型 MOFs 基类芬顿反应

碳材料具有良好的化学和热稳定性、比表面积高、对有机物吸附能力强、表面化学性能可控等优势，因此，将碳材料应用在废水处理方面受到了广泛的关注。通过将 MOFs 与合适的材料组合，可以进一步改善催化剂的理化性能。2014 年，Wu 等[218]描述了氧化石墨烯（GO）作为 Fe-MIL-88B 载体的应用。在自然阳光照射下，Fe-MIL-88B/GO 对 RhB 的降解效率明显高于单一的 GO 和 Fe-MIL-88B。2017 年，Vu 等[219]通过溶剂热法成功合成了一种新型的 Fe-MIL-88B/GO 复合材料。在 Fe-MIL-88B/GO 复合材料中，铁簇倾向于聚集形成更大的铁簇（尺寸从 5～8nm 增加到 10～20nm）。这可能是由于铁离子与羟基和羧基之间的相互作用形成了铁簇复合体。他们发现 GO 不仅起到了支持作用，而且也促进了 Fe(III)氧化物与羟基/羧基相互作用，形成 α-FeOOH[220]。此外，许多 MOFs 催化剂，特别是铁基 MOFs，需要在合成后立即使用或用高温激活，因为在潮湿的环境中，水分子占据活性铁位点，容易丧失反应性。Zhang 等[221]在石墨烯气凝胶（GA）的三维密闭空间内生长 MIL-101(Fe)纳米粒子，制备了 GA/MIL-101(Fe)纳米复合材料并用于苯酚的降解。GA 是由石墨烯纳米材料衍生的三维多孔网络结构。与传统的石墨烯材料相比，GA 具有较大的比表面积、丰富的孔隙结构、高的化学稳定性和环境相容性，显示出其作为金属催化剂基体的巨大潜力。此外，由于 GA 的 π-π 共轭结构和表面疏水性，使用 GA 作为活性催化成分的封闭宿主可以通过电子转移提高催化反应性，并通过排除潮湿环境中的水分子来减少催化剂的中毒。GA 作为基体不仅提供了宏观的形状来容纳MIL-101(Fe)纳米粒子，而且还为MIL-101(Fe)纳米粒子的生长提供了纳米密封。与 MIL-101(Fe)相比，GA/MIL-101(Fe)作为催化剂在类芬顿反应中表现出更高的反应活性。MIL-101(Fe)/H_2O_2 体系能够在 30min 内消除 46%，在 60min 内消除 99%的苯酚；而 GA/MIL-101(Fe)/H_2O_2 体系能够在 30min 内消除 97%，在 40min 内消除 99%的苯酚。这是因为 MIL-101(Fe)颗粒尺寸较小，存在 Fe(Ⅱ)活性位点，以及 GA 中存在大量缺陷。引人注目的是，该复合材料的弱疏水性大大抑制了在潮湿空气中储存后的催化反应性的丧失，并通过抵制水分子的进入和帮助排除水分子，加速了在温和温度下的反应性恢复。这项工作表明，对纳米复合材料结构的精巧设计不仅可以提高催化组分的反应性，而且可以利用宿主的特性克服其固有的缺点。

同时，作为一类新的碳材料，g-C_3N_4 由于独特的可见光活性特征而被认为是一种半导体[222-231]。作为一种不含金属的光催化剂，g-C_3N_4 已经引起越来越多关注，并被报道了在产氢、有机物降解和二氧化碳转化的光催化方面的应用[232]。Fe 基 MOFs 成功地与 g-C_3N_4 杂交以分离光诱导载体，其类芬顿激活 H_2O_2 作用可能会被加强，从而有效地对 MB 进行光降解。Li 等[233]首次将 g-C_3N_4 杂交到稳定的氨基官能团化 MIL-88B(Fe)中，形成了稳定的 g-C_3N_4/NH_2-MIL-88B(Fe)复合材料，并作为一种有效的类芬顿光催化剂用于 MB 降解。该复合材料中 g-C_3N_4 的粒径较小，表明在水热合成过程中 g-C_3N_4 片层状纳米片可以高度嵌入到 NH_2-MIL-88B(Fe)中，从而很可能在 NH_2-MIL-88B(Fe)和 g-C_3N_4 之间形成异质结。在 120min 内，单一 g-C_3N_4 和 NH_2-MIL-88B(Fe)的 MB 降解率分别达到 24.8%和 57.0%。该研究中所制备的所有 g-C_3N_4/NH_2-MIL-88B(Fe)复合材料都表现出比单一组分更高的 MB 降解率，表明 NH_2-MIL-88(Fe)和 g-C_3N_4 之间存在着作为异质结的协同效应。尤其，该复合材料的 MB 降解率最高可以达到 100%，几乎是单一 NH_2-MIL-88(Fe)的 2 倍，是 g-C_3N_4 的 4 倍，表明 g-C_3N_4 和 NH_2-MIL-88(Fe)的异质结协同效应对提高 MB 光降解有很强促进作用。更高的 MB 降解率可以归因于从 g-C_3N_4 到 NH_2-MIL-88(Fe)的有效电子转移，以促进 H_2O_2 的类芬顿激发。由于 g-C_3N_4 的有机性质，它可以通过引入其他的有机物来合理调整其化学结构，增强其光催化性能[234, 235]。例如，将 g-C_3N_4 掺入 PDI，即 g-C_3N_4/PDI，可以有效地控制其带状结构，以适应各类目标反应[236, 237]。一旦缺电子的芳香族二亚胺被引入到 g-C_3N_4 的骨架中，导带的能量可以被大大降低。Li等[238]通过溶剂热过程在g-C_3N_4/PDI层上原位生长NH_2-MIL-53(Fe)，合成了一种新型的g-C_3N_4/PDI@MOFs异质结。该异质结作为一种光芬顿催化剂，在H_2O_2和可见光LED（420nm<λ<800nm）条件下用于去除污染物。该协同异质结在可见光照射下对几种水溶性有毒有机污染物（50ppm）的去除显示出优异的催化性能，对四环素（TC）的最高效率可达90%（1h），对卡马西平（CBZ）的最高效率为78%（2.5h），对BPA的最高效率为100%（10min），对对硝基苯酚（p-NP）的最高效率为100%（30min）。此外，低浓度酚类有机污染物（2ppm）也能在10min内迅速降解为小分子。光催化活性的提高是由于NH_2-MIL-53(Fe)和g-C_3N_4/PDI之间的界面紧密接触，以及能带结构匹配有效形成的异质结，这有利于电荷分离并促进了光降解过程。在降解过程中，首先，在可见光的帮助下，电子-空穴对可以在g-C_3N_4/PDI和NH_2-MIL-53(Fe)上产生。然后，光生电子从g-C_3N_4/PDI的导带转移到NH_2-MIL-53(Fe)的导带，而空穴从NH_2-MIL-53(Fe)的价带转移到g-C_3N_4/PDI的价带，减少了电荷重组，导致NH_2-MIL-53(Fe)的导带中产生更多的自由电子。随后，Fe^{3+}被电子还原形成Fe^{2+}，Fe^{2+}可以诱导H_2O_2分解，形成强氧化性的·OH，用于有机污染物的降解。此外，在光催化系统中，PDI高的电子亲和力能够促使g-C_3N_4的还原电位和氧化电位正向移动，导致NH_2-MIL-53(Fe)和g-C_3N_4/PDI能带结构匹配，形成有效的异质结[237]。异质结的有效形成，促进光生电子-空穴对快速转移和分离。相比于可见光直接照射g-C_3N_4/PDI生成电子来形成·OH，在NH_2-MIL-53(Fe)中的Fe^{2+}的帮助下，·OH的产生要容易得多[239]。最终，NH_2-MIL-53(Fe)和g-C_3N_4/PDI之间有效形成的异质结有利于提高可见光诱导的有机污染物的芬顿式快速降解。此外，反复的实验研究和降解前后的催化剂结构分析表明，该光催化剂有良好的稳定性和可重复使用性。

作为另一种新型多孔晶体材料，共价有机骨架（COFs）材料由于优异的固有性能也受到广泛关注。通常，COFs材料具有长程有序结构、可调的孔径、高比表面积、可调节的骨架和优异化学稳定性[240]。尽管MOFs和COFs都拥有出色的固有特性，但由于它们的电荷分离行为较差，在光芬顿应用于有机污染物的降解中仍然受到限制。特别是，Fe基MOFs的低电荷分离效率严重降低了它们在光芬顿过程中的性能。作为提高电荷分离效率的有效策略，构建适当的混合体可以通过价带和导带的偏移而导致电子和空穴的有效分离[241]。这可以通过建造一个能带匹配的MOFs/COFs复合物的简单方法来实现。由于COFs的有序π柱状结构和MOFs的芳香性，可以引起强烈的π-π堆积相互作用，这可制造出具有高稳定性、可调整特性和母体功能的MOFs/COFs复合物。因此，MOFs/COFs复合物的构建将克服其各自单一的固有弱点，提高电荷分离效率，并提供多功能特性[242, 243]。一些基于MOFs/COFs的复合物已被报道应用于光芬顿降解有机污染物。Guo等[244]通过

共价键将 NH_2-MIL-88B 与 TpPa-1-COFs 结合，并使用该复合物在模拟光诱导下激活 H_2O_2 降解 RhB 和 TC。在 NH_2-MIL-88B/TpPa-1-COFs 复合物中，NH_2-MIL-88B 纳米粒子分布在 TpPa-1-COFs 的表面。NH_2-MIL-88B 的光吸收带延伸到了可见光区域，这可以归因于 NH_2-MIL-88B 中存在 Fe_3-μ_3-oxo 簇和有机连接剂中的—NH_2 基团[209, 245]。TpPa-1-COFs 显示出 620nm 左右的吸收边缘。当 COFs 与 MOFs 杂交形成混合体时，COFs 的吸收边缘红移，可见光吸收明显增强，导致光催化活性增强。结果表明，所有 NH_2-MIL-88B/TpPa-1-COFs 复合物都表现出较高的 TC 降解率，最高 TC 降解率可达 86%。在降解 RhB 方面，NH_2-MIL-88B/TpPa-1-COFs 在模拟阳光照射 40min 条件下可降解 100%的 RhB。NH_2-MIL-88B/TpPa-1-COFs 降解活性均强于单一 MOFs 和 COFs。此外，它比没有类芬顿激活 H_2O_2 的光催化活性高得多。高降解率归因于两个因素：一个是复合物的形成促进电荷分离和光的吸收；另一个是 H_2O_2 的类芬顿激发产生更多·OH 。在模拟阳光照射下，TpPa-1-COFs 和 NH_2-MIL-88B 都产生电子和空穴。TpPa-1-COFs 的导带中产生的电子迅速转移到 NH_2-MIL-88B；同时，NH_2-MIL-88B 的价带中的空穴也转移到 TpPa-1-COFs。由于电荷载流子在两个半导体界面间快速转移，电子和空穴的复合被强烈抑制，从而导致光催化活性增强。TpPa-1-COFs 的价带中的空穴可直接氧化有机分子。作为光芬顿体系中的关键活性物种，·OH 对有机污染物的降解有很强的氧化能力。由于 OH^-/·OH 的电位［2.3eV（*vs.* NHE）］比 NH_2-MIL-88B 和 TpPa-1-COFs 的价带更正，所以在没有 H_2O_2 添加的情况下，NH_2-MIL-88B/TpPa-1-COFs 表面产生的·OH 可忽略不计[102]。然而，由于 H_2O_2 的类芬顿激发作用，·OH 数量在 H_2O_2 的存在下会急剧增加。当 H_2O_2 出现在系统中时，NH_2-MIL-88B/TpPa-1-COFs 的光生电子和从 TpPa-1-COFs 转移到 NH_2-MIL-88B 的电子都可以与 NH_2-MIL-88B 中的 Fe(Ⅲ)反应，产生 Fe(Ⅱ)。形成的 Fe(Ⅱ)可以通过类芬顿反应激活 H_2O_2，产生·OH，而 NH_2-MIL-88B 则被氧化成原始状态，形成一个循环系统。更多的·OH 是通过这个循环系统产生的，这有助于提高光催化的效率。因此，当 H_2O_2 出现在光催化系统中时，光催化和类芬顿两个反应同时发生，产生协同效应，有效提高光催化效率。

7.4　MOFs 衍生物基类芬顿反应去除水体中污染物

7.4.1　MOFs 衍生金属氧化物基类芬顿反应

由于多孔性和可定制的骨架结构，MOFs 可作为模板或前驱体，通过简单的热解方法创造不同的金属或金属氧化物纳米粒子嵌入碳骨架中。一般而言，衍生物的多孔性将保证活性位点用于反应物，得益于两种成分的合理组成，并从本质上减少催化反应中的质量传递限制，这可能在加速电子通道中发挥重要作用。因此，某些源自铁基 MOFs 的多孔碳材料已被成功用于在异质芬顿体系中降解水生环境中的有机污染物。Cheng 等[246]通过加热 Cu-Fe PBA（普鲁士蓝类似物），合成了新型磁性铜铁氧化物（CuFeO）并用于高效去除有机污染物磺胺二甲基嘧啶（SMZ）。具体地，首先将 2g 聚乙烯吡咯烷酮（PVP）溶解在 100mL $CuCl_2·4H_2O$ 溶液（50mmol/L）中。然后将一定量（50mL、100mL 或 200mL）的 $K_3[Fe(CN)_6]$ 溶液（50mmol/L）滴加到上述溶液中。随后，将混合溶液搅拌 30min，通过离心收集得到沉淀物，最后通过后续的洗涤和干燥程序可以得到 Cu-Fe PBA。为了制备 CuFeO，将获得的 Cu-Fe PBA 加热至 550℃，升温速度为 3.6℃/min，并在空气中保持相同温度 2h。图 7.1 显示了不同初始比例的 Cu/Fe PBA 的 XRD 图谱。结果显示，Cu/Fe（1∶2）PBA、Cu/Fe（1∶1）PBA 和 Cu/Fe（2∶1）PBA 具有几乎相同的 XRD 图谱。这就说明 Cu/Fe 的比例对最终催化剂的结构没有明显影响。所有的特征衍射峰（2θ 为 17.61°、24.91°、35.62°、39.96°、43.93°、51.24°、54.47°和 57.91°）都可以归属于 $Cu_3[Fe(CN)_6]_2$（JCPDS No.86-0514）。在这些样品中没有检测到其他杂质衍射峰，表明催化剂的高纯度。在 550℃的空气中加热后，所制备的 Cu-Fe PBA 可转化为 CuFeO。Cu-Fe PBA 的失重发生在 3 个不同的阶段，失重率分别约为 26%、3%和 30%。第一阶段（低于 150℃）和第二阶段（150～280℃）的失重分别是由于结晶水和配位水的蒸发[171]。超过 280℃的质量损失是由 C-N 配体分解引起的。在这个阶段，有机配体可以被氧化成气体（CO_2、NO_x 等），Cu-Fe PBA 被分解成 CuFeO。因此，热处理导致 XRD 图谱的明显变化。在 CuFeO [来自 Cu/Fe（2∶1）PBA]的 XRD 图谱中，2θ 值为 35.56°和 38.75°的两个不同的衍射峰（图 7.1）分别对应于 Fe_3O_4（JCPDS No.88-0315）和 CuO（JCPDS No.48-1548）的(311)和(111)晶面。

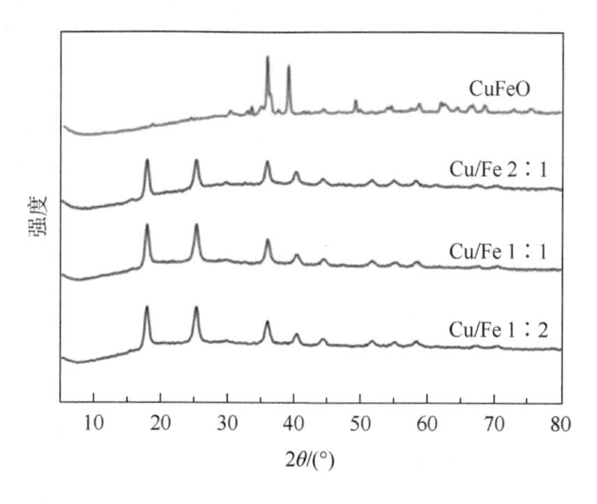

图 7.1　催化剂 Cu-Fe PBA 和 CuFeO 的 XRD 图谱

通过 SEM 和 TEM 技术研究了 Cu-Fe PBA 和 CuFeO 的形态和微观结构。如图 7.2（a）所示，Cu-Fe PBA 由许多微小的颗粒组成，这可能是由于形成了紧凑排列的 $Cu_3[Fe(CN)_6]_2 \cdot nH_2O$。可以看出，CuFeO 的 SEM 图[图 7.2（b）]与 Cu-Fe PBA 非常相似，表明在热处理过程中，Cu-Fe PBA 的形态没有发生明显变化。EDS 分析表明，Cu-Fe PBA 主要由 N、C、Fe、Cu 和 O 组成。热处理后，这些元素仍被检测到，但 N 和 C 的信号强度明显下降。这与 EDS 的图像一致，显示 C 和 N 几乎完全从 Cu-Fe PBA 中被去除。此外，EDS 清楚地说明了 Fe、Cu 和 O 物种在 CuFeO 颗粒中的均匀分布[图 7.2（c）～（h）]。TEM 图[图 7.2（i）和（j）]证实了 CuFeO 的均匀结构。图 7.2（k）和（l）分别显示了 CuFeO 的 HR-TEM 图和 FFT 过滤的 TEM 图，0.29nm 和 0.25nm 的晶格间距分别与 Fe_3O_4（JCPDS No.88-0315）的(220)平面和 CuO（JCPDS No.48-1548）的(111)平面对应。

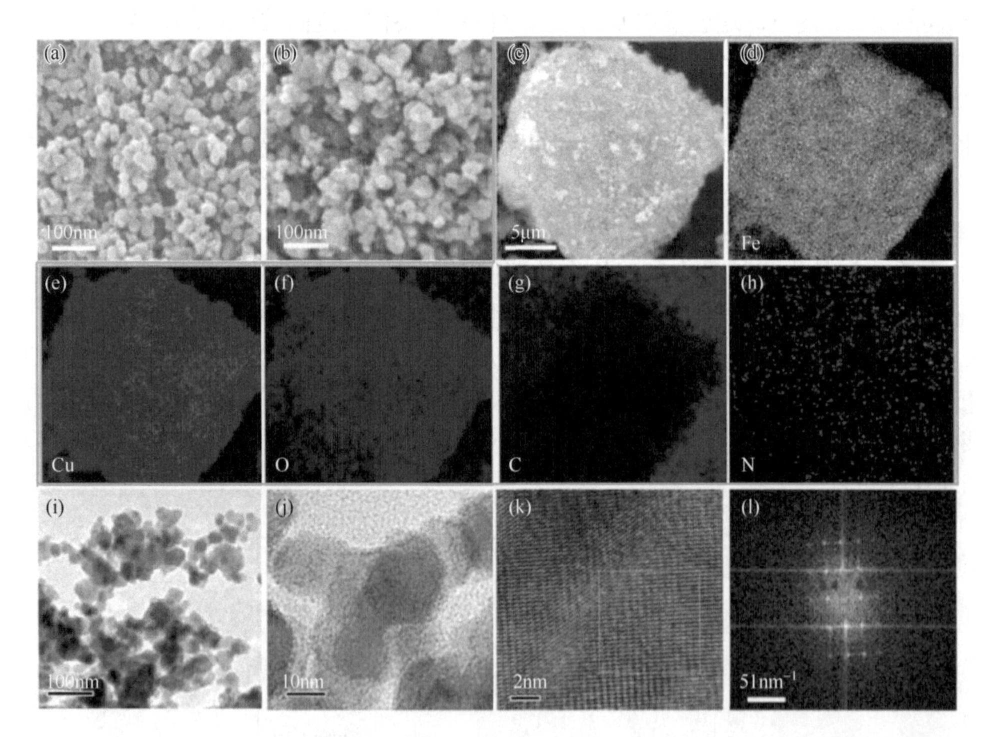

图 7.2　Cu-Fe PBA（a）和 CuFeO（b）的 SEM 图；（c）～（h）CuFeO 的 SEM-EDS 元素映射图；（i）～（k）CuFeO 的 TEM 图像；（l）从选定区域 FFT 模式记录的相应的 FFT 滤波 TEM 模式图

此外，Cu-Fe PBA 和 CuFeO 的平均尺寸分别为 225.8nm 和 240.0nm。CuFeO 的平均尺寸与 Cu-Fe PBA 非常接近，表明热处理并没有明显改变 Cu-Fe PBA 的形态，这与 SEM 分析得到的结果一致。CuFeO 颗粒的 BET 比表面积和 BJH 孔隙体

积分别为 $178.35m^2/g$ 和 $0.6993cm^3/g$，远远高于已报道的Cu-Fe双金属催化剂。CuFeO颗粒的BET等温线属于Ⅳ型，具有H3型滞后环，表明CuFeO颗粒的孔隙为介孔。催化剂的高比表面积和多孔结构可以促进催化性能的提高。图7.3（a）显示了合成的Cu-Fe PBA和CuFeO的FTIR图。从图中可以看出，在 $1651cm^{-1}$（H—O—H弯曲模式）和 $3440cm^{-1}$（O—H拉伸模式）检测到的两个峰表明在Cu-Fe PBA的结构中存在 H_2O[169]。$2102cm^{-1}$ 处的吸收带可归属于PBA的C—N拉伸振动[247]。与Cu-Fe PBA相比，CuFeO中特征峰的数量要少得多。值得注意的是，在加热处理后，C—N拉伸振动的特征峰（$2102cm^{-1}$）从CuFeO的光谱中完全消失了。在CuFeO的FTIR图中出现的 $570cm^{-1}$ 处的强吸收带是 Fe_3O_4 的Fe—O拉伸振动的特征峰[173]。

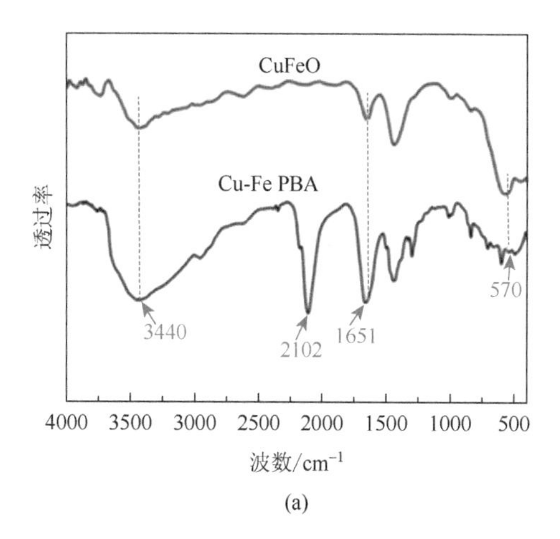

(a)

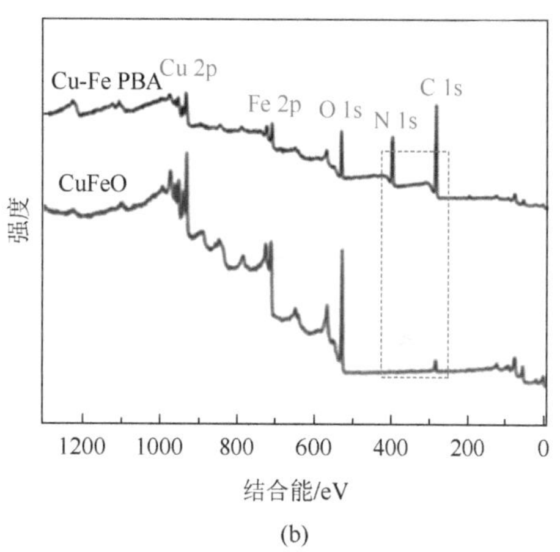

(b)

图7.3　催化剂的FTIR图（a）和XPS谱图（b）

通过XPS测定了Cu-Fe PBA和CuFeO的表面化学成分和电子状态，如图7.3（b）所示。在Cu-Fe PBA的XPS测量光谱中检测到五种元素：Cu、Fe、O、N和C。对于CuFeO，在测量光谱中观察到Cu、Fe和O的增强信号，而没有检测到N和C的明显信号。在Cu 2p的高分辨率XPS中观察到的变化[图7.4（a）和（b）]证实了CuO确实是在CuFeO中产生的。位于933.6eV和953.4eV的两个峰分别属于Cu $2p_{3/2}$ 和Cu $2p_{1/2}$。众所周知，CuO也拥有特征性的高强度抖动伴峰[248]。以前的研究表明，伴峰通常位于比Cu $2p_{3/2}$ 和Cu $2p_{1/2}$ 主峰高约9eV的结合能处[249]。观察到的位于962.1eV的峰是Cu $2p_{1/2}$ 的特征峰，而位于943.5eV和941.1eV的峰是Cu $2p_{3/2}$ 的特征峰存在的信号。在Cu-Fe PBA的Fe 2p的高分辨率XPS中[图7.4（c）]，Fe $2p_{3/2}$ 在708.3eV的结合能可以对应于Fe(Ⅲ)。CuFeO中Fe的高分辨率XPS[图7.4（d）]与 Fe_3O_4 的XPS非常相似[250]。CuFeO的Fe $2p_{3/2}$ 光谱

[（图 7.4（d）]可以分成三个峰，其结合能分别为 712.6eV、711.0eV 和 709.9eV，它们可以被分配到四面体 Fe(III)、八面体 Fe(III)和八面体 Fe(Ⅱ)[251, 252]。总体来讲，XPS 的结果与 XRD、SEM、TEM 和 FTIR 的分析结果很吻合。

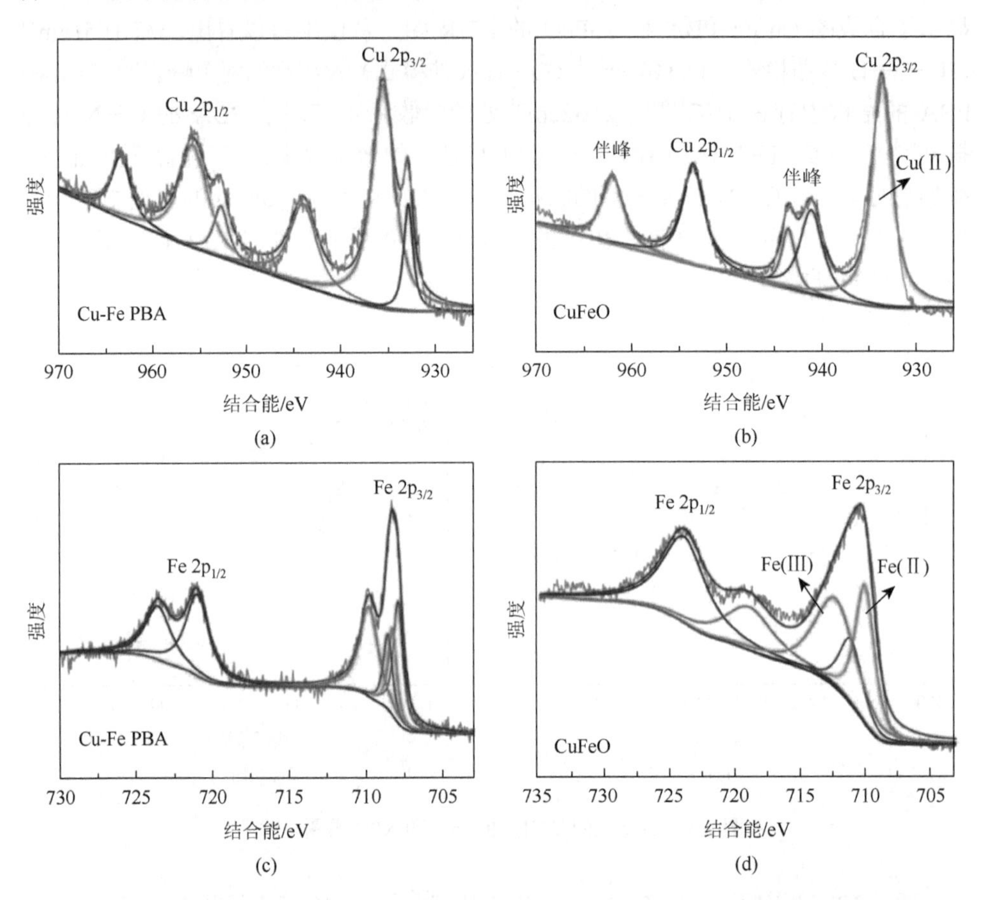

图 7.4　催化剂的 Cu 2p[（a）和（b）]和 Fe 2p[（c）和（d）]的高分辨率 XPS 分析

此外，他们认为由于 Fe_3O_4 的存在，合成的 CuFeO 应该是一种磁性材料，因此进一步对所制备的催化剂的磁性能进行了研究。结果显示，在 Cu-Fe PBA 中没有发现磁性，而 CuFeO 表现出明显的磁性。此外，CuFeO 甚至在 5 个降解周期后还能保持其原有的磁性。经测量，CuFeO 的饱和磁化值（M_s）为 14.18emu/g，约为相同条件下纯磁性 Fe_3O_4 的 25%。一般，高 M_s 的催化剂意味着它们可以很容易地通过磁铁从溶液中分离出来，并且实际实验表明 CuFeO 颗粒可以在 10s 内用磁铁简单收集。

他们探讨了 Cu-Fe PBA 和 CuFeO 对 SMZ 的去除性能。在吸附过程，Cu-Fe PBA 和 CuFeO 吸附能力相似，可忽略不计（约 3%的 SMZ 被吸附掉）。然后，通过不同的类芬顿过程研究SMZ的降解行为，以评估CuFeO的催化性能[图7.5（a）]。一方面，在不同的反应条件下研究了CuFeO的光芬顿性能。结果发现，CuFeO/可见光和CuFeO/H_2O_2都不能有效地降解SMZ，而CuFeO/H_2O_2/可见光在30min内几乎可以完全去除SMZ，这表明H_2O_2和光照对有效的催化反应都是必不可少的。另一方面，对CuFeO/H_2O_2/可见光的光芬顿性能与其他光芬顿系统进行了比较。如图7.5（a）所示，H_2O_2/可见光几乎不能降解任何SMZ。CuFeO/H_2O_2/可见光的SMZ降解效果明显高于Cu-Fe PBA/H_2O_2/可见光，也远远高于CuO/H_2O_2/可见光和Fe_3O_4/H_2O_2/可见光。在CuFeO/H_2O_2/可见光体系中，95.42%的SMZ在30min内被去除。该过程中SMZ的降解效率高于许多已报道的AOPs，包括光芬顿过程[253]、电芬顿过程[254, 255]、光催化过程[256]和基于过硫酸盐/过硫酸的氧化过程[257, 258]。此外，在CuFeO/H_2O_2/可见光体系的光芬顿过程中，TOC的浓度持续下降，经过30min的处理，大约50%的TOC可以被去除，这表明CuFeO在实际应用中具有很大的潜力。CuFeO优异的光芬顿活性可能是因为CuFeO具有多孔结构和丰富的金属（Fe和Cu）位点。SMZ的降解动力学符合一阶动力学，如图7.5（b）所示。在相同条件下，CuFeO体系的表观速率常数k为0.09961min^{-1}，远远高于CuO（0.01332min^{-1}）、Fe_3O_4（0.00534min^{-1}）和Cu-Fe PBA（0.04328min^{-1}）体系的SMZ降解。

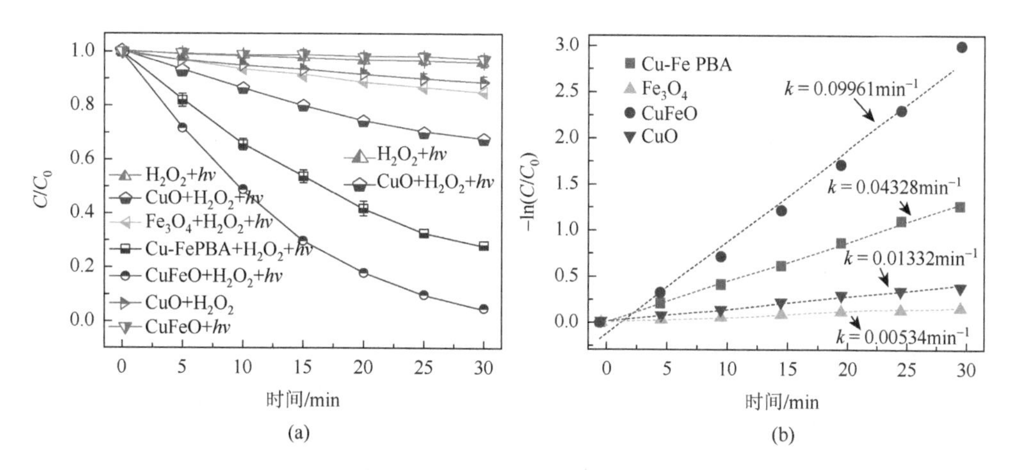

图7.5 不同反应体系中SMZ的去除率（a）和动力学曲线（b）

通过降解过程前后的CuFeO的XPS光谱来探索H_2O_2的激活机理。催化反应前CuFeO的Cu 2p XPS光谱[图7.6（a）]显示了一个结合能为933.6eV的单峰，该峰对应于Cu(Ⅱ)[249]。催化反应后，在Cu $2p_{3/2}$ XPS光谱[图7.6（b）]中出现了一个属于Cu(Ⅰ)的新峰，表明Cu_2O是在CuFeO的表面生成的[259]。至于Fe元素，在催化反应前后的Fe $2p_{3/2}$ XPS光谱中，大约13%的铁从八面体Fe(Ⅱ)（709.9eV）

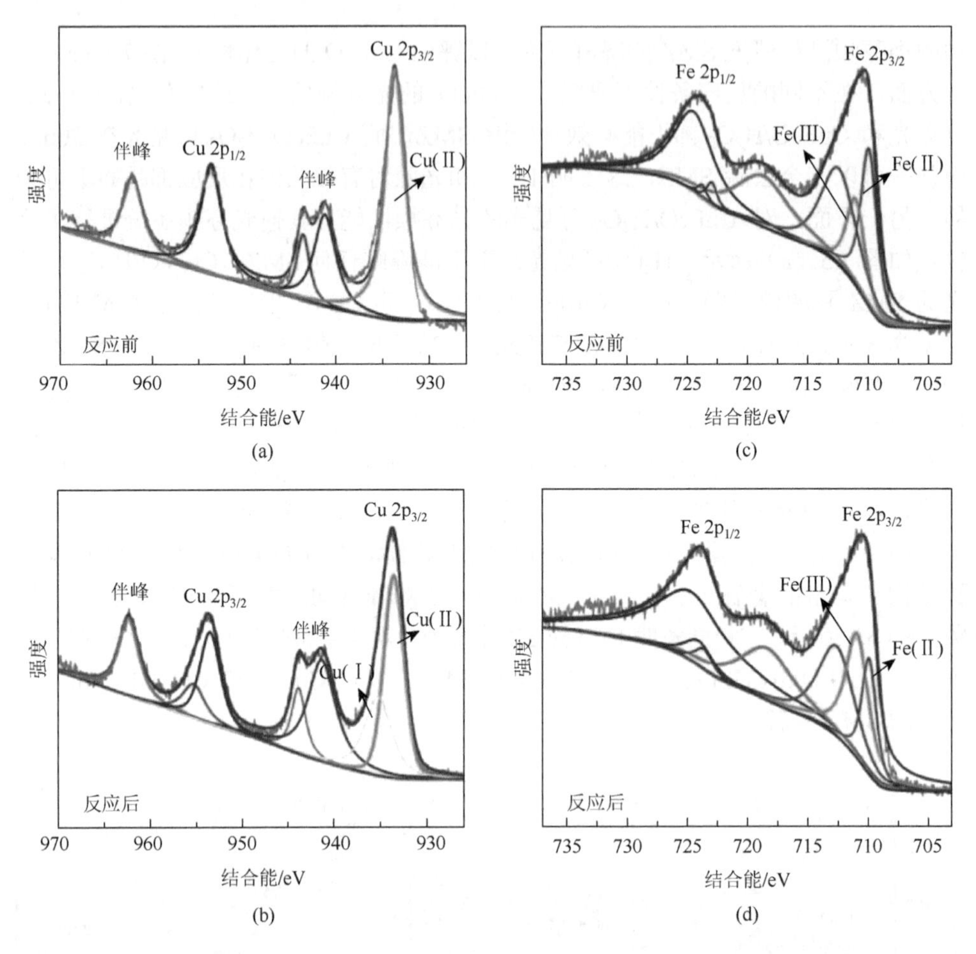

图 7.6　光芬顿反应前后 CuFeO 中 Cu $2p_{3/2}$［（a）和（b）］和 Fe $2p_{3/2}$［（c）和（d）］的高分辨率 XPS 光谱

转化为八面体 Fe(Ⅲ)（711.0eV）［图 7.6（c）和（d）］。这些结果表明，Cu 和 Fe 物种都参与了催化反应。Fe_3O_4 和 CuO 是两种被广泛研究的异质类芬顿催化剂，它们可以通过激活 H_2O_2 产生活性自由基[173, 249]。具体来讲，Cu(Ⅰ)[或 Fe(Ⅱ)]可以催化 H_2O_2 分解产生·OH，然后处于高价态的 Cu 和 Fe 被 H_2O_2 还原，完成氧化还原循环，从而保证催化反应持续进行。然而，Cu(Ⅱ)、Fe(Ⅲ)和 H_2O_2 的反应速率都很慢，因此会减缓 Cu(Ⅰ)和 Fe(Ⅱ)的再生，这是造成 CuO/H_2O_2 和 Fe_3O_4/H_2O_2 体系中 SMZ 降解效率相对较低的主要原因。在光照条件下，Fe_3O_4 和 CuO 可以被激发并产生空穴和电子[260]。空穴可以与 H_2O 反应生成·OH 或直接氧化污染物。然而，根据诱捕实验得到的结果，空穴在 SMZ 的降解过程中起着很小的作用。这就造成在 CuFeO/可见光系统中 SMZ 的降解效率相对较低。光生电子在 SMZ 的降解中起着重要的作用。因为电子不仅可以与 H_2O_2 反应产生活性自由基·OH，而且还可以引起Cu(Ⅱ)和Fe(Ⅲ)的还原[261]。这些过程促进了 CuFeO/H_2O_2/可光见体系中 Fe(Ⅲ)/Fe(Ⅱ)和 Cu(Ⅱ)/Cu(Ⅰ)的连续循环。图 7.7 展现了在 CuFeO/H_2O_2 光芬顿过程中提高·OH 生成的合理机理示意图。在这个体系中，高产量的·OH 可以通过光诱导的电子及表面的 Cu 和 Fe 物种持续生成，进而降解 SMZ。

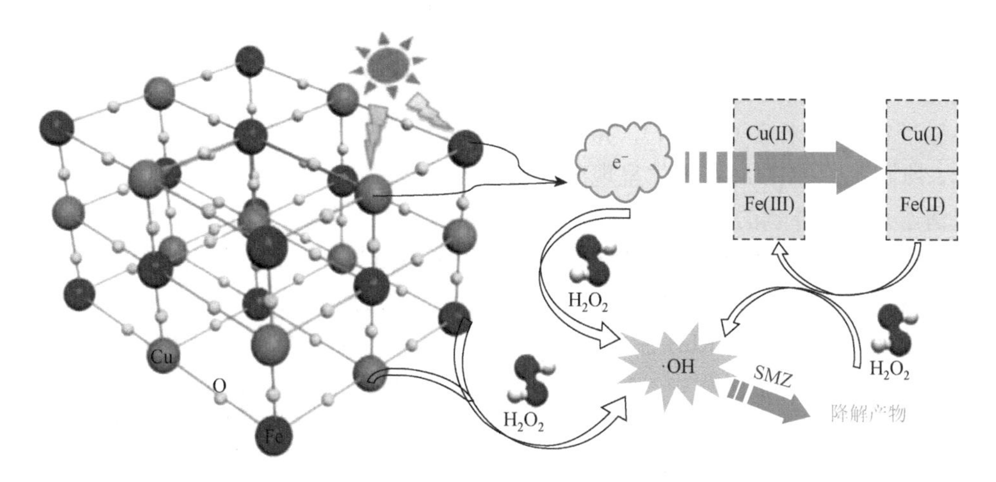

图 7.7　CuFeO 立方晶格结构上的光芬顿反应机理

7.4.2　MOFs 衍生金属/C 复合物基类芬顿反应

大多数 Fe 基催化剂在热力学上容易发生团聚，在反应过程中，Fe（主要催化位点）的浸出几乎是不可避免的。将 Fe NPs 固定在多孔碳质材料上或将其封装在保护壳内似乎是有前途的策略。引入具有良好电子特性的多孔碳质材料不仅可以避免 Fe 基 NPs 的聚集，还能引发与邻近活性成分可能存在的协同效应来提高催化效率。由于其多样化的组成和可定制的结构，MOFs 被认为是理想的前驱体，可以通过热解制备由含金属的 NPs 和碳基体组成的新形式的多孔材料[262-264]。其周期性的混合结构为热解过程中活性含金属 NPs 在多孔碳骨架中的均匀分散提供了独特的优势[265]。特别是，衍生出的复合材料的多孔性也可以确保活性位点对反应物的可及性，减少催化过程中的质量运输限制。到目前为止，几种 MOFs 衍生的 Fe 基多孔材料已经成功地被用于异质芬顿过程[73, 196, 199]。结果表明，通过 MOFs 衍生的金属/C 复合物是制备高效类芬顿催化剂的一种有前途的策略。Zhang 等[266]通过使用微波辅助的高温离子热法对 Fe 基 MOFs MIL-53(Fe)进行碳化而合成了强磁性的 γ-Fe_2O_3/C，并用于去除孔雀石绿（MG）。获得的 γ-Fe_2O_3/C 拥有较高的比表面积（397.2m^2/g）和孔隙体积（0.495cm^2/g）。通过从水溶液中去除 MG 来测试其吸附性能。在达到吸附平衡后，30℃时 γ-Fe_2O_3/C 的最大吸附容量为 499mg/g，60℃时达到 863mg/g。优秀的磁性（20.10emu/g）提供了理想的磁分离性能。γ-Fe_2O_3/C 在 H_2O_2 和阳光存在的情况下对 MG 的降解显示出强大的催化活性。此外，虽然已经开发了许多 Fe 基 MOFs，但这些 MOFs 大多数是用 DMF（一种致癌溶剂）合成的。因此，Fe 基 MOFs，MIL-88A，似乎是一个理想的前驱体，因为它可以只在水中制备。MIL-88A 衍生的碳质材料由氧化铁纳米粒子和多孔碳组成，使其成为一种磁性多孔支撑/吸附剂。它的铁含量和多孔性实际上可以使其成为一种有前途的化学氧化的异质和磁性催化剂。MIL-88A 被 Lin 等[267]用来制备磁性铁/碳纳米棒（MICN），并评估其作为异质催化剂激活 H_2O_2 去除 RhB 的性能。所制备的 MIL-88A 晶体呈现出六角形棒状形貌，在被碳化成 MICN 后，仍然保留了六角形棒状的形貌。MICN 可以很好地分散在水中，并可以使用永久磁铁在 10s 内轻易地从水中完全收集。虽然 RhB 不能通过单独的 MICN 的吸附和 H_2O_2 的降解来去除，但由于 MICN 的铁元素通过类芬顿的反应激活了 H_2O_2，MICN 和 H_2O_2 的组合成功地使 RhB 脱色，RhB 的剩余浓度显著降低至初始浓度的 58%。此外，在 RhB 脱色过程中，MICN 被发现是比 H_2O_2 剂量更关键的因素。温度的升高也改善了 RhB 的去除效果，而碱性条件对 MICN 激活的氧化过程不利。超声处理是一个有用的外部促进因素，可以提高 RhB 去除效果，而加入抗坏血酸则大大抑制了激活过程。MICN 可以重复使用多个周期，而无须再生处理。Mani 等[268]以 MOFs-102 为原料，通过碳化法制备了磁铁矿（Fe_3O_4）纳米粒子包覆的介孔碳纳米复合材料。作为一种类芬顿降解苯酚的固体催化剂，Fe_3O_4 纳米粒子包覆的介孔碳对 H_2O_2 分解产生的·OH 显示出优异的催化活性，在 120min 的反应中，可以降解 100%的苯酚和实现 82%的 TOC 转化。这种催化性能的提高是由于碳壳中的中孔为污染物提供了进入 Fe_3O_4 纳米粒子的空间。裸露的 Fe_3O_4 纳米盘在苯酚的降解中显示出较差的催化性能，这表明了介孔碳对 Fe_3O_4 纳米粒子的支持作用。

此外，MIL-100(Fe)凭借容易合成、大比表面积和高化学稳定性而受到特别关注[172, 188]。除了这些特点，MIL-100(Fe)有两种直径分别为 25Å 和 29Å 的介孔笼，底物分子可以通过开放的孔道进入[269]。Tang 等[196]将 MIL-100(Fe)衍生的铁/碳混合体作为类似芬顿的催化剂用于去除有机污染物。在 Ar 气氛中 800℃退火处理 6h 后，MIL-100(Fe)可以转化为碳化产品（Fe@MesoC）。碳化产物的形貌结构几乎完整保留，表明没有塌陷发生。Fe@MesoC 催化剂主要由 Fe^0 和石墨碳组成，还有少量的 Fe_3O_4 和 α-Fe_2O_3。MIL-100(Fe)和 Fe@MesoC 的比表面积分别为 1271.31m^2/g 和 272.35m^2/g。从 MIL-100(Fe)到 Fe@MesoC 的比表面积下降，可能是由于在高温热解过程中有机连接物的碳化，伴随着微孔的塌陷和中孔的形成。尽管 Fe@MesoC 的比表面积被减小了，但其比表面积仍然超过了许多其他报道的类芬顿材料[200, 270]。在吸附过程中，Fe@MesoC 就可以去除 47.1%的 SMZ。

Fe@MesoC的高吸附能力可以归因于其独特的中孔结构形态，这将为反应物的扩散提供丰富的空腔和开放的通道，并促进碳基体内部的固液接触。在Fe@MesoC和H_2O_2的存在下，SMZ的去除率明显提高，SMX在120min内被完全转化，而在相同条件下，MIL-100(Fe)的去除率只有9.2%。这种优异的性能主要归因于Fe物种和碳基之间相互作用的协同效应加速了H_2O_2的分解，从而形成了降解SMZ的·OH[271-273]。Fe@MesoC的高孔隙率和开放的孔隙（平均孔径为5.94nm）可以使反应物快速扩散到内部材料。由于介孔碳基体和SMZ芳香环的石墨结构之间存在的π-π相互作用，催化剂可以快速将SMZ分子从溶液中富集到其表面。一旦加入H_2O_2，由Fe^0、Fe_3O_4和α-Fe_2O_3组成的Fe基NPs可以通过分子内电子转移过程催化H_2O_2生成·OH。同时，电子从富含电子的Fe^0到Fe^{3+}的转移可能会发生，反应产生Fe^{2+}[274, 275]。这个过程在热力学上是有利的，有利于Fe^{2+}/Fe^{3+}的氧化还原循环和·OH的持续生成。此外，具有高电子传导性的介孔碳基质可以促进Fe^{2+}/Fe^{3+}氧化还原循环中石墨碳和铁活性中心之间的自由电子转移，这可以为H_2O_2的活化提供更多的反应位点[276]。在溶液中，由H_2O_2氧化Fe^0产生的浸出铁离子也可以驱动H_2O_2的分解，通过反应产生·OH。最终，SMZ很容易被催化剂表面产生的·OH所降解。此外，他们还评估了Fe@MesoC催化剂的重复使用性。在每次循环结束时，依靠催化剂的磁性从溶液中分离出来，在不经清洗的情况下直接用于下一次相同反应条件降解周期。SMZ的去除率随着使用次数的增加而略有下降，但Fe@MesoC仍然保持了相对较好的催化活性，在第3个周期的120min内，SMZ的去除率为85.2%，这说明Fe@MesoC具有相对较好的可重复使用性用于降解污染物。然而，TOC的去除率在使用3个循环周期后从54.5%下降到18.4%。推测这可能是由于Fe^0和Fe^{2+}在类芬顿反应中的消耗。此外，Fe^0表面不理想的氧化铁层的形成、催化剂表面的中间产物和反应物的残留及回收过程中催化剂的损失也可能对Fe@MesoC的可重复使用性产生不利影响[273, 277]。

在热解过程中，Fe-MOFs在惰性气氛下随着温度的升高逐渐分解为磁性含铁纳米粒子/多孔碳复合材料。热解温度是影响产物形态、结构和活性的关键因素。Chen等[278]将Fe-MOFs在不同温度下热分解制备了具有铁基纳米粒子的多孔磁性碳复合材料，详细研究了所得磁性产物对水溶液中4-硝基苯酚（4-NP）的非均相类芬顿降解的催化活性。为了制备磁性Fe-C_x纳米复合材料，研究了Fe-MOFs在不同温度下的质量损失情况。随着温度的升高，所制备的Fe-MOFs样品的质量损失有三个阶段。第一个质量损失是在200℃以下，约3%，这可以归因于吸附的水和DMF的去除。在200～365℃之间的第二个质量损失为23.2%，主要是由于Fe-MOFs的有机配体中含氧基团的分解。随着温度的升高，从365℃到586℃的第三个质量损失可能是由于氯的损失、芳香环的分解、铁氧化物的形成和铁氧化物之间的转化[279]。这种转化可能是热稳定性差所导致的不完全煅烧产物。在600℃

之后，材料的质量相对稳定。因此，将 400～600℃的 Fe-MOFs 样品的热解产物用作催化剂，用于有机污染物的降解。不同的热解温度对合成产品的形态有明显的影响。在 400℃处理 Fe-MOFs 晶体后，纺锤形的 Fe-MOFs 晶体被转化为均匀的 $Fe-C_{400}$ 颗粒，这些颗粒聚集在一起，形态单一，表面粗糙。当温度上升到 500℃时，有机配体热解为石墨烯状碳片。在温度进一步提高到 600℃后，所制备的 $Fe-C_{600}$ 表现出比 $Fe-C_{500}$ 更多的碳片，并且在碳片的表面形成许多八面体纳米晶体。在 7.8mmol/L 的 H_2O_2 剂量下，48.1%的 4-NP 可以被原始 Fe-MOFs 分解。同时，使用 $Fe-C_{400}$、$Fe-C_{450}$、$Fe-C_{500}$ 和 $Fe-C_{550}$ 在 75min 内可以分别实现高达 87.4%、88.0%、89.0%和 83.8%的 4-NP 去除率。然而，$Fe-C_{600}$ 对 4-NP 的降解表现出较弱的催化活性。这表明热解温度可以显著影响制备的 $Fe-C_x$ 的类芬顿催化活性，多组分的 $Fe-C_{500}$ 对 4-NP 的降解表现出最好的催化活性。此外，在反应初期（30min），$Fe-C_{450}$ 降解速率比 $Fe-C_{500}$ 样品快，这表明在类芬顿反应初期，$Fe-C_{450}$ 样品的 Fe^{2+} 形成速率比 $Fe-C_{500}$ 快。然而，$Fe-C_{500}$ 表现出了相对较差的重复使用性。在第 1 次循环中，89.0%的 4-NP 可以被 $Fe-C_{500}$ 降解，在第 2 次循环中减少到 61.1%。这主要是由于 $Fe-C_{500}$ 中的部分铁在第 1 次循环中被溶解了。两次循环后，$Fe-C_{500}$ 的类芬顿催化活性趋于稳定，在第 3 次和第 4 次循环中，4-NP 的去除率分别为 54.2%和 52.4%。

在最近的研究中，Fe 基双金属催化剂在类芬顿反应中表现出比单金属催化剂更好的催化性能[31, 280-282]。存在的第二种活性金属成分不仅可以为 H_2O_2 的活化提供新的反应位点，而且还可能提供这两种金属成分之间相互作用产生的协同效应。鉴于 MOFs 与各种金属中心（如 Fe、Cu、Co 和 Zn）的良好兼容性，一些 MOFs 可以由双金属中心和有机配体模块化构建。Tang 等[283]通过对[Fe, Cu]-BDC 前驱体进行简单热解，成功制备了一种新型三维花状类芬顿催化剂（FeCu@C），并应用在 H_2O_2 条件下催化降解 SMZ。在 FeCu@C 中，Fe（Fe^0、Fe^{2+}、Fe^{3+}）和 Cu（Cu^+、Cu^{2+}）的多价态共存。在 20mg/L SMZ、0.25g/L FeCu@C、1.5mmol/L H_2O_2 和初始溶液 pH 为 3.0 条件下，FeCu@C 催化剂能够在 90min 内去除 100%的 SMZ，在 240min 内表现出 72.3% TOC 转化率。多孔花状碳基质不仅有利于反应物快速扩散至内部双金属纳米粒子以便进行后续的催化降解，而且还能通过 π-π 相互作用为 SMZ 分子从溶液中的富集提供特定的吸附作用。此外，存在于内部双金属纳米粒子中的 Fe 和 Cu 物种是芬顿反应的可用活性位点，它们之间可能的协同效应可以促进产生额外的·OH，以增强 SMZ 的降解。Cu^+ 和 Fe^{3+} 之间的氧化还原反应可进一步促进 FeCu@C 中 Cu^+/Cu^{2+} 和 Fe^{2+}/Fe^{3+} 的氧化还原循环，保持·OH 生成。同时，FeCu@C 中存在少量富含电子的 Fe^0 可能通过快速电子转移加速 Fe^{3+} 向 Fe^{2+} 还原，为 H_2O_2 的活化提供更多的 Fe^{2+}[275]。更多地，SMZ 分子在 FeCu@C 表面的吸附积累可以增加它们与 H_2O_2 分解产生的·OH 的接触概率，进一步提高反应效率。凭借其高磁化特性，FeCu@C 可以被磁化回收并在 SMZ 降解中重新使用。在重复实验中，FeCu@C 在第 1 次循环后表现出轻微的 SMZ 去除率下降，但在第 3 次循环后仍保持活性，SMT 去除率为 90.1%，表明其在消除污染物方面具有可重复使用性。然而，在 3 次循环中，TOC 的去除率从 72.3%急剧下降到 26.5%。活性和矿化程度的下降可能归因于催化剂表面残留的 SMZ 和中间体的积累、活性位点的覆盖及回收过程中催化剂的损失等方面的复杂影响[196]。此外，每次循环中从 FeCu@C 中浸出的 Fe 和 Cu 的量在 0.32～3.57mg/L 之间，远远低于 $CuFe_2O_4$ 和 Cu 掺杂的 Fe_2O_3 催化剂，表明介孔碳基质对内部双金属纳米粒子的侵蚀具有保护作用[284, 285]。

7.5　MOFs 基类芬顿反应的影响因素

7.5.1　原始 pH 对 MOFs 基类芬顿反应的影响

由于实际废水的 pH 总是变化的，因此了解初始 pH 对 MOFs 基催化剂催化活性的影响是非常必要的。一些研究表明，基于 MOFs 的类芬顿催化剂可以在较宽的 pH 范围内使用。例如，Ai 等[117]报道称，在 3.0～9.0 的 pH 范围内，RhB 可以在 MIL-53(Fe)催化剂的活性金属位点上有效分解。但值得注意的是，随着初始 pH 的增加，RhB 的降解率降低。最近的一项研究也报道了类似的结果[116]，研究发现，MIL-53(Fe)/H_2O_2/可见光的降解性能与初始溶液 pH 密切相关。在 pH = 3 的情况下，卡马西平降解的表观速率常数比 pH = 7 下快 6 倍以上。在低 pH 条件下，芬顿/类芬顿反应对污染物的去除率较高是由于 H_2O_2 和 Fe 在催化剂中更倾向于酸性条件下使用。此外，对于某些催化剂（如 Fe_3O_4/C/Cu），较高浓度的金属离子会在较低的 pH 下溶解，通过均相芬顿/类芬顿反应促进·OH 的生成。也有报道称，pH 从酸性（pH = 3.0）增加到中性（pH = 6.5）对 Fe_3O_4@MIL-100 的光芬顿过程催化性能影响有限。对这一现象可能的解释是，光诱导电子和 H_2O_2 之间的反应在·OH 的生成中占有重要地位。铁和其他金属（Cu/Co）的结合使得类芬顿过程可以在更大的 pH 范围内进行。例如，Bao 等[286]报道，在 pH 为 3.02、5.12 和 8.14 时，$CuFe_2O_4$/Cu@C 催化的类芬顿反应在 15min 内几乎可以完全去除 MB，但随着 pH 进一步增加，去除率会急剧下降。这是因为在碱性条件下，H_2O_2 分解为 H_2O 和 O_2 而失去了氧化能力。Cheng 等[246]研究了溶液的 pH 对 CuFeO/H_2O_2/可见光去除 SMZ 的影响。如图 7.8 所示，当 pH 从 10.0 下降到 4.0 时，SMZ 的去除率在 30min 内从 71.3%明显增加到 98.1%，这表明较低的 pH 有利于 SMZ 在 CuFeO/H_2O_2/可见光体系中的降解。有两种机理可以造成这种现象。首先，在较低的 pH 条件下有更好的效率，可能是由于随着 pH 的降低，铁和铜离子的浸出率更高，这有利于更快地进行均匀的光芬顿反应[11]。其次，H_2O_2 在较高的 pH 条件下不太稳定，容易分解成 H_2O[287]。从另一个角度来看，在测试的 pH 范围内（4.0～10.0）至少有 70%的 SMZ 可以在 30min 内被去除。特别是，在接近中性的 pH（pH = 6.0）下，经过 30min 的处理，95.42%的 SMZ 可以被去除。根据实验结果，可以合理地得出结论，MOFs 基类芬顿催化在 pH 为 3.0～6.0 范围内普遍有效。众所周知，传统的均相芬顿法需要在 pH 为 2.8～3.5 范围内进行操作，这是该技术的主要缺点。利用 MOFs 基类芬顿催化已取得了很好的结果，表明这些技术可能有助于在不久的将来解决这一问题。

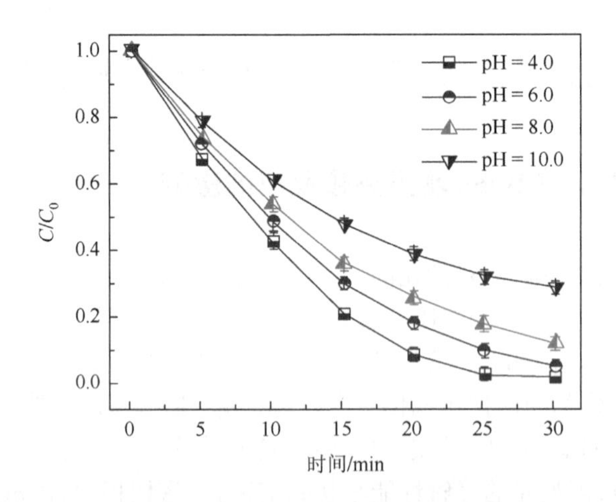

图 7.8　溶液 pH 对光芬顿系统中 SMZ 降解的影响

反应条件：SMZ 浓度为 500mg/L，催化剂量为 500mg/L，H_2O_2 浓度为 60mmol/L，温度为 20℃

7.5.2　H_2O_2 对 MOFs 基类芬顿反应的影响

在低浓度 H_2O_2 条件下，H_2O_2 浓度的增加会生成更多的·OH 用于有机污染物的降解，污染物的降解效率自然也会随着 H_2O_2 浓度的增加而增加。然而，过量 H_2O_2 加入会使作为·OH 清除剂的 H_2O_2 分子产生低氧化电位的 HO_2·（自我清除效应）[式（7.8）和式（7.9）]，导致有机污染物降解效率下降。例如，Gong 等[288]报道了用 Fe_3O_4@GO@MIL-100(Fe)作为光芬顿催化剂来降解 2, 4-二氯苯酚。当 H_2O_2 浓度从 1～3mmol/L 增加时，2, 4-二氯苯酚降解动力学常数从 0.088min^{-1} 增加到 0.253min^{-1}。相反，当 H_2O_2 浓度增加到 4mmol/L 时，2, 4-二氯苯酚降解动力学常数明显下降。Cheng 等[246]研究了 CuFeO 在不同 H_2O_2 浓度（20～100mmol/L）下 SMZ 的降解情况。实验结果（图 7.9）显示，随着 H_2O_2 浓度从 20mmol/L 增加到 60mmol/L，SMZ 降解效率明显增加，表明 H_2O_2 浓度与 SMZ 的降解有明显关系。然而，当 H_2O_2 浓度从 60mmol/L 增加到 80mmol/L 时，SMZ 的降解效率增加变得不明显，当 H_2O_2 浓度进一步增加到 100mmol/L 时，甚至开始下降。这可能是由于过量的 H_2O_2 对·OH 的清除作用[式（7.8）和式（7.9）]。因此，在应用于实际过程中时，还应考虑 H_2O_2 浓度影响，选择适当的 H_2O_2 浓度。

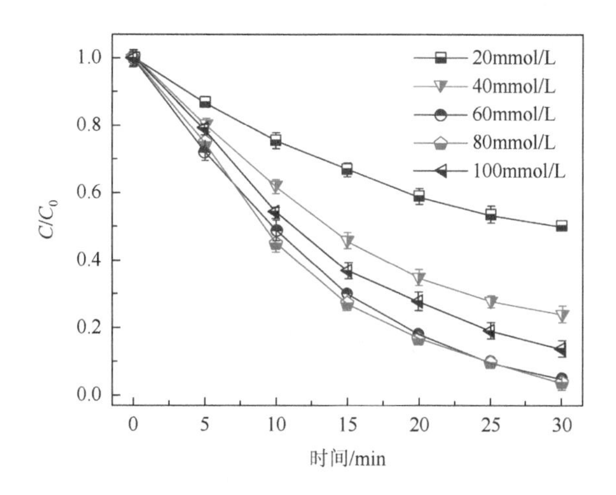

图 7.9　溶液 H_2O_2 浓度对光芬顿系统中 SMZ 降解的影响

反应条件：SMZ 浓度为 500mg/L，催化剂量为 500mg/L，pH = 6，T = 20℃

7.5.3　其他因素对 MOFs 基类芬顿反应的影响

催化剂的过度使用会导致催化剂的聚集，限制反应物在催化剂表面的转移和扩散。因此，反应物不能有效地到达活性位点。对于光芬顿反应，催化剂的过度使用会增加溶液的浊度，导致光穿透溶液的阻力增加，不利于催化剂对光的吸收。Wu 等[289]报道，MIL-101 作为催化剂在光芬顿反应中降解 TC。随着催化剂用量从 0.05g/L 增加到 0.15g/L，污染物降解效率从 66.84%提高到 82.52%，而当催化剂用量进一步增加到 0.20g/L 时，污染物降解效率略有下降。研究发现，随着催化剂用量的增加，溶液的浊度逐渐增加，这对光芬顿反应是不利的。由于各地的环境温度不同，同样的催化剂对污染物的降解效率也不同。因此，温度被认为是 MOFs 及其衍生物（通过类似芬顿反应）在废水处理中实际应用的另一个因素。研究表明，较高的温度可以提高污染物的降解效率。这可能是由于较高的反应温度有利于反应物与活性位点之间的质量传递，促进·OH 的生成，最终增强·OH 与污染物的有效接触。例如，Tang 等[196]报道了以 Fe@MesoC 为催化剂，在不同的温度（20℃、25℃、30℃和 35℃）下降解 SMZ：随着温度的升高，SMZ 的降解效率逐渐增加。在 35℃时，SMZ 在 60min 内被完全去除，而在 20℃时，需要 120min 以上才能完全去除。除了上述因素外，水中杂质对基于 MOFs 的类芬顿反应性能的影响也非常重要。Gao 等[116]研究发现，与去离子水的结果相比，MIL-53(Fe)对氯氟酸的去除更容易受到废水中其他物质的干扰。Cheng 等[246]使用不同类型的水，包括超纯水、自来水、城市污水和河水，研究了 CuFeO/H_2O_2/可见光系统对 SMZ 的降解效率。结果显示，在超纯水、河水和自来水中可以获得近乎 100%的 SMZ 降解放率，而在城市污水中约 84%的 SMZ 被去除。城市污水中 SMZ 的降解效率相对较低，可能是由于城市污水中丰富的有机物对光的阻挡和·OH 的竞争。

7.6 MOFs 基类芬顿催化剂的稳定性和可重复使用性

MOFs 基催化剂的稳定性是必须考虑的关键问题，特别是从实际应用的角度来看。首先，了解 MOFs 基类芬顿催化剂在氧化过程中是否能保持其初始结构是很重要的。Cheng 等[246]通过测试反应前后 CuFeO 的 XRD 图谱、FTIR 和 XPS 光谱研究了 MOFs 衍生的 CuFeO 催化剂在氧化过程后的结构变化。结果显示，光芬顿反应前后 CuFeO 的 XRD 图谱［图 7.10（b）］、FTIR 图［图 7.10（c）］和 XPS 光谱［图 7.10（d）］都几乎相同，说明 CuFeO 的晶体结构在氧化过程中非常稳定。Gao 等[116]研究了反应前后样品的 FTIR 图和 XRD 图谱，发现 MIL-53(Fe)经过 4 次循环后晶体和化学结构基本没有变化。这就说明类芬顿过程对 MOFs 催化剂的主要结构影响不大。另一方面，对 MOFs 催化剂中金属离子的浸出进行监测，能够更好地了解样品的稳定性。众所周知，传统的非均相类芬顿催化剂，如氧化铁，无疑会导致金属离子的浸出，给人类健康带来很高的风险[290]。由于 MOFs 基类芬顿催化剂的特殊结构，其稳定性普遍高于传统的非均相类芬顿催化剂。例如，Lv 等[172]发现 MIL-100(Fe)经过 240min 反应后，铁的浸出率仅为 Fe_2O_3 催化剂的 14%。在另一项研究中，发现 MIL-100(Fe)能够减少铁从 Fe_3O_4 核的浸出[202]。对于 Fe_3O_4@MIL-100，MIL-100 添加量为 10 层、20 层、40 层时，反应时间为 3h，铁浸出量分别为 2.93mg/L、0.86mg/L、0.41mg/L。Cheng 等[246]研究了 CuFeO 颗粒中金属离子的浸出情况。在这项工作中，溶液中的铜和铁的浓度在前 10min 内迅速增加，但从 20～30min 内观察到轻微下降。过程结束时，溶液中的铜和铁的浓度分别为 2.10mg/L 和 1.31mg/L。相对较低的金属浸出量表明 CuFeO 可以作为高活性和稳定的异质催化剂用于异质光芬顿过程。研究表明，催化剂中浸出的金属元素含量在很大程度上取决于催化剂的化学结构。例如，Lv 等[172]研究发现，从 Fe^{II}@MIL-100(Fe)中浸出的铁高达 7.1mg/L。然而，其他研究人员报道了从

$Fe_xCo_{3-x}O_4$[171]和其前身 Fe-Co PBA[169]中浸出的铁仅为 0.1mg/L 左右。有机酸等螯合剂的加入能显著提高 MOFs 基催化剂的稳定性。据 Qin 等[291]报道，Fe^{3+}-CA/MIL-101(Cr)的铁浸出量低于 0.08mg/L，远低于 Fe-MIL-101(Cr)的浸出量（1.5mg/L）。他们认为 CA 分子在 Fe^{3+}和 MOFs 的二级构筑单元之间建立了稳定的桥梁，从而保护 Fe^{3+}不被浸出到溶液中。大多数情况下浸出金属的浓度低于欧盟规定的环境标准[106]。有趣的是，在最近发表的工作中，研究了金属铁离子的催化性能[106]。在实验中，将催化剂（MIL-88B-Fe）通过超声分散到苯酚溶液中，然后搅拌悬浮液 30min。将 MIL-88B-Fe 过滤后，在溶液中加入 H_2O_2 溶液引发均相催化反应。结果表明，浸出的铁离子对苯酚的降解作用可以忽略不计。MIL-88B-Fe 的催化活性并不是由浸出的铁离子引起的均相催化，而主要为多相催化。

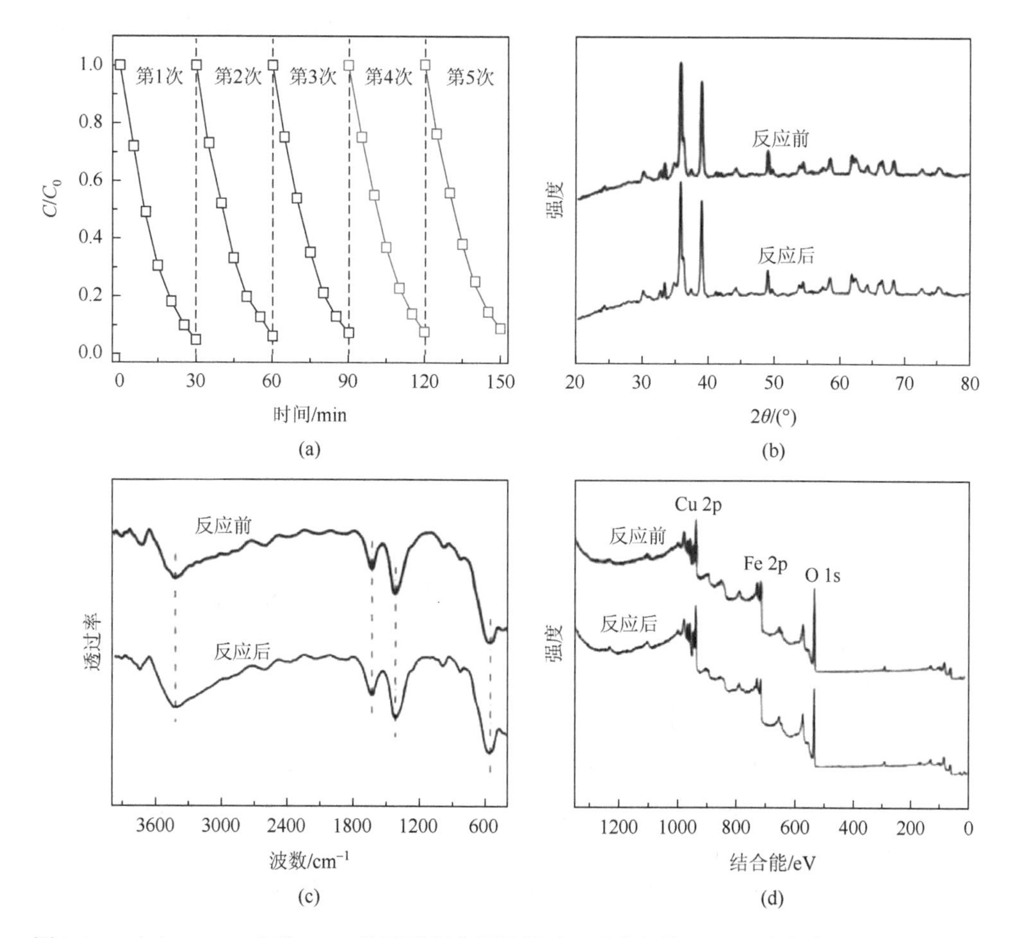

图 7.10　（a）CuFeO 去除 SMZ 的可重复使用性测试，反应条件：SMZ 浓度为 500mg/L，催化剂量为 500mg/L，pH = 6，T = 20℃；反应前后 CuFeO 的 XRD 图谱（b）、FTIR 图（c）和 XPS 光谱（d）

从长期工业应用的角度来看，MOFs 基催化剂的可重复使用性是需要考虑的另一个突出问题。在大多数情况下，制备的MOFs基催化剂非常稳定，可以用于有机污染物的重复处理。研究发现，MIL-53(Fe)[116]、Fe-Cr-MIL-101[292]、Fe_3O_4@-MIL-100[202]、$CuFe_2O_4$/Cu@C[286]和 MOF(2Fe/Co)/CA[293]催化剂，经过 3 次或 3 次以上的循环使用后可以保持在原始样品的催化水平。另一方面，也有研究发现，随着催化剂的多次使用，MOFs 基催化剂的催化活性降低。Cheng 等[246]研究了合成的 CuFeO 催化剂的可重复使用性，研究了反应前后 CuFeO 的 XRD 图谱、FTIR 和 XPS 光谱。结果显示，光芬顿反应前后 CuFeO 的 XRD 图谱[图 7.10（b）]、FTIR 图[图 7.10（c）]和全 XPS 光谱[图 7.10（d）]都几乎相同，说明 CuFeO 的晶体结构在氧化过程中非常稳定。合成的 CuFeO 表现出良好的可回收性。此外，在 5 次循环运行后，催化活性略有下降[图 7.10（a）]。这主要是由于降解中间体堵塞了活性位点[246]。

7.7　小结与展望

如本章所述，MOFs 基催化剂是强有力的催化剂，可以替代均相芬顿过程及在类芬顿过程氧化中使用的常规催化剂。MOFs 材料的高比表面积、大孔容和化学稳定性使其在这方面具有吸引力。特别是最近发表的关于杂多金属 MOFs 催化剂，它能够实现高反应速率的均相类芬顿过程。

（1）MOFs 材料具有固定的金属中心，可以在广泛的 pH 范围内催化 H_2O_2 生成·OH，甚至在中性/碱性的多相反应条件下。

（2）在各种制备方法中，溶剂热法是制备 MOFs 催化剂的常用方法。其中铁基 MOFs（MIL 系列材料）在同质类芬顿催化材料中被广泛关注。

（3）配体的柔韧性、间隔长度和对称性的变化可赋予 MOFs 材料多种结构和功能，而它们的化学结构与均相类芬顿催化的催化性能密切相关。

（4）MOFs 催化类芬顿催化的效率可以通过与光能结合或通过在 MOFs 材料中引入额外的活性位点，如贵金属纳米粒子来提高。

（5）杂双金属 MOFs 在非均相类芬顿催化中的应用越来越受到关注。新的金属元素的加入或掺杂可以有效地提高原始 MOFs 的催化性能。

（6）适当的回收时间和水的稳定性对于实际应用的考虑是至关重要的。在实验条件下，大多数 MOFs 基催化剂表现稳定，金属离子浸出有限。然而，一些高效的 MOFs 在循环过程中降解能力会逐渐降低，这主要是由于降解中间体堵塞了活性位点。

值得注意的是，这一领域的研究仍处于早期阶段。在将该技术扩大到实验台和工厂水平之前，还需要进行许多改进。

（1）它们的潜在应用仍然受到一些缺点的限制，如聚集性、分散性损失和金属的浸出。此外，上清液排出时还会夹带。将它们固定在支架或磁芯上可能是潜在的解决方案。然而，迄今为止报道的尝试表明，金属浸出是不能完全避免的。因此，在这一领域仍有可考虑的改进空间。

（2）另一个重要的考虑是，大多数研究是用模拟废水进行的，很少有对实际污染的水进行研究。然而，实际上模拟废水和实际污染废水的污染物去除率有很大的不同。Gao 等[116]最近的一项研究就是一个很好的例子，MIL-53(Fe)类芬顿法对河水的去除率达到 94%以上，对城市污水的去除率达到 71%以上。因此，需要作出很大努力来评估这些技术的实际使用。

（3）迄今为止，大多数研究是在实验室规模下使用小型反应堆进行的。为了满足商业的需要，今后应更多地关注于研究其经济和操作的可行性，以及扩大规模所产生的多方面问题。

（4）许多问题仍然需要在实验室规模上进行研究，特别是在获得这些过程的基本理解方面。例如，金属-配体配合物的缔合机理还需要进一步深入研究。这些结果对新型 MOFs 基类芬顿催化剂的合理设计，以及在中性条件下类芬顿过程的应用具有一定指导意义。

（5）仍需要系统的研究来检验 MOFs 基催化剂的稳定性，以便更好地用于更广泛的操作条件，以避免这些金属浸出到反应溶液中。

（6）MOFs 系统对污染物的去除效果较好，但矿化程度较低，因此在实际废水处理中，将该技术与传统生物氧化等其他补充性处理技术相结合将成为一个活跃的研究领域。

参 考 文 献

[1] Fernandes A，Makoś P，Wang Z H，et al. Synergistic effect of TiO_2 photocatalytic advanced oxidation processes in the treatment of refinery effluents[J]. Chemical Engineering Journal，2020，391：123488.

[2] Leist M，Ghallab A，Graepel R，et al. Adverse outcome pathways：opportunities，limitations and open questions[J]. Archives of Toxicology，2017，91（11）：3477-3505.

[3] Lu H T，Sui M H，Yuan B J，et al. Efficient degradation of nitrobenzene by Cu-Co-Fe-LDH catalyzed peroxymonosulfate to produce hydroxyl radicals[J]. Chemical Engineering Journal，2019，357：140-149.

[4] Paździor K，Bilińska L，Ledakowicz S. A review of the existing and emerging technologies in the combination of AOPs and biological processes in industrial textile wastewater treatment[J]. Chemical Engineering Journal，2019，376：120597.

[5] Wang A Q，Chen Z，Zheng Z K，et al. Remarkably enhanced sulfate radical-based photo-Fenton-like degradation of levofloxacin using the reduced mesoporous MnO@MnO_x microspheres[J]. Chemical Engineering Journal，2020，379：122340.

[6] Xiao R Y，Ma J Y，Luo Z H，et al. Experimental and theoretical insight into hydroxyl and sulfate radicals-mediated degradation of carbamazepine[J]. Environmental Pollution，2020，257：113498.

[7] Zhang R C，Sun P Z，Boyer T H，et al. Degradation of pharmaceuticals and metabolite in synthetic human urine by UV，UV/H_2O_2，and UV/PDS[J]. Environmental Science & Technology，2015，49（5）：3056-3066.

[8] Zhou Z，Liu X T，Sun K，et al. Persulfate-based advanced oxidation processes（AOPs）for organic-contaminated soil remediation：a review[J]. Chemical Engineering Journal，2019，372：836-851.

[9] Bethi B，Sonawane S H，Bhanvase B A，et al. Nanomaterials-based advanced oxidation processes for wastewater treatment：a review[J]. Chemical Engineering and Processing-Process Intensification，2016，109：178-189.

[10] Bilińska L，Gmurek M，Ledakowicz S. Comparison between industrial and simulated textile wastewater treatment by AOPs-biodegradability，toxicity and cost assessment[J]. Chemical Engineering Journal，2016，306：550-559.

[11] Cheng M，Zeng G M，Huang D L，et al. Hydroxyl radicals based advanced oxidation processes（AOPs）for remediation of soils contaminated with organic compounds：a review[J]. Chemical Engineering Journal，2016，284：582-598.

[12] Gautam P，Kumar S，Lokhandwala S. Advanced oxidation processes for treatment of leachate from hazardous waste landfill：a critical review[J]. Journal of Cleaner Production，2019，237：117639.

[13] Giannakis S，Lin K Y A，Ghanbari F. A review of the recent advances on the treatment of industrial wastewaters by sulfate radical-based advanced oxidation processes（SR-AOPs）[J]. Chemical Engineering Journal，2021，406：127083.

[14] M'Arimi M M，Mecha C A，Kiprop A K，et al. Recent trends in applications of advanced oxidation processes（AOPs）in bioenergy production[J]. Renewable and Sustainable Energy Reviews，2020，121：109669.

[15] Miklos D B，Remy C，Jekel M，et al. Evaluation of advanced oxidation processes for water and wastewater treatment：a critical review[J]. Water Research，2018，139：118-131.

[16] Oturan M A，Aaron J J. Advanced oxidation processes in water/wastewater treatment：principles and applications. A review[J]. Critical Reviews in Environmental Science and Technology，2014，44（23）：2577-2641.

[17] Sgroi M，Anumol T，Vagliasindi F G A，et al. Comparison of the new Cl_2/O_3/UV process with different ozone- and UV-based AOPs for wastewater treatment at pilot scale：removal of pharmaceuticals and changes in fluorescing organic matter[J]. Science of the Total Environment，2021，765：142720.

[18] Wang J L，Wang S Z. Reactive species in advanced oxidation processes：formation，identification and reaction mechanism[J]. Chemical Engineering Journal，2020，401：126158.

[19] Xing M Y，Xu W J，Dong C C，et al. Metal sulfides as excellent co-catalysts for H_2O_2 decomposition in advanced oxidation processes[J]. Chem，2018，4（6）：1359-1372.

[20] Zhou D N，Chen L，Li J J，et al. Transition metal catalyzed sulfite auto-oxidation systems for oxidative decontamination in waters：a state-of-the-art minireview[J]. Chemical Engineering Journal，2018，346：726-738.

[21] Brillas E，Sirés I，Oturan M A. Electro-Fenton process and related electrochemical technologies based on Fenton's reaction chemistry[J]. Chemical Reviews，2009，109（12）：6570-6631.

[22] Babu D S，Srivastava V，Nidheesh P V，et al. Detoxification of water and wastewater by advanced oxidation processes[J]. Science of the Total Environment，2019，696：133961.

[23] Bokare A D，Choi W. Review of iron-free Fenton-like systems for activating H_2O_2 in advanced oxidation processes[J]. Journal of Hazardous Materials，2014，275：121-135.

[24] Clarizia L，Russo D，di Somma I，et al. Homogeneous photo-Fenton processes at near neutral pH：a review[J]. Applied Catalysis B：Environmental，2017，209：358-371.

[25] Ganiyu S O，van Hullebusch E D，Cretin M，et al. Coupling of membrane filtration and advanced oxidation processes for removal of pharmaceutical residues：a critical review[J]. Separation and Purification Technology，

2015，156：891-914.

[26] Ike I A，Linden K G，Orbell J D，et al. Critical review of the science and sustainability of persulphate advanced oxidation processes[J]. Chemical Engineering Journal，2018，338：651-669.

[27] Ji J H，Aleisa R M，Duan H，et al. Metallic active sites on MoO_2(110) surface to catalyze advanced oxidation processes for efficient pollutant removal[J]. Iscience，2020，23（2）：100861.

[28] Tufail A，Price W E，Mohseni M，et al. A critical review of advanced oxidation processes for emerging trace organic contaminant degradation：mechanisms，factors，degradation products，and effluent toxicity[J]. Journal of Water Process Engineering，2021，40：101778.

[29] Wang J L，Zhuan R. Degradation of antibiotics by advanced oxidation processes：an overview[J]. Science of the Total Environment，2020，701：135023.

[30] He D Q，Zhang Y J，Pei D N，et al. Degradation of benzoic acid in an advanced oxidation process：the effects of reducing agents[J]. Journal of Hazardous Materials，2020，382：121090.

[31] He J，Yang X F，Men B，et al. Interfacial mechanisms of heterogeneous Fenton reactions catalyzed by iron-based materials：a review[J]. Journal of Environmental Sciences，2016，39：97-109.

[32] Liang D H，Li N，An J K，et al. Fenton-based technologies as efficient advanced oxidation processes for microcystin-LR degradation[J]. Science of the Total Environment，2021，753：141809.

[33] Liu X C，Zhou Y Y，Zhang J C，et al. Insight into electro-Fenton and photo-Fenton for the degradation of antibiotics：mechanism study and research gaps[J]. Chemical Engineering Journal，2018，347：379-397.

[34] Liu Y，Zhao Y，Wang J L. Fenton/Fenton-like processes with *in-situ* production of hydrogen peroxide/hydroxyl radical for degradation of emerging contaminants：advances and prospects[J]. Journal of Hazardous Materials，2021，404：124191.

[35] Nidheesh P V. Heterogeneous Fenton catalysts for the abatement of organic pollutants from aqueous solution：a review[J]. RSC Advances，2015，5（51）：40552-40577.

[36] Vorontsov A V. Advancing Fenton and photo-Fenton water treatment through the catalyst design[J]. Journal of Hazardous Materials，2019，372：103-112.

[37] Zhang M H，Dong H，Zhao L，et al. A review on Fenton process for organic wastewater treatment based on optimization perspective[J]. Science of the Total Environment，2019，670：110-121.

[38] Zhu Y P，Zhu R L，Xi Y F，et al. Strategies for enhancing the heterogeneous Fenton catalytic reactivity：a review[J]. Applied Catalysis B：Environmental，2019，255：117739.

[39] Cheng M，Zeng G M，Huang D L，et al. Degradation of atrazine by a novel Fenton-like process and assessment the influence on the treated soil[J]. Journal of Hazardous Materials，2016，312：184-191.

[40] Ma J Q，Yang Q F，Wen Y Z，et al. Fe-*g*-C_3N_4/graphitized mesoporous carbon composite as an effective Fenton-like catalyst in a wide pH range[J]. Applied Catalysis B：Environmental，2017，201：232-240.

[41] Thomas N，Dionysiou D D，Pillai S C. Heterogeneous Fenton catalysts：a review of recent advances[J]. Journal of Hazardous Materials，2021，404：124082.

[42] Zhang Y，Zhou M H. A critical review of the application of chelating agents to enable Fenton and Fenton-like reactions at high pH values[J]. Journal of Hazardous Materials，2019，362：436-450.

[43] Hoigné J，Bader H. Rate constants of reactions of ozone with organic and inorganic compounds in water—Ⅱ：dissociating organic compounds[J]. Water Research，1983，17（2）：185-194.

[44] Neyens E，Baeyens J. A review of classic Fenton's peroxidation as an advanced oxidation technique[J]. Journal of Hazardous Materials，2003，98（1-3）：33-50.

[45] Fard M A，Aminzadeh B，Taheri M，et al. MBR excess sludge reduction by combination of electrocoagulation and Fenton oxidation processes[J]. Separation and Purification Technology，2013，120：378-385.

[46] Fard M A，Barkdoll B. Effects of oxalate and persulfate addition to Electrofenton and Electrofenton-Fenton processes for oxidation of Ketoprofen：determination of reactive species and mass balance analysis[J]. Electrochimica Acta，2018，265：209-220.

[47] Fattahi H，Karimi H，Amiri S，et al. Decolorization of crystal violet from aqueous solution using electrofenton process[C]. IOP Conference Series：Materials Science and Engineering，IOP Publishing，2020，737（1）：012169.

[48] Garcia-Costa A L，Carbajo J，Masip R，et al. Enhanced cork-boiling wastewater treatment by electro-assisted processes[J]. Separation and Purification Technology，2020，241：116748.

[49] Ilhan F，Ulucan-Altuntas K，Dogan C，et al. Optimization of raw acrylic yarn dye wastewater treatment by electrochemical processes：kinetic study and energy consumption[J]. Global NEST Journal，2019，21（2）：187-194.

[50] Rodriguez-Peña M，Barrios J A，Becerril-Bravo E，et al. Degradation of endosulfan by a coupled treatments in a batch reactor with three electrodes[J]. Fuel，2020，281：118741.

[51] Martínez S S，Uribe E V. Enhanced sonochemical degradation of azure B dye by the electroFenton process[J]. Ultrasonics Sonochemistry，2012，19（1）：174-178.

[52] Yavuz Y. EC and EF processes for the treatment of alcohol distillery wastewater[J]. Separation and Purification Technology，2007，53（1）：135-140.

[53] Yavuz Y，Koparal A S，Öğütveren Ü B. Treatment of petroleum refinery wastewater by electrochemical methods[J]. Desalination，2010，258（1-3）：201-205.

[54] Andreozzi R，Canterino M，di Somma I，et al. Effect of combined physico-chemical processes on the phytotoxicity of olive mill wastewaters[J]. Water Research，2008，42（6-7）：1684-1692.

[55] Choudhary E，Capalash N，Sharma P. Genotoxicity of degradation products of textile dyes evaluated with rec-assay after photoFenton and ligninase treatment[J]. Journal of Environmental Pathology，Toxicology and Oncology，2004，23（4）：279-285.

[56] Espinosa J C，Catalá C，Navalon S，et al. Iron oxide nanoparticles supported on diamond nanoparticles as efficient and stable catalyst for the visible light assisted Fenton reaction[J]. Applied Catalysis B：Environmental，2018，226：242-251.

[57] Gonzalez O，Navarro M，Bayarri B，et al. Pollutants removal in wastewaters by advanced photooxidation processes[J]. Afinidad，2007，64（528）：171-176.

[58] Litter M I，Slodowicz M. An overview on heterogeneous Fenton and photoFenton reactions using zerovalent iron materials[J]. Journal of Advanced Oxidation Technologies，2017，20（1）：20160164.

[59] Patel S G，Yadav N R，Patel S K. Evaluation of degradation characteristics of reactive dyes by UV/Fenton，UV/Fenton/activated charcoal，and UV/Fenton/TiO_2 processes：a comparative study[J]. Separation Science and Technology，2013，48（12）：1786-1798.

[60] Solis-Lopez M，Duran-Moreno A，Ramirez-Zamora R M. Assessment of copper slag as a sustainable photo catalyst for the heterogenous solar photoFenton-like reactor[J]. Abstracts of Papers of the American Chemical Society，2012，243：199-227.

[61] Qiang Z，Chang J H，Huang C P. Electrochemical regeneration of Fe^{2+} in Fenton oxidation processes[J]. Water Research，2003，37（6）：1308-1319.

[62] Katsumata H，Kaneco S，Suzuki T，et al. Degradation of linuron in aqueous solution by the photo-Fenton reaction[J]. Chemical Engineering Journal，2005，108（3）：269-276.

[63] Faust B C, Hoigné J. Photolysis of Fe(III)-hydroxy complexes as sources of OH radicals in clouds, fog and rain[J]. Atmospheric Environment, Part A: General Topics, 1990, 24 (1): 79-89.

[64] Duarte F, Morais V, Maldonado-Hódar F J, et al. Treatment of textile effluents by the heterogeneous Fenton process in a continuous packed-bed reactor using Fe/activated carbon as catalyst[J]. Chemical Engineering Journal, 2013, 232: 34-41.

[65] Dong C C, Ji J H, Shen B, et al. Enhancement of H_2O_2 decomposition by the Co-catalytic effect of WS_2 on the Fenton reaction for the synchronous reduction of Cr(VI) and remediation of phenol[J]. Environmental Science & Technology, 2018, 52 (19): 11297-11308.

[66] Guan S T, Yang H, Sun X F, et al. Preparation and promising application of novel $LaFeO_3$/BiOBr heterojunction photocatalysts for photocatalytic and photo-Fenton removal of dyes[J]. Optical Materials, 2020, 100: 109644.

[67] Hu R Z, Fang Y, Huo M F, et al. Ultrasmall $Cu_{2-x}S$ nanodots as photothermal-enhanced Fenton nanocatalysts for synergistic tumor therapy at NIR-II biowindow[J]. Biomaterials, 2019, 206: 101-114.

[68] Duan L M, Jiang H H, Wu W H, et al. Defective iron based metal-organic frameworks derived from zero-valent iron for highly efficient fenton-like catalysis[J]. Journal of Hazardous Materials, 2023, 445: 130426.

[69] Munoz M, de Pedro Z M, Casas J A, et al. Preparation of magnetite-based catalysts and their application in heterogeneous Fenton oxidation: a review[J]. Applied Catalysis B: Environmental, 2015, 176: 249-265.

[70] Li N, Liu T C, Xiao S Z, et al. Thiosulfate enhanced Cu(II)-catalyzed Fenton-like reaction at neutral condition: critical role of sulfidation in copper cycle and Cu(III) production[J]. Journal of Hazardous Materials, 2023, 445: 130536.

[71] Saleh R, Taufik A. Degradation of methylene blue and congo-red dyes using Fenton, photo-Fenton, sono-Fenton, and sonophoto-Fenton methods in the presence of iron(II, III)oxide/zinc oxide/graphene (Fe_3O_4/ZnO/graphene) composites[J]. Separation and Purification Technology, 2019, 210: 563-573.

[72] Zhu Y P, Zhu R L, Xi Y F, et al. Heterogeneous photo-Fenton degradation of bisphenol A over Ag/AgCl/ferrihydrite catalysts under visible light[J]. Chemical Engineering Journal, 2018, 346: 567-577.

[73] Cheng M, Lai C, Liu Y, et al. Metal-organic frameworks for highly efficient heterogeneous Fenton-like catalysis[J]. Coordination Chemistry Reviews, 2018, 368: 80-92.

[74] Fang Y, Yang Z G, Li H P, et al. MIL-100(Fe) and its derivatives: from synthesis to application for wastewater decontamination[J]. Environmental Science and Pollution Research, 2020, 27 (5): 4703-4724.

[75] Wibowo A, Marsudi M A, Pramono E, et al. Recent improvement strategies on metal-organic frameworks as adsorbent, catalyst, and membrane for wastewater treatment[J]. Molecules, 2021, 26 (17): 5261.

[76] Zhong Y Y, Li X S, Chen J H, et al. Recent advances in MOF-based nanoplatforms generating reactive species for chemodynamic therapy[J]. Dalton Transactions, 2020, 49 (32): 11045-11058.

[77] Férey G, Mellot-Draznieks C, Serre C, et al. A chromium terephthalate-based solid with unusually large pore volumes and surface area[J]. Science, 2005, 309: 2040-2042.

[78] Mohan B, Kamboj A, Virender, et al. Metal-organic frameworks (MOFs) materials for pesticides, heavy metals, and drugs removal: Environmental safety [J]. Separation and Purification Technology, 2023, 310: 123175.

[79] Ramachandran R, Sakthivel T, Li M, et al. Efficient degradation of organic dye using Ni-MOF derived NiCo-LDH as peroxymonosulfate activator[J]. Chemosphere, 2021, 271: 128509.

[80] Wang H F, Chen L Y, Pang H, et al. MOF-derived electrocatalysts for oxygen reduction, oxygen evolution and hydrogen evolution reactions[J]. Chemical Society Reviews, 2020, 49 (5): 1414-1448.

[81] Wang M H，Hu M Y，Li Z Z，et al. Construction of Tb-MOF-on-Fe-MOF conjugate as a novel platform for ultrasensitive detection of carbohydrate antigen 125 and living cancer cells[J]. Biosensors and Bioelectronics，2019，142：111536.

[82] Wang Q，Astruc D. State of the art and prospects in metal-organic framework（MOF）-based and MOF-derived nanocatalysis[J]. Chemical Reviews，2019，120（2）：1438-1511.

[83] Xue Z Q，Liu K，Liu Q L，et al. Missing-linker metal-organic frameworks for oxygen evolution reaction[J]. Nature Communications，2019，10（1）：5048.

[84] Jiang Z，Xu X H，Ma Y H，et al. Filling metal-organic framework mesopores with TiO_2 for CO_2 photoreduction[J]. Nature，2020，586（7830）：549-554.

[85] Nam K W，Park S S，Dos Reis R，et al. Conductive 2D metal-organic framework for high-performance cathodes in aqueous rechargeable zinc batteries[J]. Nature Communications，2019，10（1）：4948.

[86] Wang P L，Xie L H，Joseph E A，et al. Metal-organic frameworks for food safety[J]. Chemical Reviews，2019，119（18）：10638-10690.

[87] Wei Y S，Zhang M，Zou R Q，et al. Metal-organic framework-based catalysts with single metal sites[J]. Chemical Reviews，2020，120（21）：12089-12174.

[88] Xiao X，Zou L L，Pang H，et al. Synthesis of micro/nanoscaled metal-organic frameworks and their direct electrochemical applications[J]. Chemical Society Reviews，2020，49（1）：301-331.

[89] Cai W，Li X，Maleki A，et al. Optimal sizing and location based on economic parameters for an off-grid application of a hybrid system with photovoltaic，battery and diesel technology[J]. Energy，2020，201：117480.

[90] Duan C X，Yu Y，Xiao J，et al. Recent advancements in metal-organic frameworks for green applications[J]. Green Energy & Environment，2021，6（1）：33-49.

[91] Han D L，Han Y J，Li J，et al. Enhanced photocatalytic activity and photothermal effects of Cu-doped metal-organic frameworks for rapid treatment of bacteria-infected wounds[J]. Applied Catalysis B：Environmental，2020，261：118248.

[92] Lv S Z，Zhang K Y，Zhu L，et al. ZIF-8-assisted $NaYF_4$：Yb，Tm@ZnO converter with exonuclease Ⅲ-powered DNA walker for near-infrared light responsive biosensor[J]. Analytical Chemistry，2019，92（1）：1470-1476.

[93] Xu X T，Yang T，Zhang Q W，et al. Ultrahigh capacitive deionization performance by 3D interconnected MOF-derived nitrogen-doped carbon tubes[J]. Chemical Engineering Journal，2020，390：124493.

[94] Zhong X，Liang W，Wang H F，et al. Aluminum-based metal-organic frameworks（CAU-1）highly efficient UO_2^{2+} and TcO_4 ions immobilization from aqueous solution[J]. Journal of Hazardous Materials，2021，407：124729.

[95] Guo T，Wang K，Zhang G K，et al. A novel α-Fe_2O_3@g-C_3N_4 catalyst：synthesis derived from Fe-based MOF and its superior photo-Fenton performance[J]. Applied Surface Science，2019，469：331-339.

[96] Shi H，He Y，Li Y B，et al. 2D MOF derived cobalt and nitrogen-doped ultrathin oxygen-rich carbon nanosheets for efficient Fenton-like catalysis：tuning effect of oxygen functional groups in close vicinity to Co-N sites[J]. Journal of Hazardous Materials，2023，443：130345.

[97] Sharma V K，Feng M B. Water depollution using metal-organic frameworks-catalyzed advanced oxidation processes：a review[J]. Journal of Hazardous Materials，2019，372：3-16.

[98] Tang J T，Wang J L. Iron-copper bimetallic metal-organic frameworks for efficient Fenton-like degradation of sulfamethoxazole under mild conditions[J]. Chemosphere，2020，241：125002.

[99] Tian H L，Zhang M Z，Jin G X，et al. Cu-MOF chemodynamic nanoplatform via modulating glutathione and H_2O_2 in tumor microenvironment for amplified cancer therapy[J]. Journal of Colloid and Interface Science，2021，587：

358-366.

[100] Yin S Y，Song G S，Yang Y，et al. Persistent regulation of tumor microenvironment via circulating catalysis of $MnFe_2O_4$@metal-organic frameworks for enhanced photodynamic therapy[J]. Advanced Functional Materials，2019，29（25）：1901417.

[101] Wang L Y，Luo D，Yang J P，et al. Metal-organic frameworks-derived catalysts for contaminant degradation in persulfate-based advanced oxidation processes[J]. Journal of Cleaner Production，2022，375：1879.

[102] Wang D K，Wang M T，Li Z H. Fe-based metal-organic frameworks for highly selective photocatalytic benzene hydroxylation to phenol[J]. ACS Catalysis，2015，5（11）：6852-6857.

[103] Andris E，Navrátil R，Jasik J，et al. Chasing the evasive Fe═O stretch and the spin state of the iron(Ⅳ)-oxo complexes by photodissociation spectroscopy[J]. Journal of the American Chemical Society，2017，139（7）：2757-2765.

[104] Cheng M M，Ma W H，Chen C C，et al. Photocatalytic degradation of organic pollutants catalyzed by layered iron(Ⅱ)bipyridine complex-clay hybrid under visible irradiation[J]. Applied Catalysis B：Environmental，2006，65（3-4）：217-226.

[105] Li Y，Liu H，Li W J，et al. A nanoscale Fe(Ⅱ) metal-organic framework with a bipyridinedicarboxylate ligand as a high performance heterogeneous Fenton catalyst[J]. RSC Advances，2016，6（8）：6756-6770.

[106] Gao C，Chen S，Quan X，et al. Enhanced Fenton-like catalysis by iron-based metal organic frameworks for degradation of organic pollutants[J]. Journal of Catalysis，2017，356：125-132.

[107] Bilgrien C，Davis S，Drago R S. The selective oxidation of primary alcohols to aldehydes by oxygen employing a trinuclear ruthenium carboxylate catalyst[J]. Journal of the American Chemical Society，1987，109（12）：3786-3787.

[108] Toma H E，Araki K，Alexiou A D P，et al. Monomeric and extended oxo-centered triruthenium clusters[J]. Coordination Chemistry Reviews，2001，219：187-234.

[109] Klamerth N，Malato S，Agüera A，et al. Photo-Fenton and modified photo-Fenton at neutral pH for the treatment of emerging contaminants in wastewater treatment plant effluents：a comparison[J]. Water Research，2013，47（2）：833-840.

[110] Umar M，Aziz H A，Yusoff M S. Trends in the use of Fenton，electro-Fenton and photo-Fenton for the treatment of landfill leachate[J]. Waste Management，2010，30（11）：2113-2121.

[111] Kavitha V，Palanivelu K. The role of ferrous ion in Fenton and photo-Fenton processes for the degradation of phenol[J]. Chemosphere，2004，55（9）：1235-1243.

[112] Chatterjee D，Dasgupta S. Visible light induced photocatalytic degradation of organic pollutants[J]. Journal of Photochemistry and Photobiology C：Photochemistry Reviews，2005，6（2-3）：186-205.

[113] Zhou X M，Lan J Y，Liu G，et al. Facet-mediated photodegradation of organic dye over hematite architectures by visible light[J]. Angewandte Chemie International Edition，2012，51（1）：178-182.

[114] Laurier K G M，Vermoortele F，Ameloot R，et al. Iron(Ⅲ)-based metal-organic frameworks as visible light photocatalysts[J]. Journal of the American Chemical Society，2013，135（39）：14488-14491.

[115] Liu K，Gao Y X，Liu J，et al. Photoreactivity of metal-organic frameworks in aqueous solutions：metal dependence of reactive oxygen species production[J]. Environmental Science & Technology，2016，50（7）：3634-3640.

[116] Gao Y X，Yu G，Liu K，et al. Integrated adsorption and visible-light photodegradation of aqueous clofibric acid and carbamazepine by a Fe-based metal-organic framework[J]. Chemical Engineering Journal，2017，330：157-165.

[117] Ai L H，Zhang C H，Li L L，et al. Iron terephthalate metal-organic framework：revealing the effective activation

of hydrogen peroxide for the degradation of organic dye under visible light irradiation[J]. Applied Catalysis B: Environmental，2014，148：191-200.

[118] Idel-aouad R，Valiente M，Yaacoubi A，et al. Rapid decolourization and mineralization of the azo dye CI Acid Red 14 by heterogeneous Fenton reaction[J]. Journal of Hazardous Materials，2011，186（1）：745-750.

[119] Xia M，Long M C，Yang Y D，et al. A highly active bimetallic oxides catalyst supported on Al-containing MCM-41 for Fenton oxidation of phenol solution[J]. Applied Catalysis B：Environmental，2011，110：118-125.

[120] Chen Q Q，Wu P X，Li Y Y，et al. Heterogeneous photo-Fenton photodegradation of reactive brilliant orange X-GN over iron-pillared montmorillonite under visible irradiation[J]. Journal of Hazardous Materials，2009，168（2-3）：901-908.

[121] Ma H J，Yu B，Wang Q P，et al. Enhanced removal of pefloxacin from aqueous solution by adsorption and Fenton-like oxidation using NH_2-MIL-88B[J]. Journal of Colloid and Interface Science，2021，583：279-287.

[122] Tang J T，Wang J L. Metal organic framework with coordinatively unsaturated sites as efficient Fenton-like catalyst for enhanced degradation of sulfamethazine[J]. Environmental Science & Technology，2018，52（9）：5367-5377.

[123] Yu B，Jin X Y，Kuang Y，et al. An integrated biodegradation and nano-oxidation used for the remediation of naphthalene from aqueous solution[J]. Chemosphere，2015，141：205-211.

[124] Guo Y X，Jia Z Q，Shi Q，et al. Zr(Ⅳ)-based coordination porous materials for adsorption of copper(Ⅱ) from water[J]. Microporous and Mesoporous Materials，2019，285：215-222.

[125] Fu H F，Song X X，Wu L，et al. Room-temperature preparation of MIL-88A as a heterogeneous photo-Fenton catalyst for degradation of rhodamine B and bisphenol a under visible light[J]. Materials Research Bulletin，2020，125：110806.

[126] Diaz-Garcia M，Mayoral A，Diaz I，et al. Nanoscaled M-MOF-74 materials prepared at room temperature[J]. Crystal Growth & Design，2014，14（5）：2479-2487.

[127] He J C，Zhang Y，Zhang X D，et al. Highly efficient Fenton and enzyme-mimetic activities of NH_2-MIL-88B(Fe) metal organic framework for methylene blue degradation[J]. Scientific Reports，2018，8（1）：51-59.

[128] Tsai C W，Langner E H G. The effect of synthesis temperature on the particle size of nano-ZIF-8[J]. Microporous and Mesoporous Materials，2016，221：8-13.

[129] Martínez F，Leo P，Orcajo G，et al. Sustainable Fe-BTC catalyst for efficient removal of mehylene blue by advanced Fenton oxidation[J]. Catalysis Today，2018，313：6-11.

[130] Tao X M，Sun C，Huang L，et al. Fe-MOFs prepared with the DBD plasma method for efficient Fenton catalysis[J]. RSC Advances，2019，9（11）：6379-6386.

[131] Ni Z，Masel R I. Rapid production of metal-organic frameworks via microwave-assisted solvothermal synthesis[J]. Journal of the American Chemical Society，2006，128（38）：12394-12395.

[132] Kogelschatz U. Dielectric-barrier discharges：their history，discharge physics，and industrial applications[J]. Plasma Chemistry and Plasma Processing，2003，23（1）：1-46.

[133] Li K，Liang Y J，Yang J，et al. α-Ferrous oxalate dihydrate：an Fe-based one-dimensional metal organic framework with extraordinary photocatalytic and Fenton activities[J]. Catalysis Science & Technology，2018，8（23）：6057-6061.

[134] Hu H，Zhang H X，Chen Y J，et al. Enhanced photocatalysis using metal-organic framework MIL-101(Fe) for organophosphate degradation in water[J]. Environmental Science and Pollution Research，2019，26（24）：24720-24732.

[135] Petrier C，Jiang Y，Lamy M F. Ultrasound and environment：sonochemical destruction of chloroaromatic derivatives[J]. Environmental Science & Technology，1998，32（9）：1316-1318.

[136] Jamalluddin N A，Abdullah A Z. Low frequency sonocatalytic degradation of azo dye in water using Fe-doped zeolite Y catalyst[J]. Ultrasonics Sonochemistry，2014，21（2）：743-753.

[137] Zhang N，Xian G，Li X M，et al. Iron based catalysts used in water treatment assisted by ultrasound：a mini review[J]. Frontiers in Chemistry，2018，6：12.

[138] Geng N N，Chen W，Xu H，et al. A sono-photocatalyst for humic acid removal from water：operational parameters，kinetics and mechanism[J]. Ultrasonics Sonochemistry，2019，57：242-252.

[139] Guo Z B，Feng R，Li J H，et al. Degradation of 2, 4-dinitrophenol by combining sonolysis and different additives[J]. Journal of Hazardous Materials，2008，158（1）：164-169.

[140] Khataee A，Gholami P，Vahid B，et al. Heterogeneous sono-Fenton process using pyrite nanorods prepared by non-thermal plasma for degradation of an anthraquinone dye[J]. Ultrasonics Sonochemistry，2016，32：357-370.

[141] Geng N N，Chen W，Xu H，et al. Insights into the novel application of Fe-MOFs in ultrasound-assisted heterogeneous Fenton system：efficiency，kinetics and mechanism[J]. Ultrasonics Sonochemistry，2021，72：105411.

[142] Price G J，Clifton A A，Keen F. Ultrasonically enhanced persulfate oxidation of polyethylene surfaces[J]. Polymer，1996，37（26）：5825-5829.

[143] Su S N，Guo W L，Yi C L，et al. Degradation of amoxicillin in aqueous solution using sulphate radicals under ultrasound irradiation[J]. Ultrasonics Sonochemistry，2012，19（3）：469-474.

[144] Khataee A，Kayan B，Gholami P，et al. Sonocatalytic degradation of an anthraquinone dye using TiO_2-biochar nanocomposite[J]. Ultrasonics Sonochemistry，2017，39：120-128.

[145] Rad T S，Ansarian Z，Soltani R D C，et al. Sonophotocatalytic activities of FeCuMg and CrCuMg LDHs：influencing factors，antibacterial effects，and intermediate determination[J]. Journal of Hazardous Materials，2020，399：123062.

[146] Nichela D A，Berkovic A M，Costante M R，et al. Nitrobenzene degradation in Fenton-like systems using Cu(Ⅱ) as catalyst. Comparison between Cu(Ⅱ)- and Fe(Ⅲ)-based systems[J]. Chemical Engineering Journal，2013，228：1148-1157.

[147] Eberhardt M K，Ramirez G，Ayala E. Does the reaction of copper(Ⅰ)with hydrogen peroxide give hydroxyl radicals? A study of aromatic hydroxylation[J]. The Journal of Organic Chemistry，1989，54（25）：5922-5926.

[148] Perez-Benito J F. Reaction pathways in the decomposition of hydrogen peroxide catalyzed by copper(Ⅱ)[J]. Journal of Inorganic Biochemistry，2004，98（3）：430-438.

[149] Lv L，Zhang L L，Hu C. Enhanced Fenton-like degradation of pharmaceuticals over framework copper species in copper-doped mesoporous silica microspheres[J]. Chemical Engineering Journal，2015，274：298-306.

[150] Han L J，Kong Y J，Yan T J，et al. A new five-coordinated copper compound for efficient degradation of methyl orange and Congo red in the absence of UV-visible radiation[J]. Dalton Transactions，2016，45(46)：18566-18571.

[151] Xiang J Y，Ponder J W. A valence bond model for aqueous Cu(Ⅱ) and Zn(Ⅱ)ions in the AMOEBA polarizable force field[J]. Journal of Computational Chemistry，2013，34（9）：739-749.

[152] Zeng X F，Twardowska I，Wei S H，et al. Removal of trace metals and improvement of dredged sediment dewaterability by bioleaching combined with Fenton-like reaction[J]. Journal of Hazardous Materials，2015，288：51-59.

[153] Au V K M，Kwan S Y，Lai M N，et al. Dual-functional mesoporous copper(Ⅱ)metal-organic frameworks for the

remediation of organic dyes[J]. Chemistry：A European Journal，2021，27（35）：9174-9179.

[154] Lee H，Lee H J，Seo J，et al. Activation of oxygen and hydrogen peroxide by copper(Ⅱ)coupled with hydroxylamine for oxidation of organic contaminants[J]. Environmental Science & Technology，2016，50（15）：8231-8238.

[155] Hassanein M，Etaiw S E H，El-Khalafy S H，et al. Activity of mixed valence copper cyanide metal-organic framework in the oxidation of 3, 5-di-tert-butylcatechol with hydrogen peroxide[J]. Journal of Inorganic and Organometallic Polymers and Materials，2015，25（4）：664-670.

[156] Flox C，Ammar S，Arias C，et al. Electro-Fenton and photoelectro-Fenton degradation of indigo carmine in acidic aqueous medium[J]. Applied Catalysis B：Environmental，2006，67（1-2）：93-104.

[157] Yang R，van Hecke K，Yu B Y，et al. Cobalt(Ⅱ) and silver(Ⅰ)coordination polymers constructed from flexible bis (5, 6-dimethylbenzimidazole) and substituted isophthalate co-ligands[J]. Transition Metal Chemistry，2014，39（5）：535-541.

[158] Yang R，Liu Y G，van Hecke K，et al. Synthesis and characterization of two cobalt(Ⅱ)coordination polymers based on 5-tert-butyl isophthalic acid and bis(benzimidazole)ligands[J]. Transition Metal Chemistry，2015，40（3）：333-340.

[159] Li H H，Ma Y J，Zhao Y Q，et al. Synthesis and characterization of three cobalt(Ⅱ) coordination polymers with tetrabromoterephthalic acid and flexible bis(benzimidazole) ligands[J]. Transition Metal Chemistry，2015，40（1）：21-29.

[160] Wang X X，Yu B Y，van Hecke K，et al. Four cobalt(Ⅱ) coordination polymers with diverse topologies derived from flexible bis(benzimidazole) and aromatic dicarboxylic acids：syntheses，crystal structures and catalytic properties[J]. RSC Advances，2014，4（106）：61281-61289.

[161] Racles C，Zaltariov M F，Iacob M，et al. Siloxane-based metal-organic frameworks with remarkable catalytic activity in mild environmental photodegradation of azo dyes[J]. Applied Catalysis B：Environmental，2017，205：78-92.

[162] Wang L，Wu Y Z，Cao R，et al. Fe/Ni metal-organic frameworks and their binder-free thin films for efficient oxygen evolution with low overpotential[J]. ACS Applied Materials & Interfaces，2016，8（26）：16736-16743.

[163] Wang H，Yuan X Z，Wu Y，et al. Photodeposition of metal sulfides on titanium metal-organic frameworks for excellent visible-light-driven photocatalytic Cr(Ⅵ) reduction[J]. RSC Advances，2015，5（41）：32531-32535.

[164] Pariyar A，Yaghoobnejad Asl H，Choudhury A. Tetragonal versus hexagonal：structure-dependent catalytic activity of Co/Zn bimetallic metal-organic frameworks[J]. Inorganic Chemistry，2016，55（18）：9250-9257.

[165] Sun Q，Liu M，Li K Y，et al. Synthesis of Fe/M（M = Mn，Co，Ni）bimetallic metal organic frameworks and their catalytic activity for phenol degradation under mild conditions[J]. Inorganic Chemistry Frontiers，2017，4（1）：144-153.

[166] Ferlay S，Mallah T，Ouahes R，et al. A room-temperature organometallic magnet based on Prussian blue[J]. Nature，1995，378（6558）：701-703.

[167] Zhang L，Wu H B，Lou X W. Metal-organic-frameworks-derived general formation of hollow structures with high complexity[J]. Journal of the American Chemical Society，2013，135（29）：10664-10672.

[168] Qin L，Zeng G M，Lai C，et al. “Gold rush” in modern science：fabrication strategies and typical advanced applications of gold nanoparticles in sensing[J]. Coordination Chemistry Reviews，2018，359：1-31.

[169] Li X N，Liu J Y，Rykov A I，et al. Excellent photo-Fenton catalysts of Fe-Co Prussian blue analogues and their reaction mechanism study[J]. Applied Catalysis B：Environmental，2015，179：196-205.

[170] Li X N，Rykov A I，Wang J H. Hydrazine drastically promoted Fenton oxidation of bisphenol A catalysed by a Fe^{III}-Co Prussian blue analogue[J]. Catalysis Communications，2016，77：32-36.

[171] Li X N，Wang Z H，Zhang B，et al. $Fe_xCo_{3-x}O_4$ nanocages derived from nanoscale metal-organic frameworks for removal of bisphenol A by activation of peroxymonosulfate[J]. Applied Catalysis B：Environmental，2016，181：788-799.

[172] Lv H L，Zhao H Y，Cao T L，et al. Efficient degradation of high concentration azo-dye wastewater by heterogeneous Fenton process with iron-based metal-organic framework[J]. Journal of Molecular Catalysis A：Chemical，2015，400：81-89.

[173] Wang M L，Fang G D，Liu P，et al. Fe_3O_4@β-CD nanocomposite as heterogeneous Fenton-like catalyst for enhanced degradation of 4-chlorophenol（4-CP）[J]. Applied Catalysis B：Environmental，2016，188：113-122.

[174] Gong X M，Huang D L，Liu Y G，et al. Stabilized nanoscale zerovalent iron mediated cadmium accumulation and oxidative damage of *Boehmeria nivea*(L.) Gaudich cultivated in cadmium contaminated sediments[J]. Environmental Science & Technology，2017，51（19）：11308-11316.

[175] Vermoortele F，Ameloot R，Alaerts L，et al. Tuning the catalytic performance of metal-organic frameworks in fine chemistry by active site engineering[J]. Journal of Materials Chemistry，2012，22（20）：10313-10321.

[176] Kwan W P，Voelker B M. Rates of hydroxyl radical generation and organic compound oxidation in mineral-catalyzed Fenton-like systems[J]. Environmental Science & Technology，2003，37（6）：1150-1158.

[177] Pham M H，Vuong G T，Vu A T，et al. Novel route to size-controlled Fe-MIL-88B-NH_2 metal-organic framework nanocrystals[J]. Langmuir，2011，27（24）：15261-15267.

[178] Scherb C，Schödel A，Bein T. Directing the structure of metal-organic frameworks by oriented surface growth on an organic monolayer[J]. Angewandte Chemie International Edition，2008，47（31）：5777-5779.

[179] Ding J，Sun Y G，Ma Y L. Highly stable Mn-doped metal-organic framework Fenton-like catalyst for the removal of wastewater organic pollutants at all light levels[J]. ACS Omega，2021，6（4）：2949-2955.

[180] Liang Z J，Xiao X Z，Yu X Y，et al. Non-noble trimetallic Cu-Ni-Co nanoparticles supported on metal-organic frameworks as highly efficient catalysts for hydrolysis of ammonia borane[J]. Journal of Alloys and Compounds，2018，741：501-508.

[181] Hou C，Zhao G F，Ji Y J，et al. Hydroformylation of alkenes over rhodium supported on the metal-organic framework ZIF-8[J]. Nano Research，2014，7（9）：1364-1369.

[182] Jiang H L，Liu B，Akita T，et al. Au@ZIF-8：CO oxidation over gold nanoparticles deposited to metal-organic framework[J]. Journal of the American Chemical Society，2009，131（32）：11302-11303.

[183] Meilikhov M，Yusenko K，Esken D，et al. Metals@MOFs-loading MOFs with metal nanoparticles for hybrid functions[J]. European Journal of Inorganic Chemistry，2010，2010（24）：3701-3714.

[184] El-Shall M S，Abdelsayed V，Abd El Rahman S K，et al. Metallic and bimetallic nanocatalysts incorporated into highly porous coordination polymer MIL-101[J]. Journal of Materials Chemistry，2009，19（41）：7625-7631.

[185] Cheon Y E，Suh M P. Enhanced hydrogen storage by palladium nanoparticles fabricated in a redox-active metal-organic framework[J]. Angewandte Chemie International Edition，2009，48（16）：2899-2903.

[186] Dhakshinamoorthy A，Li Z，Garcia H. Catalysis and photocatalysis by metal organic frameworks[J]. Chemical Society Reviews，2018，47（22）：8134-8172.

[187] Chen J X，Xing Z，Han J，et al. Enhanced degradation of dyes by Cu-Co-Ni nanoparticles loaded on amino-modified octahedral metal-organic framework[J]. Journal of Alloys and Compounds，2020，834：155106.

[188] Liang R W，Luo S G，Jing F F，et al. A simple strategy for fabrication of Pd@MIL-100(Fe) nanocomposite as a

visible-light-driven photocatalyst for the treatment of pharmaceuticals and personal care products（PPCPs）[J]. Applied Catalysis B：Environmental，2015，176：240-248.

[189] Liang R W，Jing F F，Shen L J，et al. M@MIL-100(Fe)（M = Au，Pd，Pt）nanocomposites fabricated by a facile photodeposition process：efficient visible-light photocatalysts for redox reactions in water[J]. Nano Research，2015，8（10）：3237-3249.

[190] Zhuang H M，Chen B L，Cai W J，et al. UiO-66-supported Fe catalyst：a vapour deposition preparation method and its superior catalytic performance for removal of organic pollutants in water[J]. Royal Society Open Science，2019，6（4）：182047.

[191] Liu J Y，Yu H J，Wang L. Toward efficient removal of organic pollutants in water：a tremella-like iron containing metal-organic framework in Fenton oxidation[J]. Environmental Technology，2022，43（18）：2785-2795.

[192] Liang H Y，Xiao K，Wei L Y，et al. Decomplexation removal of Ni(Ⅱ)-citrate complexes through heterogeneous Fenton-like process using novel $CuO-CeO_2-CoO_x$ composite nanocatalyst[J]. Journal of Hazardous Materials，2019，374：167-176.

[193] Divya T，Renuka N K. Modulated heterogeneous Fenton-like activity of 'M'doped nanoceria systems（M = Cu，Fe，Zr，Dy，La）：influence of reduction potential of doped cations[J]. Journal of Molecular Catalysis A：Chemical，2015，408：41-47.

[194] Zhao P，Qin F，Huang Z，et al. MOF-derived hollow porous Ni/CeO_2 octahedron with high efficiency for N_2O decomposition[J]. Chemical Engineering Journal，2018，349：72-81.

[195] Dong X，Lin Y C，Ren G L，et al. Catalytic degradation of methylene blue by Fenton-like oxidation of Ce-doped MOF[J]. Colloids and Surfaces A：Physicochemical and Engineering Aspects，2021，608：125578.

[196] Tang J T，Wang J L. Fenton-like degradation of sulfamethoxazole using Fe-based magnetic nanoparticles embedded into mesoporous carbon hybrid as an efficient catalyst[J]. Chemical Engineering Journal，2018，351：1085-1094.

[197] Li X Z，Ni C Y，Yao C，et al. Development of attapulgite/$Ce_{1-x}Zr_xO_2$ nanocomposite as catalyst for the degradation of methylene blue[J]. Applied Catalysis B：Environmental，2012，117：118-124.

[198] Shao Y M，Zhou L C，Bao C，et al. Magnetic responsive metal-organic frameworks nanosphere with core-shell structure for highly efficient removal of methylene blue[J]. Chemical Engineering Journal，2016，283：1127-1136.

[199] Angamuthu M，Satishkumar G，Landau M V. Precisely controlled encapsulation of Fe_3O_4 nanoparticles in mesoporous carbon nanodisk using iron based MOF precursor for effective dye removal[J]. Microporous and Mesoporous Materials，2017，251：58-68.

[200] Xu L J，Wang J L. Magnetic nanoscaled Fe_3O_4/CeO_2 composite as an efficient Fenton-like heterogeneous catalyst for degradation of 4-chlorophenol[J]. Environmental Science & Technology，2012，46（18）：10145-10153.

[201] Zhang C F，Qiu L G，Ke F，et al. A novel magnetic recyclable photocatalyst based on a core-shell metal-organic framework Fe_3O_4@MIL-100(Fe) for the decolorization of methylene blue dye[J]. Journal of Materials Chemistry A，2013，1（45）：14329-14334.

[202] Zhao H Y，Qian L，Lv H L，et al. Introduction of a Fe_3O_4 core enhances the photocatalytic activity of MIL-100(Fe) with tunable shell thickness in the presence of H_2O_2[J]. ChemCatChem，2015，7（24）：4148-4155.

[203] Wang H，Yuan X Z，Wu Y，et al. *In situ* synthesis of In_2S_3@MIL-125(Ti) core-shell microparticle for the removal of tetracycline from wastewater by integrated adsorption and visible-light-driven photocatalysis[J]. Applied Catalysis B：Environmental，2016，186：19-29.

[204] Yang R X，Peng Q H，Yu B，et al. Yolk-shell Fe_3O_4@MOF-5 nanocomposites as a heterogeneous Fenton-like

catalyst for organic dye removal[J]. Separation and Purification Technology，2021，267：118620.

[205] Niu H Y，Zheng Y H，Wang S，et al. Continuous generation of hydroxyl radicals for highly efficient elimination of chlorophenols and phenols catalyzed by heterogeneous Fenton-like catalysts yolk/shell Pd@Fe_3O_4@metal organic frameworks[J]. Journal of Hazardous Materials，2018，346：174-183.

[206] Chen Z，Liang Y，Hao J，et al. Noncontact synergistic effect between Au nanoparticles and the Fe_2O_3 spindle inside a mesoporous silica shell as studied by the Fenton-like reaction[J]. Langmuir，2016，32（48）：12774-12780.

[207] Hu P，Morabito J V，Tsung C K. Core-shell catalysts of metal nanoparticle core and metal-organic framework shell[J]. ACS Catalysis，2014，4（12）：4409-4419.

[208] Zhang Z C，Chen Y F，Xu X B，et al. Well-defined metal-organic framework hollow nanocages[J]. Angewandte Chemie International Edition，2014，53（2）：429-433.

[209] Li Y Y，Jiang J，Fang Y，et al. TiO_2 nanoparticles anchored onto the metal-organic framework NH_2-MIL-88B(Fe) as an adsorptive photocatalyst with enhanced Fenton-like degradation of organic pollutants under visible light irradiation[J]. ACS Sustainable Chemistry & Engineering，2018，6（12）：16186-16197.

[210] Peng L L，Xie T F，Lu Y C，et al. Synthesis，photoelectric properties and photocatalytic activity of the Fe_2O_3/TiO_2 heterogeneous photocatalysts[J]. Physical Chemistry Chemical Physics，2010，12（28）：8033-8041.

[211] Palanisamy B，Babu C M，Sundaravel B，et al. Sol-gel synthesis of mesoporous mixed Fe_2O_3/TiO_2 photocatalyst：application for degradation of 4-chlorophenol[J]. Journal of Hazardous Materials，2013，252：233-242.

[212] Liu J，Yang S L，Wu W，et al. 3D flowerlike α-Fe_2O_3@TiO_2 core-shell nanostructures：general synthesis and enhanced photocatalytic performance[J]. ACS Sustainable Chemistry & Engineering，2015，3（11）：2975-2984.

[213] Zhao Y M，Dong Y Z，Lu F T，et al. Coordinative integration of a metal-porphyrinic framework and TiO_2 nanoparticles for the formation of composite photocatalysts with enhanced visible-light-driven photocatalytic activities[J]. Journal of Materials Chemistry A，2017，5（29）：15380-15389.

[214] Liu X，Dang R，Dong W J，et al. A sandwich-like heterostructure of TiO_2 nanosheets with MIL-100(Fe)：a platform for efficient visible-light-driven photocatalysis[J]. Applied Catalysis B：Environmental，2017，209：506-513.

[215] Maučec D，Šuligoj A，Ristić A，et al. Titania versus zinc oxide nanoparticles on mesoporous silica supports as photocatalysts for removal of dyes from wastewater at neutral pH[J]. Catalysis Today，2018，310：32-41.

[216] Lu Q S，Wang Z Y，Li J G，et al. Structure and photoluminescent properties of ZnO encapsulated in mesoporous silica SBA-15 fabricated by two-solvent strategy[J]. Nanoscale Research Letters，2009，4（7）：646.

[217] Ahmad M，Chen S，Ye F，et al. Efficient photo-Fenton activity in mesoporous MIL-100(Fe) decorated with ZnO nanosphere for pollutants degradation[J]. Applied Catalysis B：Environmental，2019，245：428-438.

[218] Wu Y，Luo H J，Wang H. Synthesis of iron(III)-based metal-organic framework/graphene oxide composites with increased photocatalytic performance for dye degradation[J]. RSC Advances，2014，4（76）：40435-40438.

[219] Vu T A，Le G H，Vu H T，et al. Highly photocatalytic activity of novel Fe-MIL-88B/GO nanocomposite in the degradation of reactive dye from aqueous solution[J]. Materials Research Express，2017，4（3）：035038.

[220] Khoa N T，Kim S W，van Thuan D，et al. Fast and effective electron transport in a Au-graphene-ZnO hybrid for enhanced photocurrent and photocatalysis[J]. RSC Advances，2015，5（78）：63964-63969.

[221] Zhang Y W，Liu F，Yang Z C，et al. Weakly hydrophobic nanoconfinement by graphene aerogels greatly enhances the reactivity and ambient stability of reactivity of MIL-101-Fe in Fenton-like reaction[J]. Nano Research，2021，14（7）：2383-2389.

[222] Chen J，Shen S H，Guo P H，et al. *In-situ* reduction synthesis of nano-sized Cu_2O particles modifying *g*-C_3N_4 for

enhanced photocatalytic hydrogen production[J]. Applied Catalysis B：Environmental，2014，152：335-341.

[223] Fang S，Xia Y，Lv K L，et al. Effect of carbon-dots modification on the structure and photocatalytic activity of g-C_3N_4[J]. Applied Catalysis B：Environmental，2016，185：225-232.

[224] Ge L，Han C C，Liu J. Novel visible light-induced g-C_3N_4/Bi_2WO_6 composite photocatalysts for efficient degradation of methyl orange[J]. Applied Catalysis B：Environmental，2011，108：100-107.

[225] Jiang D L，Li J，Xing C S，et al. Two-dimensional $CaIn_2S_4$/g-C_3N_4 heterojunction nanocomposite with enhanced visible-light photocatalytic activities：interfacial engineering and mechanism insight[J]. ACS Applied Materials & Interfaces，2015，7（34）：19234-19242.

[226] Jo W K，Selvam N C S. Enhanced visible light-driven photocatalytic performance of ZnO-g-C_3N_4 coupled with graphene oxide as a novel ternary nanocomposite[J]. Journal of Hazardous Materials，2015，299：462-470.

[227] Li H P，Liu J Y，Hou W G，et al. Synthesis and characterization of g-C_3N_4/Bi_2MoO_6 heterojunctions with enhanced visible light photocatalytic activity[J]. Applied Catalysis B：Environmental，2014，160：89-97.

[228] Mao Z Y，Chen J J，Yang Y F，et al. Novel g-C_3N_4/CoO nanocomposites with significantly enhanced visible-light photocatalytic activity for H_2 evolution[J]. ACS Applied Materials & Interfaces，2017，9（14）：12427-12435.

[229] Sudhaik A，Raizada P，Shandilya P，et al. Review on fabrication of graphitic carbon nitride based efficient nanocomposites for photodegradation of aqueous phase organic pollutants[J]. Journal of Industrial and Engineering Chemistry，2018，67：28-51.

[230] Xu H，Yan J，Xu Y G，et al. Novel visible-light-driven AgX/graphite-like C_3N_4（X = Br，I）hybrid materials with synergistic photocatalytic activity[J]. Applied Catalysis B：Environmental，2013，129：182-193.

[231] Yu W L，Xu D F，Peng T Y. Enhanced photocatalytic activity of g-C_3N_4 for selective CO_2 reduction to CH_3OH via facile coupling of ZnO：a direct Z-scheme mechanism[J]. Journal of Materials Chemistry A，2015，3（39）：19936-19947.

[232] Zheng Y，Lin L H，Wang B，et al. Graphitic carbon nitride polymers toward sustainable photoredox catalysis[J]. Angewandte Chemie International Edition，2015，54（44）：12868-12884.

[233] Li X Y，Pi Y H，Wu L Q，et al. Facilitation of the visible light-induced Fenton-like excitation of H_2O_2 via heterojunction of g-C_3N_4/NH_2-iron terephthalate metal-organic framework for MB degradation[J]. Applied Catalysis B：Environmental，2017，202：653-663.

[234] Chu S，Wang C C，Feng J Y，et al. Melem：a metal-free unit for photocatalytic hydrogen evolution[J]. International Journal of Hydrogen Energy，2014，39（25）：13519-13526.

[235] Yu H H. When business model meets open innovation//Pfeffermann N，Gould J. Strategy and Communication for Innovation：Integrative Perspectives on Innovation in the Digital Economy[M]. Cham：Springer International Publishing，2017：29-40.

[236] Chu S，Wang Y，Guo Y，et al. Band structure engineering of carbon nitride：in search of a polymer photocatalyst with high photooxidation property[J]. ACS Catalysis，2013，3（5）：912-919.

[237] Shiraishi Y，Kanazawa S，Kofuji Y，et al. Sunlight-driven hydrogen peroxide production from water and molecular oxygen by metal-free photocatalysts[J]. Angewandte Chemie International Edition，2014，53（49）：13454-13459.

[238] Li Y Y，Fang Y，Cao Z L，et al. Construction of g-C_3N_4/PDI@MOF heterojunctions for the highly efficient visible light-driven degradation of pharmaceutical and phenolic micropollutants[J]. Applied Catalysis B：Environmental，2019，250：150-162.

[239] AlSalka Y，Granone L I，Ramadan W，et al. Iron-based photocatalytic and photoelectrocatalytic nano-structures：facts，perspectives，and expectations[J]. Applied Catalysis B：Environmental，2019，244：1065-1095.

[240] Banerjee T，Gottschling K，Savasci G，et al. H_2 evolution with covalent organic framework photocatalysts[J]. ACS Energy Letters，2018，3（2）：400-409.

[241] Ge J L，Zhang Y F，Heo Y J，et al. Advanced design and synthesis of composite photocatalysts for the remediation of wastewater：a review[J]. Catalysts，2019，9（2）：122.

[242] Rahmati E，Rafiee Z. Synthesis of Co-MOF/COF nanocomposite：application as a powerful and recoverable catalyst in the Knoevenagel reaction[J]. Journal of Porous Materials，2021，28（1）：19-27.

[243] He S J，Rong Q F，Niu H Y，et al. Platform for molecular-material dual regulation：a direct Z-scheme MOF/COF heterojunction with enhanced visible-light photocatalytic activity[J]. Applied Catalysis B：Environmental，2019，247：49-56.

[244] Guo X D，Yin D G，Khaing K K，et al. Construction of MOF/COF hybrids for boosting sunlight-induced Fenton-like photocatalytic removal of organic pollutants[J]. Inorganic Chemistry，2021，60（20）：15557-15568.

[245] Wang Y X，Zhong Z，Muhammad Y，et al. Defect engineering of NH_2-MIL-88B(Fe) using different monodentate ligands for enhancement of photo-Fenton catalytic performance of acetamiprid degradation[J]. Chemical Engineering Journal，2020，398：125684.

[246] Cheng M，Liu Y，Huang D L，et al. Prussian blue analogue derived magnetic Cu-Fe oxide as a recyclable photo-Fenton catalyst for the efficient removal of sulfamethazine at near neutral pH values[J]. Chemical Engineering Journal，2019，362：865-876.

[247] Ayers J B，Waggoner W H. Synthesis and properties of two series of heavy metal hexacyanoferrates[J]. Journal of Inorganic and Nuclear Chemistry，1971，33（3）：721-733.

[248] Okada M，Vattuone L，Moritani K，et al. X-ray photoemission study of the temperature-dependent CuO formation on Cu(410) using an energetic O_2 molecular beam[J]. Physical Review B，2007，75（23）：233413.

[249] Dolai S，Dey R，Das S，et al. Cupric oxide（CuO）thin films prepared by reactive d.c. magnetron sputtering technique for photovoltaic application[J]. Journal of Alloys and Compounds，2017，724：456-464.

[250] Huang G X，Wang C Y，Yang C W，et al. Degradation of bisphenol A by peroxymonosulfate catalytically activated with $Mn_{1.8}Fe_{1.2}O_4$ nanospheres：synergism between Mn and Fe[J]. Environmental Science & Technology，2017，51（21）：12611-12618.

[251] Wilson D，Langell M A. XPS analysis of oleylamine/oleic acid capped Fe_3O_4 nanoparticles as a function of temperature[J]. Applied Surface Science，2014，303：6-13.

[252] Petran A，Radu T，Culic B，et al. Tailoring the properties of magnetite nanoparticles clusters by coating with double inorganic layers[J]. Applied Surface Science，2016，390：1-6.

[253] Gao J S，Wu S C，Han Y L，et al. 3D mesoporous $CuFe_2O_4$ as a catalyst for photo-Fenton removal of sulfonamide antibiotics at near neutral pH[J]. Journal of Colloid and Interface Science，2018，524：409-416.

[254] Barhoumi N，Oturan N，Olvera-Vargas H，et al. Pyrite as a sustainable catalyst in electro-Fenton process for improving oxidation of sulfamethazine. Kinetics，mechanism and toxicity assessment[J]. Water Research，2016，94：52-61.

[255] Ledjeri A，Yahiaoui I，Kadji H，et al. Combination of the electro/Fe^{3+}/peroxydisulfate（PDS）process with activated sludge culture for the degradation of sulfamethazine[J]. Environmental Toxicology and Pharmacology，2017，53：34-39.

[256] Zhou C Y，Lai C，Xu P，et al. *In situ* grown $AgI/Bi_{12}O_{17}C_{12}$ heterojunction photocatalysts for visible light degradation of sulfamethazine：efficiency，pathway，and mechanism[J]. ACS Sustainable Chemistry & Engineering，2018，6（3）：4174-4184.

[257] Feng Y，Liu J H，Wu D L，et al. Efficient degradation of sulfamethazine with $CuCo_2O_4$ spinel nanocatalysts for peroxymonosulfate activation[J]. Chemical Engineering Journal，2015，280：514-524.

[258] Fan Y，Ji Y F，Kong D Y，et al. Kinetic and mechanistic investigations of the degradation of sulfamethazine in heat-activated persulfate oxidation process[J]. Journal of Hazardous Materials，2015，300：39-47.

[259] Eswar N K R，Singh S A，Madras G. Photoconductive network structured copper oxide for simultaneous photoelectrocatalytic degradation of antibiotic（tetracycline）and bacteria（*E. coli*）[J]. Chemical Engineering Journal，2018，332：757-774.

[260] Li Z Y，Wang B，Liu H. Target capturing control for space robots with unknown mass properties：a self-tuning method based on gyros and cameras[J]. Sensors，2016，16（9）：1383.

[261] Zhao H Y，Qian L，Guan X H，et al. Continuous bulk FeCuC aerogel with ultradispersed metal nanoparticles：an efficient 3D heterogeneous electro-Fenton cathode over a wide range of pH 3—9[J]. Environmental Science & Technology，2016，50（10）：5225-5233.

[262] Yang H，Bradley S J，Chan A，et al. Catalytically active bimetallic nanoparticles supported on porous carbon capsules derived from metal-organic framework composites[J]. Journal of the American Chemical Society，2016，138（36）：11872-11881.

[263] Zou F，Hu X L，Li Z，et al. MOF-derived porous $ZnO/ZnFe_2O_4/C$ octahedra with hollow interiors for high-rate lithium-ion batteries[J]. Advanced Materials，2014，26（38）：6622-6628.

[264] Kaneti Y V，Tang J，Salunkhe R R，et al. Nanoarchitectured design of porous materials and nanocomposites from metal-organic frameworks[J]. Advanced Materials，2017，29（12）：1604898.

[265] Liu X C，Zhou Y Y，Zhang J C，et al. Iron containing metal-organic frameworks：structure，synthesis，and applications in environmental remediation[J]. ACS Applied Materials & Interfaces，2017，9（24）：20255-20275.

[266] Zhang C，Ye F G，Shen S F，et al. From metal-organic frameworks to magnetic nanostructured porous carbon composites：towards highly efficient dye removal and degradation[J]. RSC Advances，2015，5（11）：8228-8235.

[267] Lin K Y A，Hsu F K. Magnetic iron/carbon nanorods derived from a metal organic framework as an efficient heterogeneous catalyst for the chemical oxidation process in water[J]. RSC Advances，2015，5（63）：50790-50800.

[268] Mani A，Kulandaivellu T，Govindaswamy S，et al. Fe_3O_4 nanoparticle-encapsulated mesoporous carbon composite：an efficient heterogeneous Fenton catalyst for phenol degradation[J]. Environmental Science and Pollution Research，2018，25（21）：20419-20429.

[269] Yoon J W，Seo Y K，Hwang Y K，et al. Controlled reducibility of a metal-organic framework with coordinatively unsaturated sites for preferential gas sorption[J]. Angewandte Chemie International Edition，2010，49（34）：5949-5952.

[270] Wan Z，Wang J L. Degradation of sulfamethazine using Fe_3O_4-Mn_3O_4/reduced graphene oxide hybrid as Fenton-like catalyst[J]. Journal of Hazardous Materials，2017，324：653-664.

[271] Li W H，Wu X F，Li S D，et al. Magnetic porous Fe_3O_4/carbon octahedra derived from iron-based metal-organic framework as heterogeneous Fenton-like catalyst[J]. Applied Surface Science，2018，436：252-262.

[272] Zhou L C，Shao Y M，Liu J R，et al. Preparation and characterization of magnetic porous carbon microspheres for removal of methylene blue by a heterogeneous Fenton reaction[J]. ACS Applied Materials & Interfaces，2014，6（10）：7275-7285.

[273] Yao Y J，Chen H，Qin J C，et al. Iron encapsulated in boron and nitrogen codoped carbon nanotubes as synergistic catalysts for Fenton-like reaction[J]. Water Research，2016，101：281-291.

[274] Regan T J，Ohldag H，Stamm C，et al. Chemical effects at metal/oxide interfaces studied by X-ray-absorption

spectroscopy[J]. Physical Review B，2001，64（21）：214422.

[275] Costa R C C，Moura F C C，Ardisson J D，et al. Highly active heterogeneous Fenton-like systems based on Fe^0/Fe_3O_4 composites prepared by controlled reduction of iron oxides[J]. Applied Catalysis B：Environmental，2008，83（1-2）：131-139.

[276] Espinosa J C，Navalón S，Primo A，et al. Graphenes as efficient metal-free Fenton catalysts[J]. Chemistry：A European Journal，2015，21（34）：11966-11971.

[277] Yang B，Tian Z，Zhang L，et al. Enhanced heterogeneous Fenton degradation of methylene blue by nanoscale zero valent iron（nZVI）assembled on magnetic Fe_3O_4/reduced graphene oxide[J]. Journal of Water Process Engineering，2015，5：101-111.

[278] Chen D Z，Chen S S，Jiang Y J，et al. Heterogeneous Fenton-like catalysis of Fe-MOF derived magnetic carbon nanocomposites for degradation of 4-nitrophenol[J]. RSC Advances，2017，7（77）：49024-49030.

[279] Wang L，Zhang Y Y，Li X，et al. The MIL-88A-derived Fe_3O_4-carbon hierarchical nanocomposites for electrochemical sensing[J]. Scientific Reports，2015，5（1）：14341.

[280] Pouran S R，Raman A A A，Daud W M A W. Review on the application of modified iron oxides as heterogeneous catalysts in Fenton reactions[J]. Journal of Cleaner Production，2014，64：24-35.

[281] Liu W J，Qian T T，Jiang H. Bimetallic Fe nanoparticles：recent advances in synthesis and application in catalytic elimination of environmental pollutants[J]. Chemical Engineering Journal，2014，236：448-463.

[282] Xu M J，Li J，Yan Y，et al. Catalytic degradation of sulfamethoxazole through peroxymonosulfate activated with expanded graphite loaded $CoFe_2O_4$ particles[J]. Chemical Engineering Journal，2019，369：403-413.

[283] Tang J T，Wang J L. MOF-derived three-dimensional flower-like FeCu@C composite as an efficient Fenton-like catalyst for sulfamethazine degradation[J]. Chemical Engineering Journal，2019，375：122007.

[284] Li Z L，Lyu J C，Ge M. Synthesis of magnetic $Cu/CuFe_2O_4$ nanocomposite as a highly efficient Fenton-like catalyst for methylene blue degradation[J]. Journal of Materials Science，2018，53（21）：15081-15095.

[285] Faheem M，Jiang X B，Wang L J，et al. Synthesis of Cu_2O-$CuFe_2O_4$ microparticles from Fenton sludge and its application in the Fenton process：the key role of Cu_2O in the catalytic degradation of phenol[J]. RSC Advances，2018，8（11）：5740-5748.

[286] Bao C，Zhang H，Zhou L C，et al. Preparation of copper doped magnetic porous carbon for removal of methylene blue by a heterogeneous Fenton-like reaction[J]. RSC Advances，2015，5（88）：72423-72432.

[287] Szpyrkowicz L，Juzzolino C，Kaul S N. A comparative study on oxidation of disperse dyes by electrochemical process，ozone，hypochlorite and Fenton reagent[J]. Water Research，2001，35（9）：2129-2136.

[288] Gong Q J，Liu Y，Dang Z. Core-shell structured Fe_3O_4@GO@MIL-100(Fe) magnetic nanoparticles as heterogeneous photo-Fenton catalyst for 2, 4-dichlorophenol degradation under visible light[J]. Journal of Hazardous Materials，2019，371：677-686.

[289] Wu Q S，Yang H P，Kang L，et al. Fe-based metal-organic frameworks as Fenton-like catalysts for highly efficient degradation of tetracycline hydrochloride over a wide pH range：acceleration of Fe(Ⅱ)/Fe(Ⅲ) cycle under visible light irradiation[J]. Applied Catalysis B：Environmental，2020，263：118282.

[290] Yao Y J，Chen H，Lian C，et al. Fe，Co，Ni nanocrystals encapsulated in nitrogen-doped carbon nanotubes as Fenton-like catalysts for organic pollutant removal[J]. Journal of Hazardous Materials，2016，314：129-139.

[291] Qin L，Li Z W，Xu Z H，et al. Organic-acid-directed assembly of iron-carbon oxides nanoparticles on coordinatively unsaturated metal sites of MIL-101 for green photochemical oxidation[J]. Applied Catalysis B：Environmental，2015，179：500-508.

[292] Vu T A，Le G H，Dao C D，et al. Isomorphous substitution of Cr by Fe in MIL-101 framework and its application as a novel heterogeneous photo-Fenton catalyst for reactive dye degradation[J]. RSC Advances，2014，4（78）：41185-41194.

[293] Zhao H Y，Chen Y，Peng Q S，et al. Catalytic activity of MOF(2Fe/Co)/carbon aerogel for improving H_2O_2 and OH generation in solar photo-electro-Fenton process[J]. Applied Catalysis B：Environmental，2017，203：127-137.

第 8 章　MOFs 材料在健康领域的应用

近年来，金属有机骨架（MOFs）材料在健康领域，特别是在肿瘤治疗、生物医学成像和抗菌方面的应用引起了国内外研究者的广泛关注。与传统的树状聚合物、纳米微粒及脂质体等生物材料相比，MOFs 材料在健康领域具有低毒性、易生物降解和易于功能化等优点。在肿瘤治疗方面，由于 MOFs 组成和功能的多样性，部分 MOFs 可以直接作为优良的纳米材料应用于肿瘤光疗法、化学动力学疗法和声动力学疗法。同时，由于 MOFs 高比表面积和多孔结构的特点，可以实现肿瘤治疗药物的高效装载或者包封，从而达到药物运输的目的。MOFs 材料还具有规则的孔道和均一可调的孔径，且可以通过对孔径大小的调节以适应各种肿瘤治疗药物。此外，对 MOFs 材料的表面或者孔道进行修饰可以实现材料的多功能化，例如，在 MOFs 材料的表面修饰靶向分子可以特异性识别肿瘤分子，从而使其到达肿瘤区域，实现精准治疗。在生物医学成像方面，MOFs 的高比表面积、可调控的孔隙率、可控制的结构、合成的多样性，以及多样化的尺寸和形态使得研究者可以赋予它们多种功能和特性。通过引入具有成像能力的功能模块可以使其具备成像能力，例如，一些荧光配体的引入可以使得 MOFs 具备荧光成像能力，而使用顺磁或超顺磁金属离子（如 Gd^{3+}、Mn^{2+}、Fe^{3+}）作为有机配体制备的 MOFs 则可以实现磁共振成像。同时，由于 MOFs 表面性质易于调控，可在其表面修饰靶向配体实现对目标区域的细胞（如肿瘤细胞）的主动靶向与识别，从而有效提高目标区域的造影剂浓度，提高成像效果。不仅如此，由于 MOFs 的有机配体间和金属离子/团簇配位键的键能较低，因此 MOFs 材料在生物体中容易被降解，因而可以经过生物体的代谢系统排出体外，从而减少了因材料累积对生物体带来的副作用。同时，由于 MOFs 组分具有很高的可调节性，在实际应用中可以选择低毒性的有机配体和金属离子/团簇来构建 MOFs 材料，能进一步降低材料的潜在系统毒性。在抗菌方面，传统的杀菌金属离子（如 Ag^{+}、Zn^{2+}、Co^{2+}和 Cu^{2+}）和一些有机抗菌剂/天然生物抗菌剂（如咪唑类和卟啉类）都可以用来构建 MOFs，而且这些成分可以根据需要（如降低 pH 和激光照射）持续释放，实现抗菌效果。另外，一些 MOFs 中的金属离子（团簇）和有机配体能作为光响应单元在光照射下直接激发，产生活性分子实现光催化抗菌。此外，MOFs 抗菌机理的复杂性和多样性使得一种 MOFs 材料可具有多种协同的抗菌作用，如螯合抗菌作用、光催化抗菌作用和金属离子释放抗菌作用。基于以上优点，MOFs 材料在肿瘤治疗、生物医学成像及抗菌研究领域得到了越来越多的关注。本章总结了 MOFs 材料在肿瘤治疗、生物医学成像及抗菌研究领域的应用，并结合一些具有代表性的例子阐述相关方面所取得的研究进展。

8.1　MOFs 材料在肿瘤治疗领域的应用

恶性肿瘤由于易转移、易复发等特点，发病率和死亡率正在逐年增加，对人类的生命健康构成极大的威胁，已经成为人类面临的一个严重的公共卫生问题[1-4]。因此，寻求能有效治疗肿瘤的方法变得尤为重要。手术、化学疗法和放射疗法这些常规的肿瘤治疗手段虽然效果颇为显著，可以控制疾病的发展，延长患者的生存期，但是对患者带来的副作用也不容忽视[5-8]。据报道，在因恶性肿瘤而导致的相关死亡中，部分患者是由于这些治疗方法的严重副作用而死亡[9]。此外，这些抗肿瘤治疗方法还有其他缺点，如低疗效、非特异性靶向和耐药性，这限制了它们在肿瘤治疗中的应用。因此，设计和开发新型、高效、副作用较小且具有靶向性的肿瘤治疗方法具有重要意义。近年来，越来越多的研究者发挥纳米材料尺寸及物化特性的优势，将纳米材料应用到肿瘤治疗中[10]。MOFs 材料具有比表面积大、有序多孔、形貌和功能可调等特点，已经被广泛研究应用于肿瘤光线疗法、肿瘤化学动力学疗法、肿瘤声动力学疗法及肿瘤治疗药物载体等方面（表 8.1），相关研究已经成为纳米医学领域的研究热点。

表 8.1　MOFs 材料在肿瘤治疗领域的应用举例

材料	治疗方法	实验条件	结果	参考文献
TBC-Hf	光动力疗法	材料浓度：25μmol/L；光照条件：650nm、100mW/cm^2	CT26 细胞的存活率为 30%	[11]
MB@THA-MOF-76@cRGD	光动力疗法	材料浓度：100μg/mL；光照条件：808nm、500mW/cm^2	A549 细胞的存活率为 40%	[12]
ZnDiCPp-I_2@UiO-66	光动力疗法	材料浓度：40μg/mL；光照条件：LED、20mW/cm^2	HepG2 细胞的存活率为 25%	[13]
DBC-UiO	光动力疗法	材料浓度：20μg/mL；光照条件：LED、100mW/cm^2	CT26 细胞的存活率为 25%	[14]
PS@MOF	光动力疗法	材料浓度：1.75μg/mL；光照条件：激光器、100mW/cm^2	HeLa 细胞的存活率为 25%	[15]
rMOF-FA	化学动力学疗法	材料浓度：80μg/mL；pH = 5.0	HeLa 细胞的存活率为 20%	[16]
MD@Lip	化学动力学疗法	材料浓度：60μmol/L；pH = 4.0	MDA-MB-231 细胞的存活率为 25%	[17]
CaO_2@DOX@ZIF-67	化学动力学疗法	材料浓度：50μg/mL；pH = 6.5	MCF-7 细胞的存活率为 20%	[18]

续表

材料	治疗方法	实验条件	结果	参考文献
Mn-HMME MOFs	声动力学疗法	材料浓度：150μL，2mg/mL；超声：1MHz，1.75W/cm^2	12 天后小鼠肿瘤几乎消失	[19]
BSO-TCPP-Fe@$CaCO_3$	声动力学疗法	材料浓度：200μmol/L；超声：40kHz，10W	4T1 细胞的存活率为 25%	[20]
5FU@MOF	药物载体	材料浓度：90μg/mL	B16-F10 细胞的存活率为 9%	[21]
ORI@MOF-5	药物载体	材料浓度：25μg/mL；载药量：1.11g ORI/g MOF-5	HepG2 细胞的存活率为 5%	[22]

8.1.1　MOFs 用于肿瘤光疗法

1. 光动力疗法

光动力治疗（photodynamic therapy，PDT）是一种新兴的肿瘤治疗方法，已被美国食品和药物管理局（FDA）批准并成功用于皮肤癌、非小细胞肺癌和食管癌的治疗[14, 23]。PDT 的机理是利用特定波长的光激发光敏剂，把三线态氧转变为单线态氧（$^1O_2$），从而导致肿瘤细胞的死亡[24, 25]。PDT 是一种非侵害性的治疗手段，具有发病率低、微创性、可重复且无毒性累积等特点，而且活性氧可以只在肿瘤处产生，对患者的其他组织损害小[26]。光敏剂是 PDT 的核心，常见的光敏剂有卟啉、酞菁、罗丹明、花菁、亚甲基环酮、方酸、苯并噻唑和香豆素等[27]。然而，已有的光敏剂仍存在特异性低、稳定性差，以及治疗区域的光吸收能力较差等缺点[28]，因此，寻求新型光敏剂是 PDT 研究领域的热点之一。

近年来，已有研究将 MOFs 作为光动力疗法的光敏剂应用到光动力治疗领域。例如，2016 年 Lin 等[11]分别以 5, 10, 15, 20-四（对苯甲酸）卟酚（H_4TBP）或 H_4TBP 通过局部还原作用衍生的 5, 10, 15, 20-四(对苯甲酸)二氢卟酚(H_4TBC)和 $HfCl_4$ 为配体，合成了两种具有相似的纳米棒状形貌的新型 MOFs（TBP-Hf 和 TBC-Hf)。卟啉的氢化致使 TBC-Hf 对红光的吸收能力相对于 TBP-Hf 有较强的提升，因此 TBC-Hf 展现出更高的 $^1O_2$ 产量。细胞毒性实验的结果表明，虽然 TBP-Hf 和 TBC-Hf 具有相似的细胞摄取量，但前者的光毒性显著高于后者。在使用 TBC-Hf 或 TBP-Hf 作为光敏剂时，在 650nm 和 100mW/cm^2 的光动力治疗条件下，CT26 细胞的存活率分别为 30.0%和 55.5%，说明在相同的条件下 TBC-Hf 具有更好的光动力治疗效果。有研究者将传统光敏剂与 MOFs 相结合，以实现更好的光动力治疗效果[29]。例如，贾见果[12]将光敏剂亚甲基蓝（MB）通过吸附法负载在 4, 4′-三氟-1-(9-己基咔唑-3-基)-1, 3-丁二酮（HTHA）改性 MOFs-76（THA-MOFs-76）表面，并采用氨基功能化的环状（精氨酸-甘氨酸-天冬氨酸-D-苯丙氨酸-赖氨酸）（cRGD）进一步进行表面改性，成功制备出可用于光动力治疗的 MB@THA-MOF-76@cRGD 复合物。由于结构中存在 HTHA 和 Eu^{3+}，该复合物可实现由近红外（NIR）激发的靶向双光子吸收光动力治疗。Eu^{3+}发射的特征性 615nm 的光能够激发吸附在 MOFs-76 孔中的 MB 产生 $^1O_2$，从而实现光动力治疗。同时，cRGD 修饰可以使材料更好地实现对生物细胞的相容性及对肿瘤细胞的靶向性。在另外一项工作中，Fang 等[30]将鲁米诺（luminol，Lu）通过简单的浸渍方法封装到 CoTCPP(Pd) 的孔洞中，构建了一种新型的光动力疗法。在该体系中，钯离子的加入可以通过延长 M-H4TCPP 的三线态寿命来影响卟啉的光动力特性，从而提高了 $^1O_2$ 的生成效率。Lu 不仅能与肿瘤中的内源性过氧化氢反应，还可以作为内部光源，在不使用外部光源的情况下激发 CoTCPP(Pd)产生活性氧（ROS）。此外，钴基 MOFs 也能催化过氧化氢产生 $^1O_2$[31]。基于上述协同促进作用，Lu@CoTCPP(Pd)对卵巢癌细胞的杀死效果明显高于 Lu、CoTCPP(Pd)和 Lu + CoTCPP 等体系。该体系不仅不需要外部光照，而且只在肿瘤部位产生反应，为光动力治疗提供了一种新思路。

卟啉是常见的光动力治疗的光敏剂之一，已经被广泛应用于肿瘤的治疗[23]。但是，卟啉的水溶性较差，因而导致其生物利用度较低。此外，卟啉的吸光能力和 $^1O_2$ 产生能力都受到较大程度的限制。因此，在实际应用中为了获得令人满意的光动力治疗效果，往往需要注射大量的卟啉，在一定程度上增加了治疗的副作用[13]。周乐乐[13]针对传统卟啉制剂在光动力治疗方面的不足，以 $ZrCl_4$、对苯二甲酸、冰醋酸和重原子修饰的卟啉类光敏剂碘代卟啉锌（$ZnDiCPp\text{-}I_2$）为原料，采用一锅法合成 $ZnDiCPp\text{-}I_2$@UiO-66 纳米材料。所得 $ZnDiCPp\text{-}I_2$@UiO-66 与原始 UiO-66 具有相同的衍射峰，说明 $ZnDiCPp\text{-}I_2$ 掺杂并不会改变 UiO-66 材料的晶化程度。所得 $ZnDiCPp\text{-}I_2$@UiO-66 纳米材料在组织模拟环境下具有良好的光稳定性和化学稳定性。1, 3-二苯基异苯并呋喃（DPBF）$^1O_2$ 捕获实验表明，得益于碘原子的重原子效应，$ZnDiCPp\text{-}I_2$ 掺杂显著提高了 UiO-66 的 $^1O_2$ 生成能力。结果显示，$ZnDiCPp\text{-}I_2$@UiO-66 复合材料对 HepG2 癌细胞具有极小的光毒性和暗毒性，且具有良好的生物相容性，体现出优异的光动力治疗能力。在低功率（$20mW/cm^2$）LED 灯照射下，$ZnDiCPp\text{-}I_2$@UiO-66 相对于 DBP-UiO[32]、DBC-UiO[14]、Hf-PCN-224[33]、Zr-PCN-224[34]、TBC-Hf[11]、TCPP/BCDTEUiO-66[35]、光敏剂@MOFs[15]等已报道的同类光敏剂，具有最低的有效光敏剂浓度，为肿瘤的临床高效光动力治疗提供了一种新可能。

2. *光热疗法*

光热治疗（photothermal therapy，PTT），也称为光热消融或光学热疗，是一种新兴的光基肿瘤治疗手段[36]。在光热治疗过程中，光热剂能把近红外激光的能量转化为热量，产生局部高温杀死肿瘤细胞，因此可以有效地降低对人体正常组织的损伤[37-39]。常用于光热治疗的纳米光热剂有以碳材料为基础的纳米材料（石墨烯、碳纳米管等）、贵金属基纳米材料（如金纳米笼、金纳米棒、钯纳米片等）、聚合物纳米粒子（如聚吡咯、聚多巴胺等）、小分子有机染料（吲哚菁绿、IR825等），以及过渡族金属-第Ⅵ A 族化合物等[40-43]。在光热治疗的临床应用中，为减轻激光本身对人体的伤害通常需要降低激光功率，因此开发更先进的具有高光热转换效率的光热剂成为光热治疗研究领域的关注热点。近年来，MOFs 材料作为高效的光热剂应用于光热治疗，已经引起了广泛关注[44, 45]。

2017 年，Gang Li 等[46]将吲哚菁绿（ICG）装载在 HAc 修饰的 MIL-100(Fe)上制备了一种新型的光热剂 MOFs@HAc@ICG。在该体系中，MIL-100(Fe)在 808nm 激光照射下具有很高的光热转换效率，因此可用于光热治疗；HAc 对 CD44 受体的靶向作用可以提高肿瘤细胞对光热剂的摄取，能够促进光热治疗的效果。此外，ICG 还赋予了复合材料荧光成像和光声成像能力。体外和体内成像实验显示，与 MOFs@ICG NPs（非 HAc 靶向）和游离 ICG 相比，MOFs@HAc@ICG NPs 在 CD44 阳性 MCF-7 细胞中表现出更大的细胞摄取量，并且由于其靶向能力，增强了其在肿瘤中的积累量。体外光热毒性和体内光热治疗处理表明，MOFs@HAc@ICG 复合材料可通过光热性质有效抑制 MCF-7 细胞的生长。这些结果表明，MOFs@HAc@ICG 可以作为一个新的纳米材料通过癌症特异性和图像引导的药物递送来提高肿瘤光热治疗的效果。2019 年，李璟等[47]通过一步法将 ZIF-8 包裹在经水热反应和超声处理的 MoS_2 纳米片上，并进一步装载抗肿瘤药物阿霉素（doxorubicin，DOX），制备得到 DOX/MoS_2@ZIF-8 纳米复合材料，并将该复合材料应用于肿瘤细胞的光热/化学协同治疗。具体操作中，实验人员首先通过四水合钼酸铵溶液和硫脲溶液的水热反应法制备 MoS_2 晶体，随后取 40mg 制备的 MoS_2 粗产物将其溶解在 40mL 的 NMP 中，然后用细胞破碎仪再超声处理 3h，通过离心、清洗和干燥可得 MoS_2 纳米片。DOX/MoS_2@ZIF-8 纳米复合材料的制备过程包括：①取 4mL MoS_2 纳米片溶液（0.7mg/mL）在 12000r/min 的条件下离心 20min，并重新将沉淀物分散到 1mL 的超纯水中；②取 3mL 的 DOX 溶液加入到上述 MoS_2 溶液中，剧烈搅拌 3min；③在搅拌的条件下，逐滴加入二甲基咪唑溶液，15min 后，进行离心、清洗及冷冻干燥，可得 DOX/MoS_2@ZIF-8 纳米复合材料。在 NIR 激光照射和酸性情况下，MoS_2 纳米片能吸收光能并将其转换为热能产生高温诱导细胞凋亡，同时 ZIF-8 在酸性条件下解体释放出的 DOX 可以进入细胞核中诱导细胞凋亡，因此该体系能实现光热/化学协同肿瘤治疗。细胞存活率实验显示，DOX/MoS_2@ZIF-8-NIR 治疗组的 SMMC-7721 细胞存活率仅为 22.37%，远远低于 MoS_2@ZIF-8 药物载体对照组和 DOX/MoS_2@ZIF-8 单独化疗组，可见

DOX/MoS_2@ZIF-8-NIR 对肿瘤细胞展现出高效的光热/化学协同治疗效果。

聚多巴胺（PDA）纳米粒子具有优良的光热治疗效果、较强的近红外光吸收能力及良好的生物降解性，因此受到研究者的广泛关注[48, 49]。汪冬冬[50]利用氰酸钾、四水合乙酸锰、聚乙烯吡咯烷酮（PVP）和多巴胺，采用一锅法在 Mn-Co PBA{$Mn_3[Co(CN)_6]_2$}的孔穴中装载多巴胺单体，并通过原位氧化方法将其转化为PDA，成功制备出 $Mn_3[Co(CN)_6]_2$-PDA（MCP）纳米凝胶。所得的 MCP 多功能杂化纳米凝胶相对于采用同种方法合成的 Mn-Co PBA 或纯 PDA 具有更高的光热转换效率，因此展现出更好的光热治疗效果。为了提高 MCP 杂化纳米凝胶作为光热剂的治疗效率，提高其内循环稳定性及肿瘤富集能力，采用高分子聚合物对其进行了表面修饰。首先，在 MCP 表面修饰上具有生物相容性的高分子聚乙二醇（PEG），提高了杂化纳米凝胶 MCP 的体内生物相容性、内循环稳定和体外稳定性。进一步采用肿瘤靶向小分子 RGD 进行修饰，可为 MCP-PEG 提供肿瘤靶向能力，从而增加其在肿瘤组织处的富集量。细胞实验显示，相对于 MCP 和 MCP-PEG，MCP-PEG-RGD 具有更高的 HeLa 细胞内吞量。活体光热治疗显示 MCP-PEG-RGD 展现出优异的光热治疗效果。荷瘤小鼠活体实验显示，MCP-PEG-RGD + NIR 处理对小鼠肿瘤的治疗效果最好，在设定的 14 天内小鼠的肿瘤几乎快消失。此外，他们还发现 MCP-PEG-RGD 具有优良的生物安全性。MCP-PEG-RGD 纳米凝胶的血液相容性测试结果显示，即使 MCP-PEG-RGD 纳米粒子的浓度高达 1000μg/mL，其对血液的溶血率也只有 2%左右，因此可以认为在注射计量内该纳米粒子没有溶血性。同时发现，注射 MCP-PEG-RGD 纳米凝胶 24h 后，鼠的心、肝、脾、肺、肾等主要脏器无论是组织形态还是细胞的完整性都和对照组保持高度一致，未呈现明显毒副作用，进一步揭示了 MCP-PEG-RGD 纳米凝胶良好的体内安全性能。整个活体实验过程中，MCP-PEG-RGD 和 MCP-PEG 实验组都没有发现小鼠有脱毛、食欲减退及体重下降等现象，这表明了合成的 MCP-PEG-RGD 和 MCP-PEG 杂化纳米凝胶具有很好的生物相容性。

8.1.2 MOFs 用于肿瘤化学动力学疗法

化学动力学疗法（chemodynamic therapy，CDT）是在肿瘤病灶区微环境的弱酸性条件下，通过 H_2O_2 和过渡金属纳米材料在肿瘤细胞内发生芬顿（Fenton）或类芬顿（Fenton-like）反应，产生·OH 等强氧化性的活性基团，从而诱导肿瘤细胞凋亡的一类新型肿瘤治疗技术[51-56]。由于肿瘤微环境的 pH（6.5～6.9）远高于传统的基于铁离子和 H_2O_2 的芬顿试剂所偏好的 pH（3～4），因此其在 CDT 应用受到较大限制[57, 58]。近年来的研究显示，以过渡金属或金属簇为金属中心构建的 MOFs 材料在类芬顿催化领域具有较高的应用前景[59-62]。如上文所述，基于 MOFs

材料的类芬顿在环境污染物降解方面已经有大量的报道。在已报道的各种类型的 MOFs 中，铁基 MOFs 作为非均相类芬顿催化剂表现出了巨大的潜力[63-65]。这是因为铁是无毒的，而且铁元素在地壳矿物中含量十分丰富。相对于铁离子，铁基 MOFs 具有更好的 pH 适宜性，因此在 CDT 中得到越来越多的关注[39, 52, 66-68]。例如，Ranji-Burachaloo 等[16]开发了一种基于 NH_2-MIL-88B(Fe)的改性 MOFs(rMOF-FA)，该材料在被肿瘤细胞内化后，分解产生的 Fe^{2+}可以诱发细胞内的芬顿反应，产生高浓度的·OH 来破坏肿瘤细胞。然而，溶酶体的 pH 约为 5.0，这不能完全满足高效芬顿反应的要求（pH = 3.0～4.0）[59, 69, 70]。为了克服上述不足，Sun 等[17]构建了一个由二氯乙酸（DCA）和 MOFs-Fe^{2+}(MD@Lip)组成的复合物。二氯乙酸作为乙酸的衍生物，不仅可以提高肿瘤细胞内的酸度，而且还能促进葡萄糖的氧化，在线粒体中产生 H_2O_2。体外和体内的实验表明，得益于 DCA 和 MOFs-Fe^{2+}的协同效应，CDT 的疗效被显著提高了。为了增强 CDT 的疗效，有研究者将铁基 MOFs 与其他具备芬顿/类芬顿反应催化活性的物质相结合构建复合催化剂[71, 72]。例如，Song 等[73]在铁锰氧体（$MnFe_2O_4$）纳米粒子的表面涂上卟啉基 MOFs，以实现满意的治疗效果。当多功能 $MnFe_2O_4$@MOFs 进入肿瘤细胞内后，$MnFe_2O_4$ 会不断消耗细胞内的 H_2O_2，以缓解肿瘤缺氧的情况。同时，Fe^{2+}作为芬顿反应催化剂有效地催化了细胞内 H_2O_2 生成·OH，从而提高了肿瘤的治疗效果。

除了铁基 MOFs，其他含过渡金属元素（Cu、Co、Mn、V 等）的 MOFs 也具有催化 H_2O_2 产生·OH 的能力，因此也被广泛应用于 CDT[74-78]。例如，Li 等[18]将 DOX 和过氧化钙（CaO_2）封装在 ZIF-67 中，开发了一种新型纳米催化剂 CaO_2@DOX@ZIF-67。在该研究中，CaO_2@DOX@ZIF-67 是通过自下而上的方法合成的。首先，通过水解-沉淀的方法制备了 CaO_2。随后，将 DOX 固定在 CaO_2 的表面，通过配位反应形成 CaO_2@DOX。用 DOX 修饰后，纳米粒子具有更均匀的形态，且具有更大的直径。此外，与游离 DOX 相比，CaO_2@DOX 的紫外-可见吸收光谱表现出明显的红移。在 550nm 和 590nm 左右观察到两条吸收带，这正好符合 Ca-DOX 复合物的特征。最后，通过原位合成的方法在 CaO_2@DOX 的表面构建了 ZIF-67。在酸性的 TME 中，ZIF-67 被分解释放出 Co^{2+}和 DOX。随后，释放的 CaO_2 与 H_2O 反应，生成 O_2 和 H_2O_2[79]。所产生的 H_2O_2 促进了基于 Co^{2+}的类芬顿反应，产生·OH 诱导肿瘤细胞死亡；同时产生的 O_2 可以缓解肿瘤的缺氧，从而增强了 DOX 的疗效。在实验中，CaO_2@DOX@ZIF-67 对 MCF-7 细胞表现出高水平的细胞毒性。在常氧（21% O_2）和缺氧（1% O_2）条件下，CaO_2@DOX@ZIF-67 对 MCF-7 细胞均表现出同样高的细胞毒性，说明 CaO_2@DOX@ZIF-67 对 MCF-7 细胞的细胞毒作用与氧气浓度无关。相反，用游离 DOX 或 DOX@ZIF-67 处理的细胞存活率则与氧气浓度相关。DOX 或 DOX@ZIF-67 在缺氧条件下对 MCF-7 细胞的细胞毒作用明显高于常氧条件下的处理。此外，还进一步采用 MCF-7 衍生的多细胞肿瘤球状体（MCTS）和死活细胞染色法评估了 CaO_2@DOX@ZIF-67 的联合治疗效果。与对照组 MCTS（用 PBS 处理）相比，用 CaO_2@DOX@ZIF-67 处理的 MCTS 显示了红色荧光的急剧增加，表明严重的细胞凋亡。统计分析数据显示，相对于对照组，处理组的红色荧光的强度增加了约 31 倍。他们使用了可被·OH 降解的 NIR 荧光染料 Cy7 作为传感器验证了体内·OH 的产生。实验中，携带肿瘤的小鼠接受了 CaO_2@DOX@ZIF-67 + Cy7 或单独 Cy7 注射。在只用 Cy7 处理的小组中，没有观察到荧光的明显变化。相比之下，用 CaO_2@DOX@ZIF-67 + Cy7 处理组的荧光迅速下降。结果显示，大约 50%的 Cy7 在注射后 6h 内被降解。该结果证实了·OH 在肿瘤中的产生。

8.1.3 MOFs 用于肿瘤声动力学疗法

声动力学疗法（sonodynamic therapy，SDT）是一种将声敏剂富集到肿瘤部位，并利用超声波激发声敏剂产生活性氧物质损伤肿瘤细胞的各种细胞器和 DNA，进而诱导肿瘤细胞凋亡的一种新型肿瘤治疗手段[80, 81]。1989 年，Umemura 等[82]的研究首次发现，将血卟啉与超声（1.92MHz）结合能够有效地破坏大鼠腹水肝癌 130 细胞和小鼠肉瘤 180 细胞，而单独使用血卟啉处理则对上述肿瘤细胞没有任何破坏作用。随后，在 1990 年，该课题组将血卟啉注射到荷瘤小鼠（肉瘤 180）体内，通过实验进一步证实了血卟啉体内声动力学治疗的效果[83]。在此之后，声动力学疗法得到了广泛的关注。由于声动力学疗法具有特异性和选择性杀伤肿瘤组织的优点，近年来引起越来越多学者的研究兴趣[19, 84]。声敏剂作为声动力学疗法的关键，国内外研究者致力于不断研发具有更高声动力学治疗特性、更好生物相容性和更稳定靶向性等多功能的声敏剂材料。传统的声敏剂包括有机小分子声敏剂（卟啉，卟啉衍生物和一些其他脂溶性小分子、氧杂蒽类有机小分子等）和无机纳米声敏剂（二氧化钛纳米粒子、硅纳米材料等）[85, 86]。然而，传统的有机小分子声敏剂存在水溶性差，声动力学疗法中可能还会有潜在的光毒性、体内代谢快等问题，而无机纳米声敏剂由于声动力学治疗效果不理想，表面改性后不稳定等因素也不太令人满意[87-90]。因此，近年来越来越多的研究关注于具有高效声动力性能、优良生物相容性及肿瘤靶向性，并且相对稳定的理想的有机-无机杂化纳米声敏剂。MOFs 作为一种新型具有多功能的有机-无机纳米材料，在声动力学疗法中展现出较好的应用前景。

血卟啉单甲醚是一种常见的有机声敏剂，具有 $^1O_2$ 产量高、光响应时间短及化学组成稳定等优点，作为传统的有机声敏剂已经广泛应用于癌症的光动力和声动力学治疗中[91, 92]。血卟啉单甲醚的卟啉环上存在两个羧基，能够与 Mn 或 Fe 等金属离子发生反应。因此，以 Mn 或 Fe 等金属离子和血卟啉单甲醚为结构单元，可以通过构建金属有机骨架结构，进一步拓宽血卟啉单甲醚的光谱响应范围，并降低电子与空穴复合，有效提高 $^1O_2$ 产生效率。因此，将传统卟啉有机声敏剂与 Mn 或 Fe 等金属离子结合，构建能同时用于肿瘤声动力学治疗的新型有机-无机杂化纳米材料（MOFs 纳米材料）吸引了研究者的关注。徐昊[93]以血卟啉单甲醚为有机配体，以 Mn 或 Fe 为金属位点，构筑了两种新型卟啉基金属有机骨架结构的有机-无机杂化纳米声敏剂材料并用于肿瘤的声动力学疗法。其中以传统有机小分子声敏剂血卟啉单甲醚为有机配体，以氯化锰为金属源，在超声和搅拌的条件下通过自组装的方式合成了锰-血卟啉单甲醚金属有机骨架（Mn-HMMEMOFs）。在合成过程中，将一定质量的无水氯化锰（10.25mg）溶解在 *N*, *N*-二甲基甲酰胺（1.5mL）和甲醇（8.5mL）中得到混合液 A。另外，将一定量的血卟啉单甲醚（10mg）溶解在三乙胺（0.2mL）和甲醇（10mL）中得到混合液 B。分别用超声处理混合液 A 和混合液 B 5min，得到分散均匀的氯化锰溶液和血卟啉单甲醚溶液。随后，在室温和避光的条件下，将混合液 A 分散液逐滴滴加到混合液 B 中，超声处理 6h 后，随后继续搅拌 12h。最后，在 6000r/min 速度下离心 6min，得到的砖红色沉淀即为 Mn-HMMEMOFs 材料。此外，为了提高所合成的 Mn-HMMEMOFs 材料在水溶液中的分散性，并获得更好的亲水性，还对该材料表面进行了改性处理。改性的过程包括：①将上述离心所得 Mn-HMMEMOFs 用乙醇和水洗涤三次，再次在 10000r/min 速度下离心 10min，并将得到的砖红色沉淀最终分散在 20mL 水溶液中；②向 Mn-HMMEMOFs 分散液中加入 100mg DSPE-PEG，在室温及避光条件下，搅拌过夜，然后在 10000r/min 速度下离心 15min，最终得到磷脂包裹的 Mn-HMMEMOFs 纳米材料。体外声动力学治疗实验显示，Mn-HMMEMOFs 在超声驱动下能够产生大量的 $^1O_2$，所产生的活性氧物质对 CT26 细胞造成了不可逆的损伤，杀死了 CT26 细胞。同时，采用了标准 CCK-8 试剂，以 4T1 和 CT26 细胞为肿瘤细胞模型，HUVEC 细胞为正常人细胞模型，评估测定了 Mn-HMMEMOFs 的细胞毒性。结果显示在 Mn-HMMEMOFs 最大浓度为 400μg/mL 时，4T1 和 CT26 细胞存活率仍然分别高达 52%和 54%，可见所制备的材料具有低的细胞毒性，可以用于后续的生物研究。进一步的肿瘤声动力学治疗实验显示，将 Mn-HMMEMOFs 注入荷瘤小鼠体内后经超声照射可以显著抑制小鼠体内的肿瘤生长，在经过两次超声照射后，肿瘤体积逐渐变小并最终结痂消失，实现了高效的肿瘤声动力学治疗效果。

MOFs 复合材料作为声敏剂往往可以取得更好的肿瘤声动力学治疗效果[94, 95]。例如，Liu 等[20]选择非晶态的 $CaCO_3$ NPs 作为模板，将 TCPP 分子和 Fe^{3+}附着在非晶态 $CaCO_3$ NPs 的表面，通过螯合作用形成 MOF 层，得到一种复合型的声敏剂 BSO-TCPP-Fe@$CaCO_3$。该材料相对于单体 TCPP-Fe 声敏剂，展现出多方面的优势。该体系中，除了 TCPP-Fe 作为声敏剂在超声的照射下产生活性氧有效杀死肿瘤细胞外，复合材料中的 L-丁硫氨酸亚磺酰亚胺（BSO）能降低细胞内 GSH 的水平，可以进一步增强其治疗效果。此外，$CaCO_3$ 在正常组织中具有高度的生物相容性，但是在肿瘤微环境中可以迅速解离出 Ca^{2+} 破坏肿瘤细胞的线粒体[96, 97]。由于组分之间的协同作用，在实验中 BSO-TCPP-Fe@$CaCO_3$ 对 4T1 细胞的灭活率显著高于 BSO 和 TCPP-Fe@$CaCO_3$。

8.1.4　MOFs 用于肿瘤治疗药物载体

纳米技术的出现为抗肿瘤药物的设计提供了新思路，纳米材料所具有的缓释作用可以使抗肿瘤药物在体内缓慢而有效的释放，能极大延长药物的作用时间，从而显著提高肿瘤治疗的效果[42, 98]。此外，一些纳米材料对肿瘤细胞具有的特异性可以实现抗肿瘤药物在肿瘤部位的特异性聚集，减少对正常组织的毒性，进一步拓展了其在肿瘤治疗中的应用[99]。理想的纳米载药材料需要有如下特点：①为了在实际应用中药物浓度和人体最大耐受载体量之间能够达到平衡，载体材料的药物负载量需要达到一定水平；②为了能达到进行患者静脉注射载药系统的标准，载体材料需要达到纳米级别，一般要求载体材料粒径在 200nm 以下；③为了使载体材料能在人体新陈代谢作用下降解，不残留在患者体内，药物载体材料需要具有较好的生物相容性；④为了使药物能在患者体内长时间起作用，载体材料需要具有有效药物缓释作用；⑤为了能够进行体内治疗，载体材料在人体的长循环过程中，需要能稳定存在于血液中且不聚集阻塞血管[100]。MOFs 具有适于包封药物的高比表面积和大孔径、结构多样性、低成本和生物降解性等特性，在抗肿瘤药物缓释方面具备天然优势[101-103]。自从 Férey 及其同事[104]将 MIL 系列材料作为药物输送载体以来，各国学者对 MOFs 作为药物传递载体进行了广泛研究[9, 105-107]。

在最近的一项研究中，Hemmatinejad 等[21]通过球磨的方法分别将 5-氟尿嘧啶（5FU，肿瘤治疗剂）、对氨基苯甲酸（PABA，紫外线阻隔剂）和苯佐卡因（Benzoca，局部麻醉剂）等生物活性小分子药物包覆进 $Zn_4O(dmcapz)_3$。结果显示，短时间（1min）的球磨能够使大量的药物进入到 MOFs 孔穴中，热重计算表明单位摩尔的 $Zn_4O(dmcapz)_3$ 对 PABA、Benzoca 和 5FU 的吸收量分别达到 1.2mol、0.9mol 和 0.7mol。在实验中，由于 MOFs 与药物之间可能存在的相互作用（如范德瓦耳斯力和静电力相互作用）[108]，上述药物能够缓慢从 MOFs 中释放，其中 Benzoca@MOFs 释放 86.2%负载药物的时间达到了 7 天。在皮肤癌治疗中，多数情况下所需的药物释放时间为 1～7 天，因此，该研究中制备的药物@MOFs 体系能够作为皮肤癌治疗的有效材料。通过超声将 5FU@MOFs 固定在改性纤维素织物（OxiFa）上得到 5FU@MOFs-OxiFa，并将其用于治疗黑色素瘤皮肤癌。体外细胞实验证实，5FU@MOFs-OxiFa 对 B16F10 黑色素瘤细胞具有较强的毒性作用。在他们的另外一项工作中，通过一锅法合成了 5FU-BioMOFs，作为一氧化氮（NO）和 5FU 控制释放的双重材料，用于伤口和/或皮肤癌的治疗[109]。体外实验显示，单独的 BioMOFs 对 B16F10 黑色素瘤细胞没有毒性，5FU-BioMOFs 处理组 B16F10 黑色素瘤细胞的存活率（27%）明显低于 5FU 处理组（5FU 剂量相同），说明 BioMOFs 对 5FU 的控制释放作用可以促进其在黑色素瘤细胞内的聚集。

通过对 MOFs 进行表面修饰，可以提高材料的生物相容性或靶向性，减少药物在正常细胞的积累[110, 111]。研究表明，通过生物相容性较好的高分子材料（聚丙烯酸、聚乙烯吡咯烷酮、聚乙二醇等）对 MOFs 进行表面修饰可以减少药物在正常细胞的积累，提高材料的生物相容性或靶向性。例如，通过硅烷偶联剂对 MOFs 进行表面修饰可以提高材料的生物相容性，并降低药物的释放速率和减少抗肿瘤药物在体内运输过程中的泄漏剂量；通过叶酸或多肽对 MOFs 进行表面修饰可以赋予材料对癌变细胞的靶向性，提高肿瘤细胞对药物的摄取[22, 112, 113]。Yan 等[114]通过 Tb^{3+}和肿瘤治疗药 DSCP 制备出金属有机骨架材料 NCP-1，并通过硅烷偶联剂对其进行表面修饰。结果显示，在 37℃的 HEPES 缓冲液中，NCP-1 的半衰期由硅烷偶联剂修饰前的 1h 延长至修饰后的 9h，材料的稳定性得到显著提高。进一步地，利用对肿瘤细胞具有靶向性的藤黄酸类化合物对材料进行修饰，得到的复合材料对人结肠腺癌细胞 HT29 显现出更低的致死浓度 IC_{50}。

8.2 MOFs 材料在生物医学成像领域的应用

生物医学成像是癌症早期诊断和治疗方案评估过程中的重要分析手段。在生物医学成像中，造影剂被用来产生特定组织（如肿瘤）的信号，以调查疾病的进展情况。通常情况下，生物医学成像的媒介，如 X 射线、电磁场和激光等可以被人体组织或器官中的成像剂激活，产生特定的信号[115]。产生的信号（如荧光和电磁信号）被捕获并导入计算机，进一步获得三维病理模型。各种生物医学成像技术，如荧光成像、光声成像、磁共振成像和计算机断层成像等已经被开发出来并应用于临床研究[116]。目前，用于生物成像的造影剂多为小分子，其具有非特异性分布、潜在的生物毒性及代谢快速等局限性[117]。近年来，纳米材料作为造影剂已经在生物医学成像中得到广泛的研究[118-120]。纳米材料不仅本身可作为性能良好的造影剂，同时还能作为传统小分子造影剂的载体，改善生物相容性及其在体内循环时间[121, 122]。而且，由于 MOFs 结构的可调性等特点，相对于其他纳米材料，其在成像领域具有更广的应用前景[123]。一方面，一些 MOFs 的有机配体可以作为成像造影剂，例如，卟啉基 MOFs 的配体在波长范围为 400～690nm 光的激发下可以发出强烈的荧光，因此，卟啉基 MOFs 可用于体内的荧光成像。此外，MOFs 还可以通过其他方式成像，例如，通过引入各种金属中心/节点连接，或通过在 MOFs 中掺入某些造影剂来实现（表 8.2）。相对于纳米金等纳米材料，MOFs 具有以下优势：①MOFs 由于多样化的组成和结构而具有独特的物理化学特性，因此通过合理选择金属离子或有机结构单元，可以设计出具备不同造影功能的 MOFs，例如，使用顺磁或超顺磁金属离子（如 Gd^{3+}、Mn^{2+}、Fe^{3+}）作为有机配体制备的 MOFs 可以实现磁共振成像；使用具有发光特性的有机配体可以实现光学成像[124]；②MOFs 表面性质易于调控，可在其表面修饰靶向配体实现对肿瘤细胞的主动靶向与识别，从而有效提高造影剂在肿瘤部位的浓度，进而实现肿瘤的早期诊断[125]；③由于 MOFs 的金属和有机配体间配位键的键能较低，因此 MOFs 本身在生物体中容易降解，因而可以经过生物体的代谢系统排出体外，有效避免纳米材料累积带来的长期毒性[42, 102]。

表 8.2　MOFs 材料在生物医学成像领域的应用举例

材料	成像模式	成像剂	文献
UiO-67-$Ru(bpy)_3^{2+}$	荧光成像	$Ru(bpy)_3^{2+}$	[29]
Yb-PVDC-3	荧光成像	Yb-PVDC-3	[126]
UiO-PDT	荧光成像	BODIPY	[127]
cal-TPP@(DCA5-UiO-66)	荧光成像	Calcein	[128]
DOX@Mi-UiO-68-FA	荧光成像	DOX	[129]
RhB/ZIF-90	荧光成像	RhB	[130]
curcumin@MIL-100	光声成像	Fe(Ⅲ)	[131]
Cu-THQ NPs	光声成像	Cu(Ⅱ)	[132]
HA-PDA-MIL-100(Fe)	光声成像	Fe(Ⅲ)	[131]
Gd-pDBI-1	光声成像	Gd(Ⅲ)/pDBI	[133]
PPy@MIL-100(Fe)	光声成像	Fe(Ⅲ)/PPy	[134]
MOF@HA@ICG	光声成像	Fe(Ⅲ)/ICG	[46]
Gd-MOF	磁共振成像	Gd(Ⅲ)	[135]
Gd-NMOF@SiO_2	磁共振成像	Gd(Ⅲ)	[136]
Mn(BDC)(H_2O)	磁共振成像	Mn(Ⅱ)	[137]
$Mn_3(BTC)_2(H_2O)$	磁共振成像	Mn(Ⅱ)	[137]
Mn-IR825@PDA-PEG	磁共振成像	Mn(Ⅱ)	[138]
MILs	磁共振成像	Fe(Ⅲ)	[139]
DOX@ZIF-HA	磁共振成像	Fe(Ⅲ)	[140]

续表

材料	成像模式	成像剂	文献
Fe_3O_4@UiO-66	磁共振成像	Fe_3O_4	[141]
Hf-UiO	计算机断层成像	Hf(Ⅳ)	[142]
Zr-UiO	计算机断层成像	Zr(Ⅳ)	[143]
UiO-PDT	计算机断层成像	BODIPY	[144]
Mn/Hf-IR825@PDA-PEG	计算机断层成像	Hf(Ⅳ)	[145]
^{89}Zr-UiO-66-PEG-F3	正电子发射断层成像	^{89}Zr(Ⅳ)	[146]
^{64}Cu-ZIF-8	正电子发射断层成像	^{64}Cu(Ⅱ)	[147]

8.2.1 MOFs 用于荧光成像

荧光成像（fluorescence imaging，FI）是一种利用荧光染料在健康组织和肿瘤或其他疾病组织之间积累量的不同进行成像的手段，可以非侵入性地区分健康组织和肿瘤或其他疾病组织[148-150]。荧光成像能够提供器官、组织和细胞的实时可视化的影像，可以无创地监测生物体的形态及生物化学方面的变化，还允许在术中进行图像引导[151-153]。尽管已经有众多荧光材料被研究应用于荧光成像，但大多数材料的光吸收性质和量子产率需要进一步优化才能提供深层组织和细胞内的成像并满足临床荧光成像应用的需求[154-157]。

近年来，MOFs 由于结构可调性和表面性质可调性等优点，在荧光成像中得到了越来越多的关注[9, 158]。到目前为止，MOFs 相关材料应用于荧光成像多是通过吸附荧光分子或与具备荧光特性的粒子进行复合来达成的[159]。例如，Lee 等[29]通过简单的溶液沉浸法将具有荧光性质的 $Ru(bpy)_3^{2+}$ 捕获进 UiO-67 的孔穴中，使其具备双光子荧光成像性能，并极大地提高了量子产率和发光寿命。在相关的研究中，除了发光金属离子，光敏剂（如吲哚菁绿、卟啉类化合物等）和发光纳米粒子（持久性发光纳米粒子、荧光量子点等）也被广泛研究应用于增强 MOFs 的荧光性能[160]。另一方面，也有 MOFs 自身具备荧光成像的报道。早在 2013 年，Foucault-Collet 等[126]首次报道了利用稀土元素 Yb^{3+}作为中心离子，亚苯基亚乙基二羧酸酯（PVDC-3）作为 MOFs 的有机配体，通过溶剂热法制备出能发射近红外光的纳米 MOFs（Yb-PVDC-3）。所制备的 Yb-PVDC-3 在细胞溶解产物中能稳定存在数小时，可以很好地被人类肿瘤细胞（HeLa）和小鼠细胞（NIH3T3）吸收，并且对这两种细胞呈现出很小的细胞毒性。活体细胞的荧光成像实验显示，在近红外照射下，Yb-PVDC-3 中的 Yb^{3+}可以被激发产生荧光信号进行细胞成像。除了使用具有荧光性质的离子作为 MOFs 中心离子外，具有荧光性质的有机配体（如染料）也被用于构建具有荧光成像能力的 MOFs。例如，Xie 等[127]将含有荧光染料 BODIPY 的有机配体通过配体交换的方式引入到纳米 UiO-66 中，制备出一种具有红色的荧光性质的新型 MOFs（UiO-PDT）。UiO-PDT 展现出极好的生物相容性，当其浓度高达 1.0mg/mL 时，16F10、C26 和 CT26 细胞的 24h 培养存活率仍然保持在 90%以上。不仅如此，UiO-PDT 还具有紫外光照射产生 $^1O_2$ 的能力，因此可被同时用于荧光成像与光动力疗法。

8.2.2 MOFs 用于光声成像

光声成像（photoacoustic imaging，PAI）是一种使用光学和超声波成像来观察生物组织的解剖结构和生理变化的非侵入性和非电离的生物医学成像技术，具有较高成像深度和空间分辨率[161, 162]。在光声成像中，通过短的激光脉冲照射组织，导致局部温度快速上升，形成一个小的局部热扰动，由此产生光声（PA）压力波[163]。这些光声信号可以被超声传感器检测，进一步分析光声信号可以确定目标组织的位置和大小[164]。目前，具有强光吸收系数的纳米材料（如金纳米棒、聚多巴胺纳米粒子等）已经被广泛应用于光声成像造影剂[140, 165, 166]。最近一些研究中，MOFs 也被用作光声成像造影剂，因为它们具有如高孔隙率、可调整的孔径大小、丰富的金属位点和高宿主分子装载能力的特性，这使它们能被设计为高效光声成像造影剂，也能通过同时传递各种药物分子作为治疗手段[167-169]。

在一项较早的研究中，Xie 等[131]首先将姜黄色素（curcumin）包覆进 MIL-100 生成 MC(curcumin@MIL-100)纳米粒子，并进一步通过胺改性的透明质酸（HA-PDA）修饰 MC 表面生成了 MCH 纳米粒子。HA-PDA 修饰改善了 MIL-100 在生物体内的分散性和稳定性，同时得益于 HA 和肿瘤的膜上 CD44 受体间的特殊识别和相互作用使材料具备了肿瘤靶向能力[170]。他们使用小鼠进行了体内实验来验证 MCH 光声成像可行性。结果显示，小鼠在静脉注射 MCH 后，身上 HeLa 肿瘤区域周围的光声信号随着时间推移而增强，并在注射后 24h 达到峰值，表明 MCH 纳米粒子能在肿瘤部位有明显积累且具有相当大的光声成像能力。最近一项研究中，Liu 等[132]利用 Cu(Ⅱ)和四羟基蒽醌（THQ）通过配位效应、范德瓦耳斯力和 π-π 相互作用得到有良好生物相容性和生理条件下的稳定性的 Cu-THQ NPs。由于在近红外区域强烈吸收和光诱导的电子转移机理，Cu-THQ NPs 不仅可以作为一种优秀光热剂，在 1064nm 处具有极高的光热转换能力（51.34%），而且还可以作为光声成像的造影剂，用于精确跟踪和引导体内的治疗。体内光声成像实验结果显示，小鼠在被静脉注射 Cu-THQ NPs（808nm 光照）后的 2h 内，肿瘤部位的光声对比度明显增强，随着时间的推移在 6h 后明显下降，这可能是由于 Cu-THQ NPs 被酸性的肿瘤环境分解了。当采用 1064nm 的光照射时，Cu-THQ NPs 处理后的肿瘤部位的温度迅速从 33.1℃上升到 51.5℃，同时三维（3D）红外图像提供了温度在 46.2～51.5℃之间的空间分布。这些结果表明 Cu-THQ NPs 可以作为光声成像造影剂并能有效地聚集在肿瘤部位。

8.2.3　MOFs 用于磁共振成像

磁共振成像（magnetic resonance imaging，MRI）是一种基于检测磁场中核自旋重新定向的非侵入性成像技术，由于无创性、高空间分辨率和深层组织穿透性，已经成为一种成熟的成像技术[171-173]。在临床应用中，为了提高磁共振成像的质量并在患病组织和正常组织之间提供足够的对比度，经常采用造影剂加速水分子的松弛速度从而改善图像对比度[158]。磁共振成像的造影剂可分为阳性造影剂[缩短水质子的纵向弛豫时间（T1）]和阴性造影剂[缩短水质子的横向弛豫时间（T2）]，前者通常含有顺磁性的过渡金属离子（如 Gd^{3+}或 Mn^{2+}），后者通常含有超顺磁材料[101, 174, 175]。最近，MOFs 已经成为 Gd 复合物的一个有前途的替代物，作为潜在的磁共振成像造影剂，由于较高的金属有效载荷和弛豫率，因而能在较低剂量下提供更强的对比度增强，从而提高诊断灵敏度[102]。

2006 年，Lin 等[135]首次将 Gd-MOFs 纳米粒子作为磁共振成像造影剂使用。他们用反向微乳液法制备了 Gd-MOFs 纳米片和纳米棒。由于 Gd-MOFs 表面和内部存在着大量的 Gd^{3+}阳离子，这对磁共振成像造影剂具有增强信号的作用，其效果超过了之前报道的大部分造影剂。在该报道中，Gd-MOFs 超纳米片的纵向弛豫率 r_1 值为 20.1mL/(mol·s)，横向弛豫率 r_2 值为 45.7mL/(mol·s)，纳米棒的 r_1 和 r_2 值则分别达到了 35.8mL/(mol·s)和 55.6mL/(mol·s)，这些弛豫特性使得两者都可以同时作为 Tl 和 T2 加权的造影剂。基于此研究，稀土类 MOFs 作为磁共振成像造影剂的报道越来越多。研究者陆续合成了$[Gd_2(BHC)(H_2O)_6]_n$[176]和$[Gd(1, 4\text{-}BDC)\cdot 1.5(H_2O)_2]_n$[177]和$[GdCu(DOTP)Cl]\cdot 4.5H_2O$[178]等 Gd-MOFs 并用于磁共振成像，且展现出很好的成像性能，例如，$[Gd(1, 4\text{-}BDC)\cdot 1.5(H_2O)_2]_n$ 的 r_1 值达到 83.9mL/(mol·s)[177]。值得注意的是，Gd-MOFs 的使用有可能会带来肾源性系统纤维化的风险，因此其使用还需要谨慎[179]。

除了 Gd-MOFs，一些 Mn-MOFs 和 Fe-MOFs 也被用于磁共振成像[148, 180-182]。Mn-MOFs 被广泛研究使用为 T1 造影剂，相对于钆，锰具有更低的生物毒性[118]。Lin 等[137]使用反向微乳液法合成了 $Mn(BDC)(H_2O)$纳米棒和 $Mn_3(BTC)_2(H_2O)$纳米块。$Mn(BDC)(H_2O)$纳米棒的 r_1 值为 5.5mL/(mol·s)，r_2 值为 80mL/(mol·s)；而 $Mn_3(BTC)_2(H_2O)$纳米块的 r_1 值为 7.8mL/(mol·s)，r_2 值为 70.8mL/(mol·s)，说明这两组 MOFs 可以同时作为 T1 和 T2 加权的造影剂。由于铁在生物体内的浓度很高，铁元素从 MOFs 结构中的潜在泄漏不会对生物体造成重大损害，因此 Fe-MOFs

在临床应用上具有明显的优势。与钆和锰相反，Fe-MOFs 绝大部分是作为 T2 造影剂。由 Fe(III)和羧酸盐连接物构建的 MIL 系列 MOFs 已被证明可作为 T2 加权的磁共振成像造影剂。Horcajada 等[139]研究发现一系列基于 Fe(III)的 MILs（MIL-89、MIL-88A、MIL-53、MIL-100 和 MIL-101-NH_2）是很好的 T2 加权的磁共振成像造影剂，同时都具备很低的毒性，其中 MIL-88A，聚乙二醇修饰的 MIL-88A，MIL-100，以及聚乙二醇修饰的 MIL-100 的 r_2 值的范围为 56～95mL/(mol·s)，足以作为合格的 T2 造影剂来进行体内磁共振成像。

8.2.4　MOFs 用于计算机断层成像

计算机断层成像（computed tomography，CT）是一种非侵入性的医学成像技术，是电子计算机技术与 X 射线检查技术相结合的产物[183, 184]。小分子碘化芳香族化合物和硫酸钡已被批准为临床使用的 CT 造影剂[160, 185, 186]。然而，这些分子的循环时间短、非特异性分布和快速药代动力学的特点大大影响了它们的成像性能，因此需要高浓度给药以提高 CT 分辨率[187-189]。近年来，纳米技术研究领域取得的巨大进步为克服上述局限性提供了新思路。相比于小分子碘化芳香族化合物和硫酸钡等传统造影剂，纳米 CT 造影剂具备更长的血液循环时间和更高的生物相容性，且可负载大量造影元素，能有效提高 CT 能力[163, 190, 191]。含有高原子序数元素（高 *Z* 元素，如 I、Au、Bi、W、Ta 及镧系元素等）的纳米材料通常显示高的 X 射线衰减，因此表现出较强的 CT 性能[192]。

最近，含有高 *Z* 元素的 MOFs 纳米 CT 造影剂已引起广泛关注，理论上，任何含有高 *Z* 元素的 MOFs 纳米粒子都可以应用于 CT[193-195]。Lin 等[142, 143]合成了两种分别含有较高含量 Hf（原子序数高达 72，57wt%）和 Zr（原子序数为 40，37wt%）的基于 UiO 的 MOFs（分别表示为 Hf-UiO 和 Zr-UiO），并进一步采用二氧化硅和聚乙二醇（PEG）对上述 MOFs 进行表面修饰，使其具有更好的生物相容性。小白鼠的体内 CT 检测结果显示，静脉注射 Hf-UiO 和 Zr-UiO 15min 后在小鼠的肝脏和脾脏中展现了 CT 信号的阴性增强；同时发现通过表面修饰后的 NMOFs 作为造影剂，对肝脏和脾脏的损害作用可以大幅度降低。在另外一项工作中，Zhang 等[144]以 UiO 为前驱体，通过配体交换反应后将含碘的 BODIPY（作为配体）引入到 MOFs 中，合成了一种含有碘一硼二吡咯亚甲基（12-BDP）的 MOFs（UiO-PDT）作为一种新型的 CT 造影剂。所获得的 UiO-PDT 纳米晶体具有良好的细胞相容性和较长的循环时间，即使在高注射量下也没有表现出明显的急性或亚急性的毒性，而且配体中的碘还可以提供良好的 X 射线衰减作用。将 UiO-PDT 静脉注射进罹患肝癌的小鼠体内后，UiO-PDT 会优先积累在肝癌肿瘤部位，肿瘤与周围组织之间的轮廓界限清晰可见，且 24h 后 UiO-PDT 的 CT 值达到最大值。

8.2.5　MOFs 用于正电子发射断层成像

正电子发射断层成像（positron emission to mography，PET）是一种常用的非侵入性成像方式，可诊断细胞/分子水平的异常，并提供具有高灵敏度、特异性和无限穿透深度的三维图像[183, 196]。PET 技术的原理是利用探测某种同位素（如 ^{11}C、^{18}F、^{64}Cu、^{68}Ga、^{89}Zr、^{124}I 等）衰变产生的正电子与组织中的负电子发生湮灭而产生的一对 γ 射线，可以获得生物体内该核素的分布信息，并进一步利用现代计算机显示活体功能代谢图像、组织分子图像、基因转变图像等[197-200]。[^{18}F]-氟脱氧葡萄糖（FDG）是临床上广泛使用的 PET 成像剂[146]。但是，FDG 进行 PET 在某些情况下可能遇到瓶颈，例如，FDG 对肿瘤细胞没有特异性，因此在肿瘤诊断方面的应用大大受限[193]。此外，患者在注射 FDG 前必须禁食，并且在给药后应避免运动，以防止 FDG 被非特异性吸收[201]。近年来，能够靶向病变的多功能成像纳米材料的出现为 PET 提供了广阔前景。

2017 年，Hong 等[202]报道了纳米 MOFs 作为 PET 成像剂的应用。UiO 是一种被广泛研究的代表性 MOFs，其结构中含有 $Zr_6O_4(OH)_4$ 连接簇。在该研究中，他们首先在合成 UiO-66 过程中，将 ^{89}Zr 离子作为 Zr 源引入 MOFs 的骨架，以追踪 MOFs 在体内的分布和代谢；然后用芘衍生的聚乙二醇（Py-PGA-PEG）修饰 ^{89}Zr-UiO-66，不仅可以改善 UiO-66 在生物介质中的稳定性和分散性，还可以为 UiO-66 提供更高安全性，并能提供进一步的功能化位点，以整合肿瘤靶标[203, 204]；而且进一步与肽配体（F3）共轭，使其能靶向作用三阴性乳腺肿瘤的核苷酸[205, 206]。将 ^{89}Zr-UiO-66/Py-PGA-PEG-F3 注射到小鼠体内后，PET 结果表明该 MOFs 复合材料能在 0.5h 内在 MDA-MB-231 小鼠肿瘤内聚集[$(7.4\pm0.9)\%$ ID/g，$n=4$]并在 2h 内保持稳定[$(8.2\pm0.3)\%$ ID/g，$n=4$]，而未使用肽配体修饰的 ^{89}Zr-UiO-66/Py-PGA-PEG 则不具备明显的肿瘤靶向性。不仅如此，该实验中功能化的 ^{89}Zr-UiO-66 还表现出强大的放射化学和材料稳定性。在整个成像过程中，没有发现放射性物质在骨骼或肾脏中沉积，证实了 ^{89}Zr-UiO-66 在生物体内的卓越稳定性。同时，毒性评估实验显示 Py-PGA-PEG 修饰的 UiO-66 并没有对小鼠造成急性或慢性毒性。此外，该研究还将阿霉素（DOX）以相对较高负载量（1mg DOX/mg UiO-66）负载到 Py-PGA-PEG-UiO-66 上，赋予其肿瘤治疗的功能。UiO-66 的高度多孔结构能很好容纳 DOX（持续时间长达 30 天），并能在肿瘤区域随 pH 变化进行药物释放。在另一个例子中，Liu 等[147]报道了使用 ^{64}Cu 放射性标记和 DOX 负载的 ZIF-8 并用于 PET。和前述例子不同，该报道中放射性 ^{64}Cu 不是被螯合在 MOFs 结构中，而是通过 ZIF-8 中的没食子酸和钨离子对 ^{64}Cu 进行固定。根据 PET 结果，^{64}Cu-ZIF-8 在肿瘤区域能有效累积，在注射后 4h 其最高值达到$(5.8\pm0.50)\%$ ID/g。

在这项研究中，Liu 等通过水热方法合成不同大小的纳米粒子，并使用基于 PET 的体内定量追踪策略重点关注 ^{64}Cu-ZIF-8 颗粒大小如何影响材料在小鼠体内的分布和它们的肿瘤靶向能力。结果表明，细胞内药物的释放率随尺寸减小而增加。粒径较小的 MOFs 纳米粒子（60nm）在血液中循环时间更长，并且其在肿瘤中的累积量比粒径较大的 MOFs（130nm）高 50%以上，说明更小尺寸 MOFs 可提供更高肿瘤诊疗效果。

8.3 MOFs 材料在抗菌领域的应用

水体中细菌主要来源于医院污水、工业废水、养殖场排放废水及生活废水，其所带来的污染问题已经得到了广泛关注[207]。水体中细菌污染会对人类和动物的生命健康产生潜在危害[208, 209]。例如，研究表明致病性大肠杆菌感染可引起严重的肠胃炎和腹泻等症状[210]。因此，通过有效抑制有害细菌生长和繁殖，从而减少其对人类生命健康与安全的危害具有重要意义[211, 212]。传统抗菌药物，如金属或有机杀菌剂已大规模地应用于各种细菌的消杀，虽然在短期内取得了较好的杀菌效果，但是这些杀菌剂本身具有一定毒性，对人体具有潜在的副作用。因此，开发新型的抗菌材料成为该领域研究热点之一[213, 214]。

近年来，越来越多研究表明 MOFs 在抗菌方面有巨大应用潜力（表 8.3）。与传统抗菌剂相比，MOFs 具有以下优点：①Cu^{2+}、Co^{2+}、Zn^{2+}等传统杀菌金属离子与卟啉类和咪唑类等有机抗菌剂均可以用于构建 MOFs，而且这些成分可以通过可调节的水/酸稳定性可持续释放，并可根据需要（如降低 pH 和激光照射）进行释放[215-218]。②MOFs 中金属离子（团簇）和有机配体都可以在光催化反应中发挥重要作用，其中有机配体可作为光吸收单元，而金属团簇/离子可被视为孤立半导体量子点，它们可以被有机配体激活或在光照射下直接激发。此外，由于有机配体和金属团簇/离子的多样性，以及它们的不同组合，MOFs 光吸收特性可通过合理选择有机配体和金属团簇/离子进行设计和定制，有望实现高光催化抗菌效率[219-221]。③螯合作用导致 MOFs 中的金属离子极性降低，因而增强了其亲油性，从而有利于 MOFs 穿透细胞膜进入细胞内杀灭细菌[222]。④高孔隙率和高比表面积特性可促进 MOFs 高效应用，并促进其他材料有效封装/装载到它们的空穴或者表面，丰富的表面活性基团则有利于其他材料对其表面改性，有助于获得双效抗菌效果[223-225]。⑤一种 MOFs 材料可具有金属离子释放抗菌作用、光催化抗菌作用、螯合抗菌作用等多种协同的抗菌作用[226]。⑥MOFs 的功能多样性赋予了其他特殊功能，如可逆的高水吸收特性、染料吸附和抗氧化活性，以及抗菌功能[227]。此外，纳米级的 MOFs 具有低毒性、可生物降解性和良好的分散性等特点，有望将其抗菌应用扩展到体内研究[228]。

表 8.3　MOFs 材料在抗菌领域的应用举例

材料	抗菌机理	抗菌效果	文献
AgTAZ	释放金属离子	对大肠杆菌的抑制直径约为 2mm	[229]
$Ag_2(O\text{-}IPA)(H_2O)(H_3O)$	释放金属离子	对大肠杆菌和金黄色葡萄球菌的最小抑菌浓度（MIC）分别为 5～15ppm 和 10～20ppm	[230]
HKUST-1	释放金属离子	对大肠杆菌和金黄色葡萄球菌的生长有明显的抑制作用	[231]
CuBTC	释放金属离子	对大肠杆菌的抑制直径为 7.5～8mm	[231]
Co-TDM	金属位点接触	对大肠杆菌的最小杀菌浓度（MBC）为 10～15ppm	[232]
$Si@PEI\text{-}Ag_{2n}(BTEC)_{n/2}$	金属位点接触	对大肠杆菌的灭活率达 99%	[233]
$DL\text{-}Glu\text{-}Cu(NO)_3$	金属位点接触	对大肠杆菌的灭活率为 90%	[234]
Cu-H2bpdc-Gu MOF	金属位点接触	对铜绿假单胞菌的 MIC 为 400ppm	[235]
$Ag_{2n}(BTEC)_{n/2}$ 膜	金属位点接触	对大肠杆菌的灭活率大于 90%	[233]
BioMOF 1	有机配体接触	对金黄色葡萄球菌的抑制面积约为 $500mm^2$	[236]
IRMOF-3-FU	有机配体接触	对大肠杆菌的 MIC 为 100mg/mL	[237]
IRMOF-3-AC	有机配体接触	对大肠杆菌的 MIC 为 125mg/mL	[237]
IRMOF-3-DL	有机配体接触	对大肠杆菌的 MIC 为 110mg/mL	[237]
IRMOF-3-SU	有机配体接触	对大肠杆菌的 MIC 为 150mg/mL	[237]
UiO-67-bpydc-Ag	有机配体接触	对大肠杆菌的 MIC 为 50μg/mL	[238]
CP/CNF/ZIF-67	释放金属离子、有机配体接触	对大肠杆菌的抑制直径约为 12mm	[239]
Rifampicin@ZIF-8	释放抗生素	对金黄色葡萄球菌的 MIC 为 1mg/mL	[240]
RFP&*o*-NBA@ZIF-8	释放抗生素	对金黄色葡萄球菌的 MIC 为 60～67μg/mL	[241]
MOF-53(Fe)@vancomycin	释放抗生素	对金黄色葡萄球菌的灭活率为 90%	[242]
AgNPs@HKUST-1@CFs	释放 Cu^{2+}、银纳米粒子接触抗菌	对金黄色葡萄球菌的生长抑制率达到 99.41%	[243]
$Ag/Ag_3PO_4@IRMOF\text{-}1$	光催化生成 ROS	对大肠杆菌和金黄色葡萄球菌的 MBC 值分别为 100ppm 和 400ppm	[244]
CuS@HKUST-1	光催化生成 ROS	对金黄色葡萄球菌和大肠杆菌的灭活率分别达到 99.70%和 99.80%	[245]
ZIF-8	光催化生成 ROS	对大肠杆菌的灭活率大于 99.9999%	[246]
CAU-1-OH	光催化生成 ROS	对大肠杆菌的灭活率为 99.94%	[247]
Ag@MOF-5	光催化生成 ROS	对大肠杆菌的灭活率大于 91%	[248]
CuTz-1/GO	光催化生成 ROS	对大肠杆菌的灭活率达 100%	[249]

8.3.1　MOFs 的金属离子/活性位点作为抗菌剂

1. 金属离子作为抗菌剂

金属离子是历史最为悠久的抗菌剂之一。据报道，很多金属离子，如银离子（Ag^+）、汞离子（Hg^{2+}）、铅离子（Pb^{2+}）、钴离子（Co^{2+}）、镉离子（Cd^{2+}）、锌离子（Zn^{2+}）和锰离子（Mn^{2+}）等，可以通过改变细菌周围的离子性质、破坏离子通道、扰乱细菌内部的多项生命活动等方式影响细胞的代谢过程，以及通过对各种酶的作用的抑制等方式导致细菌的死亡[250-254]。然而，金属纳米粒子和金属氧化物等传统抗菌材料存在金属离子突释的现象，无法有效控制金属离子的释放，限制了其广泛应用[255]。而 MOFs 材料作为抗菌金属离子的存储体，具有较高的稳定性，可以实现金属离子的缓释[256-259]。因此，MOFs 材料可具备较长的抗菌有效期，且具有较低的细胞毒性。同时，MOFs 表面上均匀分布的金属位点可直接接触细菌膜，杀伤细菌[260]。

Ag 基 MOFs 在抗菌方面得到了广泛的关注。由于 Ag^+的高抗菌效率、高成本的特点，Ag 基 MOFs 的高效持续小剂量 Ag^+释放策略受到越来越多的研究[261-264]。以往的研究显示，具有弱 Ag—N 和 Ag—O 键的配位化合物通常比具有强 Ag—S 和 Ag—P 键的配位化合物具有更高的抗菌性，因此研究者偏向于采用含 Ag—N 和 Ag—O 键的配位化合物构建 MOFs 并用于抗菌[229, 265-267]。例如，Aguado 等[229]合成了 AgTAZ（TAZ = 1, 2, 4-三唑），一种含有 Ag—N 配位键的 Ag 基 MOFs。在实验中，AgTAZ 表现出相对稳定的 Ag^+释放率（每天释放样品中整体 Ag^+的 1.0%），并展现出明显的抗菌活性（在琼脂平板培养基上对酵母菌、恶臭假单胞菌和大肠杆菌的抑制直径约为 2mm），且具有极佳的耐久性，缓慢的金属释放使材料的抗菌效果在 3 个月后仍然存在。Bouhidel 等[267]使用 *N*-[(*E*)-(3-羟基)亚甲基]-4*H*-1, 2, 4-三唑-4-胺（L1）作为有机配体构建了具有 Ag—N 配位和良好的水稳定性的 Ag 基 MOFs{[Ag(L1)](NO_3)}，用于 4 种革兰氏阴性菌（大肠杆菌、鼠疫沙门氏菌、肺炎克雷伯菌和黏质沙雷菌）和 2 种革兰氏阳性菌（金黄色葡萄球菌、链球菌）菌株的灭活实验。结果表明，[Ag(L1)](NO_3)对上述 6 种细菌都具有良好的抗菌活性，其抗菌效果与硝酸银的效果相当，而游离配体只对黏质沙雷菌具有一定杀灭作用。

由 Ag^+和羧基构建的 MOFs 的水稳定性要比由 Ag—N 键构建的 MOFs 的水稳定性更差，因此其在水溶液中 Ag^+成分的释放速率更快。Lu 等[230]合成了两种新型的 Ag 羧酸盐 MOFs：Ag_2(O-IPA)(H_2O)(H_3O)和 Ag_5(PYDC)$_2$(OH)。它们都是由多核、非对称的 Ag 团簇与棒状有机配体连接而成的三维化合物，其中心的 Ag^+是由两个或三个 O 原子配合相连接。他们考察了上述两种 MOFs 对大肠杆菌和金黄色葡萄球菌的抗菌活性，并与商业 Ag 纳米粒子进行了比较，发现前者的抗菌活性明显比商业 Ag 纳米粒子更好。两种 MOFs 的最小抑菌浓度（MIC）分别在 5～15ppm 和 10～20ppm 之间，而 Ag 纳米粒子在浓度为 40ppm 时，几乎没有效果。在菌体琼脂平板培养实验中，同样发现两种含 Ag-MOFs 的抗菌性更高。进一步检测了不同材料的 Ag^+释放数量，证实了抗菌活性取决于溶液中 Ag^+数量的假设。5 天培养后，Ag 纳米粒子溶液中的 Ag^+浓度为 5.7～5.9ppm，Ag-MOFs 溶液中为 18.8～25.1ppm。在该研究中，通过透射电子显微镜（TEM）发现细菌细胞壁的破坏导致了细胞质的渗漏，并由此猜测 Ag-MOFs 抗菌的一个可能的机理是 Ag^+打破了离子平衡和破坏了离子通道，并打乱了细胞膜的完整性。

除了 Ag^+，Co^{2+}、Zn^{2+}和 Cu^{2+}基的 MOFs 也被广泛应用于抗菌的研究[211, 257, 268-271]。其中，Cu^{2+}是一种内源性的低毒性过渡金属阳离子，但它在大剂量时仍能显示出显著的抗菌作用。HKUST-1[也称为 MOFs-199 或 $Cu_3(BTC)_2$，H_3BTC = 1, 3, 5-苯三羧酸盐]是一种经典的铜基 MOFs，具有较弱的水稳定性。HKUST-1 中的 Cu—O 配位键很容易被水分子攻击，导致 Cu—O 键的断裂和结构的崩溃。Abbasi 等[231]发现 HKUST-1 能够通过释放 Cu^{2+}对大肠杆菌和金黄色葡萄球菌的生长有明显的抑制作用。在随后的一项研究中，Rodríguez 等[272]将 CuBTC 固定在纤维素纤维上，发现该织物表现出强烈的抗菌效果，能够完全抑制大肠杆菌在液体培养物和琼脂平板接触区的生长。此外，由于在材料的合成过程中 CuBTC 和纤维素纤维之间形成了强烈的共价键，CuBTC 晶体不会从阴离子纤维素纤维上脱落，因而 CuBTC-纤维素纤维能够被清洗和重复使用。该研究为制造抗菌临床织物开辟了一条新途径。

2. 金属活性位点作为抗菌剂

MOFs 中的金属活性位点也可以通过氧化、破坏细菌膜表面的成分等方式损毁细菌膜，进而杀死细菌[255]。这些金属活性位点均匀地分布在具有高比表面积的 MOFs 中，可以长期展现出抗菌活性。此外，由于这些 MOFs 在液相中一般具有较强的稳定性（不需要靠释放金属离子进行抗菌），因此对环境造成污染的潜在风险相对较小，如铜基 MOFs $[Cu_2(Glu)_2(\mu\text{-}L)]\cdot x(H_2O)$（Glu 为戊二酸，L 为 4, 4′-联吡啶）。$[Cu_2(Glu)_2(\mu\text{-}L)]\cdot x(H_2O)$在溶液中具有极高的稳定性，浸润在水中 48h 后，Cu^{2+}的浸出浓度不足 29μg/mL，这一浓度远远未达到 Cu^{2+}的有效杀菌浓度。然而，研究发现将$[Cu_2(Glu)_2(\mu\text{-}L)]\cdot x(H_2O)$与细菌混合后，可以高效杀死铜绿假单胞菌、肺炎菌、金黄色葡萄球菌、葡萄球菌和大肠杆菌等多种细菌[273, 274]。这是因为$[Cu_2(Glu)_2(\mu\text{-}L)]\cdot x(H_2O)$表面分布有大量开放性的铜离子活性位点，可以与细菌膜直接接触并氧化细菌膜表面的脂质，导致细菌膜破损，进而高效杀死细菌[273]。另外一个典型的例子是 Co-TDM，它可由硝酸钴和四[（3, 5-二羧基苯基）-氧甲基]通过简单的水热法合成，它的 SBU 具有高度晶体结构和独特的立方体几何结构，其中 Co(Ⅱ)在骨架内占据了特定的位置，在分子水平上提供了高活性位点[275]。Liu 等[232]使用最小杀菌浓度（MBC）实验对 Co-TDM 的抗菌效果进行了评估，发现 Co-TDM 能在较短的培养时间内（<60min）灭活大肠杆菌，且具有 100%的回收率和高持久性（>4 周）。该实验中，Co-TDM 的 MBC 确定为 10～15ppm，比银纳米粒子和银修饰的 TiO_2 纳米复合材料在同一时间段内的抗菌效果更优。他们认为 Co-TDM 表面钴的活性位点可以迅速催化脂质过氧化，导致细菌膜破裂，然后失活。

一般而言，MOFs 中的金属活性位点是通过脂质氧化破坏细菌膜的，但不同金属基 MOFs 的氧化机理又有所不同[268, 276, 277]。例如，Co-TDM 产生了一个酸性环境，作为一个均相的催化剂来促进膜脂质过氧化和细胞死亡[232, 278, 279]。而 $Ag_{2n}(BTEC)_{n/2}$（H_4BTEC = 1, 2, 4, 5-苯四甲酸）则通过 Ag(Ⅰ)活性位点破坏 Ca^{2+}/硫醇（SH）的动态平衡，进而刺激脂肪酸胶束和磷脂（磷脂酰乙醇胺）脂质体中的脂质过氧化[233]。Li 等[233]通过聚醚酰亚胺将 $Ag_{2n}(BTEC)_{n/2}$ 固定在硅片上，得到的 Si@PEI-$Ag_{2n}(BTEC)_{n/2}$ 薄膜可以在短短的时间内灭活 90%的大肠杆菌，或在 30min 内灭活约 99%的大肠杆菌。Si@PEI-$Ag_{2n}(BTEC)_{n/2}$ 薄膜具有极佳的稳定性，在大肠杆菌溶液中没有观察到释放的 Ag^+，此外，还展现出长期的抗菌效果（>8 个月），这比以往其他报道的 MOFs 基抗菌材料的抗菌效果都要好[233]。Si@PEI-$Ag_{2n}(BTEC)_{n/2}$ 薄膜对环境友好且抗菌效果不依赖 Ag^+的释放，为开发可实际应用的 MOFs 抗菌薄膜提供了参考。

8.3.2 MOFs 的有机配体作为抗菌剂

有机抗菌剂，包括醛类、酚类、酰基苯胺类、杂环类、酸类和盐类等，可以通过与细菌细胞的钙和镁阳离子之间的结合产生 ROS 使细胞 DNA 发生碎裂[228]。据报道，大多数有机抗菌剂，如 IMIs、苯并咪唑类和其他杂环类，都适合用于构建 MOFs[280-282]。这些有机抗菌小分子作为有机链段参与 MOFs 的形成，可以有效避免相互之间的团聚，从而大幅提高这些抗菌剂小分子在水体中的稳定性，进而提高它们的抗菌性能[211, 269, 283]。含有这些有机抗菌剂的 MOFs 在特定的环境下，可以通过稳定地释放这些配体来显示抗菌活性[256, 261, 262, 270]。

壬二酸被广泛用作抗菌剂，但它的溶解度很低，且稳定性较差，有效抗菌期限较短[284-286]。在最近的一项研究中，Teresa Duarte 等[236]通过一种简单、低成本和环境友好的机械化学方法，将壬二酸与内源性阳离子（即 K^+、Na^+和 Mg^{2+}）相结合，制备了五种基于壬二酸的新型金属生物分子骨架（BioMOFs）。所得的五种 MOFs 材料都表现出良好的稳定性和比壬二酸更高的溶解度，以及更长的抗菌时效。尤其是壬二酸与 K^+形成的 $K_2(H_2AZE)(AZE)$相对于壬二酸，对革兰氏阳性菌（金黄色葡萄球菌和表皮葡萄球菌）表现出更高的抗菌活性，且抗菌效果持续长达 14 天。Qian 等[239]通过 Williamson 反应，首先用纤维素纳米纤维（cellulose nanofiber，CNF）加固纤维素纸（cellulose paper，CP），然后在所得纤维素材料的表面原位生成 ZIF-67 纳米粒子，得到了具有良好机械和抗菌性能的可生物降解纸基复合材料（CP/CNF/ZIF-67）。该实验中，首先研究了 ZIF-67 纳米粒子的抗菌效果，发现 ZIF-67 的存在可以显著抑制大肠杆菌的增殖。即使当 ZIF-67 的浓度只有 10μg/mL 时，其抗菌率也达到了 80%，进一步增加 ZIF-67 浓度则逐渐提高抗菌活性。这是由于 ZIF-67 金属离子和甲基咪唑的浸出都可以导致细菌的死亡，其中钴离子可以改变细菌细胞的周围环境导致离子平衡被打破，甲基咪唑则能够与细菌细胞膜表面的阳离子（如 Ca^{2+}和 Mg^{2+}）结合，最终，在两者的共同作用下会使细胞膜破裂，细胞质流出，进而导致细菌死亡[229, 275]。得益于 ZIF-67 的抗菌作用，CP/CNF/ZIF-67 可以明显杀死大肠杆菌，尽管 CP/CNF 本身对大肠杆菌的生长没有任何抑制作用。同时发现，通过增加 CNF 的含量可以促进 ZIF-67 在 CP/CNF 的生长量，从而进一步提升复合材料的抗菌性能。

8.3.3 MOFs 作为抗菌物质载体

1. 装载抗菌药物

MOFs 也可作为载体，搭载抗菌性小分子药物，通过释放抗菌药物杀菌[260]。相对于其他载体材料，MOFs 具有生物相容性良好、比表面积大、结构稳定、可通过改变配体官能团来灵活调控结构内部特性等优点，因此吸引很多科研人员研究其在抗菌药物负载方面的独特应用[211, 269, 287-290]。

抗生素可通过抑制细菌细胞壁的合成、抑制细菌核酸合成、抑制或干扰细菌细胞蛋白质合成、使细菌细胞膜通透性改变等方式干扰细菌的生长甚至导致细菌的死亡[291-293]。然而，许多抗生素在实际应用中还存在缺点，如稳定性差、在水溶液中缺乏分散性及细胞膜渗透性低[294-298]。将抗生素封装入 MOFs 可以有效克服上述挑战。例如，Namazi 等[299]使用羧甲基纤维素/MOFs-5/氧化石墨烯作为四环素的载体，提高了抗生素在酸性条件下的稳定性，有望实现在胃部环境长期的抗菌治疗。ZIF-8 是一种由锌离子和 2-甲基咪唑（2-MIM）自组装形成的生物相容性好、稳定性高、毒性低的 MOFs 材料，已被广泛应用于气体吸附和药物缓释等领域。Sava Gallis 等[300]采用一锅法成功制备了 Ceftazidime@ZIF-8，并且实现了头孢他啶（ceftazidime）的胞内递送。当 Ceftazidime@ZIF-8 颗粒被细胞内吞后，在酸性环境中 ZIF-8 会迅速裂解，并释放出头孢他啶对细胞内细菌进行高效杀灭。

张旭[301]以 ZIF-8 作为结构基础，采用一锅法进行四环素（Tet）的原位封装，合成了负载 Tet 的 ZIF-8 纳米载药系统（Tet@ZIF-8）。由于 Tet 和 ZIF-8 之间的协同作用，相比于单独的 ZIF-8 和 Tet，Tet@ZIF-8 的抗菌效果有显著的提升。同时，Tet@ZIF-8 可以有效地抑制细菌生物膜的形成并破坏已建立的生物膜。此外，Tet@ZIF-8 能够使 Tet 抗生素在特定区域选择性地、可控制地释放，实现高效的抗菌性能。一方面，Tet@ZIF-8 的 ZIF-8 骨架结构赋予其 pH 响应性（ZIF-8 颗粒在酸性条件下不稳定）的分解释放，因此 Tet@ZIF-8 可以在细菌感染细胞的特定酸性条件下分解释放出 Tet 药物。另一方面，Tet@ZIF-8 分解释放出的 Zn^{2+}和 Tet 可以发挥协同抗菌作用。Zn^{2+}可以在细菌内产生自由基，影响细菌内部的各项生命活动，加速细菌的死亡。此外，进一步采用 HA 对 Tet@ZIF-8 进行特异性修饰使其能够作用于顽固的胞内菌。释放曲线证实，HA-Tet@ZIF-8 具有 pH 响应性释放的特点，且 Tet 可通过可控释放和靶向给药系统，在胞内菌感染的部位发挥抗菌效果。荧光定位图像表明，HA-Tet@ZIF-8 可通过 HA 介导的途径通过生物细胞膜“屏障”，靶向杀死胞内菌。在一项类似的研究中，Chowdhuri 等[302]同样使用 ZIF-8 将抗生素-万古霉素（vancomycin，VAN）进行包覆，并采用靶向分子——叶酸（folic acid，FA）对其进行表面修饰，制备出靶向性杀菌剂 ZIF-8@FA@VAN。在该体系中，叶酸可以协助 ZIF-8@FA@VAN 颗粒靶向到细菌，方便细菌通过内吞的方式将 ZIF-8@FA@VAN 颗粒摄入胞内。由于 ZIF-8 在菌内的酸性环境中易发生裂解，因此当 ZIF-8@FA@VAN 颗粒进入菌体后，会迅速释放出万古霉素和 Zn^{2+}，对金黄色葡萄球菌进行高效的杀伤。

2. 装载抗菌纳米粒子

金属（如 Ag、Au 等）和金属氧化物（如 ZnO、CeO_2、MgO 和 CaO 等）的纳米粒子由于独特化学结构和尺寸，可以与细菌细胞膜发生反应通过氧化作用导致细菌失活，因此可以作为抗菌药物的替代物[303-306]。此外，金属和金属氧化物的纳米粒子具有高比表面积、良好的热和化学稳定性、可调整的尺寸和形态等优点，在抗菌方面具有广阔的应用前景[307-310]。然而，金属和金属氧化物的纳米粒子在溶液中易团聚且具有潜在生物毒性，限制了它们作为抗菌剂的应用[311-313]。MOFs 作为一种多孔框型材料，可以用于原位合成超细和高度分散的金属/金属氧化物纳米粒子。已有研究显示，将金属/金属氧化物纳米粒子封装在 MOFs 中是克服上述缺点的可行策略[211]。作为多孔载体的杰出代表，MOFs 不仅可以装载金属/金属氧化物纳米粒子以控制其大小和分散，而且可以避免过多的纳米粒子释放，还可以作为一种协同抗菌剂增强其抗菌效果[303, 314, 315]。此外，金属/金属氧化物@MOFs 复合材料已被证明可以提高金属/金属氧化物纳米粒子的稳定性和生物相容性而不降低抗菌活性[212, 276]。

银纳米粒子（AgNPs）具有有效的广谱性抗菌作用[316-318]。但小尺寸银纳米粒子在溶液中稳定性差，容易团聚，这些因素在一定程度上限制了银在实际应用中的抗菌效果[319-321]。为了克服上述缺点，傅倢儒[322]采用简单高效的液相合成法制备一种以银纳米线为核，ZIF-8 为壳的核壳材料（Ag@ZIF-8），有效地解决材料团聚作用和稳定性差的问题，从而增强银的抗菌效果。表征结果显示，Ag@ZIF-8 拥有超大比表面积和独特形貌，以及优异热稳定性。此外，还发现 Ag@ZIF-8 异质结构的 ZIF-8 壳层的厚度随加入银纳米线用量而改变，当银纳米线用量为 12mL 时，ZIF-8 壳层厚度仅有 30nm，当银纳米线用量减少为 9mL 时，ZIF-8 壳层厚度上升到 50nm，当银纳米线用量进一步减少到 1.5mL 时，ZIF-8 壳层厚度达到 140nm，说明可以通过改变加入银纳米线的用量来改变 ZIF-8 壳层的厚度，即实现 ZIF-8 壳层厚度的可控性。抗菌实验证明了 Ag@ZIF-8 纳米复合材料对阳性菌枯草芽孢杆菌和阴性菌大肠杆菌都具有显著的抗菌效果。相较于银纳米线及 ZIF-8，Ag@ZIF-8 纳米复合材料显示出超强的抗菌能力。在样品浓度分别为 200μg/mL 和 300μg/mL 时，Ag@ZIF-8 对枯草芽孢杆菌和大肠杆菌能达到完全抑制的效果。在样品浓度为 200μg/mL 时，银纳米线和 ZIF-8 单独对枯草芽孢杆菌的抑制率仅分别为 49.3%和 85.2%。可见，Ag@ZIF-8 纳米复合材料中的两种成分起到了协同促进作用[317, 323]。

Duan 等[243]使用羧甲基化纤维素纤维（CFs）作为固定 AgNPs@HKUST-1 复合材料的载体来提高 AgNPs@HKUST-1 复合材料抗菌性能。HKUST-1 首先通过原位合成法固定在 CFs 表面。形成的 HKUST-1@CFs 被浸入 $AgNO_3$ 乙醇/水（体积比为 5∶1）溶液，搅拌 4h 后通过 800W 微波照射将 HKUST-1@CFs 基板中的银离子还原成 AgNPs@HKUST-1@CFs[324]。结果表明，CFs 上羧基与 HKUST-1 中铜离子间的络合作用，使金属有机骨架（HKUST-1）均匀固定在纤维表面，微波还原作用使 AgNPs 被固定下来，并很好地分散到 HKUST-1 的孔隙和/或表面上。抗菌实验表明，AgNPs@HKUST-1@CFs 复合材料明显改善了 AgNPs 稳定性和分散性，表现出卓越抗菌活性。AgNPs@HKUST-1@CFs 样品对金黄色葡萄球菌的生长抑制率达到 99.41%，相比之下，AgNPs@CFs 和 HKUST-1@CFs 样品对金黄色葡萄球菌生长抑制率分别只有 12.94%和 64.12%。显著增强的抗菌活性主要归功于：①均匀分散的 AgNPs 打乱了细菌细胞膜结构、降低了细胞膜酶活性并抑制 DNA 复制[325]；②HKUST-1 中 Cu^{2+} 释放可能导致细胞裂解并使破裂的细胞聚集[326]。

8.3.4 MOFs 光催化抗菌

有些 MOFs 在光照下可以产生热量和自由基并高效杀菌[211, 214, 269, 327-332]，例如，在光照条件下 ZIF-8 结构中的有机链段——咪唑酯在光的激发作用下产生光生电子，光生电子在产生后可以转移到 ZIF-8 结构中的锌离子，进而生成光激发电子和空穴，并进一步产生能杀死细菌的 ROS[274]。有些 MOFs 自身不具备光响应能力，但是可以作为优良的光敏剂载体，能有效增强光敏剂的稳定性和分散性并提高光敏剂光生电子和空穴的分离效率，从而提高光敏剂的抗菌效果。例如，Naimi Joubani 等[244]通过使用液相还原和水热法将 Ag 和 Ag_3PO_4 NPs 引入 IRMOF-1，开发了 Ag/Ag_3PO_4@MOFs。Ag/Ag_3PO_4@IRMOF-1 在实验中展现出高效的抗菌效果，对大肠杆菌和金黄色葡萄球菌的 MBC 分别为 100μg/mL 和 400μg/mL，明显低于 Ag/Ag_3PO_4（对两种菌的 MBC 均为 1000μg/mL）和 IRMOF-1（对两种菌的 MBC 均为 800μg/mL）。这是由于 Ag/Ag_3PO_4@IRMOF-1 可通过多种途径进行抗菌：一方面，它在溶液中可以缓慢释放 Ag^+和 Zn^{2+}进行杀菌；另一方面，它在可见光照射下能源源不断地产生 ROS 产生抗菌效果。相对于 Ag/Ag_3PO_4，Ag/Ag_3PO_4@IRMOF-1 复合材料拥有更大的比表面积，因此可以提供更多的活性位点和接触面积。此外，在该体系中 IRMOF-1 还能提高 Ag/Ag_3PO_4 光催化产生 ROS 的效率。Ag_3PO_4 是一种被广泛研究的光催化剂，在可见光照射下，能被激发产生光生电子-空穴对，光生电子从价带传到导带而空穴则留在价带上，随后 Ag_3PO_4 导带上的电子流动到 Ag 的费米级，之后它们被转移到 IRMOF-1 的有机配体（H_2BDC）的 HOMO，显著提升电子和空穴的分离效率[333-335]。此外，Ag 纳米粒子还能够通过表面等离子体共振效应产生高能电子，这些电子可以直接注入 IRMOF-1 配体中，之后这些光产生的电子可以与氧气（O_2）反应产生 ROS，发挥抗菌作用[336]。

此外，还可以通过对不具备光响应能力的 MOFs 进行修饰，使其具备光动力和光热性能[257, 264, 337]。例如，Yu 等[245]通过一个简单的原位硫化过程对 HKUST-1 进行硫化，可以将 HKUST-1 结构中的一部分 Cu^{2+}硫化为 CuS，原位生成 CuS NPs，得到了嵌入 CuS NPs 的铜基金属有机骨架（CuS@HKUST-1）。HKUST-1 结构中的低毒性有机配体 1, 3, 5-苯三甲酸（H_3BTC）与 Cu^{2+}配位，可以作为可控载体，对 CuS NPs 施加一定的约束，因此材料展现出较强的稳定性。CuS@HKUST-1 中的 CuS NPs 使该复合材料在近红外光照射下具有突出的光催化和光热性能。在近红外（NIR）光照射下，20min 内 CuS@HKUST-1 对金黄色葡萄球菌和大肠杆菌的杀菌率分别达到 99.70%和 99.80%。而 HKUST-1 在相同条件下对金黄色葡萄球菌和大肠杆菌的抑制作用非常小。由于 HKUST-1 没有明显的光响应能力，该部分的抗菌作用主要源自 HKUST-1 释放出的 Cu^{2+}的抗菌作用。通过其他金属元素将 MOFs 中的部分金属位点进行替换，也被证实是一种可行的提高 MOFs 光催化性能的手段。例如，Chen 等[338]通过简单的阳离子交换方法将 Zr 基 MOFs(PCN-224)中的部分 Zr 替换为 Ti，得到双金属 MOFs 材料[PCN-224(Zr/Ti)]。Ti 替换掺杂后，PCN-224 中的有机链段 TCPP 在光照下产生的光生电子会通过 Zr—O 键从 TCPP

向 Zr-Ti 金属团簇移动，有效延长了光生电子和空穴的存在时间，因而大幅提升 PCN-224 的光催化性能。在光照条件下，PCN-224(Zr/Ti)可以产生大量的 ROS，对包括 2 种革兰氏阳性菌（金黄色葡萄球菌和表皮葡萄球菌）和 2 种革兰氏阴性菌（大肠杆菌和鲍曼不动杆菌），以及它们相应的耐药性菌株表现出优异的杀伤性能。

通过对材料结构的精确设计，还可以引入具有光响应性能的纳米粒子与 MOFs 形成异质结构，从而提高 MOFs 的光催化性能[339-343]。例如，为了改善 ZIF-8 的光催化抗菌性能，Malik 等[344]在室温下将不同数量的 CdS NPs（150μL、300μL 和 500μL）原位封装在 ZIF-8 中，合成了一系列具有抗菌功能的新型 CdS@ZIF-8 核壳结构（分别表示为 NC-1、NC-2 和 NC-3）。XPS 和 HRTEM 表明，CdS NPs（平均尺寸为 16.34nm）被包裹在 ZIF-8 晶体内，而没有干扰 ZIF-8 的晶体秩序。在光照条件下，CdS@ZIF-8 显示出作为一种抗菌剂的潜力，对金黄色葡萄球菌和大肠杆菌的杀灭能力明显高于单纯的 CdS 或者 ZIF-8。CdS 是一种优秀的半导体材料（带宽为 2.42eV），具有许多突出的物理和化学特性，在光催化领域得到了广泛的关注[345-347]。然而，CdS 的光生电子-空穴对的高重组率而导致的光能转换效率较低，此外，CdS NPs 在溶液中易团聚且在光催化过程中发生光腐蚀，严重限制了 CdS NPs 的大规模应用[348-351]。将 CdS NPs 封装进 ZIF-8 结构中不仅可以有效避免 CdS NPs 的自团聚，还能通过转移 CdS 的光生电子的方式抑制光生电子-空穴对的复合和减少 CdS 的光腐蚀；另外，CdS 能够弥补 ZIF-8 光吸收性能较弱的缺陷，因此两者呈现协同促进的效果[349, 352-354]。

8.4　小结与展望

MOFs 具有高孔隙率、超高比表面积和独特的化学稳定性，并且可以被赋予一些可调整的功能。因此，与其他用于生物领域的固体纳米材料不同，MOFs 具有更高的稳定性、更好的生物相容性、更高的药物装载能力、优良的肿瘤靶向性和功能多样性等优点，在肿瘤治疗、生物医学成像及抗菌领域得到了广泛关注。此外，MOFs 还可以通过引入功能性分子或纳米粒子来赋予其其他功能，以实现增强肿瘤治疗、生物医学成像和抗菌性能的作用。近年来，MOFs 化学的快速发展进一步推动了对其在健康领域的应用。然而，仍有许多理论和技术问题需要解决，以实现其在健康领域的应用。

MOFs 基纳米材料在肿瘤治疗、生物医学成像及抗菌的体外实验中通常表现出较好的效果和稳定性，然而在体内应用时，这些材料在复杂生理环境中的结构稳定性和胶体稳定性仍然存在不确定性。例如，MOFs 纳米粒子即便没有经过表面修饰仍然可以通过粒子间的静电排斥力在溶液环境中保持分散状态，然而，体内更复杂的生理环境及较高的离子强度很可能会屏蔽 MOFs 基纳米材料粒子间的排斥力而导致材料聚集[10]。此外，部分 MOFs 基纳米材料在生理环境中的结构稳定性还有待提高，生理环境中的碳酸根、磷酸根等常见离子都会加速 MOFs 基纳米材料的分解。不仅如此，MOFs 复杂的表面结构和丰富的表面活性位点容易吸附生理环境中存在的各类生物分子，进而改变 MOFs 基纳米材料在生命体体内的代谢行为，从而使 MOFs 基纳米材料过早地通过各种代谢途径被清除[50]。为了解决上述问题，将来的研究中一方面可以通过发展新型、高效的表面修饰技术对材料进行表面修饰，调控 MOFs 基纳米材料在生理环境中的稳定性及其他生物学性能；另一方面可以改变 MOFs 材料的有机配体或金属离子/团簇，设计生理环境中更稳定的 MOFs 材料。

目前，在大部分肿瘤治疗、医学成像及抗菌的应用中，MOFs 基纳米材料的制备都局限在实验室的小规模范围。在将来的研究中，应当考虑在保证这些 MOFs 基纳米材料的肿瘤治疗、医学成像及抗菌性能的前提下，如何扩大材料的产量以满足实际大规模应用的需求。所报道的大多数 MOFs 合成方法仍然依赖于复杂的溶剂热反应，这些反应通常使用有毒和致畸的有机试剂，且需要在高压和高温的条件下进行，因此大大限制了 MOFs 基纳米材料的工业规模生产和商业可行性。考虑到成本、毒性、安全和环境影响等因素，MOFs 基纳米材料的制备应遵从“绿色化学合成”的原则，尽量选取无毒的金属源和生物相容的有机配体，并减少 MOFs 材料合成过程中的能量投入，以及使用水代替有毒和昂贵的有机溶剂[50]。在工业应用的大规模合成方面，应该研究采用一些新的合成方法，如微波技术、离子热法、机械化学法、水基室温合成法等，来制造 MOFs 材料。与此同时，一些 MOFs 基纳米材料制备方法还需要进一步研究和改进。例如，对于肿瘤诊断和治疗，进入生物体血液的成像探针、药物及药物载体的尺寸一般需要小于 200nm 才具有较高的肿瘤组织富集效率。然而，目前仍然有相当一部分种类的 MOFs 材料还没有成熟的纳米级材料制备技术。此外，现有的 MOFs 合成技术也难以实现对 MOFs 材料形貌和尺寸的精确调控。

由于其高孔隙率和超高比表面积，MOFs 作为肿瘤治疗药物、生物医学成像的造影剂、抗菌剂等的载体可以将抗肿瘤药物、造影剂等功能物质运送到特定组织中，以实现癌症治疗、生物医学成像和抗菌作用。然而，部分由特定药物和 MOFs 组成的纳米复合材料比药物和载体都要大，从而减少在免疫和排泄作用下的积累和清除时间，导致较低肿瘤治疗/医学成像/抗菌效果[112]。因此，在将来研究中，应更多关注和研究将一些大功能分子（如蛋白质或酶）有效地装载到 MOFs 的孔穴中，形成特殊的核壳结构，既可以保留原始 MOFs 的尺寸和表面特性，又能体现载体颗粒的肿瘤治疗/医学成像/抗菌等功能。此外，可以通过螯合其他金属离子等方式来调控 MOFs 的结构，以形成大的骨架，实现更多的大功能分子的负载。

目前，对 MOFs 基纳米材料在肿瘤治疗、医学成像及抗菌领域的研究集中在材料的制备和表征及其肿瘤治疗、医学成像和抗菌效果上，对其在应用体系中（尤其是生物环境中）的稳定性、生物相容性、生物可降解性及长期毒性等研究还不够深入。虽然已报道的大多数 MOFs 基纳米材料在短期内没有呈现出明显动物毒性或细胞毒性，但其在生物体内代谢途径并不明确，其配体有机小分子的代谢产物对生物体是否有毒，其金属离子是否会对生物体造成累积性毒性等并未深入评估[12]。因此，MOFs 基纳米材料的长期生物安全性仍需要进一步研究和评估。此外，还需要进一步探索 MOFs 基纳米材料在生物环境中的长期毒性及作用机理，通过机理研究研制可长期作用于生物环境的肿瘤治疗/医学成像/抗菌效果好、生物相容性好的复合型 MOFs 基纳米材料。到目前为止，纳米材料生物安全性仍是限制其临床应用的主要障碍之一。因此，出于临床目的，有必要开发可生物降解的 MOFs 基纳米材料，在运输过程中保持完整，并在发挥功能后被排出体外，以避免长期的器官积聚，减少长期毒性的可能性。

此外，MOFs 基纳米材料在肿瘤治疗、医学成像及抗菌领域中应用的一些其他问题还需要在未来的研究中进一步讨论和完善。例如，最近的一些研究显示通过将细胞特异性的靶向配体装饰在 MOFs 基纳米材料的表面能够实现肿瘤靶向性，使材料在低剂量的情况下也能发挥强大的治疗作用，从而降低了全身毒性。在未来的研究中，要充分考虑 MOFs 基纳米材料在复杂的生理条件和独特的病理条件下的应用，研究血液循环等对材料靶向功能的影响。MOFs 基纳米材料已经证明可以在荧光成像、光声成像、磁共振成像和计算机断层成像等生物医学成像领域具有较好的应用前景，然而其成像效率仍需要进一步提高。例如，为了减少生物组织发出的背景信号（可能会产生虚假信号，显著降低成像灵敏度）的干扰，可以选择合适的金属离子、功能有机配体或造影剂构建更加灵敏高效的成像材料[160]。一些 MOFs 基抗菌纳米材料在一些特定的条件刺激下可以按需释放抗菌金属离子或抗菌药物产生抗菌效果，然而还存在一定的局限性。例如，光刺激只对浅层组织有效，对于某些刺激（如水蒸气刺激），可能需要大量的材料剂量。因此，在未来的研究中可以开发多刺激响应的 MOFs 基抗菌系统，以克服这些限制，并提高其应用的广泛性。

参 考 文 献

[1] 曾锦跃，王小双，张先正，等. 功能化金属-有机框架材料在肿瘤治疗中的研究进展[J]. 化学学报，2019，77（11）：1156-1163.

[2] Schuster S J，Bishop M R，Tam C S，et al. Tisagenlecleucel in adult relapsed or refractory diffuse large B-cell lymphoma[J]. New England Journal of Medicine，2019，380（1）：45-56.

[3] Samstein R M，Lee C H，Shoushtari A N，et al. Tumor mutational load predicts survival after immunotherapy across multiple cancer types[J]. Nature Genetics，2019，51（2）：202-206.

[4] Yang Y，Zeng Z T，Almatrafi E，et al. Core-shell structured nanoparticles for photodynamic therapy-based cancer

treatment and related imaging[J]. Coordination Chemistry Reviews，2022，458：214427.

[5] Paz-Ares L，Dvorkin M，Chen Y B，et al. Durvalumab plus platinum-etoposide versus platinum-etoposide in first-line treatment of extensive-stage small-cell lung cancer（CASPIAN）：a randomised，controlled，open-label，phase 3 trial[J]. The Lancet，2019，394（10212）：1929-1939.

[6] Palma D A，Olson R，Harrow S，et al. Stereotactic ablative radiotherapy versus standard of care palliative treatment in patients with oligometastatic cancers（SABR-COMET）：a randomised，phase 2，open-label trial[J]. The Lancet，2019，393（10185）：2051-2058.

[7] Mok T S K，Wu Y L，Kudaba I，et al. Pembrolizumab versus chemotherapy for previously untreated，PD-L1-expressing，locally advanced or metastatic non-small-cell lung cancer（KEYNOTE-042）：a randomised，open-label，controlled，phase 3 trial[J]. The Lancet，2019，393（10183）：1819-1830.

[8] Al-Batran S E，Homann N，Pauligk C，et al. Perioperative chemotherapy with fluorouracil plus leucovorin，oxaliplatin，and docetaxel versus fluorouracil or capecitabine plus cisplatin and epirubicin for locally advanced，resectable gastric or gastro-oesophageal junction adenocarcinoma（FLOT4）：a randomised，phase 2/3 trial[J]. The Lancet，2019，393（10184）：1948-1957.

[9] Rabiee N，Yaraki M T，Garakani S M，et al. Recent advances in porphyrin-based nanocomposites for effective targeted imaging and therapy[J]. Biomaterials，2020，232：119707.

[10] Zhou J R，Tian G，Zeng L J，et al. Nanoscaled metal-organic frameworks for biosensing，imaging，and cancer therapy[J]. Advanced Healthcare Materials，2018，7（10）：1800022.

[11] Lu K D，He C B，Guo N N，et al. Chlorin-based nanoscale metal-organic framework systemically rejects colorectal cancers via synergistic photodynamic therapy and checkpoint blockade immunotherapy[J]. Journal of the American Chemical Society，2016，138（38）：12502-12510.

[12] 贾见果. 基于稀土金属-有机框架的纳米反应器设计，组装及应用[D]. 兰州：兰州大学，2018.

[13] 周乐乐. 基于卟啉衍生物的纳米金属-有机框架在生物医学中的应用研究[D]. 济南：山东师范大学，2018.

[14] Lu K D，He C B，Lin W B. A chlorin-based nanoscale metal-organic framework for photodynamic therapy of colon cancers[J]. Journal of the American Chemical Society，2015，137（24）：7600-7603.

[15] Zhang L，Lei J P，Ma F J，et al. A porphyrin photosensitized metal-organic framework for cancer cell apoptosis and caspase responsive theranostics[J]. Chemical Communications，2015，51（54）：10831-10834.

[16] Ranji-Burachaloo H，Karimi F，Xie K，et al. MOF-mediated destruction of cancer using the cell's own hydrogen peroxide[J]. ACS Applied Materials & Interfaces，2017，9（39）：33599-33608.

[17] Sun L，Xu Y R，Gao Y，et al. Synergistic amplification of oxidative stress-mediated antitumor activity via liposomal dichloroacetic acid and MOF-Fe^{2+}[J]. Small，2019，15（24）：1901156.

[18] Gao S T，Jin Y，Ge K，et al. Self-supply of O_2 and H_2O_2 by a nanocatalytic medicine to enhance combined chemo/chemodynamic therapy[J]. Advanced Science，2019，6（24）：1902137.

[19] Tsuru H，Shibaguchi H，Kuroki M，et al. Tumor growth inhibition by sonodynamic therapy using a novel sonosensitizer[J]. Free Radical Biology and Medicine，2012，53（3）：464-472.

[20] Dong Z L，Feng L Z，Hao Y，et al. Synthesis of $CaCO_3$-based nanomedicine for enhanced sonodynamic therapy via amplification of tumor oxidative stress[J]. Chem，2020，6（6）：1391-1407.

[21] Noorian S A，Hemmatinejad N，Navarro J A R. Bioactive molecule encapsulation on metal-organic framework via simple mechanochemical method for controlled topical drug delivery systems[J]. Microporous and Mesoporous Materials，2020，302：110199.

[22] Chen G S，Luo J Y，Cai M R，et al. Investigation of metal-organic framework-5（MOF-5）as an antitumor drug

oridonin sustained release carrier[J]. Molecules，2019，24（18）：3369.

[23] Allison R R，Sibata C H. Oncologic photodynamic therapy photosensitizers：a clinical review[J]. Photodiagnosis and Photodynamic Therapy，2010，7（2）：61-75.

[24] Lo P C，Rodríguez-Morgade M S，Pandey R K，et al. The unique features and promises of phthalocyanines as advanced photosensitisers for photodynamic therapy of cancer[J]. Chemical Society Reviews，2020，49（4）：1041-1056.

[25] Liu Y Y，Meng X F，Bu W B. Upconversion-based photodynamic cancer therapy[J]. Coordination Chemistry Reviews，2019，379：82-98.

[26] Imberti C，Zhang P Y，Huang H Y，et al. New designs for phototherapeutic transition metal complexes[J]. Angewandte Chemie International Edition，2020，59（1）：61-73.

[27] Li X S，Kwon N，Guo T，et al. Innovative strategies for hypoxic-tumor photodynamic therapy[J]. Angewandte Chemie International Edition，2018，57（36）：11522-11531.

[28] Hu F，Xu S D，Liu B. Photosensitizers with aggregation-induced emission：materials and biomedical applications[J]. Advanced Materials，2018，30（45）：1801350.

[29] Chen R，Zhang J F，Chelora J，et al. Ruthenium(Ⅱ)complex incorporated UiO-67 metal-organic framework nanoparticles for enhanced two-photon fluorescence imaging and photodynamic cancer therapy[J]. ACS Applied Materials & Interfaces，2017，9（7）：5699-5708.

[30] Fang L Q，Hu Q，Jiang K，et al. An inner light integrated metal-organic framework photodynamic therapy system for effective elimination of deep-seated tumor cells[J]. Journal of Solid State Chemistry，2019，276：205-209.

[31] Yang N，Song H J，Wan X Y，et al. A metal(Co)-organic framework-based chemiluminescence system for selective detection of L-cysteine[J]. Analyst，2015，140（8）：2656-2663.

[32] Lu K D，He C B，Lin W B. Nanoscale metal-organic framework for highly effective photodynamic therapy of resistant head and neck cancer[J]. Journal of the American Chemical Society，2014，136（48）：16712-16715.

[33] Liu J J，Yang Y，Zhu W W，et al. Nanoscale metal organic frameworks for combined photodynamic & radiation therapy in cancer treatment[J]. Biomaterials，2016，97：1-9.

[34] Park J，Jiang Q，Feng D W，et al. Size-controlled synthesis of porphyrinic metal-organic framework and functionalization for targeted photodynamic therapy[J]. Journal of the American Chemical Society，2016，138（10）：3518-3525.

[35] Park J，Jiang Q，Feng D W，et al. Controlled generation of singlet oxygen in living cells with tunable ratios of the photochromic switch in metal-organic frameworks[J]. Angewandte Chemie International Edition，2016，128（25）：7304-7309.

[36] Liu Y J，Bhattarai P，Dai Z F，et al. Photothermal therapy and photoacoustic imaging via nanotheranostics in fighting cancer[J]. Chemical Society Reviews，2019，48（7）：2053-2108.

[37] Yang J L，Wang H，Liu J Y，et al. Recent advances in nanosized metal organic frameworks for drug delivery and tumor therapy[J]. RSC Advances，2021，11（6）：3241-3263.

[38] Wang Z，Sun Q Q，Liu B，et al. Recent advances in porphyrin-based MOFs for cancer therapy and diagnosis therapy[J]. Coordination Chemistry Reviews，2021，439：213945.

[39] Ren X Y，Han Y X，Xu Y Q，et al. Diversified strategies based on nanoscale metal-organic frameworks for cancer therapy：the leap from monofunctional to versatile[J]. Coordination Chemistry Reviews，2021，431：213676.

[40] Huang X，Sun X，Wang W L，et al. Nanoscale metal-organic frameworks for tumor phototherapy[J]. Journal of Materials Chemistry B，2021，9（18）：3756-3777.

[41] Chen J J，Zhu Y F，Kaskel S. Porphyrin-based metal-organic frameworks for biomedical applications[J]. Angewandte Chemie International Edition，2021，60（10）：5010-5035.

[42] Yang J，Yang Y W. Metal-organic frameworks for biomedical applications[J]. Small，2020，16（10）：1906846.

[43] Ding C D，Tong L，Feng J，et al. Recent advances in stimuli-responsive release function drug delivery systems for tumor treatment[J]. Molecules，2016，21（12）：1715.

[44] Wu M X，Yang Y W. Metal-organic framework（MOF）-based drug/cargo delivery and cancer therapy[J]. Advanced Materials，2017，29（23）：1606134.

[45] Liu J T，Huang J，Zhang L，et al. Multifunctional metal-organic framework heterostructures for enhanced cancer therapy[J]. Chemical Society Reviews，2021，50（2）：1188-1218.

[46] Cai W，Gao H Y，Chu C C，et al. Engineering phototheranostic nanoscale metal-organic frameworks for multimodal imaging-guided cancer therapy[J]. ACS Applied Materials & Interfaces，2017，9（3）：2040-2051.

[47] 李璟，彭倩，王丽姣，等. pH 和近红外光双响应的包裹二硫化钼纳米片和阿霉素的金属-有机框架 ZIF-8 用于肿瘤化学/光热协同治疗[J]. 激光生物学报，2019，28（5）：421-430.

[48] Liu Y L，Ai K L，Liu J H，et al. Dopamine-melanin colloidal nanospheres：an efficient near-infrared photothermal therapeutic agent for *in vivo* cancer therapy[J]. Advanced Materials，2013，25（9）：1353-1359.

[49] Chen Y，Wang L Z，Shi J L. Two-dimensional non-carbonaceous materials-enabled efficient photothermal cancer therapy[J]. Nano Today，2016，11（3）：292-308.

[50] 汪冬冬. 金属有机框架杂化纳米材料在纳米医学中的应用研究[D]. 合肥：中国科学技术大学，2018.

[51] 陈小妍，刘艳颜，步文博. 化学动力学疗法：芬顿化学与生物医学的融合[J]. 中国科学（化学），2020，50（2）：159-172.

[52] Zhang L，Wan S S，Li C X，et al. An adenosine triphosphate-responsive autocatalytic fenton nanoparticle for tumor ablation with self-supplied H_2O_2 and acceleration of Fe(Ⅲ)/Fe(Ⅱ) conversion[J]. Nano Letters，2018，18（12）：7609-7618.

[53] Liu Y，Zhen W Y，Wang Y H，et al. One-dimensional Fe_2P acts as a fenton agent in response to NIR Ⅱ light and ultrasound for deep tumor synergetic theranostics[J]. Angewandte Chemie International Edition，2019，58（8）：2407-2412.

[54] Liu Y，Zhen W Y，Jin L H，et al. All-in-one theranostic nanoagent with enhanced reactive oxygen species generation and modulating tumor microenvironment ability for effective tumor eradication[J]. ACS Nano，2018，12（5）：4886-4893.

[55] Liu C H，Wang D D，Zhang S Y，et al. Biodegradable biomimic copper/manganese silicate nanospheres for chemodynamic/ photodynamic synergistic therapy with simultaneous glutathione depletion and hypoxia relief[J]. ACS Nano，2019，13（4）：4267-4277.

[56] Lin L S，Song J B，Song L，et al. Simultaneous Fenton-like ion delivery and glutathione depletion by MnO_2-based nanoagent to enhance chemodynamic therapy[J]. Angewandte Chemie International Edition，2018，57（18）：4902-4906.

[57] Zhao H X，Li T T，Yao C，et al. Dual roles of metal-organic frameworks as nanocarriers for miRNA delivery and adjuvants for chemodynamic therapy[J]. ACS Applied Materials & Interfaces，2021，13（5）：6034-6042.

[58] Wu H S，Chen F H，Gu D H，et al. A pH-activated autocatalytic nanoreactor for self-boosting Fenton-like chemodynamic therapy[J]. Nanoscale，2020，12（33）：17319-17331.

[59] Cheng M，Liu Y，Huang D L，et al. Prussian blue analogue derived magnetic Cu-Fe oxide as a recyclable photo-Fenton catalyst for the efficient removal of sulfamethazine at near neutral pH values[J]. Chemical

Engineering Journal，2019，362：865-876.

[60] Liu J Y，Li X N，Liu B，et al. Shape-controlled synthesis of metal-organic frameworks with adjustable Fenton-like catalytic activity[J]. ACS Applied Materials & Interfaces，2018，10（44）：38051-38056.

[61] Du X D，Wang S，Ye F，et al. Derivatives of metal-organic frameworks for heterogeneous Fenton-like processes：from preparation to performance and mechanisms in wastewater purification：a mini review[J]. Environmental Research，2022，206：112414.

[62] Wen J F，Liu X，Liu L N，et al. Bimetal cobalt-iron based organic frameworks with coordinated sites as synergistic catalyst for Fenton catalysis study and antibacterial efficiency[J]. Colloids and Surfaces A：Physicochemical and Engineering Aspects，2021，610：125683.

[63] Wu Q S，Yang H P，Kang L，et al. Fe-based metal-organic frameworks as Fenton-like catalysts for highly efficient degradation of tetracycline hydrochloride over a wide pH range：acceleration of Fe(Ⅱ)/Fe(Ⅲ) cycle under visible light irradiation[J]. Applied Catalysis B：Environmental，2020，263：118282.

[64] Wu Q S，Siddique M S，Yu W Z. Iron-nickel bimetallic metal-organic frameworks as bifunctional Fenton-like catalysts for enhanced adsorption and degradation of organic contaminants under visible light：kinetics and mechanistic studies[J]. Journal of Hazardous Materials，2021，401：123261.

[65] Li X Y，Pi Y H，Wu L Q，et al. Facilitation of the visible light-induced Fenton-like excitation of H_2O_2 via heterojunction of *g*-C_3N_4/NH_2-iron terephthalate metal-organic framework for MB degradation[J]. Applied Catalysis B：Environmental，2017，202：653-663.

[66] Gao S T，Han Y，Fan M，et al. Metal-organic framework-based nanocatalytic medicine for chemodynamic therapy[J]. Science China Materials，2020，63（12）：2429-2434.

[67] Zhong Y Y，Li X S，Chen J H，et al. Recent advances in MOF-based nanoplatforms generating reactive species for chemodynamic therapy[J]. Dalton Transactions，2020，49（32）：11045-11058.

[68] Ni K Y，Aung T，Li S Y，et al. Nanoscale metal-organic framework mediates radical therapy to enhance cancer immunotherapy[J]. Chem，2019，5（7）：1892-1913.

[69] Cheng M，Lai C，Liu Y，et al. Metal-organic frameworks for highly efficient heterogeneous Fenton-like catalysis[J]. Coordination Chemistry Reviews，2018，368：80-92.

[70] Cheng M，Zeng G M，Huang D L，et al. Degradation of atrazine by a novel Fenton-like process and assessment the influence on the treated soil[J]. Journal of Hazardous Materials，2016，312：184-191.

[71] Wang X W，Zhong X Y，Liu Z，et al. Recent progress of chemodynamic therapy-induced combination cancer therapy[J]. Nano Today，2020，35：100946.

[72] Lin H，Chen Y，Shi J L. Nanoparticle-triggered *in situ* catalytic chemical reactions for tumour-specific therapy[J]. Chemical Society Reviews，2018，47（6）：1938-1958.

[73] Yin S Y，Song G S，Yang Y，et al. Persistent regulation of tumor microenvironment via circulating catalysis of $MnFe_2O_4$@metal-organic frameworks for enhanced photodynamic therapy[J]. Advanced Functional Materials，2019，29（25）：1901417.

[74] Tang Z M，Zhao P R，Wang H，et al. Biomedicine meets Fenton chemistry[J]. Chemical Reviews，2021，121（4）：1981-2019.

[75] Ding B B，Zheng P，Ma P A，et al. Manganese oxide nanomaterials：synthesis，properties，and theranostic applications[J]. Advanced Materials，2020，32（10）：1905823.

[76] Tian H L，Zhang M Z，Jin G X，et al. Cu-MOF chemodynamic nanoplatform via modulating glutathione and H_2O_2 in tumor microenvironment for amplified cancer therapy[J]. Journal of Colloid and Interface Science，2021，

587：358-366.

[77] Sang Y J，Cao F F，Li W，et al. Bioinspired construction of a nanozyme-based H_2O_2 homeostasis disruptor for intensive chemodynamic therapy[J]. Journal of the American Chemical Society，2020，142（11）：5177-5183.

[78] Fang C，Deng Z，Cao G D，et al. Co-ferrocene MOF/glucose oxidase as cascade nanozyme for effective tumor therapy[J]. Advanced Functional Materials，2020，30（16）：1910085.

[79] Gao S T，Fan M，Li Z H，et al. Smart calcium peroxide with self-sufficience for biomedicine[J]. Science China Life Sciences，2020，63（1）：152-156.

[80] Zhang K，Meng X D，Yang Z，et al. Enhanced cancer therapy by hypoxia-responsive copper metal-organic frameworks nanosystem[J]. Biomaterials，2020，258：120278.

[81] Pan X T，Wang W W，Huang Z J，et al. MOF-derived double-layer hollow nanoparticles with oxygen generation ability for multimodal imaging-guided sonodynamic therapy[J]. Angewandte Chemie International Edition，2020，59（32）：13557-13561.

[82] Yumita N，Nishigaki R，Umemura K，et al. Hematoporphyrin as a sensitizer of cell-damaging effect of ultrasound[J]. Japanese Journal of Cancer Research，1989，80（3）：219-222.

[83] Yumita N，Nishigaki R，Umemura K，et al. Synergistic effect of ultrasound and hematoporphyrin on sarcoma 180[J]. Japanese Journal of Cancer Research，1990，81（3）：304-308.

[84] Tang J，Guha C，Tomé W A. Biological effects induced by non-thermal ultrasound and implications for cancer therapy：a review of the current literature[J]. Technology in Cancer Research & Treatment，2015，14（2）：221-235.

[85] Pan X T，Bai L X，Wang H，et al. Metal-organic-framework-derived carbon nanostructure augmented sonodynamic cancer therapy[J]. Advanced Materials，2018，30（23）：1800180.

[86] Liang S，Xiao X，Bai L X，et al. Conferring Ti-based MOFs with defects for enhanced sonodynamic cancer therapy[J]. Advanced Materials，2021，33（18）：2100333.

[87] Geng P，Yu N，Liu X H，et al. Sub 5nm Gd^{3+}-hemoporfin framework nanodots for augmented sonodynamic theranostics and fast renal clearance[J]. Advanced Healthcare Materials，2021，10（18）：2100703.

[88] Cheng L，Xiao-Quan Y，An J，et al. Red blood cell membrane-enveloped O_2 self-supplementing biomimetic nanoparticles for tumor imaging-guided enhanced sonodynamic therapy[J]. Theranostics，2020，10（2）：867-879.

[89] Huang P，Qian X Q，Chen Y，et al. Metalloporphyrin-encapsulated biodegradable nanosystems for highly efficient magnetic resonance imaging-guided sonodynamic cancer therapy[J]. Journal of the American Chemical Society，2017，139（3）：1275-1284.

[90] Atmaca G Y，Aksel M，Keskin B，et al. The photo-physicochemical properties and *in vitro* sonophotodynamic therapy activity of di-axially substituted silicon phthalocyanines on PC3 prostate cancer cell line[J]. Dyes and Pigments，2021，184：108760.

[91] Yue W W，Chen L，Yu L D，et al. Checkpoint blockade and nanosonosensitizer-augmented noninvasive sonodynamic therapy combination reduces tumour growth and metastases in mice[J]. Nature Communications，2019，10（1）：1-15.

[92] Wood A K W，Sehgal C M. A review of low-intensity ultrasound for cancer therapy[J]. Ultrasound in Medicine & Biology，2015，41（4）：905-928.

[93] 徐昊. 锰/铁血卟啉单甲醚金属有机框架的构筑及其在声动力诊疗肿瘤中的应用[D]. 上海：东华大学，2020.

[94] Yu Y，Tan L，Li Z Y，et al. Single-atom catalysis for efficient sonodynamic therapy of methicillin-resistant *Staphylococcus aureus*-infected osteomyelitis[J]. ACS Nano，2021，15（6）：10628-10639.

[95] Xu H，Yu N，Zhang J L，et al. Biocompatible Fe-hematoporphyrin coordination nanoplatforms with efficient

sonodynamic-chemo effects on deep-seated tumors[J]. Biomaterials，2020，257：120239.

[96] Orrenius S，Zhivotovsky B，Nicotera P. Regulation of cell death：the calcium-apoptosis link[J]. Nature Reviews Molecular Cell Biology，2003，4（7）：552-565.

[97] Tseng Y C，Yang A，Huang L. How does the cell overcome LCP nanoparticle-induced calcium toxicity? [J]. Molecular Pharmaceutics，2013，10（11）：4391-4395.

[98] Simon-Yarza T，Mielcarek A，Couvreur P，et al. Nanoparticles of metal-organic frameworks：on the road to *in vivo* efficacy in biomedicine[J]. Advanced Materials，2018，30（37）：1707365.

[99] Kievit F M，Zhang M Q. Cancer nanotheranostics：improving imaging and therapy by targeted delivery across biological barriers[J]. Advanced Materials，2011，23（36）：H217-H247.

[100] Allen T M，Cullis P R. Drug delivery systems：entering the mainstream[J]. Science，2004，303（5665）：1818-1822.

[101] Pandey A，Dhas N，Deshmukh P，et al. Heterogeneous surface architectured metal-organic frameworks for cancer therapy，imaging，and biosensing：a state-of-the-art review[J]. Coordination Chemistry Reviews，2020，409：213212.

[102] Lu K D，Aung T，Guo N N，et al. Nanoscale metal-organic frameworks for therapeutic，imaging，and sensing applications[J]. Advanced Materials，2018，30（37）：1707634.

[103] Liu M，Liu B，Liu Q Q，et al. Nanomaterial-induced ferroptosis for cancer specific therapy[J]. Coordination Chemistry Reviews，2019，382：160-180.

[104] Férey G，Mellot-Draznieks C，Serre C，et al. A chromium terephthalate-based solid with unusually large pore volumes and surface area[J]. Science，2005，309（5743）：2040-2042.

[105] Song S J，Shen H，Wang Y L，et al. Biomedical application of graphene：from drug delivery，tumor therapy，to theranostics[J]. Colloids and Surfaces B：Biointerfaces，2020，185：110596.

[106] Shen S H，Wu Y S，Liu Y C，et al. High drug-loading nanomedicines：progress，current status，and prospects[J]. International Journal of Nanomedicine，2017，12：4085-4109.

[107] Guo H B，Yi S，Feng K，et al. *In situ* formation of metal organic framework onto gold nanorods/mesoporous silica with functional integration for targeted theranostics[J]. Chemical Engineering Journal，2021，403：126432.

[108] Xing K，Fan R Q，Wang F Y，et al. Dual-stimulus-triggered programmable drug release and luminescent ratiometric pH sensing from chemically stable biocompatible zinc metal organic framework[J]. ACS Applied Materials & Interfaces，2018，10（26）：22746-22756.

[109] Noorian S A，Hemmatinejad N，Navarro J A R. BioMOF@cellulose fabric composites for bioactive molecule delivery[J]. Journal of Inorganic Biochemistry，2019，201：110818.

[110] Lan G X，Ni K Y，Lin W B. Nanoscale metal-organic frameworks for phototherapy of cancer[J]. Coordination Chemistry Reviews，2019，379：65-81.

[111] Cai W，Wang J Q，Chu C C，et al. Metal-organic framework-based stimuli-responsive systems for drug delivery[J]. Advanced Science，2019，6（1）：1801526.

[112] 李翾，郑戴波，丛杨，等. 金属有机框架复合材料的合成及其在肿瘤诊疗领域中的应用[J]. 化学研究与应用，2020，32（5）：707-716.

[113] Lázaro I A，Forgan R S. Application of zirconium MOFs in drug delivery and biomedicine[J]. Coordination Chemistry Reviews，2019，380：230-259.

[114] Yan Z Q，Meng X T，Su R R，et al. Basophilic method for lanthanide MOFs with a drug ligand：crystal structure and luminescence[J]. Inorganica Chimica Acta，2015，432：41-45.

[115] Shin T H，Choi Y，Kim S，et al. Recent advances in magnetic nanoparticle-based multi-modal imaging[J].

Chemical Society Reviews，2015，44（14）：4501-4516.

[116] Lee D E，Koo H，Sun I C，et al. Multifunctional nanoparticles for multimodal imaging and theragnosis[J]. Chemical Society Reviews，2012，41（7）：2656-2672.

[117] 王超，贾潇丹，姜秀娥. 纳米材料在生物成像引导的光动力治疗中的应用[J]. 分析化学，2021，49（7）：1142-1153.

[118] Della Rocca J，Liu D，Lin W. Nanoscale metal-organic frameworks for biomedical imaging and drug delivery[J]. Accounts of Chemical Research，2011，44（10）：957-968.

[119] Vivero-Escoto J L，Huxford-Phillips R C，Lin W. Silica-based nanoprobes for biomedical imaging and theranostic applications[J]. Chemical Society Reviews，2012，41（7）：2673-2685.

[120] Cheng L，Wang X W，Gong F，et al. 2D nanomaterials for cancer theranostic applications[J]. Advanced Materials，2020，32（13）：1902333.

[121] Keskin S，Kizilel S. Biomedical applications of metal organic frameworks[J]. Industrial & Engineering Chemistry Research，2011，50（4）：1799-1812.

[122] Cai W，Chu C C，Liu G，et al. Metal-organic framework-based nanomedicine platforms for drug delivery and molecular imaging[J]. Small，2015，11（37）：4806-4822.

[123] Das M C，Xiang S C，Zhang Z J，et al. Functional mixed metal-organic frameworks with metalloligands[J]. Angewandte Chemie International Edition，2011，50（45）：10510-10520.

[124] Montet X，Weissleder R，Josephson L. Imaging pancreatic cancer with a peptide nanoparticle conjugate targeted to normal pancreas[J]. Bioconjugate Chemistry，2006，17（4）：905-911.

[125] Wang J L，Du X J，Yang J X，et al. The effect of surface poly(ethylene glycol) length on *in vivo* drug delivery behaviors of polymeric nanoparticles[J]. Biomaterials，2018，182：104-113.

[126] Foucault-Collet A，Gogick K A，White K A，et al. Lanthanide near infrared imaging in living cells with Yb^{3+} nano metal organic frameworks[J]. Proceedings of the National Academy of Sciences，2013，110（43）：17199-17204.

[127] Wang W Q，Wang L，Li Z S，et al. BODIPY-containing nanoscale metal-organic frameworks for photodynamic therapy[J]. Chemical Communications，2016，52（31）：5402-5405.

[128] Haddad S，Abánades Lázaro I，Fantham M，et al. Design of a functionalized metal-organic framework system for enhanced targeted delivery to mitochondria[J]. Journal of the American Chemical Society，2020，142（14）：6661-6674.

[129] Li Y A，Zhao X D，Yin H P，et al. A drug-loaded nanoscale metal-organic framework with a tumor targeting agent for highly effective hepatoma therapy[J]. Chemical Communications，2016，52（98）：14113-14116.

[130] Deng J J，Wang K，Wang M，et al. Mitochondria targeted nanoscale zeolitic imidazole framework-90 for ATP imaging in live cells[J]. Journal of the American Chemical Society，2017，139（16）：5877-5882.

[131] Zhang Y，Wang L，Liu L，et al. Engineering metal-organic frameworks for photoacoustic imaging-guided chemo-/photothermal combinational tumor therapy[J]. ACS Applied Materials & Interfaces，2018，10（48）：41035-41045.

[132] Zhang D，Xu H，Zhang X L，et al. Self-quenched metal-organic particles as dual-mode therapeutic agents for photoacoustic imaging-guided second near-infrared window photochemotherapy[J]. ACS Applied Materials & Interfaces，2018，10（30）：25203-25212.

[133] Kundu T，Mitra S，Diaz Diaz D，et al. Gadolinium(Ⅲ)-based porous luminescent metal-organic frameworks for bimodal imaging[J]. ChemPlusChem，2016，81（8）：728-732.

[134] Chen X J，Zhang M J，Li S N，et al. Facile synthesis of polypyrrole@metal-organic framework core-shell

nanocomposites for dual-mode imaging and synergistic chemo-photothermal therapy of cancer cells[J]. Journal of Materials Chemistry B，2017，5（9）：1772-1778.

[135] Rieter W J，Taylor K M L，An H Y，et al. Nanoscale metal-organic frameworks as potential multimodal contrast enhancing agents[J]. Journal of the American Chemical Society，2006，128（28）：9024-9025.

[136] Wang G D，Chen H M，Tang W，et al. Gd and Eu co-doped nanoscale metal-organic framework as a T1-T2 dual-modal contrast agent for magnetic resonance imaging[J]. Tomography，2016，2（3）：179-187.

[137] Taylor K M L，Rieter W J，Lin W B. Manganese-based nanoscale metal-organic frameworks for magnetic resonance imaging[J]. Journal of the American Chemical Society，2008，130（44）：14358-14359.

[138] Yang Y，Liu J J，Liang C，et al. Nanoscale metal-organic particles with rapid clearance for magnetic resonance imaging-guided photothermal therapy[J]. ACS Nano，2016，10（2）：2774-2781.

[139] Horcajada P，Chalati T，Serre C，et al. Porous metal-organic-framework nanoscale carriers as a potential platform for drug delivery and imaging[J]. Nature Materials，2010，9（2）：172-178.

[140] Yang K，Hu L L，Ma X X，et al. Multimodal imaging guided photothermal therapy using functionalized graphene nanosheets anchored with magnetic nanoparticles[J]. Advanced Materials，2012，24（14）：1868-1872.

[141] Zhao H X，Zou Q，Sun S K，et al. Theranostic metal-organic framework core-shell composites for magnetic resonance imaging and drug delivery[J]. Chemical Science，2016，7（8）：5294-5301.

[142] Dekrafft K E，Boyle W S，Burk L M，et al. Zr- and Hf-based nanoscale metal-organic frameworks as contrast agents for computed tomography[J]. Journal of Materials Chemistry，2012，22（35）：18139-18144.

[143] Wang C，Volotskova O，Lu K D，et al. Synergistic assembly of heavy metal clusters and luminescent organic bridging ligands in metal-organic frameworks for highly efficient X-ray scintillation[J]. Journal of the American Chemical Society，2014，136（17）：6171-6174.

[144] Zhang T，Wang L，Ma C，et al. Correction：BODIPY-containing nanoscale metal-organic frameworks as contrast agents for computed tomography[J]. Journal of Materials Chemistry B，2020，8（48）：11107-11108.

[145] Yang Y，Chao Y，Liu J J，et al. Core-shell and co-doped nanoscale metal-organic particles（NMOPs）obtained via post-synthesis cation exchange for multimodal imaging and synergistic thermo-radiotherapy[J]. NPG Asia Materials，2017，9（1）：e344.

[146] Zeng Y W，Xiao J L，Cong Y Y，et al. PEGylated nanoscale metal-organic frameworks for targeted cancer imaging and drug delivery[J]. Bioconjugate Chemistry，2021，32（10）： 2195-2204.

[147] Duan D B，Liu H，Xu M X，et al. Size-controlled synthesis of drug-loaded zeolitic imidazolate framework in aqueous solution and size effect on their cancer theranostics *in vivo*[J]. ACS Applied Materials & Interfaces，2018，10（49）：42165-42174.

[148] Liu J N，Bu W B，Shi J L. Chemical design and synthesis of functionalized probes for imaging and treating tumor hypoxia[J]. Chemical Reviews，2017，117（9）：6160-6224.

[149] Peng X J，Yang Z G，Wang J Y，et al. Fluorescence ratiometry and fluorescence lifetime imaging：using a single molecular sensor for dual mode imaging of cellular viscosity[J]. Journal of the American Chemical Society，2011，133（17）：6626-6635.

[150] Miao Q Q，Pu K Y. Organic semiconducting agents for deep-tissue molecular imaging：second near-infrared fluorescence，self-luminescence，and photoacoustics[J]. Advanced Materials，2018，30（49）：1801778.

[151] Kwon N，Kim D，Swamy K M K，et al. Metal-coordinated fluorescent and luminescent probes for reactive oxygen species（ROS）and reactive nitrogen species（RNS）[J]. Coordination Chemistry Reviews，2021，427：213581.

[152] Guo L F，Tian M G，Zhang Z Y，et al. Simultaneous two-color visualization of lipid droplets and endoplasmic

reticulum and their interplay by single fluorescent probes in lambda mode[J]. Journal of the American Chemical Society，2021，143（8）：3169-3179.

[153] Dsouza A V，Lin H Y，Henderson E R，et al. Review of fluorescence guided surgery systems：identification of key performance capabilities beyond indocyanine green imaging[J]. Journal of Biomedical Optics，2016，21（8）：080901.

[154] Huang X L，Song J B，Yung B C，et al. Ratiometric optical nanoprobes enable accurate molecular detection and imaging[J]. Chemical Society Reviews，2018，47（8）：2873-2920.

[155] Brites C D S，Balabhadra S，Carlos L D. Lanthanide-based thermometers：at the cutting-edge of luminescence thermometry[J]. Advanced Optical Materials，2019，7（5）：1801239.

[156] Duan F H，Hu M Y，Guo C P，et al. Chromium-based metal-organic framework embedded with cobalt phthalocyanine for the sensitively impedimetric cytosensing of colorectal cancer（CT26）cells and cell imaging[J]. Chemical Engineering Journal，2020，398：125452.

[157] Chu C C，Ren E，Zhang Y M，et al. Zinc(Ⅱ)-dipicolylamine coordination nanotheranostics：toward synergistic nanomedicine by combined photo/gene therapy[J]. Angewandte Chemie International Edition，2019，58（1）：269-272.

[158] Wang H S. Metal-organic frameworks for biosensing and bioimaging applications[J]. Coordination Chemistry Reviews，2017，349：139-155.

[159] 赵高正. 纳米金属有机框架结构的合成及其癌症诊疗应用[D]. 合肥：中国科学技术大学，2018.

[160] Duman F D，Forgan R S. Applications of nanoscale metal-organic frameworks as imaging agents in biology and medicine[J]. Journal of Materials Chemistry B，2021，9（16）：3423-3449.

[161] Zheng Y W，Liu M Y，Jiang L X. Progress of photoacoustic imaging combined with targeted photoacoustic contrast agents in tumor molecular imaging[J]. Frontiers in Chemistry，2022，10：1121672.

[162] Zhang K，Yu Z F，Meng X D，et al. A bacteriochlorin-based metal-organic framework nanosheet superoxide radical generator for photoacoustic imaging-guided highly efficient photodynamic therapy[J]. Advanced Science，2019，6（14）：1900530.

[163] Zhang K，Meng X D，Cao Y，et al. Metal-organic framework nanoshuttle for synergistic photodynamic and low-temperature photothermal therapy[J]. Advanced Functional Materials，2018，28（42）：1804634.

[164] Yang P，Tian Y，Men Y Z，et al. Metal-organic frameworks-derived carbon nanoparticles for photoacoustic imaging-guided photothermal/photodynamic combined therapy[J]. ACS Applied Materials & Interfaces，2018，10（49）：42039-42049.

[165] Sheng Z H，Hu D H，Zheng M B，et al. Smart human serum albumin-indocyanine green nanoparticles generated by programmed assembly for dual-modal imaging-guided cancer synergistic phototherapy[J]. ACS Nano，2014，8（12）：12310-12322.

[166] Cheng L，Liu J J，Gu X，et al. PEGylated WS_2 nanosheets as a multifunctional theranostic agent for *in vivo* dual-modal CT/photoacoustic imaging guided photothermal therapy[J]. Advanced Materials，2014，26（12）：1886-1893.

[167] Ou C J，Zhang Y W，Ge W，et al. A three-dimensional BODIPY-iron(Ⅲ)compound with improved H_2O_2-response for NIR-Ⅱ photoacoustic imaging guided chemodynamic/photothermal therapy[J]. Chemical Communications，2020，56（46）：6281-6284.

[168] Fan Z J，Liu H X，Xue Y H，et al. Reversing cold tumors to hot：an immunoadjuvant-functionalized metal-organic framework for multimodal imaging-guided synergistic photo-immunotherapy[J]. Bioactive Materials，2021，6（2）：

312-325.

[169] Cai W，Wang J Q，Liu H，et al. Gold nanorods@metal-organic framework core-shell nanostructure as contrast agent for photoacoustic imaging and its biocompatibility[J]. Journal of Alloys and Compounds，2018，748：193-198.

[170] Zhou J，Li M H，Hou Y H，et al. Engineering of a nanosized biocatalyst for combined tumor starvation and low-temperature photothermal therapy[J]. ACS Nano，2018，12（3）：2858-2872.

[171] Zhou Z J，Yang L J，Gao J H，et al. Structure-relaxivity relationships of magnetic nanoparticles for magnetic resonance imaging[J]. Advanced Materials，2019，31（8）：1804567.

[172] McKhann G M，Knopman D S，Chertkow H，et al. The diagnosis of dementia due to Alzheimer's disease：recommendations from the National Institute on Aging-Alzheimer's Association workgroups on diagnostic guidelines for Alzheimer's disease[J]. Alzheimer's & Dementia，2011，7（3）：263-269.

[173] Galiè N，Humbert M，Vachiery J L，et al. 2015 ESC/ERS guidelines for the diagnosis and treatment of pulmonary hypertension：the joint task force for the diagnosis and treatment of pulmonary hypertension of the European Society of Cardiology（ESC）and the European Respiratory Society（ERS）：endorsed by：Association for European Paediatric and Congenital Cardiology（AEPC），International Society for Heart and Lung Transplantation（ISHLT）[J]. European Heart Journal，2016，37（1）：67-119.

[174] Elliott P M，Anastasakis A，Borger M A，et al. 2014 ESC Guidelines on diagnosis and management of hypertrophic cardiomyopathy the task force for the diagnosis and management of hypertrophic cardiomyopathy of the European Society of Cardiology（ESC）[J]. European Heart Journal，2014，35（39）：2733-2779.

[175] Albert M S，de Kosky S T，Dickson D，et al. The diagnosis of mild cognitive impairment due to Alzheimer's disease：recommendations from the National Institute on Aging-Alzheimer's Association workgroups on diagnostic guidelines for Alzheimer's disease[J]. Alzheimer's & Dementia，2011，7（3）：270-279.

[176] Taylor K M L，Jin A，Lin W B. Surfactant-assisted synthesis of nanoscale gadolinium metal-organic frameworks for potential multimodal imaging[J]. Angewandte Chemie International Edition，2008，47（40）：7722-7725.

[177] Hatakeyama W，Sanchez T J，Rowe M D，et al. Synthesis of gadolinium nanoscale metal-organic framework with hydrotropes：manipulation of particle size and magnetic resonance imaging capability[J]. ACS Applied Materials & Interfaces，2011，3（5）：1502-1510.

[178] Carné-Sánchez A，Bonnet C S，Imaz I，et al. Relaxometry studies of a highly stable nanoscale metal-organic framework made of Cu(Ⅱ)，Gd(Ⅲ)，and the macrocyclic DOTP[J]. Journal of the American Chemical Society，2013，135（47）：17711-17714.

[179] Grobner T. Gadolinium：a specific trigger for the development of nephrogenic fibrosing dermopathy and nephrogenic systemic fibrosis？[J]. Nephrology Dialysis Transplantation，2006，21（4）：1104-1108.

[180] Liberman A，Mendez N，Trogler W C，et al. Synthesis and surface functionalization of silica nanoparticles for nanomedicine[J]. Surface Science Reports，2014，69（2-3）：132-158.

[181] He C B，Liu D M，Lin W B. Nanomedicine applications of hybrid nanomaterials built from metal-ligand coordination bonds：nanoscale metal-organic frameworks and nanoscale coordination polymers[J]. Chemical Reviews，2015，115（19）：11079-11108.

[182] Giliopoulos D，Zamboulis A，Giannakoudakis D，et al. Polymer/metal organic framework（MOF）nanocomposites for biomedical applications[J]. Molecules，2020，25（1）：185.

[183] Zhang Z，Sang W，Xie L S，et al. Metal-organic frameworks for multimodal bioimaging and synergistic cancer chemotherapy[J]. Coordination Chemistry Reviews，2019，399：213022.

[184] Pedersen F H，Jorgensen J S，Andersen M S. A Bayesian approach to CT reconstruction with uncertain geometry[J]. Applied Mathematics in Science and Engineering，2023，31（1）：2166041.

[185] Lancellotti P，Pibarot P，Chambers J，et al. Recommendations for the imaging assessment of prosthetic heart valves：a report from the European Association of Cardiovascular Imaging endorsed by the Chinese Society of Echocardiography，the Inter-American Society of Echocardiography，and the Brazilian Department of Cardiovascular Imaging[J]. European Heart Journal-Cardiovascular Imaging，2016，17（6）：589-590.

[186] Klein A L，Abbara S，Agler D A，et al. American Society of Echocardiography clinical recommendations for multimodality cardiovascular imaging of patients with pericardial disease：endorsed by the Society for Cardiovascular Magnetic Resonance and Society of Cardiovascular Computed Tomography[J]. Journal of the American Society of Echocardiography，2013，26（9）：965-1012.

[187] Zhu W J，Yang Y，Jin Q T，et al. Two-dimensional metal-organic-framework as a unique theranostic nano-platform for nuclear imaging and chemo-photodynamic cancer therapy[J]. Nano Research，2019，12（6）：1307-1312.

[188] Zhang H，Shang Y，Li Y H，et al. Smart metal-organic framework-based nanoplatforms for imaging-guided precise chemotherapy[J]. ACS Applied Materials & Interfaces，2018，11（2）：1886-1895.

[189] Liu D M，Lu K D，Poon C，et al. Metal-organic frameworks as sensory materials and imaging agents[J]. Inorganic Chemistry，2014，53（4）：1916-1924.

[190] Blanke P，Weir-McCall J R，Achenbach S，et al. Computed tomography imaging in the context of transcatheter aortic valve implantation（TAVI）/transcatheter aortic valve replacement（TAVR）an expert consensus document of the Society of Cardiovascular Computed Tomography[J]. JACC：Cardiovascular Imaging，2019，12（1）：1-24.

[191] Abbara S，Blanke P，Maroules C D，et al. SCCT guidelines for the performance and acquisition of coronary computed tomographic angiography：a report of the society of Cardiovascular Computed Tomography Guidelines Committee：endorsed by the North American Society for Cardiovascular Imaging（NASCI）[J]. Journal of Cardiovascular Computed Tomography，2016，10（6）：435-449.

[192] Shang W T，Zeng C T，Du Y，et al. Core-shell gold nanorod@metal-organic framework nanoprobes for multimodality diagnosis of glioma[J]. Advanced Materials，2017，29（3）：1604381.

[193] Li X L，Cai Z，Jiang L P，et al. Metal-ligand coordination nanomaterials for biomedical imaging[J]. Bioconjugate Chemistry，2019，31（2）：332-339.

[194] Dong M J，Wang X，Dong H F，et al. Applications of metal-organic frameworks in cancer theranostics[J]. Chemical Journal of Chinese Universities-Chinese，2022，43（12）：20220575.

[195] Gao J，Yu H M，Wu M，et al. AuNRs@MIL-101-based stimuli-responsive nanoplatform with supramolecular gates for image-guided chemo-photothermal therapy[J]. Materials Today Chemistry，2022，23：100716.

[196] Evans J D，Jethwa K R，Ost P，et al. Prostate cancer-specific PET radiotracers：a review on the clinical utility in recurrent disease[J]. Practical Radiation Oncology，2018，8（1）：28-39.

[197] Sohrabi H，Javanbakht S，Oroojalian F，et al. Nanoscale metal-organic frameworks：recent developments in synthesis，modifications and bioimaging applications[J]. Chemosphere，2021，281：130717.

[198] Liu Y，Gong C S，Dai Y L，et al. *In situ* polymerization on nanoscale metal-organic frameworks for enhanced physiological stability and stimulus-responsive intracellular drug delivery[J]. Biomaterials，2019，218：119365.

[199] Takx R A P，Blomberg B A，Aidi H E，et al. Diagnostic accuracy of stress myocardial perfusion imaging compared to invasive coronary angiography with fractional flow reserve meta-analysis[J]. Circulation：Cardiovascular Imaging，2015，8（1）：e002666.

[200] Deng X Y，Rong J，Wang L，et al. Chemistry for positron emission tomography：recent advances in ^{11}C-，^{18}F-，

^{13}N-，and ^{15}O-labeling reactions[J]. Angewandte Chemie International Edition，2019，58（9）：2580-2605.

[201] Guo J L，Ping Y，Ejima H，et al. Engineering multifunctional capsules through the assembly of metal-phenolic networks[J]. Angewandte Chemie International Edition，2014，53（22）：5546-5551.

[202] Chen D Q，Yang D Z，Dougherty C A，et al. *In vivo* targeting and positron emission tomography imaging of tumor with intrinsically radioactive metal-organic frameworks nanomaterials[J]. ACS Nano，2017，11（4）：4315-4327.

[203] Prencipe G，Tabakman S M，Welsher K，et al. PEG branched polymer for functionalization of nanomaterials with ultralong blood circulation[J]. Journal of the American Chemical Society，2009，131（13）：4783-4787.

[204] Morris W，Briley W E，Auyeung E，et al. Nucleic acid-metal organic framework(MOF)nanoparticle conjugates[J]. Journal of the American Chemical Society，2014，136（20）：7261-7264.

[205] Christian S，Pilch J，Akerman M E，et al. Nucleolin expressed at the cell surface is a marker of endothelial cells in angiogenic blood vessels[J]. The Journal of Cell Biology，2003，163（4）：871-878.

[206] Berger C M，Gaume X，Bouvet P. The roles of nucleolin subcellular localization in cancer[J]. Biochimie，2015，113：78-85.

[207] Wang W N，Zhang C Y，Zhang M F，et al. Precisely photothermal controlled releasing of antibacterial agent from Bi_2S_3 hollow microspheres triggered by NIR light for water sterilization[J]. Chemical Engineering Journal，2020，381：122630.

[208] Pan Y Q，Zhang Y，Yu M，et al. Newly synthesized homomultinuclear Co(Ⅱ) and Cu(Ⅱ) bissalamo-like complexes：structural characterizations，Hirshfeld analyses，fluorescence and antibacterial properties[J]. Applied Organometallic Chemistry，2020，34（3）：e5441.

[209] Chernousova S，Epple M. Silver as antibacterial agent：ion，nanoparticle，and metal[J]. Angewandte Chemie International Edition，2013，52（6）：1636-1653.

[210] Mao C Y，Xiang Y M，Liu X M，et al. Photo-inspired antibacterial activity and wound healing acceleration by hydrogel embedded with Ag/Ag@AgCl/ZnO nanostructures[J]. ACS Nano，2017，11（9）：9010-9021.

[211] Jabbar A，Rehman K，Jabri T，et al. Improving curcumin bactericidal potential against multi-drug resistant bacteria via its loading in polydopamine coated zinc-based metal-organic frameworks[J]. Drug Delivery，2023，30（1）：2159587.

[212] Liu X P，Yan Z Q，Zhang Y，et al. Two-dimensional metal-organic framework/enzyme hybrid nanocatalyst as a benign and self-activated cascade reagent for *in vivo* wound healing[J]. ACS Nano，2019，13（5）：5222-5230.

[213] Han W，Wu Z N，Li Y，et al. Graphene family nanomaterials（GFNs）—promising materials for antimicrobial coating and film：a review[J]. Chemical Engineering Journal，2019，358：1022-1037.

[214] Han D L，Han Y J，Li J，et al. Enhanced photocatalytic activity and photothermal effects of Cu-doped metal-organic frameworks for rapid treatment of bacteria-infected wounds[J]. Applied Catalysis B：Environmental，2020，261：118248.

[215] Kitaura R，Seki K，Akiyama G，et al. Porous coordination-polymer crystals with gated channels specific for supercritical gases[J]. Angewandte Chemie International Edition，2003，42（4）：428-431.

[216] Hailili R，Wang L，Qv J，et al. Planar Mn_4O cluster homochiral metal-organic framework for HPLC separation of pharmaceutically important(±)-ibuprofen racemate[J]. Inorganic Chemistry，2015，54（8）：3713-3715.

[217] Nasrabadi M，Ghasemzadeh M A，Monfared M R Z. The preparation and characterization of UiO-66 metal-organic frameworks for the delivery of the drug ciprofloxacin and an evaluation of their antibacterial activities[J]. New Journal of Chemistry，2019，43（40）：16033-16040.

[218] Zhang Y，Sun P P，Zhang L，et al. Silver-infused porphyrinic metal-organic framework：surface-adaptive，on-

demand nanoplatform for synergistic bacteria killing and wound disinfection[J]. Advanced Functional Materials, 2019, 29 (11): 1808594.

[219] Shi Y, Yang A F, Cao C S, et al. Applications of MOFs: recent advances in photocatalytic hydrogen production from water[J]. Coordination Chemistry Reviews, 2019, 390: 50-75.

[220] Liu S J, Zhang C, Sun Y D, et al. Design of metal-organic framework-based photocatalysts for hydrogen generation[J]. Coordination Chemistry Reviews, 2020, 413: 213266.

[221] Li D D, Kassymova M, Cai X C, et al. Photocatalytic CO_2 reduction over metal-organic framework-based materials[J]. Coordination Chemistry Reviews, 2020, 412: 213262.

[222] Tweedy B G. Plant extracts with metal ions as potential antimicrobial agents[J]. Phytopathology, 1964, 55: 910-914.

[223] Huxford R C, Della Rocca J, Lin W. Metal-organic frameworks as potential drug carriers[J]. Current Opinion in Chemical Biology, 2010, 14 (2): 262-268.

[224] Yang Q H, Xu Q, Jiang H L. Metal-organic frameworks meet metal nanoparticles: synergistic effect for enhanced catalysis[J]. Chemical Society Reviews, 2017, 46 (15): 4774-4808.

[225] Liang S, Wu X L, Xiong J, et al. Metal-organic frameworks as novel matrices for efficient enzyme immobilization: an update review[J]. Coordination Chemistry Reviews, 2020, 406: 213149.

[226] Wang K B, Yin Y X, Li C Y, et al. Facile synthesis of zinc(Ⅱ)-carboxylate coordination polymer particles and their luminescent, biocompatible and antibacterial properties[J]. CrystEngComm, 2011, 13 (20): 6231-6236.

[227] Ma D, Li P, Duan X Y, et al. A hydrolytically stable vanadium(Ⅳ)metal-organic framework with photocatalytic bacteriostatic activity for autonomous indoor humidity control[J]. Angewandte Chemie International Edition, 2020, 132 (10): 3933-3937.

[228] Li R, Chen T T, Pan X. Metal-organic-framework-based materials for antimicrobial applications[J]. ACS Nano, 2021, 15 (3): 3808-3848.

[229] Aguado S, Quirós J, Canivet J, et al. Antimicrobial activity of cobalt imidazolate metal-organic frameworks[J]. Chemosphere, 2014, 113: 188-192.

[230] Lu X Y, Ye J W, Zhang D K, et al. Silver carboxylate metal-organic frameworks with highly antibacterial activity and biocompatibility[J]. Journal of Inorganic Biochemistry, 2014, 138: 114-121.

[231] Abbasi A R, Akhbari K, Morsali A. Dense coating of surface mounted CuBTC metal-organic framework nanostructures on silk fibers, prepared by layer-by-layer method under ultrasound irradiation with antibacterial activity[J]. Ultrasonics Sonochemistry, 2012, 19 (4): 846-852.

[232] Zhuang W J, Yuan D Q, Li J R, et al. Highly potent bactericidal activity of porous metal-organic frameworks[J]. Advanced Healthcare Materials, 2012, 1 (2): 225-238.

[233] Li W J, Zhou S Y, Gao S Y, et al. Spatioselective fabrication of highly effective antibacterial layer by surface-anchored discrete metal organic frameworks[J]. Advanced Materials Interfaces, 2015, 2 (2): 1400405.

[234] Pu F, Liu X, Xu B L, et al. Miniaturization of metal-biomolecule frameworks based on stereoselective self-assembly and potential application in water treatment and as antibacterial agents[J]. Chemistry: A European Journal, 2012, 18 (14): 4322-4328.

[235] Abbasloo F, Khosravani S A, Ghaedi M, et al. Sonochemical-solvothermal synthesis of guanine embedded copper based metal-organic framework (MOF) and its effect on *oprD* gene expression in clinical and standard strains of *Pseudomonas aeruginosa*[J]. Ultrasonics Sonochemistry, 2018, 42: 237-243.

[236] Quaresma S, André V, Antunes A M M, et al. Novel antibacterial azelaic acid BioMOFs[J]. Crystal Growth &

Design，2019，20（1）：370-382.

[237] Abdelhameed R M，Darwesh O M，Rocha J，et al. IRMOF-3 biological activity enhancement by post-synthetic modification[J]. European Journal of Inorganic Chemistry，2019，2019（9）：1243-1249.

[238] Mortada B，Matar T A，Sakaya A，et al. Postmetalated zirconium metal organic frameworks as a highly potent bactericide[J]. Inorganic Chemistry，2017，56（8）：4739-4744.

[239] Qian L W，Lei D，Duan X，et al. Design and preparation of metal-organic framework papers with enhanced mechanical properties and good antibacterial capacity[J]. Carbohydrate Polymers，2018，192：44-51.

[240] Ahmed S A，Nur Hasan M，Bagchi D，et al. Nano-MOFs as targeted drug delivery agents to combat antibiotic-resistant bacterial infections[J]. Royal Society Open Science，2020，7（12）：200959.

[241] Song Z Y，Wu Y，Cao Q，et al. pH-responsive，light-triggered on-demand antibiotic release from functional metal-organic framework for bacterial infection combination therapy[J]. Advanced Functional Materials，2018，28（23）：1800011.

[242] Lin S，Liu X M，Tan L，et al. Porous iron-carboxylate metal-organic framework：a novel bioplatform with sustained antibacterial efficacy and nontoxicity[J]. ACS Applied Materials & Interfaces，2017，9（22）：19248-19257.

[243] Duan C，Meng J R，Wang X Q，et al. Synthesis of novel cellulose-based antibacterial composites of Ag nanoparticles@ metal-organic frameworks@carboxymethylated fibers[J]. Carbohydrate Polymers，2018，193：82-88.

[244] Naimi Joubani M，Zanjanchi M A，Sohrabnezhad S. A novel Ag/Ag_3PO_4-IRMOF-1 nanocomposite for antibacterial application in the dark and under visible light irradiation[J]. Applied Organometallic Chemistry，2020，34（5）：e5575.

[245] Yu P L，Han Y J，Han D L，et al. *In-situ* sulfuration of Cu-based metal-organic framework for rapid near-infrared light sterilization[J]. Journal of Hazardous Materials，2020，390：122126.

[246] Li P，Li J Z，Feng X，et al. Metal-organic frameworks with photocatalytic bactericidal activity for integrated air cleaning[J]. Nature Communications，2019，10（1）：1-10.

[247] Zhang J W，Li P，Zhang X N，et al. Aluminum metal-organic frameworks with photocatalytic antibacterial activity for autonomous indoor humidity control[J]. ACS Applied Materials & Interfaces，2020，12（41）：46057-46064.

[248] Thakare S R，Ramteke S M. Fast and regenerative photocatalyst material for the disinfection of *E. coli* from water：silver nano particle anchor on MOF-5[J]. Catalysis Communications，2017，102：21-25.

[249] Zhou S Y，Feng X Q，Zhu J Y，et al. Self-cleaning loose nanofiltration membranes enabled by photocatalytic Cu-triazolate MOFs for dye/salt separation[J]. Journal of Membrane Science，2021，623：119058.

[250] Vimbela G V，Ngo S M，Fraze C，et al. Antibacterial properties and toxicity from metallic nanomaterials[J]. International Journal of Nanomedicine，2017，12：3941-3965.

[251] Menazea A A，Ahmed M K. Nanosecond laser ablation assisted the enhancement of antibacterial activity of copper oxide nano particles embedded though polyethylene oxide/polyvinyl pyrrolidone blend matrix[J]. Radiation Physics and Chemistry，2020，174：108911.

[252] Cheng L，Li R Y，Liu G C，et al. Potential antibacterial mechanism of silver nanoparticles and the optimization of orthopedic implants by advanced modification technologies[J]. International Journal of Nanomedicine，2018，13：3311-3327.

[253] Qi K Z，Xing X H，Zada A，et al. Transition metal doped ZnO nanoparticles with enhanced photocatalytic and antibacterial performances：experimental and DFT studies[J]. Ceramics International，2020，46（2）：1494-1502.

[254] Papuc C，Goran G V，Predescu C N，et al. Plant polyphenols as antioxidant and antibacterial agents for shelf-life extension of meat and meat products：classification，structures，sources，and action mechanisms[J]. Comprehensive Reviews in Food Science and Food Safety，2017，16（6）：1243-1268.

[255] Fang G，Kang R N，Cai S W，et al. Insight into nanozymes for their environmental applications as antimicrobial and antifouling agents：progress，challenges and prospects[J]. Nano Today，2023，48：101755.

[256] Fu L Q，Chen X Y，Cai M H，et al. Surface engineered metal-organic frameworks（MOFs）based novel hybrid systems for effective wound healing：a review of recent developments[J]. Frontiers in Bioengineering and Biotechnology，2020，8：576348.

[257] Qi Y，Ren S S，Che Y，et al. Research progress of metal-organic frameworks based antibacterial materials[J]. Acta Chimica. Sinica，2020，78（7）：613-624.

[258] Ma W J，Ding Y C，Zhang M J，et al. Nature-inspired chemistry toward hierarchical superhydrophobic，antibacterial and biocompatible nanofibrous membranes for effective UV-shielding，self-cleaning and oil-water separation[J]. Journal of Hazardous Materials，2020，384：121476.

[259] Li Y，Zhang W，Niu J F，et al. Mechanism of photogenerated reactive oxygen species and correlation with the antibacterial properties of engineered metal-oxide nanoparticles[J]. ACS Nano，2012，6（6）：5164-5173.

[260] Hasan M N，Bera A，Maji T K，et al. Sensitization of nontoxic MOF for their potential drug delivery application against microbial infection[J]. Inorganica Chimica Acta，2021，523：120381.

[261] Zan J，Shuai Y，Zhang J，et al. Hyaluronic acid encapsulated silver metal organic framework for the construction of a slow-controlled bifunctional nanostructure：antibacterial and anti-inflammatory in intrauterine adhesion repair[J]. International Journal of Biological Macromolecules，2023，230：123361.

[262] Liu Y W，Zhou L Y，Dong Y，et al. Recent developments on MOF-based platforms for antibacterial therapy[J]. RSC Medicinal Chemistry，2021，12（6）：915-928.

[263] Liu J H，Wu D，Zhu N，et al. Antibacterial mechanisms and applications of metal-organic frameworks and their derived nanomaterials[J]. Trends in Food Science & Technology，2021，109：413-434.

[264] Ali A，Ovais M，Zhou H G，et al. Tailoring metal-organic frameworks-based nanozymes for bacterial theranostics[J]. Biomaterials，2021，275：120951.

[265] Nong W Q，Wu J，Ghiladi R A，et al. The structural appeal of metal-organic frameworks in antimicrobial applications[J]. Coordination Chemistry Reviews，2021，442：214007.

[266] Lu X Y，Ye J W，Sun Y，et al. Ligand effects on the structural dimensionality and antibacterial activities of silver-based coordination polymers[J]. Dalton Transactions，2014，43（26）：10104-10113.

[267] Bouhidel Z，Cherouana A，Durand P，et al. Synthesis，spectroscopic characterization，crystal structure，Hirshfeld surface analysis and antimicrobial activities of two triazole Schiff bases and their silver complexes[J]. Inorganica Chimica Acta，2018，482：34-47.

[268] Wan Y，Xu W Z，Ren X，et al. Microporous frameworks as promising platforms for antibacterial strategies against oral diseases[J]. Frontiers in Bioengineering and Biotechnology，2020，8：628.

[269] Shen M F，Forghani F，Kong X Q，et al. Antibacterial applications of metal-organic frameworks and their composites[J]. Comprehensive Reviews in Food Science and Food Safety，2020，19（4）：1397-1419.

[270] Maleki A，Shahbazi M A，Alinezhad V，et al. The progress and prospect of zeolitic imidazolate frameworks in cancer therapy，antibacterial activity，and biomineralization[J]. Advanced Healthcare Materials，2020，9（12）：2000248.

[271] Alavijeh R K，Beheshti S，Akhbari K，et al. Investigation of reasons for metal-organic framework's antibacterial

activities[J]. Polyhedron，2018，156：257-278.

[272] Rodríguez H S，Hinestroza J P，Ochoa-Puentes C，et al. Antibacterial activity against *Escherichia coli* of Cu-BTC（MOF-199）metal-organic framework immobilized onto cellulosic fibers[J]. Journal of Applied Polymer Science，2014，131（19）：40815.

[273] Jo J H，Kim H C，Huh S，et al. Antibacterial activities of Cu-MOFs containing glutarates and bipyridyl ligands[J]. Dalton Transactions，2019，48（23）：8084-8093.

[274] 韩冬琳. 基于金属有机框架的光控抗菌材料的制备及性能研究[D]. 天津：天津大学，2020.

[275] Wyszogrodzka G，Marszałek B，Gil B，et al. Metal-organic frameworks：mechanisms of antibacterial action and potential applications[J]. Drug Discovery Today，2016，21（6）：1009-1018.

[276] Wang D D，Jana D，Zhao Y L. Metal-organic framework derived nanozymes in biomedicine[J]. Accounts of Chemical Research，2020，53（7）：1389-1400.

[277] Qi M L，Li W，Zheng X F，et al. Cerium and its oxidant-based nanomaterials for antibacterial applications：a state-of-the-art review[J]. Frontiers in Materials，2020，7：213.

[278] Yang Y，Wang J，Xiu Z M，et al. Impacts of silver nanoparticles on cellular and transcriptional activity of nitrogen-cycling bacteria[J]. Environmental Toxicology and Chemistry，2013，32（7）：1488-1494.

[279] Valko M，Morris H，Cronin M T D. Metals，toxicity and oxidative stress[J]. Current Medicinal Chemistry，2005，12（10）：1161-1208.

[280] Xu Y T，Ye Z M，Ye J W，et al. Non-3D metal modulation of a cobalt imidazolate framework for excellent electrocatalytic oxygen evolution in neutral media[J]. Angewandte Chemie International Edition，2019，58（1）：139-143.

[281] Zhang W，Wang Y，Zheng H，et al. Embedding ultrafine metal oxide nanoparticles in monolayered metal-organic framework nanosheets enables efficient electrocatalytic oxygen evolution[J]. ACS Nano，2020，14（2）：1971-1981.

[282] Carne A，Carbonell C，Imaz I，et al. Nanoscale metal-organic materials[J]. Chemical Society Reviews，2011，40（1）：291-305.

[283] Rasheed T，Rizwan K，Bilal M，et al. Metal-organic framework-based engineered materials-fundamentals and applications[J]. Molecules，2020，25（7）：1598.

[284] Riedlmeier M，Ghirardo A，Wenig M，et al. Monoterpenes support systemic acquired resistance within and between plants[J]. The Plant Cell，2017，29（6）：1440-1459.

[285] Kawamura K，Bikkina S. A review of dicarboxylic acids and related compounds in atmospheric aerosols：molecular distributions，sources and transformation[J]. Atmospheric Research，2016，170：140-160.

[286] Atkinson N J，Lilley C J，Urwin P E. Identification of genes involved in the response of *Arabidopsis* to simultaneous biotic and abiotic stresses[J]. Plant Physiology，2013，162（4）：2028-2041.

[287] Zhou Z，Han M L，Fu H R，et al. Engineering design toward exploring the functional group substitution in 1D channels of Zn-organic frameworks upon nitro explosives and antibiotics detection[J]. Dalton Transactions，2018，47（15）：5359-5365.

[288] Zhao R，Ma T T，Zhao S，et al. Uniform and stable immobilization of metal-organic frameworks into chitosan matrix for enhanced tetracycline removal from water[J]. Chemical Engineering Journal，2020，382：122893.

[289] Wang B，Lv X L，Feng D W，et al. Highly stable Zr(Ⅳ)-based metal-organic frameworks for the detection and removal of antibiotics and organic explosives in water[J]. Journal of the American Chemical Society，2016，138（19）：6204-6216.

[290] Li S Q，Liu X D，Chai H X，et al. Recent advances in the construction and analytical applications of

metal-organic frameworks-based nanozymes[J]. TrAC Trends in Analytical Chemistry，2018，105：391-403.

[291] Singh R，Singh A P，Kumar S，et al. Antibiotic resistance in major rivers in the world：a systematic review on occurrence，emergence，and management strategies[J]. Journal of Cleaner Production，2019，234：1484-1505.

[292] Shapiro D J，Hicks L A，Pavia A T，et al. Antibiotic prescribing for adults in ambulatory care in the USA，2007-09[J]. Journal of Antimicrobial Chemotherapy，2014，69（1）：234-240.

[293] Sabri N A，Schmitt H，van der Zaan B，et al. Prevalence of antibiotics and antibiotic resistance genes in a wastewater effluent-receiving river in the Netherlands[J]. Journal of Environmental Chemical Engineering，2020，8（1）：102245.

[294] Liu X H，Lu S Y，Guo W，et al. Antibiotics in the aquatic environments：a review of lakes，China[J]. Science of the Total Environment，2018，627：1195-1208.

[295] Kumar M，Jaiswal S，Sodhi K K，et al. Antibiotics bioremediation：perspectives on its ecotoxicity and resistance[J]. Environment International，2019，124：448-461.

[296] Hersh A L，Shapiro D J，Pavia A T，et al. Antibiotic prescribing in ambulatory pediatrics in the United States[J]. Pediatrics，2011，128（6）：1053-1061.

[297] Fleming-Dutra K E，Hersh A L，Shapiro D J，et al. Prevalence of inappropriate antibiotic prescriptions among US ambulatory care visits，2010—2011[J]. JAMA-Journal of the American Medical Association，2016，315（17）：1864-1873.

[298] Ben Y J，Fu C X，Hu M，et al. Human health risk assessment of antibiotic resistance associated with antibiotic residues in the environment：a review[J]. Environmental Research，2019，169：483-493.

[299] Karimzadeh Z，Javanbakht S，Namazi H. Carboxymethylcellulose/MOF-5/graphene oxide bio-nanocomposite as antibacterial drug nanocarrier agent[J]. BioImpacts：BI，2019，9（1）：5-13.

[300] Sava Gallis D F，Butler K S，Agola J O，et al. Antibacterial countermeasures via metal-organic framework-supported sustained therapeutic release[J]. ACS Applied Materials & Interfaces，2019，11（8）：7782-7791.

[301] 张旭. 负载四环素的新型纳米抗菌剂的合成及其抗食源性致病菌生物膜的研究[D]. 西安：西北农林科技大学，2019.

[302] Chowdhuri A R，Das B，Kumar A，et al. One-pot synthesis of multifunctional nanoscale metal-organic frameworks as an effective antibacterial agent against multidrug-resistant *Staphylococcus aureus*[J]. Nanotechnology，2017，28（9）：095102.

[303] Yaqoob A A，Ahmad H，Parveen T，et al. Recent advances in metal decorated nanomaterials and their various biological applications：a review[J]. Frontiers in Chemistry，2020，8：341.

[304] Wang D L，Lin Z F，Wang T，et al. Where does the toxicity of metal oxide nanoparticles come from：the nanoparticles，the ions，or a combination of both？[J]. Journal of Hazardous Materials，2016，308：328-334.

[305] Stankic S，Suman S，Haque F，et al. Pure and multi metal oxide nanoparticles：synthesis，antibacterial and cytotoxic properties[J]. Journal of Nanobiotechnology，2016，14（1）：1-20.

[306] Baker T J，Tyler C R，Galloway T S. Impacts of metal and metal oxide nanoparticles on marine organisms[J]. Environmental Pollution，2014，186：257-271.

[307] Sánchez-López E，Gomes D，Esteruelas G，et al. Metal-based nanoparticles as antimicrobial agents：an overview[J]. Nanomaterials，2020，10（2）：292.

[308] Oun A A，Shankar S，Rhim J W. Multifunctional nanocellulose/metal and metal oxide nanoparticle hybrid nanomaterials[J]. Critical Reviews in Food Science and Nutrition，2020，60（3）：435-460.

[309] Makvandi P，Wang C Y，Zare E N，et al. Metal-based nanomaterials in biomedical applications：antimicrobial

activity and cytotoxicity aspects[J]. Advanced Functional Materials，2020，30（22）：1910021.

[310] Ma J Z，Zhang J T，Xiong Z G，et al. Preparation，characterization and antibacterial properties of silver-modified graphene oxide[J]. Journal of Materials Chemistry，2011，21（10）：3350-3352.

[311] Lucky S S，Soo K C，Zhang Y. Nanoparticles in photodynamic therapy[J]. Chemical Reviews，2015，115（4）：1990-2042.

[312] Loza K，Diendorf J，Sengstock C，et al. The dissolution and biological effects of silver nanoparticles in biological media[J]. Journal of Materials Chemistry B，2014，2（12）：1634-1643.

[313] Hu F Y，Song B，Wang X H，et al. Green rapid synthesis of Cu_2O/Ag heterojunctions exerting synergistic antibiosis[J]. Chinese Chemical Letters，2022，33（1）：308-313.

[314] Kannan K，Radhika D，Sadasivuni K K，et al. Nanostructured metal oxides and its hybrids for photocatalytic and biomedical applications[J]. Advances in Colloid and Interface Science，2020，281：102178.

[315] Dizaj S M，Lotfipour F，Barzegar-Jalali M，et al. Antimicrobial activity of the metals and metal oxide nanoparticles[J]. Materials Science and Engineering：C，2014，44：278-284.

[316] Youssef A M，El-Sayed S M. Bionanocomposites materials for food packaging applications：concepts and future outlook[J]. Carbohydrate Polymers，2018，193：19-27.

[317] Fabrega J，Luoma S N，Tyler C R，et al. Silver nanoparticles：behaviour and effects in the aquatic environment[J]. Environment International，2011，37（2）：517-531.

[318] Shanmuganathan R，Karuppusamy I，Saravanan M，et al. Synthesis of silver nanoparticles and their biomedical applications：a comprehensive review[J]. Current Pharmaceutical Design，2019，25（24）：2650-2660.

[319] Tran Q H，Le A T. Silver nanoparticles：synthesis，properties，toxicology，applications and perspectives[J]. Advances in Natural Sciences：Nanoscience and Nanotechnology，2013，4（3）：033001.

[320] Levard C，Hotze E M，Lowry G V，et al. Environmental transformations of silver nanoparticles：impact on stability and toxicity[J]. Environmental Science & Technology，2012，46（13）：6900-6914.

[321] le Ouay B，Stellacci F. Antibacterial activity of silver nanoparticles：a surface science insight[J]. Nano Today，2015，10（3）：339-354.

[322] 傅倢儒. ZIF 基核壳异质结构金属-有机骨架材料的制备及其性能研究[D]. 合肥：安徽大学，2017.

[323] Rafique M，Sadaf I，Rafique M S，et al. A review on green synthesis of silver nanoparticles and their applications[J]. Artificial Cells，Nanomedicine，and Biotechnology，2017，45（7）：1272-1291.

[324] Karimipour M，Shabani E，Mollaei M，et al. Microwave synthesis of Ag@SiO_2 core-shell using oleylamine[J]. Journal of Nanoparticle Research，2015，17（1）：2.

[325] Shu Z，Zhang Y，Yang Q，et al. Halloysite nanotubes supported Ag and ZnO nanoparticles with synergistically enhanced antibacterial activity[J]. Nanoscale Research Letters，2017，12（1）：1-7.

[326] Gunawan C，Teoh W Y，Marquis C P，et al. Cytotoxic origin of copper(Ⅱ)oxide nanoparticles：comparative studies with micron-sized particles，leachate，and metal salts[J]. ACS Nano，2011，5（9）：7214-7225.

[327] Wen T，Quan G L，Niu B Y，et al. Versatile nanoscale metal-organic frameworks（nMOFs）：an emerging 3D nanoplatform for drug delivery and therapeutic applications[J]. Small，2021，17（8）：2005064.

[328] Wang Q Q，Gao T，Hao L，et al. Advances in magnetic porous organic frameworks for analysis and adsorption applications[J]. TrAC Trends in Analytical Chemistry，2020，132：116048.

[329] Yang Y，Wu X Z，He C，et al. Metal-organic framework/Ag-based hybrid nanoagents for rapid and synergistic bacterial eradication[J]. ACS Applied Materials & Interfaces，2020，12（12）：13698-13708.

[330] Shoueir K，Wassel A R，Ahmed M K，et al. Encapsulation of extremely stable polyaniline onto Bio-MOF：

photo-activated antimicrobial and depletion of ciprofloxacin from aqueous solutions[J]. Journal of Photochemistry and Photobiology A：Chemistry，2020，400：112703.

[331] Kulovi S，Dalbera S，Dey S K，et al. Hemocompatible 3D silver(Ⅰ)coordination polymers：synthesis，X-ray structure，photo-catalytic and antibacterial activity[J]. ChemistrySelect，2018，3（18）：5233-5242.

[332] Han D L，Li Y，Liu X M，et al. Rapid bacteria trapping and killing of metal-organic frameworks strengthened photo-responsive hydrogel for rapid tissue repair of bacterial infected wounds[J]. Chemical Engineering Journal，2020，396：125194.

[333] Chen S，Huang D L，Zeng G M，et al. *In-situ* synthesis of facet-dependent $BiVO_4/Ag_3PO_4$/PANI photocatalyst with enhanced visible-light-induced photocatalytic degradation performance：synergism of interfacial coupling and hole-transfer[J]. Chemical Engineering Journal，2020，382：122840.

[334] Chai Y Y，Ding J，Wang L，et al. Enormous enhancement in photocatalytic performance of Ag_3PO_4/HAp composite：a Z-scheme mechanism insight[J]. Applied Catalysis B：Environmental，2015，179：29-36.

[335] Chen F，Yang Q，Li X M，et al. Hierarchical assembly of graphene-bridged $Ag_3PO_4/Ag/BiVO_4(040)$ Z-scheme photocatalyst：an efficient，sustainable and heterogeneous catalyst with enhanced visible-light photoactivity towards tetracycline degradation under visible light irradiation[J]. Applied Catalysis B：Environmental，2017，200：330-342.

[336] Cao J，Zhao Y J，Lin H L，et al. Facile synthesis of novel Ag/AgI/BiOI composites with highly enhanced visible light photocatalytic performances[J]. Journal of Solid State Chemistry，2013，206：38-44.

[337] Kaur N，Tiwari P，Kapoor K S，et al. Metal-organic framework based antibiotic release and antimicrobial response：an overview[J]. CrystEngComm，2020，22（44）：7513-7527.

[338] Chen M，Long Z，Dong R H，et al. Titanium incorporation into Zr-porphyrinic metal-organic frameworks with enhanced antibacterial activity against multidrug-resistant pathogens[J]. Small，2020，16（7）：1906240.

[339] Zhang M，Wang D，Ji N N，et al. Bioinspired design of sericin/chitosan/Ag@MOF/GO hydrogels for efficiently combating resistant bacteria，rapid hemostasis，and wound healing[J]. Polymers，2021，13（16）：2812.

[340] Yang X Y，Chai H H，Guo L L，et al. *In situ* preparation of porous metal-organic frameworks ZIF-8@Ag on poly-ether-ether-ketone with synergistic antibacterial activity[J]. Colloids and Surfaces B：Biointerfaces，2021，205：112179.

[341] Sun T C，Fan R Q，Zhang J，et al. Stimuli-responsive metal-organic framework on a metal-organic framework heterostructure for efficient antibiotic detection and anticounterfeiting[J]. ACS Applied Materials & Interfaces，2021，13（30）：35689-35699.

[342] Liao Z Y，Xia Y M，Zuo J M，et al. Metal-organic framework modified mos_2 nanozyme for synergetic combating drug-resistant bacterial infections via photothermal effect and photodynamic modulated peroxidase - mimic activity[J]. Advanced Healthcare Materials，2022，11（1）：2101698.

[343] Deng Z W，Li M H，Hu Y，et al. Injectable biomimetic hydrogels encapsulating gold/metal-organic frameworks nanocomposites for enhanced antibacterial and wound healing activity under visible light actuation[J]. Chemical Engineering Journal，2021，420：129668.

[344] Malik A，Nath M，Mohiyuddin S，et al. Multifunctional CdSNPs@ZIF-8：potential antibacterial agent against GFP-expressing *Escherichia coli* and *Staphylococcus aureus* and efficient photocatalyst for degradation of methylene blue[J]. ACS Omega，2018，3（7）：8288-8308.

[345] Yu Z B，Qian L，Zhong T，et al. Enhanced visible light photocatalytic activity of CdS through controllable self-assembly compositing with ZIF-67[J]. Molecular Catalysis，2020，485：110797.

[346] Chen J M，Lv S，Shen Z R，et al. Novel ZnCdS quantum dots engineering for enhanced visible-light-driven hydrogen evolution[J]. ACS Sustainable Chemistry & Engineering，2019，7（16）：13805-13814.

[347] Gong H M，Zhang X J，Wang G R，et al. Dodecahedron ZIF-67 anchoring ZnCdS particles for photocatalytic hydrogen evolution[J]. Molecular Catalysis，2020，485：110832.

[348] Su Y，Ao D，Liu H，et al. MOF-derived yolk-shell CdS microcubes with enhanced visible-light photocatalytic activity and stability for hydrogen evolution[J]. Journal of Materials Chemistry A，2017，5（18）：8680-8689.

[349] Bag P P，Wang X S，Sahoo P，et al. Efficient photocatalytic hydrogen evolution under visible light by ternary composite CdS@NU-1000/RGO[J]. Catalysis Science & Technology，2017，7（21）：5113-5119.

[350] Wang L L，Zheng P L，Zhou X F，et al. Facile fabrication of CdS/UiO-66-NH_2 heterojunction photocatalysts for efficient and stable photodegradation of pollution[J]. Journal of Photochemistry and Photobiology A：Chemistry，2019，376：80-87.

[351] Zeng M，Chai Z G，Deng X，et al. Core-shell CdS@ZIF-8 structures for improved selectivity in photocatalytic H_2 generation from formic acid[J]. Nano Research，2016，9（9）：2729-2734.

[352] Wang H，Cui P H，Shi J X，et al. Controllable self-assembly of CdS@NH_2-MIL-125(Ti) heterostructure with enhanced photodegradation efficiency for organic pollutants through synergistic effect[J]. Materials Science in Semiconductor Processing，2019，97：91-100.

[353] Shen L J，Luo M B，Liu Y H，et al. Noble-metal-free MoS_2 co-catalyst decorated UiO-66/CdS hybrids for efficient photocatalytic H_2 production[J]. Applied Catalysis B：Environmental，2015，166：445-453.

[354] Hou X J，Wu L，Gu L N，et al. Maximizing the photocatalytic hydrogen evolution of Z-scheme UiO-66-NH_2@Au@CdS by aminated-functionalized linkers[J]. Journal of Materials Science：Materials in Electronics，2019，30（5）：5203-5211.